NANOMATERIALS

纳米材料前沿

编委会

“十三五”国家重点出版物出版规划项目

纳米材料前沿 >

Carbon Nanotubes

碳纳米管

刘 畅 成会明 等编著

化学工业出版社

·北 京·

本书在参阅国内外大量有关科技文献和资料的基础上，认真总结国内外最新科研进展，并融入编著者多年科研工作的成果，全面介绍了碳纳米管所涉及的基本概念、基本理论和原理，详细叙述了碳纳米管的制备方法、生长机理、微观结构以及碳纳米管的电学性质、力学性质、场发射特性、电化学特性及其在相关领域中的应用。

本书适合从事纳米科学与技术、材料科学与工程、凝聚态物理和相关领域的科研人员、高校师生、工程技术人员及管理人员阅读与参考。

图书在版编目（CIP）数据

碳纳米管/刘畅等编著．—北京：化学工业出版社，2018.3（2024.11重印）
（纳米材料前沿）
ISBN 978-7-122-31461-1

Ⅰ．①碳…　Ⅱ．①刘…　Ⅲ．①碳－纳米材料－研究
Ⅳ．①TB383

中国版本图书馆CIP数据核字（2018）第017074号

责任编辑：韩霄翠　仇志刚
文字编辑：向　东
责任校对：王素芹
装帧设计：尹琳琳

出版发行：化学工业出版社
（北京市东城区青年湖南街13号　邮政编码100011）
印　　装：北京建宏印刷有限公司
710mm×1000mm　1/16　印张28¾　字数487千字
2024年11月北京第1版第2次印刷

购书咨询：010-64518888
售后服务：010-64518899
网　　址：http://www.cip.com.cn
凡购买本书，如有缺损质量问题，本社销售中心负责调换。

定　　价：268.00元

编写人员名单

成会明　中国科学院金属研究所

丛洪涛　中国科学院金属研究所

侯鹏翔　中国科学院金属研究所

刘　畅　中国科学院金属研究所

栾　健　中国科学院金属研究所

孙东明　中国科学院金属研究所

佟　钰　沈阳建筑大学材料科学与工程学院

杨全红　天津大学化工学院

尹利长　中国科学院金属研究所

喻万景　中南大学冶金与环境学院

曾　尤　中国科学院金属研究所

张　峰　中国科学院金属研究所

总序

SERIES PREFACE

纳米材料是国家战略前沿重要研究领域。《中华人民共和国国民经济和社会发展第十三个五年规划纲要》中明确要求："推动战略前沿领域创新突破，加快突破新一代信息通信、新能源、新材料、航空航天、生物医药、智能制造等领域核心技术。"发展纳米材料对上述领域具有重要推动作用。从"十五"期间开始，我国纳米材料研究呈现出快速发展的势头，尤其是近年来，我国对纳米材料的研究一直保持高速发展，应用研究屡见报道，基础研究成果精彩纷呈，其中若干成果处于国际领先水平。例如，作为基础研究成果的重要标志之一，我国自2013年开始，在纳米科技研究领域发表的SCI论文数量超过美国，跃居世界第一。

在此背景下，我受化学工业出版社的邀请，组织纳米材料研究领域的有关专家编写了"纳米材料前沿"丛书。编写此丛书的目的是为了及时总结纳米材料领域的最新研究工作，反映国内外学术界尤其是我国从事纳米材料研究的科学家们近年来有关纳米材料的最新研究进展，展示和传播重要研究成果，促进学术交流，推动基础研究和应用基础研究，为引导广大科技工作者开展纳米材料的创新性工作，起到一定的借鉴和参考作用。

类似有关纳米材料研究的丛书其他出版社也有出版发行，本丛书与其他丛书的不同之处是，选题尽量集中系统，内容偏重近年来有影响、有特色的新颖研究成果，聚焦在纳米材料研究的前沿和热点，同时关注纳米新材料的产业战略需求。丛书共计十二分册，每一分册均较全面、系统地介绍了相关纳米材料的研究现状和学科前沿，纳米材料制备的方法学，材料形貌、结构和性质的调控技术，常用研究特定纳米材料的结构和性质的手段与典型研究结果，以及结构和性质的优化策略等，并介绍了相关纳米材料在信息、生物医药、环境、能源等领域的前期探索性应用研究。

丛书的编写，得到化学及材料研究领域的多位著名学者的大力支持和积极响应，陈小明、成会明、刘云圻、孙世刚、张洪杰、顾忠泽、王训、杨卫民、张立群、唐智勇、王春儒、王树等专家欣然应允分别担任分册组织人员，各位作者不懈努力、齐心协力，才使丛书得以问世。因此，丛书的出版是各分册作者辛勤劳动的结果，是大家智慧的结晶。另外，丛书的出版得益于化学工业出版社的支持，得益于国家出版基金对丛书出版的资助，在此一并致以谢意。

众所周知，纳米材料研究范围所涉甚广，精彩研究成果层出不穷。愿本丛书的出版，对纳米材料研究领域能够起到锦上添花的作用，并期待推进战略性新兴产业的发展。

万立骏

识于北京中关村

2017年7月18日

前言
FOREWORD

碳纳米管是1991年被明确报道的一种碳纳米结构，是由碳原子构成的石墨烯片层卷曲而成的无缝、中空的管状材料，根据管壁层数可分为单壁碳纳米管和多壁碳纳米管。由于碳纳米管的直径小、长径比大，故可视为准一维纳米材料。理论预测和实验研究发现，碳纳米管具有结构依赖的导电属性，可表现为金属性或半导体性，因此可用于制作晶体管、透明导电膜等电子器件。石墨烯平面中的碳-碳键是自然界中已知的最强的化学键之一，碳纳米管的结构为完整的蜂窝状石墨烯网格，因此其理论强度接近于碳-碳键的强度，大约为钢的100倍，而密度只有钢的1/6，并具有很好的柔韧性。因此碳纳米管被称为超级纤维，可用于高级复合材料的增强体，制成轻质、高强度的太空缆绳，在航空、航天等高技术领域获得应用。碳纳米管具有场发射阈值低、发射电流密度大、稳定性高等优异的场发射性能，可用于制作高性能X射线管、平板显示器等。此外，碳纳米管还具有独特的化学特性，如稳定性好、表面可修饰等。这些特异性能预示着碳纳米管在众多领域内具有广阔的应用前景。

碳纳米管被明确报道至今已历经27年，其间国内外的研究与开发异常活跃，从制备、结构到物性和应用的探索取得了一系列重要进展。碳纳米管作为高性能导电添加剂已大批量应用于锂离子电池，推动了电动汽车和便携式电子器件的快速发展。美国、中国和日本等国家在该领域的研究处于领先地位。我国科学家在碳纳米管的制备技术及物性研究等方面取得了系列重要成果，在国际上有较大影响。编著者及其所在的中国科学院金属研究所沈阳材料科学国家（联合）实验室先进炭材料研究部，自1997年以来致力于碳纳米管的制备、结构、物性及应用等方面的研究与开发，在有机物浮动催化热解法和氢电弧法制备碳纳米管及其宏观结构，碳纳米管的场发射特性、电化学特性、力学性能以及碳纳米管的锂离子电池应用研究等方面取得了一系列成果，受到国内外同行的广泛关注。

在此基础上，编著者参阅国内外大量有关碳纳米管的科技文献与资料，总结国内外最新科研进展，结合编著者多年在科研工作中取得的成果和积累，于2002年编撰了《纳米碳管——制备、结构、物性及应用》，这是有关碳纳米管的首本中文专著，并由化学工业出版社出版发行。由于碳纳米管领域发展迅速，17年来又有很多新的突破与进展，有必要对相关知识再次进行总结与补充。本书首先概述了碳和碳纳米管的基本特性，然后详细叙述了碳纳米管的结构表征方法、制备与纯化、表面与孔结构等内容，最后系统地阐述了碳纳米管的力学性能、电磁性能、场发射特性、化学性能、电化学特性及柔性薄膜晶体管性能及其相关应用等。

除编著者刘畅、成会明外，中国科学院金属研究所沈阳材料科学国家（联合）实验室先进炭材料研究部及其他单位的多位成员及部分研究生也参与了编写工作，主要包括：张峰（第1章）；丛洪涛（第2章）；侯鹏翔（第3章）；侯鹏翔、杨全红（第4章）；丛洪涛、曾尤（第5章）；尹利长（第6章）；佟钰（第7章）；孙东明（第8章）；喻万景（第9章）；栾健（第10章）。在此一并向参与2002年出版的《纳米碳管——制备、结构、物性及应用》一书编写工作的各位作者表示感谢。

本书相当一部分内容是编著者及所在的先进炭材料研究部的研究成果，这些成果是在国家自然科学基金委员会、国家重点基础研究发展计划（973计划）项目、国家高技术研究发展计划（863计划）项目、中国科学院知识创新工程重大项目和中国科学院知识创新方向性项目的支持下取得的，在此表示感谢。本书的编写得到中国科学院金属研究所的有关领导、同事及先进炭材料研究部所有成员的大力支持，在此表示诚挚的谢意。

碳纳米管的研究发展十分迅速，新的成果不断涌现，文献资料浩瀚无边，由于编著者的水平有限，书中难免有疏漏与不妥之处，恳请专家和读者批评指正！

刘畅　成会明

2018年2月于中国科学院金属研究所，沈阳

目录
CONTENTS

Chapter 1

第1章

碳及碳纳米管概述

张峰
（中国科学院金属研究所）

Chapter 2

第2章

碳纳米管的结构特征

丛洪涛
（中国科学院金属研究所）

Chapter 3

第3章

碳纳米管的制备方法与纯化技术

侯鹏翔
（中国科学院金属研究所）

Chapter 4

第4章

碳纳米管的表面特征与孔结构

侯鹏翔，杨全红
（中国科学院金属研究所，天津大学化工学院）

Chapter 5

第5章

碳纳米管的力学性能及其在复合材料中的应用

丛洪涛，曾尤
（中国科学院金属研究所）

Chapter 6

第6章

碳纳米管的电磁性能及其应用

尹利长
（中国科学院金属研究所）

Chapter 7

第7章

碳纳米管的场致发射性能及其应用

249

佟钰
（沈阳建筑大学材料科学与工程学院）

Chapter 8

第8章

碳纳米管柔性薄膜晶体管器件

孙东明
（中国科学院金属研究所）

Chapter 9

第9章

碳纳米管的电化学性能及其应用

喻万景
（中南大学冶金与环境学院）

Chapter 10

第10章

碳纳米管化学

栾健
（中国科学院金属研究所）

NANOMATERIALS

碳纳米管

Chapter 1

第1章

碳及碳纳米管概述

张峰
中国科学院金属研究所

碳元素广泛存在于宇宙间，其多种多样的结构形态和奇异独特的物理化学性质，随人类文明的进步而被逐渐发现、认识和利用。近年来人类科学技术水平发展迅猛，碳材料是最为活跃的研究领域之一。尽管在18世纪，人们就已确定石墨和金刚石都是单质碳，然而直到1924年石墨的结构才被准确解析。而且仅由单质碳构成的物质远不止这两种，1985年在碳元素家族中发现了C_{60}等富勒烯族[1]，1991年发现了碳纳米管[2]，2004年发现了石墨烯[3]，每一次发现都引起了科学界的极大关注。在人类科技发展史上，石墨电极的应用、碳纤维复合材料的开发以及金刚石薄膜的推广等都在很大程度上改变了人们的生活，极大地推动了人类社会的进步。碳纳米管被发现后，理论预测和实验研究表明，碳纳米管特别是单壁碳纳米管具有独特而优异的性能，其应用前景不可估量。物理学家对不同结构碳纳米管的电学性能，化学家对碳纳米管的纳米尺度一维空间，材料学家对其惊人的刚度、强度和韧性等力学性能都极为关注，使得碳纳米管成为二十多年来凝聚态物理和材料科学研究的一大热点。为了比较全面地认识和理解碳元素和碳纳米管，本章首先介绍碳元素的广泛性、特殊性及多样性，造就这些特殊性及多样性的原因以及碳纳米管在碳的同素异形体中所处的位置，然后简述碳纳米管的发现和制备研究的概况，最后简要说明碳纳米管的特性、应用前景和可能的发展趋势。

1.1 碳的广泛性、特殊性及多样性

1.1.1 碳的广泛性

按照“大爆炸（big bang）”理论，宇宙当初是一个巨大的能量块。由于其密度无限大，体积又很小，故在150亿年前发生大爆炸后迅速膨胀。最初在宇宙空间充满了超高能量的光，随着膨胀的发生，其温度逐渐下降，光开始转化为物质：在温度达到10^{14}K时，各种基本粒子开始形成，进一步冷却时产生了氢元素，由于万有引力作用和粒子凝集热而使温度再次升高。当温度达到5×10^{6}K时，重

氢热核聚变成氦。当温度超过10^8K，氢燃烧完后，氦开始燃烧，3个氦原子再次经热核聚变而成为碳。碳和氦进一步作用生成氧。当温度达到5×10^8K时，开始由碳燃烧生成氖、钠、镁。在10^9K时，氧燃烧生成硫、磷、硅。在超过2×10^9K时，硅燃烧逐次生成直至铁的各种重元素。在含碳以上更重成分星体的中心部，铁会捕获由氢经“质子-质子”或“碳、氮循环”反应后形成的中子，进而连锁合成直至铋的各种更重元素。在超新星爆发时，这类星体周围更重的元素会迅速地捕捉快中子而形成超铀元素。合成的各种元素在冷却下来时会凝集成宇宙尘，并形成许多形态各异的天体，从而诞生了无数星球[4]。

在太阳系的元素和同位素中，按原子比率的顺序列在前面的为：H≫He≫O ≥ C > Ne≈N > Mg ≥ Si ≥ Fe > S > Ar ≥ Al ≥ Ca。碳和氧差不多，列第四位，在易形成固体的元素中则为最高[4]。也有文献报道，在整个宇宙的所有元素中，碳元素所占的比例为0.3%[5]，其丰度列第6位[6]。由于碳的含量十分丰富，并可形成种类繁多的复杂化合物，在宇宙的进化中起着重要作用，是宇宙中前期生物分子进化的关键元素。目前已鉴定出的星际（interstellar，IS）及环绕星际（circumstellar）分子有118种，其中超过75%是含碳的。碳是扩散的星际云中自由电子的供给源，它在星际环境（interstellar medium，ISM）的物理进化中起重要作用。在宇宙中既发现有原子碳，也发现有分子碳和固态碳及碳化物。宇宙中各种已确定碳的形态如表1.1所示[7]。

表1.1　宇宙中碳的形态[7]

位置	原子和分子	形态
包围在红色巨星和渐近线巨型分支星的富碳星云	CO，C_2H_2，复杂的烃类，气相的多环芳烃	带有未明确的π-π*转变的非石墨化碳，碳化硅
弥散的星际环境（ISM）	C^+，简单的双原子分子，气相多环芳烃和碳链	带有强π-π*转变的石墨，带有脂肪烃的含碳固体
稠密的星际环境（ISM）	CO，复杂的烃类	含碳的冰（CO、CO_2、CH_3OH），凝结的含碳粒子
初生陨石中的星际（IS）物质	气相的多环芳烃	碳化物，石墨粒子，石墨化程度较差的碳，洋葱碳，纳米金刚石

地球中碳的丰度位列第14位[6]。地球上的碳的总量估计为7×10^{16}t，其中90%的碳以碳酸钙的形式存在，其总含碳量约为化石燃料（煤、石油及天然气）总碳量的1万倍。目前地球上存在的碳及其每年的移动量如图1.1所示[5]。地球的半径约为6400km，由从表面向内部的地壳（4 ～ 50km）、地幔（2900km）和地核三部分组成。地球上的碳绝大部分分布在地壳中，其平均值约为200μg/g。

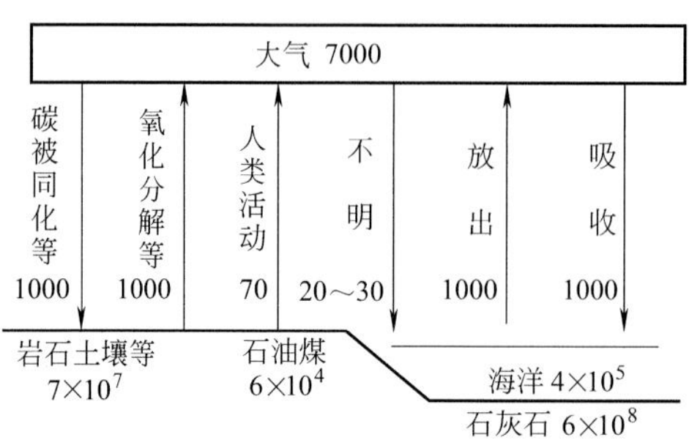

图1.1 目前地球上存在的碳及其每年的移动量（单位：亿吨）[5]

4亿年前植物开始在陆地上生长时，大气中的CO_2含量估计为目前的10倍，当时地球上温室效应明显，温度较高，植物吸收大量CO_2后，通过光合作用合成有机物迅速繁茂地生长。大气中的CO_2逐渐降低到现在的浓度。大量植物的遗体堆积、腐烂，进而通过地质的压力和温度作用渐渐变质转化，在3亿年前的石炭纪形成泥煤、褐煤、烟煤、无烟煤等不同种类的煤炭。石油的起源同样也被认为是这类生物质转化的结果。金刚石是碳元素的一种亚稳定态物质，化石燃料和$CaCO_3$都存在于地表10km以内的浅层，要转化成金刚石，就必须在300km左右的深部有含碳的原料。其中一种可能是由甲烷从地球内部流出的途中分解、形成的碳经石墨化后于高温高压下转化而成。另一种可能是由于地球地幔的对流，煤进入到比300km更深的内部，转变成金刚石。再因地球内气体爆发，含金刚石的熔融岩石（金伯利岩）被喷到地壳中。在构成地壳的岩石中还普遍含有石墨，特别是在寒武纪早期的普通变质岩中曾发现大的石墨矿床。在长时间处在低温低压时，金刚石也有可能转变成石墨。除原始细菌、藻类和植物可能是地球上石墨的含碳原料外，也有与生命活动无关的含碳原料，它们是前述宇宙中不同含碳物质形成的含碳的球粒状陨石。其中含有石墨、金刚石以及晶态卡宾（Chaoite）、六方金刚石（Lonsdaleite）等[8]。近年来，在俄罗斯、加拿大、新西兰以及我国云南等地的富含碳的岩石及煤样中，相继发现天然存在的富勒烯[9]，甚至有的学者根据在中国和日本二叠纪-三叠纪分界层发现的富勒烯及其“俘获”的惰性气体氦和氩，认为2.5亿年前的行星碰撞是导致地球生物大灭绝的主要原因[10]。还有的研究者认为可能会有天然存在的碳纳米管[11]，而且目前已有文献报道观察到了天然存在的碳纳米管[12]。

碳是地球上一切生物有机体的骨架元素，碳的化合物是组成所有生物体的基础。碳元素占人体总重量的18%左右，没有碳元素就没有生命。人类进化以来，很早就开始利用各种含碳物质和材料。人类直立行走后，首先学会的是用含碳的植物作燃料来取暖和烹煮食物，利用烟炱作染料和书写的墨汁，随后学会了从煤炭取得能源，进而利用木炭还原矿石以获取铜、铁等金属。从18世纪人类开始用焦炭作还原剂至今，炼铁所用的焦炭量仍然是含碳原料中加工和使用量最大的。19世纪随着电炉炼钢技术的开发，利用碳的导电和耐高温特性，通过以天然石墨或者焦炭为原材料的烧结和高温石墨化处理所制造的人造石墨电极得到了应用和发展。随着电力和机械工业的发展，具有导电性、耐腐蚀性和润滑性的各种炭电极、电刷得到了广泛应用，并在20世纪有了更快发展。鉴于其表面和孔结构特性，骨炭（含碳10%）、木炭等从远古时期就被人们用于吸附臭气、脱除杂色以及防腐、防水和药用。到了20世纪初活性炭工业化生产之后，它们在净化空气、治理废水等环境保护方面发挥日益重大的作用。20世纪后半期，基于碳科学的发展，有意识地利用碳原子小而轻且具有大的结合能等特性，制造了包括核反应堆用的高密、高纯、高强石墨，热解石墨，柔性石墨，玻璃炭，各向同性炭，高性能炭粉及金刚石薄膜等，这些碳质制品都逐渐得到开发和应用[13]。特别是强度大、模量高、质量轻的碳纤维得到了迅速开发并作为增强剂用于增强树脂、金属、陶瓷等，使各类复合材料在航空、航天等工业领域及文体用品中得到广泛应用[14,15]。从古至今，煤炭、焦炭、炭黑、活性炭、石墨电极、铅笔和炭膜开关，天然金刚石、人造金刚石、人造金刚石薄膜等，都与人类的生活和生产活动息息相关。当今世界，以碳为主要构成原子的有机化学，为塑料、橡胶和合成纤维三大合成材料奠定了坚实的基础[16]。新近发现的富勒烯、碳纳米管、石墨烯和石墨炔[17]等纳米碳材料则将进一步为碳材料的性能和应用开拓提供无可限量的前景。

1.1.2
碳的特殊性

碳的原子序数为6，其原子量为12.011。已知在自然界有三种同位素，其中^{12}C为98.9%，^{13}C为1.10%，放射性同位素^{14}C仅为极少量。由于碳元素在自然界的储量丰富并有很强的结合能力，国际纯粹与应用化学联合会（IUPAC）于1961年将其确定为统一原子量的标度，即以^{12}C为基准，其相对原子量精确地被定为12，所有其他的原子和分子均参照它来确定各自的质量[18]。

碳位于元素周期表的第二周期第ⅣA族，除了内部球状$1s^2$轨道含两个键合力很强的核心电子外再没有其他内部轨道，有利于碳进行包括仅有的2s和2p价键轨道的杂化，与同在第ⅣA族的硅和锗不同，除单键外它还能形成稳定的双键和三键。第ⅣA族的硅（原子序数为14）和锗（原子序数为32）由于原子序数更大，有更多电子亚层，受内层中其他内部轨道所影响，基本上只能形成sp^3杂化而没有sp^2和sp杂化，也只有sp^3杂化键合的一种立方固体基态，而且其结合半径比碳大而不能形成稳定的双键。这也正是硅和锗不能像碳那样形成大量有机化合物和众多同素异形体的原因[19]。

比碳原子结合半径更小的氮和氧（C为0.0772nm，N为0.070nm，O为0.066nm）有可能形成多重键，但它们的最外层电子数过多，这些电子相互间可形成孤电子对。这样，使参与成键的电子数减少到两个、三个，而且在成键的两个原子中若都具有孤电子对，其相互之间还会排斥。价电子数少意味着可形成的结构数少，参与成键的原子中，孤电子对之间的电相斥会使两者之间的结合能变小。因此周期表的所有元素中只有碳是能形成更多价键、更多种结构及具有更多变化和更多同素异形体的元素。碳原子最外层的电子全部与键合有关，碳碳间成键的距离最短，没有相互排斥的孤电子对，因而有特别大的键合能。碳原子间独特的链接能力（本身成键），使之能形成链、环和网状等各类结构。

碳材料的另一特征是π轨道电子在石墨类物质中起着独特的作用。当碳原子进行sp^n杂化时，n+1个电子属于杂化的σ轨道，而剩下未杂化的4−(n+1)个2p原子轨道的电子形成π轨道[20]。σ电子是在原子和原子的结合轴方向进行分布，与键合关系密切，键能较大；π电子则是在原子和原子结合轴的垂直方向展开，和原子间的结合力弱，键能较小。从固体物理的角度看，π电子能在所构成的原子不变形时，即所形成的晶体和分子不发生空间结构变化的情况下，在其内部和表面形成的非定域共轭系统内自由运动，形成所谓的π电子云。π电子能量高，其提供的最高占据分子轨道（HOMO）能量也较高。π电子的有效质量小，一维和二维分布的π电子呈现出超高速移动和超极化性。石墨中π电子的有效质量（m^*）为$0.056m_0$，比在半导体GaAs中的电子有效质量（$0.076m_0$）小。其中，m_0为自由电子的静止质量，是一确定的常量。固体受电场、磁场和温度梯度等外力驱动传输电子或空穴载流子时，受其中其他电子或离子形成的内部场的影响，表观上电子的有效质量会变大或变小。在石墨的基底面方向π电子的有效质量约为$m_0/20$，在垂直方向为m_0或以上。其电子和空穴的迁移率在室温下分别为20000cm^2/(V・s)和15000cm^2/(V・s)，在液氦温度（4.2K）时甚至达1200000cm^2/(V・s)，与在硅中的电子移动速度相比要大得多[21,22]，可与半导体化合物的超晶格结构相比。π电子对光、电、磁作用十分敏感，共轭高分子中π电子对光、电等物理刺激比硅半导体响应更快。σ电子可以说是形成物质骨架的基础，而π电子则是发挥物质功能的根源。生物高分子中π电子分布（子电子空间）成为产生化学反应和光学合成等生物体功能的基本“场”。这种非定域的电子在决定有机化合物及生化物质的各种物性方面起着重要作用。碳碳键的稳定性，特别是能通过π键形成多重键是碳科学的主要特征。

碳的同素异形体中除没有π电子的金刚石外，其他大多属π电子物质。苯分子是最简单的多环芳烃，其电子结构如图1.2（a）所示，各自形成价带和导带的π、π*能带，在费米能级E_F处分开，成为能隙（禁带宽度）大的绝缘体。随苯环数的增加，π、π*间的能隙将逐渐减小，无限个苯环形成的石墨烯［graphene，被定义为三维（3D）石墨中的二维（2D）片层］，其π、π*能带在费米能级处连接在一起，成为能隙为零的半导体，如图1.2（b）所示。石墨烯是典型的二维π电子物质。在石墨烯中，π电子相互连接在同一平面层碳原子的上下时可形成大π键（分子轨道），分布在石墨烯片的上下。这种离域π电子在碳网平面内可自由流动，类似自由电子，因此在石墨烯面内具有类似于金属的导电性和导热性，其抗磁性也十分显著。当石墨烯片层与片层之间由范德华力维系在一起时，就会堆叠成石墨。由石墨烯按ABAB堆叠成的石墨，由于单位晶格中有A、B两层以及石墨烯面间的相互作用，π、π*带分裂成两个，相互间在费米能级处有0.04eV的重叠，从而产生同样数目、成为传导载流子的电子和空穴，其电子结构则成为如图1.2（c）所示的半金属类[23]，因此石墨的导电现象可用二维半金属的电子结构来解释。

富勒烯、单壁碳纳米管和单层石墨烯是完全由表面碳原子组成的纳米尺度物质，它们也具有封闭的面状π电子体系。富勒烯中的碳原子是以sp^2杂化为主形成

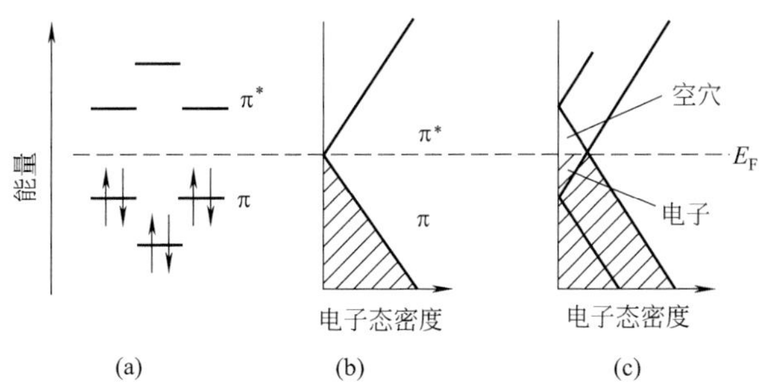

图1.2　苯（a）、石墨烯（b）和石墨（c）的电子结构[23]

苯分子中箭头所示的六个π电子占据费米能级（E_F）下面的成键π轨道，石墨烯和石墨则占据E_F下的阴影区

的σ键组成六元和五元环（也可能含有七元环），剩下的π电子在表面内外形成π电子云。与石墨烯不同，其π电子的价带和导带之间存在着能隙，可成为半导体。C_{60}以单独的分子状态存在时，其π电子能量分布离散，能隙估计为2.5eV。当C_{60}分子堆积成晶体状态时，其能隙宽度变窄，约为1.5eV，具有半导体性[24]。通过K、Br等对其掺杂，可使之变成导体乃至超导体。富勒烯愈大，能隙愈小，极限时和石墨烯一样，能隙为零。因此，能得到能隙在0 ~ 2.3eV之间可变、具有半导体性质的单相和多层结构的富勒烯群[25]。

碳纳米管则有所不同，其结构可看作是由石墨烯卷成的一维中空筒状结构，碳原子在圆筒表面可呈锯齿型、扶手椅型和螺旋型，如图1.3所示[26]。碳纳米管具有纳米尺度，其电学性质受量子物理规律所支配。从量子观点看，其电子将形成离散的量子化能级和束缚态波函数，所形成的电子状态对系统的物理和化学性质产生影响，即量子尺寸效应，而这种影响主要是由π电子作用所造成的[21]。理论研究表明，碳纳米管的电子状态与其中碳原子排列的螺旋角度和管径密切相关，碳纳米管的管径或螺旋角略有变化即可使其导电特性按一定规则变化，即表现为金属性或半导体性。金属性和半导体性碳纳米管的实际存在已由扫描隧道显微镜和扫描隧道谱实验证实[27]。利用碳纳米管中π电子的量子特性可能开发出其在纳米电子学方面的众多用途。此外，碳纳米管中的π电子还可与含有π电子的其他化合物通过π电子的非共价键作用相结合，保持其原有结构不被破坏而得到功能化的碳纳米管[28]。

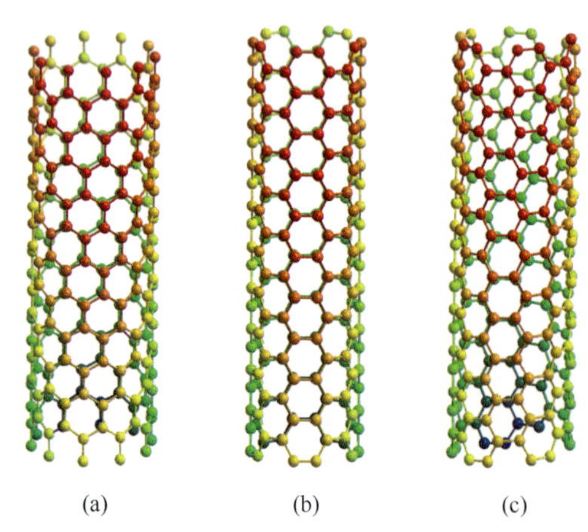

图1.3　三种结构类型的碳纳米管[26]

（a）锯齿型（n，0）；（b）扶手椅型（n，n）；（c）螺旋型（n，m）

1.1.3
碳的同素异形体

元素是具有相同核电荷数（即质子数）的一类原子的总称，由同一元素组成的物质称为单质，同一元素组成的不同结构和性质的单质即为同素异形体。性能差异极大的金刚石和石墨是早已为人们所熟知的碳的同素异形体，而以C_{60}为代表的富勒烯、碳纳米管、石墨烯和石墨炔则是人类新发现的碳的同素异形体。碳既能形成金刚石和石墨之类的原子晶体，又能由C_{60}或卡宾（Carbene）等形成分子晶体。

sp^n杂化不仅确定了碳基分子的空间结构，也决定了碳基固体的立体构型。碳是元素周期表中唯一具有从零维（0D）到三维（3D）同素异形体的元素。固相碳质材料可形成的结构与碳原子的sp^n杂化关系密切。在sp^n杂化中形成n+1个σ键，σ键作为骨架形成n维的局部结构。

在sp杂化中两个σ键仅形成一维的链状结构，由其形成的分子结晶即为所谓的“卡宾”。卡宾在1960年由苏联的科学家首次发现，后来在自然界的陨石中被鉴定出来，可通过物理和化学方法来制备[29,30]。由sp链集合可形成三维分子晶体。由于卡宾组织呈树脂状，光波在其中形成散射，整个晶体呈白色，因此晶态卡宾（Chaoite）也被俗称为“白碳”。除固态卡宾分子晶体外，高温气相和液相的碳原子以及人工合成的各种链状和环状碳大部分也是由sp杂化的碳原子组成。

sp^2杂化的碳原子形成的是二维的石墨烯平面结构，无定形碳（amorphous carbon）是无序的三维材料，其中既有sp^2杂化也有sp^3杂化的碳原子。天然产的土状石墨（amorphous graphite，直译为无定形石墨）则主要是由任意堆积的sp^2杂化的碳原子形成的石墨层状碎片组成的微晶，平面之间由于弱的相互作用可容易地相对移动，因此土状石墨仍可看作是二维材料[31]。随热力学条件的不同，层间弱的π键作用加强，微晶进一步长大，特别是在高温或催化剂的作用下，它们最终能形成理想的原子晶体。

碳原子在sp^3杂化时，四个σ键形成一个规则的四面体，成为三维的金刚石原子型晶体。由于每一个碳原子都有化学键中最强的四个σ键，因而金刚石有极高的硬度。图1.4为几种主要纳米碳同素异形体的结构示意图[32]。

同素异形体涵盖了多形态（polymorphism）和多晶型（polytypism）两种概念。多形态主要是指结构和形态的变化，而多晶型是指物质具有多种不同构型时

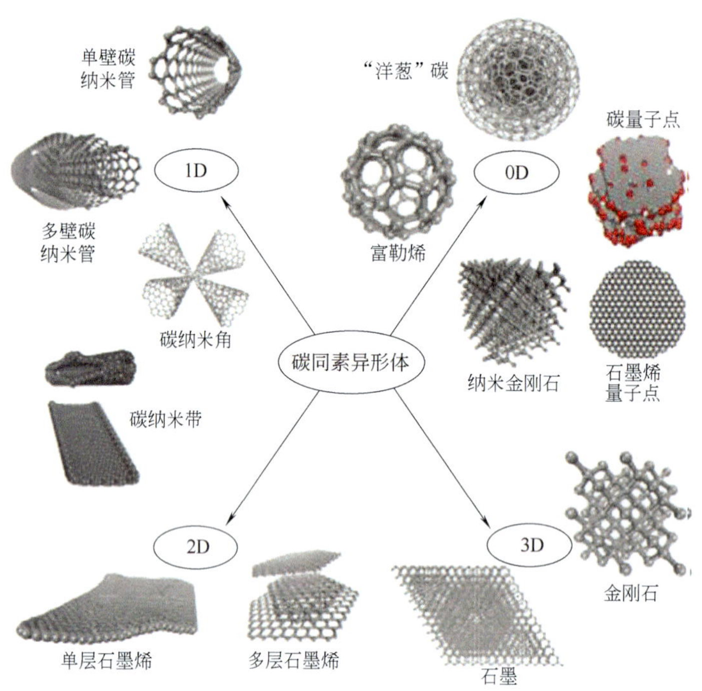

图1.4　几种主要纳米碳同素异形体的结构示意图[32]

结晶的能力。多晶型的这类构型有两种完全相同的单元晶胞参数，而另外的第三个则是可变的，并且经常是相邻层间距的整数倍。如前所述碳原子的sp^3、sp^2和sp杂化可形成金刚石、石墨和卡宾三种同素异形体的典型形态，而每一形态又可呈现出不同的晶型[31]。

碳的蒸发温度约为4700K，只比其熔点（约4450K）略高，因此液态碳的蒸气压很高。高蒸气压和大的碳-碳键使熔融的液态碳表面蒸发出的碳易于形成碳分子（碳簇，carbon cluster），而不是独立的碳原子。石墨在激光烧蚀或高压电弧放电时于受激状态下形成的碳也与之类似。在4000K的高温气相中，碳分子中的原子数按$C_3 > C_1 \approx C_2 > C_5 > C_4$的顺序减少，$C_6$以上仅有微量。在碳星、太阳、彗星及漫射的星际云中也发现有C_2、C_3。碳原子数低于10的碳簇常以线形链状形式存在，略大一些的碳簇则为环状。但经计算，C_4、C_6、C_8、C_{10}以单环异构体存在更为稳定，$C_{10} \sim C_{29}$则以sp杂化的碳原子形成单环结构[16]。碳原子数在大于30、小于1000时形成的碳层面都具有悬键（dangling bonds），即具有未结合的空键。为了减少悬键数目，石墨烯碎片会卷起形成弯曲结构，边缘的六元环有收缩成五元环的趋势。尽管增加了应变能，但消除悬键会使其总能量降低，最终促使其形成封闭的笼状碳簇，故封闭的碳壳比平面尺度小的石墨结构更稳定，如富勒烯和碳纳米管等。笼状碳簇的特征是碳原子为偶数，呈中空笼状，碳原子全部在笼的外壳上，这些由碳网形成的笼形分子被命名为富勒烯。富勒烯的形成是欧拉定理（Euler's rule）的奇妙结果，曲率封闭的结构中必须有12个五元环才能完全满足拓扑学的需要，使六元环晶格组成的石墨烯片能卷曲、封闭成笼状。因此C_{60}和所有其他富勒烯（C_{2n}）都只有12个五元环，有n–10个六元环，这表明以前认为的只在有机分子中存在的五元环在无机材料中也能存在。

富勒烯中以由20个六元环和12个五元环拼接成的20面体的C_{60}分子最为稳定，直径为0.71nm。每个C_{60}分子以角振动数10^9s^{-1}急剧地旋转，在90K以下才停止。当六元环数增至30个时则形成C_{70}。环数进一步增多就会形成更大的笼形分子，现已发现C_{960}的存在。在笼形碳壳表面，碳原子的键合如在石墨中一样主要是sp^2，但因壳面弯曲，一些sp^3也掺和到碳的波函数中，因此能量略为增加。C_{60}的杂化轨道为$sp^{2.28}$，介于石墨sp^2和金刚石sp^3之间。含碳原子数越多的富勒烯，其杂化参数越接近石墨的sp^2。

碳纳米管可看作是由石墨烯片卷成的直径为纳米尺度的圆筒，其两端由富勒烯半球封帽而成。和富勒烯一样，碳纳米管在特性上更接近石墨烯而不是金刚石。石墨烯在卷成碳纳米管时也掺入了少量的sp^3键，以致在其径向的键合力常数（force constants）比沿轴向略低。单片石墨烯的高度弯曲增加了碳原子的总能量，但这也比其边缘悬键所具有的能量更低。单壁碳纳米管仅有一个原子厚度，有少量原子在其周围，故只需少量波矢来描述其周期性。这些限制导致了在径向和轴向量子波函数的限制，仅沿碳纳米管的轴向就产生了大量的、允许波矢在封闭空间内的平面波移动[33]。因此，尽管碳纳米管与二维石墨烯密切相关，但由于管的弯曲和在径向的量子限制，导致其许多性质与石墨烯不同。单壁碳纳米管是纯碳分子纤维，其尺度相当于拉长的富勒烯，而结构又相当于完好晶体中的单胞，故容易从理论上预测其原子结构及相关的性质。在纳米结构的碳中，人们还发现了球壳重叠的多重球烯（洋葱碳）（giant fullerenes，onion carbon）[34]、海胆碳（sea-urchins）[35]、蚯蚓碳（wormlike carbon nanostructures）[36]、锥形碳（graphite cones）[37,38]、石墨立方体（graphitic cubes）[39]、圆盘（discs）[38]和螺旋（helices）[40]等。

过渡形态的碳又可分成两组。一组为无定形碳，它们是由或多或少任意排列的不同杂化态碳原子混合而成的短程有序的三维材料，其中主要是sp^2和sp^3杂化的碳原子。日常生活中人们接触到的各种碳材料差不多都可归结于无定形碳的范畴，如类金刚石炭、玻璃炭、活性炭以及各种炭黑、烟炱、焦炭等。另一组包括各种中间形态的碳，在这些形态中碳原子的杂化程度能用sp^n来表达。此处n不是整数而是分数（$1<n<3$，$n\neq 2$）。这一组可进一步分成两个亚组，一个亚组中$1<n<2$，其中包括各种单环碳结构，如F. Diederich等报道过的环（N）碳[6]。另一个亚组中$2<n<3$，其中包括各种骨架（或封闭壳状）碳，如富勒烯、洋葱碳和碳纳米管（巨大的线状富勒烯）、假设的C_{120}环形曲面（torus）和富勒烯炔（fullereneynes）以及相关的金刚石-石墨掺杂结构。中间形态的碳中原子轨道杂化的比例程度由其碳骨架应变引起整体结构的弯曲所决定。C_{60}是富勒烯家族中被研究得最深入的成员，据报道其杂化程度n为2.28。R. Heimann将已被证实、假设和推理可能存在的各类碳的同素异形体进行了分类，并将它们总括在一平面三角形的碳键杂化“相”图中（图1.5）[41]。

R. Heimann的平面三角形碳键杂化“相”图中完全没有考虑氢原子的存在，而由有机物热处理转化成的大量碳材料，以及由化学气相沉积法形成的类金刚石薄膜，都含有微量的氢原子，其C/H比多在10以上，因此也应加上氢原子的影响。为此，可在该平面三角形“相”图中加上氢原子对C/H的影响（图中各烃类后的数字为碳和氢的原子数比），从而变成如图1.6所示的正四面体。含有不同微量氢的各种无定形碳和大量的碳材料则处于逐渐接近底面纯杂化碳键“相”图的上部，由黑粗线所包围的有一定厚度的阴影三角形内。当然，由于有氢原子的加

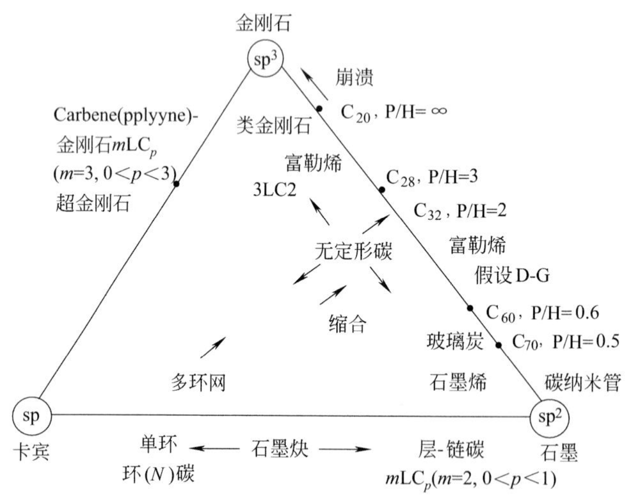

图1.5 碳同素异形体的平面三角形碳键杂化“相”图[41]

P—五元环；H—六元环；D-G—金刚石与石墨的混合物

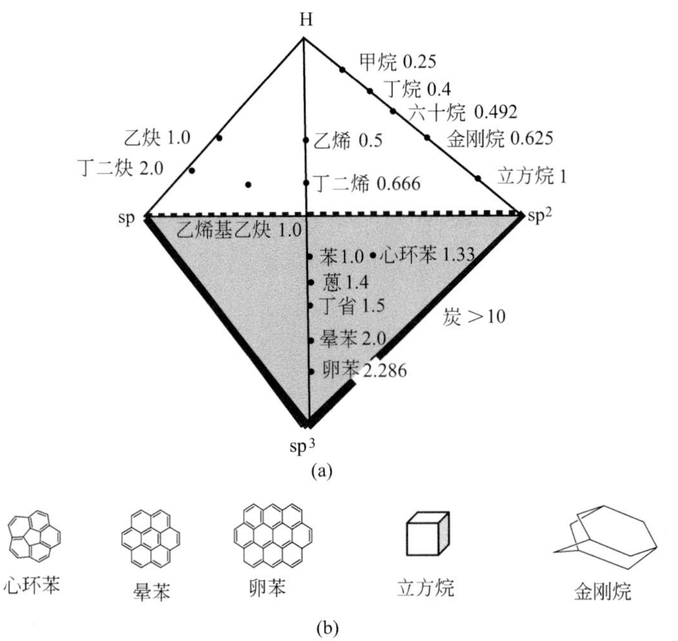

图1.6 炭和碳的正四面体相图（a）及有关烃类的分子构型（b）[19]

入，它不能被看作是纯粹碳同素异形体的“相”图，但从这一立体图可看出各种有机烃类向炭（C/H>10）和纯粹碳的转化，如经甲烷、六十烷、金刚烷和立方烷向石墨的变化；经乙烯、丁二烯、苯、丁省、晕苯和卵苯向金刚石的变化；经乙炔和丁二炔向卡宾的变化[19]。

碳原子在电子结构上可形成sp^n杂化，从而能键合成众多的分子或原子晶体的同素异形体；在纳米和微米尺度又能以不同方式和取向进行堆叠（微晶）和聚集，形成各种各样的织构；最终形成粒子、气溶胶、薄膜、纤维、块体等不同形态的物质。没有任何元素能像碳这样，作为单一元素却可形成多种结构和性质完全不同的物质。各种类型碳所具有的性质几乎能包括地球上所有物质的性质，有的甚至是完全对立的性质。例如：最硬（金刚石）- 最软（石墨）；绝缘体（金刚石）- 半导体（石墨）- 良导体（石墨烯）；绝热体（石墨层间化合物）- 良导热体（金刚石）；全吸光（石墨）- 全透光（金刚石）等[16]。另外，所有碳质材料均具有生物相容性，不会对包括人体在内的所有生物体造成伤害，其制品在废旧破损之后可转化为CO_2，参与正常的地表循环，不产生任何有毒性的残留物。因此，碳质材料是一种可循环利用且环境友好的材料，也是易于加工且在加工成制品时能耗较低的材料。同素异形体中的碳纳米管则有可能进一步将碳元素的独特性能发挥到极致。

1.2
碳纳米管的发现

1.2.1
碳纳米管的发现过程

早在1970年，日本的大泽映二就在《化学》杂志上发表的“非苯系芳烃化学：超芳香族”论文中，预示由sp^2键合可形成球形分子，并准确地画出了C_{60}的图形[42]。但因系日文刊物，当时并未引起世人的重视。1985年H.W. Kroto和R.E. Smalley等在用质谱仪研究激光蒸发石墨电极时发现了C_{60}，并将含碳原子数更多且具有类似的笼状结构的物质命名为富勒烯[1]。然而，当时用此方法得到的C_{60}极少，只能在质谱仪中才能观察到。1990年W. Kratschmer等用石墨作电极，通过直流电弧放电，在石墨蒸发后得到凝缩的，类似炭黑的烟炱。这种烟炱经苯溶解后，可得到宏观量的C_{60}[43]。较大量C_{60}的获得进一步确认了C_{60}的存在并大大推动了富勒烯的研究。H.W. Kroto、R.E. Smalley和R.F. Curl因共同发现C_{60}并确认和证实其结构而荣获1996年度诺贝尔化学奖。

在1991年被正式发现之前，碳纳米管就已被一些研究人员观察到甚至可能已被制造出来，但由于当时人类科学知识的局限，特别是对纳米科技和富勒烯尚不了解，因而并未认识到它是碳的一种新的重要形态。例如，早在19世纪末就可能已经能用甲烷制备碳纳米管[44]，1952年俄罗斯的L.V. Radushkevich 和V.M. Lukyanovich就得到了直径为50nm的管状碳材料的清晰照片[45]。1960年R. Bacon在制造卷轴状石墨晶须的同时就可能伴随有碳纳米管的生成[46]。在20世纪70年代末，新西兰的P.G. Wiles和J. Abrahamson发现在两个石墨电极间通电产生火花生成碳纤维时，电极会被“小纤维簇”覆盖[47]，在1979年美国第14届双年度碳会议上他们还对这种纤维进行了电子衍射测定，发现其壁是由类石墨排列的碳组成，这些管像几层晶体碳包在一起[48]。实际上他们已观察到多壁碳纳米管，但当时并未明确认识。与此类似，日本的远藤（Endo）等[49]、中国科学院金属研究所刘华[50]在用有机物催化热解合成气相生长碳纤维时也曾观察到类似多壁碳纳米管结构的物质。当富勒烯被发现后，在其研究推动下，1990年初开始有有关圆筒状富勒烯分子的理论研究[51]。在1991年饭岛（S. Iijima）论文发表前不久，已有一些研究者在探讨所谓富勒烯管的电性质[52,53]。一些研究者曾报道富勒烯晶体中含有比C_{60}更小和更大的封闭碳笼，更大的富勒烯呈伸长的椭圆形，估计约含130个碳原子，认为这类结构可能来自相邻的C_{60}和C_{70}分子在晶体中的合并[54]。

然而碳纳米管的发现者仍属日本电子公司（NEC）的饭岛博士。正是由于他的发现才真正引发了碳纳米管的研究热潮和二十多年来碳纳米管科学和技术的飞速发展。饭岛早年就曾用透射电镜（TEM）研究过各种固体碳材料的结构，如非晶质炭[55]、玻璃炭、石墨薄膜、超微石墨粒子[56,57]等。以前研究使用的电弧蒸发法是在抽真空条件下，和制备富勒烯时反应空间充满氦气不同，故得到的产物为炭膜。所得膜的大部分为无定形碳，其中有少部分为石墨化区中含有的某些具有特殊结构的物质，如弯曲、封闭、类似由同一中心封闭壳组成的离散石墨粒子，某些结构伸展如同碳纳米管一样。但当时他没有仔细地研究这些结构，只是认为这类结构是sp^3键合的结果，而不是像目前所了解的由于五元环的存在所致[55,56]。富勒烯发现后，饭岛用高分辨TEM仔细研究由这一技术同时副产出的炭黑，初期的TEM研究令其失望，从电弧蒸发反应器壁上收集的炭黑似乎都是无定形碳，很少带有明显的、长范围的结构。后来，他放弃从这类炭黑中的筛选，转而考察电弧蒸发后在石墨阴极上形成的硬质沉积物，在高分辨TEM下观察时发现，阴极炭黑中含有一些针状物，由直径为4 ～ 30nm、长约1μm、2 ～ 50个同心管构成。这种新石墨结构中最迷人的是长形中空纤维比以前看到的更细小、更完整。该结果首先在1991年一次会议上被报道，随即发表在*Nature*杂志上[2]。饭岛所描述的合成碳纳米管的电弧蒸发法的收率很低。1992年，T.W. Ebbesen和P.M. Ajayan合成了纯度更高的克量级碳纳米管[58]。他们在试图合成富勒烯衍生物时，发现用氦代替氩作缓冲气体，增加电弧蒸发室的氦压时，可改善碳纳米管在阴极炭黑中的收率，从而大大地加快了碳纳米管研究的步伐。

1991年饭岛所描述的碳纳米管至少含有两层，1993年饭岛[59]和IBM公司的D. Bethune[60]分别用Fe和Co作为催化剂混在石墨电极中，各自独立地合成出了单壁碳纳米管。这是又一重大进展，这种单壁碳纳米管具有更为独特的结构和优异的性能。1994年，T. Gao等用激光照射含有Ni和Co的碳靶也得到了单壁碳纳米管[61]。1996年A. Thess等用双脉冲激光照射含Ni/Co催化剂颗粒的炭块，得到由若干单壁碳纳米管形成的管束[62]。这一方法可高收率地得到直径均匀的单壁碳纳米管，它们比电弧蒸发法更趋向于排列成束。此报道中首次用“绳”这一概念来代替管束，单壁碳纳米管绳的大量合成，大大加快了碳纳米管的研究，此后基于这些试样进行了许多有重要影响的工作。1997年，C. Journet等用Ni/Y作催化剂，在放电过程中不断移动阳极以保持电极之间的距离不变，使阳极在稳定电流下挥发，可得到收率较高的单壁碳纳米管[63]。1999年中国科学院金属研究所成会明等研发出大量制备高纯度单壁碳纳米管的半连续氢电弧法[64,65]。由于用氢取代氦作为缓冲气体，既降低成本又使产物纯度提高，使用含硫生长促进剂提高了产物的产量和质量，实现了制备过程的半连续化。

与此同时，一些研究者们着手发展可制备宏观量样品的方法，并取得了不错的进展。M.J. Yacaman等于1993年以乙炔为碳源，用Fe作催化剂首次针对性地用化学气相沉积（chemical vapor deposition）法成功地合成了多壁碳纳米管[66]。1994年S. Amelinckx用这一方法制得了螺旋状的碳纳米管[40]。基于多年对烃类催化气相热解生成气相生长碳纤维的研究，远藤（M. Endo）等也立即转入用苯等烃类热解生长所谓热解碳纳米管的研究，所得产品也都是多壁碳纳米管[67]。1996年戴宏杰等以CO为碳源，Mo纳米颗粒为催化剂合成出单壁碳纳米管[68]。1998年中国科学院金属研究所成会明等将生长促进剂用于改进的浮动催化法中，首次得到直径为1～2nm的单壁碳纳米管和由多根单壁碳纳米管形成的管束[69]以及由很多管束定向排列形成的数厘米长的条带[70]。近期，该研究组采用原位刻蚀-浮动催化剂化学气相沉积法制备出了半导体性纯度＞93%[71]及金属性纯度＞88%[72]的单壁碳纳米管薄膜，可应用于透明导电薄膜、薄膜晶体管及生物传感器等。原中国科学院成都有机化学研究所的于作龙、瞿美臻等，以乙炔为原料，开发了用沸腾床反应器催化裂解制备碳纳米管的新工艺。该法具有气固接触好、能充分利用催化剂表面以及可大量装填催化剂等优点，可连续、大批量地制得多壁碳纳米管[73]，目前在成都建有一条30t/a的碳纳米管生产线，可生产100余种碳纳米管产品，并将碳纳米管制成纤维、纸、膜、浆料等。2001年，清华大学魏飞等采用纳米团聚流态化反应器，以多种烃类为原料在较低温度下连续、大批量（15kg/h）生产纯度80%以上、多种形貌的多壁碳纳米管，目前可生产直径7～25nm、纯度90%～99.9%的碳纳米管，用于锂离子电池正极材料以及增强复合材料等[74]。2004年日本产业技术综合研究所的Hata等[75]采用在化学气相沉积过程中加入水蒸气的方法实现了“超生长”，并获得高纯度、毫米级高度的碳纳米管垂直阵列，目前该方法已经实现自动化规模生产。

经过二十几年的发展，碳纳米管的合成技术已经非常成熟，研究者们在控制单壁碳纳米管的直径、长度、手性、密度等方面取得了多项突破性进展。2000年香港科技大学汤子康等利用在沸石孔道中沉积碳的方法获得了直径仅为0.4nm的单壁碳纳米管，这是目前可以直接制备得到并稳定存在的最细碳纳米管[76]。2013年，清华大学魏飞等采用在化学气相沉积过程加入水同时不断移动管式炉恒温区的方法，制备得到最长达55cm的单根碳纳米管，是目前所报道的最长碳纳米管[77]；而此前最长的单壁碳纳米管的长度为18.5cm，是在化学气相沉积法生长碳纳米管的过程中加入水所制备得到的[78]；最短的碳纳米管是R. Jasti等在2008年通过有机合成的方法获得的扶手椅型碳环[79]。直接生长得到的结构一致性最高的单壁碳纳米管样品是北京大学李彦以钨钴合金纳米颗粒为催化剂生长的（14，4）型碳纳米管，其单一手性单壁碳纳米管含量达97%，生长过程中加入一定量的水以后纯度可提高至98.6%[80]。目前，直接生长且呈单根水平排列的单壁碳纳米管样品密度最高已经可达160根/μm[81]，是北京大学张锦等通过设计的"特洛伊催化剂"[82]，在化学气相沉积过程中不断从蓝宝石基底释放形成Fe纳米颗粒作为催化剂生长碳纳米管所实现的。

1.2.2 碳纳米管的合成方法

各种碳同素异形体可随所经历的物化条件相互转化。天然石墨和人造石墨是最容易获得的较纯净的碳源。然而，石墨是稳定性极好的材料之一。在石墨晶体的层面内，碳原子结合得十分牢固，加之碳的原子量又小，其晶格受热激发振动较为困难。在常压下，即使加热至3000℃石墨也不会熔化和变形。在2000℃时，石墨蒸气压仅为10^{-8}MPa；在2600℃时，仅为10^{-3}MPa。当蒸气压达到0.1MPa时，升华点为3530℃[14]。但要形成单个碳原子或碳原子簇蒸气，其升华热高达710kJ/mol[83]。

碳纳米管和金刚石相类似，是元素碳的一种热力学不稳定但动力学较稳定的亚稳态物质。构成碳纳米管的石墨烯片层有一定的弯曲，从而使处于平衡状态的碳原子具有一定的应力能并处于较高能量状态。如图1.7所示，不同碳同素异形体中碳原子所具有的能量各不相同，石墨中碳原子的能量为零，为最稳定状态，C_{60}中碳原子的能量最高达0.45eV，而碳纳米管中碳原子的能量接近金刚石[84]。纳米石墨烯片的边缘处有较多悬键，在消除悬键形成碳纳米管时，也要克服管弯

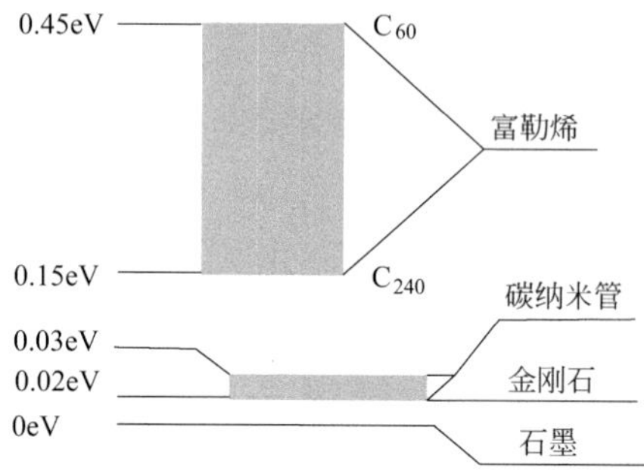

图1.7 不同碳同素异形体中碳原子所具有的能量示意图[84]

曲的应力能，因而是两者平衡的结果。从不同碳同素异形体的生成热的差别，也可看出各自的稳定程度。最稳定的石墨，其生成热为零，而金刚石、C_{60}、C_{70}则分别为1.67kJ/g碳原子、42.51kJ/g碳原子和40.38kJ/g碳原子[85]。因此，要使石墨变成碳纳米管就必须从外部施加更高能量，使之在受激状态下形成能量更高的单个碳原子或碳原子簇。这些能量的供给，可通过高温电弧或激光、等离子体来得到。

形成碳纳米管的碳源也可从各种含碳物质的热解或转化来获得。分子中主要含碳和氧的CO气体；含碳和氢的烃类；主要含碳和氢，有时也混杂有氧、氮、硫等其他杂原子的小分子有机化合物；低沸点的有机金属化合物（如各种金属茂，金属酞菁等）；高分子聚合物以及碳化硅之类的无机物等，在加热特别是催化加热过程中，都会分别通过歧化以及气相、液相或固相碳化转化为高碳或纯碳质材料，条件合适时能部分或完全转化成碳纳米管。

自发现碳纳米管以来，已有数十种合成碳纳米管的方法问世，也发现了一些新的转化途径，根据碳源来源的不同将其大致分为如下几类。本节仅将各方法大致区分类别，具体方法将在本书的相关章节中予以详细介绍。

① 碳蒸发法：其中包括电弧法[2,63,86~90]、激光烧蚀法[61,62,91~93]、等离子体法[94]、太阳能法[95,96]等。这些方法的共同特点是用人造（或天然）石墨或含碳量高的各种牌号的煤或其产物（如腐植酸）等[97~99]作原料，通过不同的方法在极高温度下使原料中碳原子蒸发，在惰性或非氧化气氛中（Ar[2]、He[58]、N_2[100]、H_2[65,101,102]、CH_4[103]、C_2H_2[104]以及C_2H_2+He[105]等）使蒸发后的碳原子簇重排生成碳纳米管。

② 含碳气体及烃类或有机金属化合物的催化热解：其中包括CO的歧化[106]，C_2H_2[66,107~109]、CH_4[99,110]、丁烯[111]、苯[69,70]和2-甲基-1,2′-二萘酮[112]之类的气态及液态烃的气相热解转化；某些有机金属化合物，如二茂铁之类的金属茂[113]，

Ni、Co、Fe的金属酞菁[114]等的热解。在这类方法中可使用Fe、Co、Ni以及稀土金属等不同的金属催化剂、固体酸催化剂[111]或溶胶-凝胶法合成的液态催化剂[115,116]。根据不同衬底中催化剂的影响[117]，不同于电阻外热的特殊热源（等离子体喷射分解沉积[118]、增强等离子热流体化学气相沉积法[119]、微波等离子化学蒸发苯[120]等），不同的沉积空间和位置［基板法[107~109,113,115,116,121~123]、浮动法（或称流动催化法）[69,70]，原位催化法（*in situ* catalysis）[124]、微孔模板法（即所谓的铸型法）[125~129]、沸腾床[73]及纳米团聚流化床[74]等］，可衍生出许多不同的方法。

③ 固相热解法：如本体聚合物空气热解法[130]、混合微囊纺丝法[131]、乙酰丙酮催化转化[132]、高密度聚乙烯水热转化法[133~135]、低密度聚乙烯热解法[104]以及C_{60}热解法[136]等。

④ 电化学法：如炭电极融熔盐电解法[137,138]、氟聚合物电化学还原法[139~141]、乙炔的液氨溶液电化学合成法[142]等。

⑤ 含碳无机物转化法：如碳化硅表面热分解法[143]。

⑥ 环芳构化形成筒状齐聚物[144]等新的合成方法。

⑦ 扩散火焰法[145,146]和低压烃火焰法[147]等。

因为激光烧蚀法和电弧法可得到高质量碳纳米管样品，而化学气相沉积法的可控性较强，因此以上三种方法被认为是制备碳纳米管的主要方法[148]。近年来，研究者发现在采用化学气相沉积法制备碳纳米管的过程中，催化剂的种类、尺寸及其与基底的相互作用，碳源的种类、易分解程度、分解方式、与载气的比例等是影响碳纳米管纯度、质量、壁数、直径及导电属性甚至手性的重要因素[149~151]。特别是碳纳米管生长中所采用的催化剂与传统意义的催化剂不同，它既是碳纳米管形核生长的模板又能催化碳源分解，并具有溶碳、析碳等功能，因此在碳纳米管生长过程中起到决定性作用（如图1.8所示）。目前，对单壁碳纳米管的精细结构，如直径、手性、手性角等进行调控是该领域研究的难点，而设计与制备尺寸、组成、结构及原子排列方式可调的新型催化剂是实现这一目标的重要手段。

目前采用化学气相沉积方法制备碳纳米管的研究重点在于控制生长不同结构和性质的碳纳米管。获得结构一致单壁碳纳米管的方法主要有直接生长和后处理分离[152,153]两类方法。后处理分离主要是在获得大量碳纳米管的基础上利用其结构和性能的差异进行纯化，该方法可以获得高纯度、结构一致的样品，但存在工艺冗繁，易残留有机物、引入缺陷等问题，影响了碳纳米管在应用中的性能发挥。因此，近阶段研究者们主要集中于探索可直接生长结构一致的单壁碳纳米管的方法。根据采取策略的不同，这些方法大致可分为四类：①“外延生长法”，即以

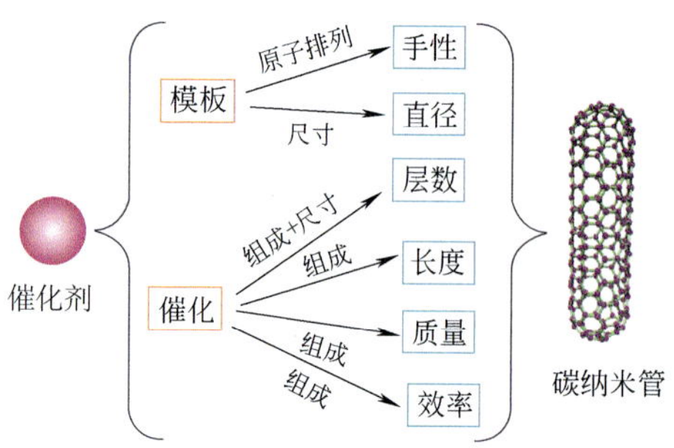

图1.8　催化剂与碳纳米管结构之间的关系图

与单壁碳纳米管具有相同或相似结构的纳米碳材料，如短切的碳纳米管[154,155]、开口的富勒烯[156,157]、碳环[158]、石墨烯纳米带[159]、具有碳帽型的前驱体有机大分子[160,161]等作为“模板”或“种籽”生长碳纳米管，该方法可以确保碳纳米管结构的继承性和一致性，但其生长效率很低；②“动力学控制法”，控制化学气相沉积过程中催化剂的设计[162~166]、生长温度[167]、生长时间[168]等，利用不同手性结构碳纳米管生长速率的差异，可获得窄手性分布单壁碳纳米管，该方法生长效率高，但所得样品多为质量较差的碳纳米管束，影响了其在纳电子器件中的使用；③“原位刻蚀法”，利用不同结构单壁碳纳米管的化学活性差异，在化学气相沉积过程中原位加入刻蚀性气体，如O_2[169]、H_2[71,170]、H_2O[171~173]，或通入可分解产生具有刻蚀性物质的碳源[174,175]及使用可释放氧化性物质的催化剂载体[176,177]等选择性地去除化学活性较高的小直径或金属性碳纳米管，获得结构均一的碳纳米管，该方法简单易行、生长效率高，但所制备样品的纯度有待进一步提高；④“固态催化剂生长法”，一些研究者开创性地制备了具有特定晶体结构的钨基纳米合金颗粒催化剂[80,178,179]和金属碳化物催化剂[180,181]，此类催化剂可在高温下保持固态并生长单一手性单壁碳纳米管，但该方法的生长效率有待进一步提高，且可控生长机理仍有待深入研究。

尽管基础研究方面已发展出多种可控合成单壁碳纳米管的方法，但工业生产多以多壁碳纳米管为主。据不完全统计，多壁碳纳米管的年产能为数千吨，目前较为成熟的工艺技术主要包括：日本昭和电工株式会社的浮游催化剂法，可生产80～150nm的气相生长碳纤维，主要用于锂离子电池电极材料；Hypersion、阿科玛（Arkema）、三顺新材料有限公司和深圳市纳米港有限公司等的固定床和移动床制备工艺，可生产直径在10～50nm的多壁碳纳米管，用于高端导电塑料、锂离子电池电极材料导电添加剂等；北京天奈科技有限公司和德国Bayer公司等使用流化床工艺，可生产直径在7～25nm、纯度在90%～99.9%的碳纳米管，用于锂离子电池电极材料以及增强复合材料等；北京天奈科技有限公司也可批量生产单壁碳纳米管；另外，Nanocyl等公司在导电复合材料、轮胎等领域进行了相当大的投入，具备相应的工业示范装置[75]。2013年6月，清华-富士康纳米科技研究中心超顺排碳纳米管阵列产业化项目正式签约。超顺排纳米管阵列是由高质量的碳纳米管整齐排列而成的一种新型材料，这种材料可以直接制膜或拉丝，在触摸屏、超细导线、瞬时加热器、超薄扬声器等多个领域具有极其广阔的应用空间[182]。最近基于日本产业技术综合研究所（AIST）研发的超生长技术，由日本瑞翁公司启动了世界上第一套大规模高级碳纳米管生产装置。该装置采用超级成长（SG）方法生产纯度超过99%的碳纳米管。产业化技术的研发推广在很大程度上降低了碳纳米管的生产成本，促进了其应用推广。2013年，多壁碳纳米管价格在0.2～25美元/g范围内，单壁碳纳米管的价格在50～400美元/g范围内，而半导体性或金属性富集的单壁碳纳米管、表面功能化碳纳米管和掺杂碳纳米管等特种碳纳米管仍然非常昂贵，价格约500美元/mg[75]。

1.3 碳纳米管的特性、应用前景及发展方向

有关碳纳米管的理化特性及应用将在本书有关章节中予以详细介绍，这里为便于读者初步了解，仅做总括性的概述。

1.3.1 碳纳米管的特性

碳纳米管是由sp^2杂化的碳原子为主，混合有sp^3杂化碳所构筑成的一维管状结构，单壁碳纳米管是理想的分子纤维。碳纳米管可看成是片状石墨烯卷成的圆

筒，因此它必然具有石墨优良的本征特性，如耐热、耐腐蚀、耐热冲击、传热导电性好、高温强度高、有自润滑性和生物相容性等一系列综合性能。碳纳米管具有很高的热导率。其热导传输机制中包含电子运动的热导传输机制和晶格波传输，所以碳纳米管的结构如直径、手性角甚至长度等，都会影响其热导率。实验测试表明，室温下直径为1.7nm、长度为2.6μm的单壁碳纳米管，其轴向热导率为3500W/(m·K)，而导热性能优异的铜的热导率仅为385W/(m·K)[183,184]。碳纳米管受其几何形状的限制，垂直于管轴的膨胀几乎为零。碳纳米管的管壁与石墨基面类似，也应呈同样的化学惰性。碳纳米管在真空中低于2800℃、大气中低于750℃都能稳定存在，而微电子器件中的金属导线在600～1000℃就会被熔化。然而，由于碳纳米管的管壁中存在有大量拓扑学（几何图形）缺陷，例如键旋转缺陷或所谓Stone-Wales成对的五元环/七元环，在整个拓扑学构型及弯曲中未引起任何可见变化的缺陷等，因此碳纳米管本质上比其他石墨变体具有更大的反应活性。碳纳米管的端部因有五边形的缺陷以及由缺陷引起的维度弯曲，因而反应活性增加。利用这一特性，通过适当的氧化反应可使碳纳米管脱帽、开口。由于碳纳米管管壁的弯曲，电荷在其中的传输比在石墨中更快。在化学反应中用作电极时，呈现出更高的电荷传递速率[185]。总之，碳纳米管的原子排布与键合方式、尺度及拓扑学因素等有关，赋予了其极为独特的结构和性能（图1.9）。最为突出的特性可归纳为以下三点。

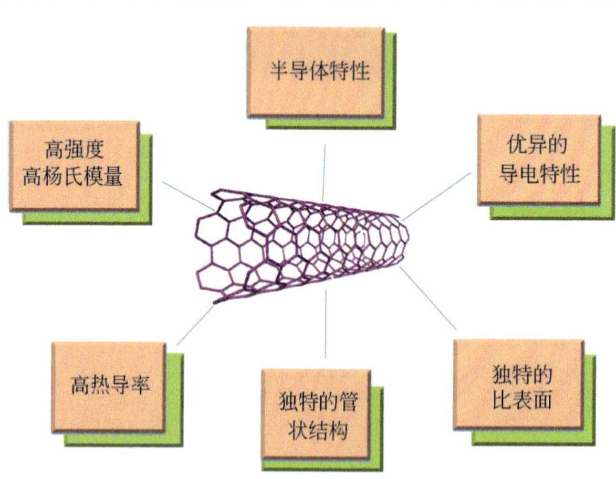

图1.9　碳纳米管的优异性能

（1）准一维中空管状结构

顾名思义，碳纳米管的直径为纳米级。如前所述，一般单壁碳纳米管的直径在0.8 ～ 2.0nm，多壁碳纳米管的直径也不超过100nm，长度则可达微米至数十厘米级，因而具有很大的长径比，是准一维的量子线。按照量子力学的观点，碳纳米管中碳原子在径向被限制在纳米尺度内，其π电子将形成离散的量子化能级和束缚态波函数，因此产生量子物理效应，对系统的物理和化学性质产生一系列的影响。同时，封闭的拓扑构型及不同的螺旋结构等因素导致的一系列独特特征，使碳纳米管具有很多极为特殊的性质。通过理论模型预测以及一些实验结果，已初步奠定了基于碳纳米管结构、纳米尺度的物理基础。可以说，目前还很难找到另一种能够作为研究一维固体物理的理想理论模型且同时具有多种实用前景的材料[186]。

碳纳米管，特别是单壁碳纳米管，构成它的碳原子基本上都处于表面位置，故具有较大的比表面积。理论计算表明，碳纳米管的比表面积可在50 ～ 1315m^2/g的较大范围变化[187]。多壁碳纳米管由BET测定的比表面积为10 ～ 20m^2/g，比石墨高但比多孔活性炭低。单壁碳纳米管的比表面积值要比多壁碳纳米管大一个数量级。由于单壁碳纳米管中间是一个光滑、平直的管腔，故其密度相当低，仅为0.6g/cm^3，但其六角形管束的理论密度可达1.3 ～ 1.4g/cm^3[188]。多壁碳纳米管的密度随其结构变化，在1 ～ 2g/cm^3之间。

碳纳米管还给物理学家提供了最细的毛细管，给化学家提供了进行纳米化学反应最细的试管。碳纳米管上极小的微粒可以使碳纳米管在电流中的摆动频率发生变化。利用这一点，1999年，巴西和美国科学家发明了精度在10^{-17}kg的“纳米秤”，能够称量单个病毒的质量[189]。随后美国科学家研制出能称量单个原子的“纳米秤”[190]。

（2）独特的电学性质

碳纳米管的电学性质中最为特别的有五点：管的能隙（禁带宽度）随螺旋结构或直径变化；电子在管中形成无散射的弹道（ballistic）输运；电阻振幅随磁场变化的A-B效应；低温下具有库仑阻塞（Coulomb blockade）效应和吸附气体对能带结构的影响。

如前所述，受量子物理影响，随手性角及直径的改变，单壁碳纳米管中电子从价带进入导带的能隙可从接近零（类金属）连续变化至1eV（半导体），即其导电性可呈金属、半金属和半导体性，因而碳纳米管的传导性可通过改变手性角和直径来调控。目前尚未发现任何其他物质能像碳纳米管这样可通过简单地改变原子排布方式调节其能隙大小。如果对碳纳米管掺杂，还可进一步改变其导电特性。如在多壁碳纳米管中加入B和N取代碳，可使之形成具有金属特征的电子态密度[191]。用碱或卤素掺杂单壁碳纳米管，由于管和掺杂物之间的电荷传输，甚至能使其导电能力增加一个数量级[192,193]。

半导体或导电材料中的传导电子因受晶格振动及杂质的散射而产生一定的电阻。电子在电场中加速时，所飞行的最远距离称为射程。半导体的温度降低或纯度提高，其电子的射程就变长，尤其是通过超晶格改性的掺杂，在高移动度的晶体管中能实现极长的射程。这种长射程的传导即所谓的弹道输运。碳纳米管和石墨一样，由碳原子的六方网格形成，网格长度比其他原子形成的短，杂质难以将其置换，因此在电子传输时不会因杂质引起散射，故能形成弹道输运[194,195]。碳纳米管在室温下电子的弹道输运类似于光子在光纤中无能量损失飞行一样[196]。电迁移（electromigration）是在电子散射区由电流感应力导致的原子重排和扩散，是电路中传统金属导线破坏的主要原因，也是电子工业面临的主要问题，而碳纳米管中的弹道传输则能克服这点。金属性碳纳米管提供了一种力学性能好且可弯折的电子波导管，其传输量子力学电子波而无信息丢失的能力使之在量子计算机开发方面具有特别的吸引力[197]。

弹道输运也指在场效应晶体管（FET）中电子能在毫无散射的状况下进行的传输。场效应晶体管是计算机中进行运算和存储的集成电路的主要元件。要制造高速大容量的计算机必须制造开关速度快、尺寸更小的场效应晶体管。目前以硅为主的半导体精细加工已达到极限，正在寻找新的替代材料。碳纳米管稳定性好，又具有弹道传输的特性，有望利用其制得运算速度更快、体积更小的晶体管。2013年，斯坦福大学的研究者们利用后处理分离的碳纳米管构筑了世界上第一台碳纳米管计算机[198]。目前用碳纳米管取代单晶硅的研究正在推进，2014年IBM公司实现的最小碳纳米管CMOS器件仅停滞在20nm栅长，但性能低于预期。2015年该公司称研制出了尺寸小于10nm的金属触点且不会影响碳纳米管的性能的新工艺[199]。2017年，北京大学彭练矛等使用石墨烯作为碳纳米管晶体管的源漏接触，有效地抑制了短沟道效应和源漏直接隧穿，从而制备出了5nm栅长的高性能碳纳米管晶体管，器件亚阈值摆幅达到73mV/Dec，将碳纳米管晶体管的性能推至理论极限[200]。下阶段需要解决的技术难题是获得高纯度的半导体性单壁碳纳米管和开发可靠的非光刻工艺，使数十亿个纳米管准确排列在芯片上[201]。IBM计划在2020年之前为碳纳米管晶体管替代硅晶体管做好技术准备。

当一薄壁金属圆筒的轴向与外磁场方向平行，在沿轴向通过电流时，圆筒的电阻将改变，变化后的电阻值和磁场为零时的电阻值之差，称为磁阻（ΔR）。ΔR随磁场强度周期地变化，这一现象被称为Aharonov-Bohm效应（简称A-B效应）。平行于多壁碳纳米管的管轴施加磁场时，也观察到A-B效应的磁阻振荡[202]。电阻被外磁场调变的幅度相当大，约为总电阻值的30%。温度越低，调变的幅度越大。即在外磁场作用下，碳纳米管的电性能可发生从半导体到金属或逆向从金属到半导体的变化。因此碳纳米管有望取代薄壁金属圆筒，在电子器件小型化和高速化中发挥作用。

库仑阻塞效应是电子在纳米尺度的导电物质间移动时出现的一种现象。在两电极间（其接合静电容量为C）距离变小时，由于隧道效应，电子可从一极向另一极移动，如果双方静电平衡，要移动一个电子，其能量仅增加$E_c=e^2/(2C)$。此能量在室温时与热能相比非常小，然而当导体尺度极小时，C变得很小；尤其在低温时，热能也很小，这时就必须考虑E_c。如果没有这一能量，在低偏流电压下，电子的流动受到抑制，导体就不会产生传导。这种因库仑力导致对传导的阻碍，即所谓的库仑阻塞现象。此时若在第三电极（栅极）施加正电位，电中性的导体就会带负电，当栅极电压超过平衡电压时，一个电子就会从一个电极向另一个电极移动，形成单电子输运，从而产生传导。电压继续提高时，库仑阻塞仍起作用，在同样情况下反复进行。因此，增加栅极电压可使电子逐个加到碳纳米管中，其机理如同单个隧道作用的元件一样且在室温下也有此效应。利用此原理可制成室温下工作、微小的场效应三极管[203]。

单壁碳纳米管的电性能也与其所处的气体环境有关，因为其他物质的进入可改变其电子能带结构，从而使其电学性能产生较大变化。例如，单壁碳纳米管的电阻取决于环境气氛中氧的浓度，氧在其上的吸/脱附速度直接影响其电阻变化的快慢[204]。当痕量NO_2与单壁碳纳米管接触时，其电阻减小，与微量NH_3［1%（体积分数）］接触时，电阻增加。因此，可通过监测单壁碳纳米管的电导率的变化来探测NO_2和NH_3气体的浓度[205]。用单壁碳纳米管有可能制得最小的分子级气敏元件，其响应时间比目前可用的同类金属氧化物或聚合物传感器至少要快一个数量级，同时还具有尺寸小、表面积大、能在室温或更高温度下使用等优点。

（3）碳-碳键构筑的超高力学性能

碳纳米管的基本网格和石墨烯一样，是由自然界最强的价键之一，即sp^2杂化形成的C═C共价键组成，因此碳纳米管是已知的强度最大、刚度最高的材料之一。其轴向弹性模量目前从理论估计和实验测定均接近甚至超过石墨烯片，在1～1.8TPa[206~208]之间。Yu等用原子力显微镜测试了碳纳米管的拉伸性能，发现其杨氏模量为 320 ～ 1470GPa，很好地与Krishnan等基于透射电镜下悬空单壁碳纳米管的实验结果吻合[209,210]。由于碳纳米管是中空的笼状物并具有封闭的拓扑构型，能通过体积变化来呈现其弹性，故能承受大于40%的张力应变，而不会出现脆性行为、塑性变形或键断裂[211]。因此碳纳米管也一度被认为是最有可能用来建造“太空天梯”的材料，但是如何才能制备出10^5km长的碳纳米管是最大的问题之一。碳纳米管能通过其中空部分的塌陷来吸收能量，增加韧性[212]。分子动力学模拟表明，在张力负荷下碳纳米管表面的六边形网格会伸长变形，直至在高应变下某些键断裂。由于在二维网格中的易动性，局部的缺陷很容易重新分配到整个表面，逐渐地形成新的缩口形式，最终在局部减小成完全由碳原子双键连接的卡宾线形链。这是因为在sp^2的碳系统中，被称为Stone-Wales缺陷的一对五边形/七边形缺陷[213]，在应力影响下容易在碳纳米管的网格中变化，使碳纳米管的直径逐渐减小[214]，甚至使变了形的碳纳米管的螺旋度发生变化。利用螺旋度的变化影响导电性变化的特性，可将碳纳米管作为传感器，通过测定其电学特征来反映应力的大小。

1.3.2
碳纳米管的应用前景

基于上节提到的碳纳米管的种种特性，人们已经开始探索如何在商业制品中实际利用该材料。初步研究和预测表明，在今后人类文明基于纳米技术和纳米结构的革命化过程中，碳纳米管将发挥重要作用[215]。有的学者声称：“如果把所有的不同应用前景都写出来的话，富勒烯要用一页纸，而碳纳米管则要用一本书，两者之间有数量级的差别。”[194]获得诺贝尔奖的C_{60}发现者之一R.E. Smalley称：“碳纳米管将是价格便宜、环境友好并为人类创造奇迹的新材料。”[216]这些都说明碳纳米管的应用前景广阔，特别是在纳电子器件方面应用的巨大潜力难以估量。表1.2是根据应用的尺度范围，对碳纳米管可能的应用领域大致进行了归类。在本书有关章节中将对这些可能应用的领域做较详细地介绍，本节则仅分几大类简要地加以说明。

（1）纳米尺度的器件

结合碳纳米管的各种独特性能，利用其具有的纳米尺度，可将其作为一个独立应用领域加以考察。包括原子力显微镜或扫描隧道显微镜在内的各种扫描探针，

表1.2　碳纳米管的可能应用领域

尺度范围	领域	应　　用
纳米技术	纳米制造技术	扫描探针显微镜的探针、纳米类材料的模板、纳米泵、纳米管道、纳米钳、纳米齿轮和纳米机械的部件等
	电子材料和器件	晶体管、纳米导线、分子级开关、存储器、微电池电极、微波增幅器等
	生物技术	注射器、生物传感器、热疗、生物成像
	医药	载药（药物包在其中并在有机体内输运及释放）
	化学	纳米化学反应器、化学传感器等
宏观材料	复合材料	增强树脂、金属 、陶瓷和碳的复合材料、导电性复合材料、电磁屏蔽材料、吸波材料、光功率探测等
	电子源	场发射型电子源、平板显示器、高压荧光灯
	能源	锂离子电池、锂硫电池、太阳能电池、超级电容器等
	化学	催化剂及其载体、有机化学原料、污水处理

显微镜的分辨能力与探针尖端的大小、形状、化学组成以及表面的性质有关。理想的探针，其顶部尖锐（几纳米以下），在原子尺度具有明确的几何形态，且呈化学惰性，在用于扫描隧道显微镜时还必须有导电性。其顶端愈尖锐，图像的分辨率愈高；尖端愈长，能探测的表面愈深。事实上这些要求碳纳米管都可以满足。用化学气相沉积法可在硅尖端生长单根的碳纳米管，使之牢固地锚接在探针顶部[217]。碳纳米管特别细小，不但可大大地改善图像的分辨率，而且即使极微小的深部表面裂纹以及DNA之类的生物分子也能成像[218]，不仅可提高面分辨率也可提高纵向分辨率。而传统用刻蚀的硅或金属尖端，由于较钝，有时几乎不可能进行探测。另外，由于碳纳米管的高弹性，当其尖端与基体接触时将引起结构的可逆弯曲而不会遭到破坏。1996年Dai等[218]就制备出了第一根碳纳米管探针，但目前在推广使用中存在一些问题[219]。目前研究者们也在进行一些关于碳纳米管用作精细加工中的“支架”，用来培养人体干细胞[220]。

在碳纳米管端部通过连接官能团，选择性地进行化学改性，可用作化学和生物化学方面的特殊纳米探针，可用于化学力显微镜（chemical force microscopy）中[221]。还可通过化学改性的碳纳米管探针进行化学滴定。端部羧基化的碳纳米管被用作原子力显微镜的尖端，使基于分子反应形成图形的试样成像并促进生物分子反应，也可用来测定蛋白质-配位基对之间的键合力[222]，如带酸性官能团的开口碳纳米管，可在表面上识别特殊的化学官能团，给人们提供完整的表面信息；在生物技术方面能描画出细胞膜及其他细胞组织结构[223]，可描绘出分辨率为1nm

的表面化学特征。且进一步研究表明，许多不同的物质，包括生物分子也能连接在碳纳米管上[224,225]。

如果将一对碳纳米管适当地粘在玻璃杆上组成两个电极，供给电极电荷时可使两电极在碳纳米管间形成静电吸引而相互对向弯曲，形成1nm尺度的操纵器。使之如同镊子一样，在微细表面上拾起或移动纳米尺度的物体（如350nm的聚合物球）[226]。在扫描探针的尖端做成类似的镊子，可用来发现和操纵单个细胞之类的试样[227]。用单壁碳纳米管可形成电机械装置，当几伏的微量电压施加于一悬浮在电解质中与聚合物一起形成的碳纳米管薄片上时，该薄片会产生应变而弯曲，如同人体肌肉收缩一样，故有可能在人造肌肉中用碳纳米管作动作体[228]。碳纳米管的尖端还可以相当高的速度在氧化硅基体上刻下纳米线，而用其他的尖端根本无法完成[229]。工业技术制成的硅片要能形成导线其宽度至少有180nm，尽管用近紫外光刻技术或同步X射线法可降至90nm，但如果用碳纳米管，则其宽度还能降低一个数量级[216]。碳纳米管的尖端由于其极好的力学强度和弹性，比硅尖端有更长的成像和形成纳米线路的寿命[230]。碳纳米管还可在很有应用前景的纳米流体装置中用作组件，纳米大小的管道不可能用平板照相技术来制造，高强度碳纳米管可在微流体之间或微流体（如药品供给系统）与主体（如细胞）之间，形成圆筒形渠道。溶剂化的碳纳米管在纳米装置中有可能被用作水和质子的可调分子通道，其占有率和传导率可由通道的局部极性和溶剂条件来调节[231]。

固体表面施加强电场时，将电子封闭在固体内的表面势垒变得低而薄，由于隧道效应，电子会向真空中放出，这一现象称为场发射。要形成场发射，表面上必须有10^7V/cm（1V/nm）数量级的强电场。因此，常在顶部尖锐的金属针上施加负电压，使电场集中在其尖端。用半导体或金刚石作为发射体的类似器件已开发多年，而碳纳米管具有更尖锐的尖端、化学稳定、力学性能高且其中碳原子不会移动等一系列优点，使之非常适合用作场发射材料。用部分阵列的碳纳米管膜进行这一试验表明，可在开端电压数十伏，每平方厘米数百毫安的电流密度下发射电子，并且在空气中，可保持几小时的稳定场发射。利用这一技术开发了平面彩色显示屏，由碳纳米管提供电子束使屏幕上的磷发光[232]。理论预测，碳纳米管作阴极发射材料具有发射强度大、分辨率高、电耗低和寿命长等一系列优点，有可能在电视屏幕、显示器及各类照明装置中得到应用。

（2）制造纳米材料的模板

利用碳纳米管作为模板，对其进行填充、包覆和空间限域反应（图1.10）可合成其他一维纳米结构的材料[116]。如将碳纳米管与液态铅一起退火，可使碳纳米

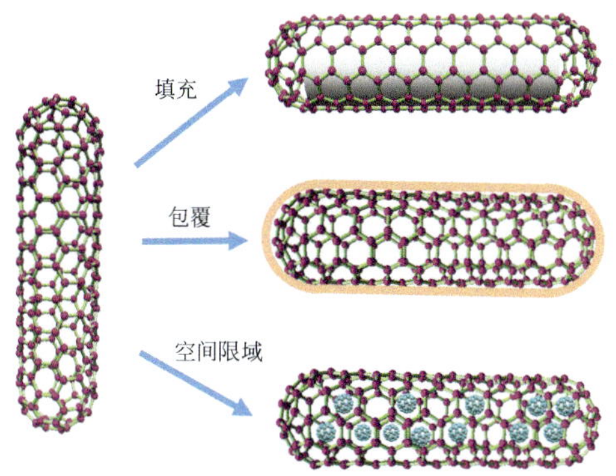

图1.10 利用碳纳米管作为模板，对其进行填充、包覆和空间限域示意图

管端口打开，熔融的铅因毛细管作用而充填进管内，此法可在碳纳米管中制得直径仅1.2nm的导线[233]。硫、硒、铯等低表面张力的材料都可通过此法制成相应的一维纳米线[234]。表面张力高的金属材料则可通过将其混入电极中使之填充至管中[235]。利用化学镀可在碳纳米管表面包覆一层金属镍来获得一维纳米磁性材料[236]。高温下碳原子的蒸气压很低，将蒸气压较高的物质在高温下与碳纳米管反应，使前者的分子迁移到后者的表面或扩散到其内部，限制化学反应在碳纳米管的空间范围内，使反应生成物也具有一维形态。这一方法已用于制备多种金属的碳化物[237]、氮化物[238,239]。用此法生成的纳米氮化镓棒具有完美的晶体结构和良好的发光性能。用类似的方法还可以把硅衬底上的阵列碳纳米管转变为碳化物或氮化物的纳米棒阵列[116]。

通常可用基于溶液（solution-based）的方法将各种材料填充到碳纳米管中[240]。在此法中，首先用酸将碳纳米管的端部打开，使金属盐的溶质作为低表面张力的载体填入管内，经煅烧后在中空管内得到残留的沉积氧化物（如NiO），再在还原气氛中退火使之还原成金属并在中空通道内固化。当通道尺度很小时，常形成无序的固相（如V_2O_5），在更大的空洞内则形成晶化的本体相[241]。

在电弧法或激光烧蚀法生成碳纳米管时也可原位合成填充的碳纳米管。当碳源形成电弧时，适当条件下可大量形成包囊的碳纳米管结构，此时常常产生中间带有碳化物纳米线的碳纳米管（如过渡金属的碳化物）[242,243]。利用反应激光烧蚀已成功地合成了由多相组成的多元素碳纳米管结构（如含SiC、SiO、BN和C的同轴碳纳米管结构）[244]。碳纳米管用有机或无机物均匀涂层可形成纳米复合结构。用单层层状氧化物（如五氧化二钒）精细涂层的碳纳米管[241]，由于没有共价键通过界面，故二者之间形成的界面为原子平面，经氧化除去碳纳米管后便可得到壁厚为纳米级、无支持体的氧化物纳米管，它们可能在催化领域得到应用。碳纳米管还能用作蛋白质分子自组装的模板[245]。将多壁碳纳米管浸入蛋白质溶液中形成掩盖碳纳米管的蛋白质单层，该单层蛋白质分子的组织直接与碳纳米管的螺旋度有关。基于螺旋度和尺度，通过可比长度有机分子的识别，具有可控螺旋度的碳纳米管可用作识别分子的独特探针。

碳纳米管可转化为以其为骨架的纳米复合物。当挥发性气体如卤化物或SiO_x与碳纳米管反应时，碳纳米管可转化为相应尺度的纳米碳化物杆。这些反应可加以控制，如使多壁碳纳米管的外层转化为碳化物而内层的石墨结构不变。这样制得的碳化物杆（如SiC、NbC等）有很好的力学和电学性能，有可能进一步发展用作增强材料或纳米尺度的电子器件[246]。

（3）电子材料和器件

碳纳米管的特殊电性质使之适于用作微电路中的量子线和异质结。基于单根半导体性单壁碳纳米管，可用它组装成一个单分子场效应晶体管。它能在室温下操作，其开关速度性能完全可与已有的半导体装置相媲美[247]。理论预测由碳纳米管组成的纳米开关能以每秒10^{12}次的速度工作，比目前已有的处理器快1000倍[248]。晶体管是逻辑门（logic gate）中的基本元件，也是用于现代微机中的电子器件。现已能将两种类型碳纳米管的晶体管连接在一起形成最简单的和更为复杂的逻辑门[249,250]。随后科学家们通过设计电极材料使碳纳米管与电极形成良好的欧姆接触，制造出了室温下体现出弹道输运性质的场效应晶体管，其开态电流是硅基器件的20～30倍[251,252]。2004年制备出了第一个碳纳米管集成电路存储器，但是金属性碳纳米管的存在严重影响了其性能[253]。2012年研究发现沟道长度小于10nm的场效应晶体管在0.5V时，可以获得2.41mA/μm的归一化电流密度，性能远优于硅基器件[254]。平行阵列构筑的单壁碳纳米管场效应晶体管可同时获得$80cm^2/(V \cdot s)$的载流子迁移率和10^5的开关比[255]。柔性的无序碳纳米管网格构成的薄膜构筑晶体管器件也可以在开关比为6×10^6时获得$35cm^2/(V \cdot s)$的载流子迁移率，远高于有机发光二极管（OLED）中的多晶硅$1cm^2/(V \cdot s)$[256]。目前材料研究者们正集中于如何获得高纯度半导体性碳纳米管的研究，同时电子器件领域的专家们正在研发新的工艺，解决碳纳米管与电极的接触、碳纳米管位置及密度的确定等问题。

碳纳米管透明导电薄膜作为一种柔性、透明、导电及易实现规模化生产的高性能宏观体材料，在柔性显示、太阳能电池及有机发光二极管中都有着很好的应

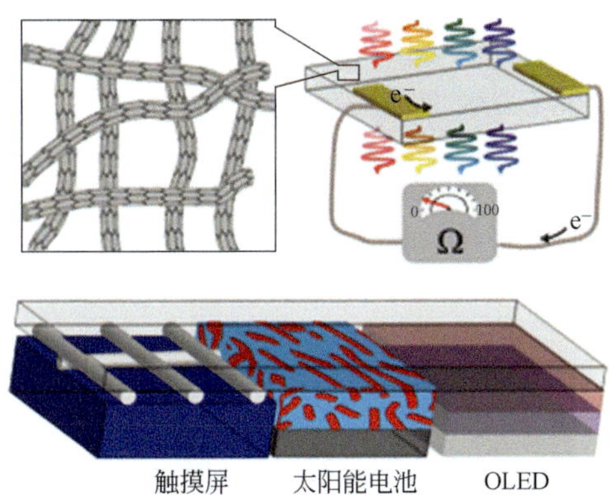

图1.11　碳纳米管透明导电薄膜的应用 [257]

用前景（图1.11）[257]。PMMA官能化的单壁碳纳米管作为空穴传输层比有机物P_3HT表现出更优的热稳定性，从而使钙钛矿太阳能电池的稳定性大大提高[258]。此外，碳纳米管薄膜可与硅形成异质结来构筑太阳能电池，Matsuda等通过在碳纳米管与Au之间溅射一层MoO_x可将电池效率提高到17%[259]。碳纳米管薄膜以其优异的柔性和理化性能有望在新型能量转换与存储器件中获得广泛应用。

（4）复合材料增强剂

基于碳纳米管的优良力学性能可将其作为结构复合材料的增强剂。初步研究表明，环氧树脂和碳纳米管之间可形成数百兆帕的界面强度[260]。尽管在加工复合材料时碳纳米管不像碳纤维那样易断裂，但如何将缠结和弯曲的制品在基体聚合物中分散、伸直，发挥其大的长径比作用还有待探索。多壁碳纳米管在压缩时从基体到碳纳米管传递负荷比拉伸时更好，这可能是由于在拉伸时仅碳纳米管外层承受负荷，而在压缩时应力能传递到所有的层中。

除了作为结构复合材料的增强剂外，碳纳米管还可作为功能增强剂填充到聚合物中，提高其导电性、散热能力等。例如，添加10%多壁碳纳米管的聚合物其电导率可达10000S/m[261]；添加1%的多壁碳纳米管于环氧树脂中，其硬度和断裂韧性分别提高6%和23%[262]；在共轭发光聚合物中添加碳纳米管后，不但其电导率大大提高，强度也得到了改善。同时，由于碳纳米管在纳米尺度散热，避免了局部形成的热积累，可防止共轭聚合物中链的断裂，从而抑制聚合物的光褪色作用[263]。

（5）能量存储与转换应用

早期研究表明，碳纳米管能很好地替代传统炭电极[185]。烃类气相热解沉积生成的碳纳米管是高功率电化学电容器电极的合适材料[264]。研究表明，使用金属性碳纳米管可提高负极电子传输能力从而提高锂离子电池性能，处理过的碳纳米管作为阴极时其可逆容量可达1000mA·h/g[242,244]。同时碳纳米管还可以用作超级电容器电极材料，其管状结构可以将电极划分成特别大的空间（碳纳米管之间）和特别小的空间（碳纳米管管腔），有利于电荷的存储和传输，可以提高其容量。由于单壁碳纳米管强的吸光能力，可用于太阳能电池的光吸收层，能明显提高光电转换的效率，和富勒烯复合构成一种“蛇形”结构后再以聚合物作为光激发层，富勒烯夺取电子后，碳纳米管起导线作用就可以形成电流[246,247]。

（6）催化及吸附材料

由碳纳米管制得的催化剂可改善多相催化的选择性。载有钌（Ru）粒子的碳纳米管，对肉桂醛液相加氢的催化作用比同样金属担载在石墨或其他碳材料上更好[265]。多壁碳纳米管在氧化脱氢反应中表现出优异的高活性和稳定性[266]。碳纳米管在与催化相关的能量转换存储中也有着独特的应用，氮掺杂的碳纳米管可直接用作燃料电池的催化剂[267,268]。在碱性环境中，铁-氮共掺杂的碳纳米管/碳纳米颗粒催化剂的氧还原性能甚至优于一般铂基催化剂的性能，为降低燃料电池的成本提供了可能[269]。纯净的多壁碳纳米管和掺杂金属催化剂（Pd、Pt、Ag）的多壁碳纳米管被用于对燃料电池极为重要的电催化氧化还原反应中[270]。碳纳米管对纳米颗粒的限域效应及其对催化反应的影响开展的系列研究工作也表明，碳纳米管独有的一维纳米管腔限域有利于纳米颗粒催化活性及稳定性的提高[271~274]。

碳纳米管还可用于吸附材料方面。化学气相沉积直接生长的硼掺杂碳纳米管垂直阵列因其超疏水特性可以直接用来吸附除去水中的油[275]。含有硫和铁的磁性碳纳米管海绵浸入水中后可以吸附除去其中的油、化肥、农药等物质，其中吸附植物油的质量可以达到碳纳米管质量的150倍[276]。同时碳纳米管还可用于污水处理，其大且疏水的表面可以在很大范围内吸附除去水中的芳香族和脂肪族化合物[277]。

（7）生物及传感材料

单壁碳纳米管的一维纳米尺度和化学兼容性（如与蛋白质和DNA等生物分子）优势带动了其在生物传感和医用器件方面的研究。美国科学家研究表明，在用于骨骼、肌肉等组织治疗及修复的可降解的高分子纳米复合物中添加少量碳纳米管就可以显著提高其力学性能[278,279]。基于碳纳米管径向小尺寸的优势，可利用细胞的“挤压效应”高效地将其穿刺进入细胞，从而构筑一条高通量的细胞内微流体传输通道[280]。抗癌药物阿霉素借助碳纳米管的输运作用可获得60%载药量，而微脂囊只有8% ～ 10%[281]。同时借助碳纳米管高比表面积的特点，其中空管腔可提高化学分析中电层析的效率[282]。2012年美国国家标准与技术研究所（NIST）发现碳纳米管可能具有保护DNA分子不被氧化的功效[283]。同时碳纳米管可以发射荧光，用于光声成像及近红外加热局部区域[284,285]。

单壁碳纳米管传感器主要是基于其在吸附周围环境中目标物质后会产生显著的电阻抗变化和光学效应[286,287]。要提高传感器的性能（低检测极限和高灵敏度），需要对碳纳米管进行表面处理实现官能化或者构筑碳纳米管场效应晶体管，并最终通过荧光发射、拉曼位移、导电性等检测信号的变化，实现碳纳米管传感器的功能[288,289]。目前研究比较多的传感器有：雌激素与孕激素检测、DNA测序和蛋白质检测、NO_2和心肌钙蛋白传感等[290]。类似碳纳米管传感器正在开发应用于食品工业、交通和环境中的气体及有毒物质的监测[291]。

目前，基于碳纳米管结构解析和性能探索方面的基础研究已经为寻找适合碳纳米管应用的方向奠定了坚实的基础，并建立了三者之间的关联（如图1.12所示）。如何更好地在实际应用中体现出碳纳米管的优异性能，并实现其规模化生产与应用，是碳纳米管研究工作面临的重要课题。

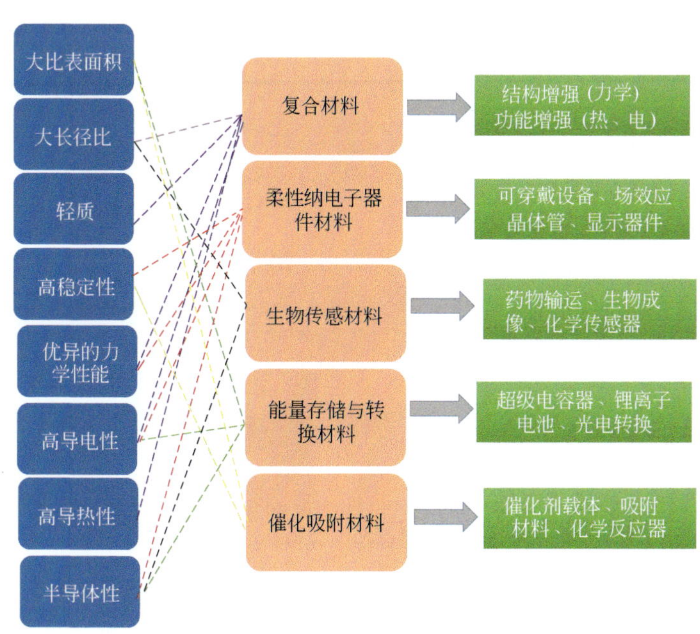

图1.12　碳纳米管的结构、性能及潜在应用

1.3.3
碳纳米管的发展趋势

自1991年碳纳米管被发现以来，与碳纳米管相关的科学与技术都取得了显著的进步与发展。碳纳米管的合成及应用持续成为二十余年来碳质材料和凝聚态物理研究的前沿和热点。关于碳纳米管研究的论文及专利仍在逐年增加，已经有碳纳米管复合材料实现了规模应用[291]（如图1.13所示）。现已实现多壁和单壁碳纳米管的大量制备，理论预测碳纳米管的一些优异物性也得到了实验证实。当前，最重要也是最为迫切的发展方向是如何实现对碳纳米管精细结构（直径、导电属性、手性、密度、长度）和性能（金属性、半导体性）的调控。

目前碳纳米管已用于与聚合物复合以提高材料的力学、导热、导电性能等。但在纳电子器件、纳米材料制造、电极材料以及催化材料等方面仍与实际应用有一定的距离。在实现大量制备结构均一碳纳米管的基础上，如何将其实际应用于各个领域并体现出碳纳米管的优异本征性能是应用研究所面临的重要课题。

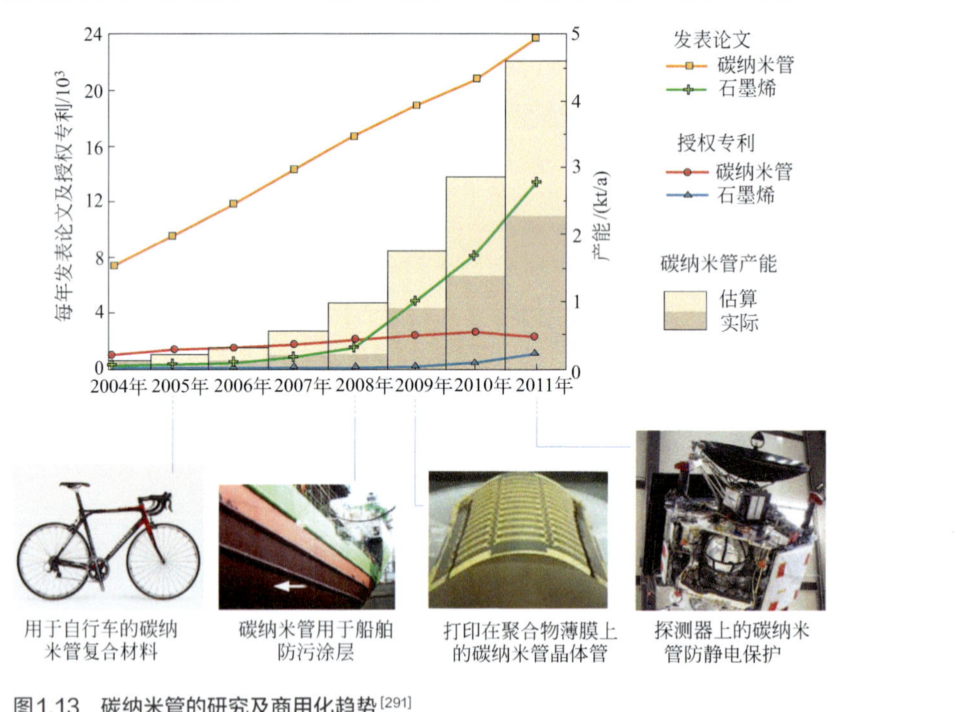

图1.13 碳纳米管的研究及商用化趋势[291]

和富勒烯化学类似，碳纳米管化学被认为是今后极有发展前景的一个方向。目前已可使单壁碳纳米管溶解于有机溶剂中，从而打开在单壁碳纳米管上进行溶解相化学反应的通道。用电子谱和拉曼谱测定已氟化和脱氟的单壁碳纳米管，发现在许多情况下其原始的管状结构可保留，表明能对碳纳米管进行可逆的化学反应。现在也可以将单壁碳纳米管打碎成更短的"富勒烯管"，并可控制其继续生长，实现碳纳米管的"克隆"生长，可以期望所得到的管有不同的拓扑学网格结构，从而使其具有不同的电子性质。

在理论方面，至今对碳纳米管的生长机理仍不够清楚，虽然已有报道可实现单一手性单壁碳纳米管的可控生长，但其机理仍然有待深入研究。碳纳米管的后处理分离已经取得了较大进展，但是如何实现其规模化生产，并在分离过程中降低对碳纳米管本征结构和性能的损害仍须进一步探索。在发展制备与分离技术的同时，需要开发简单、快捷、准确地表征碳纳米管的新技术与新方法。

近年来各种纳米碳材料陆续被发现，并以其优越的性能引起了科研及工业界的广泛关注。利用不同纳米碳材料同素异形体之间结构相近的特点，可以相互转化，如将富勒烯开口后可用作种籽进行碳纳米管的生长，将碳纳米管剪开就得到了石墨烯纳米带，而将富勒烯及石墨烯纳米带填入碳纳米管管腔提供碳源并加热就可将其转化成碳纳米管。近期也有研究者在碳纳米管中发现了几个原子宽度的碳纳米链[292]。因此利用碳纳米管独特的一维中空管状结构研发具有特殊结构及独特性能的新型纳米碳材料是一个重要的方向（如图1.14所示）。在纳米碳材料的

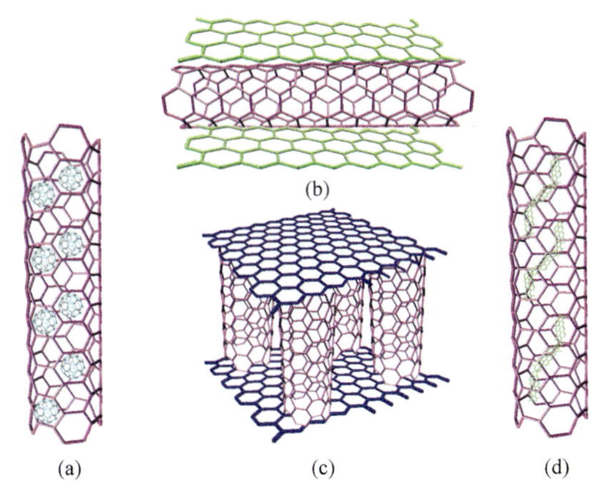

图1.14　纳米碳材料的新结构

研发应用过程中一种引起特别关注的材料往往会激发出独特的创新思想，碳纳米管曾经引领热潮并带动了纳米技术的进步，如今要相互借鉴实现不同维度纳米碳材料（富勒烯、石墨烯、石墨炔）的共同繁荣。富勒烯、碳纳米管、石墨烯和石墨炔等纳米碳材料是近年来纳米科技研究的热点，每一次发现都开辟出一个新的研究领域。要准确预计碳纳米管的发展方向相当不易。尽管从发现碳纳米管到现在已经过去了27年，但我们仍然处在纳米碳科学快速发展的阶段。在理论和实验研究人员的共同努力下，有望获得更多令人惊奇的发现，获得更多、更有意义的成果。作为一种特殊的新型材料，碳纳米管必将为推动纳米科技和人类社会的发展作出重要贡献。

参考文献

[1] Kroto H W, Heath J R, Brien SCO. Nature, 1985, 318.

[2] Iijima S. Nature, 1991, 354: 6348.

[3] Novoselov K S, Geim A K, Morozov S V, et al. Science, 2004, 306: 5696.

[4] 夏目勇．炭素（日），2001, 198: 147.

[5] 安藤淳平．炭素（日），1996,171: 39.

[6] Diederich F, Rubin Y. Angew Chem Int Ed, 1992, 31: 1101.

[7] Henning T, Salama F. Science, 1998, 282:2204.

[8] 松原聪．炭素（日），1996, 172: 132.

[9] 方瑞斌，木晓云，浦泽清，化学研究与应用，1999, 11: 489.

[10] Becker L. Science, 2001, 291: 1590.

[11] 大泽映二．化学（日），2000, 55: 2.

[12] MurrL, Bang J, Esquivel E, et al. J Nanopart Res, 2004, 6: 241.

[13] 日本炭素材料学会．新・炭素材料入门(1996). 中国金属学会炭素材料专业委员会编译，1999.

[14] 王茂章，贺福．碳纤维的制造、性质及其应用．北京：科学出版社，1984.

[15] 贺福，王茂章．碳纤维及其复合材料．北京：科学出版社，1997.

[16] 王茂章．新型碳材料，1995(4): 1.

[17] Li G, Li Y, Liu H, et al. Chem Commun, 2010, 46: 19.

[18] Marsh H. Introduction to Carbon Science. Butterworths, 1989, 3.

[19] 大谷杉郎．日本エネルギ－学会志，1998, 77: 836.

[20] 王茂章，杨全红，成会明．炭素技术，2001, 1: 23.

[21] 吉村进．炭素（日），1992, 151:51; 2000, 193: 192.

[22] Yoshimuna S. in The Science and Technology of Carbon Nanotubes. Edited by Tanaka K, Yamabe T, Fukuit K, Elsever Science, 1999, 153.

[23] 夏敏明．日本结晶成长学会志（日），1995, 22(4): 29.

[24] 夏敏明．New Diamond, 1998, 14: 8.

[25] 平井寿子．New Diamond, 1999, 16: 11.

[26] 田中一义编．化学フロンティア②カ－ボンナノチュブ ナノデバイスへの挑战，2001, 化学同人（株）.

[27] Wildoer J W G, Venema L C, Rinzler A G, et al. Nature, 1998, 391: 6662.
[28] 刘璐琪，郭志新，朱道本，等. 科学通报，2001, 46: 1590.
[29] Kudryavtsev Y P, Evsyukov S E, Guseva M B, et al. In Chemistry and Physics of Carbon (Edited by Thrower PA) New York: Marcel Dekker, 1996, 25, 1.
[30] 田沼静一，Palnichenko A. 炭素（日），1995, 168: 183.
[31] Georgakilas V, Perman J A, Tucek J, et al. Chem Rev, 2015, 115.
[32] Whittaker A G, Wolten G M. Science, 1972, 178: 54.
[33] Dresselhaus MS, Endo M. in Carbon Nanotubes. Eds Dresselhaus MS, Dresselhaus G, Avouris PH, Topics Appl Phys, 2001, 80: 11.
[34] Ugarte D. Nature, 1992, 358: 707.
[35] Subramoney S, Ruoff R S, Lorents D C, et al. Nature, 1993, 366: 637.
[36] Wang Y. J Am Chem Soc, 1994, 116: 397.
[37] Jacobsen R I, Monthilux M. Nature, 1997, 385: 211.
[38] Krishnan A, Dujardin E, Treacy M M J, et al. Nature, 1997, 388: 451.
[39] Saito Y, Matsumoto T. Nature, 1998, 392: 237.
[40] Amelinckx S, Zhang X B, Bernaerts D, et al. Science, 1994, 265: 635.
[41] Heimann R, Evsyukov S E, Koga Y. Carbon, 1997, 35: 1654.
[42] 大泽映二. 化学（日），1970, 25: 854.
[43] Krastschmer W, Lamb L D, Fortiropoulos K, et al. Nature, 1990, 347: 354.
[44] Hughes TV, Chamber C R. US Patent, 1889, 405, 480.
[45] Radushkevich L V, Lukyanovich V M. Zurn Fisic Chim(俄), 1952, 26.
[46] Bacon R. J Appl Phys, 1960, 31: 283.
[47] Wiles P G, Abrahamson J. Carbon, 1978, 16: 341.
[48] Abrahamson J, Wiles P G, Rhoades B I. Abstract in proceedings of 14th Biennial Conf On Carbon (USA), 1979.
[49] Oberlin A, Endo M. J Cryst Growth. 1976, 32: 335.
[50] 刘华. 气相生长炭纤维的结构及生长机理的研究[D]. 沈阳：中国科学院金属研究所，1985.
[51] Fowler P W. Chem Soc-Faraday T, 1990, 86: 2073.
[52] Mintmire J W, Dunlap B I, White C T. Phys Rev Lett, 1992, 68: 631.
[53] Dresselhaus M S, Dresselhaus G, Saito R. Phys Rev B, 1992, 45: 6234.
[54] Wang S, Buseck P R. Chem Phys Lett, 1991, 182: 1.
[55] Iijima S. J Microscopy, 1980, 119: 99.
[56] Iijima S. J Cryst Growth, 1980, 50: 675.
[57] Iijima S. J Phys Chem, 1987, 91: 3466.
[58] Ebbesen T W, Ajayan P M. Nature, 1992, 358: 220.
[59] Iijima S, Ichihashi T. Nature, 1993, 363: 603.
[60] Bethune D S, Kiang C H, Devries M S. Nature, 1993, 363: 605.
[61] Gao T, Nikolaev P, Thess A, et al. Chem Phys Lett, 1995, 243: 49.
[62] Thess A, Lee R, Nikolaev P, et al. Science, 1996, 273: 483.
[63] Jonrnet C, Maser W K, Bernier P, et al. Nature, 1997, 388: 756.
[64] Liu C, Cong H, Li F, et al. Carbon, 1999, 37: 1865.
[65] Liu C, Fan Y Y, Liu M, et al. Science, 1999, 286: 1127.
[66] Yacaman M J, Yoshida M M, Rendon L, et al. Appl Phys Lett, 1993, 62: 202.
[67] Endo M, Takeuchi K, Kobori K, et al. Carbon, 1995, 33: 873.
[68] Dai H J, Rinzier AG, Nikolaev P, et al. Chem

Phys Lett, 1996, 260: 471.
[69] Cheng H M, Li F, Su G, et al. Appl Phys Lett, 1998, 72: 3282.
[70] Cheng H M, Li F, Sun X, et al. Chem Phys Lett, 1998, 289: 602.
[71] Li W S, Hou P X, Liu C, et al. ACS Nano, 2013, 7: 8.
[72] Hou P X, Li W S, Zhao S Y, et al. ACS Nano, 2014, 8: 7.
[73] 于作龙，刘宝春，康水花，等. 催化学报，2001, 22: 151.
[74] 张强，黄佳琦，赵梦强，等.中国科学: 化学，2013, 43: 6.
[75] Hata K, Futaba D N, Mizuno K, et al. Science, 2004, 306.
[76] Wang N, Tang Z K, Chen JS, et al. Nature, 2000, 408: 51.
[77] Zhang R F, Zhang Y Y, Zhang Q, et al. ACS Nano, 2013, 7.
[78] Wang X S, Li Q Q, Xie J, et al. Nano Lett, 2009, 9: 9.
[79] Jasti R, Bhattacharjee J, Neaton J B, et al. J Am Chem Soc, 2008, 130: 52.
[80] Yang F, Wang X, Jia S, et al. ACS Nano, 2017, 11: 1.
[81] Kang L X, Hu Y, Zhang H, et al. Nano Research, 2015, 8: 11.
[82] Hu Y, Kang L X, Zhao Q C, et al. Nat Commun, 2015, 6.
[83] 真田雄三. PETROTECH（日），1995, 18: 1000.
[84] Chiang H K. Conference on commercialization advances in large-scale production of carbon nanotubes, Apr 22 1999, Washington DC USA.
[85] Diederich F. Nature, 1994, 369: 199.
[86] Seraphin S, Zhou D. Appl Phys Lett, 1994, 64: 2087.
[87] Lambert J N, Ajayan P M, Bernier P, et al. Chem Phys Lett, 1994, 226: 364.
[88] Shi Z, Lian Y, Zhou X, et al. Carbon, 1999, 37: 1449.
[89] Cai X K, Liu C, Cong H T, et al. Carbon, 2012, 50: 8.
[90] Zhou D, Seraphin S, Wang S. Appl Phys Lett, 1994, 65: 1593.
[91] Maser W K, Munoz E, Benito AM, et al. Chem Phys Lett, 1998, 292: 587.
[92] Yudasaka M, Ichihashi T, Komatsu T, et al. Chem Phys Lett, 1999, 299: 91.
[93] Kokai F, Takahashi K, Yudasaka M, et al. J Phys Chem B, 1999, 103: 4346.
[94] Journet C, Maser WK, Bernier P, et al. Nature, 1997, 388: 756.
[95] Journet C, Alvarez L, Micholet V, et al. Synth Metal, 1999, 103: 2488.
[96] Laplaze D, Bernier P, Maser W K, et al. Carbon, 1998, 36: 685.
[97] Pang L S K, Wilson M A. Enegy & Fuels, 1993, 7: 436.
[98] 邱介山，李永峰，王同华，等. 化工学报，2004, 55: 8.
[99] Wilson M A, Patney H K, Kolman J, Fuel, 2002, 81: 5.
[100] Yun R Q, Zhan M X, Cheng D D, et al. J Phys Chem, 1995, 99: 1818.
[101] Wang X K, Lin X W, Dravid V P, et al. Appl Phys Lett, 1995, 66: 2430.
[102] Zhao X, Ohkohchi M, Wang M, et al. Carbon, 1997, 35: 775.
[103] Zhao X, Wang M, Ohkohchi M, et al. Jnp J Appl Phys, 1996, 35: 4451.
[104] Maksimova N I, Krivoruchko O P, Churilin A L, et al. Carbon, 1999, 37: 1657.
[105] Tang D S, Xie S S, Chang B H, et al. 第四届全国新型炭材料学术研讨会议论文集. 湖南张家界，1999, 510.
[106] Nikolaev P, Bronikowski M J, Bradley R K, et al. Chem Phys Lett, 1999, 313: 91.
[107] Li W Z, Xie S S, Qian LX, et al. Science, 1995,

273: 483.

[108] Li W Z, Xie S S, Qian L X, et al. Sciene, 1996, 274: 1701.

[109] 解思深. 第四届全国新型炭材料学术研讨会议论文集.1999, 1.

[110] Colomer J F, Chem Phys Lett, 2000, 317: 83.

[111] 唐紫超，王育煌，黄荣彬，等. 应用化学，1997, 14: 32.

[112] Yudasaka M, Kikuchi R, Matsui T, et al. Appl Phys Lett, 1995, 67: 2477.

[113] Rao C N R, Sen R, Satishkumar B C, et al. Chem Comm, 1998, 1525.

[114] Yudasaka M, Kikuchi R, Ohki Y, et al, Carbon, 1997, 35: 195.

[115] Fan S S, Chapline M G, Franklin H R, et al. Science, 1999, 283: 512.

[116] 范守善. 材料导报，1999, 13: 42.

[117] Kong J, Cassell A M, Dai H J, et al. Chem Phys Lett, 1998, 292: 567.

[118] Hatta N, Murata K. Chem Phys Lett, 1994, 217: 398.

[119] Ren Z F, Huang Z P, Xu J W, et al. Science, 1998, 282: 1105.

[120] Choi Y C, Shin Y M, Lee Y H, et al. Appl Phys Lett, 2000, 76: 2367.

[121] Pan Z W, Xie S S, Chang B H, et al. Nature, 1998, 394: 631.

[122] Liang Q, Li Q, Yu Z L, 第四届全国新型炭材料学术研讨会议论文集. 1999: 508.

[123] 梁奇，李志杰，于作龙. 功能材料，2001, 32: 521.

[124] Peigney A, Laurent C H, Dobigeon F. J Mater Res, 1997, 12: 613.

[125] Ajayan P M, Stephan O, Colliex C, et al. Science, 1994, 265: 1212.

[126] Kyotani T, Tsai L, Tomita A. Chem Mater, 1995, 7: 1427.

[127] Kyotani T, Tsai L, Tomita A. Chem Mater, 1996, 8: 2109.

[128] Kind H, Bonard J M, Emmenegger C, et al. Adv Mater, 1999, 11: 1285.

[129] Che G, Lakshmi B B, Martin C R, et al. Chem Mater, 1998, 10: 260.

[130] Cho W S, Hamada E, Kondo Y, et al. Appl Phys Lett, 1996, 69: 278.

[131] 白石壮志，大谷朝男. 化学工业（日），2001, 14: 182.

[132] Ji L, Lin J, Zeng H C. Chem Mater, 2000, 12: 3466.

[133] Libera J, Gogotsi Y. Carbon, 2001, 39: 1307.

[134] Calderon-Moreno J M, Swamy S, Fujino T, et al. Chem Phys Lett, 2000, 329: 317.

[135] Calderon-Moreno J M, Yoshimura M. J Am Chem Soc, 2001, 123: 741.

[136] Schlitter R R, Seo J W, Gimzewski J K, et al. Science, 2001, 292: 1136.

[137] Hsu W K, Li J, Terrones H, et al. Chem Phys Lett, 1999, 301: 159.

[138] Hsu W K, Hare J P, Terrones M, et al. Nature, 1995, 377: 687.

[139] Kawase N. Carbon, 1998, 36: 1234.

[140] Kawase N. Carbon, 1998, 36: 1863.

[141] Kavan L, Hlavaty J. Carbon, 1999, 37: 1863.

[142] Matveev A T, Golberg D, Novikov V P, et al. Carbon, 2001, 39: 155.

[143] 楠美智子，铃木敏之，平山司，等. 电子显微镜（日），1999, 34: 113.

[144] Palmer G J, Bowles D M, Landis C, et al. Carbon, 2000, 38: 1671.

[145] Vander Wal R L, Ticich T M, Curtis V E, et al. Chem Phys Lett, 2000, 323: 217.

[146] 潘春旭, Yuan L M, Saito K, 等. 新型炭材料，2001, 16(3): 24.

[147] Richter H, Hernadi K, Caudano R, et al. Carbon, 1996, 34: 427.

[148] Liu C, Cheng H M. Mater Today, 2013, 16: 1-2.

[149] Chen Y B, Zhang YY, Hu Y, et al. Adv Mater, 2014, 26: 34.

[150] Wang H, Yuan Y, Wei L, et al. Carbon, 2015, 81.

[151] Jourdain V, Bichara C. Carbon, 2013, 58.

[152] Liu C, Cheng H M. J Am Chem Soc, 2016, 138: 21.

[153] Zhang F, Hou P X, Liu C, et al. Carbon, 2016, 102.

[154] Yao Y, Feng C Q, Zhang J, et al. Nano Lett, 2009, 9: 4.

[155] Liu J, Wang C, Tu X M, et al. Nat Commun, 2012, 3.

[156] Yu X C, Zhang J, Choi W, et al. Nano Lett, 2010, 10: 9.

[157] Ibrahim I, Bachmatiuk A, Grimm D, et al. ACS Nano, 2012, 6: 12.

[158] Omachi H, Nakayama T, Takahashi E. Nat Chem, 2013, 5: 7.

[159] Lim H E, Miyata Y, Kitaura R, et al. Nat Commun, 2013, 4.

[160] Sanchez-Valencia J R, Dienel T, Groning O, et al. Nature, 2014, 512: 7512.

[161] Liu B L, Liu J, Li H B, et al. Nano Lett, 2015, 15: 1.

[162] Chiang W H, Sankaran R M. Nat Mater, 2009, 8.

[163] Wang H, Wei L, Ren F, et al. ACS Nano, 2012, 7: 1.

[164] Bachilo S M, Balzano L, Herrera JE, et al. J Am Chem Soc, 2003, 125.

[165] He M S, Chernov A, Fedotov P V, et al. J Am Chem Soc, 2010, 132.

[166] Wang H, Wang B, Quek X Y, et al. J Am Chem Soc, 2010, 132: 47.

[167] Chiang W H, Sankaran R M. Adv Mater, 2008, 20.

[168] Kato T, Hatakeyama R. ACS Nano, 2010, 4: 12.

[169] Yu B, Liu C, Hou P X, et al. J Am Chem Soc, 2011, 133: 14.

[170] Zhang F, Hou P X, Liu C, et al. Nat Commun, 2016, 8 .

[171] Zhou W W, Zhan S T, Ding L, et al. J Am Chem Soc, 2012, 134: 34.

[172] Li J H, Liu K H, Liang S B, et al. ACS Nano, 2014, 8: 1.

[173] Li J H, Ke C T, Liu K H, et al. ACS Nano, 2014, 8: 8.

[174] Che Y C, Wang C, Liu J, et al. ACS Nano, 2012, 6: 8.

[175] Zhang S C, Hu Y, Wu J X, et al. J Am Chem Soc, 2015, 137: 34.

[176] Qin X J, Peng F, Yang F, et al. Nano Lett, 2014, 14: 2.

[177] Tang L, Li T T, Li C W, et al. Nanoscale, 2015, 7: 46.

[178] Yang F, Wang X, Zhang D Q, et al. Nature, 2014, 510: 7506.

[179] Yang F, Wang X, Zhang D Q, et al. J Am Chem Soc, 2015, 137: 27.

[180] Kang L X, Deng S B, Zhang S C, et al. J Am Chem Soc, 2016, 138: 39.

[181] Zhang S C, Kang L X, Wang X, et al. Nature, 2017, doi: 10.1038/nature21051.

[182] Wei Y, Lin X Y, Jiang K L, et al, Nano Lett, 2013, 13: 10.

[183] Mingo N, Broido D A, Phys Rev Lett, 2005, 95: 9.

[184] Pop E, Mann D Q, Wang K E, Nano Lett, 2006, 6: 1.

[185] Britto P J, Santhanam K S V, Rubio A, et al. Adv Mater, 1998, 11: 154.

[186] Ajayan P M. Chem Rev, 1999, 99: 1787.

[187] Peigney A, Laurent C H, Flahaut E, et al. Carbon, 2000, 39: 507.

[188] Gao G H, Cagin T, Goddard W A. Nanotechnology, 1998, 9: 184.

[189] Poncharal P, Wang Z L, Ugarte D, et al. Science, 1999, 823: 5407.

[190] Jensen K, Kim K, Zettl A, et al. Nat Nanotech, 2008, 3.

[191] Carrol D L, Blase X, Charlier J C, et al. Phys Rev Lett, 1998, 81: 2332.
[192] Rao A M, Eklund P C, Bandow S, et al. Nature, 1997, 388: 257.
[193] Lee R S, Kim H J, Fischer J E, et al. Nature, 1997, 388: 255.
[194] Service R F. Science, 1998, 281: 940.
[195] Chico L, Benedict L X, Louie S G, et al. Phys Rev B, 1996, 54: 2600.
[196] Frank S, Poncharal P, Wang Z L, et al. Science, 1998, 280: 1744.
[197] White C T, Todorov T N. Nature, 2001, 411: 649.
[198] Shulaker M M, Hills G, Patil N, et al. Nature, 2013, 501: 7468.
[199] Cao Q, Han S J, Tersoff J, et al. Science, 2015, 350: 6256.
[200] Qiu C G, Zhang Z Y, Xiao M M, et al. Science, 2017, 355: 6322.
[201] Franklin A D. Nature, 2013, 498: 7455.
[202] Bachtold A, Strunk C, Salvetat J P, et al. Nature, 1999, 397: 673.
[203] Tans S J, Verschueren A R M, Dekker C, et al. Nature, 1998, 393: 49.
[204] Collins P G, Bradley K, Ishigami M, et al. Science, 2000, 287: 1801.
[205] Kong J, Franklin N R, Zhou C W, et al. Science, 2000, 287: 622.
[206] Overney G, Zhong W, Tomanek D Z. Phys D, 1993, 27: 93.
[207] Yakabson B I, Brabec C J, Bernholc J. Phys Rev Lett, 1996, 76: 2511.
[208] Treacy M M J, Ebbesen T W, Gibson J M. Nature, 1997, 381: 678.
[209] Yu M F, Files B S, Arepalli S, et al. Phys Rev Lett, 2000, 84: 24.
[210] Krishnan A, Dujardin E, Ebbesen T W, et al. Phys Rev B, 1998, 58: 20.
[211] Yakabson B I, Smalley R E. Am Sci, 1997, 324.
[212] Ruoff R S, Lorents D C. Carbon, 1995, 33: 925.
[213] Stone AJ, Wales D J. Chem Phys Lett, 1986, 128: 501.
[214] Yacabson B I, Appl Phys Lett, 1998, 72: 918.
[215] Harris P J F. Carbon Nanotubes and Related Structure-New Materials for the Twenty-first Century. Cambridge University Press, 1999.
[216] Ball P. Nature, 2001, 414: 142.
[217] Hafner J H, Cheung C L, Lieber C M. Nature, 1999, 398: 761.
[218] Dai H J, Hafner J H, Rinzler A G, et al. Nature, 1996, 384: 147.
[219] Strus M C, Raman A, Han S C, et al. Nanotechnology, 2005, 16:11.
[220] Brunner E W, Jurewicz I, Heister E, et al. ACS Appl Mater Interfaces, 2014, 6: 4.
[221] Odom T W, Hafner J H, Lieber C M. in Carbon Nanotubes (Eds Dresselhaus M S, Dresselhaus G, Avouris P H). Topics Appl Phys, 2001, 80: 173.
[222] Chen J, Hamon M A, Hu H, et al. Science, 1998, 282: 95.
[223] Wong S S, Joselevich E, Wolley A T, et al. Nature, 1998, 394: 52.
[224] Erlanger B F, Chen B X, Zhu M, et al. Nano Lett, 2001, 1: 465.
[225] Star A, Stoddart J F, Steuerman D, et al. Angew Chem Int Ed, 2001, 40: 1721.
[226] Kim P, Lieber C M, Science, 1999, 286: 2148.
[227] Akita S, Nakayama Y, Mizooka S, et al, Appl Phys Lett, 2001, 79: 1691.
[228] Baughman R H, Cui C, Zakhidov A A, et al. Science, 1999, 284: 1340.
[229] Wong S S, Woolley A T, Odom T W, et al. Appl Phys Lett, 1998, 73: 3465.
[230] Dai H J. Surf Sci, 2002, 500: 218.
[231] Hummer G, Rasaiah J C, Noworyta J P. Nature, 2001, 414: 188.
[232] Choi W B, Chung D S, Kang JH, et al. Appl

Phys Lett, 1999, 75: 3129.

[233] Ajayan P M, Iijima S. Nature, 1993, 361: 333.

[234] Dujardin E, Ebbesen T W, Hiura H, et al. Science, 1994, 265: 1850.

[235] Seraphin S, Zhou D, Withers J C, et al. Nature, 1993, 362: 503.

[236] Li Q, Fan S S, Han W, et al. Jpn J Appl Phys, 1997, 36: L501.

[237] Dai H J, Wong E, Lu Y, et al. Nature, 1995, 375: 769.

[238] Han W, Fan S, Li Q, et al. Science, 1997, 277: 1278.

[239] Han W, Fan S, Li Q, et al. Appl Phys Lett, 1997, 71: 227.

[240] Tsang S C, Chen Y K, Harris P J F, et al. Nature, 1994, 372: 159.

[241] Ajayan P M, Stephan O, Redlich P, et al. Nature, 1996, 375: 564.

[242] Ruoff R S, Lorents D C, Chan B, et al. Science, 1992, 259: 346.

[243] Guerret-Plecourt C, Bouar Y L, Loiseau A, et al. Nature, 1994, 372: 761.

[244] Zhang Y, Suenaga K, Colliex C, et al. Science, 1998, 281: 973.

[245] Balavoine F, Schultz P, Richard C, et al. Angew Chem Int Ed, 1999, 111: 2036.

[246] Tenne R, Zettl A K. in Carbon Nanotubes (Eds Dresselhaus MS, Dresselhaus G, Avouris Ph). Topics Appl Phys, 2001, 80: 81.

[247] Tans S J, Verschueren A R, Dekker C. Nature, 1998, 393: 49.

[248] Collins P G, Arnold M S, Avouris P. Science, 2001, 292: 706.

[249] Deryke V, Martel R, Appenzeller T, et al. Nano Lett, 2001, 1: 453.

[250] Bachtold A, Hadley P, Nakanishi T, et al. Science, 2001, 294: 1317.

[251] Javey A, Guo J, Wang Q, et al.Nature, 2003, 424: 6949.

[252] Javey A, Guo J, Farmer D B, et al,. Nano Lett, 2004, 4: 7.

[253] Tseng Y C, Xuan P Q, Javey A, et al. Nano Lett, 2004, 4: 1.

[254] Franklin A D, Luisier M, Han S-J, et al. Nano Lett, 2012, 12: 758.

[255] Cao Q, Kim H S, Pimparkar N, et al. Nature, 2008, 454: 7203.

[256] Sun D M, Timmermans M Y, Tian Y, et al. Nat Nanotech, 2011, 6: 3.

[257] Yu L P, Shearer C, Shapter J. Chem Rev, 2016, 116.

[258] Habisreutinger S N, Leijtens T, Eperon G E, et al. Nano Lett, 2014, 14.

[259] Wang F J, Kozawa D, Miyauchi Y, et al. Nat Commun, 2015, 6.

[260] Wagner H D, Lourie O, Feldman Y, et al. Appl Phys Lett, 1998, 72: 188.

[261] Bauhofer W, Kovacs J Z. Compos Sci Technol, 2009, 69: 1486.

[262] Gojny F H, Wichmann M H G, Kopke U, et al. Compos Sci Technol, 2004, 64: 2363.

[263] Ajayan P M, Zhou O Z, in Carbon Nanotubes (Eds Dresselhaus M S, Dresselhaus G, Avouris P H). Topics Appl Phys, 2001, 80: 391.

[264] Niu C M, Sichel E K, Hoch R, et al. Appl Phys Lett, 1997, 70: 1480.

[265] Planeix J M, Coustel N, COQ B, et al. J Am Chem Soc, 1994, 116: 7936.

[266] Liu X, Su D S, Schlogl R. Carbon, 2008, 46: 3.

[267] Gong K P, D u F, Xia Z H, et al. Science, 2009, 323: 1317.

[268] Li J C, Hou P X, Zhang L L, et al. Nanoscale, 2014, 6: 20.

[269] Chung H T, Won J H, Zelenay P, Nat Commun, 2013, 1922.

[270] Che G, Lakshmi B B, Fisher E R, et al. Nature, 1998, 393: 346.

[271] Friedrich H, Guo S J, de Jongh P E, et al.

ChemSusChem, 2011, 4: 7.

[272] Zhang F, Pan X L, Hu Y F, et al. Proc Natl Acad Sci USA, 2013, 110: 37.

[273] Zhang H B, Bao X H. J Energy Chem, 2013, 22: 2.

[274] Yu L, Li W X, Pan X L, et al. J Phys Chem C, 2012, 116: 31.

[275] Hashim D P, Narayanan N T, Romo-Herrera J M, et al. Sci Rep, 2012, 2.

[276] Camilli L, Pisani C, Gautron E, et al. Nanotechnology, 2014, 25: 6.

[277] Apul O, Karanfil T. Water Res, 2015, 68.

[278] Newman P, Minett A, Ellis-Behnke R, et al. Nanomed: Nanotech Biol Med, 2013, 9: 8.

[279] MacDonald R A, Laurenzi B F, Viswanathan G, et al. J Biomedical Mater Res Part A, 2005, 74A: 3.

[280] Armon S, Janet Z, Andrea A, et al. Proc Natl Acad Sci USA, 2013, 110: 6.

[281] Liu Z, Sun X, Nakayama-Ratchford N, et al. ACS Nano, 2007, 1: 1.

[282] Mogensen K B, Chen M, Molhave K, et al. Lab on a Chip, 2011, 11: 16.

[283] Petersen E.J, Tu X M, Dizdaroglu M, et al. Small, 2013, 9: 2.

[284] Kam N W S, Connell M O, Wisdom J A, et al. Proc Natl Acad Sci USA, 2005, 102: 33.

[285] Antaris A L, Robinson J T, Yaghi O K. ACS Nano, 2013, 7: 4.

[286] Heller D A, Jin H, Martinez B M, et al. Nat Nanotechnol, 2009, 4: 2.

[287] Kurkina T, Vlandas A, Ahmad A, et al. Angew Chem Int Ed, 2011, 50: 16.

[288] Snow E S, Perkins F K, Houser E J, et al. Science, 2005, 307: 5717.

[289] Chen Z, Chen, Tabakman S M, Goodwin A P, et al. Nat Biotechnol, 2008, 26: 11.

[290] Star A, Tu E, Niemann J, et al. Proc Natl Acad Sci USA, 2006, 103: 4.

[291] De Volder M F, Tawfick S H, Baughman R H, et al. Science, 2013, 339: 6119.

[292] Shi L, Rohringer P, Suenaga K, et al. Nat Mater, 2016, 15: 6.

NANOMATERIALS

碳纳米管

Chapter 2

第 2 章

碳纳米管的结构特征

丛洪涛
中国科学院金属研究所

根据构成碳纳米管管壁的石墨烯片层数，可将其分为单壁碳纳米管和多壁碳纳米管。其中单壁碳纳米管的管壁仅由一层石墨烯构成，直径一般为1 ～ 3nm，直径大于3nm时，单壁碳纳米管的稳定性较差[1,2]；而多壁碳纳米管包含两层以上石墨烯片层，片层间距为0.34 ～ 0.40nm。通过对石墨烯片层映射过程的分析，可得到碳纳米管的对称性以及对称群，用区域折叠模型（zone folding model）可以推导出其电子结构特征和声子振动模式[3,4]。

电子显微镜是表征碳纳米管结构的重要手段。通过高分辨电子显微镜观察，可揭示单壁碳纳米管的直径和多壁碳纳米管的层状结构，结合电子衍射分析，可同时得到碳纳米管的螺旋结构信息；而原子分辨率扫描隧道电子显微镜可直接揭示碳纳米管中碳原子的位置、排布情况以及螺旋结构，结合扫描隧道谱可获得碳纳米管中碳原子的电子状态；原子力显微镜不仅可观察碳纳米管的表面结构，还可通过针尖和碳纳米管的相互作用，对碳纳米管进行操控。碳纳米管已经在探针型显微镜中得到实际应用，即制成碳纳米管探针。

尽管通过电子显微镜可以直接观察到单根碳纳米管的微观结构，但是其操作过程复杂、耗时，且只能得到少量碳纳米管的微观结构信息。光谱技术由于可有效、便捷地辨别碳纳米管的直径和手性而被普遍应用于碳纳米管研究；用于表征碳纳米管结构的光谱学技术主要有激光拉曼光谱、吸收光谱和发射光谱等。目前，碳纳米管的结构表征主要是采用电子显微技术和光学光谱技术相结合的方法。

本章首先阐述碳纳米管的基本结构以及由石墨烯片层映射成碳纳米管的过程，根据映射过程得到碳纳米管的结构参数；随后介绍单壁碳纳米管的几何结构和电子结构；最后介绍利用电子显微技术和光学光谱技术获取碳纳米管的结构信息。

2.1 碳纳米管的基本结构

2.1.1 多壁碳纳米管

碳纳米管中每个碳原子和相邻的三个碳原子相连，形成六角形网格结构，因

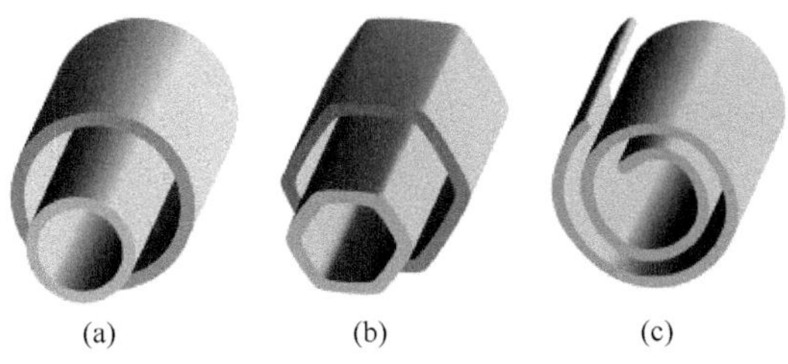

图2.1 多壁碳纳米管各种可能的层状结构示意图[12]

(a)同心圆柱结构;(b)同心多边形;(c)蛋卷结构

此碳纳米管中的碳原子以sp^2杂化为主，但碳纳米管中六角形网格结构会产生一定的弯曲，形成空间拓扑结构，含有一定程度的sp^3杂化键[5]。采用从头算方法，证明sp^3结构可出现在sp^2杂化的六边形网格中[6]，并且在原子力显微镜的观察中也发现碳纳米管中碳原子所形成的σ键会产生弯曲，因此σ轨道具有部分p轨道特征，π轨道具有部分s轨道特征，形成的化学键同时具有sp^2和sp^3混合杂化状态，所以碳纳米管中的碳原子以sp^2杂化为主，但包含一定比例的sp^3杂化。直径越小的单壁碳纳米管，曲率越大，其sp^3杂化的比例也越大。随着碳纳米管直径的增加，sp^3杂化的比例逐渐减少[7]。碳纳米管发生形变时，同样也会改变sp^2和sp^3杂化的比例[8]。

多壁碳纳米管中可能的层状结构如图2.1所示，但其究竟是同心圆柱[9][图2.1(a)]、蛋卷状[10][图2.1(c)]，还是两者的混合结构[11]，难以获得直接的实验证明[12]。从多壁碳纳米管的高分辨电子显微镜观察，可发现多壁碳纳米管的层数基本相同，而且层间距基本一样[13]，因此一般认为其为同心圆柱结构。同样电子衍射分析也表明多壁碳纳米管的同心圆柱可能具有不同的螺旋角[12]。

若多壁碳纳米管是由同心管套装而成的结构，而层与层之间的距离为0.34nm，则相邻管间周长相差$2\pi\times0.34nm\approx2.1nm$。由于锯齿管间距是0.246nm的倍数，相邻管体之间将相差9排六边形（参见图2.2），可得相近的层间距为0.352nm（$9\times0.246nm\times2\pi\approx0.352nm$）。图2.2是由三层锯齿型碳纳米管形成的多壁碳纳米管，其中用黑线表示9个和18个原子分别加到中间和最外层，和产生肖克莱（Schockley）位错相似，各层间近似于ABAB堆积。

用密度函数理论研究多壁碳纳米管层与层之间的相互作用，计算结果表明，两层碳纳米管的层间距为0.339nm，层与层发生滑移以及旋转所需的能量分别为0.23eV和0.52eV，说明在室温条件下，多壁碳纳米管层间很容易发生滑移和旋转[14]。

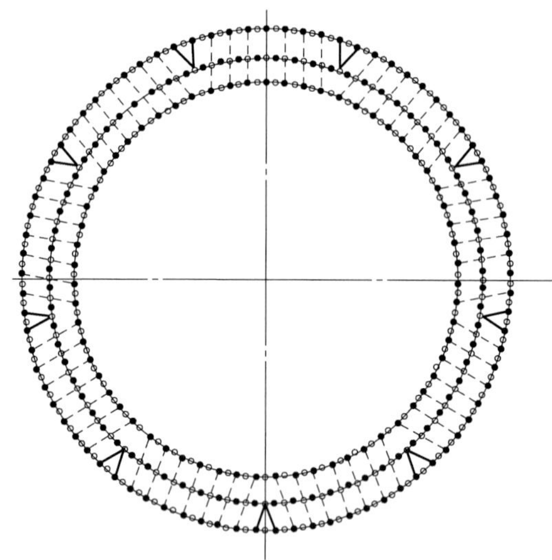

图2.2 三层锯齿型多壁碳纳米管的结构示意图[12]

但在多壁碳纳米管稳定性研究时发现其两端并不存在悬键，容易形成类似富勒烯的笼状结构[15]，该笼状结构或多壁碳纳米管中存在的缺陷可限制层与层之间的滑移和旋转。

多壁碳纳米管结构比较复杂、不易确定，因此需要三个以上的参数来表示（除了直径和螺旋角之外，还需要考虑管壁之间的距离以及不同片层之间六边形排列的关系）。

2.1.2 单壁碳纳米管

单壁碳纳米管可看成是石墨烯平面映射到圆柱体上，在映射过程中保持石墨烯片层中的六边形不变，因此在映射时石墨烯片层中的六角形网格和碳纳米管轴向之间可能会出现夹角。根据碳纳米管中碳六边形沿轴向的不同取向可以将其分成锯齿型、扶手椅型和螺旋型三种（图2.3）。由于映射过程出现夹角，碳纳米管中的网格会产生螺旋现象，出现螺旋的碳纳米管具有手性。锯齿型和扶手椅型单壁碳纳米管其六边形网格和轴向的夹角分别为0°或者30°，不产生螺旋，所以没有手性，而在0°～30°之间其他角度的单壁碳纳米管，其网格有螺旋。

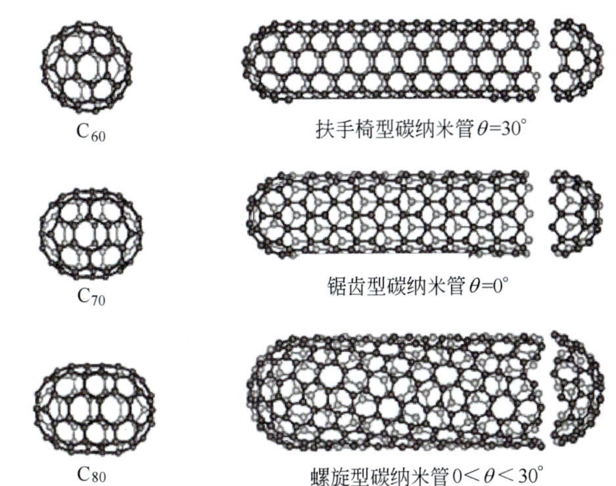

图2.3　具有C_{60}、C_{70}和C_{80}笼状结构以及扶手椅型、锯齿型和螺旋型单壁碳纳米管的结构示意图[3]

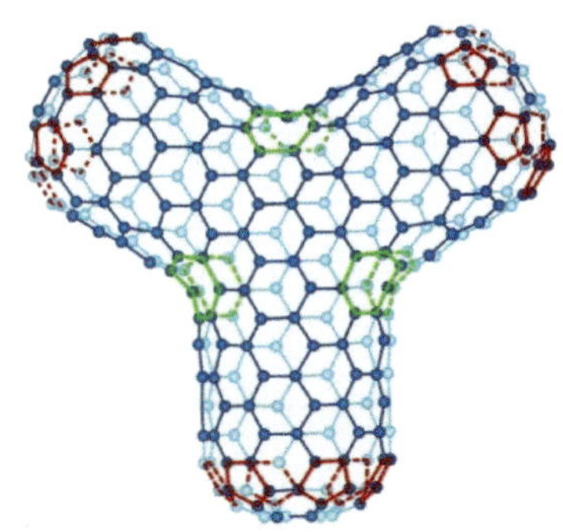

图2.4　三个碳纳米管形成的Y形结构[7]，其中的五元环和七元环如图中红色和绿色所示

2.1.3 不规则碳纳米管的结构与欧拉定理

碳纳米管六边形网格中若出现五边形或者七边形时，就会产生不规则结构。这些不规则结构主要有碳纳米管两端的笼状结构（参见图2.3和图2.4）、不同结构碳纳米管的互相连接，比如竹节形、异质结等。

欧拉定理可表述一个多面体中点、线、面之间的关系，富勒烯或者碳纳米管中点（碳原子）V、线（共价键）E、面（五元环或者六元环）F的数目也都服从欧拉定理[8,16]，其关系可表述为：

$$F+V=E+2-2G \tag{2.1}$$

式中，G为所形成的结构没有封闭的数目，形象说法是出现孔洞的数目。G=0时则表示完全封闭的结构；G=1则只有一个孔，比如一端开口的碳纳米管；G=2时有两个孔，如两端开口碳纳米管。碳纳米管结构中主要以六边形为主，在产生拓扑缺陷的位置会出现五边形或七边形，这些非六边形的引入会形成富余碳碳键。六边形网格中出现五边形后，石墨烯片层中产生正的曲率，这种情形通常出现在碳纳米管两端，而六边形网格中出现七边形后会使石墨烯片层中产生负的曲率，通常出现在碳纳米管的管壁上。为了得到完整封闭结构的单壁碳纳米管或者为了研究碳纳米管中出现的拓扑缺陷，需在石墨烯六角网格中引入某种拓扑缺陷，以形成不规则结构。

根据欧拉定理，由碳原子形成仅包含正曲率并且完全封闭的碳结构，即G=0时，需在石墨片层六边形网格中包含12个五边形，如C_{60}和其他富勒烯C_{2n}中包含有n−10个六边形，而其中包含12个五边形；同样碳纳米管形成的封闭结构在没有出现七边形时，仅由五元环和六元环组成，其中也必定包括12个五边形，其推导如下：

$$V+F=E+2 \tag{2.2}$$

如果五边形数目为p，其余$F-p$为六边形，则有以下关系：

$$2E=5p+6(F-p) \quad \text{（一个边由两个面共享）}$$

$$3V=5p+6(F-p) \quad \text{（一个顶点由三个面共享）}$$

代入式（2.2），可以得到p=12。

无缺陷、完整封闭的碳纳米管一定包含12个五边形，这和C_{60}相一致。这个严格的拓扑关系可应用于所有富勒烯结构中。

在一个封闭的碳结构中，如果存在一个七边形就会存在一个与其相对应的五边形，即产生一个五边形/七边形对，其结果是在不产生旋转位移时改变碳纳米管的结构（直径、螺旋角）。这种拓扑缺陷的引入可解释高分辨电子显微镜下观察到的弯曲单壁碳纳米管结构、纯碳纳米电子器件的设计以及单壁碳纳米管的拉伸形变机制。如果在碳纳米管中五边形/七边形对出现在同一边，就会形成碳纳米管异质结，如果形成异质结的碳纳米管一个是半导体性一个是金属性，就可构成一个纯碳的二极管[17]；如果许多五边形/七边形对出现在相同方向，就会形成竹节状碳纳米管[18]。图2.5是几个由两个不同类型的碳纳米管形成的碳纳米管异质结和竹节状碳纳米管[19]。图2.5（a）、（b）是一个由（12, 0）型和（11, 0）型单

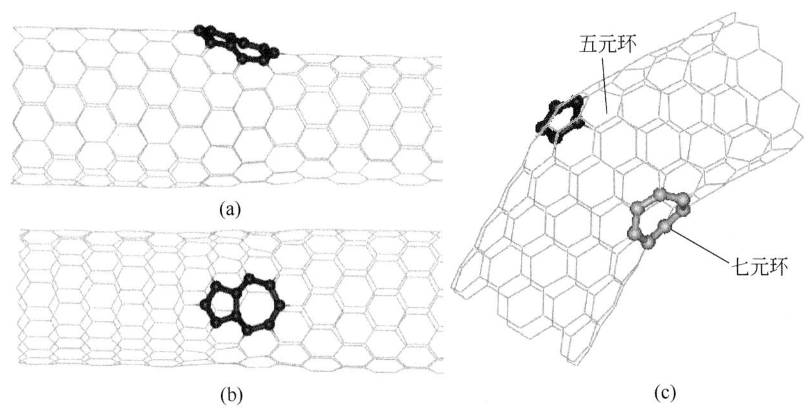

图2.5 碳纳米管中引入五元环和七元环而形成的特殊纳米结构示意图[19]

壁碳纳米管连接而形成的竹节状碳纳米管，从不同角度观察，可见一对相邻的五边形和七边形；图2.5（c）是由（10, 0）型和（6, 6）型单壁碳纳米管连接而形成的一个碳纳米管异质结，其中出现了一个五边形和一个七边形。此外，如果三个碳纳米管相连形成Y字形的结构，可组成纳米电子装置[20]。已在实验中观察到呈竹节状结构的碳纳米管并已制备出Y字形碳纳米管[21]。这些碳纳米管的不规则结构可能是构成纳米电子器件的基础。

2.1.4
碳纳米管结构的稳定性

碳纳米管和金刚石相似，处于亚稳态，即热力学不稳定而动力学稳定的状态。碳纳米管可看成是由一长方形的石墨烯沿一条边的方向卷起直至另外两个边完全对接而成。孤立的石墨烯片在其边缘由于存在大量的悬键，能量较高而不稳定。将石墨烯卷成管状可消除两边的悬键，使系统总能量相应降低。因此碳纳米管的能量低于相应的石墨烯，这也是碳纳米管在自然界中可存在的原因。另外，将石墨烯卷起形成碳纳米管必将改变石墨烯上碳-碳网格的完美拓扑几何构型，即改变键角引入应力能。应力能的大小随碳纳米管的直径减小呈指数增加，最终将超出由于减少孤立石墨烯片边缘上悬键所带来的能量降低，相应地，碳纳米管的能量也就高出石墨烯片的能量。随着单壁碳纳米管直径变大，曲率变小，能量也逐渐趋于稳定的石墨状态。

G.G. Tibbetts[22]用连续理论讨论了石墨烯片层弯曲产生应力能和形成结构的关系，得到如下的表达式

$$\sigma=\frac{\pi ELa^3}{12R} \tag{2.3}$$

式中，σ为应力能；E为弹性模量；R、L、a分别为曲率半径、柱体长度和石墨层间距。从式（2.3）可以看出石墨烯弯曲而产生的应力与其曲率半径成反比。如果考虑其中每个原子因弯曲而增加的应力能则可表示为

$$E_C=\frac{\sigma}{N}=\frac{Ea^3}{24}\times\frac{\Omega}{R^2} \tag{2.4}$$

式中，N为体积内总原子数；Ω为碳原子的面积。这一结果与采用经验多体势方法（empirical potential method）得到的计算结果一致[23]，即直径小于1.8nm的碳纳米管，因石墨烯弯曲使碳原子产生的应力能和其直径平方成反比，而直径大于1.8nm的碳纳米管，碳原子的能量基本接近于石墨烯片层的能量。同样也有计算表明，在碳纳米管中应力能和成键能相互抵消，达到能量平衡状态[24]。

较大直径的单壁碳纳米管会发生塌陷现象，如图2.6所示。碳纳米管存在两个临界直径R_1和R_2，在小于R_1时，为圆形截面能量稳定结构；而直径大于R_2时，则塌陷结构更稳定。如（n, n）型碳纳米管R_1在1.077nm［（16, 16）］和1.144nm［（17, 17）］之间，而R_2在2.962nm［（45, 45）］和3.030nm［（46, 46）］之间；（n, 0）型碳纳米管的R_1在1.049nm［（27, 0）］和1.088nm［（28, 0）］之间，而R_2在2.993nm［（77, 0）］和3.032nm［（78, 0）］之间[2]。

由于碳纳米管在径向很软，故碳纳米管放置在物体表面或与其他物体接触时，

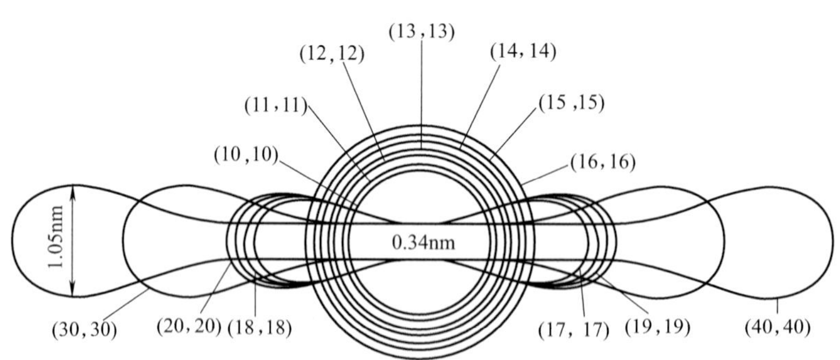

图2.6　碳纳米管稳定结构示意图[2]

在径向很容易发生形变[1]。T. Hertel等[1]用分子动力学模拟了碳纳米管和其他物体以及相互间接触时发生的形变情况。碳纳米管之间以及和其他物体之间的范德华力较大，导致和物体相互接触以及本身互相接触时，碳纳米管会发生径向［见图2.7（a）、（b）］和轴向［见图2.7（c）、（d）］的形变，同时不同直径和层数的碳纳米管，其形变也有一定差异。T. Hertel等用原子力显微镜观察发生交叠的两个碳纳米管互相交叉的部位，发现其管壁呈现一定的弯曲，这是由于碳纳米管在互相交叠时产生了一定的弹性形变而出现的现象，与理论计算基本一致。

较小直径碳纳米管的稳定性是碳纳米管研究中另一个令人感兴趣的问题。N. Hamada等[25]在1992年碳纳米管被发现后不久就预言，最小碳纳米管的直径约为0.6nm。1991年S.Iijima[9]观察到的多壁碳纳米管直径约为2nm，1992年P.M. Ajayan等[26]观察到直径约为0.7nm的碳纳米管，并且认为这是直径最小的碳纳米管，因为和C_{60}相当且认为碳纳米管是从C_{60}笼状结构中得到的。此后人们认为最

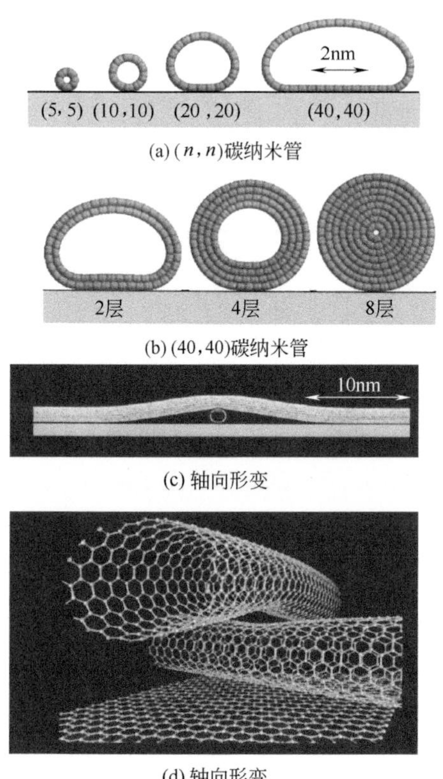

图2.7　与基体发生相互作用而产生形变的碳纳米管[1]

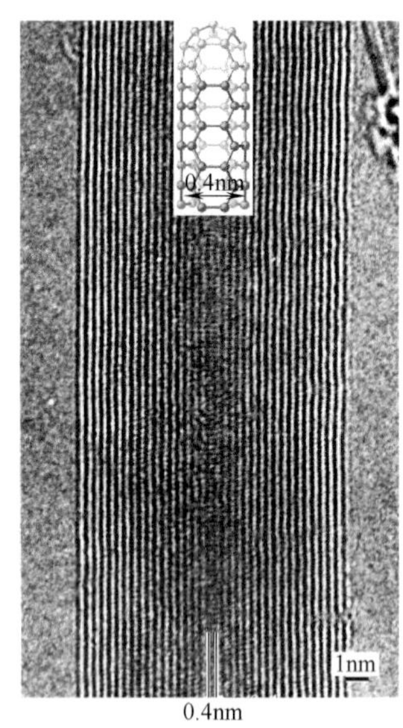

图2.8 内径为0.4nm的多壁碳纳米管[28]

小直径的碳纳米管为0.7nm。但实验观察已经发现更小直径的碳纳米管。L.F. Sun等[27]采用高分辨电子显微镜在观察电弧法制备的多壁碳纳米管时发现在其最核心处的直径为0.5nm，这和C_{36}笼状结构的直径相当；随后C.L. Qin等[28]报道了内径为0.4nm的多壁碳纳米管（见图2.8）；N. Wang等[29]观察到直径为0.4nm的单壁碳纳米管，和C_{20}直径相当。更小直径的碳纳米管已不能稳定存在，但在某些条件下仍可以观察到。L.M. Peng等[30]通过对碳纳米管的稳定性的分析发现，直径小于0.4nm的碳纳米管稳定性要低于石墨烯，但在温度高于1100℃的非平衡条件下仍可存在，并且在高分辨电子显微镜中观察到了直径为0.33nm的单壁碳纳米管。

在电子束辐照下，单壁碳纳米管不稳定。采用高于120keV的电子辐照时，碳原子可从碳纳米管表面逸出，使之出现表面重构及结构变化。碳纳米管表面失去一个碳原子后，会在管壁上出现一空位，空位扩大以后就形成空洞，由于出现了缺陷而产生悬键，使碳纳米管在能量上不稳定，管壁连续失去碳原子以后，碳纳米管就变得很不稳定而出现原子重整，通过产生收缩来消除空洞。这一现象很容易在高分辨电子显微镜中观察到[31]。图2.9是在高分辨电子显微镜中，电子束辐照条件下单壁碳纳米管发生变化的过程，在5min内，单壁碳纳米管的直径从1.4nm［图2.9（a）］变到0.4nm［图2.9（f）］，最后发生断裂［图2.9（g）］。所观察到的0.4nm碳纳米管可稳定存在。分子动力学模拟显示碳纳米管表面重整以

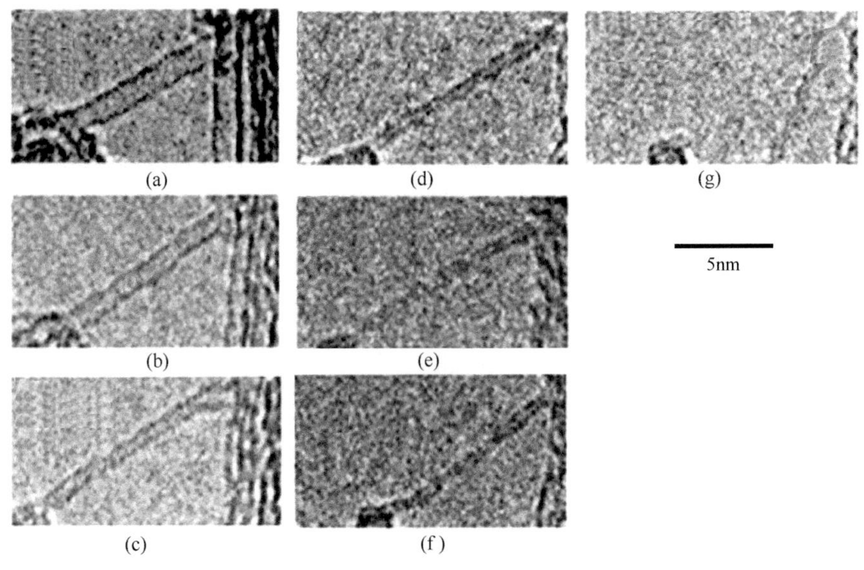

图2.9 单壁碳纳米管在电子束辐照下的变化过程[31]

及形状变化发生在出现较多悬键后，碳原子被随机踢开以后，管壁上形成五边形/七边形缺陷，然后出现不规则变形和局部收缩，碳纳米管表面形成线形碳原子链，最后完全消失。

在200keV高能电子束的轰击之下，单壁碳纳米管很不稳定（如图2.10所示），部分碳纳米管结构被破坏，并在图2.10（a）和（b）左上角可观察到在初始碳纳米管上新长出了一个很小的纳米结构[30]。观察表明，该结构呈柱形对称，可能是直径为0.33nm的（4，0）型碳纳米管，其在几乎不引入任何应力的情况下与母体碳纳米管连接，结构示意图如图2.10（c）和（d）所示[30]。直径小于0.4nm的碳纳米管从能量角度来讲并非稳定结构，但基于量子力学原理紧束缚法系统研究表明，所有直径大于0.24nm的（3，0）型碳纳米管在室温下都稳定。因此在实验中观察到直径为0.33nm的（4，0）型碳纳米管，甚至到2000℃的高温时仍然稳定。计算结果表明，虽然管径小于0.4nm的碳纳米管的能量较相应的石墨烯能量要高，但这些结构都可转化为基本结构特征相同的亚稳态结构。对于直径为0.33nm的（4，0）型碳纳米管而言，虽然不能在平衡条件下形成，但不排除可在某种非平衡条件下生长。在电子显微镜中，电子束的轰击即为一个远离平衡的条件。生长机理可能是高能电子束将母体碳纳米管的一对碳原子与其他碳原子结合的键打断，从而使其偏离母体碳纳米管表面。若此时在附近有另一对碳原子，新碳原子即可

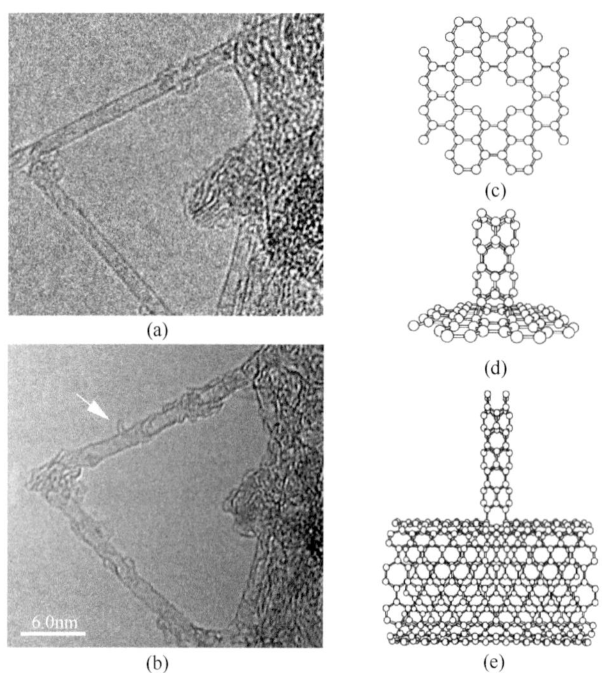

图2.10 （a）、（b）直径为0.33nm的单壁碳纳米管高分辨电子显微镜照片；（c）~（e）直径为0.33nm的单壁碳纳米管结构示意图[30]

与偏离母体碳纳米管的那对起始碳原子成键，并将消除早先电子束轰击所造成的2个悬键，4个碳原子因而在母体碳纳米管上共同形成（4，0）型碳纳米管的第一层原子。随着（4，0）型碳纳米管端点的悬键与新的碳原子成键，（4，0）型碳纳米管即可一层层地垂直于母体碳纳米管向上生长。

电子束的作用不仅能够使碳纳米管发生收缩而且能够使管束发生融合（coalescence）。如图2.11所示，M. Terrones等[32]使用1.25MeV高分辨电子显微镜在800℃条件下观察管束发生融合的过程。从图2.11（a）可以清楚观察到管束由14个单壁碳纳米管组成，图2.11（b）箭头所示的外层两个碳纳米管发生融合，发生融合的碳纳米管与另一碳纳米管连接[图2.11（c）]，形成的连接[图2.11（d）、（e）]继续发展至三个碳纳米管发生融合形成一个较大的碳纳米管[图2.11（f）]，系统重新到达一个稳定状态。同时理论模拟这一过程表明，在电子束作用下碳纳米管在出现缺陷或者活性反应位置产生空位、悬键、Stone-Wales形变后，发生表面原子重构。

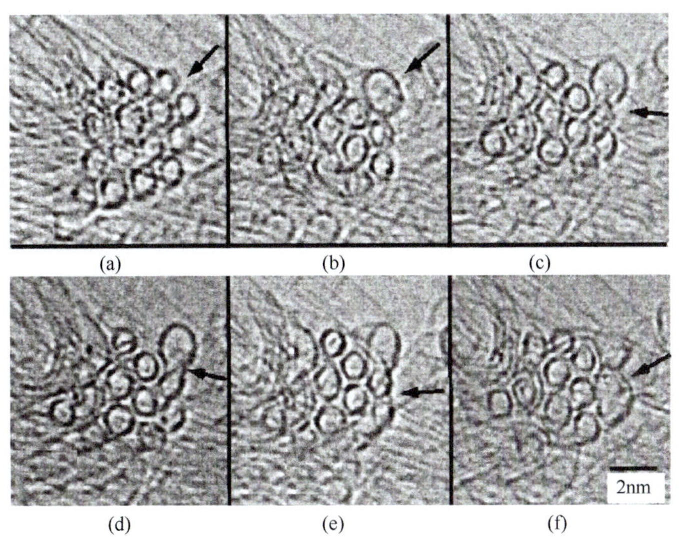

图 2.11　单壁碳纳米管发生融合过程的高分辨电子显微镜照片[32]

2.2 单壁碳纳米管的结构

2.2.1 几何结构

单壁碳纳米管可以看成是单层石墨烯沿着一定的卷曲向量无缝卷曲而成，可以根据卷曲向量的不同来定义单壁碳纳米管的结构。石墨烯片层中点阵可用向量 $\boldsymbol{C} = n\boldsymbol{a}_1 + m\boldsymbol{a}_2$ 表示［这里 n 和 m 为整数，$\boldsymbol{a}_1 = a(\sqrt{3}/2, 1/2)$ 和 $\boldsymbol{a}_2 = a(\sqrt{3}/2, -1/2)$ 是石墨烯的单位向量，$a = \sqrt{3}\ a_{\mathrm{C-C}} = 0.246\mathrm{nm}$，$a_{\mathrm{C-C}}$ 为碳碳键长］。利用石墨烯的平面格点构造碳纳米管的过程如下：任选一个格点 O 作原点，经格点 A 作一晶格向量 $\boldsymbol{C}$，然后过 O 点作垂直于向量 $\boldsymbol{C}$ 的直线，B 点是该直线所经过的二维石墨烯平面的第一个格点，向量 $\boldsymbol{OB}$ 称为平移向量，用 $\boldsymbol{T}$ 表示（图 2.12）。直线 OD 是与单位

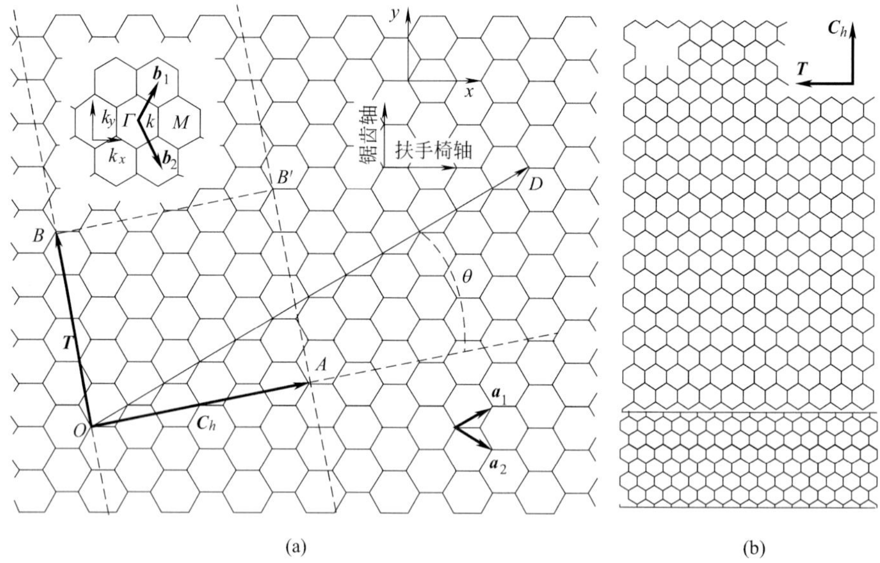

图2.12 由石墨烯片层映射到碳纳米管的示意图

（a）单壁碳纳米管参数的几何意义，（a）中插图为布里渊区的高对称点和倒格矢；（b）单壁碳纳米管的卷积过程

矢量$\boldsymbol{a}_1$平行的一条直线，沿石墨六方网格的锯齿轴（zigzag axis），六方网格的一个碳碳键垂直于OD。向量$\boldsymbol{C}$和锯齿轴OD之间的夹角称为螺旋角θ。过A点作垂直于螺旋向量$\boldsymbol{C}$的直线和过B点垂直于OB的直线相交于B'点，矩形$OAB'B$中所包含的原子数就是一个单壁碳纳米管单胞的所含原子数。以OB为轴，卷曲石墨烯片，使点O和点A相接或使OB轴与AB'轴重合，就形成了单壁碳纳米管管体圆周，OB形成了单壁碳纳米管的管体，OA形成单壁碳纳米管的圆周。通过这一构造过程可看出，可用（n, m）两个参数表示一个单壁碳纳米管，在不考虑手性的情况下，单壁碳纳米管可由两个量完全确定［直径和螺旋角或两个表示石墨烯片层结构指数（n, m）或者螺旋向量$\boldsymbol{C}$和平移向量$\boldsymbol{T}$，参见表2.1］。因此，一旦在石墨晶格中选定了螺旋矢量$\boldsymbol{C}$，碳纳米管的结构及其所有参数就被确定。

从碳纳米管的构造过程可看出，螺旋向量$\boldsymbol{C}$的数值是碳纳米管的管周长，因此其直径d可表示为

$$d = \frac{L}{\pi} = \frac{|\boldsymbol{C}|}{\pi} = \frac{a\sqrt{m^2 + n^2 + mn}}{\pi} \tag{2.5}$$

螺旋角是六边形网格相对于碳纳米管轴向之间的夹角，由于石墨烯六边形网

表2.1 描述碳纳米管的参数及其互相之间的关系

符号	含义	公式	数值
a_{C-C}	碳-碳原子间距		0.1421nm（石墨）
a	单位向量的长度	$a=\sqrt{3}a_{C-C}$	0.246nm
$\boldsymbol{a}_1$, $\boldsymbol{a}_2$	晶格单位向量	$(\sqrt{3}/2,\ 1/2)a$, $(\sqrt{3}/2,\ -1/2)a$	(x, y)直角坐标
$\boldsymbol{b}_1$, $\boldsymbol{b}_2$	晶格倒易空间单位向量	$\left(1/\sqrt{3},\ 1\right)\dfrac{2\pi}{a}$, $\left(1/\sqrt{3},\ -1\right)\dfrac{2\pi}{a}$	(x, y)直角坐标
$\boldsymbol{C}$	螺旋向量	$\boldsymbol{C}=n\boldsymbol{a}_1+m\boldsymbol{a}_2\equiv(n, m)$	n, m为整数 $0\leqslant\|m\|\leqslant n$
L	碳纳米管的周长	$L=\|\boldsymbol{C}\|=a\sqrt{n^2+m^2+nm}$	
d	碳纳米管的直径	$d=\dfrac{a\sqrt{n^2+m^2+mn}}{\pi}$	
θ	螺旋角	$\cos\theta=\dfrac{2n+m}{2\sqrt{n^2+m^2+nm}}$	$0\leqslant\|\theta\|\leqslant 30°$
d_R	（2n+m, 2m+n）的最大公约数	$d_R=\begin{cases} d_{mn}, & n-m\neq 3dl \\ 3d_{mn}, & n-m=3dl \end{cases}$	l为整数 d_{mn}为(n,m)的最大公约数
$\boldsymbol{T}$	一维单胞的平移矢量	$T=\dfrac{2m+n}{d_R}\boldsymbol{a}_1+\dfrac{2n+m}{d_R}\boldsymbol{a}_2$	$T=\|T\|=\dfrac{\sqrt{3}L}{d_R}$
N	一维单胞中的六边形数目	$N=\dfrac{2(n^2+m^2+nm)}{d_R}$	2N指碳纳米管单胞中的碳原子数目
$\boldsymbol{R}$	对称性矢量	$\boldsymbol{R}=p\boldsymbol{a}_1+q\boldsymbol{a}_2\equiv(p,q)$ $0\leqslant p\leqslant n/d$；$0\leqslant q\leqslant m/d$	$d=mp-nq$ 锯齿型：$p\equiv1$, $q\equiv-1$
M	2π转动的次数	$M=\dfrac{[(2n+m)p+(2m+n)q]}{d_R}$	M为整数
ψ	转动操作算符	$\psi=2\pi\dfrac{M}{N}$, $\chi=\dfrac{\psi L}{2\pi}$	ψ指弧度
τ	平移操作算符	$\tau=\mathrm{d}T/N$	τ, χ指长度
R	基本对称性操作算符	$R=(\psi\|\tau)$	与$\boldsymbol{R}$为同一算符

格结构的对称性（$0\leqslant|\theta|\leqslant\pi/6$），由螺旋角可得到碳纳米管的螺旋对称性。从螺旋角的定义中可看出螺旋角是螺旋向量$\boldsymbol{C}$和单位向量$\boldsymbol{a}_1$之间的夹角。因此

$$\cos\theta=\frac{\boldsymbol{C}\cdot\boldsymbol{a}_1}{|\boldsymbol{C}|\cdot|\boldsymbol{a}_1|}=\frac{2n+m}{2\sqrt{m^2+n^2+mn}} \tag{2.6}$$

图2.13（a）中菱形点线和图2.13（b）阴影六边形分别是石墨烯单胞和其布里渊（Brillouin）区，其中$\boldsymbol{a}_1$和$\boldsymbol{a}_2$是其实空间单位向量，$\boldsymbol{b}_1$和$\boldsymbol{b}_2$是其倒易空间单位向量。根据$\boldsymbol{a}_1=a(\sqrt{3}/2,\ 1/2)$和$\boldsymbol{a}_2=a(\sqrt{3}/2,\ -1/2)$可以得到其倒易空间单位向量$\boldsymbol{b}_1$和$\boldsymbol{b}_2$：

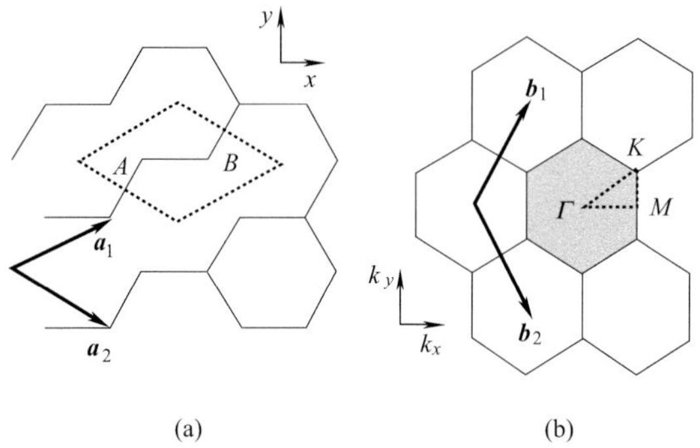

图2.13 （a）菱形虚线为石墨烯单胞；（b）阴影六边形是其布里渊区

其中，a_1和a_2是实空间单位向量，b_1和b_2是倒易空间单位向量

$$\boldsymbol{b}_1=\left(\frac{2\pi}{\sqrt{3}a},\frac{2\pi}{a}\right),\ \boldsymbol{b}_2=\left(\frac{2\pi}{\sqrt{3}a},-\frac{2\pi}{a}\right) \tag{2.7}$$

如图2.13所示，倒易空间单位向量$\boldsymbol{b}_1$和$\boldsymbol{b}_2$的方向相当于实空间单位向量$\boldsymbol{a}_1$和$\boldsymbol{a}_2$分别旋转30°。

平移向量$\boldsymbol{T}$是沿碳纳米管轴向重复碳纳米管单胞的最短距离，可表示为

$$\boldsymbol{T}=t_1\boldsymbol{a}_1+t_2\boldsymbol{a}_2\equiv(t_1,\ t_2) \tag{2.8}$$

其中，t_1, t_2可用（n, m）表示为

$$t_1=(2m+n)/d_{\mathrm{R}}\ ,\ t_2=-(2n+m)/d_{\mathrm{R}} \tag{2.9}$$

d_{R}是（$2n+m$, $2m+n$）的最大公约数，其值为

$$d_{\mathrm{R}}=\begin{cases} d_{mn},\ n-m\text{不是3的倍数} \\ 3d_{mn},n-m\text{是3的倍数} \end{cases} \tag{2.10}$$

式中，d_{mn}是（n, m）的最大公约数。其余参数的详细表述可参考表2.1以及文献[3]。

根据不同用途可选择不同的表示参数。在构造各种单壁碳纳米管结构（碳纳米管异质结、碳纳米管连接变化等）以及进行理论计算时，采用（n, m）结构指数来表示比较简单而且方便。在表示单壁碳纳米管单胞以及它们的对称操作中，采用螺旋向量$\boldsymbol{C}$和平移向量$\boldsymbol{T}$表示则比较适合。在实验观察中，用碳纳米管的直径和螺旋角表示单壁碳纳米管比较方便，特别是在高分辨电子显微镜、衍射谱分析以及扫描隧道显微镜来确定单壁碳纳米管的结构特征（螺旋角和直径）时，均

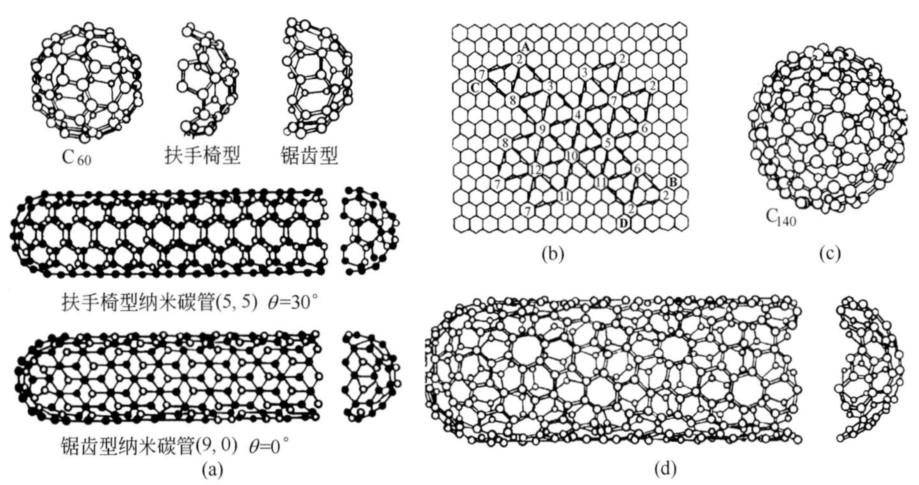

图2.14 （a）组成扶手椅型（5，5）和锯齿型（9，0）碳纳米管端部时C_{60}笼状结构的不同切割方式；（b）~（d）螺旋结构单壁碳纳米管的形成：将石墨烯卷曲成的两端连接半个富勒烯分子的圆柱体，图（d）中显示了两端由C_{140}分子构成的碳纳米管

可用该方法表示。这些表示方法是等价的，它们之间可通过变换矩阵相互转化。

锯齿型和扶手椅型单壁碳纳米管是两类非常特殊的单壁碳纳米管构型，其螺旋向量$\boldsymbol{C}$和锯齿轴之间的螺旋角θ分别为0°和30°，不产生螺旋，所以没有手性。图2.14（a）给出了C_{60}笼状结构组成扶手椅型（5，5）和锯齿型（9，0）碳纳米管端部时的不同切割方式。当螺旋角在0°和30°之间时，单壁碳纳米管的网格是有螺旋的，根据手性可以把它们分为左螺旋和右螺旋两种。图2.14（b）～（d）显示了两端由C_{140}分子构成的螺旋型单壁碳纳米管的理论模型，其中图2.14（b）显示了C_{140}分子在石墨蜂窝状晶格上的投影，图中的每一个数字代表一个五边形，将相同数字表示的五边形重叠在一起，就构成了C_{140}分子的上截面体。在平行于AB和CD方向插入一排六边形，就组成了图中的圆柱体部分，所构成碳纳米管的螺旋属性与用矢量$\boldsymbol{AB}$和$\boldsymbol{CD}$作为石墨烯片单胞矢量时所形成的角度有关。

2.2.2 电子结构

单壁碳纳米管的电子结构也可以看成是石墨烯电子结构通过卷曲而成。图

2.15（a）为单层石墨烯在费米能级附近的电子结构，由紧束缚近似计算可知，价带中的π电子和导带中的π* 电子仅在第一布里渊区六个K点相交，是零带隙半导体。当卷曲成单壁碳纳米管之后，其轴向的电子动量因不受约束所以是连续的，而在径向上必须满足周期性边界条件，导致在圆周方向其电子动量是量子化的。因此，单壁碳纳米管形成之后，原来连续的石墨烯能带结构被相应地切割成条带状［图2.15（a）下方二维投影和一系列线条］。如果这些条带经过K点，则单壁碳纳米管为金属性单壁碳纳米管［图2.15（b）］；如果这些条带不经过K点，单壁碳纳米管为半导体性单壁碳纳米管［图2.15（c）］。理论计算表明[33]，单壁碳纳米管根据手性指数（n, m）的不同而表现出不同的导电属性。当n=m时，平行线通过K点，单壁碳纳米管为金属性；当$n-m=3q$（q为非零整数）时，尽管平行线通过K点，但实际上还应考虑单壁碳纳米管的三角卷曲效应[34]，单壁碳纳米管表现出了很小的带隙（约毫电子伏），即为准金属性，但由于其在室温下表现为金属性，因而也将这类单壁碳纳米管归类为金属性单壁碳纳米管；而相反的是当$n-m \neq 3q$（q为整数）时，单壁碳纳米管有一个较大的带隙（0.5 ～ 1.0eV），为半导体性。由此可见所有手性的单壁碳纳米管中有1/3为金属性，2/3为半导体性。

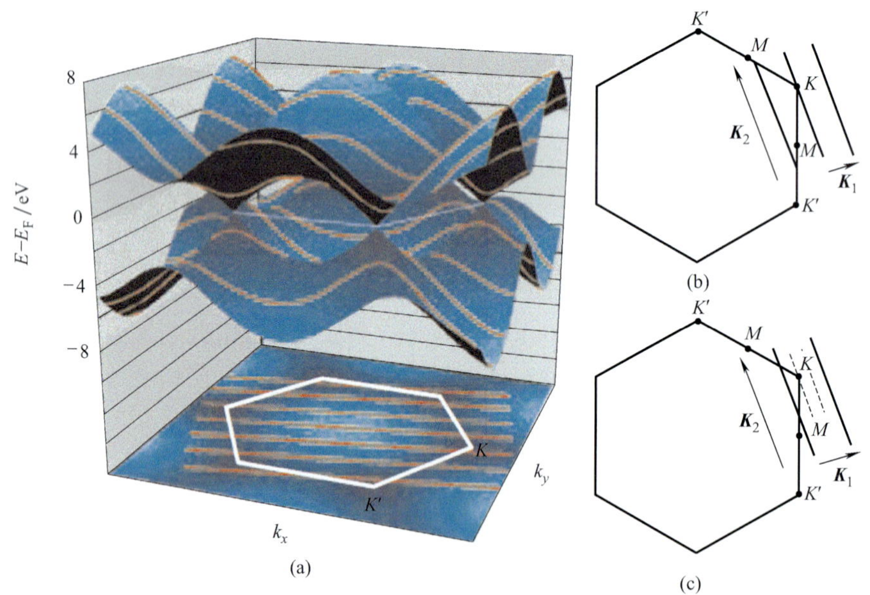

图2.15 （a）二维石墨烯的能带结构图（上）和布里渊区（下），线条显示为单壁碳纳米管的波矢[36]；（b）金属性和（c）半导体性单壁碳纳米管波矢在二维布里渊区的示意图[34]

单壁碳纳米管手性依赖的电子结构差异在实验上也得到了验证[35]，并且对于半导体性单壁碳纳米管，其带隙大小反比于直径[36]。

从图2.15（a）还可以看出，对于K点附近的单壁碳纳米管切割线，价带和导带会出现一个能量极大值和极小值，这就对应图2.16（a）、（b）下方电子态密度（DOS）图中的尖峰，称为范霍夫奇点，每一对奇点之间的能量带隙被称为电子跃迁能E_{ii}（i=1,2,3,⋯），为了表达方便，一般也可以将金属性单壁碳纳米管的电子跃迁能命名为M_{ii}，半导体的为S_{ii}。该电子跃迁能对于单壁碳纳米管的共振拉曼光谱非常重要[37]，通常与单壁碳纳米管的直径和手性相关联，即所谓的Kataura图[38]。

图2.16（a）、（b）为（10，0）型、（9，0）型两根单壁碳纳米管的电子态密度

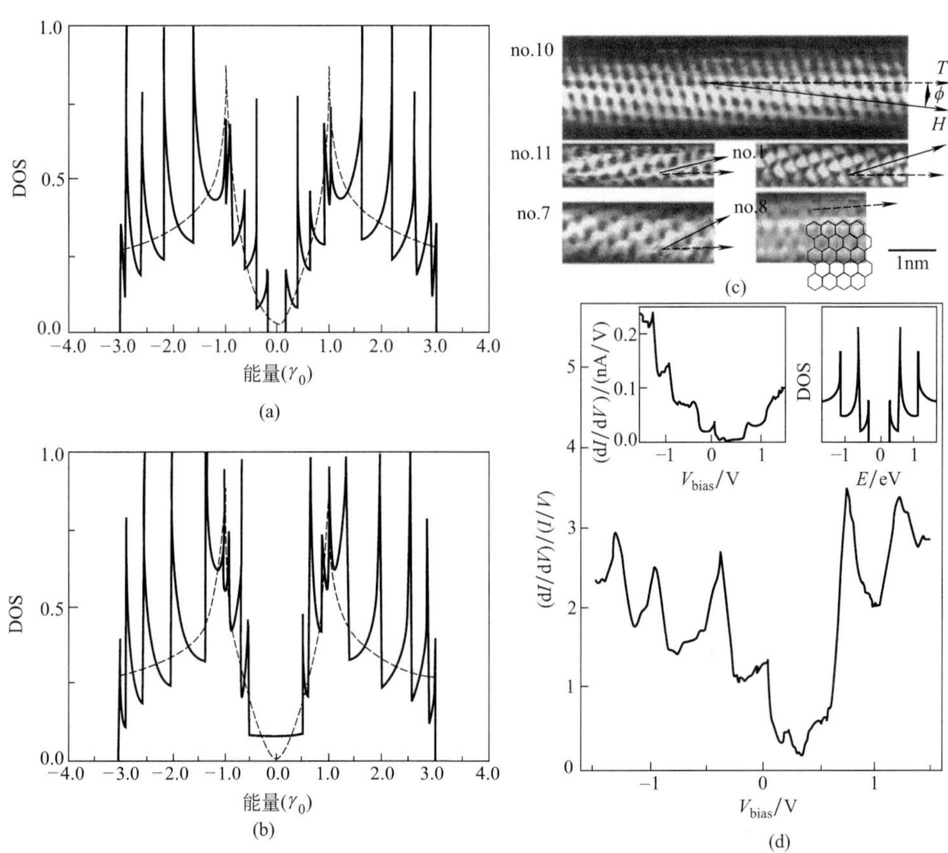

图2.16　单壁碳纳米管手性依赖的电子态密度

（a）、（b）紧束缚理论计算的（10，0）型和（9，0）型单壁碳纳米管的电子态密度[33]；（c）单壁碳纳米管的原子分辨扫描隧道显微镜照片；（d）实验测得的（16，0）型单壁碳纳米管的微分电导与偏压的关系曲线，曲线形状反映了单壁碳纳米管的电子态密度[35]

图。虽然手性指数差异很小，但它们表现出明显的电学性能差异，前者为半导体性，而后者为金属性。（10, 0）型单壁碳纳米管在费米能级附近没有电子分布，而（9, 0）型单壁碳纳米管的带隙却为零。1998年，Dekker等[35]和Lieber等[39]分别利用扫描隧道显微镜（scanning tunneling microscopy, STM）研究了单根单壁碳纳米管的微分电导（dI/dV），实验测量了单壁碳纳米管的电子态密度［图2.16（c）、（d）］，结果与理论计算吻合，证实了单壁碳纳米管的电子结构与其手性的关系。随着研究工作的深入，研究人员陆续发现单壁碳纳米管的长度对其电子结构和电学与光学性质也具有重要影响，尤其当单壁碳纳米管的长度逐渐变短时，其电学性质与光学性质会发生巨大变化[40,41]。这些理论和实验结果明确证实了单壁碳纳米管的电子结构与电学性质强烈依赖于其直径、长度、螺旋角、手性等结构要素。

2.3 碳纳米管的结构表征

目前单壁碳纳米管结构的表征主要通过电子显微镜、拉曼光谱、吸收光谱和发射光谱等方法来实现。下面将简述这几种表征技术。

2.3.1 电子显微镜

利用高分辨透射电子显微镜对单根单壁碳纳米管进行观察，可以获得碳纳米管的形貌。通过量取单壁碳纳米管照片中两条平行的投影线之间的距离，即可直接获取该单壁碳纳米管的直径大小；同时结合电子衍射，可以获得单壁碳纳米管的螺旋结构信息[12,42,43]。图2.17为电子衍射表征单壁碳纳米管手性结构的示意图，首先利用高分辨透射电子显微镜获得单壁碳纳米管的衍射花样，然后结合计算模拟，确定单壁碳纳米管的手性指数[44]。

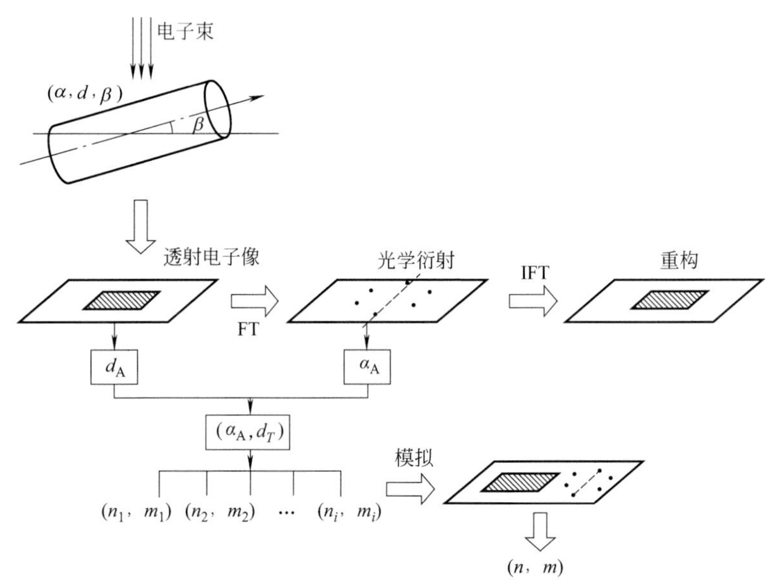

图2.17 透射电子显微技术获取单壁碳纳米管手性（n, m）信息的示意图[44]

碳纳米管的衍射花样与常规晶体材料的单晶电子衍射花样有明显的不同。无论是单壁碳纳米管还是多壁碳纳米管，其电子衍射花样不再具有单一的特征平行四边形特点，而是呈现层线状分布，各主层线间距随碳纳米管螺旋指数的变化而变化。单壁碳纳米管的电子衍射花样可以简单理解为两个平行的石墨烯片的衍射花样。电子束入射光沿着轴向的法线相继通过这两个石墨烯片（对应于单壁碳纳米管的“上”壁和“下”壁），得到的衍射花样也就是这两个石墨烯片的花样的叠加[42]。如图2.18所示，如果一个石墨烯片相对于另一个石墨烯片沿着该石墨烯平面的法线方向旋转，则这两个衍射花样彼此将也会旋转同样的角度。由于单壁碳纳米管径向的卷曲效应，尖锐的衍射斑点沿着径向呈现弥散，从而形成一系列的线，称为层线。

图2.19是一个单壁碳纳米管的电子衍射图[45]。从该单壁碳纳米管的高分辨透射电子显微照片［图2.19（a）］可知其直径约为1.4nm。通过电子衍射图，测得层线L_1上的第二峰值与第一峰值的位置比率为2.190［图2.19（b）］，此比值对应于2阶贝塞尔函数，所以螺旋指数m=2。同样，在层线L_2上测得第二峰值与第一峰值的位置比率为1.279［图2.19（c）］，该值对应于17阶贝塞尔函数（n=17）。所以，该单壁碳纳米管的螺旋指数为（17，2），是一个金属性单壁碳纳米管。分

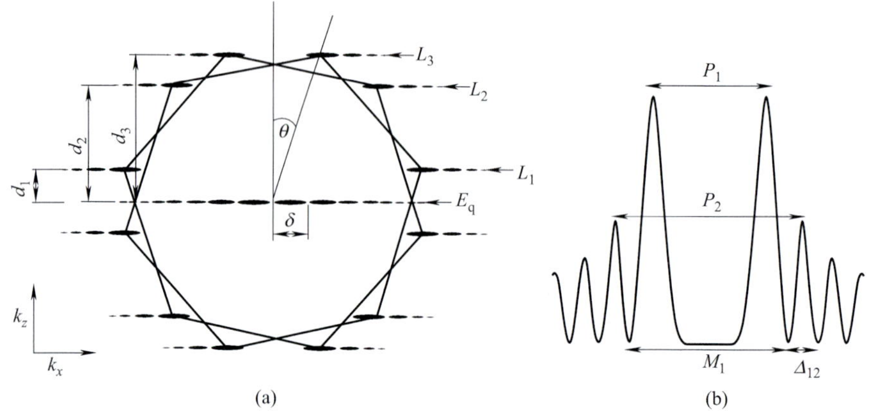

图2.18 （a）单壁碳纳米管衍射花样的示意图[42]，L_1、L_2及L_3为主衍射层线，d_1、d_2及d_3为相应层线间距；（b）其中一个层线上的衍射强度分布

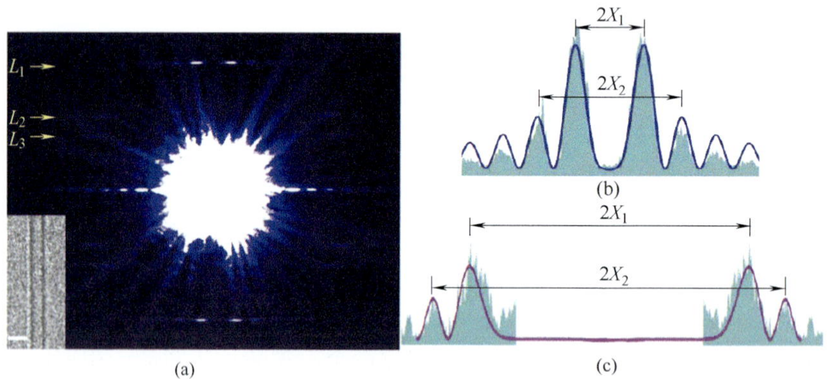

图2.19 （a）（17, 2）单壁碳纳米管的电子衍射图[45]，插图为其高分辨透射电镜图（标尺长度为2nm）；（b）层线L_1上的衍射强度分布，X_2/X_1=2.190，对应于2阶贝塞尔函数；（c）层线L_2上的衍射强度分布；X_2/X_1=1.279，对应于17阶贝塞尔函数

析主层线上衍射强度的分布规律，通过确定主层线上次衍射峰间距与主衍射峰间距的比值，并与不同阶数贝塞尔函数的计算值相比较，确定碳纳米管的螺旋指数。尽管这种方法能够直接且可靠的确认单壁碳纳米管的结构，但是这种表征技术不适合大量表征单壁碳纳米管。此外，这种方法对单壁碳纳米管的样品要求也较高。

扫描隧道显微镜具有原子级分辨率，利用其可以直接获得单壁碳纳米管中碳原子的位置、排布情况以及螺旋结构。如图2.20所示，单根单壁碳纳米管的碳原子排布和手性指数清楚可见。同时结合扫描隧道谱可以直接得到单壁碳纳米管中

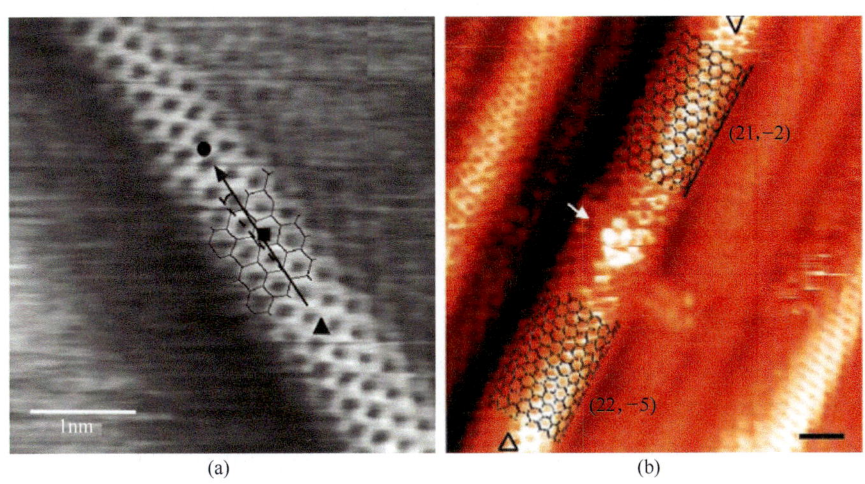

图2.20 （a）单根单壁碳纳米管的原子分辨率扫面隧道电子显微镜照片[39]；（b）单壁碳纳米管分子结构[46]

碳原子的电子密度信息，因此可以验证单壁碳纳米管的手性指数、电子能带理论计算结果等。虽然该表征方法是最直接且可靠的观测单壁碳纳米管碳原子排布的方法，但该技术对基底要求很高（原子级平整的表面）。此外，测量需要在超高的真空条件下完成，不易操作。

另一种可以观察单壁碳纳米管形貌的电子显微镜是原子力显微镜。通过原子力扫描图中高度差值可以直接获取单壁碳纳米管的直径信息[47]。由于其操作简单且样品基本无损坏，因此被广泛用于表征单壁碳纳米管的形貌和直径。然而，这种技术并不能给出单壁碳纳米管的手性结构等信息。

2.3.2 拉曼光谱

自从发现单壁碳纳米管以来，其拉曼光谱研究就一直受到极大关注。拉曼光谱是表征单壁碳纳米管中各种振动模式和评价各种单壁碳纳米管一维声子色散关系理论计算模型非常方便和有力的工具[3,37,48,49]。当入射光或散射光的能量与单壁碳纳米管某个电子跃迁能量匹配时，会发生共振拉曼散射。理论预测单壁碳纳米管有16个拉曼活性模。单壁碳纳米管具有两个特征振动模式：呼吸振动模式和拉伸振动模式。呼吸振动模式出现在低频段（波数100 ～ 300cm^{-1}），它是和单壁碳纳米管结构相关的振动模式；拉伸振动模式位于1580cm^{-1}附近，和石墨G模相似，但由于在布里渊区发生折叠而产生和尺寸相关的区域折叠效应使其分裂成多个峰[3,37,49,50]。

呼吸振动模式下所有碳原子在径向以相同的相位振动，就像单壁碳纳米管在呼吸一样（见图2.21）。理论计算表明，单根单壁碳纳米管的呼吸模频率与单壁碳纳米管的直径有一个非常简单的$1/d_t$关系[3,51~53]，如式（2.11）所示。单壁碳纳米管因共振增强而具有较大的拉曼散射截面，呼吸模的强度可与切向伸缩模的强度相比拟，甚至更强。因此，呼吸模频率对载流子转移和管间相互作用的敏感性使得呼吸模成为研究单壁碳纳米管及碳纳米管基材料结构和性质的有力工具。单壁碳纳米管呼吸模拉曼光谱的研究主要涉及[3]：利用呼吸模频率表征单壁碳纳米管的直径，了解管束内管间相互作用对呼吸模频率的影响以及通过观测呼吸模频率和强度随激发光能量的变化来研究其共振拉曼现象并表征单壁碳纳米管指数（n, m）、电子跃迁量和导电类型等。

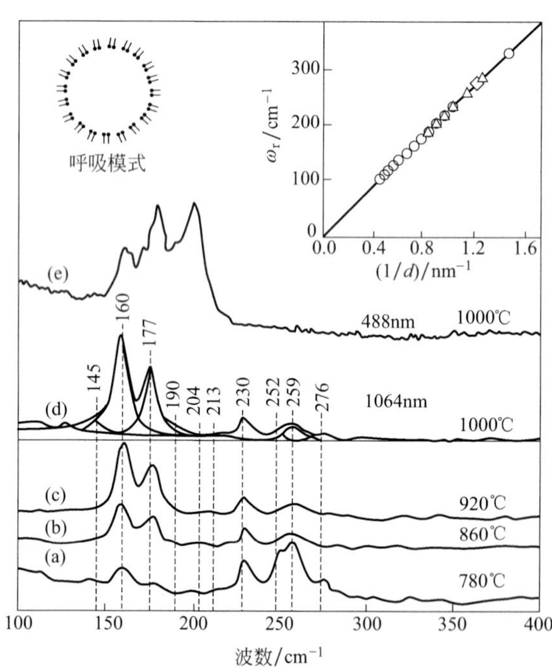

图2.21　不同温度下利用Fe/Ni催化剂制备的单壁碳纳米管的低频拉曼谱

插图给出了理论计算扶手椅型（○）、锯齿型（△）和螺旋型（▽）单壁碳纳米管的呼吸模频率与其直径的关系[52]

S. Bandow等[52]观察了不同生长温度对在Fe/Ni催化剂作用下利用脉冲激光蒸发方法制得的单壁碳纳米管直径分布的影响，并测量了其低频拉曼谱，结果如图2.21所示。根据力常数模型计算扶手椅型、锯齿型和螺旋型单壁碳纳米管呼吸模频率与其直径的关系为

$$\omega_{\mathrm{r}}^{0}(d_{\mathrm{t}})=\alpha_{\mathrm{wd}}(\mathrm{cm}^{-1}\cdot\mathrm{nm})/d_{\mathrm{t}}(\mathrm{nm}),\quad \alpha_{\mathrm{wd}}=223.75\mathrm{cm}^{-1}\cdot\mathrm{nm} \tag{2.11}$$

式中，$\omega_{\mathrm{r}}^{0}(d_{\mathrm{t}})$为未考虑单壁碳纳米管之间相互作用的呼吸模频率。计算表明，呼吸模频率ω_{r}^{0}只与单壁碳纳米管半径的倒数成正比，而与单壁碳纳米管的螺旋角无关。当单壁碳纳米管直径$d_{\mathrm{t}}\rightarrow\infty$时，$\omega_{\mathrm{r}}^{0}\rightarrow 0\mathrm{cm}^{-1}$。根据式（2.11），S. Bandow等[52]计算出单壁碳纳米管的直径，与X射线衍射和透射电子显微镜测定的结果吻合。事实上单壁碳纳米管频率的$1/d_{\mathrm{t}}$依赖关系可以简单推出。考虑键长为a、键角为120°的锯齿型单原子链弯曲成半径为R的圆柱体，碳碳键的力常数为κ，假设所有原子在径向方向离开平衡位置的位移为ΔR，每个原子提供的恢复力则是$(3\kappa\alpha^2/2R^2)\Delta R$，因此碳原子链做呼吸移动的频率为$(3\kappa/2m)^{1/2}\alpha/R\propto 1/R$（其中$m$为原子质量），计算所得结果为$\alpha_{\mathrm{wd}}$=240.4cm^{-1}·nm（取$\kappa$=3.44×10^{-7}N/nm），与式（2.11）的结果相比仅相差7.4%。

采用紧束缚和从头算方法都得出了相似的结果[53,54]，但不同方法得到的α_{wd}数值有一定的差别，如紧束缚计算得到α_{wd}=213，从头算法得到（n, m）单壁碳纳米管呼吸模的频率为$\omega_{\mathrm{r}(n,m)}^{0}=[239-5(n-m)/n]/d_{\mathrm{t}(n,m)}$。紧束缚和从头算计算结果还表明，单壁碳纳米管呼吸模频率可能与其螺旋角有关[53,54]。对于扶手椅型和锯齿型单壁碳纳米管，紧束缚和从头算计算给出呼吸模频率和直径之间比例常数分别为$\alpha_{\mathrm{wd}}^{\mathrm{arm}}$=261.4cm^{-1}·nm和$\alpha_{\mathrm{wd}}^{\mathrm{zig}}$=256.4cm^{-1}·nm以及$\alpha_{\mathrm{wd}}^{\mathrm{arm}}$=236.0cm^{-1}·nm和$\alpha_{\mathrm{wd}}^{\mathrm{zig}}$=232.0cm^{-1}·nm。由于各（$n, m$）单壁碳纳米管的直径大小是离散的，当碳纳米管尺寸变化0.01nm时，就会导致呼吸模频率发生2cm^{-1}的移动，因此当单壁碳纳米管呼吸模频率与直径之间的相互关系确定后，就有可能根据呼吸模频率来指认所观察单壁碳纳米管的指数（n, m）[55~58]。

实验观察表明，单根碳纳米管很容易聚集成具有六角形二维晶体的管束结构[19,59]，因此单壁碳纳米管样品并不都由离散的单根碳纳米管组成。由于单壁碳纳米管之间存在较强的分子间范德华力，管束呼吸模频率就与理论计算的单根自由碳纳米管的呼吸模频率有所不同。D. Kahn和J.P. Lu[60]考虑到由于单壁碳纳米管间的相互作用，管束呼吸模频率将比单根单壁碳纳米管呼吸模的频率高。成会明等[61]通过比较不同方法制备的碳纳米管束样品的呼吸模频率发现，根据公式（2.12）

$$\omega_{\mathrm{r}}(d_{\mathrm{t}})=254(\mathrm{cm}^{-1}\cdot\mathrm{nm})/d_{\mathrm{t}}(\mathrm{nm}) \tag{2.12}$$

计算得到的单壁碳纳米管的直径与高分辨电子显微镜测得的直径分布一致，从而证实了D. Kahn和J.P. Lu[60]的理论计算结果。M. Milnera等[54]通过分析不同激发光能量激发单壁碳纳米管的低频拉曼谱发现，理论计算单根单壁碳纳米管呼吸模的频率必须上调8.5%，才能很好地与实验结果符合。L. Alvarez等[62]采用Lennard-Jones势来考虑管间范德华力，结果表明管束的呼吸模频率为$\omega_r(d_t)$=232(cm^{-1}·nm)/d_t(nm)+6.5(cm^{-1})；而L. Henrard等[53]利用从头计算法计算单壁碳纳米管呼吸模频率结果表明，当单壁碳纳米管尺寸在0.7～1.7nm范围内时，管束呼吸模要比单根单壁碳纳米管呼吸模的频率高约23cm^{-1}（约5%～15%）。

直径是单壁碳纳米管最重要的结构参数之一，单壁碳纳米管共振拉曼光谱的呼吸模峰可以用来非常方便地判断单壁碳纳米管的直径。由于单壁碳纳米管样品（单根或者管束）和所处周围环境等差异，文献中所给出定义呼吸模频率和单壁碳纳米管直径的关系式存在着差异。Jorio[4]和张锦等[63]综合了各方面的影响，给出了一个更全面的公式：$\omega_r(d_t)=A/d_t+B+[C+D\cos^2(3\theta)]/d_t$，其中，$A$为呼吸模频率和直径之间比例常数；$B$代表了环境的影响；$C$和$D$则描述了卷曲效应的影响。对于直径在1～2nm之间的单壁碳纳米管，上述线性关系误差很小，手性的影响可以忽略；对于直径小于1nm的单壁碳纳米管，由于石墨片中六元环的扭曲而使得计算所得到的d_t偏离实际值，并且呼吸模呈现出对手性的依赖性；而对于直径较大的单壁碳纳米管（d_t > 2nm），呼吸模的强度变弱，而难以被观测到。一般而言，由于制备得到的单壁碳纳米管样品的直径主要集中在1～2nm，因此可以利用公式$\omega_r(d_t)=A/d_t+B$直接计算单壁碳纳米管的直径。值得注意的是，A和B的取值需要根据实验条件进行修正，对于SiO_2或Si基底上分立的单壁碳纳米管[4,64]，A=248，B=0；对于溶液中被表面活性剂包裹的单壁碳纳米管[65]，A=223.5，B=12.5；对于单壁碳纳米管束样品[54]，A=234，B=10。

前面讲到根据呼吸模可以确定单壁碳纳米管的直径，而共振拉曼光谱的检测又需要满足共振条件$E_{ii}\approx E_{laser}$，根据这两点结合Kataura关系图[38]（图2.22），可以指认单壁碳纳米管的（n, m）指数。对于分散于溶液中的单壁碳纳米管样品，利用能量可调的激光可以获得它的E_{ii} vs. ω_r二维图，将ω_r数值转换为d_t，然后与Kataura图对照，即可指认其中所含的单壁碳纳米管的（n, m）指数[66]。但是对于单根单壁碳纳米管，由于ω_r与d_t之间具体的换算关系不是特别准确，而且拉曼共振窗口也不是特别明确，有时候只能给出其可能的（n, m）值。从图2.22可以看出，对于直径较小的单壁碳纳米管和一个确定的激发能量E_{laser}，符合共振条件的单壁碳纳米管数目很少，所以可以比较容易地判断其（n, m）；而对于直径较大的

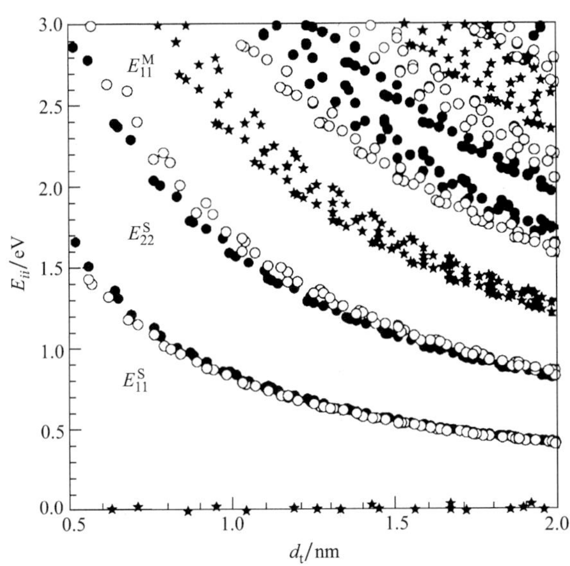

图2.22 利用第一近邻紧束缚原理计算得到的所有直径在0.5 ~ 2.0nm之间的单壁碳纳米管的E_{ii}值与其直径d_t之间的依赖关系图，即Kataura关系图

所用参数：转移积分γ_0 = 2.9eV，C—C原子间距a_{C-C} = 0.142nm[67]

单壁碳纳米管，其参与共振的E_{ii}往往是E_{33}或E_{44}，符合共振条件的单壁碳纳米管数量较多，因此仅仅根据ω_r和共振条件确定（n, m）的难度较大。

A.M. Rao等[51]首先用514.5 ～ 1320nm范围内不同波长（激光能量从2.41eV变化到0.94eV）的激光，系统地研究了直径为1.2 ～ 1.6nm的单壁碳纳米管的共振拉曼光谱，其结果如图2.23所示，图中各拉曼谱根据切向碳碳伸缩模的强度进行归一化。图2.23（a）表明单壁碳纳米管与一般材料的拉曼光谱特征不同，各拉曼峰的强度和峰位随着激发光能量的变化而明显地变化。例如从1.92eV激发光激发的192cm^{-1}变化到1.59eV激发光激发的157cm^{-1}和169cm^{-1}。从图2.23（b）的理论计算结果可看出，单壁碳纳米管呼吸模的频率对其尺寸非常敏感，当单壁碳纳米管直径从（11, 11）的1.51nm变化到（9, 9）的1.24nm时，呼吸模的频率变化了33cm^{-1}。从不同尺寸单壁碳纳米管电子态密度的计算可知，由于单壁碳纳米管一维的量子限制效应，石墨导带和价带连续的电子能级将发生分裂而显示出一系列分裂的能级，单壁碳纳米管尺寸越小，量子限制效应越显著，能级分裂的间距就越大。因此，图2.23结果说明，不同尺寸单壁碳纳米管具有不同的呼吸模频率，与激光发生耦合的强度也不一样。

图2.23（b）给出了利用紧束缚模型计算的（8, 8）、（9, 9）、（10, 10）和（11, 11）扶手椅型单壁碳纳米管的电子态密度（费米能级E_F=0eV）。对某一单壁碳纳米管而言，其电子态密度是由一系列一维电子态密度$(E-E_i)^{-1/2}$之和组成的。当其直径增加时，电子态密度奇异点将移动到一起，最后这些奇异点消失并被抹平，其总的电子态密度也趋向于石墨烯的电子态密度。对于尺寸较小的单壁碳纳米管，如与图2.23（a）中各呼吸模对应直径单壁碳纳米管，其电子态密度中的一维“尖峰”分离得足够宽，特别是在费米能级附近，这些“尖峰”能为共振拉曼散射过程提供初态和末态。若一对镜像的范霍夫奇点峰之间（如$v_1 \rightarrow c_1$和$v_2 \rightarrow c_2$）满足波矢守恒，就能发生决定共振拉曼散射过程的光跃迁，用于激发单壁碳纳米管的

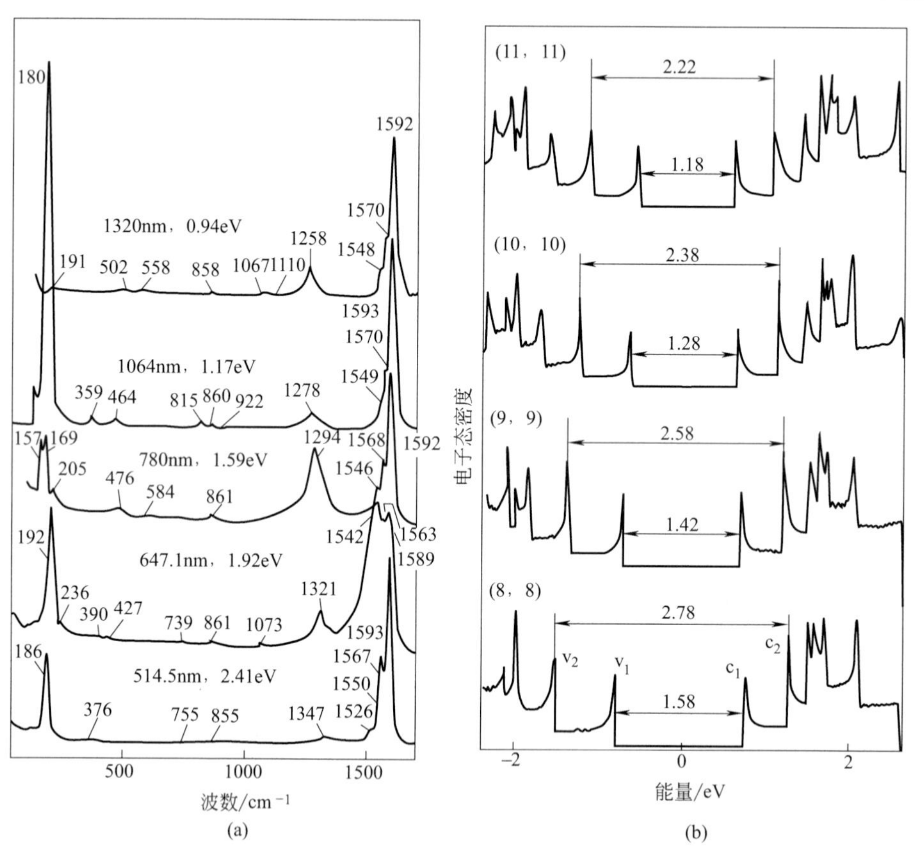

图2.23（a）五个不同激发光（波长/能量）激发的单壁碳纳米管的拉曼光谱；（b）紧束缚模型计算的（8, 8）、（9, 9）、（10, 10）和（11, 11）扶手椅型碳纳米管的电子态密度，镜像的范霍夫奇点峰之间（如$v_1 \rightarrow c_1$和$v_2 \rightarrow c_2$）能发生波矢守恒的光跃迁[51]

激发光能量正好位于$v_1 \rightarrow c_1$和$v_2 \rightarrow c_2$光跃迁能量范围之内。当共振拉曼散射过程发生时，散射强度将急剧增加，因此，当激发光能量和某一直径的单壁碳纳米管（n, m）的电子跃迁能量$v_i \rightarrow c_i$（i=1,2）匹配时，这种单壁碳纳米管的拉曼散射就决定了整个样品拉曼谱的光谱特征。

单壁碳纳米管金属性/半导体性的判定从图2.22可以看出，对于某一确定的E_{laser}，如果知道了单壁碳纳米管的d_t，就可以根据Kataura关系图判断出i的具体数值和单壁碳纳米管的导电属性。因此，综合考虑ω_r、E_{laser}和Kataura关系图，可以判定单壁碳纳米管呈金属性还是半导体性。一般认为，当拉曼激光的能量E_{laser}与单壁碳纳米管的电子跃迁能E_{ii}满足$E_{ii}-0.1eV<E_{laser}<E_{ii}+0.1eV$时[4]，该单壁碳纳米管将会产生共振。比如说生长在SiO_2或Si基底上分立的单壁碳纳米管，对于532nm激光波长的拉曼光谱，金属性单壁碳纳米管被激发的区域ω_r大约在115 ～ 130cm^{-1}和210 ～ 285cm^{-1}[64]；而对于633nm激光波长的拉曼光谱，金属性单壁碳纳米管被激发的区域ω_r大约在100 ～ 110cm^{-1}和170 ～ 230cm^{-1}。此外，G模的特征也能反映单壁碳纳米管的导电属性。当单壁碳纳米管为半导体性时，G^+与G^-的频率较为接近，其峰形均为Lorentzian 峰形；而当单壁碳纳米管为金属性时，G^+与G^-的频率差别较大，G^+峰仍为Lorentzian峰形，但G^-峰呈现为很宽的BWF形[4]。其中，G峰中较高波数部分（G^+）与较低波数部分（G^-）频率的差值可以用于粗略地估计单壁碳纳米管的直径[4]，对于半导体性单壁碳纳米管$\omega_{G-}=\omega_{G+}-47.7/d_t^2$；对于金属性单壁碳纳米管$\omega_{G-}=\omega_{G+}-79.5/d_t^2$。因此，根据G模特征也能辨别单壁碳纳米管的导电属性。

单壁碳纳米管的拉曼光谱对应力、温度等环境因素导致的碳纳米管偏移对称性的改变相当敏感，因此拉曼光谱是一种探测单壁碳纳米管微观结构信息的理想手段。应力会影响甚至改变单壁碳纳米管的几何结构，单壁碳纳米管的拉曼光谱与其结构和对称性紧密相关，可以反映出单壁碳纳米管的结构对应力的响应，是联系应力和单壁碳纳米管结构对称性变化的有力工具。无论是碳纳米管自身存在的应力还是外界施加的应力都会影响单壁碳纳米管的结构，应力引起的碳纳米管晶格和电子结构的变化可以调制单壁碳纳米管的声子属性，使单壁碳纳米管发生频率位移和强度变化，甚至产生新峰。

刘忠范研究组[68]通过原子力显微镜（AFM）对单根单壁碳纳米管施加4种不同方向的作用（包括单轴向应力、扭转应力、径向变形和弯曲变形），研究了单根单壁碳纳米管受力后的拉曼光谱。单壁碳纳米管受到的应力类型对拉曼光谱尤其重要，不同的应力会导致单壁碳纳米管不同的电子跃迁能变化，拉曼光谱高频模和低频模表现出频移、分裂、峰强度或新峰等各种变化，由此可以推断出单壁碳纳米管中存在的应力种类和大小。对于碳纳米管的复合物，拉曼光谱可以提供单壁碳纳米管与基体之间的应力和界面上的黏度信息，大量研究表明复合物中单壁碳纳米管的频移可以作为传感器应用的依据。解思深研究组[69]研究了温度对单壁碳纳米管的拉曼光谱的影响，发现在80 ～ 550K范围内所有的拉曼活性峰频率随着温度的升高都减小。对于呼吸模峰，较大管径的单壁碳纳米管频率减小更明显。比较不同温度下的拉曼光谱，呼吸模和G模的温度系数较小。温度引起的拉曼光谱G模频移可以用来确定单壁碳纳米管轴向上温度的变化。范守善研究组[70]研究发现拉曼光谱的G模频移和温度变化近似呈线性关系，直线斜率即为温度系数，G模的频移越大，温度越高。通过测量拉曼谱频移这种非接触的方法，成功地得到单根单壁碳纳米管的热导率k=2400W/(m・K)，这种测量方法消除了之前很多测量中受到的热接触电阻的影响。此外，拉曼光谱对碳纳米管周围环境的变化相对敏感，通过监测拉曼光谱的变化可以研究环境对单壁碳纳米管的影响[71,72]。Chou等[71]通过拉曼光谱调查了DNA-单壁碳纳米管复合物中DNA和单壁碳纳米管间的相互作用，结果显示DNA对单壁碳纳米管的分离是一个直径选择的过程。

综上所述，拉曼光谱不仅能准确表征单壁碳纳米管的直径分布、手性和纯度，还可以有效反映出不同环境下单壁碳纳米管的不同结构和性质，而且制样简单，固体、液体均可，是表征单壁碳纳米管的有力手段。

2.3.3 吸收光谱

与常规块体碳材料不同，单壁碳纳米管的UV-Vis-NIR光谱表现出很尖锐的吸收峰，这种独特的光学性质与其电子态的一维限域效应有关。通过研究费米面附近能级的电子态密度图，找到范霍夫奇点之间对应的能级之间的电子跃迁，计算这些能级之间的电子跃迁概率，确定对应能级之间电子跃迁的光吸收情况，可以指导单壁碳纳米管的光谱分析进而获得（n，m）的结构信息[73~76]。尽管在价带和导带中包含了大量的范霍夫奇点，但由于对称性的限制，只有极少数光学跃迁是允许的，当入射光子能量与一对范霍夫奇点匹配时，单壁碳纳米管相应的吸收在光谱中就可以看到。吸收光谱可以体现出单壁碳纳米管结构的大量信息，是表征单壁碳纳米管电子结构的有效手段之一。实验中测得的单壁碳纳米管的UV-Vis-NIR

吸收光谱一般涉及3种能级跃迁：S_{11}（$v_1 \to c_1$）、S_{22}（$v_2 \to c_2$）和M_{11}（$v_1 \to c_1$）[73,74]。一般而言，半导体性单壁碳纳米管的第一范霍夫奇点之间跃迁所需的能量E_{11}比较小，该跃迁引起的吸收峰通常在800 ～ 1600nm，属于近红外区；E_{22}通常在650 ～ 850nm，即大多数单壁碳纳米管的这种跃迁位于可见区，少数位于近红外区。对于金属性单壁碳纳米管，E_{11}一般在450 ～ 650nm范围内，属于可见区。

吸收光谱是评价单壁碳纳米管聚集状态及纯度的可靠方法。Smalley等[77]通过对比离心前后单壁碳纳米管溶液的吸收光谱，发现未经离心的以聚合态存在的单壁碳纳米管溶液吸收光谱特征峰变宽。单壁碳纳米管聚集成束或者杂质的存在使得吸收峰变宽，其原因主要是单壁碳纳米管之间或其与杂质之间存在范德华力造成显著聚集，从而导致吸光度明显增大，但是吸收峰位置不变。单分散性好的单壁碳纳米管，其吸收峰形较尖锐。UV-Vis-NIR吸收光谱中吸收峰位置也可以判断出单壁碳纳米管管径的分布。根据单壁碳纳米管的跃迁能量与其管径之间的关系曲线——Kataura曲线可知，单壁碳纳米管的能级跃迁能与其直径成反比，即管径越小，跃迁所需的能量就越高[38]。Zheng等[78]在用色谱柱对碳纳米管溶液进行管径分离时，就是利用吸收光谱来判断管径分布，对照分离出的单壁碳纳米管溶液的特征吸收峰位置，由Kataura曲线结合上述的管径经验值判断出分离单壁碳纳米管的不同管径范围，从而得到管径由大到小的分离趋势。

UV-Vis-NIR吸收光谱还能够快速有效地指认单壁碳纳米管的手性[79]。单手性单壁碳纳米管的研究表明，无论对于直接制备出的单手性单壁碳纳米管还是后处理得到的单手性单壁碳纳米管，吸收光谱都可用来判断单壁碳纳米管的手性。根据图谱中吸收峰的位置可以很快指认出碳纳米管的手性[57,80~82]，因此确定不同（n，m）结构的范霍夫跃迁能E_{ii}就显得十分重要。研究者们用光学方法准确计算出管径在0.48 ～ 2.0nm的100多种半导体结构碳纳米管的第一范霍夫能E_{11}、第二范霍夫能E_{22}、管径，结果与Kataura曲线能很好地吻合[65,83]，这些精确的光谱数据为单壁碳纳米管光谱分析提供了重要参考。如图2.24所示，Zheng等[84]设计了不同结构的DNA用来识别不同手性的单壁碳纳米管，利用色谱柱方法获得了12种单一手性的单壁碳纳米管，并根据UV-Vis-NIR吸收光谱特征吸收峰出现的位置对其进行了快速准确指认。Weisman等[85]用非线性密度梯度离心分离HiPco碳管，利用吸收光谱准确指认富集的10余种碳纳米管的手性，同时将归一化后的吸收峰与Zheng等利用离子色谱柱分离得到的单手性碳纳米管的吸收峰的面积进行对比，发现非线性密度梯度离心比离子色谱柱分离获得的单手性碳纳米管纯度要低，但是比未分离的HiPco样品要高很多。Doorn等[86]利用吸收光谱研究了单壁碳纳米

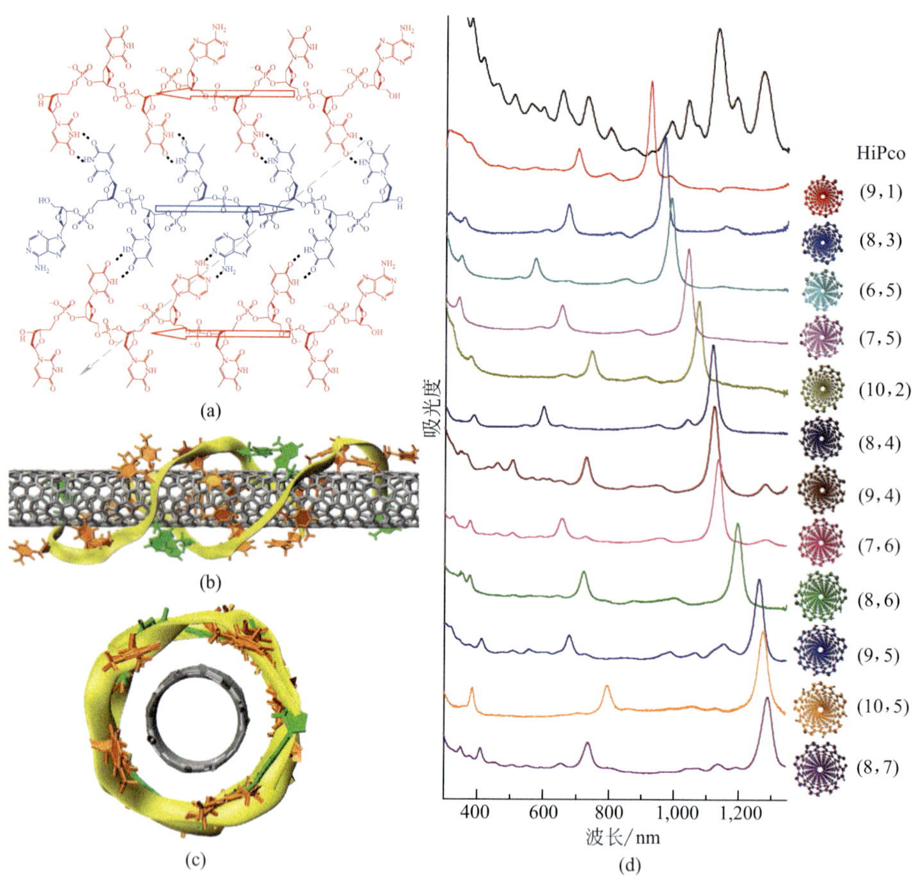

图2.24 （a）三个反平行的ATTTATTT碱基带构成二维DNA片结构，灰色虚线箭头代表卷曲矢量；（b）（8, 4）单壁碳纳米管通过氢键被一个二维的DNA片卷曲缠绕；（c）被DNA缠绕的单壁碳纳米管沿着径向的结构图；（d）12种被分离出来的单壁碳纳米管的UV-Vis-NIR吸收光谱特征吸收峰和相应的原子结构图[84]

管水溶液中两种表面活性剂十二烷基苯磺酸钠/胆酸盐（SDBS/SC）的比例对不同手性单壁碳纳米管选择性富集的影响，发现单一的SDBS或者SC溶液没有明显的（*n*, *m*）选择性差异。然而，增大表面活性剂中SC的浓度，（6, 5）管的吸收峰强度增大而（7, 5）管的吸收峰强度减小，当SDBS和SC质量比为1∶4时，（6, 5）管的峰强达到最大，SC浓度进一步增加，（6, 5）管强度又回到单一表面活性剂的水平，进而证明通过吸收光谱中不同位置吸收峰的强度变化可准确地反映出不同手性碳纳米管的富集情况。

定量地确定混合物中单壁碳纳米管的纯度[73]，特别是金属性/半导体性

（MS）的纯度也是UV-Vis-NIR光谱的一项重要应用[76,87,88]。金属性及半导体性碳纳米管的不同能级跃迁在吸收光谱中呈现出不同的吸收带，这使得吸收光谱成为评估不同导电性单壁碳纳米管分离效率的有效手段。Kajiura等[89]采用一种Programmed试验方法准确计算了吸收系数，这种方法不需要纯的金属性或半导体性单壁碳纳米管作标准参照物，主要基于两个既定因素，首先是导带和价带的范霍夫奇点的第一和第二跃迁所导致的光学吸收，其次是光学吸收带的强度和单壁碳纳米管的密度成正比。不管何种方法分离出的样品或者是直接生长的样品都可以通过计算UV-Vis-NIR光谱中金属性和半导体性峰的积分面积，估算出金属性和半导体性的纯度。随着单壁碳纳米管选择性制备和分离方法的快速发展，吸收光谱逐渐成为表征金属性和半导体性碳纳米管含量的有效手段[90~92]。

UV-Vis-NIR光谱除了表征单壁碳纳米管这些自身特性外，吸收峰峰位、峰宽、吸收强度的变化还可以反映单壁碳纳米管结构和环境的变化，这在单壁碳纳米管分离和传感等方面也体现出越来越重要的作用[72,93]。最近，Doorn等[86]报道窄管径分布的碳纳米管加盐溶液时会发生团聚。对于由表面活性剂十二烷基磺酸钠（SDS）分散的碳纳米管溶液，表面活性剂的表面电荷密度或者溶解性的改变会消除碳纳米管之间的排斥力，使得单壁碳纳米管发生团聚，而盐溶液滴定单壁碳纳米管-SDS分散液会影响SDS分子间及表面的作用力，间接调节不同直径单壁碳纳米管间的范德华力，吸收光谱表征为这一现象提供了有力的依据。从吸收光谱上看，相比纯SDS分散的碳纳米管溶液，Na^+加入后减小了SDS分子间的斥力，1200 ～ 1500nm吸收范围内对应管径的碳纳米管发生了团聚。降低单壁碳纳米管的分散温度，可使吸收光谱发生类似加入盐溶液的变化。李彦等[94]在1-丁基-3-甲基咪唑六氟化磷离子（$[bmim][PF_6]$）的单壁碳纳米管分散液中加入不同种类的阴离子表面活性剂，发现单壁碳纳米管和部分表面活性剂的阳离子间存在特殊的作用力，修饰能级导致吸收光谱发生改变，并且这一过程是可逆的。更有趣的是，单壁碳纳米管吸收光谱的变化具有选择性。阴离子表面活性剂的加入只是选择性引起部分吸收谱带的特征峰变化，表明对单壁碳纳米管种类和直径具有一定选择性。当碳纳米管分散液中加入全氟辛酸铵（PFOA）、十二烷基硫酸锂（LDS）和SDS后，不同的特征峰表现出不同的变化，其中大管径半导体管对应的E_{22}跃迁谱带（约1100nm）和金属性碳纳米管对应的E_{11}跃迁谱带（约750nm）的强度减弱，而小管径半导体碳纳米管对应的E_{33}跃迁谱带（400 ～ 500nm）基本不受表面活性剂浓度变化的影响，即单壁碳纳米管吸收光谱证明了只有金属性和大直径半导体管会与表面活性剂作用，电子能带结构会随表面活性剂浓度的改变而改变。吸收光谱还表明通过调控碳纳米管分散液中添加的表面活性剂种类和浓度，可以选择性修饰碳纳米管的电子能级结构而不破坏碳纳米管的本征结构，这为单壁碳纳米管的手性分离提供了一种潜在的方法。

值得注意的是，上面所提到的利用吸收光谱表征单壁碳纳米管的样品基本上都是分散在重水溶液中，不同存在环境下单壁碳纳米管的吸收峰位置可能存在差异。此外，在溶液中利用吸收光谱表征单壁碳纳米管的结构时，吸收峰的位置一般在400 ～ 1800nm之内；而对于直径较大的半导体性单壁碳纳米管，半导体性单壁碳纳米管的第一范霍夫奇点之间跃迁所需的能量E_{11}比较小，该跃迁引起的吸收峰的位置可能超出了这个范围[87,88]。这时可能需要将样品分散或转移到透明基底（比如石英等）上或者直接生长在透明基底上去测试样品的吸收特征峰。

2.3.4 发射光谱

采用发射光谱（或称荧光光谱、PL光谱）法测量在表面活性剂中分散的单壁碳纳米管，已经揭示了超过30种半导体碳纳米管的电子吸收和发射跃迁。但因为金属性单壁碳纳米管没有带隙，荧光光谱无法指认金属性单壁碳纳米管的螺旋指数。此外，由于大量的单壁碳纳米管阵列和表面生长的单壁碳纳米管基底和管束中均含有金属性单壁碳纳米管，对半导体性单壁碳纳米管的荧光具有猝灭作用，因此荧光光谱法只能指认悬空的和溶液中的单根单壁碳纳米管的螺旋指数（n, m）。

单壁碳纳米管的荧光光谱发生在800 ～ 1600nm的近红外区域内[95]。图2.25（a）为使用范霍夫尖峰模型描述的单壁碳纳米管电子态密度示意图[65]，在某一波长的光激发下电子发生$v_2 \rightarrow c_2$的跃迁，激发态的电子经过非辐射的形式由c_2弛豫到最低空轨道c_1上，释放一个光子后跃迁回最高占有轨道v_1上，释放出的光子即为荧光。荧光分析中，由所测得的荧光强度来测定试样溶液中荧光物质的含量，荧光强度的测量值不仅与被测溶液中荧光物质的本性及其浓度有关，还与激发光的波长和强度以及荧光检测器的灵敏度有关。荧光光子的能量与E_{11}相同，因此单壁碳纳米管的荧光通常会出现在近红外区并且位置与紫外-可见-近红外吸收光谱中的半导体性单壁碳纳米管的E_{11}相重叠。根据量子限域效应，较小管径的单壁碳纳米管能带间隙较大，激发光能量增大时，小管径单壁碳纳米管的荧光效应表现得更加明显，不同的激发波长对单壁碳纳米管的荧光光谱具有很大的影响。由于

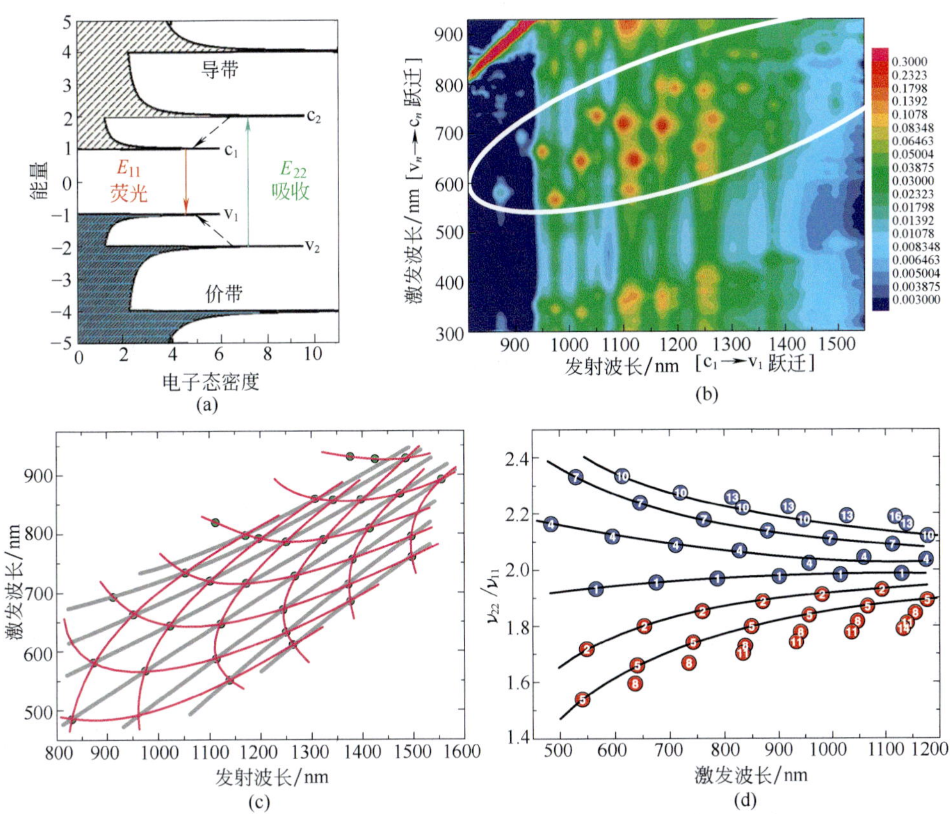

图2.25 （a）单壁碳纳米管电子态密度示意图［实线箭头所指的是光激发和光发射跃迁过程，虚线箭头所指的是电子（导带）与空穴（价带）的非辐射弛豫过程］；（b）单壁碳纳米管的荧光光谱轮廓图；（c）单壁碳纳米管吸收光子波长与发射光子波长的关系图；（d）ν_{22}/ν_{11}、激发波长以及$n-m$值的关系（点中的数字表示$n-m$值，并将相同的值连接起来，蓝点表示$n-m$值除以3后的余数为1，红点表示$n-m$值除以3后余数为2）[65]

特定手性的单壁碳纳米管具有其特定的价带和导带以及跃迁能量，记录下能量E_{11}和E_{22}以及荧光强度，然后对激发波长和发射波长作2D等高图［图2.25（b）］，每个特征峰对应一组（n, m）值，目前二维荧光光谱已被普遍用于定量地测定单一手性的单壁碳纳米管。由图2.25（c）可知，半导体性单壁碳纳米管的E_{11}和E_{22}成规律分布，所以通过将E_{11}和E_{22}图案分布规律与理论计算值进行比较，再根据下列公式计算单壁碳纳米管的直径d_t和手性角θ。

$$E_{11}=\frac{hc}{\lambda_{11}}=hc\nu_{11} \tag{2.13}$$

$$E_{22} = \frac{hc}{\lambda_{22}} = hc\nu_{22} \tag{2.14}$$

$$\nu_{11} = \frac{10^7}{157.5 + 1066.9d_t} + \frac{A_1 \cos(3\theta)}{d_t^{\ 2}} \tag{2.15}$$

$$\nu_{22} = \frac{10^7}{157.5 + 1066.9d_t} + \frac{A_2 \cos(3\theta)}{d_t^{\ 2}} \tag{2.16}$$

式中，h为普朗克常数；c为光速；λ_{22}和λ_{11}分别为激发波长和发射波长。$n-m$的值除以3的余数为1时，A_1=−710cm^{-1}，A_2=1375cm^{-1}；余数为2时，A_1=369cm^{-1}，$-A_2$=1475cm^{-1}。ν_{22}/ν_{11}的值、激发波长以及$n-m$的值的关系如图2.25（d）所示。

PL光谱在单壁碳纳米管研究中的应用主要有以下几个方面。首先，荧光光谱为半导体性单壁碳纳米管的手性判断提供了重要依据。管束形式的半导体单壁碳纳米管被激发以后很容易将能量传递给相邻碳纳米管，再通过非辐射的方式回到基态，因而如果单壁碳纳米管的分散程度不好，也很难观察到荧光现象，即对于成束的单壁碳纳米管，荧光光谱的手性指认功能将不再适用，这在一定程度上限制了其表征的准确性。此外，荧光光谱主要适于表征小直径半导体性单壁碳纳米管的手性，大直径半导体性单壁碳纳米管的手性指认也比较困难。一般情况下，为了提高单壁碳纳米管手性指认的准确性，荧光光谱和吸收光谱需要联合使用[81,82,96,97]。Kataura等[98]利用柱色谱法分离出了单手性单壁碳纳米管，就是通过荧光光谱和吸收光谱联用准确地判断了分离产物的手性。首先利用吸收光谱对分离出来的13种单手性s-SWC-NTs进行了初步指认，随后荧光光谱对单壁碳纳米管的手性指认结果与吸收光谱完全吻合，提高了指认结果的准确性。

单壁碳纳米管表面微环境，如分散剂种类[99,100]、分散液的pH值[72]、温度、包裹[71]等的改变都会影响荧光光谱，导致其产生峰的展宽、位移等变化。Doorn等[86]通过荧光光谱研究了添加NaCl等电解质对SDS和单壁碳纳米管间界面行为的影响。通过调制NaCl添加量和变化温度会引起SDS的聚集，并导致SDS-单壁碳纳米管结构的体积发生明显变化，不同直径的单壁碳纳米管体积变化不同，引起荧光强度和光谱线宽变化，由此可以根据光谱的变化指导密度梯度离心法实现不同直径的金属性/半导体性单壁碳纳米管的有效分离。不同导电属性单壁碳纳米管的富集也进一步证明SDS在金属性/半导体性单壁碳纳米管表面的堆积行为是不同的，从控制不同管径的碳纳米管表面和界面作用力的角度为碳纳米管分离提供了新的思路。Nakashima等[101]借助PL谱证实，单根单壁碳纳米管周围的介电环境对（n, m）单壁碳纳米管的能隙有很大影响。氧化还原反应前后溶液的变化是影响反应过程的重要因素，因此阐明各种（n, m）的单壁碳纳米管如何受环境的影响显得尤为重要。将不同（n, m）的单壁碳纳米管修饰在电极上，然后分别放入水、二甲亚砜（DMSO）、乙腈、*N, N*-二甲基甲酰胺（DMF）、四氢呋喃（THF）和氯仿6种不同溶剂中，改变氧化还原电位，PL光谱测试发现单个（n, m）的单壁碳纳米管能隙取决于这些溶液的介电常数。

荧光光谱法灵敏度高、选择性好、方法简便，逐渐成为一种重要的传感手段[101,102]。Chen等[103]报道了分散在*N*-异丙基丙烯酰胺（PNIPAAm）和聚赖氨酸（PLL）溶液中的单壁碳纳米管对外部刺激的反应，发现随着这两种单壁碳纳米管分散液的温度和pH值的变化，单壁碳纳米管的分散态和聚集态能实现可逆转换。单壁碳纳米管溶液加热到40℃时，动力学稳定性受温度影响而聚集的单壁碳纳米管的荧光光谱部分猝灭，将单壁碳纳米管聚集的溶液放置在0℃的冰水后又恢复澄清，荧光光谱恢复到和初始分散液相当的强度，表明温度可引起单壁碳纳米管状态的可逆变化。在一般的环境中PLL不能分散单壁碳纳米管，但在将溶液pH值从4.1增大到9.7再减小到8.3，最后减小到5.1的过程中，发现除了在pH值为9.7的环境中单壁碳纳米管出现聚集，其余都是黑色均匀溶液，荧光光谱也表明只有pH值为9.7时荧光部分猝灭，其余pH值环境下的荧光光谱基本不变。PLL-单壁碳纳米管对溶液温度和pH值等环境因素的响应对单壁碳纳米管聚合物在纳米电子学、传感器和药物基因转换体系中的应用都具有重要的指导作用。

参考文献

[1] Hertel T, Walkup R E, Avouris P. Deformation of carbon nanotubes by surface van der Waals forces. Phys Rev B, 1998, 58(20): 13870-13873.

[2] Guanghua G, Tahir C, William A G Ⅲ. Energetics, structure, mechanical and vibrational properties of single-walled carbon nanotubes. Nanotechnol, 1998, 9(3): 184.

[3] Dresselhaus M S, Eklund P C. Phonons in carbon nanotubes. Adv Phys, 2000. 49(6): 705-814.

[4] Dresselhaus M S, Dresselhaus G, Jorio A. Unusual properties and structure of carbon nanotubes. Annu Rev Mater Res, 2004, 34(1): 247-278.

[5] Henning T, Salama F. Carbon in the Universe. Science, 1998, 282(5397): 2204-2210.

[6] Hiura H, et al. Role of sp^3 defect structures in graphite and carbon nanotubes. Nature, 1994, 367(6459): 148-151.

[7] Smalley. 研究小组网上图片. http://cnst.rice.edu/pics.html.

[8] Crespi V H. Relations between global and local topology in multiple nanotube junctions. Phys Rev B, 1998, 58(19): 12671-12671.

[9] Iijima S. Helical microtubules of graphitic carbon. Nature, 1991, 354(6348): 56-58.

[10] Zhou O, et al. Defects in carbon nanostructures. Science, 1994, 263(5154): 1744-1747.

[11] Amelinckx S, et al. A structure model and growth mechanism for multishell carbon nanotubes. Science, 1995, 267(5202): 1334-1338.

[12] Amelinckx S, Lucas A, Lambin P. Electron diffraction and microscopy of nanotubes. Rep Prog Phys, 1999, 62(11): 1471.

[13] Kiang C H, et al. Size effects in carbon nanotubes. Phys Rev Lett, 1998, 81(9): 1869-1872.

[14] Charlier J C, Michenaud J P. Energetics of multilayered carbon tubules. Phys Rev Lett, 1993, 70(12): 1858-1861.

[15] Kwon Y K, et al. Morphology and stability of growing multiwall carbon nanotubes. Phys Rev Lett, 1997, 79(11): 2065-2068.

[16] Ebbesen T W. Carbon nanotubes. Phys Today, 1996, 49(6): 26-32.

[17] Chico L, et al. Pure Carbon nanoscale devices: nanotube heterojunctions. Phys Rev Lett, 1996, 76(6): 971-974.

[18] Dunlap B I. Connecting carbon tubules. Phys Rev B, 1992, 46(3): 1933-1936.

[19] 李峰. 有机物催化热解法制备单壁碳纳米管及其物理性能[D]. 沈阳：中国科学院金属研究所, 2001.

[20] Lijima S, Ichihashi T, Ando Y. Pentagons, heptagons and negative curvature in graphite microtubule growth. Nature, 1992, 356(6372): 776-778.

[21] Li J, Papadopoulos C, Xu J. Nanoelectronics: growing Y-junction carbon nanotubes. Nature, 1999, 402(6759): 253-254.

[22] Tibbetts G G. Why are carbon filaments tubular? J Cryst Growth, 1984, 66(3): 632-638.

[23] Robertson D H, Brenner D W, Mintmire J W. Energetics of nanoscale graphitic tubules. Phys Rev B, 1992, 45(21): 12592-12595.

[24] Lucas A A, Lambin P H, Smalley R E. On the energetics of tubular fullerenes. J Phys Chem Solids, 1993, 54(5): 587-593.

[25] Hamada N, Sawada S I, Oshiyama A. New one-dimensional conductors: graphitic microtubules. Phys Rev Lett, 1992, 68(10): 1579-1581.

[26] Ajayan P M, Lijima S. Smallest carbon nanotube. Nature, 1992, 358(6381): 23-23.

[27] Sun L F, et al. Materials: Creating the narrowest carbon nanotubes. Nature, 2000, 403(6768): 384-384.

[28] Qin L C, et al. Materials science: the smallest carbon nanotube. Nature, 2000, 408(6808): 50.

[29] Wang N, et al. Materials science: single-walled 4 A carbon nanotube arrays. Nature, 2000, 408(6808): 50-51.

[30] Peng L M, et al. Stability of carbon nanotubes: how small can they be? Phys Rev Lett, 2000, 85(15): 3249-3252.

[31] Ajayan P M, Ravikumar V, Charlier J C. Surface reconstructions and dimensional changes in single-walled carbon nanotubes. Phys Rev Lett, 1998, 81(7): 1437-1440.

[32] Terrones M, et al. Coalescence of single-walled carbon nanotubes. Science, 2000, 288(5469): 1226-1229.

[33] Saito R, et al. Electronic structure of chiral graphene tubules. Appl Phys Lett, 1992, 60(18): 2204-2206.

[34] Saito R, Dresselhaus G, Dresselhaus M S. Trigonal warping effect of carbon nanotubes. Phys Rev B, 2000, 61(4): 2981-2990.

[35] Wilder J W G, et al. Electronic structure of atomically resolved carbon nanotubes. Nature, 1998, 391(6662): 59-62.

[36] Avouris P, Chen Z, Perebeinos V. Carbon-based electronics. Nat Nanotechnol, 2007, 2(10): 605-615.

[37] Dresselhaus M S, et al. Raman spectroscopy on isolated single wall carbon nanotubes. Carbon, 2002, 40(12): 2043-2061.

[38] Kataura H, et al. Optical properties of single-wall carbon nanotubes. Synth Met, 1999, 103(1-3): 2555-2558.

[39] Odom T W, et al. Atomic structure and electronic

properties of single-walled carbon nanotubes. Nature, 1998, 391(6662): 62-64.

[40] Javey A, et al. high-field quasiballistic transport in short carbon nanotubes. Phys Rev Lett, 2004, 92(10): 106804.

[41] Sun X, et al. Optical Properties of ultrashort semiconducting single-walled carbon nanotube Capsules Down to Sub-10 nm. J Am Chem Soc, 2008, 130(20): 6551-6555.

[42] Allen C S, et al. A review of methods for the accurate determination of the chiral indices of carbon nanotubes from electron diffraction patterns. Carbon, 2011, 49(15): 4961-4971.

[43] Damnjanović M, Vuković T, Milošević I. Diffraction from carbon nanotubes. Mater Sci Eng B, 2011, 176(6): 497-499.

[44] Zhu H, et al. Structural identification of single and double-walled carbon nanotubes by high-resolution transmission electron microscopy. Chem. Phys Lett, 2005, 412(1-3): 116-120.

[45] Liu Z, Qin L C. A direct method to determine the chiral indices of carbon nanotubes. Chem Phys Lett, 2005, 408(1-3): 75-79.

[46] Ouyang M, et al. Atomically resolved single-walled carbon nanotube intramolecular junctions. Science, 2001, 291(5501): 97-100.

[47] Kang L, et al. Large-area growth of ultra-high-density single-walled carbon nanotube arrays on sapphire surface. Nano Res, 2015, 8(11): 3694-3703.

[48] Strano M S, et al. Assignment of (*n*, *m*) raman and optical features of metallic single-walled carbon nanotubes. Nano Lett, 2003, 3(8): 1091-1096.

[49] Saito R, et al. Raman spectroscopy of graphene and carbon nanotubes. Adv Phys, 2011, 60(3): 413-550.

[50] Duesberg G S, et al. Polarized Raman spectroscopy on isolated single-wall carbon nanotubes. Phys Rev Lett, 2000. 85(25): 5436-5439.

[51] Rao A.M, et al. Diameter-selective raman scattering from vibrational modes in carbon nanotubes. Science, 1997, 275(5297): 187-191.

[52] Bandow S, et al. Effect of the growth temperature on the diameter distribution and chirality of single-wall carbon nanotubes. Phys Rev Lett, 1998, 80(17): 3779-3782.

[53] Henrard L, et al. van der Waals interaction in nanotube bundles: consequences on vibrational modes. Phys Rev B, 1999, 60(12): R8521-R8524.

[54] Milnera M, et al. Periodic resonance excitation and intertube interaction from quasicontinuous distributed helicities in single-wall carbon nanotubes. Phys Rev Lett, 2000, 84(6): 1324-1327.

[55] Jorio A, et al. Structural (*n*, *m*) determination of isolated single-wall carbon nanotubes by resonant Raman scattering. Phys Rev Lett, 2001, 86(6): 1118-1121.

[56] Duesberg G S, et al, Experimental observation of individual single-wall nanotube species by Raman microscopy. Chem Phys Lett, 1999, 310(1-2): 8-14.

[57] Yang F, et al. Chirality-specific growth of single-walled carbon nanotubes on solid alloy catalysts. Nature, 2014, 510(7506): 522-524.

[58] Yang F, et al. Growing zigzag (16,0) carbon nanotubes with structure-defined catalysts. J Am Chem Soc, 2015, 137(27): 8688–8691.

[59] Thess A, et al. Crystalline ropes of metallic carbon nanotubes. Science, 1996, 273(5274): 483-487.

[60] Kahn D, Lu J P. Vibrational modes of carbon nanotubes and nanoropes. Phys Rev B, 1999, 60(9): 6535-6540.

[61] Cheng H M, et al. Bulk morphology and diameter distribution of single-walled carbon nanotubes synthesized by catalytic decomposition of hydrocarbons. Chem Phys Lett, 1998, 289(5-6): 602-610.

[62] Alvarez L, et al. Resonant Raman study of the structure and electronic properties of single-wall carbon nanotubes. Chem Phys Lett, 2000, 316(3-4): 186-190.

[63] 张莹莹，张锦. 共振增强拉曼光谱技术在单

壁碳纳米管表征中的应用. 化学学报, 2012, 70(22): 2293-2305.

[64] Li J C, et al. Growth of metal-catalyst-free nitrogen-doped metallic single-wall carbon nanotubes. Nanoscale, 2014, 6(20): 12065-12070.

[65] Bachilo S M, et al. Structure-assigned optical spectra of single-walled carbon nanotubes. Science, 2002, 298(5602): 2361-2366.

[66] Fantini C, et al. Optical transition energies for carbon nanotubes from resonant raman spectroscopy: environment and temperature effects. Phys Rev Lett, 2004, 93(14): 147406.

[67] Dresselhaus M S, et al. Raman spectroscopy of carbon nanotubes. Phys Rep, 2005, 409(2): 47-99.

[68] Liu Z, Zhang J, Gao B. Raman spectroscopy of strained single-walled carbon nanotubes. Chem Commun, 2009(45): 6902-6918.

[69] Song L, et al. Temperature dependence of Raman spectra in single-walled carbon nanotube rings. Appl Phys Lett, 2008. 92(12): 121905.

[70] Qingwei L, et al. Measuring the thermal conductivity of individual carbon nanotubes by the Raman shift method. Nanotechnol, 2009, 20(14): 145702.

[71] Chou S G, et al. Optical characterization of DNA-wrapped carbon nanotube hybrids. Chem Phys Lett, 2004, 397(4-6): 296-301.

[72] Strano M S, et al. Reversible, band-gap-selective protonation of single-walled carbon nanotubes in solution. J Phys Chem B, 2003, 107(29): 6979-6985.

[73] Itkis M E, et al. Purity evaluation of as-prepared single-walled carbon nanotube soot by use of solution-phase near-ir spectroscopy. Nano Lett, 2003, 3(3): 309-314.

[74] Strano M S, et al. Electronic structure control of single-walled carbon nanotube functionalization. Science, 2003, 301(5639): 1519-1522.

[75] Belin T F. Epron, Characterization methods of carbon nanotubes: a review. Mater Sci Eng B, 2005, 119(2): 105-118.

[76] Miyata Y, et al. Optical evaluation of the metal-to-semiconductor ratio of single-wall carbon nanotubes. J Phys Chem C, 2008, 112(34): 13187-13191.

[77] O'Connell M J, et al. Band gap fluorescence from individual single-walled carbon nanotubes. Science, 2002, 297(5581): 593-596.

[78] Zheng M, et al. DNA-assisted dispersion and separation of carbon nanotubes. Nat Mater, 2003, 2(5): 338-342.

[79] Nair N, et al. Estimation of the (*n*, *m*) concentration distribution of single-walled carbon nanotubes from photoabsorption spectra. Anal Chem, 2006, 78(22): 7689-7696.

[80] Lolli G, et al. Tailoring (*n*, *m*) structure of single-walled carbon nanotubes by modifying reaction conditions and the nature of the support of como catalysts. J Phys Chem B, 2006, 110(5): 2108-2115.

[81] He M, et al. Predominant (6,5) single-walled carbon nanotube growth on a copper-promoted iron catalyst. J Am Chem Soc, 2010, 132(40): 13994-13996.

[82] Wang H, et al. Selective synthesis of (9,8) single walled carbon nanotubes on cobalt incorporated TUD-1 catalysts. J Am Chem Soc, 2010, 132(47): 16747-16749.

[83] Weisman R B, Bachilo S M. Dependence of optical transition energies on structure for single-walled carbon nanotubes in aqueous suspension: an empirical kataura plot. Nano Lett, 2003, 3(9): 1235-1238.

[84] Tu X, et al. DNA sequence motifs for structure-specific recognition and separation of carbon nanotubes. Nature, 2009, 460(7252): 250-253.

[85] Ghosh S, Bachilo S M, Weisman R B. Advanced sorting of single-walled carbon nanotubes by nonlinear density-gradient ultracentrifugation. Nat Nanotechnol, 2010, 5(6): 443-450.

[86] Niyogi S, Densmore C G, Doorn S K. Electrolyte tuning of surfactant interfacial behavior for enhanced density-based separations of single-walled carbon nanotubes. J Am Chem Soc, 2009,

131(3): 1144-1153.

[87] Yu B, et al. Bulk synthesis of large diameter semiconducting single-walled carbon nanotubes by oxygen-assisted floating catalyst chemical vapor deposition. J Am Chem Soc, 2011, 133(14): 5232-5235.

[88] Li W S, et al. High-quality, highly concentrated semiconducting single-wall carbon nanotubes for use in field effect transistors and biosensors. ACS Nano, 2013, 7(8): 6831-6839.

[89] Huang L, et al. A generalized method for evaluating the metallic-to-semiconducting ratio of separated single-walled carbon nanotubes by UV-Vis-NIR characterization. J Phys Chem C, 2010, 114(28): 12095-12098.

[90] Takeshi T, et al. Continuous separation of metallic and semiconducting carbon nanotubes using agarose gel. Appl Phys Express, 2009, 2(12): 125002.

[91] Tanaka T, et al. Simple and scalable gel-based separation of metallic and semiconducting carbon nanotubes. Nano Lett, 2009, 9(4): 1497-1500.

[92] Hou P X, et al. Preparation of metallic single-wall carbon nanotubes by selective etching. ACS Nano, 2014, 8(7): 7156-7162.

[93] Chiang I W, et al. Purification and characterization of single-wall carbon nanotubes (swnts) obtained from the gas-phase decomposition of CO (HiPco process). J Phys Chem B, 2001, 105(35): 8297-8301.

[94] Wang J, Li Y. Selective band structure modulation of single-walled carbon nanotubes in ionic liquids. J Am Chem Soc, 2009, 131(15): 5364-5365.

[95] 檀付瑞，等. 单壁碳纳米管分子光谱表征及应用的研究进展. 材料导报，2012, 26(21): 1-7.

[96] Li X. et al. Selective synthesis combined with chemical separation of single-walled carbon nanotubes for chirality selection. J Am Chem Soc, 2007, 129(51): 15770-15771.

[97] Ghorannevis Z, et al. Narrow-chirality distributed single-walled carbon nanotube growth from nonmagnetic catalyst. J Am Chem Soc, 2010, 132(28): 9570-9572.

[98] Liu H, et al. Large-scale single-chirality separation of single-wall carbon nanotubes by simple gel chromatography. Nat Commun, 2011, 2: 309.

[99] O'Connell M J, Eibergen E E, Doorn S K. Chiral selectivity in the charge-transfer bleaching of single-walled carbon-nanotube spectra. Nat Mater, 2005, 4(5): 412-418.

[100] Lain-Jong L, et al. Comparative study of photoluminescence of single-walled carbon nanotubes wrapped with sodium dodecyl sulfate, surfactin and polyvinylpyrrolidone. Nanotechnol, 2005, 16(5): S202.

[101] Iakoubovskii K, et al. Midgap luminescence centers in single-wall carbon nanotubes created by ultraviolet illumination. Appl Phys Lett, 2006, 89(17): 173108.

[102] Satishkumar B C, et al. Fluorescent single walled carbon nanotube/silica composite materials. ACS Nano, 2008, 2(11): 2283-2290.

[103] Wang D, Chen L. Temperature and pH-responsive single-walled carbon nanotube dispersions. Nano Lett, 2007, 7(6): 1480-1484.

NANOMATERIALS

碳纳米管

Chapter 3

第3章

碳纳米管的制备方法与纯化技术

侯鹏翔
中国科学院金属研究所

碳纳米管的合成方法主要有电弧放电法[1~6]、激光蒸发法[7~11]和化学气相沉积法[12~14]。其中，电弧放电法的反应温度高，碳纳米管的生长速率快、制备参数不易调控，所以通常难以实现对其精细结构的控制。激光蒸发法因为设备昂贵、复杂等原因，现已较少使用。化学气相沉积法是将含碳的化合物分解提供碳源，然后在催化剂的作用下实现碳纳米管的生长。由于化学气相沉积法的生长温度较低、参数易于调控，在碳纳米管可控制备方面已显示出优越性[15~17]。目前，采用化学气相沉积法已实现碳纳米管的批量制备，我国在这方面处于国际先进行列。例如，清华大学富士康纳米科技中心与富士康公司合作，于2012年实现了全球首个碳纳米管触摸屏的产业化，月产150万片；北京天奈公司于2009年建成全球最大的碳纳米管生产线，年产能逾500t；深圳纳米港有限公司已实现碳纳米管粉体年产能200t，浆料1000t规模；深圳三顺中科新材料有限公司已建成100t/a碳纳米管复合导电剂生产线。

碳纳米管的生长过程比较复杂，由于使用催化剂以及反应过程远离平衡态等原因，碳纳米管粗产物中常包含有无定形碳、纳米碳颗粒及催化剂粒子等杂质。它们的存在不利于对碳纳米管本征物理、化学性质的系统研究和相关应用，因此碳纳米管的提纯十分重要。本章将分别介绍制备碳纳米管的三种主要方法，进而阐述化学气相沉积法控制制备碳纳米管的研究进展，然后简略讨论碳纳米管的生长机理，最后概述碳纳米管的提纯方法。

3.1 碳纳米管的制备方法

制备碳纳米管最常用的方法有三种，即电弧放电法（arc discharge）[6,18,19]、激光蒸发法（laser vaporization）[20]和化学气相沉积法（chemical vapor deposition, CVD）[21]。此外，研究者还利用电解法[22]、太阳能法[23]、微波等离子体增强化学气相沉积法[24]、球磨法[25]、火焰法[26]和爆炸法[27]等成功地制备出碳纳米管，但这些方法并不是常用的主流方法。以下将重点介绍电弧放电法、激光蒸发法和化学气相沉积法等三种方法。

3.1.1 电弧放电法

电弧实质上是一种气体放电现象，是在一定条件下使两电极间的气体空间导电，使电能转化为热能和光能的过程（图3.1）。早在19世纪初，人们就通过在两根石墨电极间放电而首次观察到电弧，但用电弧技术从事碳材料研究并取得突破性进展却已是近两个世纪以后。1990年，W. Kratschmer等采用电弧蒸发石墨电极的方法实现了C_{60}的大量制备，引起广泛关注[28]。1991年S. Iijima[3]在用电弧放电法制备C_{60}的过程中，首次在阴极的沉积物中观察到直径为4～30nm、长度约1μm、由石墨构成的管状结构。该沉积物只在电极的一定区域富集，而且伴有大量杂质，制备出的最细管状物仅由两个石墨片层构成，片层间距为0.34nm，其内径和外径分别为4.8nm和5.5nm。

1992年，T.W. Ebbesen等[2]系统开展了电弧法制备碳纳米管的研究，在氦气气氛下，通过优化惰性气体的种类和压力、施加交流或直流电压及电极的尺寸等条件参数，制备出较大量碳纳米管。其结果表明氦气压是影响碳纳米管产量的主要因素。在18V的直流电流、2.66kPa氦气气氛下，几乎不生长碳纳米管；当气压提高到13.3kPa时，有少量多壁碳纳米管生成；压力达到66.5kPa时，可得到较多纯度高的碳纳米管。1999年，M. Ishigami[5]等对电弧法进行改进，实现连续制备多壁碳纳米管，其实验装置如图3.2所示。将石墨阳极插入到含有液氮的反应室内，与该反应室内已装有的短铜棒（或石墨棒）阴极接触产生电弧后，在电弧区

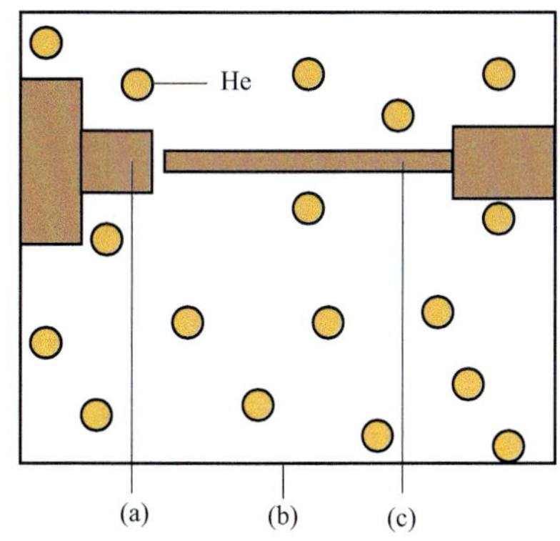

图3.1 电弧放电法制备碳纳米管的装置示意图[18]

（a）阴极；（b）反应室；（c）阳极

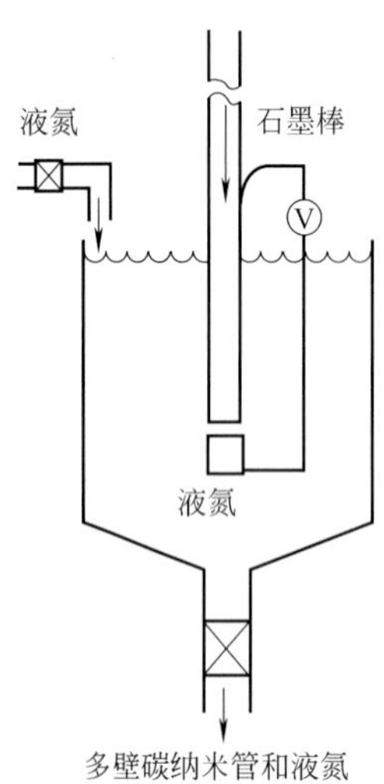

图3.2　液氮反应室连续制备碳纳米管装置简图[5]

生成的碳纳米管落下并沉积在桶的底部。反应室的底部呈漏斗状，并由一阀门密封，该阀门定期自动打开，可将碳纳米管从反应室取出。在该装置中，可通过电子接触装置连续供应石墨棒碳源。反应室内液氮的含量通过传感器和液氮进料管自动调整。

1993年，S. Ijima等[29]采用电弧放电法合成出单壁碳纳米管。其实验条件为：两个垂直的电极位于反应室中央，阳极在上、阴极在下，阳极是一根直径为10mm的石墨碳棒，阴极则是一根带有浅槽的石墨碳棒，浅槽中装填少量的铁。蒸发室内填充13.33kPa甲烷和53.32kPa氩气的混合气体，通过在两电极间加200A、20V的直流电，使碳棒电弧放电，此时浅槽中的铁熔化形成小液滴，并继而蒸发作为催化剂。在透射电镜下观察阴极产物发现，该产物大多集结成束，每一束由若干直径为0.7～1.6nm的单层管构成，也能观察到少量单根的单壁碳纳米管。几乎与此同时，D.S. Bethune等[1]也独立地采用电弧放电法制备出单壁碳纳米管。他们采用的阳极是直径为6mm的石墨棒，其上钻有直径为4mm的孔，孔中填满纯金属（Fe、Co、Ni）和碳的混合物。这些带有填充物的阳极在133.3～666.5kPa的氦气氛中、95～105A的电流作用下电弧放电，在反应室里形成蜘蛛网状的沉积物，而煤烟状物质则沉积在反应室壁上。电镜观察发现所得碳纳米管是由一层石墨片层构成，直径均匀，大多在1.2nm±0.1nm，数量较少，产率低，仅为1%～4%。此方法与制备富勒烯和多壁碳纳米管的不同之处在于在电极中含有催化剂，如铁、钴、镍等。

在单壁碳纳米管被发现之初，电弧法制备出的产物中含有大量的无定形碳、金属催化剂颗粒、C_{60}等杂质，而碳纳米管的含量很低。1997年，C. Journet等[30]对此进行了改进，用Ni/Y作催化剂获得纯度高达70% ～ 90%的单壁碳纳米管。与一般方法相比，其改进之处在于阳极是可移动的，保证了阳极在稳定的电流下挥发。

为了进一步提高单壁碳纳米管的产量和质量，刘畅等[6]发明了半连续氢电弧法，实验装置示意图如图3.3所示。与传统电弧法不同，该法采用大阳极、小阴极，阴极与阳极成一斜角（30° ～ 50°），而不是垂直相对。阴极是一根石墨棒，阳极则由混合均匀的石墨粉和催化剂组成。阳极与阴极的位置皆可调，当阳极反应物消耗到一定程度后，可调节阳极的位置继续合成，从而实现了制备过程的半连续化，在半小时内可得约1.0g产物。用氢气取代氦气作为介质气体，不仅可降低成本，而且有效地提高了单壁碳纳米管的质量和产量，这是因为氢气可刻蚀反应中生成的无定形碳等杂质并促进催化剂的蒸发。相比之下，该装置具有以下优点：

① 大直径阳极圆盘提供了充足的反应原料，有利于单壁碳纳米管的大量制备。传统电弧法中所用阴极、阳极的半径均为10mm左右，在阳极棒的中间钻有一个小孔，用于填充石墨粉与催化剂混合物。由于电极尺寸制约了加入反应物的数量，产量必然受到限制；另外，催化剂填充在阳极棒中间的小孔中也会降低反应物的均匀性而影响到产物的质量。这种在大直径阳极圆盘中填充混合均匀物料的方法有效地解决了以上问题，为单壁碳纳米管的大量制备创造了有利条件。

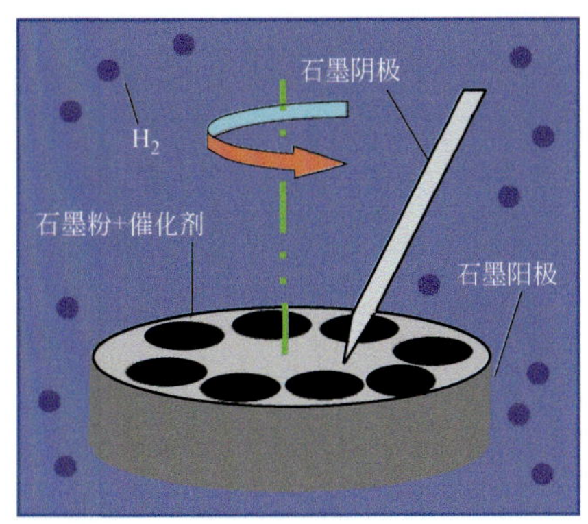

图3.3 半连续氢电弧法制备单壁碳纳米管的装置示意图[6]

② 阴极棒与阳极圆盘上表面成斜角而不是垂直相对，在电弧吹力的作用下，可在反应室内形成一股等离子流，及时将反应生成的单壁碳纳米管携带出高温反应区，避免传统电弧法中可能出现的产物烧结现象；可保持反应区内产物浓度较低，这也有利于碳纳米管的持续生成。

③ 阴极与阳极的方位、角度可调整，部分原料反应完毕后可通过调整电极位置，利用其他原料继续反应，实现了制备过程的半连续化。

根据外观形貌特征可将所得产物分为两种类型：即悬挂在电极和顶壁间的蜘蛛网状物和黏附于反应器内壁的膜状物。网状物由多层丝网粘连、叠加而成，面积很大，往往可贯穿反应器的穹顶；黏附于反应器内壁的膜状物呈半透明状，质轻；膜状物与网状物都有很强的黏性，极易黏附于手、镊子及容器壁上。图3.4和图3.5给出了收集到的网状物和膜状物的光学照片。图3.5膜状物的展开面积约为200cm^2，重22mg。

在此基础上，该研究组于2005年又进一步发展了双壁碳纳米管的电弧制备方法[32]。由于用氢取代了氦作缓冲气体，既降低了成本又使产物纯度提高；采用了含硫生长促进剂，提高了产物的产量和质量，并使制备过程半连续化[6,19]。在此半连续氢电弧法制备单壁碳纳米管的工艺基础上，2000年J.L. Hutchison等[33]通

图3.4　半连续氢电弧法制备的网状物照片[31]

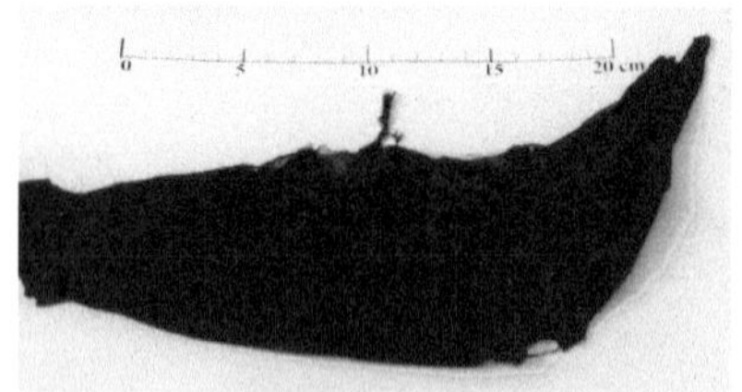

图3.5　半连续氢电弧法制备的膜状物照片[31]

过调节催化剂的成分和载气的流量，制备出纯度较高的双壁碳纳米管。一般而言，由于电弧区的温度较高，所制备的碳纳米管的晶化程度也高。但电弧法对碳纳米管的微观结构（如直径和手性）的可控性较差，而且很难进一步提高产量和质量[34]。

3.1.2 激光蒸发法

激光蒸发法是将由金属催化剂/石墨粉混合制成的靶材置于石英管反应器内，石英管则置于一水平加热炉内。当炉温升至1473K时，将惰性气体充入管内，并将一束激光聚焦于石墨靶上。石墨靶在激光照射下生成气态碳，其在催化剂作用下生长单壁碳纳米管。

激光蒸发石墨电极是研究碳簇的方法之一，R.E. Smalley等制备C_{60}时，在电极中加入一定量的催化剂颗粒，发现能得到单壁碳纳米管[7]。1996年，A. Thess等[10]对实验条件进行改进，在1473K下，采用50ns的双脉冲激光照射含Ni/Co催化剂颗粒的石墨靶，获得了高质量的单壁碳纳米管束，每一管束是由若干单壁碳纳米管沿轴向排列组成，管束内的单壁碳纳米管在弱的范德华力作用下形成三角形点阵，点阵参数为1.7nm。产物中单壁碳纳米管的含量大于70％，直径在1.38nm左右。该方法首次得到了相对较大量的单壁碳纳米管，为研究单壁碳纳米管的物理化学性能提供了材料基础。

采用上述方法制备碳纳米管的过程中，随石墨的蒸发，金属/石墨靶的表面产生金属富集，致使单壁碳纳米管的产率降低，M. Yudasaka[11]对此进行了改进，将金属/石墨混合靶改为纯过渡金属或其合金及纯石墨两个靶。将两靶对向放置，并同时受激光照射。这样可消除因石墨挥发而导致石墨靶表面金属富集引起的产量下降。

T. Guo等[8]研究了金属催化剂与单壁碳纳米管产量的关系，发现随催化剂的改变，碳纳米管的产量会发生很大的变化。当使用Ni/Co合金为催化剂时，单壁碳纳米管的产量比使用纯金属催化剂提高10～100倍。同时，以Co/Pt合金及Ni/Pt合金为催化剂也可获得高产量的单壁碳纳米管，但是以Pt为催化剂时所得产物中单壁碳纳米管的含量较低。以Co/Cu合金为催化剂可获得少量单壁碳纳米管，而以Cu为催化剂时则生成半球形帽状物。

3.1.3
化学气相沉积法

化学气相沉积法具有成本低、产量大、实验条件易于控制等优点，是最有希望实现大量制备高质量碳纳米管的方法。因此该法受到了高度重视，并被广泛采用。化学气相沉积法制备碳纳米管按照催化剂供给或存在的方式又可分为三种方法：基片法[14]、担载法和浮动催化剂法[13]。催化剂通常使用过渡金属元素Fe、Co、Ni或其组合，有时也添加稀土等其他元素及化合物。

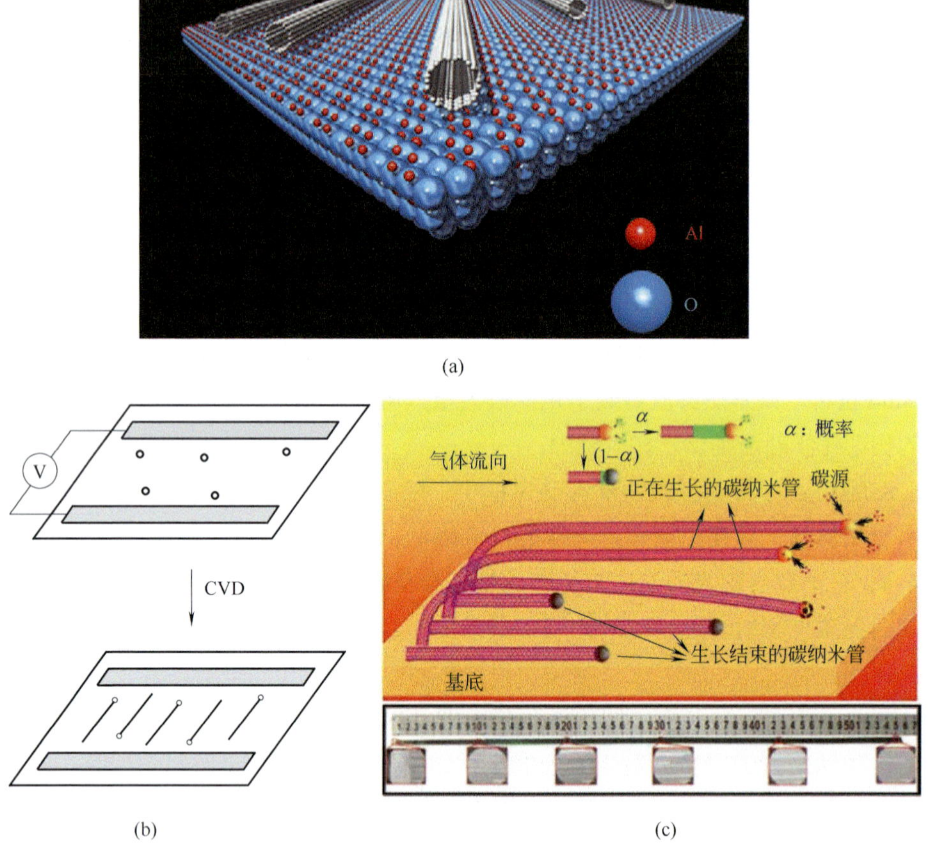

图3.6 定向单壁碳纳米管平行阵列生长示意图

(a) 晶格诱导定向[39]；(b) 电场定向[42]；(c) 气流定向[53]

基片法是将催化剂沉积在石英、硅片、蓝宝石等平整基底上，以这些催化剂颗粒做“种籽”，在高温下通入含碳气体使之分解并在催化剂颗粒上析出并生长碳纳米管。一般而言，基片法可制备出纯度较高、有序平行/垂直排列的碳纳米管，即碳纳米管阵列。相比于自由排布的碳纳米管网络，其一致的取向能更有效地发挥碳纳米管的高比表面积、大长径比等优异性能。平行排布的单壁碳纳米管阵列是延续目前硅基半导体材料摩尔定律的理想材料。目前，大面积阵列的定向生长主要是通过电场诱导、晶格诱导和气流诱导来实现的。可以将这些方法大致分为两类，一类是利用基底与单壁碳纳米管的相互作用来定向，也就是晶格诱导定向［图3.6（a）］[35~40]；另外一类是利用外场或外力来定向，如电场定向［图3.6（b）］[41~43]和气流定向等［图3.6（c）］[44~46]。J. Kong等[47]率先在硅片表面成功地制备出单根单壁碳纳米管。随后，科学家陆续报道了各种取向、定位和图案设计的单壁碳纳米管[48~51]。Y. Yao等[51]发现调节反应温度可以改变合成单壁碳纳米管的直径。K. Hata研究组的Hayamizu等[52]采用水辅助CVD法直接制备出单壁碳纳米管垂直阵列，并原位将其大量组装成更复杂的三维结构的电子机械器件（见图3.7）。这是

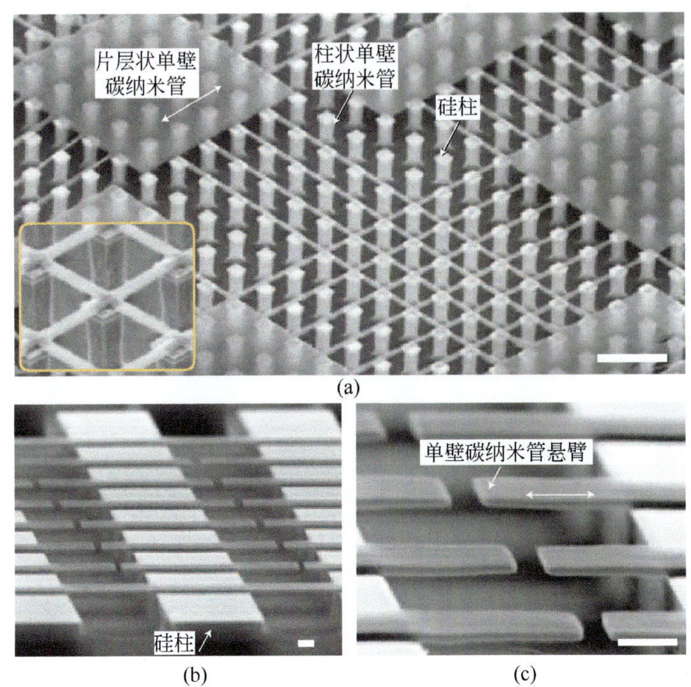

图3.7　碳纳米管垂直阵列组装的三维结构电子机械器件[52]

碳纳米管制备技术上的又一次突破，并为大量廉价微型器件的构建提供了一种新的途径。

担载法是将催化剂颗粒担载在多孔、结构稳定的粉末基体上，一般选用浸渍-干燥法。即将多孔担载体粉末浸渍在催化剂的前驱体盐溶液中，充分浸渍后，干燥去除溶剂，再在空气中高温煅烧（一般500℃）获得金属氧化物纳米颗粒；将担载有金属氧化物的担载体粉末置于反应炉中，先在高温（大于500℃）、还原气氛下将金属氧化物还原为金属纳米颗粒，再在适宜的化学气相沉积条件下生长碳纳米管[54]。

要实现碳纳米管的批量制备，必须解决催化剂的连续供给和催化剂与产物的及时导出问题。在封闭的移动床催化裂解反应器中，经还原处理的纳米级催化剂通过喷嘴连续、均匀地喷洒到移动床上，移动床以一定的速度移动。催化剂在恒温区的停留时间可通过控制移动床的运动速度加以调节。原料气的流向可与床层的运动方向一致也可相反，在催化剂表面裂解生成碳纳米管。当催化剂在移动床上的停留时间达到设定值时，催化剂连同在其上生成的碳纳米管从移动床上脱出进入收集器，反应尾气通过排气口排出。采用移动床催化裂解反应器可实现碳纳米管的连续制造，有望大幅度降低生产成本，为碳纳米管的工业应用提供保证。Wei等[55]使用流化床工艺实现了工业水平单壁碳纳米管的大量制备。目前国内采用该技术可实现百吨级碳纳米管的工业化生产，并应用于锂离子电池、复合材料等领域。

浮动催化剂化学气相沉积法的原理是气流携带催化剂前驱体进入反应区，在高温下原位分解为催化剂颗粒，并在浮动状态下催化生长碳纳米管，生成的碳纳米管在载气携带下进入低温区停止生长（图3.8）。1998 年，成会明研究组采用浮动催化剂化学气相沉积法，以二茂铁为催化剂前驱体、噻吩为生长促进剂，在1100 ～ 1200℃下催化裂解苯，大量制备高纯度单壁碳纳米管[13,56]；2002年在此

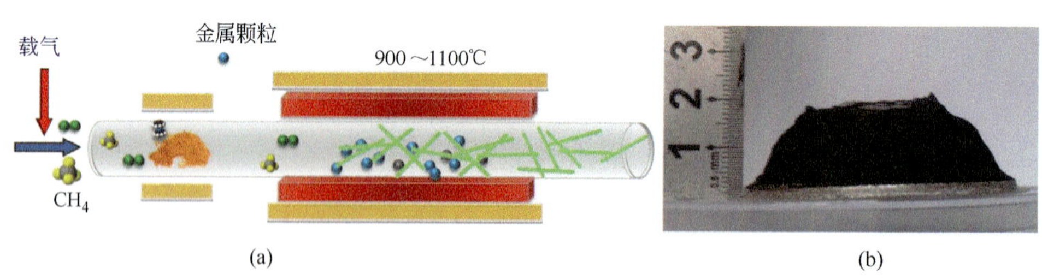

图 3.8 （a）浮动催化剂化学气相沉积法生长单壁碳纳米管过程示意图；（b）所生长单壁碳纳米管宏观体的光学照片

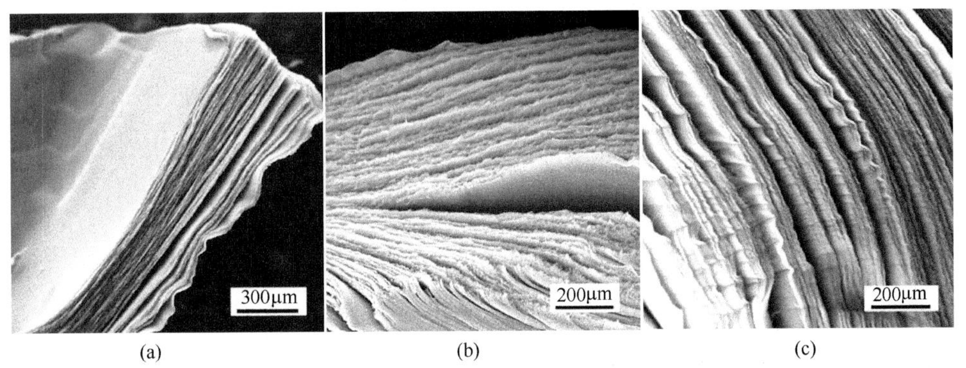

图3.9 单壁碳纳米管书状宏观体的（a）顶部、（b）侧面和（c）切向的扫描电镜照片[59]

基础上又成功合成出双壁碳纳米管[57]。浮动催化剂化学气相沉积法的设备简单，可半连续或连续生产，故最有可能实现低成本、大量制备高质量单壁碳纳米管。2002年，Y. Wang等[58]开发出50kg/d量级的多壁碳纳米管流化床生产装置。2009年，成会明研究组在浮动催化剂化学气相沉积法制备单壁碳纳米管的工艺基础上，在反应收集系统中设置多孔滤膜，制备出单壁碳纳米管书状宏观体（图3.9[59]）。

3.1.4 其他方法

除上述制备碳纳米管的主要方法外，科学家们还发展了多种其他制备方法，如电解法[22]、低温固体热解法[60]、球磨法[25,61]、扩散火焰法等[62]。电解法的原理是将石墨阴极浸于熔融的无机盐溶液中，在电流的作用下发生氧化还原反应生成碳纳米管。用石墨舟作为电解系统的阴极，阳极为高纯碳棒。将氯化锂装入舟内，并在空气或氩气气氛下加热到熔点（604℃），然后将阴极浸入到熔体中，并在两电极间通入1～30A的电流，保持该电流至少1min。在此过程中，浸入到溶液中的阴极表面开始被腐蚀，出现小的腐蚀坑。所得产物中含碳纳米管、洋葱状结构及包覆碳层的颗粒。其中碳纳米管有两种形貌：螺旋型和卷曲型，直径为2～20nm，由5～20层同轴石墨片组成。

低温固体热解法[60]是在相对低温下，在石墨炉中热解亚稳定陶瓷前驱体（$SiN_{0.63}C_{1.33}$）而得到碳纳米管。将其纳米尺度粉末置于氮化硼瓷舟内，在氮气气氛下于1200～1900℃热解得到多壁碳纳米管。其生长状况及产率与系统的温度及状态密切相关。在1400℃静止的氮气气氛中，碳纳米管的产量最大，而在流动的氮气气氛下，形成碳纳米管的最佳温度为1850℃。碳纳米管的直径为10～25nm，长为0.1～1μm。该法的最大优点是工艺简单，但由于碳纳米管覆盖在原材料表面，因此给分离和提纯带来困难，且产品质量不高。

球磨法是将石墨粉进行球磨结合退火处理制得碳纳米管，该法较为简单，并具有工业化前景。首先将高纯石墨粉在氩气气氛下球磨150h，然后在氮气或氩气气氛下1200℃热处理6h，产物中含有大量多壁碳纳米管。球磨法的机理尚不清楚，Y. Chen等[63]认为球磨时纳米碳成核，热处理则是碳纳米管生长的过程。对粉末进行X射线光电子谱的研究发现：球磨后的石墨粉中含有铁，这些铁来自于球磨过程中使用的不锈钢小球。随着球磨时间的增长，石墨粉末中的铁含量增加。故认为在球磨过程中由不锈钢球脱落出的微量铁颗粒是热处理条件下碳纳米管生长的催化剂。

R.L. Vander Wal等[62]利用扩散火焰法合成了碳纳米管。该法用茂金属（如二茂铁、二茂镍等）形成的金属纳米催化剂颗粒来降低碳纳米管形成时的表面束缚能，并可作为气相反应剂和固体碳沉积的有效界面。得到的多壁碳纳米管直径为20～30nm，最外层由无定形碳覆盖，且碳纳米管都很短。用惰性气体稀释火焰流是合成的关键，不用惰性气体时，合成的产物中只有烟炱和包裹着金属催化剂的碳纳米颗粒，没有碳纳米管。火焰的性质也很重要，用氮气稀释的甲烷作合成气时，产物中检测不到碳纳米管，用乙炔作原料气时合成产物中碳纳米管的量是乙烯原料气的10倍。

3.2 碳纳米管的结构控制制备

3.2.1 形貌控制

一般制备得到的碳纳米管呈团聚结构、无序排列、缠绕严重，不仅影响碳纳米管的性能研究，也使后续的应用过程变得困难。而在一定条件下，可以得到有序平行排列的碳纳米管，即碳纳米管阵列。根据阵列相对于生长基底取向的不同，可将碳纳米管阵列分为两类，一类是平行于基底取向的碳纳米管阵列，称为碳纳米管水平阵列；另一类是垂直于基底取向的碳纳米管阵列，称为碳纳米管垂直阵列。碳纳米管的有序排列有助于发挥其力学、电学和光学性能等，因此具有广泛的应用前景和较高的基础研究价值[64,65]。碳纳米管宏观体的有序结构除碳纳米管垂直阵列和平行阵列外，还有碳纳米管丝（纤维），这几种碳纳米管的宏观体也主要采用化学气相沉积法制备获得。

3.2.1.1
碳纳米管垂直阵列

W.A. de Heer等[66]将多壁碳纳米管分散在乙醇中，然后使之通过氧化铝微孔过滤器，再将过滤器表面的黑色沉积物压印到聚酯薄膜上，首次获得了垂直定向排列的碳纳米管。随着对多壁碳纳米管研究的深入和制备技术的不断改进，通过控制催化剂可直接得到具有宏观取向排列的多壁碳纳米管[67~70]。W.Z. Li等[61]用溶胶-凝胶法将纳米铁颗粒植入多孔二氧化硅基体中作催化剂，在700℃下催化分解乙炔，获得垂直于基体方向生长、长约50μm的碳纳米管阵列。Z.F. Ren等[68]采用等离子体增强热丝化学气相沉积（plasma-enhanced hot filament chemical vapor deposition, PE-HF-CVD）法，在较低反应温度下制得定向多壁碳纳米管。由于这种制备方法反应温度较低（<666℃），故有望用于制作以定向碳纳米管阵列为发射极的平板显示器。

上述方法所制备的定向碳纳米管直径较大，范守善等[69]通过电化学刻蚀技术，对硅基片进行刻蚀，得到表面孔径为3nm的多孔硅基片。通过电子束蒸发铁使基片覆盖上一层5nm厚的铁催化剂。将该基片在300℃下空气中氧化12h，形成一层氧化物膜，再经700℃甲烷热解过程生长出定向碳纳米管。其扫描及透射电镜照片如图3.10（a）可看到在硅基片上生长出三维碳纳米管阵列，每一阵列的四周都非常平直，没有散开的碳纳米管。当反应时间在5～60min内变化时，所得阵列块的长度为30～240μm。在较高放大倍数下［图3.10（b）］，可看到阵列内所有的碳纳米管都垂直于表面。透射电镜照片［图3.10（c）］表明即使经过超声分散，它们仍表现出一定的定向性，其直径为16nm±2nm。

B.Q. Wei等[71]在二氧化硅/硅的表面图形设计和构筑了多种碳纳米管结构。图3.11为一些生长在预先选择好的基片上的碳纳米管阵列，图3.11（a）是生长在

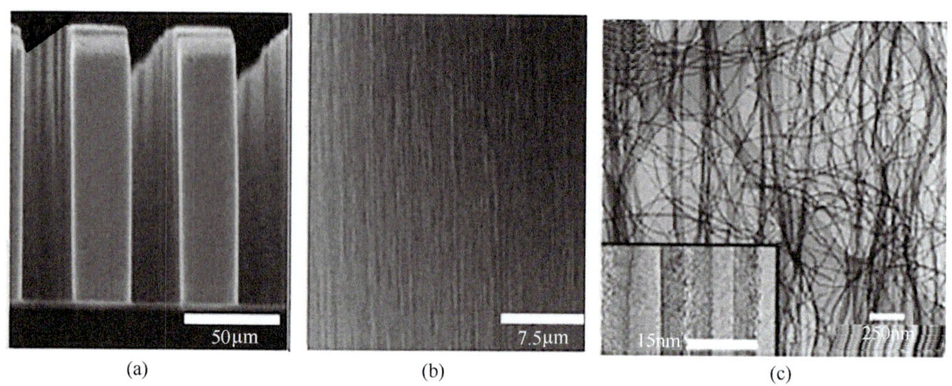

图 3.10　催化热解烃类制备的具有一定取向和图案的碳纳米管阵列[69]

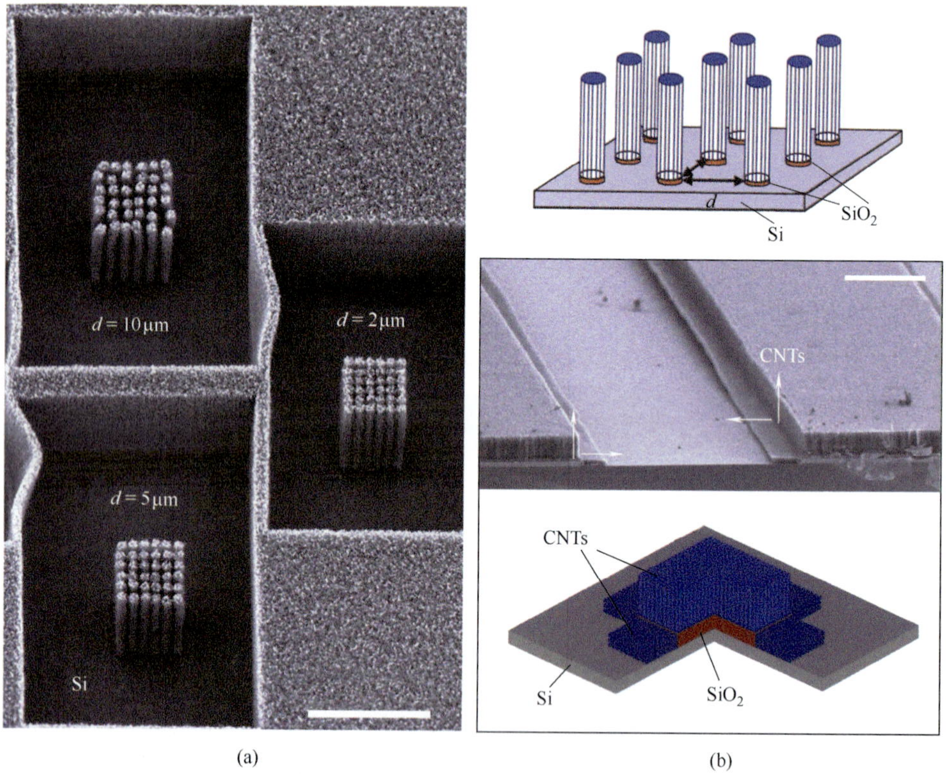

图3.11　化学气相沉积法生长的自组装碳纳米管阵列的扫描电镜照片(其中比例尺为100μm)[71]

（a）图案化的柱状碳纳米管阵列；（b）垂直和水平组装的定向碳纳米管

SiO_2模板上的三块微米尺寸的碳纳米管束；图3.11（b）展示的是周期性垂直和水平定向生长的碳纳米管阵列；而更为规整、复杂的多向碳纳米管阵列结构如图

图3.12 化学气相沉积法生长的花状结构碳纳米管的扫描电镜照片[71]

3.12所示。目前多壁碳纳米管阵列的相关合成方法已经日渐成熟，为相关应用奠定了材料基础。

尽管对于多壁碳纳米管阵列的研究已比较成熟，但由于单壁碳纳米管直径小、易于弯曲等特点，研究进展相对较慢。随着对碳纳米管生长机理认识的深入和制备技术的发展，最近几年才相继出现了单壁碳纳米管阵列的报道。2004年Y. Murakami等[72]采用乙醇作为碳源在800℃制备出了厚度1.5μm左右的垂直定向单壁碳纳米管薄膜。同年，K. Hata等[73]在反应过程中添加适量的水蒸气来氧化去除无定形碳，从而提高碳纳米管生长过程中催化剂的活性，制备出宏观高度（2.5mm）的高纯度定向单壁碳纳米管阵列（图3.13）。

3.2.1.2 碳纳米管平行阵列

单壁碳纳米管以单根形式存在是利用其构建纳米器件的重要前提。然而，宏量制备的单壁碳纳米管大多在范德华力的作用下聚集成束状[10,74]，限制了其本征物性的获得及在纳米器件领域的应用。尽管可采用后期处理的方法，如超声分散来得到单根单壁碳纳米管，但超声分散的同时也在单壁碳纳米管中引入了一些缺陷，改变了碳纳米管自身的性质，因此最好的解决方案是原位生长。碳纳米管水平阵列的生长通常是将少量催化剂分散在生长基底表面，然后通过CVD方法生长获得水平定向排列的碳纳米管。1998年，J. Kong等[47]首次在硅表面成功制备了单根的单壁碳纳米管。随后，H.J. Dai研究组[41,48,49,75,76]利用该方法对单根碳纳米管的制备进行了系统研究，成功制备出可定位的单壁碳纳米管网络［图3.14（a）］，

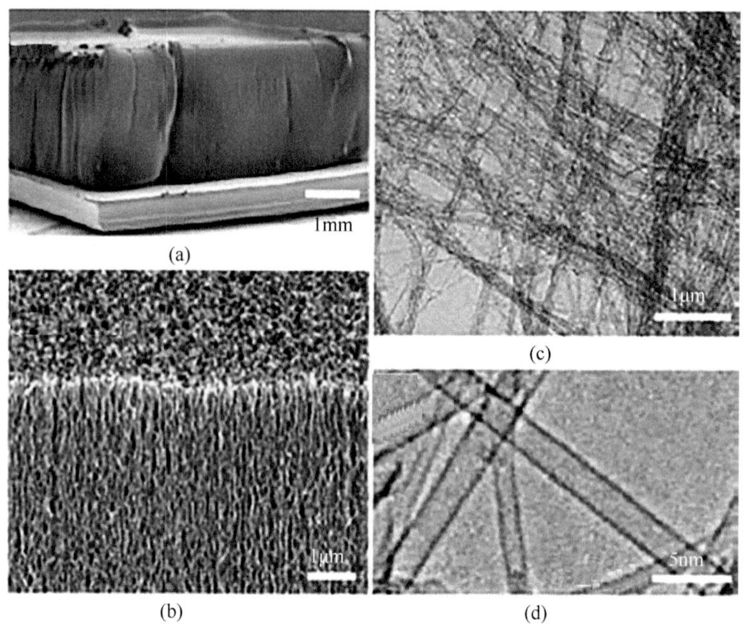

图3.13　水蒸气辅助制备的垂直定向单壁碳纳米管阵列[73]

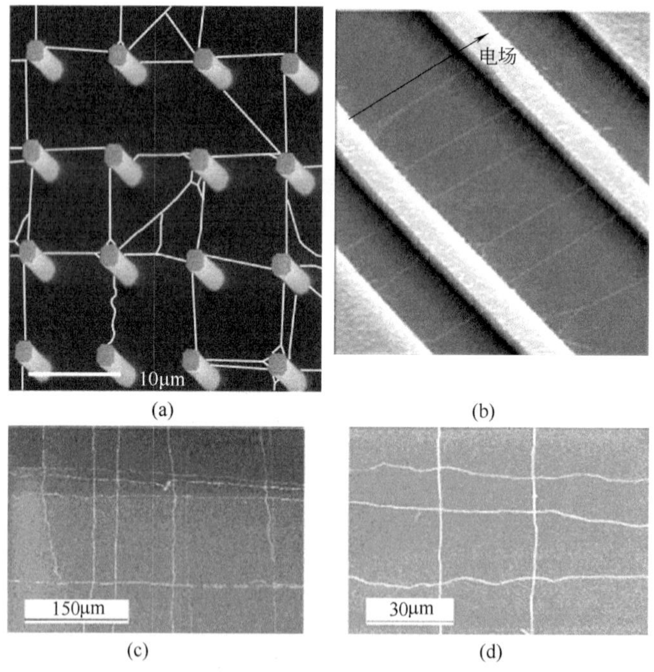

图3.14　垂直/水平定向单壁碳纳米管阵列[41,45,49]

并研究了利用电场力作用来控制碳纳米管的平行生长［图3.14（b）］。2003年，S.M. Huang等[45]报道了利用反应器中气流的作用使碳纳米管定向生长，进而制备了平行排列和交叉排列的网状结构［图3.14（c）、（d）］。2007年，Ago报道了以单晶sapphire为基底，利用基底的晶格定向和台阶定向生长单壁碳纳米管平行阵列，目前该方法是制备单壁碳纳米管平行阵列的主要方法[77]。利用上述方法得到的碳纳米管水平阵列结构完整、单根分散性好，且可以直接调控碳纳米管的位置、方向和结构，为碳纳米管在器件方面的应用奠定了基础。

提高碳纳米管水平阵列的密度（一般以每微米范围内碳纳米管的根数来表示）和长度对高性能碳纳米管器件的制备和高密度集成具有重要意义。基底诱导法是制备高密度碳纳米管水平阵列的常用方法，所用基底一般是石英或氧化铝等单晶。刘杰研究组[40]以铜为催化剂、乙醇为碳源，在ST-石英基底上首次制备密度大于50根/μm、长度为几毫米的碳纳米管水平阵列（图3.15）。其后，他们[78]采用多次循环活化催化剂、循环生长的方法，提高碳纳米管的生长效率，得到大面积、每微米20～40根的大直径（2.4nm ± 0.5nm）碳纳米管水平阵列。Rogers研究组[79]通过多次加载催化剂、多次生长的方法使碳纳米管水平阵列的密度由每微米4～7根增加到每微米20～30根。张锦研究组[80]提出了一种“特洛伊催化剂”生长超

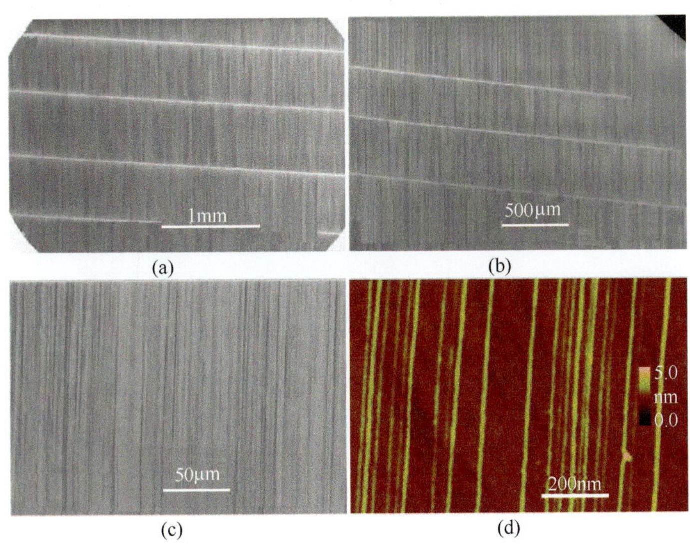

图3.15　ST-高密度单壁碳纳米管水平阵列的扫描电镜和原子力显微镜照片

（a）和（b）中的白色亮带为Cu催化剂区；（c）高倍SEM照片；（d）原子力显微镜照片[40]

高密度单壁碳纳米管水平阵列的方法［图3.16（a）］，即以单晶氧化铝为基底，通过预先热处理将催化剂存储在基底中，在生长过程中催化剂逐步析出，保证了催化生长碳纳米管的催化剂活性，从而获得了超高密度单壁碳纳米管水平阵列。利用XPS和AFM等研究手段证明了催化剂的融入和析出机制，用AFM和高分辨扫描电子显微镜对其密度进行了详细表征，结果表明用“特洛伊催化剂”生长的单壁碳纳米管水平阵列的密度超过130根/μm［图3.16（b）］，局部超过200根/μm，这是目前直接生长获得的最高密度单壁碳纳米管水平阵列。其后，该课题组[81]又发展了一种通过长时间退火和多次退火制备均匀重构氧化铝生长单壁碳纳米管阵列的方法，然后利用“特洛伊催化剂”法生长，最终得到高密度（50根/μm）、大面积（平方厘米级）的单壁碳纳米管水平阵列。

基底诱导法生长单壁碳纳米管平行阵列过程中，由于催化剂与基底存在较强的相互作用，这不仅使碳纳米管沿晶格定向生长，而且可有效抑制催化剂的聚集，保证碳纳米管的产率。因此利用基底诱导法可获得密度较高的碳纳米管水平阵列。然而，也恰是由于这种强的相互作用限制了碳纳米管的生长速率，该方法所制备的碳纳米管长度一般只有100～200μm，很难获得超长碳纳米管。要获得超长碳纳米管水平阵列，就需要避免催化剂和基底的相互作用，进而提高碳纳米管的生长速率。气流定向法就是催化剂脱离基底，飘浮在气相中，碳纳米管以顶端生长的模式随气流飘浮、定向生长。2004年，Zheng等[44]以乙醇作为碳源，$FeCl_3$作为催化剂，采用气流定向法生长出4cm长的单根单壁碳纳米管。2009年范守善团队[82]以单分散的Fe-Mo颗粒为催化剂、乙醇或甲烷为碳源、超顺排碳纳米管薄膜为催化剂支撑构架，在硅基片上生长了长度为18.5cm的单壁碳纳米管。清华大

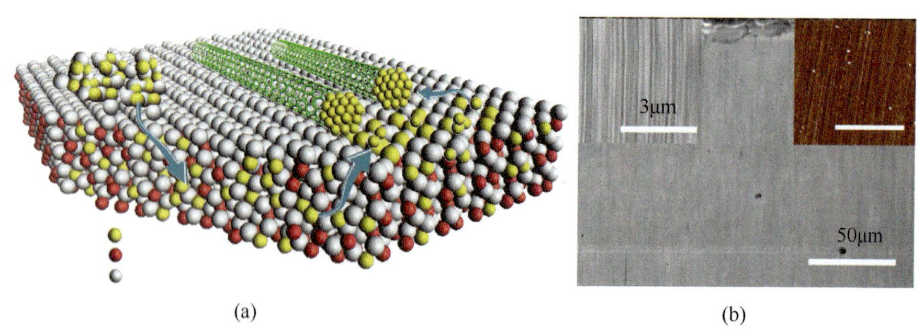

图3.16 （a）“特洛伊催化剂”生长超高密度单壁碳纳米管阵列的示意图；（b）“特洛伊催化剂”生长的超高密度单壁碳纳米管阵列，其中左边插图是SEM图，右边是AFM图[80]

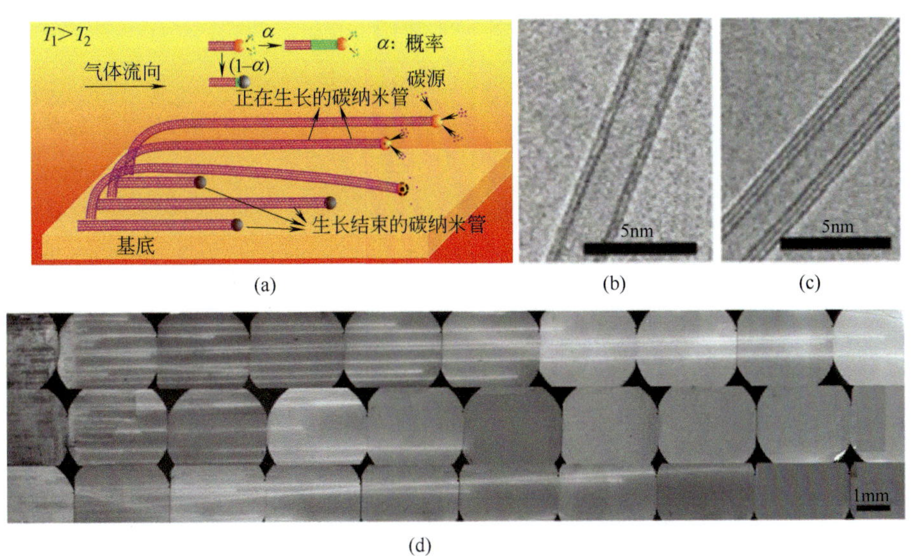

(a) (b) (c)

(d)

图3.17 （a）55cm长碳纳米管的生长示意图；（b）、（c）超长碳纳米管的透射电镜照片；（d）跨缝生长的碳纳米管[53]

学魏飞研究组在该方面开展了系列工作[53,83]。他们利用风筝机制生长出长度超过10cm的超长碳纳米管，详细研究了H_2O弱氧化剂对于碳纳米管长度的影响。发现保持催化生长碳纳米管的催化剂活性是生长超长单壁碳纳米管的关键。通过利用弱氧化剂去除无定形碳，恢复催化剂活性表面，首次制得了55cm长的碳纳米管（图3.17）。

3.2.1.3
碳纳米管绳

纤维状结构也是碳纳米管的有序宏观结构之一。1998年，成会明研究组[13,56]利用浮动催化剂化学气相沉积方法制备出定向性较好的单壁碳纳米管绳。2000年该研究组进一步采用氢电弧法[19]成功制备出定向单壁碳纳米管绳。2002年朱宏伟等[84]利用浮动催化剂方法，以二甲苯为碳源，通过优化碳纳米管生长条件制备出长达20cm的单壁碳纳米管绳。2004年，Windle研究组[85]通过选择合适的工艺参数并对制备设备进行改造，如添加旋转棒对生成的碳纳米管直接进行纺丝，采用浮动催化剂化学气相沉积法直接纺出连续的定向碳纳米管纤维（图3.18）。然而，该方法获得的碳纳米管丝由于管间结合力不强，丝的强度和长度还有待进一步提

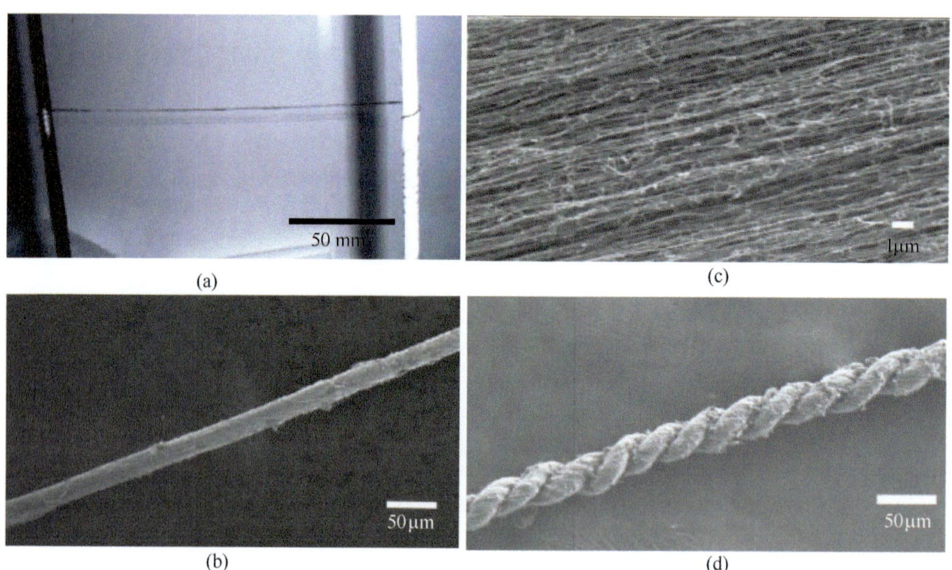

图3.18　从催化热解法的气相区直接纺制而成的碳纳米管纤维[85]

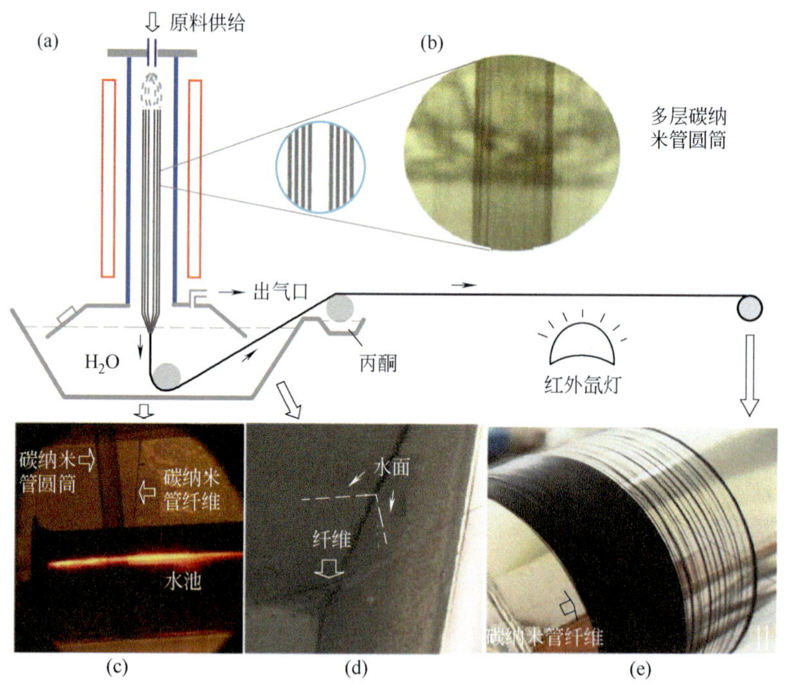

图3.19　碳纳米管制备-纺丝一体化工艺[87]

（a）原理图；（b）~（e）实物图

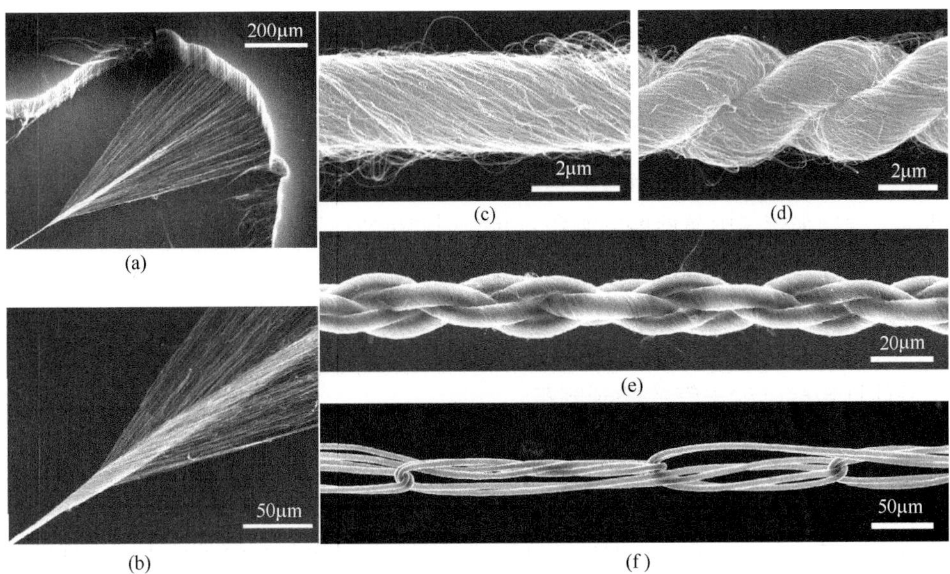

图3.20 （a）、（b）碳纳米管绳从碳纳米管阵列中拉出、加捻；（c）~（f）各种形态碳纳米管绳的SEM照片[89]

高。其后，该课题组发展了丙酮浸润再蒸发技术将碳纳米管纤维密实化，将碳纳米管纤维的强度提高到6GPa、硬度提高到350GPa[86]。2010年李亚利研究组[87]以丙酮和乙醇为碳源，制备出连续、同轴、分离的长筒袜状碳纳米管宏观结构。该碳纳米管宏观结构随载气连续、匀速流出反应区，先后经过水浴、丙酮浴使其密实化，再经红外氙灯干燥，并缠绕在卷轴上（图3.19）。

2002年，清华大学范守善研究组[88]发现可以从一些碳纳米管垂直阵列中抽出连续的碳纳米管线。2004年，Zhang等[89]首次发展了一种类似于传统的从棉纱中抽丝纺线技术获得碳纳米管绳。即将碳纳米管窄带从阵列中拉出，后经加捻即可形成碳纳米管绳（图3.20）。目前，范守善研究组已经实现了在8in(1in=0.0254m）硅基底上批量化制备高质量纺丝碳纳米管阵列[90]。

3.2.2
导电属性控制

如前所述，单壁碳纳米管可看作是由单层石墨烯片层按照一定方式卷曲而成的直径为纳米尺度的一维中空管状结构，它具有直径和螺旋角依赖的金属性或半导体特性[91]。半导体性碳纳米管可用于高性能场效应晶体管等纳电子器件的沟道材料[92]，金属性碳纳米管可作为连接导线及构建柔性透明导电薄膜等[93]。然而，通常制备得到的碳纳米管都是金属性和半导体性碳纳米管的混合物，这极大限制了半导体性或金属性碳纳米管的本征性能发挥及在器件中的应用。近年来，国内外关于碳纳米管导电属性控制制备方面的报道呈快速增长趋势，已成为碳纳米管研究的主流方向之一。

3.2.2.1
半导体性单壁碳纳米管的控制制备

对于相似直径的单壁碳纳米管，由于金属性和半导体性单壁碳纳米管在费米能级附近电子态密度的差异，金属性碳纳米管的化学反应活性要高于半导体性碳纳米管[94,95]。因此，基于这种化学反应活性的差异，可在碳纳米管生长过程中原位去除金属性单壁碳纳米管，获得半导体性单壁碳纳米管。

2009年，张锦研究组[96]在化学气相沉积生长碳纳米管过程中原位引入紫外光辐照破坏金属性碳纳米管，从而获得了半导体性单壁碳纳米管水平阵列（图3.21）。研究发现，光照区域（A区）单壁碳纳米管的密度要明显低于非光照区域（B区）的密度，说明大量单壁碳纳米管的生长受到了抑制。拉曼光谱表征只发现了半导体性单壁碳纳米管的信号。Ding等[97]以Cu为催化剂、甲醇为刻

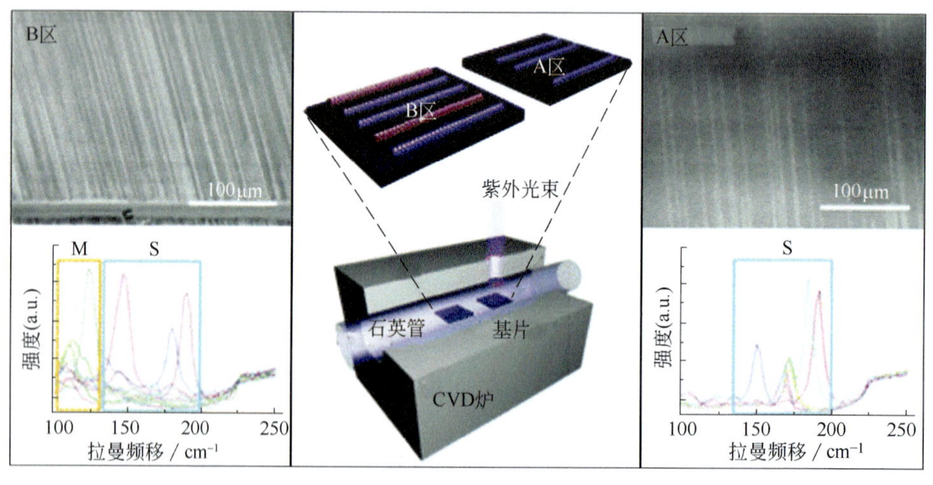

图3.21 紫外光辐照辅助CVD技术直接生长半导体性单壁碳纳米管水平阵列[96]

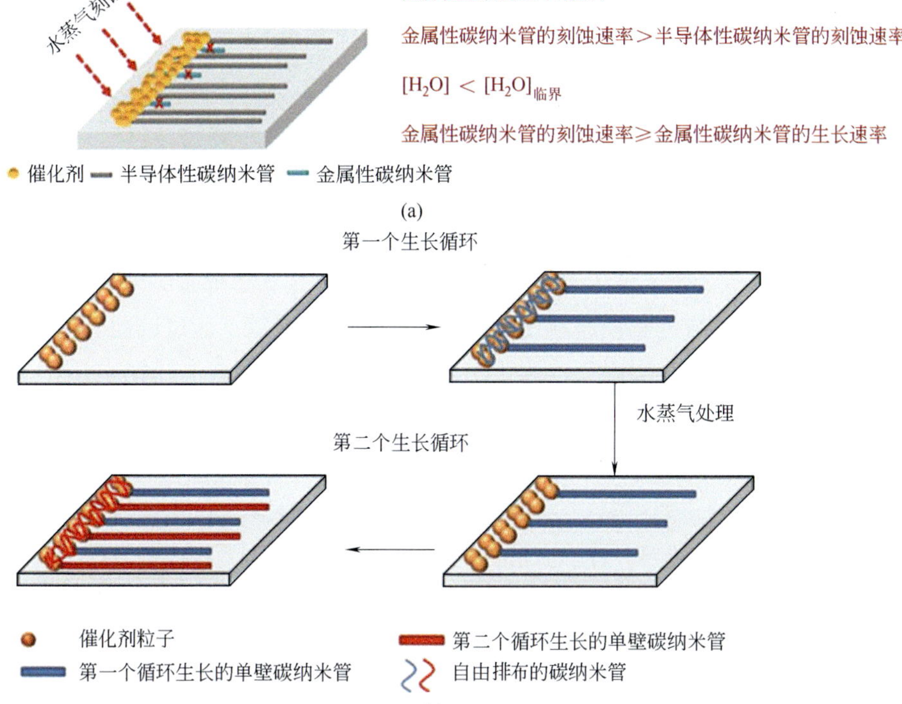

图3.22 （a）以水蒸气为刻蚀剂，择优生长半导体性单壁碳纳米管的三个基本原则[99]；(b) 多次循环原位刻蚀、生长高密度半导体性单壁碳纳米管示意图[100]

蚀剂，选择性生长半导体性单壁碳纳米管。在优化条件下，获得了直径分布在1.55～1.78nm，含量高于95%的半导体性单壁碳纳米管水平阵列。张锦研究组[98]利用以水蒸气作为弱氧化剂选择性刻蚀金属性单壁碳纳米管的方法，制备出半导体性单壁碳纳米管的水平阵列。其后，刘杰研究组[99]总结了原位刻蚀-选择性生长高纯度半导体性单壁碳纳米管的三个必要条件［图3.22（a）]：①金属性碳纳米管的刻蚀速率高于半导体性碳纳米管刻蚀速率；②刻蚀剂水蒸气的浓度要低于其临界浓度；③金属性碳纳米管的刻蚀速率高于其生长速率。因此，原位选择性刻蚀的关键是对刻蚀性自由基浓度的控制，使其既可以选择性刻蚀金属性碳纳米管，又不足以破坏半导体性碳纳米管。选择性刻蚀生长的另一个重要因素是碳源浓度，其供给量应使金属性碳纳米管的生长速率低于其刻蚀速率。进而，该研究组[100]设计了多次循环原位刻蚀、生长实验，实现了高密度半导体性单壁碳纳米管的选择性生长。即在一次生长结束后关闭其他气体只保留通过水的氩气进行原位刻蚀，再进行重复生长、刻蚀实验。实验过程及生长示意图如图3.22（b）所示。经过5次循环生长、刻蚀实验后，碳纳米管的密度可高达10根/μm。

以上选择性制备半导体性单壁碳纳米管的工作主要是基于表面生长法，该方法的局限性在于样品量非常有限，难以实现大面积、规模化的器件设计与构建。为此，中国科学院金属研究所成会明研究组在宏量制备半导体性单壁碳纳米管方面开展了系列研究工作[101~103]。基于氧气对不同导电属性单壁碳纳米管刻蚀作用的差异，率先提出了在浮动催化剂化学气相沉积法宏量生长单壁碳纳米管过程中，原位引入氧气选择性刻蚀高反应活性的金属性单壁碳纳米管。通过调控、优化加入微量氧气的浓度，并利用硫与铁催化剂的低共熔作用调控碳纳米管的直径，使得金属性碳纳米管在生长过程中与氧充分反应，实现原位刻蚀[102]。同时因为小直径单壁碳纳米管的反应活性高于大直径单壁碳纳米管，在氧化过程中小直径碳纳米管也被优先刻蚀掉，最终获得了平均直径为1.6nm、含量达到约90%的半导体性富集单壁碳纳米管。但氧气作为刻蚀剂具有一定的局限性，即在刻蚀金属性碳纳米管的同时，也会刻蚀部分半导体性碳纳米管，使其产生缺陷，进而影响所构建器件的性能。该研究组进而选用氢气为刻蚀剂来选择性制备高质量半导体性碳纳米管。在优化条件下实现了高纯度（>93%）、高质量、大直径、半导体性碳纳米管的宏量控制制备[103]。所得半导体性碳纳米管具有很好的结构完整性，其抗氧

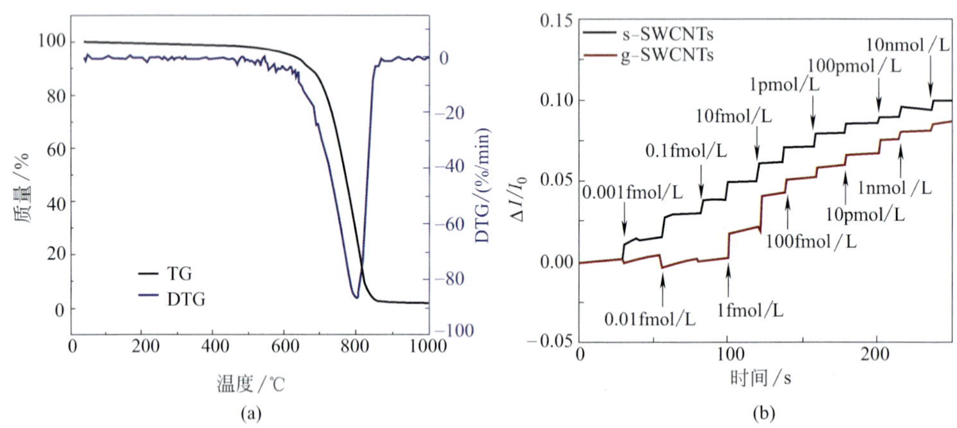

图3.23 （a）浮动催化剂化学气相沉积法选择性制备的半导体性单壁碳纳米管的热重/微分热重曲线；（b）构建的薄膜生物传感器对多巴胺的响应曲线，s-SWCNTs为半导体性碳纳米管，g-SWCNTs为通常制备的碳纳米管[103]

化温度高达约800℃［图3.23（a）］。利用制得的高质量、半导体性碳纳米管构建了薄膜场效应晶体管，其同时具有较高的载流子迁移率和开关比；基于半导体性单壁碳纳米管的传感器对多巴胺的检测极限浓度达到10^{-18}mol/L，比普通单壁碳纳米管低3个数量级［图3.23（b）］。

3.2.2.2
金属性单壁碳纳米管的控制制备

由于金属性碳纳米管的高反应活性，通过原位选择性刻蚀很难得到金属性碳纳米管，因而选择性制备金属性碳纳米管的研究报道很少[104~106]。Harutyunyan等[106]报道了采用氦气为载气可选择性生长出金属性碳纳米管。他们在环境电子显微镜下原位研究发现催化剂形貌随气氛不同而发生变化，即在He/H_2O气氛下，催化剂呈现棱角；在Ar/H_2O气氛下，催化剂边界变得圆滑。这是由于氦气气氛下Fe颗粒对水的吸附势较高，使得催化剂形貌发生变化，并选择性生长出金属性单壁碳纳米管。单壁碳纳米管的化学反应活性不仅与导电属性相关，同时也是直径依赖的。小直径碳纳米管由于高的曲率，导致C—C键变弱而具有更高的化学反应活性。基于此，成会明研究组提出“直径控制-原位刻蚀”选择性生长金属性单壁碳纳米管的学术思路。通过调控催化剂结构及优化碳纳米管生长的热力学和动力学条件，实现了直径较大金属性碳纳米管和直径较小半导体性碳纳米管的生长，再利用其直径依赖的反应活性差异原位选择性去除小直径半导体性碳纳米管［图3.24（a）］，最终获得大直径金属性单壁碳纳米管[107]。基于金属性单壁碳纳米管的高导电性，在宏量制备的基础上发展了干法转移技术，获得了大面积、柔性、高性能（在相同透光率下，电导较普通单壁碳纳米管薄膜提升3.4倍）的透明导电薄膜［图3.24（b）、（c）］。

3.2.3
手性控制

手性控制是碳纳米管可控生长的终极目标，但手性控制制备的难度远大于导电属性控制。以多孔SiO_2、MgO等为载体，以双金属为催化剂，可实现手性分布较窄单壁碳纳米管的控制生长。2003年，Resasco研究组[108]以CoMo双金属为催化剂，得到了以（6，5）和（7，5）为主的碳纳米管；2004年，Miyauchi等以FeCo[109]为催化剂，也制备得到了（6，5）和（7，5）手性富集的单壁碳纳米管；

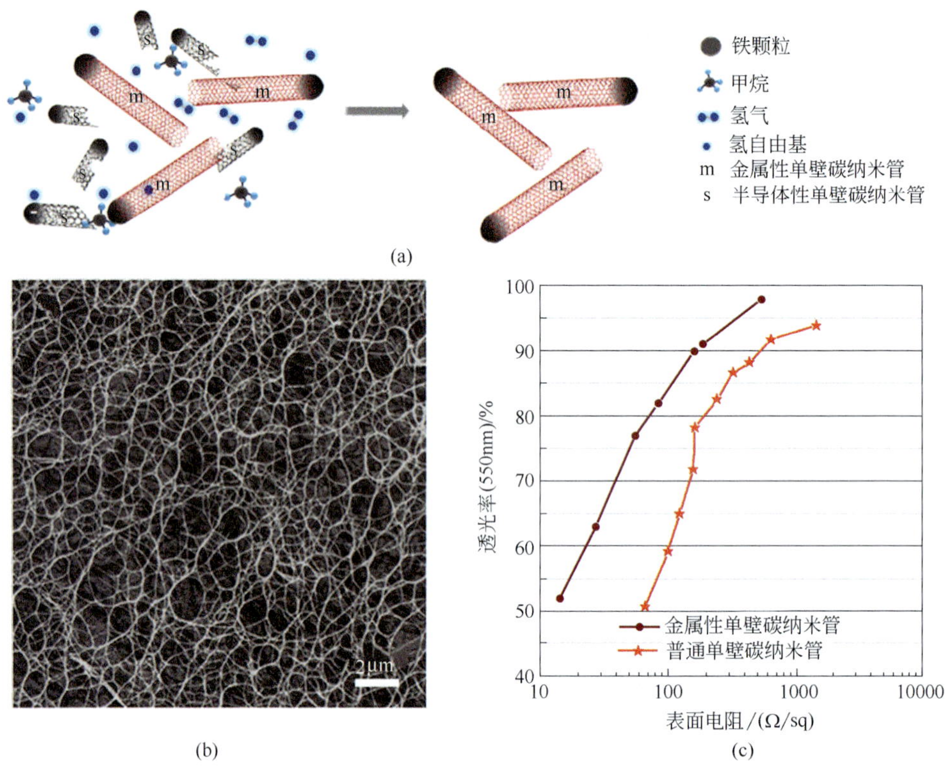

图3.24 （a）利用直径依赖的反应活性选择性制备金属性单壁碳纳米管的示意图；（b）基于金属性单壁碳纳米管柔性透明导电膜的扫描电镜照片；（c）透光率与表面电阻关系曲线[107]

2007年，H.J. Dai研究组以FeRu[110]为催化剂，在600℃获得了（6, 5）手性富集的单壁碳纳米管；2009年，Chiang研究组制备了化学成分不同的Fe_xNi_{1-x}双金属催化剂，发现催化剂的化学成分影响SWCNT的手性[111,112]；2012年成会明研究组以CoPt合金催化剂实现了高温下高质量（6, 5）型碳纳米管的选择生长[113]。

手性可控生长的另一条研究思路是“克隆（cloning）生长”，即利用碳纳米管自身作为“模板”进行再次生长，以期手性保持不变[114]。2009年，张锦研究组利用氧等离子体短切的碳纳米管作为“种籽”，首次实现了“克隆生长”（图3.25）[115]。拉曼光谱和原子力显微镜表征证实新生长出来单壁碳纳米管的手性和原单壁碳纳米管的手性完全相同。但其生长效率较低、碳纳米管长度较短（微米级），在SiO_2/Si基底上单壁碳纳米管“克隆”生长的效率约为9%，在石英基底上其“克隆”效率可提高到约40%。随后，C.W. Zhou研究组[116]利用液相分离法得到的（7,

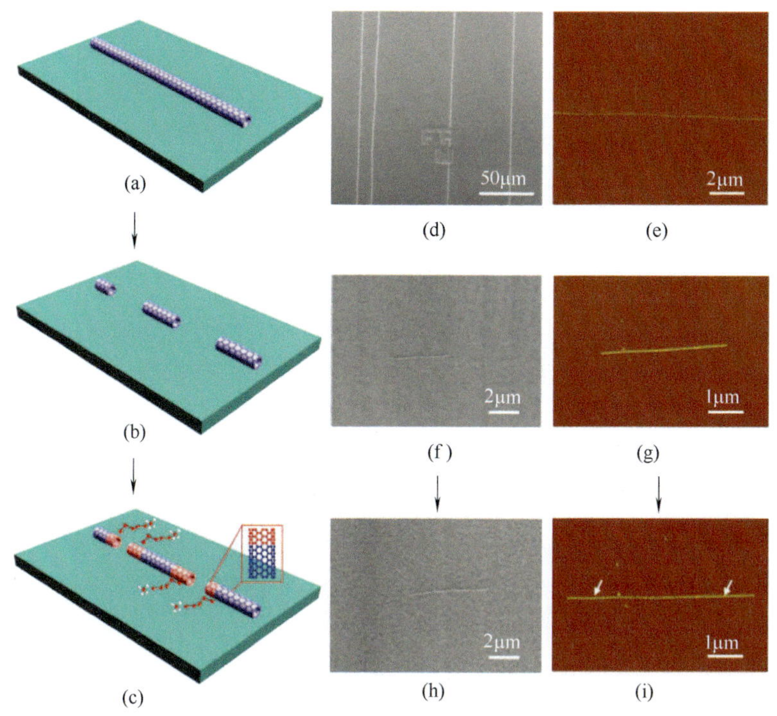

图3.25 单壁碳纳米管短切，以其片段为母体“克隆”生长全同手性的单壁碳纳米管[115]

（a）~（c）示意图；（d）、（f）、（h）扫描电镜图；（e）、（g）、（i）原子力显微镜照片

6）、（6, 5）和（7, 7）作为“种籽”，气相外延生长碳纳米管，进一步提升了“克隆生长”的效率。

“晶格匹配择优生长”被理论预测是一种手性可控制备方法[117]。2014年，李彦课题组首次从实验上证实了该方法的可行性[118]。他们以含钨和其他过渡金属元素的团簇分子为起始材料，在相对温和的条件下制备了高熔点钨基合金纳米晶颗粒。以乙醇为碳源、W_6Co_7为催化剂，1030℃、沿催化剂的（0012）晶面外延生长制备出含量高于92%的（12, 6）型碳纳米管。利用具有不同组成和结构的钨基合金为催化剂，他们还实现了（16, 0）、（14, 4）等碳纳米管的可控生长[119]。高分辨电镜对催化剂-碳纳米管界面结构的研究以及密度泛函理论模拟表明，催化剂与单壁碳纳米管管端结构的匹配是实现手性选择性生长的关键因素［图 3.26（a）］。同时，Sanchez-Valencia等以$C_{96}H_{54}$为碳帽前驱体，通过Pt的（111）晶面催化脱氢环化反应形成（6, 6）型手性碳纳米管帽，进一步加长生长成长几百纳

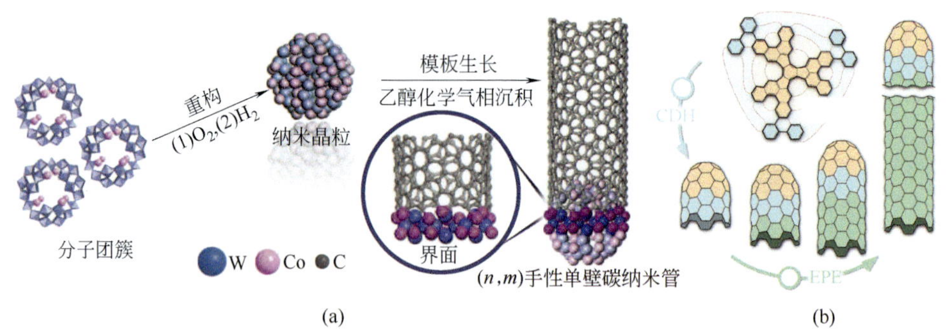

图 3.26 （a）以高熔点钨基合金纳米晶为催化剂，“晶格匹配”择优生长单一手性的单壁碳纳米管示意图[118]；（b）以 $C_{96}H_{54}$ 为碳帽前驱体，通过脱氢环化反应生长单一手性单壁碳纳米管示意图[120]

CDH—脱氢环化反应；EPE—外延生长

米的（6, 6）型手性碳纳米管［图 3.26（b）］[120]。

尽管近期手性控制生长取得了突破性进展，但仍面临诸多问题，包括：生长机制还有待深入研究和阐释；手性控制多集中在小直径区间；手性表征技术的可靠性和准确性还需进一步完善；质量和产量难以同步提高等。因此，单壁碳纳米管可控制备尤其是手性控制制备依旧是碳纳米管研究领域的重大难题。

3.3 碳纳米管的生长机理

理解碳纳米管的生长机理是实现其可控生长的必要前提。然而由于碳纳米管的纳米尺寸，生长所需的高温、载气、碳源等均处于非平衡条件，及碳纳米管极快的生长速度（μm/s）等客观条件限制，使得碳纳米管的生长机理研究进展缓慢。

3.3.1 研究方法

研究碳纳米管生长机制的方法主要包括理论计算和透射电镜表征（包括原

位）。理论计算主要采用经典的、半实验的和分子动力学模拟等方法来阐述其生长过程[121~125]。这些研究的重点是试图找到决定单壁碳纳米管开口生长的动力学因素以及决定其区域能量相对稳定性的原因，其中包括网格中的五元、六元、七元环。Ding等[126,127]利用分子动力学研究了催化剂对碳纳米管形核的作用机制，因碳的溶解饱和程度划分为三个阶段，然而温度能够严重影响第二个阶段——碳帽形成阶段，过低的温度不足以提供可供碳层抬起的能量，而温度过高将产生更多的碳堆积缺陷，因此只有合适的温度才有利于催化生长碳纳米管。Bichara等利用紧束缚模型研究了碳在催化剂颗粒内的溶解度对单壁碳纳米管成核、生长的影响。研究结果表明碳在催化剂颗粒内的吸附依赖于催化剂的尺寸、物理状态、晶型等。例如，碳在面心立方金属纳米颗粒上的吸附较在二十面体上更容易[128~131]。Robertson等[117,132]首次提出“晶格匹配”可控生长特定手性单壁碳纳米管概念。Bhethanabotla等报道了单壁碳纳米管从Ni_xFe_{1-x}、Ni_xCu_{1-x}双金属催化剂上外延生长的模型，与其实验结果相吻合[133,134]。Ding也提出了不同手性角的碳纳米管生长速率不同的模型，可以解释目前大多可控制备的碳纳米管均是大手性角这一现象[135]。

碳纳米管生长机制研究的另一种方法是利用透射电镜，主要通过对大量催化剂的状态和结构进行检测，然后推测其可能的反应过程[136~138]。例如，Li利用透射电镜研究了单壁碳纳米管的直径与其顶端的催化剂颗粒尺寸的关系，发现两者尺寸相当；进而提出通过改变催化剂大小可实现碳纳米管直径的调控[136]。Fiawoo等[137]通过透射电镜观察到在同一生长条件下，铁催化剂生长碳纳米管存在两种模式，即垂直形核模式和切向形核模式。

随着科学技术的发展，原位/环境透射电镜技术日趋成熟，该技术具有高的时间和空间分辨率，能够实时记录单个催化剂与碳纳米管的微观结构（甚至达到原子级别）随外界参数变化的情况，因此是研究碳纳米管生长机制的有效手段。利用该方法可以更加直观地研究纳米尺度催化剂在碳纳米管形核和生长过程中的物理/化学状态及演变过程、碳源的扩散方式、催化剂与碳纳米管结构的对应关系等[140~145]。例如，Helveg等[140]利用环境透射电镜对Ni颗粒催化生长碳纳米管进行实时观察，发现Ni催化剂颗粒保持单晶状态，但形状不断变化；碳帽是从颗粒表面的台阶位析出的，而碳源的供给是远离碳层-催化剂方向的。Yoshida等[141]利用原位TEM研究了铁颗粒催化生长单壁碳纳米管的过程。发现在整个生长过程中，催化剂和碳帽均不断波动，且催化剂的成分为Fe_3C。成会明研究组[142]发现Fe催化剂在碳纳米管生长过程由于溶解了大量的碳而转变为Fe_3C，析出碳层之后又转变为Fe相。He等[139]利用原位环境电镜研究Co纳米颗粒从氧化镁表面的外延

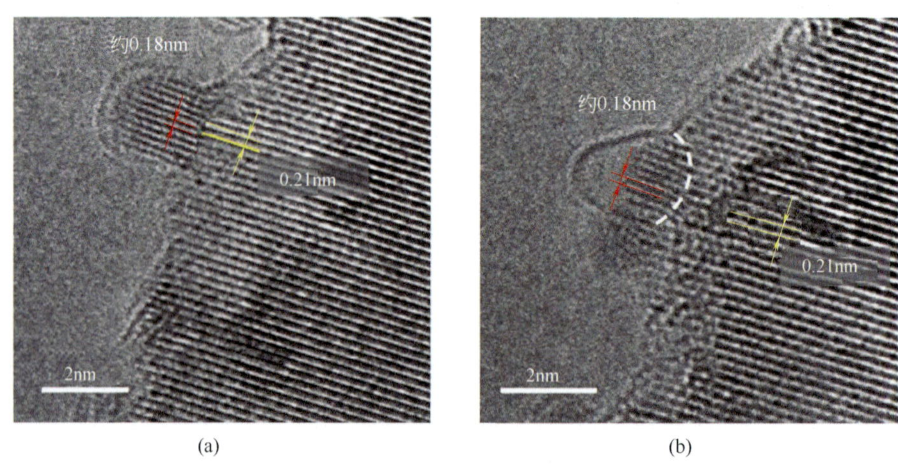

(a) (b)

图3.27 环境透射电镜下原位观察到的碳纳米管在Co纳米颗粒形核的过程[139]

形成过程，观察到从Co纳米颗粒生长出的碳纳米管初始帽子结构（图3.27）。该结果被用来辅助证实催化剂与基底强的结合力对碳纳米管的可控生长具有重要作用。

综上所述，原位/环境透射电镜能够直观观察碳纳米管在催化剂上形核、生长过程，是揭示碳纳米管生长机制的重要手段。然而由于碳纳米管的纳米尺寸及极快的生长速率，在透射电镜下研究单壁碳纳米管与催化剂的结构对应关系仍是一项非常艰难的工作，尤其对碳纳米管手性及催化剂结构的同步表征更加困难；另外，环境电镜所要求的高真空状态与碳纳米管实际生长的气氛环境相差较大，环境电镜下观察到的成核、生长过程有可能与实际生长过程不符。因此，下步需要选择合适的催化剂体系并建立合理的原位实验研究方法与平台。

3.3.2 生长机制

3.3.2.1 气-液-固生长机制

一般认为，碳纳米管的生长遵循气-液-固（vapor-liquid-solid, VLS）机制。

该机理是1964年Wagner等提出的，用于解释硅晶须的生长[146]。Baker等最早将VLS生长机理引入碳材料领域[147]，他们系统研究了铁族过渡金属催化生长碳纤维（filamentous carbon）的机制，发现碳纤维的生长也符合VLS机理。对于化学气相沉积法生长碳纳米管，VLS生长过程一般描述为：含碳前驱体（如烃类、苯类、CO、醇类等）吸附在金属催化剂纳米颗粒表面；这些含碳物质在碳纳米管生长的高温体系中被催化分解或自分解为高活性的碳片段（C_2、C_3等）；产生的碳原子或活性炭物种扩散进入金属纳米颗粒内部；当碳在纳米金属颗粒内的浓度逐渐增大并且饱和或当温度降低（温度降低导致碳在金属中的饱和溶解度下降）时，碳原子从金属纳米颗粒内部析出并在金属催化剂的辅助下形成固态碳帽，进而生长出管状结构[148]。在上述过程中，当碳融入金属催化剂以后，会形成共晶相[142]，而这些金属共晶相的熔点往往比相应的纯金属要低。另外，材料颗粒尺寸变小会导致其熔点下降[149]。基于以上两个因素，早期的研究人员普遍认为过渡金属催化剂在生长碳纳米管时处于液态或准液态，故遵循VLS生长机理［图3.28（a）］。这里的“气”是指气态或气化的含碳物质，“液”是指催化剂在生长碳纳米管时的物理状态，而“固”是指产物碳纳米结构的物理状态。

3.3.2.2
气－固－固生长机制

近年来随着环境透射电子显微镜的发展，人们可以在生长碳纳米管的过程中原位、实时地观察催化剂的晶体结构、化学成分、尺寸及形貌等的变化[141,151~153]。原位观察结果表明，碳纳米管生长时催化剂不一定处于液体状态。在低温生长体系中，金属催化剂纳米颗粒生长碳纳米管时依然具有清晰的晶格，表明其保持晶体结构[141,153]。近年来，人们发现高熔点的非金属纳米颗粒也具有催化生长碳纳米管的活性。已发现具有催化生长碳纳米管活性的高熔点非金属催化剂可大致分为两类：①碳的同素异构体，包括金刚石[154,155]、富勒烯[156]、短切的碳纳米管[115,116]等；②半导体单质Ge、Si[157]或者其化合物[158~162]，包括SiC、SiO_2、BN等。这些催化剂在碳纳米管生长过程能够保持固态且不经历碳的溶解析出过程，即利用传统的VLS机制已经无法解释。中国科学院金属研究所成会明研究组在实现非金属催化生长单壁碳纳米管的基础上[160,161]，采用实验研究和理论计算相结合的方法开展了非金属纳米颗粒的催化生长机制研究[150]。实验方面，首先在阳极氧化铝模板法制备的碳纳米管中化学气相沉积填充氧化硅纳米粒子，再利用TEM-STM样品台在透射电镜下原位对填充氧化硅的碳纳米管两端施加偏压，产生的焦耳热使碳纳米管局部温度达到约1000℃，结晶度较差的阳极氧化铝模板法制备的碳纳米管及电子辐照导致的碳原子注入效应可为碳纳米管的生长提供碳源，从而具备了碳纳米管生长所需的催化剂、温度和碳源等基本条件。在透射电镜下原位观察到单壁碳纳米管从氧化硅颗粒生长的过程［图3.28（c）～（e）］，结果表明：在碳纳米管生长过程中催化剂颗粒保持为固态和无定形结构，碳源通过表面扩散供给，小尺寸（＜5nm）催化剂颗粒更易于生长单壁碳纳米管。据此，提出了Au颗粒催化生长碳纳米管的气-固-固生长机制［图3.28（b）］[150,163]。与VLS机制相比，气-固-固生长机制在单壁碳纳米管结构可控生长方面更具优势，然而由于催化剂催

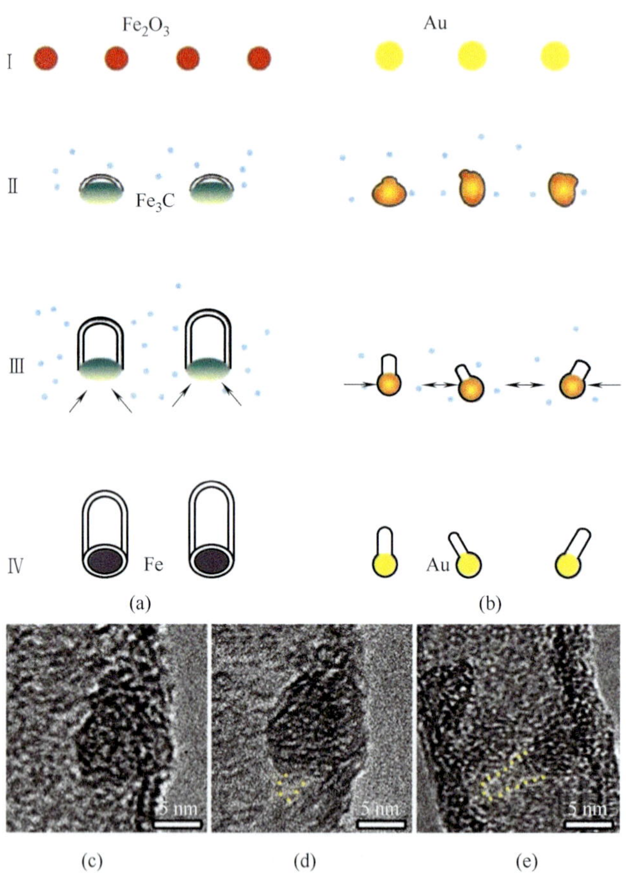

图3.28 （a）Fe_2O_3颗粒催化生长碳纳米管的VLS过程；（b）Au颗粒催化生长碳纳米管的气-固-固过程[142]；（c）～（e）氧化硅颗粒原位生长单壁碳纳米管的透射电镜照片[150]

化裂解碳源的效率较低，因而碳纳米管的生长速度较慢、产率较低。如何设计和控制高温结构稳定、结构可控、催化效率高的纳米颗粒是突破单壁碳纳米管手性可控生长瓶颈的关键。

3.4
碳纳米管的纯化技术

碳纳米管通常采用电弧放电法、激光蒸发法、化学气相沉积法等制备，然而所制得的产物中除碳纳米管外，还含有无定形碳、碳纳米颗粒、富勒烯以及一定数量的催化剂颗粒杂质。这些杂质的存在影响碳纳米管的性能及应用，因此碳纳米管的纯化研究受到了高度重视[164,165]。

到目前为止，已提出了多种碳纳米管的纯化方法，这些方法大致可分为物理法、化学法和综合法[166]。物理法主要是根据碳纳米管与杂质物理性质的不同而将其相互分离。化学法则是利用碳纳米管和碳纳米颗粒、无定形碳等杂质的氧化速率不同，通过化学反应除去杂质。综合法即为综合物理法和化学法的优势进行提纯的方法。

3.4.1
物理法

（1）分子体积排除色谱法

分子体积排除色谱法（size exclusion chromatography, SEC）也称凝胶渗透色谱法。与其他液相色谱法不同，它是基于试样分子的尺度和形状的不同来实现分离。凝胶色谱的填充剂是凝胶，它是一种表面惰性、含有许多不同尺寸孔隙或立体网状结构的物质。所选凝胶的孔大小应与被分离试样的大小相当。对于那些太大的分子（如碳纳米管），由于不能进入孔隙而被排斥，故随流动相移动而最先流出。小分子则完全相反，它能深入到孔隙中而完全不受排斥，最后流出。中等大小的分子则可渗入较大的孔隙中，但会受到较小孔隙的排斥，所以在介于上述两种情况之间流出。由于无定形碳等杂质的尺寸在小分子和中等大小的分子范围之内，故该法可有效地将碳纳米管提纯。G.S. Duesberg等[167]将多壁碳纳米管或单壁碳纳米管浸入1%（质量分数）十二烷基磺酸钠（阳离子表面活性剂，可使悬浮液稳定存在以利于离心沉淀和微过滤）的水溶液中，将所得胶态分散液稳定几天后，直接进行色谱分离。但此法的缺点是提纯产物的纯度不够高。

（2）过滤法

过滤法是基于单壁碳纳米管与碳纳米颗粒、金属催化剂颗粒、多环芳烃、富勒烯球等杂质的几何尺寸、长径比、可溶性等差异进行分离纯化。例如，富勒烯和多环芳烃在CS_2或甲苯等溶液中是可溶的，可以随溶液一同滤除。颗粒尺寸小于滤膜孔径的也会被直接除去。Bonard等利用该方法对单壁碳纳米管进行提纯[168]，然而由于碳纳米管和大颗粒沉积在滤膜上，使得提纯的效率和产率都较低。其后，Shelimov等采用超声辅助过滤[169]，Bandow等采用一定压力下微过滤和过滤法相结合等手段进行提纯[170]。

（3）离心法

离心法是借助于离心力，使密度不同的物质进行分离的方法。由于离心机可产生相当高的角速度，使离心力远大于重力，于是溶液中的悬浮物便易于沉淀析出；由于无定形碳、碳纳米颗粒、碳纳米管的密度不同所受到的离心力不同，因而沉降速度不同，进而达到分离的目的［图3.29（a）］。Haddon研究组采用离心分离法对单壁碳纳米管进行分离[171,172]，发现较低的离心速度（2000*g*）可以分离出无定形碳杂质，高的离心速度（20000*g*）可以分离出碳纳米粒子杂质［图3.29（b）、（c）］。

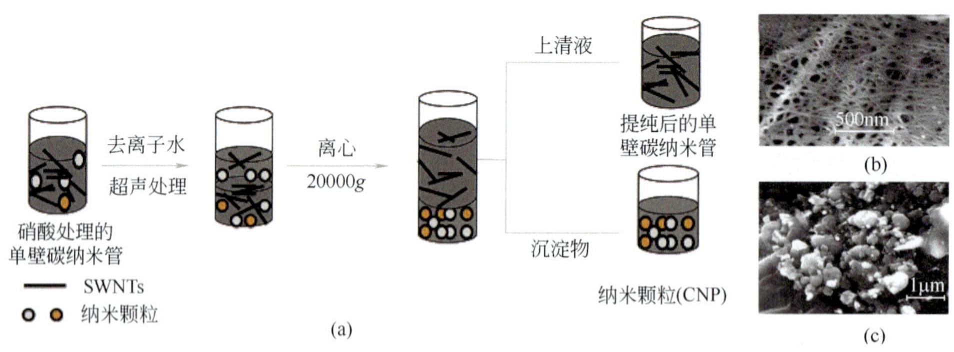

图3.29 （a）离心法提纯单壁碳纳米管示意图及提纯后（b）单壁碳纳米管和（c）碳纳米颗粒的扫描电镜照片[171]

3.4.2
化学法

化学法提纯碳纳米管的原理是基于碳纳米管与催化剂粒子、无定形碳等杂质的化学性质存在差异，通过选用气相刻蚀剂或液相氧化剂选择性去除无定形碳、催化剂等杂质。例如，无定形碳由于带有较多的悬挂键、化学缺陷等而具有较高的化学反应活性；碳纳米颗粒由于具有较多的五元环、七元环及曲率所导致的C—C键变弱，而具有较高的反应活性；金属纳米颗粒极易溶于酸性溶液中。根据选用的氧化剂不同，化学提纯方法可分为气相氧化法、液相氧化法、电化学氧化法等。

（1）气相氧化法

气相氧化法是在一定温度下（225 ～ 760℃）通入氧化性气体选择性氧化去除无定形碳等杂质。通常用的氧化性气体包括空气[165,173]，水蒸气[174]，Cl_2、H_2O和HCl的混合气体[175]，Ar、O_2、H_2O的混合气体[176~178]，O_2、SF_6、$C_2H_2F_4$的混合气体[179]，H_2S和O_2的混合气体[180]等。

空气是最简单、常用的氧化性气体。Ebbesen等[165,173]采用热失重分析测定了电弧法制备的多壁碳纳米管原始样品，发现其中的富勒烯和无定形碳可在空气中被氧化，分别在693K和858K出现最大失重，而多壁碳纳米管在高于963K左右才快速失重，说明其碳结构更抗氧化，在杂质被氧化的同时还可除去带缺陷的多壁碳纳米管。为此，他们在空气中750℃下氧化多壁碳纳米管样品30min，虽然得到了纯净的碳纳米管样品，但由于氧化温度过高，提纯产率仅有1% ～ 3%（质量分数）。为提高提纯产率，Park等[181]通过旋转装有样品的石英管，以使样品在氧化过程中能够与空气均匀接触，改进后碳纳米管的提纯效率提高到35%（质量分数）。也有许多研究者采用插层法提高碳纳米管与石墨颗粒的氧化温差，再进行空气中氧化[182~184]。通常采用的插层剂是溴，插层处理后可以把碳纳米管的提纯产率从10%（质量分数）提高到20%（质量分数）。上述方法只适用于多壁碳纳米管（尤其是电弧法制备的无金属催化剂的多壁碳纳米管），由于单壁碳纳米管的生长需要金属催化剂，早期研究者发现利用上述方法提纯单壁碳纳米管时产率非常低。

Zimmerman等[175]首次报道选用Cl_2、H_2O和HCl的混合气体可以在去除碳杂质的同时保护单壁碳纳米管，提纯产率达到15%(质量分数)，纯度为90%。其后，Jeong等[180]报道选用H_2S和O_2的混合气体为刻蚀剂，可以将碳纳米管的提纯产率提高到20% ～ 50%（质量分数），纯度达到95%。Chiang等[176,177]阐明了金属催化剂在单壁碳纳米管氧化过程中所起的作用，即金属催化剂可以催化碳在空气中的氧化，使单壁碳纳米管的抗氧化性降低。基于此，他们提出多步氧化法，即低温225℃氧化→盐酸处理去除金属催化剂→325℃氧化→盐酸处理→425℃氧化→盐酸处理。最终得到了纯度为99.9%的碳纳米管，产率为30%（质量分数）。他们的研究结果相继被其他研究者证实并改进和发展[178,179]。

（2）液相氧化法

液相氧化法与气相氧化的原理相同，也是利用碳纳米管比无定形碳、超细石墨粒子、碳纳米球等杂质的拓扑类缺陷（五元环、七元环）少这一差异，来达到提纯的目的。液相氧化法的反应条件较温和、易于控制。目前主要的氧化剂有：高锰酸钾溶液[185,186]，硝酸溶液[187~189]，过氧化氢溶液或过氧化氢与盐酸的混合溶液[190~192]，硫酸、硝酸、高锰酸钾、氢氧化钠的混合溶液等[185,193~195]。

硝酸是一种温和的氧化剂，且无毒、廉价，因而被广泛采用。Dujardin[187]等采用硝酸一步提纯了激光蒸发法制备的单壁碳纳米管。具体为先将单壁碳纳米管超声分散在浓硝酸溶液中，再在磁力搅拌下、120 ～ 130℃ 回流处理4h，最终得到了仅有1%（质量分数）金属催化剂杂质、产率为30% ～ 50%（质量分数）的单壁碳纳米管样品。其后，Rinzler[188]发展了中空纤维横流过滤法提高提纯碳纳米管的收集和提纯效率。Hu等[189]则系统研究了硝酸浓度、处理时间等对单壁碳纳米管提纯产率和纯度的影响关系，发现3mol/L硝酸处理12h或7mol/L硝酸处理6h的提纯效率最高。

过氧化氢也是一种非常温和的刻蚀剂，但与硝酸相比其不能溶解金属催化剂颗粒，因而通常与盐酸配合使用进行单壁碳纳米管的提纯[190,191]。在提纯过程中，研究者发现金属催化剂尺寸会影响无定形碳的氧化程度。Wang等[192]通过设计实验对这一现象进行了诠释。他们发现Fe作为催化剂通过芬顿反应使过氧化氢产生了比自身氧化性更强的羟基自由基，羟基自由基直接刻蚀无定形碳等杂质（图3.30）。后来，研究者们又发展了微波辅助加热法高效去除催化剂的提纯方法[196,197]，其原理是HNO_3、HCl和H_2SO_4等无机酸可以快速吸收微波能量，进而在不破坏碳纳米管结构之前将金属催化剂去除。

为高效去除碳质副产物杂质，研究者们也同时采用了强氧化性酸对碳纳米管进行提纯。例如，Liu和Li等研究组[193~195]分别采用H_2SO_4和HNO_3（体积比3∶1）的混合溶液对碳纳米管进行提纯，在优化的条件下（120℃回流处理2h），可获得纯度达98%、产率为40%的单壁碳纳米管。Colomer等[186]在80℃、高锰酸钾溶液

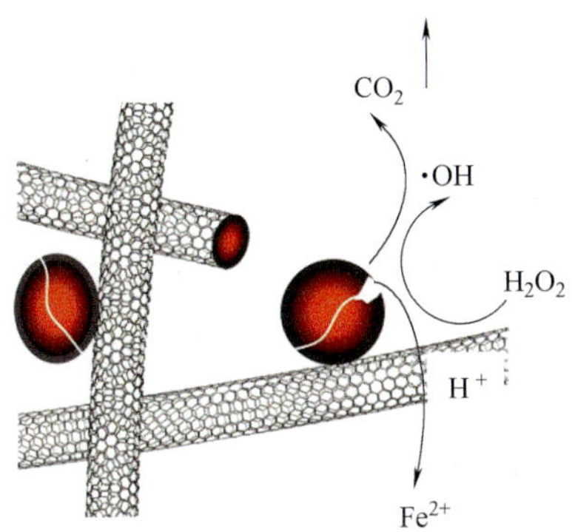

图3.30 碳包覆的铁颗粒催化过氧化氢产生羟基自由基刻蚀碳层示意图[192]

中回流处理多壁碳纳米管样品，发现在牺牲60%碳质样品前提下可完全去除无定形碳等杂质。Zhang等在高锰酸钾溶液中加入一定量的碱性溶液，虽然可减弱对碳纳米管的氧化，但仍会引入官能团等缺陷[185]。

（3）电化学氧化法

电化学氧化法也是基于碳纳米管与无定形碳、碳纳米颗粒的结构差异所导致的化学稳定性差别进行提纯。由于碳纳米管的悬挂键极少，故反应活性较低，电极表面上自由电子的数量也相应较低，进而产生较大的电化学阳极极化，使水的分解电压升高。因此通过控制一定的电解反应条件，可除去无定形碳和碳纳米粒子而剩下碳纳米管[198]。成会明研究组[199]采用电化学氧化法、在KOH溶液中处理电弧法生长的单壁碳纳米管。发现经过几个循环伏安氧化过程后，无定形碳可有效被去除；此时包裹在无定形碳里面的金属催化剂颗粒暴露出来，通过后期盐酸处理可将其去除。Ye等[200]采用在酸性溶液中电化学氧化处理碳纳米管，实现了无定形碳和金属颗粒的同时去除。

3.4.3 综合法

如上所述，物理法可有效去除孤立的碳纳米颗粒、石墨片等杂质，但提纯效率低、产率低；化学法可有效去除高活性的无定形碳、易溶于酸中的金属颗粒等杂质，但很难去除高稳定性的石墨颗粒。为此，很多研究者结合物理法和化学法的优势，发展了许多综合提纯方法。主要有以下几种：水煮辅助化学提纯法[164,201]、超声辅助化学提纯法[202~204]、微过滤辅助化学提纯法[205,206]等。

值得一提的是，以上多步提纯方法大多是针对电弧法或激光蒸发法制备的碳纳米管样品，在这些样品中碳质杂质的结晶性较高，即碳纳米管与碳质杂质的氧化温度差异较小，所以提纯难度较大，需要综合使用多种方法进行提纯。近几年来，随着可控制备技术的发展，化学气相沉积法由于其可控性好、产量高、易于操作、成本低等优势而逐渐成为主流制备方法。而且，通过生长条件优化，化学气相沉积法所制备的碳纳米管纯度已经达到90%（质量分数）以上。化学气相沉积法的另一个优势就是碳纳米管与碳质杂质的氧化温度差别较大，因而通过长时间低温氧化及盐酸溶液处理即可完全去除无定形碳、金属颗粒等杂质。

参考文献

[1] Bethune D, Klang C, De Vries M, et al. Nature, 1993, 363(6430): 605-607.

[2] Ebbesen T W, Ajayan P M. Nature, 1992, 358(6383): 220-222.

[3] Iijima S. Nature, 1991, 354(6348): 56-58.

[4] Iijima S. Mater Sci Eng B, 1993, 19(1-2): 172-180.

[5] Ishigami M, Cumings J, Zettl A, et al. Chem Phys Lett, 2000, 319(5-6): 457-459.

[6] Liu C, Cong H T, Li F, et al. Carbon, 1999, 37(11): 1865-1868.

[7] Guo T, Nikolaev P, Rinzler A G, et al. J Phys Chem, 1995, 99(27): 10694-10697.

[8] Guo T, Nikolaev P, Thess A, et al. Chem Phys Lett, 1995, 243(1): 49-54.

[9] Liu J, Dai H J, Hafner J H, et al. Nature, 1997, 385(6619): 780-781.

[10] Thess A, Lee R, Nikolaev P, et al. Science, 1996, 273(5274): 483-487.

[11] Yudasaka M, Komatsu T, Ichihashi T, et al. Chem Phys Lett, 1997, 278(1-3): 102-106.

[12] Birkett P R, Cheetham A J, Eggen B R, et al. Chem Phys Lett, 1997, 281(1-3): 111-114.

[13] Cheng H M, Li F, Su G, et al. Appl Phys Lett, 1998, 72(25): 3282-3284.

[14] Rodriguez N M, Kim M S, Baker R T K. J Phys Chem, 1994, 98(50): 13108-13111.

[15] Zhou W, Han Z, Wang J, et al. Nano Lett, 2006, 6(12): 2987-2990.

[16] Zhao Y C, Liu Z, Chu W G, et al. Adv Mater, 2008, 20(9): 1772-1776.

[17] Ma W, Song L, Yang R, et al. Nano Lett, 2007, 7(8): 2307-2311.

[18] 刘畅，成会明. 新型炭材料，2001, 16(1): 67-71.

[19] Liu C, Cheng H M, Cong H T, et al. Adv Mater, 2000, 12(16): 1190-1192.

[20] Guo T, Nikolaev P, Thess A, et al. Chem Phys Lett, 1995, 243(1-2): 49-54.

[21] Dal H J, Rinzler A G, Nikolaev P, et al. Chem Phys Lett, 1996, 260(3-4): 471-475.

[22] Hsu W K, Terrones M, Hare J P, et al. Chem Phys Lett, 1996, 262(1-2): 161-166.

[23] Journet C, Bernier P. Appl Phys A, 1998, 67(1): 1-9.

[24] Qin L C, Zhou D, Krauss A R, et al. Appl Phys Lett, 1998, 72(26): 3437-3439.

[25] Huang J Y, Yasuda H, Mori H. Chem Phys Lett,

1999, 303(1-2): 130-134.
[26] Vander Wal R L, Ticich T M, Curtis V E. Chem Phys Lett, 2000, 323(3-4): 217-223.
[27] Lu Y, Zhu Z P, Wu W Z, et al. Chem Commun, 2002 (22): 2740-2741.
[28] Kratschmer W, Lamb L D, Fostiropoulos K, et al. Nature, 1990, 347(6291): 354-358.
[29] Iijima S, Ichihashi T. Nature, 1993, 363(6430): 603-605.
[30] Journet C, Maser W K, Bernier P, et al. Nature, 1997, 388(6644): 756-758.
[31] 刘畅. 单壁碳纳米管的氢电弧法大量制备及其性能研究[D]. 沈阳: 中国科学院金属研究所, 2000.
[32] Li LX, Li F, Liu C, et al. Carbon, 2005, 43(3): 623-629.
[33] Hutchison J L, Kiselev N A, Krinichnaya E P, et al. Carbon, 2001, 39(5): 761-770.
[34] Saito Y, Tani Y, Kasuya A. J Phys Chem B, 2000, 104(11): 2495-2499.
[35] Ismach A, Segev L, Wachtel E, et al. Angew Chem Int Ed Engl, 2004, 43(45): 6140-6143.
[36] Han S, Liu X, Zhou C. J Am Chem Soc, 2005, 127(15): 5294-5295.
[37] Kocabas C, Hur S H, Gaur A, et al. Small, 2005, 1(11): 1110-1116.
[38] Ismach A, Kantorovich D, Joselevich E. J Am Chem Soc, 2005, 127(33): 11554-11555.
[39] Ago H, Nakamura K, Ikeda K, et al. Chem Phys Lett, 2005, 408(4-6): 433-438.
[40] Ding L, Yuan D, Liu J. J Am Chem Soc, 2008, 130(16): 5428-5429.
[41] Zhang Y G, Chang A L, Cao J, et al. Appl Phys Lett, 2001, 79(19): 3155-3157.
[42] Joselevich E, Lieber C M. Nano Lett, 2002, 2(10): 1137-1141.
[43] Ural A, Li Y M, Dai H J. Appl Phys Lett, 2002, 81(18): 3464-3466.
[44] Zheng L X, O'connell M J, Doorn S K, et al. Nat Mater, 2004, 3(10): 673-676.
[45] Huang S, Cai X, Liu J. J Am Chem Soc, 2003, 125(19): 5636-5637.
[46] Huang L M, Jia Z, O'brien S. J Mater Chem, 2007, 17(37): 3863-3874.
[47] Kong J, Soh H T, Cassell A M, et al. Nature, 1998, 395(6705): 878-881.
[48] Cassell A M, Franklin N R, Tombler T W, et al. J Am Chem Soc, 1999, 121(34): 7975-7976.
[49] Franklin N R, Dai H J. Adv Mater, 2000, 12(12): 890-894.
[50] Huang S M, Cai X Y, Du C S, et al. J Phys Chem B, 2003, 107(48): 13251-13254.
[51] Yao Y, Li Q, Zhang J, et al. Nat Mater, 2007, 6(4): 283-286.
[52] Hayamizu Y, Yamada T, Mizuno K, et al. Nat Nanotechnol, 2008, 3(5): 289-294.
[53] Zhang R, Zhang Y, Zhang Q, et al. ACS Nano, 2013, 7(7): 6156-6161.
[54] Kitiyanan B, Alvarez W E, Harwell J H, et al. Chem Phys Lett, 2000, 317(3-5): 497-503.
[55] Zhao M Q, Zhang Q, Huang J Q, et al. Carbon, 2010, 48(11): 3260-3270.
[56] Cheng H M, Li F, Sun X, et al. Chem Phys Lett, 1998, 289(5-6): 602-610.
[57] Ren W C, Li F, Chen JA, et al. Chem Phys Lett, 2002, 359(3-4): 196-202.
[58] Wang Y, Wei F, Luo G H, et al. Chem Phys Lett, 2002, 364(5-6): 568-572.
[59] Liu Q, Ren W, Wang D W, et al. ACS Nano, 2009, 3(3): 707-713.
[60] Li Y L, Yu Y D, Liang Y. J Mater Res, 1997, 12(7): 1678-1680.
[61] Li W Z, Xie S S, Qian L X, et al. Science, 1996, 274(5293): 1701-1703.
[62] Vander Wal R L, Ticich T M, Curtis V E. Chem Phys Lett, 2000, 323(3): 217-223.
[63] Chen Y, Fitz Gerald J D, Chadderton L T, et al. Appl Phys Lett, 1999, 74(19): 2782-2784.
[64] Wong E W, Sheehan P E, Lieber C M. Science, 1997, 277(5334): 1971-1975.
[65] Kim P, Lieber C M. Science, 1999, 286(5447): 2148-2150.
[66] de Heer W A, Chatelain A, Ugarte D. Science, 1995, 270(5239): 1179-1180.
[67] Fonseca A, Hernadi K, Piedigrosso P, et al. Appl Phys A, 1998, 67(1): 11-22.

[68] Ren Z F, Huang Z P, Xu J W, et al. Science, 1998, 282(5391): 1105-1107.

[69] Fan S S, Chapline M G, Franklin N R, et al. Science, 1999, 283(5401): 512-514.

[70] Pan Z W, Xie S S, Lu L, et al. Appl Phys Lett, 1999, 74(21): 3152-3154.

[71] Wei B Q, Vajtai R, Jung Y, et al. Nature, 2002, 416(6880): 495-496.

[72] Murakami Y, Chiashi S, Miyauchi Y, et al. Chem Phys Lett, 2004, 385(3-4): 298-303.

[73] Hata K, Futaba D N, Mizuno K, et al. Science, 2004, 306(5700): 1362-1364.

[74] Nikolaev P, Bronikowski M J, Bradley R K, et al. Chem Phys Lett, 1999, 313(1-2): 91-97.

[75] Dai H J, Kong J, Zhou C W, et al. J Phys Chem B, 1999, 103(51): 11246-11255.

[76] Dai H. Acc Chem Res, 2002, 35(12): 1035-1044.

[77] Ago H, Imamoto K, Ishigami N, et al. Appl Phys Lett, 2007, 90(12): 123112

[78] Zhou W, Ding L, Yang S, et al. ACS Nano, 2011, 5(5): 3849-3857.

[79] Hong S W, Banks T, Rogers J A. Adv Mater, 2010, 22(16): 1826-1830.

[80] Hu Y, Kang L, Zhao Q, et al. Nat Commun, 2015, 6: 6099.

[81] Kang L X, Hu Y, Zhong H, et al. Nano Research, 2015, 8(11): 3694-3703.

[82] Wang X, Li Q, Xie J, et al. Nano Lett, 2009, 9(9): 3137-3141.

[83] Wen Q, Zhang R F, Qian W Z, et al. Chem Mater, 2010, 22(4): 1294-1296.

[84] Zhu H W, Xu C L, Wu D H, et al. Science, 2002, 296(5569): 884-886.

[85] Li Y L, Kinloch I A, Windle A H. Science, 2004, 304(5668): 276-278.

[86] Koziol K, Vilatela J, Moisala A, et al. Science, 2007, 318(5858): 1892-1895.

[87] Zhong X H, Li Y L, Liu Y K, et al. Adv Mater, 2010, 22(6): 692-696.

[88] Jiang K, Li Q, Fan S. Nature, 2002, 419(6909): 801.

[89] Zhang M, Atkinson K R, Baughman R H. Science, 2004, 306(5700): 1358-1361.

[90] Jiang K, Wang J, Li Q, et al. Adv Mater, 2011, 23(9): 1154-1161.

[91] Saito R, Fujita M, Dresselhaus G, et al. Appl Phys Lett, 1992, 60(18): 2204-2206.

[92] Avouris P, Chen Z, Perebeinos V. Nat Nanotechnol, 2007, 2(10): 605-615.

[93] Tahvili M S, Jahanmiri S, Sheikhi M H. Int J Numer Model Electron Networks Devices Fields, 2009, 22(5): 369-378.

[94] Banerjee S, Wong S S. J Am Chem Soc, 2004, 126(7): 2073-2081.

[95] Zhou W, Ooi Y H, Russo R, et al. Chem Phys Lett, 2001, 350(1-2): 6-14.

[96] Hong G, Zhang B, Peng B, et al. J Am Chem Soc, 2009, 131(41): 14642-14643.

[97] Ding L, Tselev A, Wang J, et al. Nano Lett, 2009, 9(2): 800-805.

[98] Li P, Zhang J. J Mater Chem, 2011, 21(32): 11815-11821.

[99] Zhou W, Zhan S, Ding L, et al. J Am Chem Soc, 2012, 134(34): 14019-14026.

[100] Li J, Liu K, Liang S, et al. ACS Nano, 2014, 8(1): 554-562.

[101] Yu B, Hou P X, Li F, et al. Carbon, 2010, 48(10): 2941-2947.

[102] Yu B, Liu C, Hou P X, et al. J Am Chem Soc, 2011, 133(14): 5232-5235.

[103] Li W S, Hou P X, Liu C, et al. ACS Nano, 2013, 7(8): 6831-6839.

[104] Wang Y, Liu Y, Li X, et al. Small, 2007, 3(9): 1486-1490.

[105] Sundaram R M, Koziol K K, Windle A H. Adv Mater, 2011, 23(43): 5064-5068.

[106] Harutyunyan A R, Chen G, Paronyan T M, et al. Science, 2009, 326(5949): 116-120.

[107] Hou P X, Li W S, Zhao S Y, et al. ACS Nano, 2014, 8(7): 7156-7162.

[108] Bachilo S M, Balzano L, Herrera J E, et al. J Am Chem Soc, 2003, 125(37): 11186-11187.

[109] Miyauchi Y, Chiashi S, Murakami Y, et al. Chem Phys Lett, 2004, 387(1-3): 198-203.

[110] Li X, Tu X, Zaric S, et al. J Am Chem Soc, 2007, 129(51): 15770-15771.

[111] Chiang W H, Sakr M, Gao X P, et al. ACS Nano, 2009, 3(12): 4023-4032.
[112] Chiang W H, Sankaran R M. Nat Mater, 2009, 8(11): 882-886.
[113] Liu B, Ren W, Li S, et al. Chem Commun, 2012, 48(18): 2409-2411.
[114] Ren Z. Nat Nanotechnol, 2007, 2(1): 17-18.
[115] Yao Y, Feng C, Zhang J, et al. Nano Lett, 2009, 9(4): 1673-1677.
[116] Liu J, Wang C, Tu X, et al. Mol Ther, 2012, 3: 1199.
[117] Reich S, Li L, Robertson J. Physica Status Solidi B—Basic Solid State Physics, 2006, 243(13): 3494-3499.
[118] Yang F, Wang X, Zhang D, et al. Nature, 2014, 510(7506): 522-524.
[119] Yang F, Wang X, Zhang D, et al. J Am Chem Soc, 2015, 137(27): 8688-8691.
[120] Sanchez-Valencia J R, Dienel T, Groning O, et al. Nature, 2014, 512(7512): 61-64.
[121] Charlier J C, Blase X, De Vita A, et al. Appl Phys A, 1999, 68(3): 267-273.
[122] Charlier J C, De Vita A, Blase X, et al. Science, 1997, 275(5300): 646-649.
[123] Robertson D H, Brenner D W, Mintmire J W. Phys Rev B: Condens Matter, 1992, 45(21): 12592-12595.
[124] Maiti A, Brabec C J, Roland C, et al. Phys Rev B: Condens Matter, 1995, 52(20): 14850-14858.
[125] Brabec C J, Maiti A, Roland C, et al. Chem Phys Lett, 1995, 236(1-2): 150-155.
[126] Ding F, Bolton K, Rosen A. J Phys Chem B, 2004, 108(45): 17369-17377.
[127] Ding F, Rosen A, Bolton K. J Chem Phys, 2004, 121(6): 2775-2779.
[128] Moors M, Amara H, De Bocarme T V, et al. ACS Nano, 2009, 3(3): 511-516.
[129] Diarra M, Amara H, Ducastelle F, et al. Physica Status Solidi B—Basic Solid State Physics, 2012, 249(12): 2629-2634.
[130] Elliott J A, Shibuta Y, Amara H, et al. Nanoscale, 2013, 5(15): 6662-6676.
[131] He M, Amara H, Jiang H, et al. Nanoscale, 2015, 7(47): 20284-20289.
[132] Reich S, Li L, Robertson J. Chem Phys Lett, 2006, 421(4-6): 469-472.
[133] Dutta D, Chiang W H, Sankaran R M, et al. Carbon, 2012, 50(10): 3766-3773.
[134] Dutta D, Sankaran R M, Bhethanabotla V R. Chem Mater, 2014, 26(17): 4943-4950.
[135] Ding F, Harutyunyan A R, Yakobson B I. Proc Natl Acad Sci USA, 2009, 106(8): 2506-2509.
[136] Li Y M, Kim W, Zhang Y G, et al. J Phys Chem B, 2001, 105(46): 11424-11431.
[137] Fiawoo M F, Bonnot A M, Amara H, et al. Phys Rev Lett, 2012, 108(19): 195503.
[138] Hofmann S, Blume R, Wirth C T, et al. J Phys Chem C, 2009, 113(5): 1648-1656.
[139] He M, Jiang H, Liu B, et al. Sci Rep, 2013, 3:1460.
[140] Helveg S, Lopez-Cartes C, Sehested J, et al. Nature, 2004, 427(6973): 426-429.
[141] Yoshida H, Takeda S, Uchiyama T, et al. Nano Lett, 2008, 8(7): 2082-2086.
[142] Tang D M, Liu C, Yu W J, et al. ACS Nano, 2014, 8(1): 292-301.
[143] Lin M, Ying Tan J P, Boothroyd C, et al. Nano Lett, 2006, 6(3): 449-452.
[144] Rodriguez-Manzo J A, Terrones M, Terrones H, et al. Nat Nanotechnol, 2007, 2(5): 307-311.
[145] Jin C, Suenaga K, Iijima S. ACS Nano, 2008, 2(6): 1275-1279.
[146] Wagner R S, Ellis W C. Appl Phys Lett, 1964, 4(5): 89-90.
[147] Baker R T K, Harris P S, Thomas R B, et al. J Catal, 1973, 30(1): 86-95.
[148] Moisala A, Nasibulin A G, Kauppinen E I. J Phys: Condens Matter, 2003, 15(42): S3011-S3035.
[149] Buffat P, Borel J P. Phys Rev A, 1976, 13(6): 2287-2298.
[150] Liu B, Tang D M, Sun C, et al. J Am Chem Soc, 2011, 133(2): 197-199.
[151] Hofmann S, Sharma R, Ducati C, et al. Nano Lett, 2007, 7(3): 602-608.
[152] Sharma R, Chee S W, Herzing A, et al. Nano

Lett, 2011, 11(6): 2464-2471.

[153] Wirth C T, Hofmann S, Robertson J. Diamond Relat Mater, 2009, 18(5-8): 940-945.

[154] Takagi D, Kobayashi Y, Homma Y. J Am Chem Soc, 2009, 131(20): 6922-6923.

[155] Rao F, L i T, Wang Y L. Carbon, 2009, 47(15): 3580-3584.

[156] Yu X, Zhang J, Choi W, et al. Nano Lett, 2010, 10(9): 3343-3349.

[157] Takagi D, Hibino H, Suzuki S, et al. Nano Lett, 2007, 7(8): 2272-2275.

[158] Huang S, Cai Q, Chen J, et al. J Am Chem Soc, 2009, 131(6): 2094-2095.

[159] Li J C, Hou P X, Zhang L, et al. Nanoscale, 2014, 6(20): 12065-12070.

[160] Ding L, Tselev A, Wang J Y, et al. Nano Lett, 2009, 9(2): 800-805.

[161] Yang S, Liu J. Nanotubes, Nanowires, Nanobelts and Nanocoils—Promise, Expectations and Status, 2009, 115-122.

[162] Tang D M, Zhang L L, Liu C, et al. Sci Rep, 2012, 2: 971.

[163] Homma Y, Liu H P, Takagi D, et al. Nano Research, 2009, 2(10): 793-799.

[164] Tohji K, Goto T, Takahashi H, et al. Nature, 1996, 383(6602): 679-679.

[165] Ebbesen T W, Ajayan P M, Hiura H, et al. Nature, 1994, 367(6463): 519-519.

[166] Hou P X, Liu C, Cheng H M. Carbon, 2008, 46(15): 2003-2025.

[167] Duesberg G S, Blau W, Byrne H J, et al. Synth Met, 1999, 103(1-3): 2484-2485.

[168] Bonard J M, Stora T, Salvetat J P, et al. Adv Mater, 1997, 9(10): 827-831.

[169] Shelimov K B, Esenaliev R O, Rinzler A G, et al. Chem Phys Lett, 1998, 282(5-6): 429-434.

[170] Bandow S, Rao A M, Williams K A, et al. J Phys Chem B, 1997, 101(44): 8839-8842.

[171] Yu A, Bekyarova E, Itkis M E, et al. J Am Chem Soc, 2006, 128(30): 9902-9908.

[172] Hu H, Yu A, Kim E, et al. J Phys Chem B, 2005, 109(23): 11520-11524.

[173] Ajayan P M, Ebbesen T W, Ichihashi T, et al. Nature, 1993, 362(6420): 522-525.

[174] Tobias G, Shao L, Salzmann C G, et al. J Phys Chem B, 2006, 110(45): 22318-22322.

[175] Zimmerman J L, Bradley R K, Huffman C B, et al. Chem Mater, 2000, 12(5): 1361-1366.

[176] Chiang I W, Brinson B E, Smalley R E, et al. J Phys Chem B, 2001, 105(6): 1157-1161.

[177] Chiang I W, Brinson B E, Huang A Y, et al. J Phys Chem B, 2001, 105(35): 8297-8301.

[178] Sen R, Rickard S M, Itkis M E, et al. Chem Mater, 2003, 15(22): 4273-4279.

[179] Xu Y Q, Peng H, Hauge R H, et al. Nano Lett, 2005, 5(1): 163-168.

[180] Jeong T, Kim W Y, Hahn Y B. Chem Phys Lett, 2001, 344(1-2): 18-22.

[181] Park Y S, Choi Y C, Kim K S, et al. Carbon, 2001, 39(5): 655-661.

[182] Chen Y J, Green M L H, Griffin J L, et al. Adv Mater, 1996, 8(12): 1012-1015.

[183] Hou P X, Bai S, Yang Q H, et al. Carbon, 2002, 40(1): 81-85.

[184] Ikazaki F, Ohshima S, Uchida K, et al. Carbon, 1994, 32(8): 1539-1542.

[185] Zhang J, Zou H L, Qing Q, et al. J Phys Chem B, 2003, 107(16): 3712-3718.

[186] Colomer J F, Piedigrosso P, Fonseca A, et al. Synth Met, 1999, 103(1-3): 2482-2483.

[187] Dujardin E, Ebbesen T W, Krishnan A, et al. Adv Mater, 1998, 10(8): 611-613.

[188] Rinzler A G, Liu J, Dai H, et al. Appl Phys A, 1998, 67(1): 29-37.

[189] Hu H, Zhao B, Itkis M E, et al. J Phys Chem B, 2003, 107(50): 13838-13842.

[190] Zhao X L, Ohkohchi M, Inoue S, et al. Diamond Relat Mater, 2006, 15(4-8): 1098-1102.

[191] Suzuki T, Suhama K, Zhao X L, et al. Diamond Relat Mater, 2007, 16(4-7): 1116-1120.

[192] Wang Y, Shan H, Hauge R H, et al. J Phys Chem B, 2007, 111(6): 1249-1252.

[193] Liu J, Rinzler A G, Dai H, et al. Science, 1998, 280(5367): 1253-1256.

[194] Wiltshire J G, Khlobystov A N, Li L J, et al. Chem Phys Lett, 2004, 386(4-6): 239-243.

[195] Li Y, Zhang X B, Luo J H, et al. Nanotechnology, 2004, 15(11): 1645-1649.

[196] Martinez M T, Callejas M A, Benito A M, et al. Chem Commun, 2002, 9: 1000-1001.

[197] Chen C M, Chen M, Peng Y W, et al. Thin Solid Films, 2006, 498(1-2): 202-205.

[198] 杨占红，吴浩青，李晶，等. 高等学校化学学报, 2001, 22(3): 446-449.

[199] Fang H T, Liu C G, Liu C, et al. Chem Mater, 2004, 16(26): 5744-5750.

[200] Ye X R, Chen LH, Wang C, et al. J Phys Chem B, 2006, 110(26): 12938-12942.

[201] Sato Y, Ogawa T, Motomiya K, et al. J Phys Chem B, 2001, 105(17): 3387-3392.

[202] Hou P X, Liu C, Tong Y, et al. J Mater Res, 2001, 16(9): 2526-2529.

[203] Montoro L A, Rosolen J M. Carbon, 2006, 44(15): 3293-3301.

[204] Wang Y, Gao L, Sun J, et al. Chem Phys Lett, 2006, 432(1-3): 205-208.

[205] Bandow S, Asaka S, Zhao X, et al. Appl Phys A, 1998, 67(1): 23-27.

[206] Kim Y, Luzzi D E. J Phys Chem B, 2005, 109(35): 16636-16643.

NANOMATERIALS

碳纳米管

Chapter 4

第4章

碳纳米管的表面特征与孔结构

侯鹏翔，杨全红
中国科学院金属研究所，天津大学化工学院

碳原子具有独特的成键性能，其外层电子可形成不同的杂化状态——sp、sp^2及sp^3杂化。因此，碳原子不仅可构成结构完整的金刚石和石墨，也可形成具有丰富结构缺陷的高吸附性、无定形的多孔碳。近30年来，从零维的富勒烯、一维的碳纳米管到二维的石墨烯，碳的同素异形体越来越丰富。传统多孔碳的孔隙主要由其丰富的结构缺陷形成，与沸石分子筛等完全由结构孔（晶体结构形成的固定尺度的孔）构筑的孔径体系不同。多孔碳的成孔过程和最终的孔隙结构相对难于控制。碳纳米管的出现使得在碳结构中形成完全规整的孔隙结构成为可能。碳纳米管可看作是由单层或多层石墨烯片层卷曲而成的无缝中空管，开口碳纳米管具有规整的一维纳米级孔隙（这种孔是固有结构的一部分，一旦确定了结构参数，孔径尺寸即被确定）。多壁碳纳米管还有层间孔，而且单壁碳纳米管形成管束时也会形成管间孔，因此碳纳米管具有丰富的孔结构。鉴于其纳米级尺度和规整的微观结构，碳纳米管具有一系列特殊的物理化学性质[1~4]。开口碳纳米管可为微纳米级反应提供理想的容器，为纳米级物质的存储和输运提供有效的空间和路径。近年来，碳纳米管作为化学试管、纳米化学反应炉、纳米催化反应器、装填药物的纳米胶囊、纳米温度计，以及存储高容量电极材料的纳米弹性管等方面的研究取得了较大进展，充分展示出广阔的应用前景。

除了孔隙结构外，表面结构也是决定多孔材料性能的重要因素。碳纳米管由于径向尺度很小，因而具有较大的比表面积，特别是理想状态的单根单壁碳纳米管，其组成碳原子全部为表面原子，是一种真正的表面性固体。两端闭口的单分散单壁碳纳米管的理想比表面积是1315m^2/g，而开口单壁碳纳米管的理想比表面积为2630m^2/g。由于表面原子占相当大的比例，碳纳米管具有高的表面能，从而也赋予其独特的物化性质。目前实验测量的碳纳米管比表面积与理论预测值相比普遍偏低，且结果离散[5~9]，主要原因是碳纳米管的管壁层数不同，理想碳纳米管的层数每增加一层，其比表面积降低一半。由于单壁碳纳米管管间较强的范德华力，制备得到的单壁碳纳米管大多聚集成几纳米至几十纳米的管束，这使暴露的有效比表面积大幅降低。因此，获取高比表面积碳纳米管的一个前提是获得单根的单壁碳纳米管。

总之，系统研究不同尺度碳纳米管的孔径体系和由其决定的特殊物化性质，研制具有可控孔结构和大比表面积的碳纳米管材料，不仅在揭示其特殊的量子效应、物化特性、表面化学等方面具有特殊的理论意义，还可促进相关的储能材料和纳米器件的研发，具有重要的潜在应用价值。

4.1 碳纳米管中的气体吸附

气体吸附过程取决于多孔物质的表面和孔隙结构，对碳纳米管气体吸附过程的理解是正确解析其表面和孔隙结构的基础。低温下氮的吸附是研究多孔物质表面和孔径结构的最常用手段。S. Inoue等的研究结果表明对于氦电弧法制得的多壁碳纳米管，其外表面是主要的氮吸附位，其吸附等温线在低压部分显示Ⅰ型等温线特征，在中高压范围内显示Ⅱ型吸附等温线特征[6]。M. Eswaramoorthy等[7]对单壁碳纳米管进行了氮、苯和甲醇的吸附研究，观察到氮吸附等温线在低分压部分同样具有明显的Ⅰ型等温线特征，但在中、高分压处具有明显的滞后回线，说明单壁碳纳米管既含有微孔，也含有一部分中孔。其他小组[10,11]也对氮吸附过程进行了实验研究，杨全红、成会明等对碳纳米管的氮吸附行为进行了较为系统的研究[8,9,12~14]，证实碳纳米管的制备和表面处理方法对其吸附行为有很大的影响，并证明开口单壁碳纳米管具有典型的微孔性质——在很低的压力下［10^{-5}Torr（1Torr=133.322Pa）］已经开始微孔充填行为，而完成微孔充填的正是纳米级单壁碳纳米管的中空管腔；同时也证明多壁碳纳米管具有典型的中孔吸/脱附行为特征——有明显的滞后回线（毛细凝聚），随着中空管开口率的提高，毛细凝聚吸附量增加，滞后回线也更加明显。科学家对其他气体（如氩气等惰性气体[15,16]）的吸附也曾进行过研究，结果表明碳纳米管的很多奇特性能与其气体吸附性质有直接的关系。

Singh等利用巨正则蒙特卡罗模拟方法结合实验测量研究了CO_2气体在双壁碳纳米管阵列的吸附过程，即气体在碳管内层、外层和内外层同时吸附的先后顺序[17]。研究结果表明管间距（0 ～ 15nm）对CO_2在双壁碳纳米管上的吸附热和吸附量具有极大影响（图4.1）。在低压区（$p \leq 14$bar，1bar=10^5Pa），最大吸附量发生在管间距为0.5nm的碳纳米管样品上；在高压区（14bar < p < 40bar），最大吸附量发生在管间距为1nm的碳纳米管样品上。而且吸附顺序也随管间距的变化而变化，在较小管间距情况下（$d \leq 0.5$nm），随担载量的增加吸附依序填充碳纳米管间槽区、碳纳米管内壁→碳纳米管间隙区→碳纳米管中空管腔；在较大管间距情况下（$d > 0.5$nm），这种吸附次序变为碳纳米管内壁和部分外壁→全部碳纳米

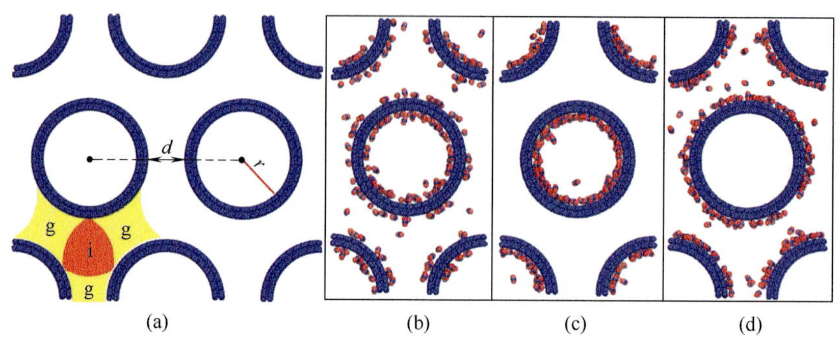

图4.1 （a）双壁碳纳米管的分子模型（*r*为碳纳米管内径，*d*为碳纳米管间距，g为碳纳米管间隙区，i为碳纳米管间槽区）；（b）～（d）CO_2分子在碳纳米管上的吸附情况（吸附温度303K，CO_2担载量约2.5mmol/g，碳纳米管直径2.5nm，管间距0.5nm）[17]

管外壁→管间隙、管间槽填充，中空管腔吸附。可见，气体在碳纳米管上的吸附是一个非常复杂的过程，而且由于碳纳米管本征结构和微观构成的多样性也使得吸附过程复杂化。

4.2
碳纳米管的表面

图4.2（a）与（b）是多壁碳纳米管的低倍和高倍透射电子显微镜照片，可见由于纳米级的径向尺度，碳纳米管具有较大的暴露表面，其中心具有准一维的中空管腔。对于离散的开口碳纳米管，其表面由整个碳纳米管中空管腔的内表面和外表面加和而成。对于离散的两端闭合的碳纳米管，其表面则仅由碳纳米管外表面构成。而对于成束的碳纳米管，其表面主要由碳纳米管束的外表面、碳纳米管间孔隙的表面以及开口中空管的内表面组成。

图4.3（a）是离散的单壁碳纳米管（箭头所示）。可以推测，离散的开口单壁碳纳米管具有最高的比表面积；而成束的单壁碳纳米管［图4.2（b）］，具有多种类型的表面。即使对于同种类型的表面，由于具有不同的表面微环境（如表面缺

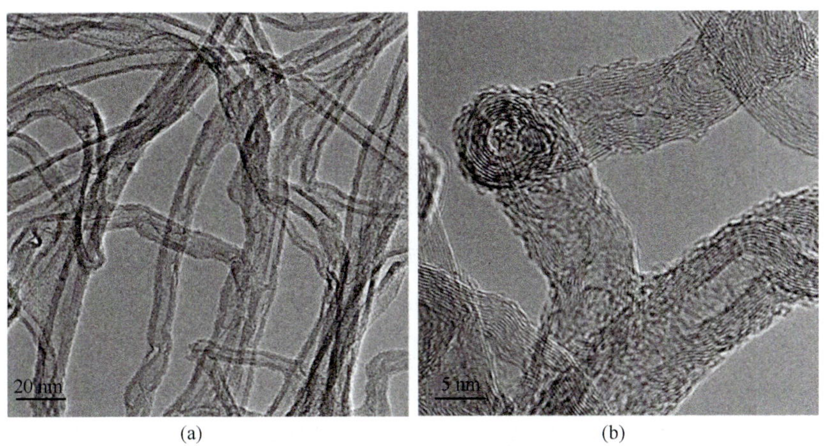

图4.2 平均直径15nm的多壁碳纳米管的（a）低倍与（b）高倍透射电子显微镜照片

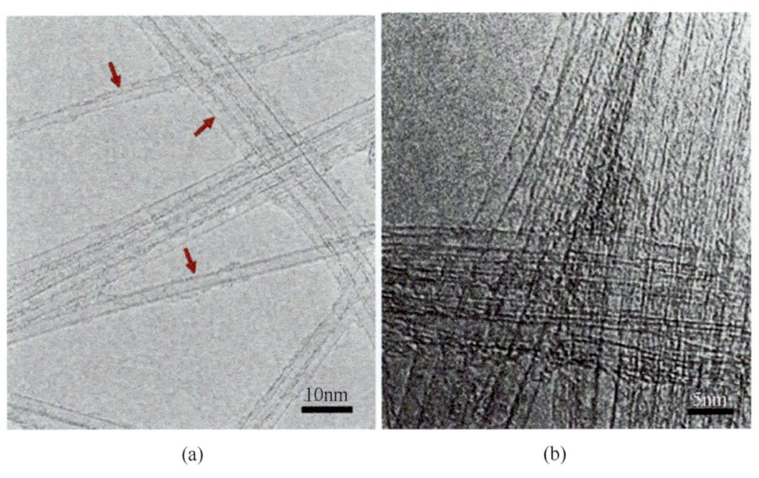

图4.3 （a）离散和（b）成束单壁碳纳米管的高分辨电子显微照片

陷、纳米碳沉积等）也具有不同的表面活性，从而具有不同的表面化学结构。

总之，碳纳米管在具有一定的结构均匀性（接近理想的一维中空管）的同时，也显示出其结构不均匀性（具有不同形态和微环境的多维表面、不同的中空管腔直径和管壁层数）。不同类型表面的物理形态不同、化学微环境不同，因而具有不同的表面能量和不同的表面特性，也即具有结构（物理结构和化学结构）和能量的不均衡性。探讨碳纳米管结构和能量不均衡性，对理解碳纳米管特殊的物理化学性质具有十分重要的意义。

4.2.1
碳纳米管表面化学结构的不均匀性

碳纳米管具有纳米级的径向尺度，其表面分子和体相分子很难界定，一般的表面分析方法均可以表征整根单壁管或者较细的多壁碳纳米管。由于碳纳米管的很多特殊性质决定于其表面，因此对表面相化学结构的分析十分重要。科学家已对碳纳米管的表面化学结构进行了讨论，如杨全红、成会明等利用激光拉曼、常规X射线光电子能谱（XPS）、变角X射线光电子能谱、吸附等温线解析等多种方法对碳纳米管的表面结构进行分析，证明碳纳米管的表面相结构和能量分布具有不均匀性[9]。

对多壁碳纳米管的光电子能谱研究结果表明，不论单壁碳纳米管还是多壁碳纳米管，其表面都结合有一定的官能团，而且获得的碳纳米管由于制备方法各异、后处理过程不同，从而具有不同的表面结构。一般来说，单壁碳纳米管具有较高的化学惰性，其表面要纯净一些，而多壁碳纳米管表面要活泼得多，结合有大量的表面基团（如表4.1所示）。

表4.1　单壁碳纳米管和多壁碳纳米管的表面化学组成（摩尔分数）

项目	单壁碳纳米管/%	多壁碳纳米管/%
C_{1s}	97	95
O_{1s}	3	5

图4.4是氢电弧法制备的单壁碳纳米管[18]和有机气体催化裂解法[19]制备的小直径多壁碳纳米管的C_{1s}图谱[9]。可以看到，在结合能284.3eV左右（对应类石墨

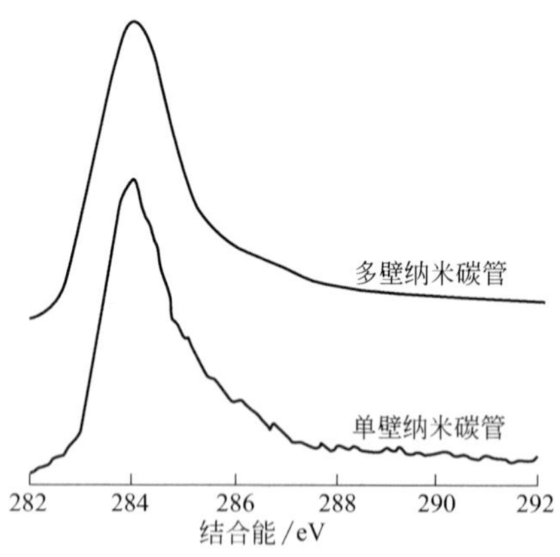

图4.4　单壁碳纳米管和多壁碳纳米管（10nm）的C_{1S}谱[9]

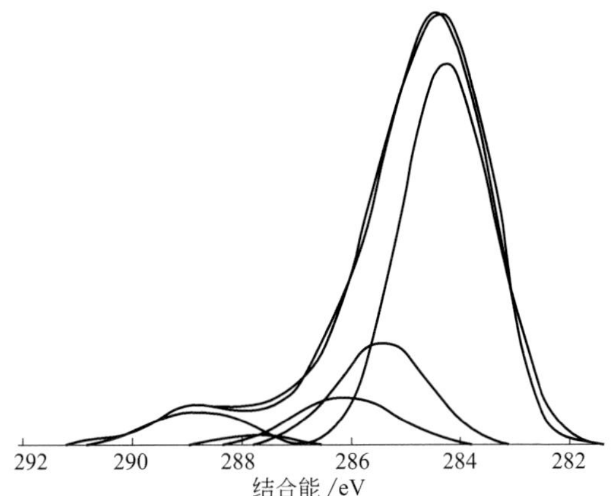

图4.5　多壁碳纳米管（10nm）C_{1S}谱的分峰图[9]

结构），单壁碳纳米管具有很窄的C_{1S}峰（具有化学状态较为单一的类石墨结构，边缘碳比较少）；在高结合能位置也没有明显的拖尾，说明具有较为单一的化学组成（结合杂原子的表面基团较少）。而多壁碳纳米管具有较宽的C_{1S}图谱，不仅在结合能284.3eV左右呈现较为弥散的分布（说明类石墨结构具有较为弥散的化学结构，边缘碳较多，以微晶石墨形态存在），而且在高结合能位置出现明显的拖尾，特别是从图4.5可以更明显地看出，未进行表面处理的多壁碳纳米管在289.0eV处出现明显的分布峰，说明多壁碳纳米管表面结合有相当数量的羧基。

杨全红、成会明等利用变角X射线光电子能谱（通过改变掠射角改变样品表面的检测深度）对取向性较好的单壁碳纳米管和多壁碳纳米管的表面进行了研究，结果表明：单壁碳纳米管表面具有化学惰性，化学结构极其简单；而随着碳纳米管层数的增加，碳纳米管缺陷增加，化学反应性增强，表面化学结构趋向复杂化；内层碳原子的化学结构比较单一，而外层碳原子的化学组成比较复杂，而且往往外层碳原子上沉积有无定形碳[9]。

由于具有物理结构和化学结构的不均匀性，碳纳米管中大量的表面碳原子具有不同的表面微环境，因此具有能量的不均衡性。由于表面和吸附过程密切相关，通过对吸附等温线的解析，可得到碳纳米管的表面能分布曲线，从而证明碳纳米管表面能量的不均衡性[12]。

吸附是吸附质与固体表面作用来降低固体表面能量的过程。具有不同表面能的吸附位决定不同的吸附过程。K.A. Williams等[20]通过蒙特卡罗模拟计算，认为单壁碳纳米管束的表面能量具有不均衡性，它包括以下几种不同表面能的吸附位：中空管内表面、单壁碳纳米管束或离散碳纳米管的外表面、单壁碳纳米管束间的“束间孔”、单壁碳纳米管束内的“管间孔”表面（氮吸附法不能表征）。实验所得吸附等温线的分段特征也可证明单壁碳纳米管具有多种能量的不同吸附中心——微孔表面上的吸附中心、可发生毛细凝聚的较小中孔表面上的吸附中心和单壁碳纳米管束外表面上的吸附中心等。换言之，吸附等温线的特征与表面结构是否具有均衡性密切相关：表面越不规则，则吸附等温线就越复杂。

吸附剂的吸附等温线由不同表面能的局部表面所决定的局部吸附等温线加和而成。不同表面能的理论局部吸附等温线可由改进的密度函数理论较为准确地得到，将之与实测吸附等温线比较计算就可得到吸附剂的表面能分布[21]。根据等温线，可初步计算碳纳米管的表面能（即吸附势能）[22]。假定只有第一层吸附与吸附中心的表面状态、表面能量有关，为此吸附剂表面可看作是由不同表面能的吸附中心组成，总单层吸附量$\theta(p)$由表面能量为ε_i的吸附中心的单层吸附量$\theta_i(p,\varepsilon)$加和而成：

$$\theta(p)=\int\theta(p,\varepsilon)f(\varepsilon)\mathrm{d}\varepsilon \tag{4.1}$$

根据式（4.1），求解计算表面能ε分布函数$f(\varepsilon)$，得到分布曲线，如图4.6所示，单壁碳纳米管确实具有表面能量不同的多种吸附中心。表面能分布曲线由多个不连续的分布峰组成，表面能主要集中在6.8 ～ 11.1kJ/mol（ε/k=20~85K）的范围内，而且在15.8kJ/mol（ε/k=100K）处也有较强的分布峰。利用相同方法得

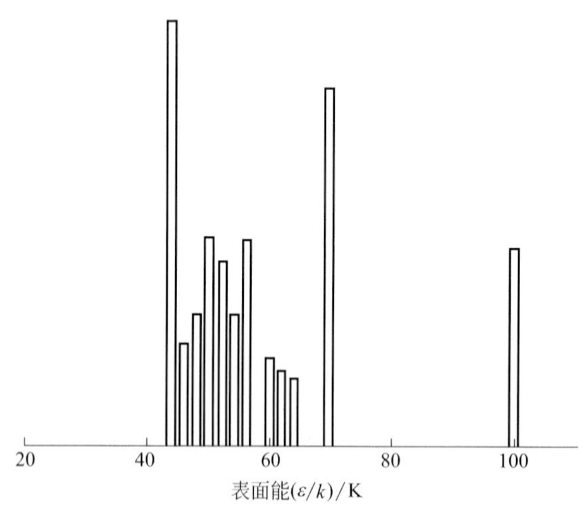

图4.6 单壁碳纳米管的表面能分布曲线[13]

到的理想石墨平面的表面能为9kJ/mol（ε/k=57K），因此单壁碳纳米管上有相当一部分表面的表面能大于9kJ/mol，而且具有能量很高的活性位（ε/k=100K）[9,12]。

根据同样的方法，也可得到多壁碳纳米管的表面能分布曲线[9]，发现多壁碳纳米管具有分布更宽的连续表面能分布。说明多壁碳纳米管具有比单壁碳纳米管能量分布更广的活性中心。总之，碳纳米管的表面能量存在着不均衡性。虽然表面能的计算基于物理吸附而具有一定的局限性，但至少可证明碳纳米管具有多维的表面、具有多种能量的活性中心这一事实。

4.2.2
单壁碳纳米管的比表面积

碳纳米管被认为具有高的比表面积，被预言是一种良好的吸附材料。特别是离散状态存在的开口单壁碳纳米管，所有碳原子均为表面原子，这种特殊的结构使之有可能达到碳质材料的极限表面积——2630m^2/g（1g单层石墨烯的比表面积[23]），而成为比表面积接近于超级活性炭的超大表面积的吸附材料。但目前测得的碳纳米管的比表面积普遍比较小（15 ～ 400m^2/g）[5~9]，远小于理论预测值，甚至比常规多孔碳（700 ～ 1500m^2/g）还要小很多。

虽然BET方程在表征多孔体系尤其是微孔体系时遇到困难，但由于目前尚无更好的方法取代它，另外，为了与现有的实验结果进行横向比较，研究工作者仍利用BET方程对碳纳米管吸附等温线进行解析。采用BET方程可得到碳纳米管的总表面积和总孔容；用t-plot、α_s-plot[24]等比较曲线方法可得到微孔容积和非微孔表面积，从而得到非微孔容积和微孔表面积。

单层石墨烯的比表面积的理想极限值（无缺陷、双面）为2630m^2/g，因此离散、开口单壁碳纳米管的比表面积的极限值S_{max}（内外表面之和）也应接近2630m^2/g（K.A. Williams等的计算值为2676m^2/g[20]）。目前仅有少数工作能够制备比表面大于1000m^2/g的单壁碳纳米管，主要集中于较大直径的单壁碳纳米管阵列[25~30]。大多数的实验结果都与理想极限值相去甚远（50 ～ 1000m^2/g）[5,9,31]。对于单壁碳纳米管来说，由于比表面积主要由单壁碳纳米管的内、外管壁表面组成。表面积小于理论预测值的原因有以下几点：①单壁碳纳米管往往成束存在，形成微观聚集体，使一部分由管外壁形成的表面位于管束之中，氮吸附质不能进入，因此由氮吸附法测得的表面积低于离散存在的单壁碳纳米管。K.A.Williams等通过蒙特卡罗法计算，发现随束状单壁碳纳米管含量的增大，其比表面积降低[20]。②由于单壁碳纳米管普遍具有较低的开口率，使相当一部分的内管壁表面成为封闭的表面，也造成了表面积测量值的降低。另外，由于不同制备方法获得单壁碳纳米管的生长机理不同，开口率也各不相同，这使得不同单壁碳纳米管样品的比表面积差异较大。③单壁碳纳米管的纯度也是影响其表面积的重要因素，密度较大的金属催化剂颗粒等会大大降低比表面积的测量值，因此碳纳米管的纯化和分离是提高其表面积的重要途径[32]。Hata研究组采用“水协助超级生长法”在硅基片上生长了超长（毫米高）单壁碳纳米管垂直阵列；该样品因具有超低的催化剂含量［0.02%（质量分数）］、高的单壁碳纳米管纯度［99%（质量分数）］、单根离散存在等特性，而具有1300m²/g的高比表面积，接近于两端封口单壁碳纳米管的理想比表面积（1315m²/g）。通过后期氧化处理开口后，单壁碳纳米管的比表面积提高至2240m²/g，接近于理论值（2630m²/g）的85%[25]。该实验结果充分证明，上述三个因素是实验测得单壁碳纳米管比表面积偏低且离散性较大的主要原因。

因此，结构完整的单壁碳纳米管的比表面积S_{BET}是一个三变量函数：$S_{BET}=S_{max}f(x_1,x_2,x_3)$，$x_1$代表纯度；$x_2$代表成束状况；$x_3$代表开口率。如果已知任两个变量，就可以根据比表面积实测值大致判断第三个变量。比如对于纯度较高、开口率较低的单壁碳纳米管，吸附法可粗略表征其成束状态[9]。对于两端闭合的单壁碳纳米管，基于N_2吸附法比表面积的测试可以大致判断碳纳米管束中的单壁碳纳米管平均根数；对于两端闭合、单个离散存在的单壁碳纳米管，根据比表面积可以计算单壁碳纳米管的纯度。Hata研究组通过实验结合理论模拟建立了利用比表面积计算单个离散存在、两端闭口碳纳米管纯度的公式；并绘制了碳纳米管比表面积与其绝对纯度和管壁层数关系图（图4.7）[26]。从该图中可以推测仅当样品中单壁碳纳米管含量大于50%、绝对纯度大于85%（质量分数）时，其比表面积才会高于1000m²/g。同时也可以根据电镜观察得到的单壁碳纳米管成束状况（每束单壁碳纳米管的平均根数）粗略推知比表面积[9]。

K.A. Williams等通过蒙特卡罗法计算了单壁碳纳米管的比表面积随管束中碳纳米管根数的变化趋势[20]。由于计算时针对的吸附质是氢，与一般吸附法（吸附质为氮）得到的比表面积值有所不同，但反映的趋势和规律相同。一般情况下，碳纳米管的开口率较低，测量的比表面积主要来自碳纳米管的外表面积贡献，因此根据外表面积可大致判断碳纳米管的平均成束状况。K.A. Williams等的模拟结果基于氢吸附，而且考虑到几何因素（圆柱形孔），因此其单层管的外比表面积（1893m²/g）大于一般的简单推测（1315m²/g）。对于比表面积（主要为外比表面

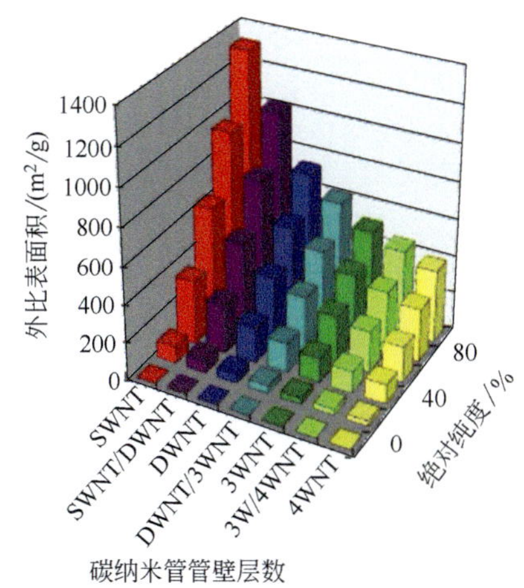

图4.7 碳纳米管外比表面积与其绝对纯度和管壁层数的关系图[26]

积）约为200m²/g的单壁管，可推测出其每束中的碳纳米管数在100根以上。

A. Peigney等利用简单的几何模型对两端闭合的单壁碳纳米管的比表面积和成束状况进行了定量关联，可更为精确地实现比表面积和束中单壁碳纳米管根数的粗略推算[33]。除此之外，由于吸附法测定的比表面积是一宏观量度的参数，因此对于大量制备的碳纳米管的品质检测和应用具有重要意义。

4.2.3 多壁碳纳米管的比表面积

实验证明，随着多壁碳纳米管层数的增加，其比表面积下降。如果忽略碳纳米管石墨片层的弯曲或缺陷对其表面积的影响，由于单层碳的极限表面积（双面）为2630m²/g，利用简单的计算可估算出不同层数多壁碳纳米管的比表面积。同时根据比表面积，也可粗略地判断多壁碳纳米管的层数[9]。

假设多壁碳纳米管的最外层管的半径为r_n，最内层管的半径为r_1，管壁碳原子层之间的距离约为0.34nm，则多壁碳纳米管的层数$n=(r_n-r_1)/0.34+1$。

单位质量（1g）碳片层的单面表面积为1315m²/g。碳纳米管中第i层碳片层的单面表面积设为S_i，碳纳米管长度为l，半径为r_i，则

$$S_i=2\pi r_i l \tag{4.2}$$

因为 $$\int_1^n S_i = 1315 \tag{4.3}$$

$$2\pi l \int_1^n r_i = 1315 \tag{4.4}$$

又因为 $$r_i - r_{i-1} = 0.34 \tag{4.5}$$

所以 $$(r_1 + r_n) n/2 \times 2\pi l = 1315 \tag{4.6}$$

$$(S_1 + S_n) n/2 = 1315 \tag{4.7}$$

而基于氮吸附的

$$S_{N_2} = S_{in} + S_{out} = S_1 + S_n \tag{4.8}$$

所以 $$S_{N_2} n/2 = 1315(m^2/g) \tag{4.9}$$

$$n = 2630 / S_{N_2} \tag{4.10}$$

从这个意义上说，对于开口碳纳米管，其比表面积只决定于碳纳米管的层数，而与内外径无关，比如对于10层壁的多壁碳纳米管

$$S_{N_2} \times 10 / 2 = 1315 \tag{4.11}$$

$$S_{N_2} = 263 m^2/g \tag{4.12}$$

对于两端闭合的碳纳米管，其表面积（即外表面积）决定于碳纳米管层数和内、外径中任两个参数，是个双变量函数；而对于直径很大的碳纳米管，内外径之比很小，即$r_n >> r_1$，则不论开口与否，$S_n \approx S_{N_2}$，这时基于氮吸附法的比表面积仅决定于碳纳米管的外径[9]。

根据以上结果，结合电镜观察可粗略判断碳纳米管的比表面积；根据碳纳米

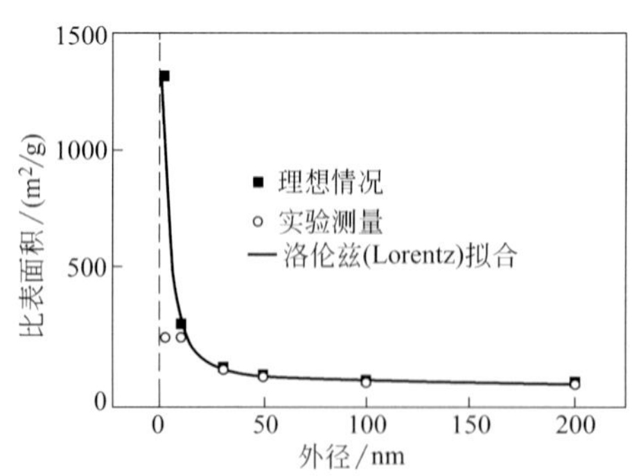

图4.8 碳纳米管外径和比表面积的关系图[9]

管的比表面积可粗略判断多壁碳纳米管的层数和直径，可对宏量碳纳米管样品进行直径分类；还可大致判断碳纳米管的相对纯度。

图4.8是根据计算及实验数据得到的碳纳米管外径和比表面积的关系图[9]。可以看到，当碳纳米管的直径很小时，计算的比表面积与实验测得比表面积的差距较大；随着碳纳米管直径增大，实验比表面积与计算的比表面积逐渐接近。小直径碳纳米管的实验比表面积与推算比表面积相差较大，其原因主要在于以下两方面：①比表面积的计算结果是总表面积（内、外表面之和），而实验得到的往往主要是外表面积（一般情况下开孔率较低）。对于大直径碳纳米管，内表面积的影响较小（开口率对总表面积的影响较小）；而对于直径很小的碳纳米管（特别是单壁管），内表面积的影响较大。因此小直径碳纳米管表面积的实验值受开口率影响较大。②小直径碳纳米管之间具有较大的分子间吸引力，往往成束存在，这也使实验获得的碳纳米管的比表面积小于计算值。随着碳纳米管的直径增大，开口率的影响逐渐降低，碳纳米管不易聚集成束，其比表面积的实测值与计算值逐渐接近。

法国的A. Peigney等根据相似的思路进行了更加定量的推导，得到了多壁碳纳米管的比表面积与碳纳米管外径的关系

$$\mathrm{SSA} = \frac{1315d}{nd - 0.68\left[\sum_{i=1}^{n-1} i\right]} \tag{4.13}$$

式中，d为多壁碳纳米管的外径；n为多壁碳纳米管的碳片层数。通过这一关系式，也可实现比表面积和多壁碳纳米管直径的相互推算[33]。图4.9为多壁碳纳米管的壁数和直径与其表面积之间的关系，当壁数从2～40层变化时，比表面积可以从800m^2/g变化到50m^2/g左右。

4.2.4 碳纳米管的管束结构

碳纳米管的比表面积与其成束状况紧密相关。由图4.10可以看到，随着管壁层数的增加，碳纳米管趋向于单根存在。单壁碳纳米管往往成束存在，而且管间分子间力很大，管间距离基本恒定，根据前面推导，每束中的碳纳米管数往往超过50根；双壁碳纳米管也可成束存在［如图4.10（a）］；小直径多壁碳纳米管［如

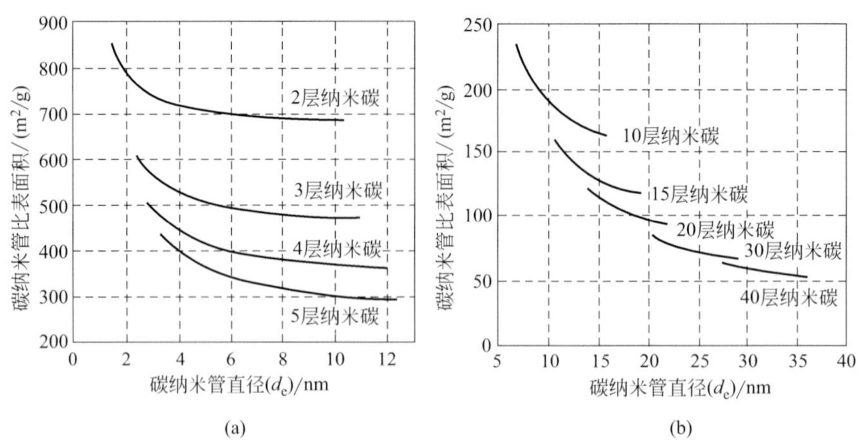

图4.9 多壁碳纳米管的壁数和直径与其表面积之间的关系[35]

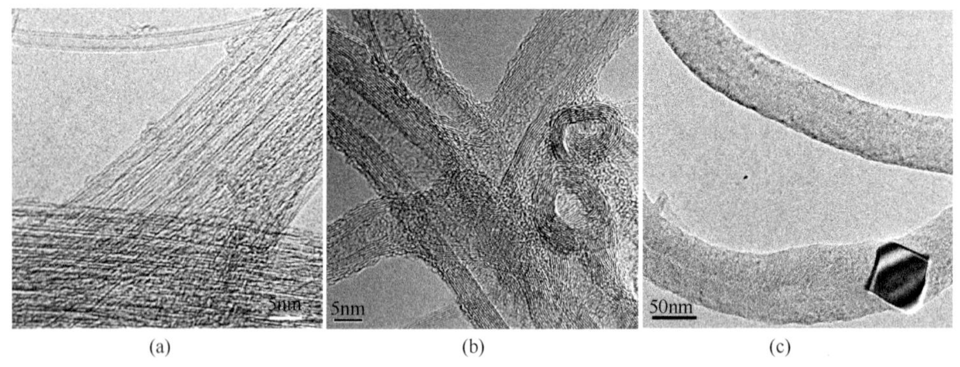

图4.10 不同直径碳纳米管的高分辨电子显微镜照片

图4.10（b），平均直径10nm］基本上以单根或两根状态存在，即使碳纳米管之间有相互作用，也是相对松散的组合；而对于大直径的多壁碳纳米管，碳纳米管之间相互作用很小，基本呈单根存在［如图4.10（c）］。因此，随着碳纳米管直径的增加，其实验比表面积与计算比表面积的偏差逐渐缩小[9]。

4.2.5 大比表面积碳纳米管的制备和孔径控制

比表面积决定了碳纳米管与吸附相关的许多物化性质，因此大比表面积碳纳米管的制备非常重要。发展碳纳米管的孔隙、提高其比表面积主要有三条途径：①使碳纳米管的闭孔打开——增加其内表面积；②使碳纳米管离散化——增加其外表面积；③在碳纳米管管壁上营造缺陷，制备纳米多孔碳。途径①和③需要解决的科学问题是碳纳米管的化学反应活性（稳定性问题）。与前者相关的是碳纳米管的端口化学反应活性；与后者相关的是碳纳米管的外碳层反应活性（与缺陷有关）。而途径②需解决的是碳纳米管的物理化学稳定性问题。除此之外，碳纳米管的宏观排列，也对碳纳米管的孔隙结构有很大的影响，但基本不影响其比表面积[9]。

（1）纯化、开口、短切

开口和纯化是提高碳纳米管比表面积的重要手段。常用的方法有：气相氧化法、液相氧化法、物理和化学结合处理法、表面活性剂乳化和过滤、离心分离、体积排除色谱法等[31,34~41]。相关研究发现对多壁碳纳米管进行表面处理，其开口率提高，比表面积大幅增加[34]。对单壁碳纳米管阵列进行开口处理后，其比表面积成倍增加[25]。碳纳米管的短切也是提高其开口率、增加比表面积的重要方法，A.C. Dillon等发现对单壁碳纳米管进行短切处理可使其比表面积明显增加[42]。利用各种手段使开口率增加的过程，实质上可看作是打开碳纳米管中空管内表面的过程；而在较苛刻的处理条件下（强酸、高温、强刻蚀性气体等），碳纳米管比表面积的增加也有碳层减薄、缺陷增加的贡献。

（2）碳纳米管的离散化

碳纳米管的离散化是使成束的碳纳米管（微观聚集体）外表面解放的过程。通常可采用三种典型的后处理方法，即非共价官能化[43,44]、共价官能化[45,46]和溶剂剥离等[47~49]方法实现单壁碳纳米管在溶液中的单分散，然而在去除溶剂过程中单壁碳纳米管又会聚结成束，因而很难获得高表面积碳纳米管样品。另外，研究者也在探索直接制备高度离散的大比表面积碳纳米管的方法。R. R. Bacsa等通过CH_4在超细分散催化剂上的气相沉积合成了较大表面积的碳纳米管（主要是单壁碳纳米管和双壁碳纳米管），其比表面积达到800m^2/g。研究表明，绝大多数的单壁碳纳米管和双壁碳纳米管是离散存在的，同时其端口是封闭的[50]，这说明此样品的比表面积主要由碳纳米管的外表面积贡献。近年来，作为碳纳米管宏观体的一种主要存在方式，碳纳米管垂直阵列（包括单壁、双壁、少壁和多壁碳纳米管）具有单根离散存在的本征特性，闭口单壁碳纳米管阵列比表面积的报道最高值为1300m^2/g，接近于两端封口单壁碳纳米管的理想比表面积（1315m^2/g）[25]。魏飞研究组制备了一种无缝连接的碳纳米管石墨烯三维结构（图4.11）。碳纳米管和石墨烯之间通过共价键无缝连接，且碳纳米管是分散存在的，因而所制备的样品比表面积达到了2200m^2/g[51]。

（3）碳纳米管的活化与异质原子掺杂

通过物理或化学活化，如控制气相氧化及KOH强碱溶液刻蚀在碳纳米管管壁上营造缺陷，是增加表面积的有效方法之一[9]。Jiang 等系统研究了KOH浓度、活化温度、活化时间等对多壁碳纳米管比表面积的影响，在优化的活化条件下，碳纳米管的比表面积可以提高一倍[53,54]。Niu等对多壁碳纳米管进行850℃的KOH高温活化，发现活化后碳纳米管的氮气吸附等温线发生明显变化（图4.12），即微孔、中孔均大幅增加[52]。活化后碳纳米管的比表面积由原来的65m^2/g增至830m^2/g，是原来的12.8倍；孔容由原来的0.3cm^3/g提高至1.6cm^3/g。这种比表面积和孔容的巨大变化归因于活化后碳纳米管被开口、短切、碳层减少及缺陷引入。研究还发现

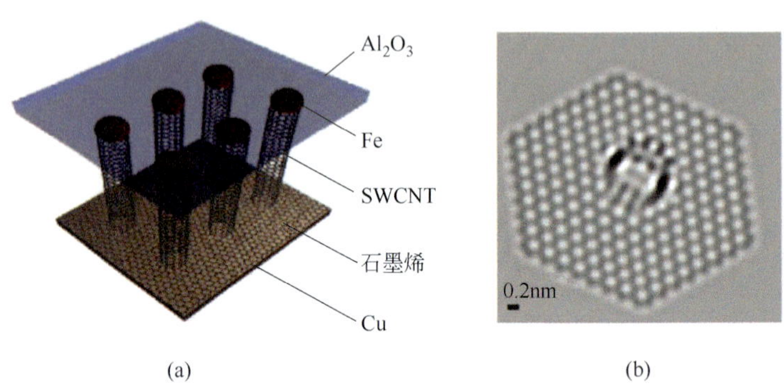

图4.11 （a）生长于石墨烯表面的单壁碳纳米管结构示意图；（b）碳纳米管和石墨烯连接处的扫描透射电镜照片模拟图[51]

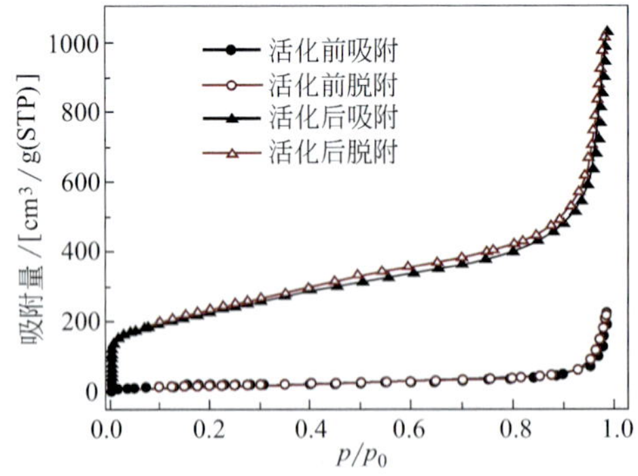

图4.12 氢氧化钾高温活化前后碳纳米管的吸附等温线[52]

即使活化后碳纳米管的比表面积和孔容发生如此大的变化，碳纳米管仍保持其管状结构。这是因为碳纳米管是由多层石墨烯卷曲成的同轴无缝管，活化过程只能破坏多壁碳纳米管的外层碳层结构及高活性的碳纳米管端部和多结构缺陷的弯折处，使碳纳米管开口、剪切及表面引入缺陷和官能化。多壁碳纳米管的内层因不接触活性物质而保持了其本征结构。异质原子掺杂也是提高碳纳米管比表面积的一种有效方法。中国科学院金属研究所成会明研究组[55]制备了氮掺杂单壁碳纳米管样品，发现氮掺杂可使单壁碳纳米管的直径变小、比表面积由原来的590m²/g提升至910m²/g。

4.3 碳纳米管中的孔及其决定的吸附过程

碳纳米管的孔隙结构具有“多维性”，而“多维性”又表现在两个方面：不同层数的碳纳米管具有不同的孔隙结构；相同层数碳纳米管具有多种类型（不同内径、碳纳米管间不同的搭接方式、不同的表面化学结构等）的孔隙结构。

对碳纳米管中空管腔尺寸及其分布的研究是深入认识其吸附过程的先决条件。目前对于碳纳米管孔结构的研究主要有两种方法：即直接观察法（如高分辨电子显微镜）[40,58]和气体吸附法[6~9,12~14]。前者基于随机抽样观察，而且由于在观察制样时要对样品进行一定的处理，比如超声分散，故可能对样品中的大孔造成一定的破坏。图4.13是高分辨电子显微镜得到的化学气相沉积法制备双壁碳纳米管（245根）和不同催化剂条件下所生长少壁碳纳米管（2～6层）的直径分布图[56,57]，可见碳纳米管的直径分布非常离散。虽然观察的碳纳米管根数较多，但仍只是很少量碳纳米管内径的平均值。而吸附方法是统计平均方法，对样品无任何损坏，而且取得的信息对于催化活性和吸附活性的研究有直接的借鉴意义，但由于吸附方程的选择对于实验结果有一定的影响，因此系统研究碳纳米管上发生的吸附过程，选择适合于碳纳米管表征的吸附方程十分重要。

吸附是吸附质分子与吸附剂表面作用的过程，表面性状和孔隙结构决定了吸附等温线的形状。低温下氮的吸附是研究多孔物质孔径结构的最常用手段。对吸附等温线进行解析，可以得到多孔材料的孔径分布。多孔物质包含不同尺寸的孔，

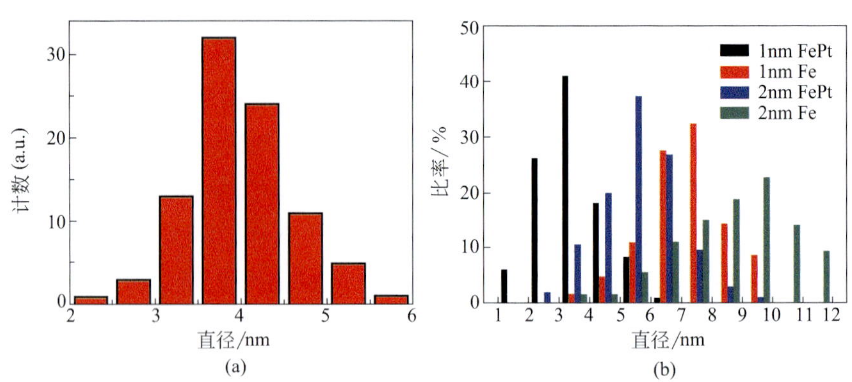

图4.13 基于透射电镜观察所得（a）双壁和（b）少壁碳纳米管的直径分布图[56,57]

其总吸附等温线 $Q(p)$ 是尺度为 r_i 的孔径的吸附等温线 $q_i(p, r)$ 加和而成的。

$$Q(p) = \int q(p,r)g(r)\mathrm{d}r \tag{4.14}$$

根据式（4.14），对吸附等温线进行分段解析求解孔分布函数 $g(r)$，可以得到各种孔隙的孔径分布。

4.3.1
基本孔隙——碳纳米管的准一维纳米中空管腔

碳纳米管的中空管腔是其基本孔隙结构。由于碳纳米管很多的物理化学过程与其中空管密切相关[59~61]，因此对碳纳米管中空管腔的表征是碳纳米管结构研究中的一项重要内容。

表征单壁碳纳米管管径及其分布的主要方法除了前面提到的电镜直接观察和吸附方法外，还可以根据激光拉曼光谱中低频谱的呼吸模式特征振动峰计算[62,63]，较准确地得到单壁、双壁碳纳米管的直径大小，但难以取得多壁碳纳米管的内外径信息。气体吸附法是测量材料比表面积和孔径分布常用的方法。其原理是依据气体在固体表面的吸附特性，在一定的压力下，被测样品表面在超低温下对气体分子可逆物理吸附作用，通过测定一定压力下的平衡吸附量，利用理论模型求出被测样品的比表面积和孔径分布等与物理吸附有关的参数，其中氮气低温吸附法是测量材料比表面积和孔径分布比较成熟而且广泛采用的方法。在液氮温度下，氮气在固体表面的吸附量取决于氮气的相对压力（p/p_0），p为氮气分压，p_0为液氮温度下氮气的饱和蒸气压。当p/p_0在0.05～0.35范围内时，吸附量与相对压力p/p_0符合BET方程（单分子层吸附质完全覆盖固体表面），这是氮吸附法测定比表面积的依据；当$p/p_0 \geqslant 0.4$时，由于产生毛细凝聚现象，氮气开始在中孔中凝聚，通过实验和理论分析，可以测定孔容-孔径分布（孔容随孔径的变化率）。在微孔内，相对的两个孔壁距离很近，孔壁产生的范德华势重叠，对吸附质分子的作用力比中孔和大孔大；因此微孔内的吸附是发生体积填充。非定域密度函数理论（NLDFT）从分子水平上描述了受限于微孔内的流体的行为，在多数情况下能够精确分析微孔孔分布。杨全红、成会明等根据碳纳米管开口中空管的孔隙特征及吸附特性，利用气体吸附法，通过解析气体吸附等温线取得其开口中空管内径及其分布，并证明了单壁碳纳米管中空管内腔的微孔特性和多壁碳纳米管中空管内腔的中孔特性[9]。M. Eswaramoorthy[7]和S. Inoue[6]等的实验结果也分别证明了单壁碳纳米管具有微孔和中孔，S. Inoue还粗略计算了较大直径多壁碳纳米管的中空管内径。

由于单壁碳纳米管的直径小（其中空管在2nm以下的微孔范畴），因此对图4.14（a）中单壁碳纳米管的低分压段吸附等温线（对应微孔）进行NLDFT解析，可得到微孔的孔径分布［图4.14（b）］，孔分布基本集中在0.6～1.3nm。对同样样品进行高分辨电子显微镜观察获得的平均直径为1.0～1.6nm［图4.14（c），80根碳纳米管］；根据拉曼光谱中单壁碳纳米管的呼吸模计算，可得到单壁碳纳米管

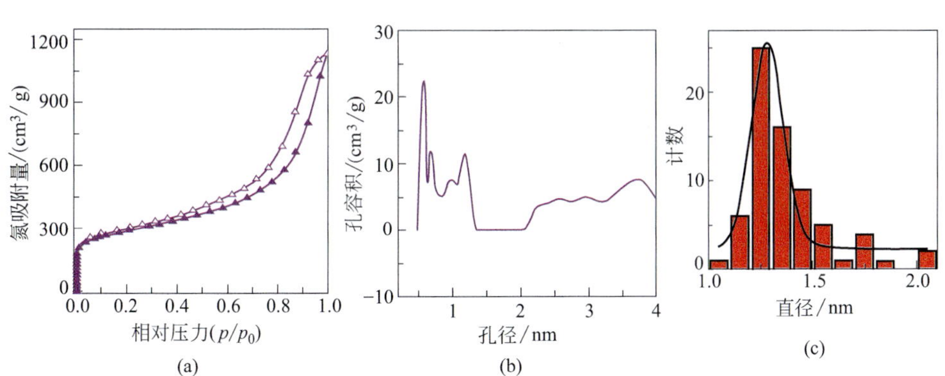

图4.14 （a）单壁碳纳米管的氮吸附等温线；（b）单壁碳纳米管的微孔直径分布；（c）透射电镜下统计的单壁碳纳米管直径分布[55]

的直径主要集中在0.9 ～ 1.6nm[64]。由此看到，吸附方法得到的单壁碳纳米管平均直径［对单层的单壁碳纳米管而言，碳纳米管直径等于碳纳米管内径加2倍碳原子的共价直径（2×0.15nm）］与高分辨电子显微镜、拉曼光谱方法得到的管径相近，证明气体吸附是表征单壁碳纳米管内径（直径）的有效方法。

通过对吸附等温线的解析，也同样可证明多壁碳纳米管的中孔特征，而且通过与透射电子显微镜对比指认，可认定小直径多壁碳纳米管中小尺寸的中孔由其中空管内腔贡献，而这种尺度的孔隙可导致氮气在较低压力下在其中形成毛细凝聚。

对于气体吸附法，有以下几个方面应特别注意：

① 对吸附等温线的选择性解析。对于每种样品，都具有形状复杂的吸附等温线，反映不同的孔径信息，应针对不同样品的特点选择性解析吸附等温线，以准确获得目标参数。

② 吸附方程和孔径模型的选择。解析吸附等温线时，吸附方程和方程所用孔径模型的选择很重要，应根据样品的基本信息，选择孔径模型和吸附方程进行等温线解析。

③ 由于吸附法具有“定量”的特点，结合其他测试结果，可定性考察碳纳米管样品的开口率。如对不同批次同样方法纯化的单壁碳纳米管，根据微孔容积可定性比较开口率的大小。

与其他方法比较，吸附法的优点主要表现在以下方面：①获得较大量样品的统计平均信息，可以得到开口内径分布的完全信息，且不破坏样品；②为物理化学方法，其结果对于碳纳米管内填充、反应及其他物化性能的研究具有重要意义；③结果重复性较好。但该方法也有其缺点：①解析等温线的吸附方程具有一定的人为性，方程的选择直接影响解析结果；②只能表征内径，如果与电镜显微分析、拉曼光谱方法等相结合将可以得到较为完善的碳纳米管中空管的结构信息。

4.3.2
单壁碳纳米管的氮吸附和多维孔结构

前已述及，科学家虽对碳纳米管的吸附等温线进行了研究，但较为系统的研究结果却很少。M. Eswaramoorthy等的结果表明单壁碳纳米管既含有微孔，也含

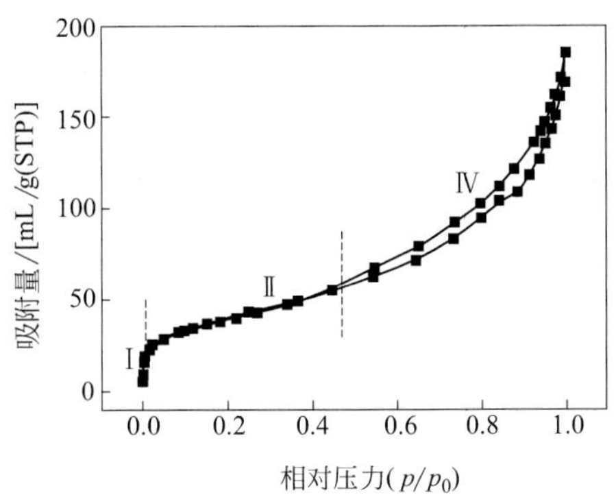

图4.15 单壁碳纳米管的氮低温吸附等温线

有一部分中孔，但没有将这些孔隙与单壁碳纳米管的结构进行关联[7]。

杨全红、成会明等对单壁碳纳米管的氮吸附等温线进行了较为详细的解析。图4.15是单壁碳纳米管的氮低温吸附等温线。单壁碳纳米管的低温氮吸脱附等温线在不同的分压段具有不同的特征，是混合型的吸附等温线。由图4.15可看到，单壁碳纳米管低压部分具有Ⅰ型等温线的特征，在中压段具有Ⅱ型等温线特征，而在高压部分具有Ⅳ型等温线的特征。因此，N_2在单壁碳纳米管上的低温吸附过程是多段过程——从很低的吸附分压（$p/p_0=10^{-6}$，p_0为氮气在77K下的饱和蒸气压）开始直至$p/p_0=0.01$，吸附量迅速增加，说明单壁碳纳米管含有相当数量的微孔；在这之后的中分压段（$p/p_0=0.01 \sim 0.48$），吸附量缓慢攀升，说明单壁碳纳米管有一定的非孔表面；在高压段（$p/p_0=0.48$以上），吸附等温线出现明显滞后环（吸脱附线不重合），说明单壁碳纳米管有一定量的中孔，这部分孔被指认为单壁碳纳米管束之间相互堆积形成的堆积孔[12]。这种堆积孔的大小决定了滞后环的形状和大小。

通过对标准等温线解析，可以判断单壁碳纳米管具有多维孔径结构，与吸附质接触的表面主要由三个部分组成：微孔表面、中大孔贡献的非微孔表面和无定形碳、单壁碳纳米管表面贡献的非微孔表面积，而位于不同表面的吸附位具有不同的表面能量，这决定了吸附等温线的多段特征。

另外，研究发现不同的单壁碳纳米管的吸附等温线具有不同特征，通过解析也可得到不同的孔径分布。但其均具有微孔尺度的中空管结构，而不同的宏观形态决定了不同的堆积孔尺度分布。膜状样品具有较小的堆积孔，绳状样品具有较大尺度的堆积孔，而成型样品基本不含有堆积孔。微孔尺度的中空管决定微孔填充过程；而堆积孔决定高吸附分压的毛细凝聚过程。

K. Murata等研究表明，单壁碳纳米角（single-walled nanohorn, SWNH）往往以簇集状态存在，簇集形成的微孔是其主要孔隙。这种孔的形成介于单壁碳纳米管束中的管间孔和堆积孔之间，是单壁碳纳米角相互作用形成有序结构过程中产生的一种孔隙[65]。单壁碳纳米角的结合要弱于单壁碳纳米管束中单根单壁碳纳米管的相互作用，但要强于单壁碳纳米管束之间的相互作用。

4.3.3
多壁碳纳米管的多维孔结构及其决定的吸附过程

与单壁碳纳米管相比，多壁碳纳米管孔径分布范围更广。除了具有一维的中空管结构外，还具有更大量的堆积孔结构。多壁碳纳米管的中空管结构在较小的中孔范围内，可引发毛细凝聚过程；而多壁碳纳米管较大尺度的堆积孔可引发更为强烈的毛细凝聚[14]。S. Inoue等对直径较大且一端开口的多壁碳纳米管吸附等温线进行讨论，认为其孔隙结构不仅包括中空管内腔构筑的直径约为4nm的中孔，还包括碳纳米管相互作用、堆积形成的管间孔。

图4.16是纯化前后多壁碳纳米管（平均直径为10nm）的吸附等温线和孔径分布曲线。可以看到：原始样品在中分压段基本不具有滞后回线，而纯化样品在中

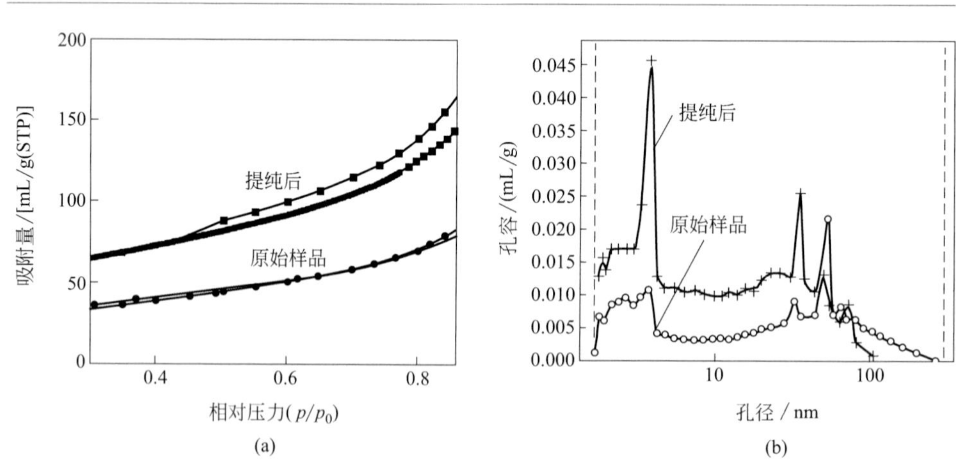

图4.16 纯化前后多壁碳纳米管的（a）吸附等温线和（b）孔径分布曲线[14]

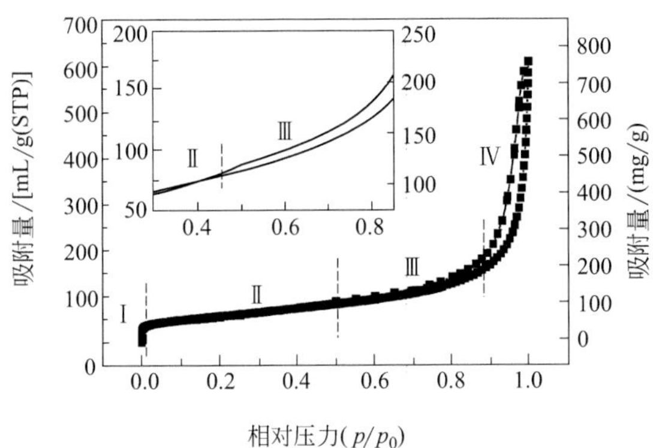

图4.17 多壁碳纳米管的低温氮吸附等温线[14]

分压段具有很明显的滞后回线，说明原始样品中基本不含小的中孔，而纯化样品含有大量决定中分压毛细凝聚的小尺度中孔。通过吸附等温线解析发现，纯化后，在3.0 ～ 4.0nm处出现很强的分布峰，而原始样品中在此位置没有孔分布。以上结果进一步说明，纯化过程使多壁碳纳米管具有一定的开口率（电镜观察也已证明[34]），而且中分压的毛细凝聚过程发生在多壁碳纳米管的中空管中。

图4.17为平均直径10nm的高纯多壁碳纳米管的低温氮吸附等温线：第一段（低压段）发生较弱的微孔填充，说明其中可能具有少量微孔；第二段发生表面吸附；第三段发生低分压的毛细凝聚；第四段发生高分压的毛细凝聚。值得注意的是，由吸附等温线可看到，多壁碳纳米管的总吸附量达750mg/g，而且大部分的吸附量为毛细凝聚所贡献，尤其在第四段毛细凝聚量达590mg/g，占总吸附量的70%以上。在其他的碳质材料中尚未发现这一现象。根据解析结果推断，第一段的微孔充填发生在尺度较小的中空管中；第二段的吸附发生在碳纳米管的外表面上；第三段的毛细凝聚发生在较大尺度的中空管中；而第四段的毛细凝聚发生在多壁碳纳米管堆积而成的尺度较大的堆积孔中。通过Kelvin方程解析，可以得到堆积孔的尺度在20 ～ 40nm。因此，多壁碳纳米管具有多种孔隙结构：少量的微孔，一定量的小尺度中孔（3.0 ～ 4.0nm）和大量的尺度较大的堆积孔（20 ～ 40nm）。

图4.18是平均直径为10nm的高纯多壁碳纳米管冷压成型前后的吸附等温线和孔径分布图。经冷压成型后，大部分堆积孔消失，发生在其中的高分压下的毛细凝聚也随之减弱。这一结果也证明高分压下的毛细凝聚发生在大尺度的

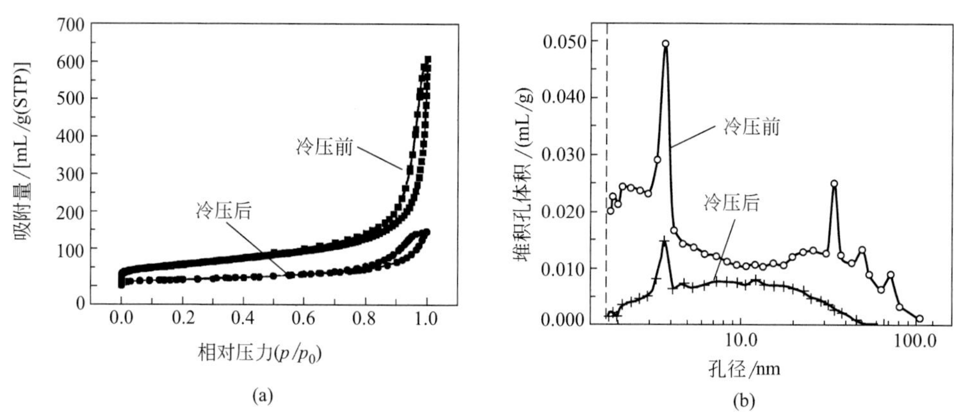

图4.18　平均直径为10nm高纯多壁碳纳米管在冷压成型前后的（a）吸附等温线和（b）孔径分布曲线[14]

堆积孔中。

以上结果表明，多壁碳纳米管同样具有多维的孔隙结构。较小的中孔尺度的一维中空管是其基本孔隙，决定中低分压下的毛细凝聚；一般情况下，多壁碳纳米管开口率较低，因此碳纳米管相互堆积形成的堆积孔和组成堆积孔的碳纳米管外表面，在很多场合下将是吸附过程的主要实现者；但对于成型样品而言，由于大多数堆积孔消失，吸附空间减小。

4.3.4
碳纳米管多维孔结构模型

作为碳质吸附材料，碳纳米管既与传统的纳米孔碳材料，如活性炭纤维（ACF）有相似之处，又有很大的区别。活性炭纤维的基本结构单元是接近sp^2杂化的类石墨微晶，类石墨微晶相互作用形成纳米尺度的超微粒子，在此基础上组合形成宏观结构。在这样的三个层次组合过程中，会形成不同尺度和形状的孔径结构，而且形成的孔均为狭缝形孔[66,67]。图4.19为传统多孔碳和碳纳米管形成的孔结构模型[32]。由图4.19也可看到，宏观形态碳纳米管的基本结构单元是单根碳纳米管，由于范德华力的作用，单壁碳纳米管在通常情况下成束存在，束状单壁碳纳米管相互作用形成宏观形态的单壁碳纳米管；而多壁碳纳米管一般不成束，

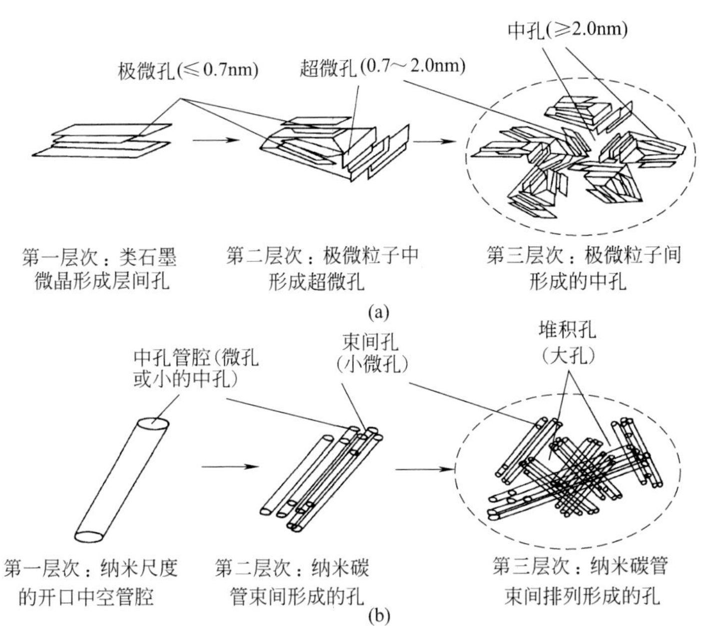

图4.19 （a）传统多孔碳和（b）碳纳米管形成的孔结构模型[32]

离散状态的多壁碳纳米管相互作用形成宏观形态的多壁碳纳米管。单壁碳纳米管在三个层次的组合过程中，也必定会产生不同尺寸的孔径结构：纳米尺度的开口中空管腔（圆柱形孔，0.4 ～ 3nm）、碳纳米管束中管间的狭长孔隙（狭缝形孔，约0.4nm）和碳纳米管束之间形成的堆积孔（狭缝形孔，数纳米到100nm）。多壁碳纳米管一般只具有纳米级的中空管内腔和尺度较大的管间堆积孔[33]。开口的纳米中空管腔是第一层次，同时也是最基本的孔径结构。

关于这一孔隙模型应强调的是：①此模型没有考虑多壁碳纳米管同心的石墨片层之间形成的、尺度与石墨层间距相近的层间孔；②此模型中的成束单壁碳纳米管中的管间孔，在一般情况下很难用常规的氮吸附法检测。另外，由于在很多场合下，尽管碳纳米管的开口率很低，但因堆积孔的强吸附和毛细凝聚作用，使之仍可作为一种重要的吸附材料[9]。堆积孔的成因则如图4.20所示。图4.20（a）为堆积状态的多壁碳纳米管的扫描电子显微镜照片，图4.20（b）为抽象出来的孔模型。可以看到，堆积状态的多壁碳纳米管或者单壁碳纳米管束相互交织在一起形成尺度在20 ～ 40nm的孔隙。在形成堆积孔的过程中，碳纳米管或者管束之间相交的位置，往往形成“相交孔”（ridge），相交孔由于管壁之间的相互作用而具

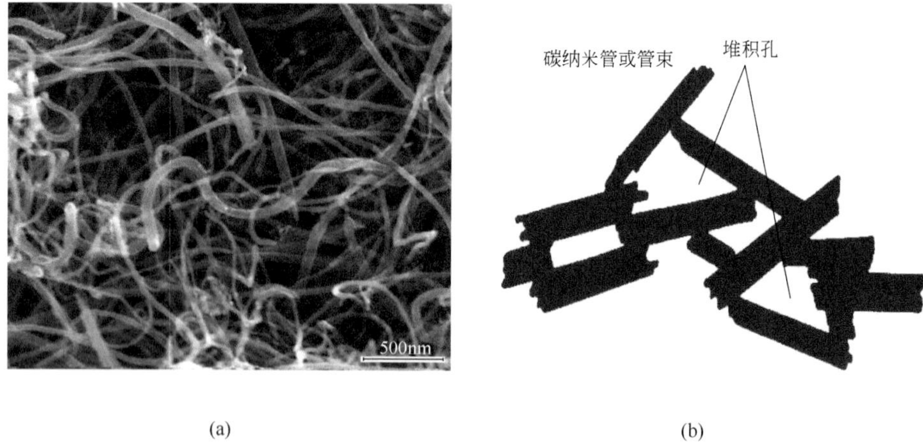

图4.20 （a）多壁碳纳米管的扫描电子显微镜照片；（b）多壁碳纳米管的堆积孔模型[14]

有很高的表面能[20]。

总之，碳纳米管具有多维的表面和孔隙结构，而不同的表面和孔隙结构决定不同的吸附过程。圆柱形的中空管腔是其基本的孔隙，也是其很多奇特物化性质的起源——最小的一维反应器和纳米限域空间；许多奇异的反应和奇特的性质被相继报道[68~72]。成束的纳米管中规则的管间孔隙则具有狭缝形孔的特点，小的尺度、规则的尺寸分布使其成为另一个奇异性质的起源。碳纳米管中形成的堆积孔由于形成的随意性而使其易受外力的影响而变形，但不可忽略的是，在很多场合下，它是吸附和毛细凝聚作用的发生场所。特别应该强调的是，吸附势能很大的“相交孔”往往可能是重要的物理化学吸附位。

参考文献

[1] Iijima S. Nature, 1991, 354(6348): 56-58.

[2] Iijima S, Ichihashi T. Nature, 1993, 363(6430): 603-605.

[3] Ajayan P M. Nature, 1993, 361(6410): 333-334.

[4] Dujardin E, Ebbesen T, Hiura H, et al. Science, 1994, 265(5180): 1850-1852.

[5] Ye Y, Ahn C, Witham C, et al. Appl Phys Lett, 1999, 74(16): 2307-2309.

[6] Inoue S, Ichikuni N, Suzuki T, et al. J Phys Chem B, 1998, 102(24): 4689-4692.

[7] Eswaramoorthy M, Sen R, Rao C. Chem Phys Lett, 1999, 304(3): 207-210.

[8] Yang Q H, Fan Y Y, Li F, et al. Extended Abstracts, Eurocarbon 2000 (Berlin, German, 2000): 1023.

[9] 杨全红. 碳纳米管的表面、孔隙及其与储氢性能关系[D]. 沈阳: 中国科学院金属研究所，2001.

[10] Alain E M B, Mays T. Extended Abstract in Proceedings of 24th Biennial Conf On Carbon (USA, 1999): 88.

[11] Jagtoyen M D F, Pardue J, et al. Extended Abstract in Proceedings of 24th Biennial Conf On Carbon (USA, 1999): 86.

[12] 杨全红, 刘畅, 刘敏, 等. Science in China (Series E: Technological Sciences), 2002.

[13] Yang Q, Li F, Hou P X, et al. Chin Sci Bull, 2001, 46(15): 1317-1320.

[14] Yang Q H, Hou P X, Bai S, et al. Chem Phys Lett, 2001, 345(1): 18-24.

[15] Gadd G, Blackford M, Moricca S, et al. Science, 1997, 277(5328): 933-936.

[16] Stan G, Cole M W. Surf Sci, 1998, 395(2-3): 280-291.

[17] Rahimi M, Singh J K, Babu D J, et al. J Phys Chem C, 2013, 117(26): 13492-13501.

[18] 刘畅. 单壁碳纳米管的氢电弧法大量制备及其性能研究[D]. 沈阳：中科院金属研究所, 2000.

[19] 范月英. 有机物催化热解法制备纳米碳纤维及其储氢性能研究[D]. 沈阳：中科院金属研究所, 2000.

[20] Williams K A, Eklund P C. Chem Phys Lett, 2000, 320(3): 352-358.

[21] Olivier J P. The Fifith International Conference on the Fundamentals of Adsortion. Pacific Grove, CA, 1995.

[22] Jaroniec M M R. 非均匀固体上的物理吸附. 加璐, 等译. 北京: 化学工业出版社，1997: 6-9.

[23] 金子克美. 固体物理（日文），1992, 27:403.

[24] Webb Pa O C. Analytical Methods in Fine Particle Technology. Norcross, USA: Micromeritics Instrument Corp, 1997: 89-90.

[25] Hiraoka T, Izadi-Najafabadi A, Yamada T, et al. Adv Funct Mater, 2010, 20(3): 422-428.

[26] Futaba D N, Goto J, Yamada T, et al. Carbon, 2010, 48(15): 4542-4546.

[27] Yamada Y, Kimizuka O, Machida K, et al. Energy & Fuels, 2010, 24(6): 3373-3377.

[28] Yasuda S, Futaba D N, Yamada T, et al. Nano Lett, 2011, 11(9): 3617-3623.

[29] Izadi-Najafabadi A, Yasuda S, Kobashi K, et al. Adv Mater, 2010, 22(35): E235-E241.

[30] Matsumoto N, Chen G, Yumura M, et al. Nanoscale, 2015, 7(12): 5126-5133.

[31] Hou P X, Yu B, Su Y, et al. J Mater Chem A, 2014, 2(4): 1159-1164.

[32] 杨全红，刘敏，成会明，等. 材料研究学报，2001, 15(4): 384-387.

[33] Peigney A, Laurent C, Flahaut E, et al. Carbon, 2001, 39(4): 507-514.

[34] Hou P, Bai S, Yang Q, et al. Carbon, 2002, 40(1): 81-85.

[35] Hou P X, Liu C, Cheng H M. Carbon, 2008, 46(15): 2003-2025.

[36] Feng Y, Zhang H, Hou Y, et al. ACS Nano, 2008, 2(8): 1634-1638.

[37] Tsang S, Harris P, Green M. Nature, 1993, 362: 520.

[38] Yamabe T, Fukui K, Tanaka K. The Science and Technology of Carbon Nanotubes. Elsevier, 1999.

[39] Goto T, Takahashi H, Shinoda Y, et al. Nature, 1996, 383(6602): 679.

[40] Bandow S, Asaka S, Zhao X, et al. Appl Phys A, 1998, 67(1): 23-27.

[41] Duesberg G, Muster J, Krstic V, et al. Appl Phys A, 1998, 67(1): 117-119.

[42] Dillon A C, Alleman J, et al. Proceedings of the 1999 US DOE Hydrogen Program Review, 1999.

[43] Asada Y, Miyata Y, Ohno Y, et al. Adv Mater, 2010, 22(24): 2698-2701.

[44] Zheng M, Jagota A, Semke E D, et al. Nat Mater, 2003, 2(5): 338-342.

[45] Chen Z, Kobashi K, Rauwald U, et al. J Am Chem Soc, 2006, 128(32): 10568-10571.

[46] Banerjee S, Hemraj Benny T, Wong S S. Adv Mater, 2005, 17(1): 17-29.

[47] Coleman J N. Adv Funct Mater, 2009, 19(23): 3680-3695.

[48] Furtado C, Kim U, Gutierrez H, et al. J Am Chem Soc, 2004, 126(19): 6095-6105.

[49] Liu W B, Pei S, Du J, et al. Adv Funct Mater, 2011, 21(12): 2330-2337.

[50] Bacsa R, Laurent C, Peigney A, et al. Chem Phys Lett, 2000, 323(5): 566-571.

[51] Zhu Y, Li L, Zhang C, et al. Nat Commun, 2012, 3:1225.

[52] Niu J J, Wang J N, Jiang Y, et al. Microporous Mesoporous Mater, 2007, 100(1-3): 1-5.

[53] Jiang Q, Zhao Y. Microporous Mesoporous Mater, 2004, 76(1): 215-219.

[54] Jiang Q, Zhao Y, Lu X, et al. Chem Phys Lett, 2005, 410(4): 307-311.

[55] Hou P X, Song M, Li J C, et al. Sci Chin Mater, 2015, 58(8): 603-610.

[56] Li S, Hou P X, Liu C, et al. J Mater Chem, 2012, 22(28): 14149-14154.

[57] Liu T Y, Zhang L L, Yu W J, et al. Carbon, 2013, 56: 167-172.

[58] Tohji K, Goto T, Takahashi H, et al. Nature, 1996, 383(6602): 679.

[59] Chen X, Deng D, Pan X, et al. Chin J Catal, 2015, 36(9): 1631-1637.

[60] Xiao J, Pan X, Guo S, et al. J Am Chem Soc, 2014, 137(1): 477-482.

[61] Zhang F, Ren P, Pan X, et al. Chem Mater, 2015, 27(5): 1569-1573.

[62] Dresselhaus M, Eklund P. Adv Phys, 2000, 49(6): 705-814.

[63] Saito R, Takeya T, Kimura T, et al. Phys Rev B, 1998, 57(7): 4145-4153.

[64] Liu C, Fan Y, Liu M, et al. Science, 1999, 286(5442): 1127-1129.

[65] Murata K, Kaneko K, Kokai F, et al. Chem Phys Lett, 2000, 331(1): 14-20.

[66] Mcenaney B. Carbon, 1988, 26(3): 267-274.

[67] 杨全红，郑经堂，王茂章，等. 材料研究学报，2000, 14(2): 113-122.

[68] Tang D M, Ren C L, Lv R, et al. Nano Lett, 2015, 15(8): 4922-4927.

[69] Tang D M, Yin L C, Li F, et al. PNAS, 2010, 107(20): 9055-9059.
[70] Yu W J, Hou P X, Li F, et al. J Mater Chem, 2012, 22(27): 13756-13763.
[71] Yu W J, Liu C, Hou P X, et al. ACS Nano, 2015, 9(5): 5063-5071.
[72] Pan X, Fan Z, Chen W, et al. Nat Mater, 2007, 6(7): 507-511.

NANOMATERIALS

碳纳米管

Chapter 5

第5章

碳纳米管的力学性能及其在复合材料中的应用

丛洪涛，曾尤
中国科学院金属研究所

石墨平面中 sp^2 杂化的碳碳键是自然界最强的化学键之一，但由于石墨层与层之间的相互作用比较弱，因此石墨很难用作结构材料[1]。充分利用 sp^2 碳碳键超高强度的方法之一就是将其制成所有基面平行于轴向的纤维。自从20世纪60年代碳纤维被发明以来，就被广泛应用于制备超轻高强的复合材料，在航天航空以及体育运动器材中被广泛使用。普通碳纤维具有较高的强度和模量，但是由于其结构中存在大量缺陷使其力学性质和理论预测值仍相差较远[1,2]。1991年饭岛[3]发现碳纳米管是由碳六边形构成的无缝中空网格组成，其基面中的碳原子之间由 sp^2 杂化共价键相连接、缺陷较少，从结构推测其具有极高的强度，甚至可能是迄今人类发现的最高强度的纤维[4,5]。碳纳米管的力学性质与普通的碳纤维有较大差异。碳纳米管具有优异的回弹性能（resilience），在受力弯曲时，通常不会发生断裂而仅仅发生形变，即其在具有很高强度的同时还具有很好的韧性。透射电子显微镜观察已证实，碳纳米管在发生显著弯曲时仍然不会断裂[6]。

研究者从理论计算和实验测量两方面开展了碳纳米管力学性能的研究：一方面，基于能量与体积的内在联系，采用理论模型计算碳纳米管的模量，根据碳纳米管网格形变以及分子动力学模拟，研究应力作用下碳纳米管的变形机制；另一方面，研究者设计并开展了诸多精巧的实验来测量碳纳米管的模量和拉伸强度。

本章首先讨论碳纳米管力学性能相关的理论研究，然后介绍相关的实验研究结果，最后阐述碳纳米管在复合材料中的应用，按照基体类型分别介绍碳纳米管/聚合物复合材料、碳纳米管/金属复合材料及碳纳米管/陶瓷基复合材料的研究进展。

5.1 碳纳米管力学性能的理论研究

为了充分利用碳纳米管在轴向的超高强度，需要将碳纳米管按照一定方向排列起来制成复合材料，在受到拉力作用时，碳纳米管受力均匀，即使个别强度比较低的碳纳米管发生断裂，整体应力集中出现的概率仍较小（如图5.1）；而普通材料在受到拉力出现裂纹时，在裂纹尖端会出现明显的应力集中现象，使得材料

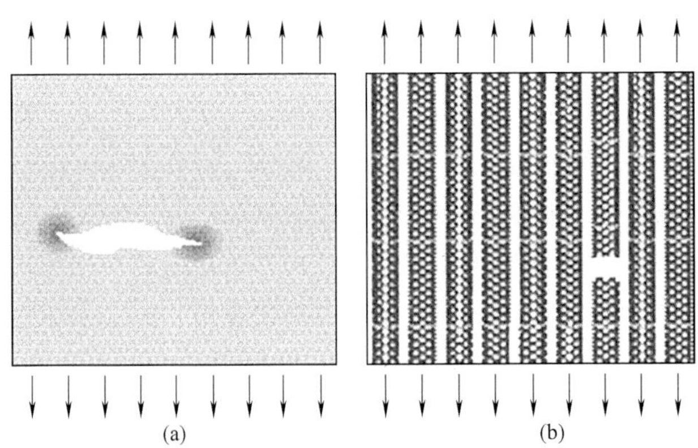

图5.1 （a）普通材料和（b）碳纳米管束断裂过程的示意图[5]

的强度急剧降低。因此，碳纳米管适合于用作高性能复合材料的增强体，甚至被认为有可能制成通向太空的超级绳索[5]。由于碳纳米管具有纳米尺度，其结构也较为简单，因此是很好的理论模型研究对象，可通过理论计算来推算碳纳米管的弹性性质，并可采用分子动力学过程模拟碳纳米管受到应力发生应变直到断裂的过程。理论计算结果表明碳纳米管具有较高的模量，而且断裂过程具有一定的塑性，而不发生明显的脆性断裂。

5.1.1 碳纳米管的杨氏模量

杨氏模量是反映材料力学性能的基本物理量之一，与固体中的原子结合力直接相关。对于具有共价键结构的固体材料而言，两个原子之间的相互作用势函数决定了其弹性性质。材料的杨氏模量与其晶格常数的四次方成反比，晶格常数的微小变动会对杨氏模量产生显著的影响[6,7]。以石墨为例，它在c轴方向上的杨氏模量（C_{33}）与温度密切相关，温度升高使层间距发生变化，从而引起C_{33}数值的显著改变[1]。由于碳纳米管通常由sp^2杂化形成的碳碳共价键构成，其杨氏模量与sp^2共价键密切相关[4,8]。

M.S. Dresselhaus等采用连续弹性理论（continuum elasticity theory），基于石墨片层结构C_{11}方向的杨氏模量为1TPa，推测碳纳米管的杨氏模量在800GPa左右[4]。对于碳纳米管杨氏模量等弹性性质的计算，大都采用经验势函数的方法，即基于键序（bond order）概念的Tersoff势函数[9,10]，其可精确地描述烃类体系中原子间的相互作用，不仅可以计算成键能和键角，还可以对碳碳化学键的形成以及其断裂过程进行模拟[10]。D.H. Robertson等[11]使用Tersoff势函数和第一性原理分别计算了直径大于0.9nm的碳纳米管的弹性常数，通过比较发现Tersoff势函数可以更好地应用于碳纳米管体系。计算结果表明，碳纳米管中每个原子的应力能与管径的平方成反比，而与其螺旋角等因素无关。C.F. Comwell等[12,13]采用Tersoff势函数对单壁碳纳米管的弹性性质和拉伸过程进行模拟计算，发现对于直径大于1nm的碳纳米管而言，计算得到的结果与使用连续介质理论得到的结果基本一致；而对于直径小于1nm的碳纳米管，不同方法得到的结果略有差异。根据计算结果，碳纳米管的杨氏模量（Y，GPa）和直径（d，nm）有如下关系：

$$Y = \frac{4296}{d} + 8.24 \tag{5.1}$$

根据式（5.1），直径为1nm的单壁碳纳米管的杨氏模量在4TPa左右。B.I. Yakobson等[14]根据连续介质理论，采用Tersoff势函数计算了碳纳米管在受到较大形变过程中的结构变化，得到碳纳米管的杨氏模量为5.5TPa。在以上的计算中，碳纳米管的壁厚（h）取0.07nm（与石墨烯厚度相同），得到的模量数值较大；如果取壁厚为0.34nm（与石墨之间的层间距相同），则计算得到的杨氏模量在1TPa左右；为了消除壁厚（h）取值对计算结果的影响，也可以采用$Yh=C$来校正[15]。

由于单壁碳纳米管易于形成管束状结构[16]，S.B. Sinnott等[17]采用Tersoff势函数研究了单壁碳纳米管束的杨氏模量。结果表明，在有限长度内管束的模量和金刚石的模量相当，这种碳纳米管束可看作是一种抗弯性能好、不易发生变形的轻质超强材料。J.P. Lu[18]等采用经典的力常数模型（force-constant model）计算了碳纳米管束的弹性性质，得到的杨氏模量大约为1TPa、剪切模量约为0.5TPa，计算结果也表明碳纳米管的力学性质与碳纳米管直径、螺旋角以及层数等因素无关。单壁碳纳米管束具有独特的各向异性，在轴向具有很高的模量，而在垂直方向较为柔软，其表现为集高强度、轻质、高柔韧性于一体的特性。由于受到易弯折和纳米尺度管径的限制，碳纳米管力学性能的实验测量十分困难，在很长时间内仅限于碳纳米管杨氏模量的测定和一些大直径碳纳米管的简单拉伸和弯曲测试。Demczyk和Lau等[19,20]得到的实验数据表明单壁碳纳米管的弹性模量在0.9～5.5TPa范围内。

Haskins等[21]采用紧束缚分子动力学方法研究了分子缺陷对碳纳米管力学性

能的影响，计算得到碳纳米管的杨氏模量在0.95 ～ 1.15TPa范围内。Zhou等[22]采用价电子总能量（total energy of all the occupied band electrons）理论进行计算，结果表明应力能主要来自非空的价电子，碳纳米管的杨氏模量和碳纳米管直径、螺旋角等因素无关，采用连续介质理论计算得到的杨氏模量为5.5TPa。V.N. Povon等研究表明，碳纳米管的力学性能对碳纳米管尺寸和手性不是很敏感，而更多地依赖于其细微结构[23,24]。E. Hernandez等指出，采用非正交紧束缚分子动力学方法模拟计算的结果表明，单壁碳纳米管的杨氏模量随管径的增大呈上升的趋势[25]。

前期研究表明，采用不同的理论方法和原子间作用势函数，计算得到的结果基本相同（需要消除单壁碳纳米管壁厚取值的影响，即考虑$Yh=C$）。在连续介质理论中[14]，杨氏模量定义为弹性能二阶导数除以平衡体积。在连续介质近似条件下，碳纳米管的弹性能与其直径的平方成反比，弹性常数和石墨的C_{11}（平行于石墨基面的杨氏模量）相同，而与碳纳米管的螺旋角无关。因此，在采用连续介质理论计算时，石墨烯片层卷成碳纳米管后，其杨氏模量变化不大。鉴于连续介质理论没有考虑原子之间的相互作用，因此具有相同平面参数的碳纳米管具有相同的弹性常数；由于多壁碳纳米管层间的相互作用比较弱，对于大直径单壁碳纳米管和多壁碳纳米管均可这样考虑。但当碳纳米管管径小到其原子结构相当于成键排列方式的时候，根据连续介质理论采用从头算和经验势函数方法计算，需要对结果进行修正，在其计算过程中参数的选择对杨氏模量的计算结果也有一定的影响[26]。

综上所述，不同理论计算的结果都表明碳纳米管具有很高的模量和强度，其杨氏模量在1TPa左右，亦可从相关实验测量中得到证实。计算结果还表明各种类型的碳纳米管的泊松比（Poisson's ratio）均为正数，一般在0.15 ～ 0.28之间（石墨基面泊松比为0.16），其数值高低与碳纳米管的螺旋角及环境温度有关。

5.1.2
碳纳米管的Stone-Wales形变

当碳纳米管在外力作用下超过弹性形变范围时，会产生较为特殊的塑性形变（即Stone-Wales形变），通过改变结构以消除应力。石墨烯平面具有六边形对称结构，在受力时会出现三个滑移面、相互间成120°夹角（相对于石墨中的｛1011｝

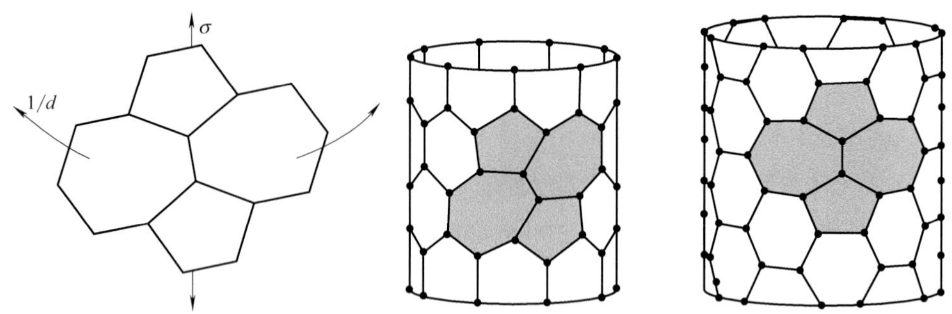

图5.2 受到应力的（9, 0）、（6, 6）碳纳米管六边形网格出现Stone-Wales 5/7/7/5变形示意图[28,29]

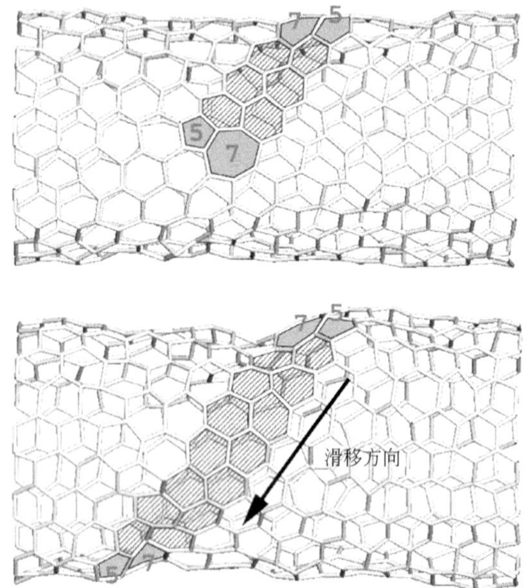

图5.3 （10, 10）碳纳米管在轴向受到应力时发生的塑性变形[31,32]

面）。当这些方向受到剪切应力作用时，易于发生滑移。在滑移过程中，在c轴边缘会出现位错，导致在六边形网格中同时产生一个五边形/七边形对结构（如图5.2所示）。在完整的石墨烯晶格中，通过一个碳碳键围绕着其中心旋转90° 可以得到如图5.2所示的结构，即所谓Stone-Wales形变[27~29]。

Stone-Wales形变在碳纳米管释放应力过程中起到非常重要的作用，是碳纳米管可发生较大塑性变形的主要原因。计算结果表明[28,29]，当对扶手椅型的碳纳米管在轴向施加的张力超过临界数值的5%时，就会形成Stone-Wales变形的拓扑

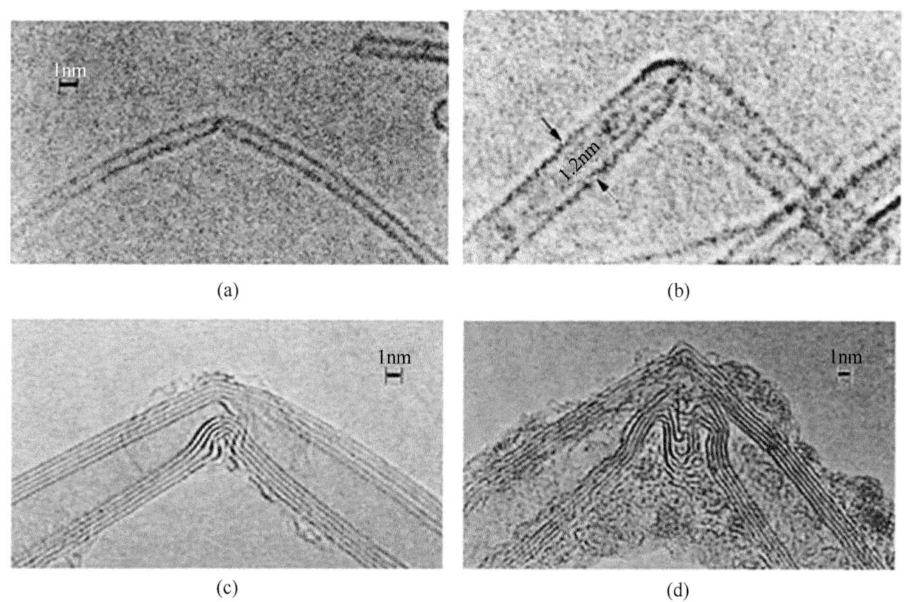

(a) (b) (c) (d)

图5.4 在应力下碳纳米管发生弯曲和扭曲的高分辨透射电子显微镜照片[30]

（a）、（b）单壁碳纳米管；（c）、（d）多壁碳纳米管

缺陷，可以通过石墨烯平面中位错环的改变来解释Stone-Wales变形中5/7/7/5成对缺陷出现的原因。5/7/7/5位错环出现后，可将两个位错独立分开处理，使得位错发生移动，显著提高碳纳米管的塑性（如图5.3所示）。通过透射电子显微镜观察，可以看到具有很大弯曲程度的碳纳米管（如图5.4所示），尽管碳纳米管在截面上发生了极大的扭曲形变，但仍然未发生断裂，说明碳纳米管具有极佳的柔韧性，能够通过结构的变化释放应力，从而在保持高强度的同时，还具有发生弹塑性变形的能力，表现出良好的韧性[30~32]。

5.1.3 碳纳米管断裂的理论分析

碳纳米管具有独特的中空结构，在较大的应力载荷作用下，其塑性变形和断裂过程表现出很大程度的独特性，对其进行计算与模拟引起了人们广泛的兴趣。B.I. Yakobson等[5,14,33]基于Tersoff势函数分子动力学过程，模拟了单壁碳纳米管在轴向受到负载（拉伸、压缩、弯曲和扭曲）作用时，碳纳米管的形貌变化及断裂过程。如图5.5所示[5]，在拉伸应力到达临界点以前，碳纳米管的变形是通过管壁六角形网格发生弹性形变来实现的，应力均匀分布在整个碳纳米管中；随着应力的增加，碳纳米管网格中出现Stone-Wales变形，此时若撤去应力，出现的Stone-Wales变形会部分消失；在到达临界点之后，碳纳米管中不仅出现大量的Stone-Wales变形，而且碳原子出现了无序排列现象，甚至少数碳碳键几乎同时发生断裂，在管壁上出现孔洞、成为碳纳米管断裂的起始缺陷位置；随着拉伸应力的持续增加，碳原子在碳纳米管轴向的无序扩散会进一步加剧，最终导致碳纳米管发生断裂。通常碳纳米管在压缩过程中发生的塑性形变比其在拉伸时的过程更为复杂[14,34]。

D. Srivastava等[35]采用量子化紧束缚分子动力学（quantum generalized tight binding molecular dynamics, QGTBMD）方法研究了碳纳米管在轴向受压时的形态变化。发现碳纳米管在发生压缩变形时，在塌陷部位的碳碳键会发生从sp^2到sp^3杂化转变的纳米塑性机制（mechanism of nanoplasticity）。这一转变过程与石墨在150GPa压力下由片层结构转变为金刚石结构的过程极为相似。如图5.6所

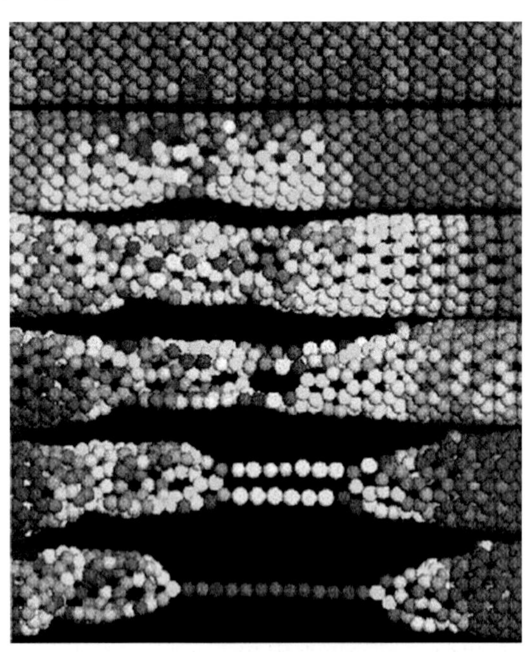

图5.5　计算机模拟单壁碳纳米管拉伸断裂过程[5]

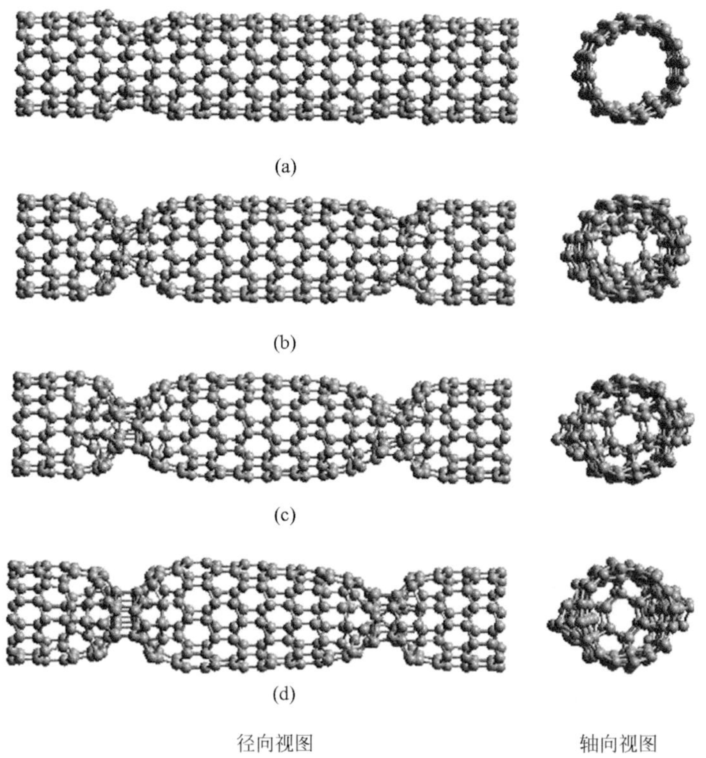

图5.6 （8，0）碳纳米管在12%压缩条件下发生塑性塌陷的四个阶段[35]

（a）变形成核；（b）、（c）在形变部位形成向内塌陷结构；（d）在塌陷部位出现石墨向金刚石结构的转变

示，当碳纳米管被压缩到12%（压力为153GPa）时，出现碳碳键从sp^2向sp^3杂化的转变，此时碳纳米管径向截面的两个部位会出现不对称的结构形变；当碳纳米管进一步承受载荷作用时，其会通过形变的原子发生重新排列得以释放应力，依次出现如图5.6（b）和（c）所示的塌陷结构。随着碳原子被进一步拉向内部，一个碳原子易于形成四个化学键而出现sp^3杂化［图5.6（d）所示］。计算结果表明这一向内塌陷的过程是一个能量释放的过程。

由于模拟计算时采用的方法、模型以及所选的参数各有不同，理论推算出的结果具有很大的差异性，但无疑都有助于对碳纳米管力学性能的深入理解，正如C.F. Cornwell和L.T. Wille所指出：理论模拟不能替代实验，但可在一定程度上指导实验，指引最可行的研究途径并较好地解释实验结果[13]。

5.2
碳纳米管的力学性能

5.2.1
碳纳米管的轴向模量

由于碳纳米管具有纳米尺度及中空管状结构，准确测量其力学性能具有很大的挑战。O. Lourie等[36]将单壁碳纳米管与环氧树脂复合，制备出碳纳米管/环氧树脂复合薄膜，通过激光拉曼光谱观察发现，不同温度下薄膜中碳纳米管的D*模对应的波数出现变化，其归因于碳纳米管压缩形变。根据拉曼光谱中D*模振动频率的变化，可推导出单壁碳纳米管的杨氏模量为1TPa。由于碳纳米管的纳米尺度，在其受到应力而发生弯曲时的情况比较复杂，在测量过程中需要考虑的影响因素较多，故测量结果的精度不高。

M.M.J. Treacy等基于碳纳米管的热振动振幅对温度的显著依赖性，测量并计算碳纳米管的杨氏模量[37,38]。在透射电子显微镜下，测定了11根多壁碳纳米管和27根单壁碳纳米管从室温到800℃时平均振动振幅的大小（如图5.7所示），根据振动的频率、碳纳米管直径以及伸长率等计算碳纳米管的杨氏模量。结果显示多

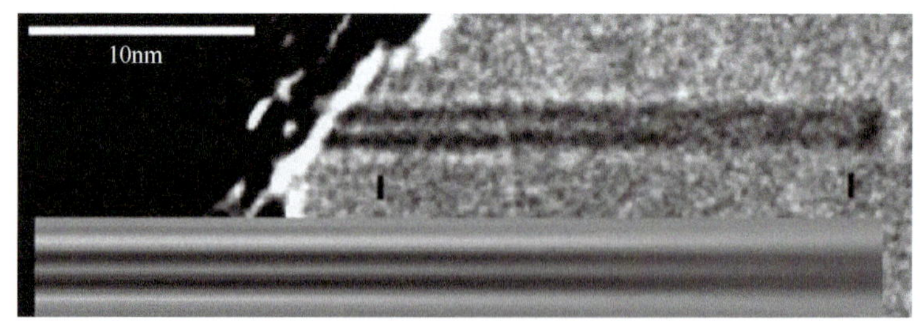

图5.7 振动单壁碳纳米管的透射电子显微镜的明场像

插图中拟合相应长度和直径的碳纳米管，其长度L=36.8nm，直径d=1.5nm，计算得到的杨氏模量为Y=(1.33±0.2)TPa[38]

壁碳纳米管的杨氏模量从0.4TPa到4.15TPa，平均值为1.8TPa，单壁碳纳米管杨氏模量的平均值为1.25TPa。这一结果基本与石墨烯平面的模量相一致，但数据较为离散，甚至出现大于石墨烯片层模量的结果，可能是由于碳纳米管中出现了部分的sp^3杂化所致。同时根据多壁碳纳米管直径与模量的关系，发现其直径越小、模量越大；而单壁碳纳米管数据比较离散，很难看出直径和强度之间的关联性。

通过原子力显微镜针尖与碳纳米管的互相接触和相对运动，可对碳纳米管位置和形状进行控制，利用这一特点可进行碳纳米管的力学性能测试。E.W. Wong等[39]首先把碳纳米管分散在用光刻技术得到的基体上，然后用原子力显微镜探针的针尖将多壁碳纳米管慢慢压弯，根据探针在不同位置时所需外力的大小，通过一定的模型处理计算得到碳纳米管的杨氏模量。实验中测量了直径从26nm到76nm的多壁碳纳米管，它们的平均杨氏模量为（1.28±0.59）TPa。实验的具体过程是把经超声分散在甲苯或者乙醇溶液中的碳纳米管滴在CoS_2基体上，然后采用原子力显微镜的针尖划过伸出的碳纳米管端头［图5.8（a）］，最后根据一端固定另一端自由时的模型计算其模量［图5.8（b）］。图5.9（a）是直径为4.4nm的多壁碳纳米管在氧化硅基体上弯曲前的照片，可以看出碳纳米管从左边平衡位置的基体上伸出，然后在探针的作用下发生弯曲［如图5.9（b）所示］，根据碳纳米管和探针针尖之间的距离以及应力之间的关系可计算出碳纳米管的杨氏模量。采用这种方法不仅可测量碳纳米管的杨氏模量，而且还可以测量SiC纳米棒等材料的杨氏模量。

J.P. Salvetat等[40]采用原子力显微镜探针针尖使单壁碳纳米管束发生三点弯曲来测量其模量。如图5.10（a）所示，首先将单壁碳纳米管束随机分散于抛光的氧化铝多孔膜上，在氧化铝膜中找到搭在小孔上的管束，然后采用原子力显微镜探

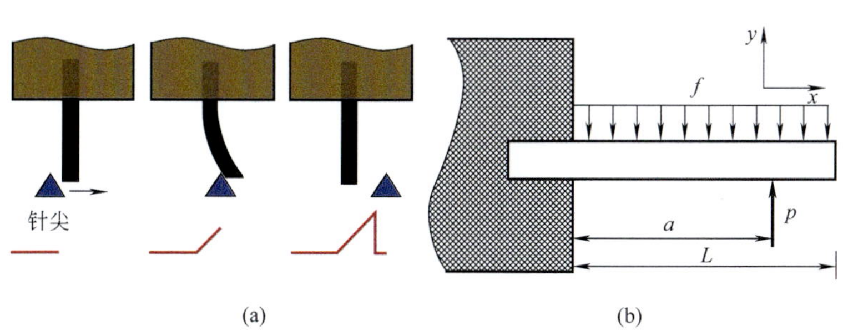

图5.8　一端固定另一端自由的碳纳米管

（a）模量测量示意图；（b）计算模型[39]

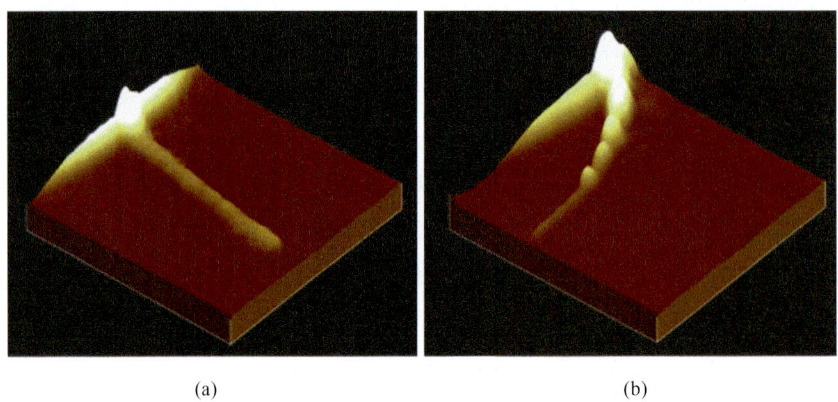

图5.9 原子力显微镜针尖和碳纳米管在（a）接触前与（b）接触后的照片[39]

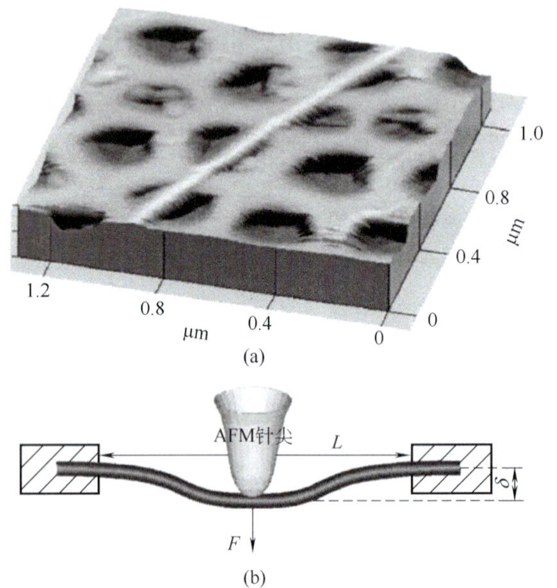

图5.10 （a）附着在氧化铝多孔膜上单壁碳纳米管束的原子力显微镜照片；（b）原子力显微镜针尖和碳纳米管作用以及计算模量的示意图[40]

针针尖压迫管束上部使其发生弯曲形变［如图5.10（b）所示］。假定管束两端和多孔膜结合十分紧密，则在原子力显微镜探针针尖下压的过程中，管束两端不发生滑动且只有管束变形。根据原子力显微镜探针针尖和管束之间受力大小、管束长度以及产生的弯曲程度，可计算得到单壁碳纳米管束的模量，然后根据管束和单根单壁碳纳米管之间的关系（如图5.11所示）[40]，得到其杨氏模量和剪切模量

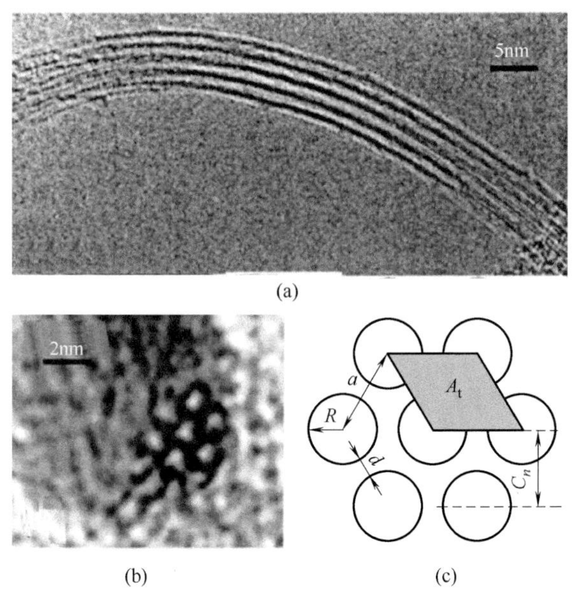

图5.11 单壁碳纳米（a）管束、（b）端面的高分辨透射电子显微镜照片以及（c）管束的结构示意图[40]

分别为1TPa和1GPa。然而采用这一方法测量的剪切模量并不是单壁碳纳米管本身的剪切强度，而是单壁纳米管束之间发生相对滑移的强度。此外，由于在计算时假定了单壁碳纳米管束和氧化铝多孔膜结合十分紧密，但实际情况可能并非如此，因此测得的结果存在一定偏差。

A. Volodin等[41,42]通过热解烃类的方法制备出螺旋状多壁碳纳米管，然后将它们分散在硅基片表面，通过原子力显微镜观察其螺旋结构（见图5.12）。对于较大直径螺旋结构的多壁碳纳米管，可用原子力显微镜测量它们的局部弹性性质。结果表明螺旋结构对其模量影响比较小，最终得到的模量为0.17TPa。这个结果与前所述方法得到的数值相比较小，原因可能是螺旋状碳纳米管的直径一般都比较大（约100nm），螺旋结构中包含的较多缺陷可能影响其模量数值，与其他研究中[38]发现的碳纳米管直径越大其模量也越小的结果相一致。

P. Poncharal等采用原位电力共振（*in situ* electromechanical resonance）法测量了碳纳米管的模量[43,44]。在透射电子显微镜下观察发现，如果在单根碳纳米管上施加一个电场，会使得碳纳米管发生机械偏转。同时通过控制电场的强度与作用频率，当其达到碳纳米管的本身固有振动频率或其倍频时，会发生强烈的共振

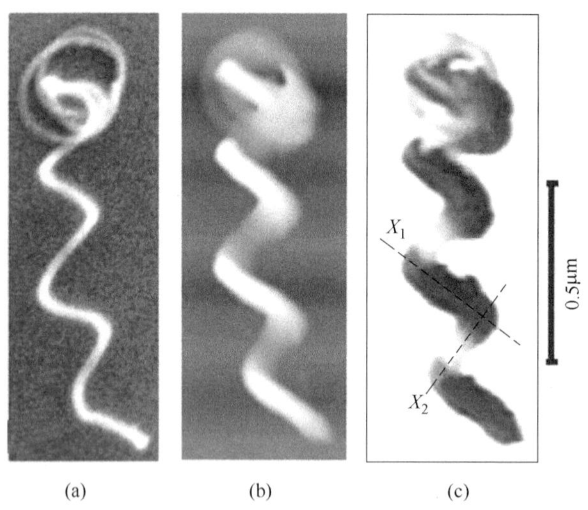

图5.12 采用原子力显微镜观察的（a）、（b）螺旋状多壁碳纳米管及（c）结构示意图[41]

图5.13 透射电子显微镜观察在改变电压后碳纳米管的共振频率变化[43]

现象（如图5.13所示），这种情况与弹性悬梁的共振相似，因此可利用这一性质来得到碳纳米管的模量。结果表明，碳纳米管的弹性弯曲模量是其直径的函数，随着碳纳米管直径从8nm增加到40nm，其模量从1TPa急剧下降到0.1TPa，而直径小于8nm的多壁碳纳米管模量一般在1.2TPa左右。此外，原位电镜观察中还发现碳纳米管自由尖端上有小纳米颗粒的存在（如图5.14所示），对碳纳米管施加

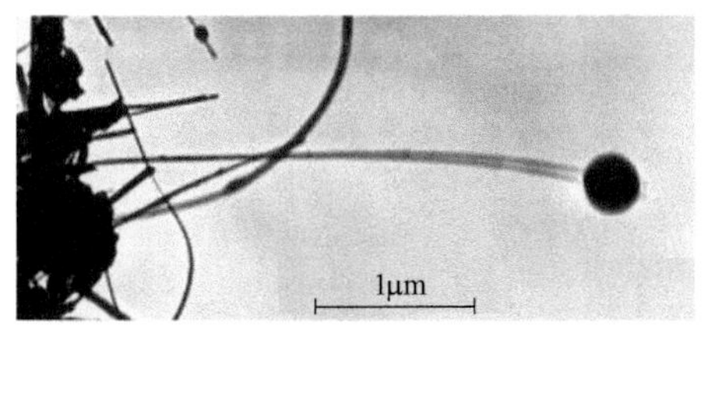

(a)

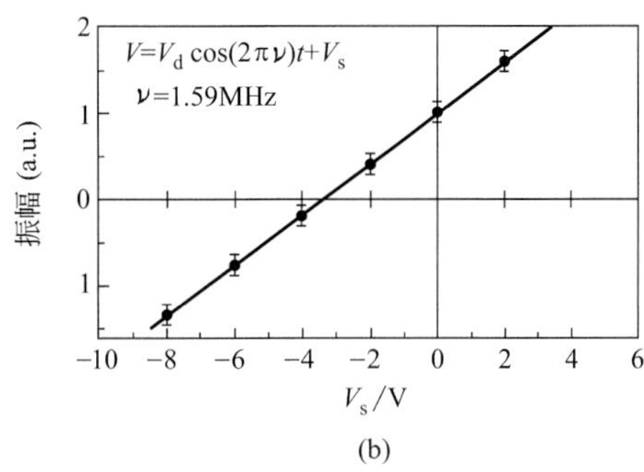

(b)

图5.14　采用碳纳米管称量物体的（a）电镜照片示意图及（b）测量信号输出[43]

电场后，其固有振动频率会发生变化。利用这一现象，可将碳纳米管一端固定，另外一端放置一个微小质量物体（比如病毒），通过电子显微镜观察碳纳米管振动频率的变化，进而计算得到这一物体的质量，形成一个碳纳米管秤，它可称量质量为10^{-15} ～ 10^{-12}g的物体，相当于一个病毒的质量。R. Gao等[45]采用同样方法测量了催化热解法制备的多壁碳纳米管的弯曲模量，发现由于碳纳米管中存在缺陷，其弯曲强度大大降低，具有点缺陷的碳纳米管的剪切模量为30GPa，具有体缺陷的剪切模量仅为2 ～ 3GPa。

研究结果表明多壁碳纳米管的杨氏模量与直径密切相关[37,38,42]，一般直径越小、其杨氏模量越高；而单壁碳纳米管直径和杨氏模量之间的关系不是特别明显。可能是由于大直径的多壁碳纳米管中缺陷的增加使得其模量下降，而单壁碳纳米管中相对缺陷较少，不同结构的单壁碳纳米管之间模量相差较小所致。此外，由于测量误差可能掩盖单壁碳纳米管模量之间的差别，很难从实验上判断单壁碳纳米管模量与直径以及其结构之间的关系。

在碳纳米管模量的研究中还发现，通过测量得到的碳纳米管的模量甚至会大于石墨片层的模量[37,38]，部分理论模拟对此进行了解释[12,13,29]，将其归因于碳纳米管在弯曲时会出现少量的sp^3杂化结构，从而使其模量有所提高[35]。

5.2.2
碳纳米管的径向模量

前述研究表明，碳纳米管的轴向模量极高，而其径向又表现为极软的性质。

理论分析指出，单壁碳纳米管束中管与管之间的相互作用（范德华力）就很容易使得碳纳米管从圆形变成六角形[46]，此外关于大直径碳纳米管的稳定性分析中也表明碳纳米管管壁易于发生变形。J.P. Salvetat等[40]研究发现，单壁碳纳米管束的剪切模量只有1GPa，相关结果也得到了对比实验的证实。J. Tang等[47]采用原位同步X射线衍射（*in situ* synchrotron X-ray diffraction）测量了金刚石压砧中单壁碳纳米管束在室温、高压下的弹性形变，发现在1GPa应力作用时，单壁碳纳米管径向就开始出现形变，其形状由圆形转变为多边形（polygonization）；当应力大于5GPa时，管束结构发生破坏。W.D. Shen等[48]采用扫描探针显微镜测量了单根碳纳米管的径向压缩弹性模量，并估计了其径向压缩强度。实验中以弹性常数约为120N/m的金刚石针尖，采用压痕模式（indentation/scratch mode）径向压缩多壁碳纳米管，探测碳纳米管形变从而研究碳纳米管径向压力与压缩变形的关系。结果表明，在不同压力下碳纳米管径向弹性模量与压缩形变呈非线性关系。对于直径为10nm的碳纳米管，当其径向压缩变形从26%增加到46%时，其径向压缩模量从9.7GPa增加到80.0GPa，进一步研究发现其强度至少超过5.3GPa，表明碳纳米管具有超常的抗应变和恢复能力。

5.2.3
碳纳米管的拉伸强度

拉伸强度是材料极其重要的力学指标。而碳纳米管的直径在1nm到几十纳米之间，很难制成标准样品进行拉伸实验，准确测量与精准理论计算极具挑战。E.W. Wong等[39]用原子力显微镜探针压缩多壁碳纳米管使其变形，推算得到碳纳米管的拉伸强度约为28.5GPa；Z.W. Pan等[49]直接测量超长多壁碳纳米管的杨氏模量和拉伸强度，得到多壁碳纳米管的拉伸强度为1.72GPa，杨氏模量为0.45TPa；B.G. Demezyk等[50]采用原位方法测试单根碳纳米管的拉伸强度为0.15TPa；Y. Li等[51]对直径为3～20μm、长10mm排列整齐的双壁碳纳米管束进行拉伸测试，得到其拉伸强度为1.2GPa，杨氏模量为16.0GPa。以上测试结果与理论计算结果相比，拉伸强度普遍偏低，主要是由于碳纳米管中存在的大量缺陷以及拉伸过程中石墨层之间的相对滑动所致。

李峰、成会明等采用催化热解烃类方法制备出绳状单壁碳纳米管，测量其力学性能并推测得到单壁碳纳米管的拉伸强度[52~55]。采用催化热解烃类法制备的绳

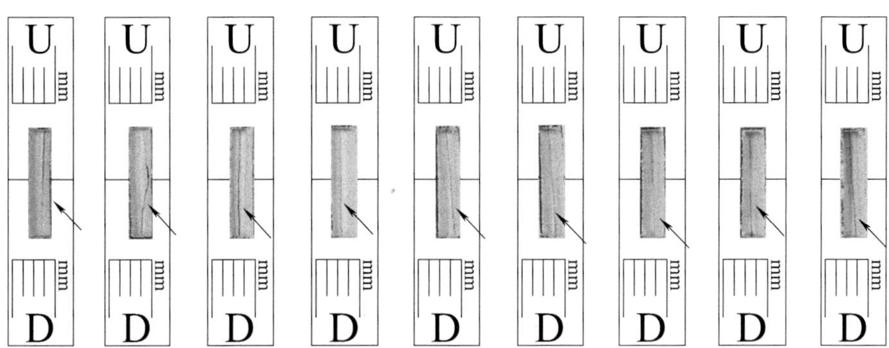

图5.15　单壁碳纳米管绳-聚氯乙烯复合物拉伸试样的宏观照片[55]

图5.16　拉伸试验后单壁碳纳米管绳-聚氯乙烯复合物样品照片[52]

状单壁碳纳米管，经分离后得到单壁碳纳米管绳，将其浸入聚氯乙烯四氢呋喃饱和溶液中，经溶剂挥发、干燥得到单壁碳纳米管绳-聚氯乙烯复合物。将获得的单壁碳纳米管绳-聚氯乙烯复合物粘在一个矩形孔（10mm×3mm）的硬纸片上（如图5.15所示）制得拉伸测试样品，其中箭头所指位置为单壁碳纳米管绳-聚氯乙烯复合物，拉伸实验和测量普通纤维拉伸强度的过程相似。

图5.16为拉断后样品的宏观照片。由于复合物直径相差比较大，从几微米到几十微米不等，其表现为不同的拉伸断裂行为。较粗复合物在拉伸过程中可明显看出断裂部位逐渐变细、进而拉伸断裂，并伴有细丝状物在断口出现；而对于较细的样品而言，拉伸过程中没有显著变化、倾向于出现脆性断裂，且断口较为整齐光滑。

图5.17为较粗样品拉伸断口的扫描电子显微镜照片。从图5.17（a）中可以看出单壁碳纳米管绳的中心部位被完全拔出，而留下空洞。图5.17（b）是断口端部

照片，可看到许多单壁碳纳米管束互相缠绕，这是由于拉伸断裂的碳纳米管发生显著的回弹收缩所导致的。图 5.17（c）是拔出断口中间部位的照片，可看到大量沿着轴向排列的单壁碳纳米管束分布在复合物基体上，并可观察到局部裂纹，表明管束间以及管束和基体间的相互结合较差。

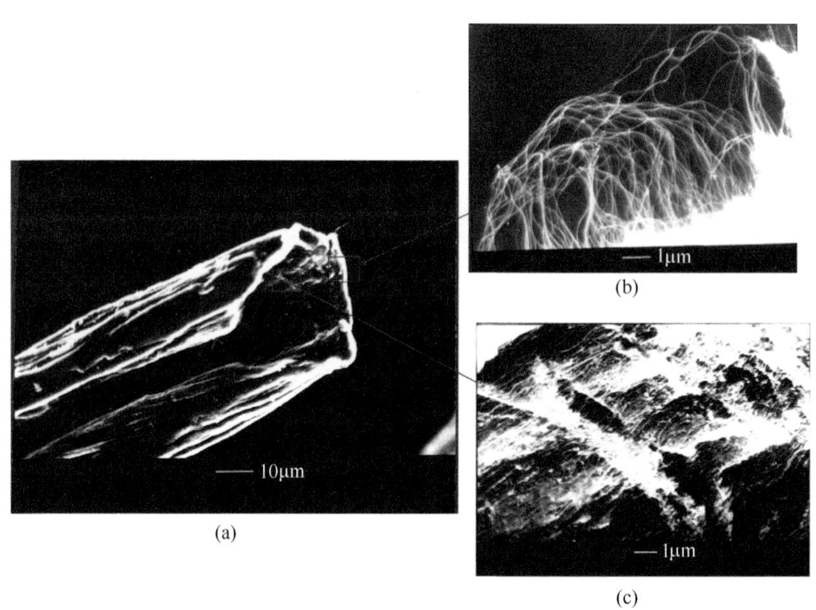

(a)　(b)　(c)

图5.17　扫描电子显微镜观察复合物拉伸断裂的断口照片[52]

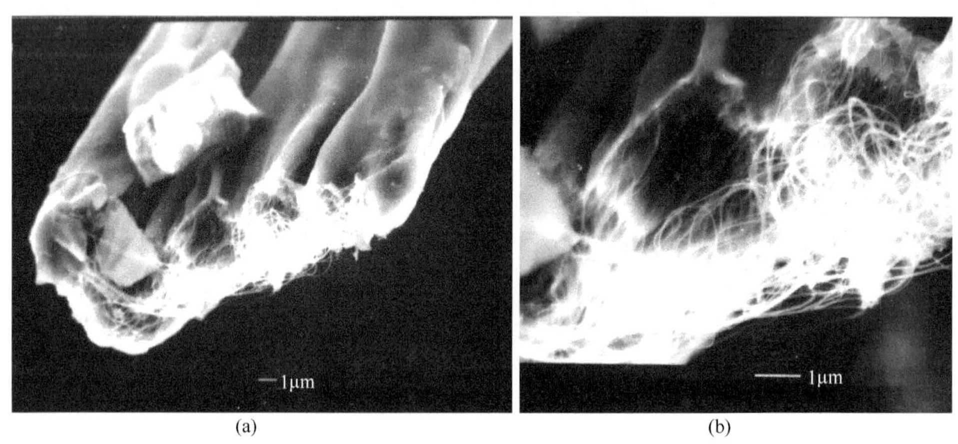

(a)　(b)

图5.18　单壁碳纳米管绳-聚氯乙烯复合物拉伸断口在（a）较低和（b）较高放大倍数时的照片[55]

图5.18为较细样品拉伸断口的扫描电子显微镜照片。从中可以看到其断口截面呈不规则形状，如图5.18（a）所示，断口截面为长20μm、宽3 ～ 4μm的扁平状。聚氯乙烯薄层仅包覆管束表面，使得复合物在拉伸过程中，单壁碳纳米管绳作为一个整体被拉断，表现为具有更大的承载能力。从图5.18（b）可以看到，由于断裂时碳纳米管承受更大的应力，所以断裂的管束发生回弹收缩更显著，缠绕程度也更为剧烈；相比于较粗的样品，这种细的碳纳米管绳复合物表现出更高的拉伸强度。

图5.19是碳纳米管绳-聚氯乙烯复合物的应力-应变曲线。可以看出拉伸过程大致分为三个阶段，在不同阶段发生不同的受力形变过程。在阶段Ⅰ，复合材料被缓慢拉长，此时应力很小、应变较大，可能由于复合物和纸片之间的相对滑移所致。随着应力进一步加大进入阶段Ⅱ，管束中的单壁碳纳米管开始因承受载荷而发生形变，应力增加较快。在阶段Ⅲ，管束中的部分单壁碳纳米管到达临界点后开始断裂，而部分高度取向的碳纳米管仍承载较高的载荷，整个复合物仍然保持了较高的强度；随着应力继续增加，当管束断裂的数目增加到一定程度时，导致复合物发生整体断裂，同时伴有明显的碳纳米管回弹缠结现象（如图5.17所示）。通过对扫描电子显微镜照片进行图像分析可以得到部分复合物的截面积，结合拉伸过程中测量的拉力与变形，可得到复合物的拉伸强度、弹性模量、断裂伸长率等数据（如表5.1所示）。从表5.1中可以看出复合物的拉伸强度为0.78 ～ 6.62GPa，平均拉伸强度为2.4GPa，杨氏模量为41.0 ～ 220.0GPa，平均杨氏模量为130.1GPa。

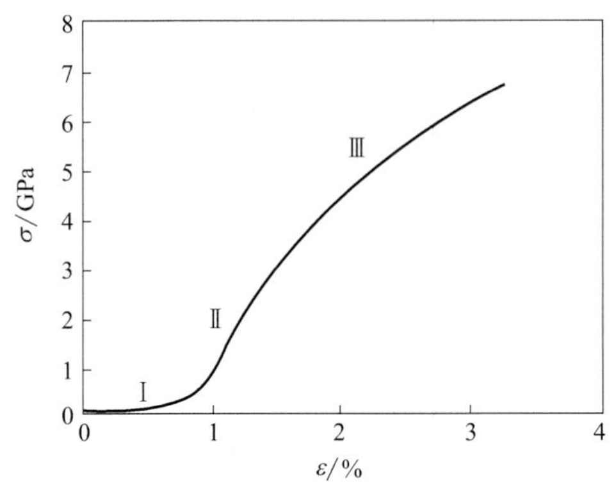

图5.19　单壁碳纳米管绳-聚氯乙烯复合物的应力-应变曲线[55]

表5.1 单壁碳纳米管绳-聚氯乙烯复合物的实验拉伸强度以及计算获得的单壁碳纳米管的力学性能

序号	截面积/μm²	拉力/mN	延伸率/%	复合材料强度/GPa	复合材料杨氏模量/GPa	管束强度/GPa	管束杨氏模量/GPa	单管强度/GPa	单管杨氏模量/GPa
1	214.5	261.6	2.98	1.22	41.0	2.54	85.4	3.91	131.4
2	114	191.4	0.88	1.68	192.0	3.50	400	5.38	615.4
3	25	165.4	3.01	6.62	220.0	13.79	458.3	21.22	705.1
4	165	189.2	1.06	1.15	109.0	2.40	227.1	3.69	349.4
5	225	174.4	0.95	0.78	82.0	1.63	170.8	2.51	262.8
6	110	235.8	1.35	2.14	159.0	4.46	331.3	6.86	509.6
7	54	235.3	3.17	4.38	138.0	9.13	287.5	14.05	442.3
8	96	194.4	1.82	2.03	111.0	4.23	231.3	6.51	355.8
9	121	286.8	2.39	2.37	99.0	4.94	206.3	7.60	317.3
10	154	319.6	1.69	2.08	123.0	4.33	256.3	6.66	394.2
11	186	360.8	1.24	1.94	157.0	4.04	327.1	6.22	503.2

为了推算单壁碳纳米管束和单壁碳纳米管的拉伸强度，假定管束和聚氯乙烯以及管束之间是理想界面结合，采用混合法则来计算复合材料的拉伸强度：

$$\sigma_c = \sigma_f V_f + \sigma_m (1 - V_f) \tag{5.2}$$

式中 σ_c——复合材料的拉伸强度，GPa；

σ_f——纤维的拉伸强度，GPa；

σ_m——基体的拉伸强度，GPa；

V_f——复合材料中纤维的体积分数。

对于单壁碳纳米管绳-聚氯乙烯复合物体系，由于聚氯乙烯仅包裹在单壁碳纳米管绳的外表面，而且聚氯乙烯的拉伸强度σ_m远低于单壁碳纳米管绳的强度，在计算中可忽略聚氯乙烯对拉伸强度的贡献，复合物拉伸实验得到的拉伸强度可近似看作完全来自于单壁碳纳米管绳的贡献。根据扫描电子显微镜照片，可以估算单壁碳纳米管束在单壁碳纳米管绳中的体积分数约为48%。应用混合法则可得到单壁碳纳米管束的拉伸强度在1.63 ～ 13.79GPa之间，其杨氏模量的平均值为271GPa。进一步实验研究发现，单壁碳纳米管束是由呈六角排列的单壁碳纳米管组成，单壁碳纳米管之间的距离为0.315nm[16]，同时根据高分辨透射电子显微镜测量的单壁碳纳米管的平均直径为1.69nm[54]，可以推算在管束中单壁碳纳米管的体积分数为65%。再次应用混合法则计算，得到单壁碳纳米管的拉伸强度为2.51 ～ 21.22GPa之间，杨氏模量为131.4 ～ 705.1GPa之间。

根据以上实验测量结果，采用混合法则计算得到的单壁碳纳米管、管束的杨氏模量和拉伸强度低于理论计算值，主要归因于以下几点。①单壁碳纳米管：用催化热解烃类化合物法制备的单壁碳纳米管中不可避免地含有结构缺陷。②单壁碳纳米管束：由于管束取向性不完全相同，管束间有交叠以及催化剂夹杂等现象；即使管束具有很好的取向，但在受力过程中并非全部碳纳米管同时承受载荷，而会发生部分碳纳米管的依次断裂。③单壁碳纳米管绳：单壁碳纳米管绳和聚氯乙烯间的结合较差，应力不能在管束间有效地进行传递，导致测量的强度偏低。④计算模型：使用的混合法则模型过于简单，管束和聚氯乙烯以及管束之间的界面结合并非理想状态，导致计算结果存在偏差。综合以上诸多因素，导致测量计算得到的单壁碳纳米管及其管束的杨氏模量和拉伸强度低于其理论计算的结果。

M.F. Yu等使用扫描电子显微镜和原子力显微镜对单根多壁碳纳米管及单壁碳纳米管束进行直接拉伸测量，并研究其拉伸断裂行为[56~58]。他们设计并搭建了可在扫描电子显微镜内进行应力加载的装置，将单根的多壁碳纳米管两端分别粘在原子力显微镜探针尖端上［如图5.20（a）所示］[56]，在碳纳米管两端加载应力并进行扫描电子显微镜观察（如图5.20所示）。结合透射电子显微镜对断口的观察，可以推断多壁碳纳米管的断裂是从最外层开始、由外向内逐层断裂。由于多壁碳纳米管层间相互作用较弱，因此剪切强度也较低。根据多壁碳纳米管的伸长以及受到的拉力大小，可以得到其最外层的拉伸强度在11～63GPa之间，对其应力-应变曲线分析可得到最外层的杨氏模量为270～950GPa。他们利用相同方法研究了单壁碳纳米管束的拉伸断裂过程[57]，根据模型分析得到单壁碳纳米管的拉伸强度为13～52GPa（平均为30GPa），估算其杨氏模量为320～1470GPa（平均1002GPa）。在测量过程中，大部分单壁碳纳米管束在低于5.3%的形变下就发生

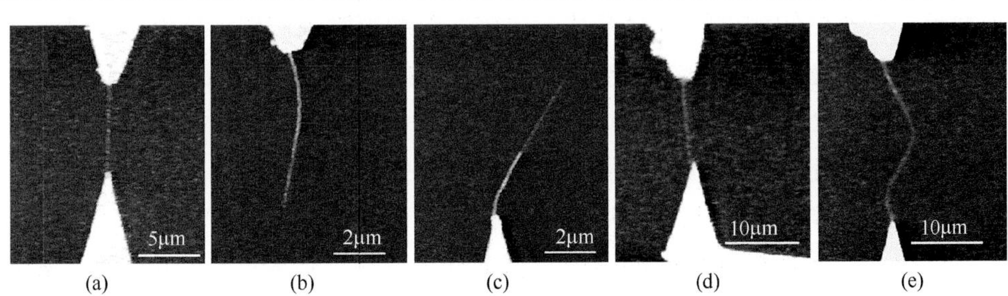

图5.20　扫描电子显微镜观察单根多壁碳纳米管的拉伸断裂过程[56]

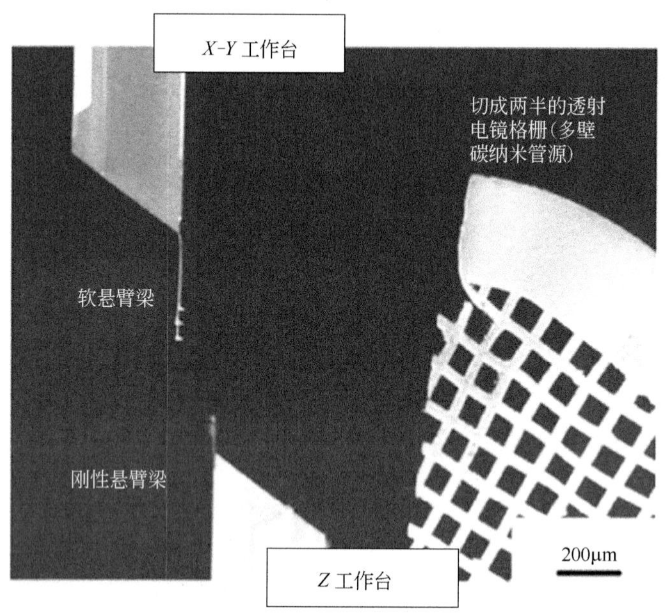

图5.21　多壁碳纳米管的拉伸测试装置[60]

断裂，这与理论模拟过程中在5%形变时出现的缺陷成核过程相一致[59]。

W. Ding等[60]采用电子束诱导沉积（EBID）方法将多壁碳纳米管牢固地夹持在原子力显微镜针尖上（如图5.21所示），研究其拉伸变形过程。随着拉伸载荷的增加，多壁碳纳米管被拉长，之后以“剑鞘”模式完全断裂，这与M.F. Yu等得到的结论基本一致[56~58]。

考虑到测试装置可能对样品造成应力集中，使多壁碳纳米管在夹持力作用下易于发生弯曲和扭转，因此测试过程中部分碳纳米管被多次拉伸。结果显示碳纳米管的断裂位置随机出现在任何位置，并未受到夹持装置的影响。图5.22为多壁碳纳米管三次拉伸测试的SEM照片，依次为碳纳米管于右侧夹持处、左侧夹持处、中间某一位置发生断裂。分析表明多壁碳纳米管的断裂位置可能由其最外层的缺陷位所决定；在加载过程中，碳纳米管最外层缺陷所在的位置易于造成应力集中，随着加载应力的增加，碳纳米管在此缺陷处发生断裂。

表5.2是电弧放电生长的多壁碳纳米管的拉伸测试结果。由于通常长时间的超声处理会在多壁碳纳米管的最外层管壁造成缺陷，试验中1～9号碳纳米管是经过8h超声处理、10～14号是经几秒钟超声处理。从数据中可以看到，最外层管壁的缺陷会影响碳纳米管的力学性能。经计算，碳纳米管的断裂强度为

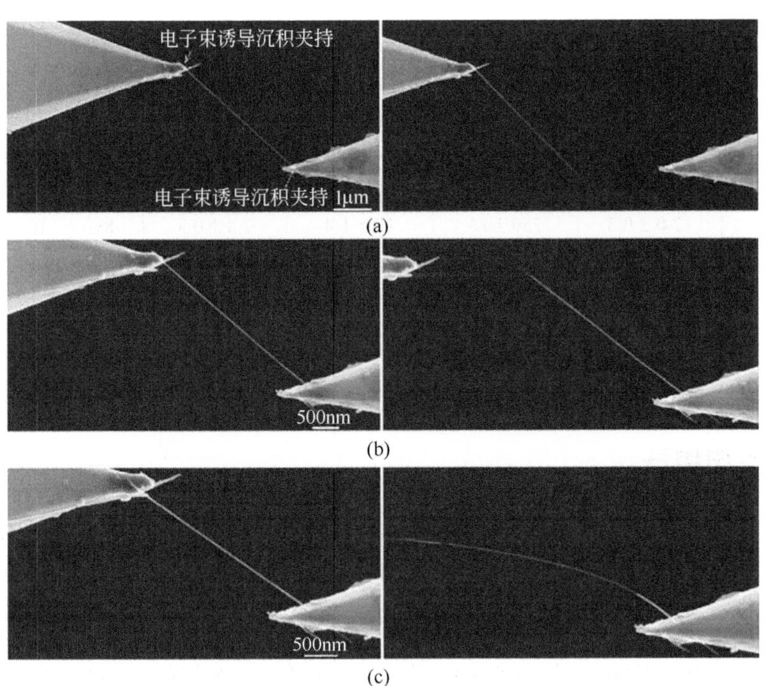

(a)

(b)

(c)

图5.22 多壁碳纳米管样品在（a）第一次、（b）第二次和（c）第三次拉伸测试的SEM照片[60]

10 ～ 66GPa，杨氏模量为620 ～ 1200GPa，平均值为940GPa。

表5.2 14根多壁碳纳米管的力学性能测试结果

编号	长度 /μm	外径 /nm	断裂力 /nN	断裂强度 /GPa	断裂应变 /%	弹性模量 /GPa
1	1.95 ± 0.01	8.5 ± 0.3	600 ± 31	66 ± 4.4	6.3 ± 0.5	1100 ± 110
2	2.94 ± 0.01	9.7 ± 0.3	320 ± 17	30 ± 1.9	3.5 ± 0.4	870 ± 100
3	3.53 ± 0.01	19.4 ± 0.3	620 ± 32	34 ± 1.8	4.7 ± 0.3	680 ± 55
4	4.06 ± 0.01	9.8 ± 0.3	120 ± 6.2	12 ± 0.9	1.8 ± 0.3	680 ± 110
5	1.75 ± 0.01	12.7 ± 0.3	140 ± 7.3	10 ± 0.8	1.3 ± 0.3	840 ± 210
6	4.08 ± 0.01	9.7 ± 0.3	420 ± 22	41 ± 2.7	3.0 ± 0.2	1200 ± 130
7	3.92 ± 0.01	12.7 ± 0.3	200 ± 11	15 ± 0.9	1.0 ± 0.2	1200 ± 250
8	3.36 ± 0.01	8.9 ± 0.3	300 ± 16	31 ± 2.2	2.7 ± 0.2	1200 ± 120
9	6.12 ± 0.01	5.0 ± 0.3	110 ± 5.8	21 ± 2.7	3.5 ± 0.2	620 ± 85
10	4.71 ± 0.01	9.4 ± 0.3	140 ± 7.1	14 ± 1.0	1.1 ± 0.2	1200 ± 210

续表

编号	长度 /μm	外径 /nm	断裂力 /nN	断裂强度 /GPa	断裂应变 /%	弹性模量 /GPa
11	4.08 ± 0.01	10 ± 0.3	130 ± 6.6	12 ± 0.8	1.8 ± 0.2	730 ± 100
12	3.31 ± 0.01	10.7 ± 0.3	200 ± 10	17 ± 1.1	1.8 ± 0.2	960 ± 140
13	1.49 ± 0.01	12.0 ± 0.3	250 ± 13	19 ± 1.4	2.4 ± 0.3	890 ± 140
14	7.97 ± 0.01	13.8 ± 0.3	240 ± 12	16 ± 0.9	1.2 ± 0.2	1200 ± 190

5.2.4
扫描探针显微镜用探针

作为探针型电子显微镜等的探针，是碳纳米管的重要应用之一[61]。显微镜探针的尖端形状和大小直接决定了扫描隧道显微镜和原子力显微镜的分辨率。由于传统Si和Si_3N_4探针具有至少几十个纳米的曲率半径，很难得到较高分辨率的照片，而且它们性脆易断，即使与小分子蛋白质接触也可能会导致破坏，使得其使用方式受到了很大的限制。而使用碳纳米管作为电子显微镜的探针，不仅可延长探针的使用寿命，而且可极大地提高显微镜的成像分辨率，特别是极大地扩展了原子力显微镜等探针型显微镜在蛋白质、生物大分子结构的观察和表征中的应用。

碳纳米管具有较大长径比和纳米尺度尖端，同时具有很高的模量（在轴向达1TPa以上），有利于避免热振动，从而提高原子力显微镜的分辨率。此外，碳纳米管在承受较大载荷时，不易发生脆性断裂，而是产生较大的弹性形变（如图5.2和图5.4所示）。因此，将碳纳米管用为探针时，即使其与被观察物体表面发生碰撞，碳纳米管也不易折断。此外，碳纳米管还具有笼状碳网状结构，特别是单壁碳纳米管是单层排列的分子结构，可以进入观察物体不光滑表面的凹坑处，能更好地表征被观察物体的表面复杂形貌和结合状态，具有较好的成像重现性。

H.J. Dai等[62]把多壁碳纳米管作为探针安装在原子力显微镜探针上用于样品的形貌观察（如图5.23所示）。采用多壁碳纳米管针尖与Si针尖相比，图像的分辨率改进不大，但显著提高了图像的景深（如图5.24所示）。比较图像中被观测样品的表面凸起边缘可明显发现，使用碳纳米管探针所获照片比较尖锐清晰而且有一定的层次感，可清晰表征样品表面结构的平整情况，显著提高了成像的纵向分辨率。

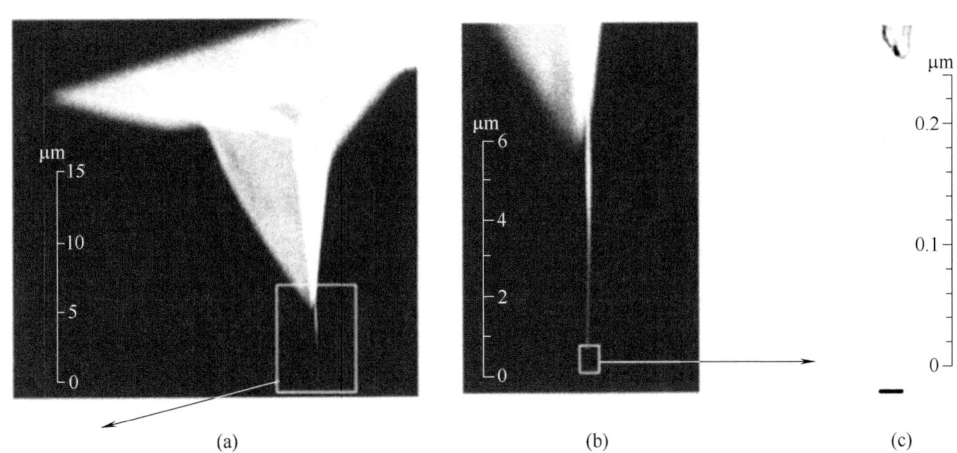

图5.23　多壁碳纳米管探针的不同部位的显微镜照片[62]

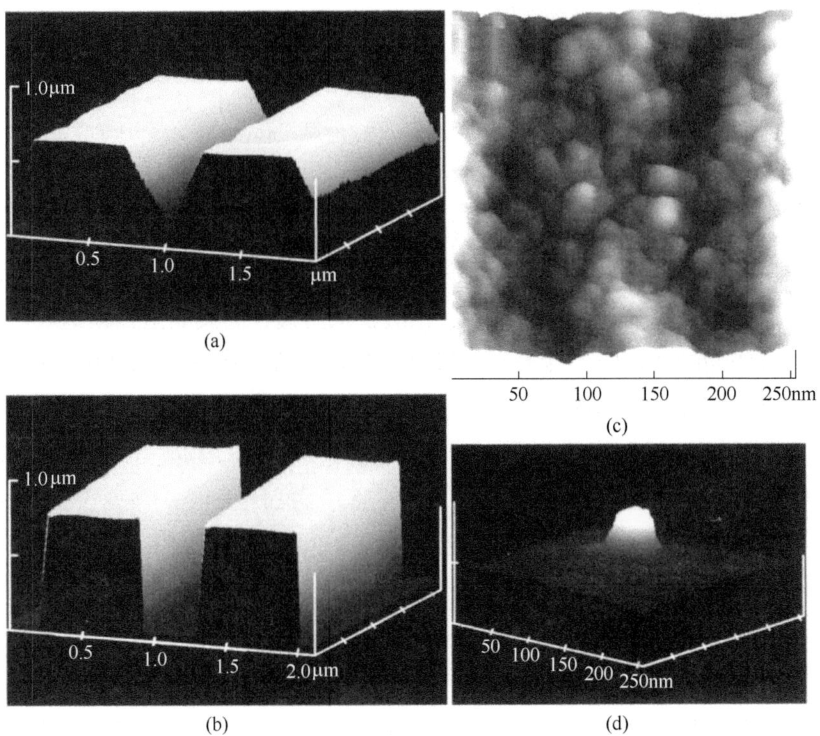

图5.24　使用不同探针得到的原子力显微镜的图像[62]

(a)、(c)硅探针；(b)、(d)碳纳米管探针

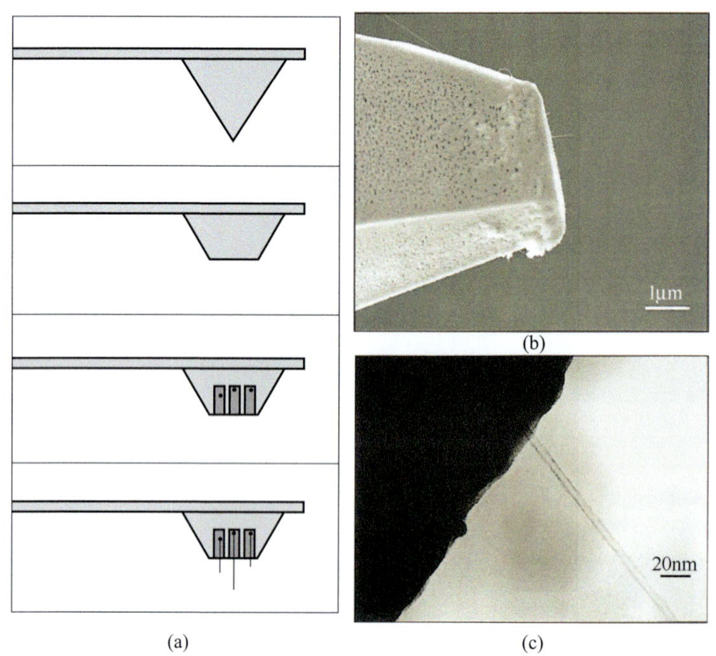

图5.25 （a）碳纳米管探针制备过程示意图；（b）、（c）得到的碳纳米管探针的透射电子显微镜照片[63]

由于碳纳米管具有纳米尺度，如何将单根碳纳米管精准地固定在探头尖端，极具技术挑战。J.H. Hafner等[63]采用化学气相沉积法直接在硅尖端生长碳纳米管，见图5.25。先将普通的硅探针尖端磨平，并通过氢氟酸在其轴线上刻蚀出直径为50～100nm的纳米孔，通过电解沉积方法在纳米孔中沉积一定量的铁催化剂，通入乙烯气体、750℃条件下在针尖处生长碳纳米管，进而根据使用需要对得到的碳纳米管进行优选、剪切、修整［如图5.25（a）所示］。通过控制反应条件可获得不同类型的多壁或单壁碳纳米管针尖，其尖端最小直径可达0.5nm［如图5.25（c）所示］。碳纳米管探针损坏后，还可用化学气相沉积法重新生长获得新的碳纳米管针尖。

测试比较硅探针与碳纳米管探针用于表征平均直径3～5nm的生物大分子的成像分辨率，采用硅针尖时生物大分子只呈现一个不规则的亮点，而碳纳米管探针可显著提高其成像分辨率，在不破坏生物大分子的条件下得到较高分辨率的生物大分子照片，可以清晰地分辨出生物大分子呈五角形的连接结构（如图5.26所示）。

为了进一步提高扫描探针显微镜的分辨率以及检测特定官能团的有机物大分子，可以采用化学改性在单壁碳纳米管尖端修饰官能基团［如羟基（—OH）或者

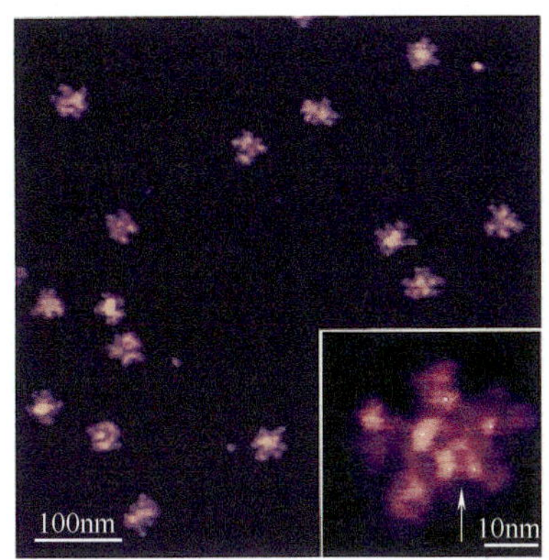

图5.26　以碳纳米管为原子力显微镜探针所观察到的生物大分子[63]

羧基（—COOH）等][64,65]，这些官能团可与生物分子中特定的活性位置发生反应，使得生物分子附着在单壁碳纳米管的尖端，不仅具有很高的空间分辨率，而且可以测量分子间相互作用并分析其表面化学特征。

5.3 碳纳米管复合材料

5.3.1 碳纳米管/聚合物复合材料

碳纳米管与聚合物基体复合可以有效地发挥碳纳米管优异的力学及电热特性，结合聚合物成型方便、工艺性好的特点，可以获得力学性能显著增强、电热传输特性优异的纳米复合材料，有助于推动碳纳米管的规模化工业应用进程。制备高性能碳纳米管/聚合物复合材料显著依赖于复合材料的组元（如碳纳米管的类型、长径比、制备方法）、碳纳米管与聚合物基体之间的界面结合、碳纳米管在基体中的分散性、取向性与网络构型和复合材料制备工艺等（如熔融共混法、溶液共混法、原位聚合法以及化学修饰法等）[66]。

碳纳米管在基体中的分散均匀性以及取向度会影响碳纳米管复合材料的力学性能。P.M. Ajayan等[67]将纯化的碳纳米管加入到环氧树脂中，经过切片处理后，得到碳纳米管在基体中较好的取向排列。X.Y. Gong等[68]采用非离子表面活性剂$C_{12}EO_8$处理碳纳米管，将其加入到环氧树脂中，经真空脱气、固化后制得碳纳米管/环氧树脂复合材料。由于非离子表面活性剂有助于改善碳纳米管的分散性以及提高界面结合强度，加入1%（质量分数）碳纳米管就可使得环氧树脂的玻璃化转变温度从63℃提高到88℃，弹性模量提高30%。C. Bower等[69]研究了定向多壁碳纳米管/聚合物复合材料的变形机制，研究发现复合材料在拉伸过程中，弯曲的碳纳米管在侧壁会发生起皱现象（如图5.27所示），开始出现起皱时对应

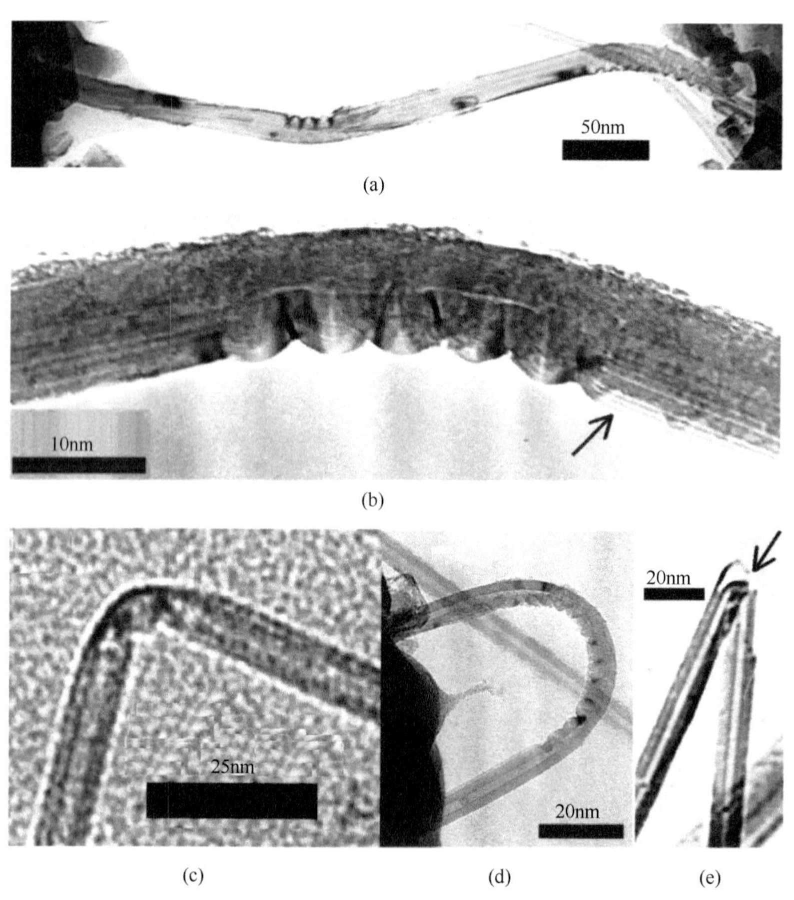

图5.27 碳纳米管发生不同程度起皱和断裂变形时的透射电子显微镜照片[69]

的拉伸应变为4.7%（断裂伸长率为18%）。这种碳纳米管起皱与恢复是一个可逆的过程，其与碳纳米管的尺寸成正比，表明碳纳米管具有优异的拉伸变形特性。Chapelle等[70]制备了单壁碳纳米管/聚甲基丙烯酸甲酯复合材料，利用拉曼光谱振动频率的偏移研究组元间的相互作用。研究发现不同类型的单壁碳纳米管在基体中具有不同的分散性，而且组元间的界面相互作用也各有差异，碳纳米管的加入可有效改善复合材料的微观结构和界面相互作用。C. Stephan[71]制备了不同添加量的单壁碳纳米管/聚甲基丙烯酸甲酯复合材料薄膜，研究表明只有在单壁碳纳米管添加量较少时才能获得较好的均匀分散性，同时拉曼光谱中呼吸模频率的变化揭示了聚甲基丙烯酸甲酯分子链穿插进入了单壁碳纳米管束中，从而引起了复合材料界面相互作用的改变。

由于碳纳米管具有优异的导电性以及独特的电致发光性能，可制备功能性的碳纳米管/聚合物复合材料。V. Skakalova等[72]将经$SOCl_2$处理的单壁碳纳米管加入到聚甲基丙烯酸甲酯基体中，当碳纳米管添加量为10%时，复合材料的电导率高达10000S/m。将碳纳米管加入到聚苯胺[73]、聚氨酯[74]体系中，电导率可达2000～3000S/m，渗流阈值为0.17%～1.0%（质量分数）。S.A. Curran等[75]将少量多壁碳纳米管加入到共轭发光聚合物——聚苯乙炔衍生物［poly（*m*-phenylenevinylene-*co*-2,5-dioctoxyp-phenyl enevinylene, PmPV）］中，使得聚合物的电导率提高八个数量级，通入较小的电流密度就可以使其发出荧光。此外，碳纳米管还起到纳米级散热器的作用，能有效防止光电效应引发的大量热聚积，从而保持共轭体系的稳定性，由此制备的有机发光二极管发射层具有优异的电致发光性能，在空气中的稳定性相比于聚合物基体提高了5倍以上。J. Sandler等[76]将碳纳米管加入到环氧树脂中，当掺量仅为0.1%（体积分数）时，复合材料电导率就可达到10^{-2}S/m，这种导电碳纳米管/聚合物复合材料可能具有非常广阔的应用前景。

为了获得碳纳米管在聚合物中的均匀分散与高效电热输运网络，可采用聚合物单体在碳纳米管表面原位聚合的方法制备碳纳米管/聚合物复合材料。J.H. Fan等[77]将直径为20～30nm的碳纳米管和吡咯在含有氧化剂$(NH_4)_2S_2O_8$的0.1mol/L的HCl中进行原位聚合，在碳纳米管的表面生成厚度为50～70nm的聚合物包覆层，这种碳纳米管复合物的电导率可达到1600S/m，远高于聚吡咯的300S/m的电导率，表明碳纳米管的加入可有效提高聚合物基体的导电性能。H. Ago等[78]将碳纳米管与聚苯乙炔［poly(*p*-pheny lenevinylene)，PPV］采用多层复合的方式制得层状复合材料。首先将碳纳米管制成高浓度、高黏度的分散体系并浇铸制成碳纳米管膜，然后在其表面涂覆聚对苯乙炔预聚物，在210℃加热聚合制得复合材料。由于多壁碳纳米管具有较高功函数且与聚合物形成紧密的接触，利用这种复合材料可制得高效率的光电器件，其光子效率达到标准氧化铟锡（indium tin oxide，ITO）材料的两倍以上。B.Z. Tang等[79]采用原位聚合方法合成了碳纳米管/聚苯炔复合材料，聚苯炔以螺旋线形缠绕在碳纳米管表面，可易于溶解在四氢呋喃、甲苯、氯仿等溶剂中形成宏观均相的溶液，碳纳米管在溶液中易于在剪切力的作用下发生定向排列。这种聚苯炔缠绕碳纳米管的结构可用于制作分子尺度的电磁装置“纳米电机”，具有光电导性能的聚苯炔分子起到螺线管的作用，进而可使得碳纳米管发生磁化。M. Gao等[80]用电沉积法制备聚苯胺包覆的碳纳米管，碳纳米管为导电聚苯胺提供了支撑骨架，使得聚苯胺的力学强度和电热传输性能得到显著提高。此外，碳纳米管加入到发光聚合物中亦可明显改善其发光性能。S.A. Curran等[81]将PmPV包裹在单壁碳纳米管表面，使得PmPV发光强度和发光量均得到有效增强；A. Star等[82]将不同类型的共轭发光聚合物包覆于单壁碳纳米管表面，将这种复合物制成光电管，在光照射下会引起电流的显著变化并表现出光选择效应。

碳纳米管具有优异的导热性，制得的导热复合材料在热界面材料、印刷电路板以及其他高性能热管理系统领域具有很大的应用潜力。相比于碳纳米管/聚合物导电复合材料而言，影响复合材料热导率的因素更为复杂，不仅取决于碳纳米管的长径比、分散状况、网络构型，而且与碳纳米管网络的搭接程度与接触热阻密切相关。M.J. Biercuk等[83]发现在环氧树脂中加入1%的未经纯化的单壁碳纳米管后，复合材料室温下的热导率增加了125%；E.S. Choi等[84]观察到当单壁碳纳米管的掺量达到3%时，复合材料的热导率增加了300%；H. Huang等[85]将多壁碳纳米管阵列与硅橡胶进行复合，碳纳米管贯穿整个复合薄膜，裸露在端部的碳纳米管可与外界热源形成良好接触，有利于热量的定向传输，使得复合材料的热导率有显著提升。值得指出的是，与碳纳米管/聚合物复合材料的电导率增加几个数量级不同，碳纳米管/聚合物的热导率仅仅只有中等程度的增加，这归因于纳米复合材料体系中诸多影响导热因素的复杂性，对于碳纳米管/聚合物复合材料导热性能的增强未来仍有很大的提升空间。

此外，碳纳米管因其纳米尺度、丰富界面以及独特的结构形态可以赋予复合材料更为优异的阻尼减振特性。碳纳米管在变形过程中相互之间发生挤压、滑移，通过摩擦作用产生能量耗散，从而表现出具有优异的黏弹阻尼性能。该性能受到诸多因素的影响，如碳纳米管之间的范德华力[86]、碳纳米管长度[87]、碳纳米管固

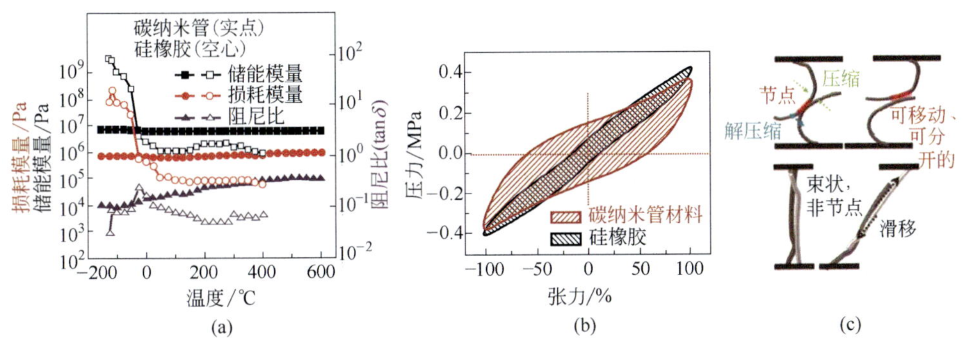

图5.28　碳纳米管的黏弹行为及作用机制[90]

（a）储能模量、损耗模量、损耗因子随温度变化曲线；（b）应力应变回滞曲线；（c）黏弹作用机制

有振动频率[88]等。A.L.J. Buldum[89]采用分子动力学方法研究了碳纳米管的界面滑移状况，结果表明变形过程中碳纳米管之间的相对滑移会造成位移对力的相对滞后，从而产生能量耗散。此外，M. Xu等[90]通过化学气相沉积法制备出网格状结构的碳纳米管宏观体，研究发现这种碳纳米管相比于硅橡胶而言，在很宽的温度范围内（−140 ～ 600℃）仍表现出优异的黏弹性能（如图5.28所示）。从图5.28（b）中可以看到碳纳米管在周期应变过程中相比于硅橡胶产生更多的能量耗散（较大的应力应变回滞曲线面积）。碳纳米管这种优异的黏弹性能归因于碳纳米管之间的滑移、节点的搭接/断开［图5.28（c）］，从而导致更高的能量耗散。K. Eom[87]、C. Shan[91]和S. Pathak等[92]研究了碳纳米管泡沫的黏弹性能，发现变形过程中碳纳米管之间的摩擦作用可以产生较高的能量耗散；碳纳米管长度越短、单位体积数量越多，能量耗散就越显著。M. Zhang[93]、A. Hehr[94]和K. Chun[95]等将碳纳米管阵列作为前驱体纺织成碳纳米管绳，研究发现碳纳米管之间的扭曲、缠结和滑移可以显著提高碳纳米管绳的阻尼性能，且能量耗散与拉伸应变量成正比。碳纳米管/聚合物复合材料以其丰富的界面以及优异的黏弹性能，为未来发展高强、高阻尼减振材料提供了新的思路。

5.3.2
碳纳米管/金属基复合材料

碳纳米管具有独特的结构和优异的物理化学性能，故可作为金属的增强材料来提高其综合性能。但因碳纳米管与金属结构差异比较大，二者的理化性能相差悬殊（如不能相互浸润、密度差异明显等），要将碳纳米管分散到金属基体中远比分散到树脂中更为困难。近年来，科研人员开发出了多种分散技术，如强机械分散[96~98]、分子级别混合[99]、片状金属粉末法[100]、碳纳米管原位生长[101]、电化学共沉积[102]等，一定程度上解决了碳纳米管在金属基体中的分散、碳纳米管与金属的良好结合以及取向控制等制备过程中的关键问题。其中，强机械分散和片状金属粉末法受到了广泛关注。强机械分散是利用高能球磨分散或者搅拌摩擦加工等过程中产生的大塑性变形使碳纳米管均匀地分散到金属基体中。该技术的缺点是对碳纳米管有一定的切断效应，优点是工艺简单，可实现宏量生产。片状金属粉末法是利用对片状金属粉末进行特殊化学处理使其具有吸附碳纳米管的能力，从而实现碳纳米管分散的技术。其优点是碳纳米管的损伤较小，缺点是引入一定量的氧化物杂质。在碳纳米管/金属基复合材料制备技术发展的基础上，科研人员在碳纳米管/金属基复合材料的力学、摩擦磨损、热学和电学性能等方面开展了大量的工作，并取得了一定进展。

Choi等[103]利用高能球磨技术获得均匀分散的碳纳米管/铝金属粉末，通过包套挤压技术制备了复合材料板材，仅加入4.5%（体积分数）的碳纳米管使复合材料的屈服强度从262MPa提高到610MPa，弹性模量从70GPa提高到110GPa，而密度从2.69g/cm^{3}降低到2.65g/cm^3。Jiang等[104]将片状铝粉表面进行官能化亲水处理使其均匀吸附羧基化的碳纳米管，再经过除气、热压成型以及后续热挤压制备了碳纳米管/铝复合材料。整个工艺过程中碳纳米管所受损伤小，保持了良好的结构完整度，仅加入2%（体积分数）的碳纳米管就使屈服强度从300MPa提高到460MPa，弹性模量从70GPa提高到90GPa。马仁志等[105]采用直接熔化方法合成了碳纳米管/铁基复合材料，在适当的淬火工艺下，碳纳米管复合材料的硬度可达到65HRC，比相同工艺条件下普通铁碳合金的硬度高出5～10HRC，同时显微组织分析发现淬火马氏体中有规则晶体外形的白亮相存在，这些白亮相对复合材料有强化作用。进一步利用高分辨透射电镜观察，发现复合材料中弥散分布着碳纳米管，表明碳纳米管可在复合材料中稳定存在并起到强化作用。Kim等[106]采用分子级别混合获得了5%（体积分数）碳纳米管/铜复合材料粉末，通过后续烧结制备块体材料，复合材料的屈服强度从195MPa提高到460MPa；Jeong等[107]采用类似的方法制备了碳纳米管/钴复合材料，加入7%（体积分数）的碳纳米管使复合材料的屈服强度从700MPa提高到1500MPa，弹性模量也从175GPa提高到206GPa。与碳纳米管/树脂复合材料不同的是，碳纳米管/金属复合材料的强度增加不仅仅是由碳纳米管的载荷传递引起的，而且还包括碳纳米管加入所带来的金属自身组织变化所引起的强化。Liu等[108]采用常规粉末冶金工艺结合搅拌摩擦加工技术制备了碳纳米管/2009 Al复合材料，发现碳纳米管的加入使复合材料中金属基体的晶粒明显细化，且随着碳纳米管含量的增加晶粒尺寸明显减小，当加入4.5%（体积分数）碳纳米管时，基体的晶粒细化到数百纳米左右。Nam等[109]使用分子级别混合的方法制备了碳纳米管/铜复合粉末，随后与铝粉末经低速球磨得到碳纳米管/铝铜合金复合材料粉末，再通过热压得到复合材料。研究发现：金属基体自身的时效强化可使复合材料的强度进一步提升。碳纳米管的取向对碳纳米管/金属复合材料的力学性能有显著的影响。Liu等[108]发现：当碳纳米管为随机取向时，碳纳米管超过一定的含量后难以发挥强化效果，主要是由于不同取向的碳纳米管处于不同的应力状态，某些取向的碳纳米管优先发生界面损伤从而出现优先破坏，因此，表现出较差的强化效果和较低的塑性。4.5%（体积分数）碳纳米管/2009 Al复合材料的抗拉强度仅比基体合金提高了12%左右，而塑性提高仅有3%。他们进一步研究发现[110]：通过热轧制变形使碳纳米管形成定向排列后，不仅碳纳米管在高含量时仍能发挥明显的强化效果，而且复合材料的强度、塑性、模量相比随机取向复合材料同时大幅度提高。相比随机取向的复合材料，定向排列后4.5%（体积分数）碳纳米管/2009 Al复合材料的屈服强度从400MPa提高到570MPa，抗拉强度从460MPa提高到640MPa，塑性从3%提高到5%。

在耐摩擦磨损性能方面，碳纳米管的力学强化和自润滑效应使碳纳米管/金属的耐磨损和减摩性能得到大幅度的提高。王淼等[111]把碳纳米管用于金属表面复合镀层，获得超强的耐磨性和自润滑性，其耐磨性要比轴承钢高100倍，同时摩擦系数仅为0.06 ～ 0.1，而且该复合镀层还具有高热稳定性和耐腐蚀性等优点。王浪云等[112]采用粉末冶金法制备了碳纳米管/铜基复合材料。为了改善碳纳米管与铜基体的相容性，用化学镀方法在碳纳米管的表面镀一层金属镍，将铜粉与镀镍碳纳米管混合均匀（混合粉末中碳纳米管的质量分数控制在1% ～ 4%），将混合粉末在100℃、真空、600MPa压力下压制10min，并在800℃下真空烧结120min，得到碳纳米管/铜基复合材料。这种复合材料的硬度随着碳纳米管含量的增加而显著提高。摩擦实验发现，在低载荷和中等载荷情况下，随着碳纳米管质量分数的增加，磨损率逐渐降低，因为碳纳米管的增强作用提高了材料的抗塑性流变能力，从而使其耐磨性提高；在高载荷下，碳纳米管/铜基复合材料的磨损率在一定范围内随着碳纳米管质量分数的增加而降低，因为在高循环应力作用下，在较高孔隙率的复合材料中，碳纳米管与铜基体的界面开裂，引起复合材料磨损表面的片层状破损剥落，从而导致复合材料磨损率增大。董树荣等[113]也制备了碳纳米管增强铜基复合材料，考察了该复合材料的滑动磨损特性，发现碳纳米管增强铜基复合材料具有良好的减摩、耐磨损性能，该复合材料的磨损过程包含饱和阶段和稳态磨损阶段，在稳态磨损阶段主要发生氧化磨损，同时还发生磨粒磨损。复合材料耐磨性受基体中碳纳米管体积分数的影响，随着碳纳米管体积分数的增加，复合材料的磨损率呈指数降低，可能是由于碳纳米管体积分数的增加，剥落的碳纳米管数量逐步增加，从而改善了磨损表面的覆盖程度，使磨损迅速降低。实验证明碳纳米管体积分数在12% ～ 15%之间时其润滑和抑制基体氧化的效果较好，且复合材料具有最佳的减摩、耐磨特性。碳纳米管的增强及相互缠结作用使碳纳米管在磨损时不易拔出脱落。同时碳纳米管分布在磨损表面明显抑制复合材料剥落，因而使磨损率迅速降低。

在热学性能方面，碳纳米管/金属复合材料作为潜在的低膨胀、高导热的热管理材料，其热导率和热膨胀性能也得到了广泛的关注。碳纳米管可有效降低金属的热膨胀系数，Tang等[114]加入15%（体积分数）碳纳米管到铝基体中，复合材料的热膨胀系数降低了63%，但进一步增加碳纳米管的含量并不能继续降低热膨胀系数，可能是由于高加入量时碳纳米管的团聚增加。另有研究者在碳纳米管增强铝合金、铜基复合材料中也发现碳纳米管能有效降低金属的热膨胀系数。Deng等[115]仅加入1.28%（体积分数）的碳纳米管到2024 Al合金中使其热膨胀系数下降了12%；Kim等[116]比较了碳纳米管/铜复合材料的热膨胀系数值与混合定律及Turner's模型计算值，表明Turner's模型更能描述碳纳米管降低热膨胀系数的行为；Liu等[117]对比了碳纳米管、陶瓷颗粒、长纤维/金属复合材料的热膨胀系数，指出碳纳米管大的比表面积以及弹性模量可以有效限制基体合金的膨胀，具有最佳的降低热膨胀系数的效果。复合材料的热导率不仅与基体和增强体有关，更受碳纳米管含量以及金属-增强体界面热阻的影响。Cho等[118]发现碳纳米管含量低于1%（体积分数）时可使铜基复合材料的热导率提高，但超过这一含量后，由于碳纳米管团聚的出现导致热导率急剧下降；Kim等[116]制备了均匀分散的碳纳米管/铜复合材料，加入5%和10%（体积分数）的碳纳米管使复合材料热导率相对基体降低了40%和50%，并分析指出碳纳米管-铜的界面含氧量较高，对声子传热具有散射效应，不能发挥良好的传热效果，从而造成热导率下降。也有部分研究者通过加入碳纳米管获得了良好的热导率，如Chai等[119]通过电化学共沉积的方法使碳纳米管不仅在铜基体中均匀分散，而且形成良好无杂质的界面结合，复合材料的热导率相比铜基体提高了80%，超过600W/(m・K)，而且其热导率的提高与碳纳米管的含量呈线性增加关系。可以看出，发挥碳纳米管在金属中传热效果的关键是对碳纳米管-金属界面进行适当的调控，减少因声子散射所引起的界面热阻。

由于金属本身具有良好的导电性能（如银、铜、铝等），甚至优于碳纳米管，大量研究[120,121]表明碳纳米管的加入并不能使复合材料的电导率提高，相反大量碳纳米管-金属界面对电子的电传导产生巨大的散射效果，甚至会使电导率降低。但这不代表碳纳米管不能用于提高金属基复合材料的电学性能。Liu等[122]将碳纳米管均匀分散到6061 Al基体中，发现碳纳米管会引起Mg、Si等元素在界面处富集，在近界面处产生100nm的合金元素贫乏区，使基体合金元素含量降低得到净化，从而使其强度提高的同时，电导率也高于相应的基体合金。Subramaniam等[123]首先对碳纳米管阵列进行剪切变形使其变成碳纳米管膜，对其进行电沉积铜处理制备了定向排列的碳纳米管/铜复合材料。对其电导率测试后发现其电导率虽然从铜的5.8×10^5S/cm降低到$2.3\times10^5\sim4.7\times10^5$S/cm，但随着温度的升高其电导率下降速度明显比铜基体要缓慢，更重要的是其载流量比纯铜提高了近100倍，成为极具潜力的微器件材料。

除此之外，碳纳米管/金属复合材料还可用于耐腐蚀涂层材料。Shi等[124]制备了碳纳米管/镍复合材料涂层，其抗腐蚀速率可达镍涂层的5倍；Praveen等[125]制备的碳纳米管/锌涂层的抗腐蚀性能比锌涂层也大幅度提高，其服役性能提高了近2倍。碳纳米管/金属涂层耐腐蚀性能提高的原因主要是：首先，碳纳米管的化学惰性有利于涂层形成一个被动层；其次，碳纳米管有助于填充电沉积过程中的微孔，从而减缓局部腐蚀的形核，抑制点蚀坑的长大。

5.3.3 碳纳米管/陶瓷复合材料

碳纳米管作为理想的一维纳米纤维材料，具有十分优异的力学性能，是增强陶瓷材料的理想填料，国内外学者在碳纳米管改善陶瓷性能方面开展了大量的研究工作。R.Z. Ma等[126]用热压法制备了碳纳米管/纳米碳化硅陶瓷基复合材料，将纳米碳化硅粉末和碳纳米管在丁醇中进行超声振荡分散，并在2000℃、25MPa压力、氩气气氛保护条件下热压1h制得碳纳米管/纳米碳化硅复合材料，其抗弯强度和断裂韧性比相同条件下制备的纳米碳化硅陶瓷均提高了10%，表明碳纳米管在对基体力学强度起到增强作用的同时，也起到了增韧作用。A. Peigney等[127]

在陶瓷粉体表面原位生长碳纳米管，进而将这种复合粉末压制成块状复合材料，束状分布的碳纳米管结成网状包裹在陶瓷颗粒表面，这些长几微米、直径小于100nm的碳纳米管束对陶瓷基体起到了显著的增韧作用。近年来，围绕碳纳米管/陶瓷基复合材料的碳纳米管分散、烧结工艺和增强机理等方面，国内外开展了系统的研究，并取得了较好的结果[128~130]。

碳纳米管在陶瓷基体中的均匀分散是实现陶瓷基复合材料显著力学增强的关键。目前碳纳米管与陶瓷基体的复合主要采用原位生长法和直接混合法。原位生长法是指将陶瓷粉体经适当表面处理后在其表面原位生长碳纳米管的方法，可使得碳纳米管充分地包覆在陶瓷粉体表面，进而制得碳纳米管均匀分散的陶瓷基复合材料[127,131~133]。直接混合法包括采用物理混合法、化学处理法及物理化学综合法。物理混合法通常指利用机械作用力将碳纳米管分散在陶瓷粉体中，包括超声波处理、球磨、研磨、高速剪切等方法。化学处理法是指采用表面活性剂、表面改性剂或表面功能化来改变碳纳米管的表面性质，提高其与陶瓷粉体的润湿和黏附特性，从而实现碳纳米管与陶瓷粉体的均匀混合。物理化学方法是将物理方法与化学方法进行组合，进而达到将碳纳米管更加均匀地分散在陶瓷基体中的目的。

碳纳米管/陶瓷基复合材料的烧结方法主要包括热压烧结法、烧结-热等静压、放电等离子烧结法和高温挤压成型等几种方法，其中热压烧结法和放电等离子烧结法最为常用。也有学者认为采用热压烧结工艺制备的碳纳米管/陶瓷基复合材料，由于所需的烧结温度较高、保温时间较长，会对碳纳米管造成结构破坏，降低甚至会丧失其力学增强效果。放电等离子烧结（spark plasma sintering，SPS）是近年来快速发展起来的一种新型烧结工艺，利用脉冲放电、脉冲压力和焦耳热产生的瞬时高温场来实现烧结过程。该方法在粉末之间瞬时产生放电等离子体，使得烧结体颗粒内部均匀地自发发热，颗粒表面被进一步活化而易于烧结；同时，烧结过程中在样品两端施加轴向压力，可以使烧结体更加致密。因此，可以在极快的升温速度、较低的烧结温度、极短的保温时间和较高的烧结压力下制得致密的块体材料。由于该方法具有升温速度快和烧结时间短的优点，对碳纳米管损伤程度低，是制备碳纳米管/陶瓷基复合材料的理想方法。

碳纳米管增强陶瓷基复合材料的研究结果证实，碳纳米管的加入可一定程度上抑制纳米陶瓷晶粒的长大，并促进陶瓷基体致密程度的提高，使得复合材料具有显著的力学增强效果。Siegel等[134]在氧化铝基体中添加10%（体积分数）的多壁碳纳米管，复合材料的断裂韧性相比于氧化铝基体提高了24%。Wei等[135]采用热压烧结法制备碳纳米管/氧化铝陶瓷复合材料，其断裂韧性提高近80%。黄利伟等[136]采用快速低温烧结方法制备复合材料，当碳纳米管加入量为1%时的断裂韧性提高了50%，归因于这种快速低温烧结有效地避免了高温处理对碳纳米管的结构破坏，有效地发挥了碳纳米管的力学增强效果；其增韧机作用主要来自于碳纳米管的拔出效应和桥联机制。Ahmad等[137]制备了碳纳米管增强氧化铝纳米复合材料，与纯三氧化二铝基体相比，碳纳米管含量为4%（体积分数）时断裂韧性、硬度和挠曲强度分别提高了94%、13%和6.4%，归因于碳纳米管在基体中的均匀分散以及良好的碳纳米管-基体界面结合。

此外，碳纳米管对其他陶瓷基体的力学性能也能起到明显的增强作用。Ning等[138]在SiO_2中添加5%（体积分数）的经表面处理后的多壁碳纳米管，使得复合材料的弯曲强度和断裂韧性分别提高了88%与146%。Ye等[139]采用热压法制备了碳纳米管增强硅酸硼铝陶瓷，加入10%（体积分数）碳纳米管后的复合材料挠曲强度和断裂韧性相比于基体分别提高192%与143%。张晓红等[140]采用热压烧结工艺制备了碳纳米管增韧$MoSi_2$陶瓷复合材料，复合材料的断裂韧性可达到4.60MPa·$m^{1/2}$，相比于纯$MoSi_2$提高了1倍以上。李君等[141]采用Si和SiC为主要原料，添加3%（质量分数）碳纳米管的陶瓷基复合材料的耐压强度可达到247MPa，与未加碳纳米管的基体相比提高了46%，归因于碳纳米管的加入阻止了生成的Si_3N_4由α相向β相的转变，使得复合材料的结构更加致密，从而力学增强效果显著。Wang等[142]采用将多壁碳纳米管与聚硅碳烷预先混合，经熔融纺丝、固化和热解处理后制得多壁碳纳米管增强碳化硅陶瓷纤维，由于碳纳米管易于分散并形成沿纤维轴向的取向结构，显著提高杨氏模量和拉伸强度，当加入0.5%（质量分数）碳纳米管时其杨氏模量增加93.6%，拉伸强度增加38.5%。Song等[143]制备了碳纳米管增强反应烧结碳化硅复合材料，含有10%（质量分数）碳纳米管的复合材料其弯曲强度从236MPa增加到365MPa，断裂韧性从3.8MPa·$m^{1/2}$增加到6.9MPa·$m^{1/2}$，微观结构研究表明该复合材料的增强机理主要为碳纳米管拉出、桥联及裂纹偏移。

将碳纳米管加入到陶瓷基体中，还会对复合材料的导热性能、摩擦磨损性能和吸波性能有明显的改善作用。刘学建等[144]用反应烧结工艺在1550℃制备了碳纳米管/Si_3N_4陶瓷复合材料，研究表明，该复合材料在8～12GHz（X带）具有明显的微波衰减特性，在10GHz处的最大衰减值达7dB，可用作理想的微波吸收材料。马涛等[145]通过真空热压烧结方法制备了多壁碳纳米管/Al_2O_3/TiC陶瓷复合材料，研究结果表明，碳纳米管的加入能够显著降低复合材料的摩擦系数，在摩擦磨损过程中，碳纳米管被拖覆到摩擦副表面，起到自润滑作用，从而表现为优异的减摩抗磨效果。Melk等[146]采用放电等离子体烧结法制备了碳纳米管/氧化钇掺杂四方氧化锆复合材料，亦发现碳纳米管对复合材料摩擦磨损性能的增强作用。Jiang等[147]采用放电等离子烧结法制备了多壁碳纳米管/TiN复合材料，研究发现，复合材料的热导率k随碳纳米管含量和温度增加而增加，当碳纳米管含量为5%（质量分数）、温度为703K时，热导率相比于纯TiN增加了97%，主要归因于碳纳米管的均匀分散、良好的界面结合和其本征高导热特性。综上所述，碳纳米管加入到陶瓷基体中可显著改善陶瓷材料的诸多性能，其中包括力学性能、电磁性能、摩擦磨损性能及导热性能等，有可能作为未来先进复合材料在诸多领域获得应用。

参考文献

[1] Dresselhaus M S, Dresselhaus G, Sugihara K, et al. Graphite Fibers and Filaments. Springer-Verlag, 1988.

[2] Ebbesen T W. Carbon Nanotubes, preparation and properties. Boca Raton: CRC Press, 1997.

[3] Iijima S. Nature, 1991, 354:56.

[4] Dresselhaus M S, Dresselhaus G, Eklund P C. Science of Fullerenes & Carbon Nanotubes. San Diego: Academic Press, 1996.

[5] Yakobson B I, Smalley R E. Am Sci, 1997, 85:324.

[6] Dresselhaus M S, Dresselhaus G, Eklund P. Phys World, 1998, 11:33.

[7] 莫之民，齐宝森，成方生. 材料科学与工程基础. 北京：高等教育出版社，1988.

[8] Saito R, Dresselhaus M S, Dresselhaus G. Physical Properties of Carbon Nanotubes. London: Imperial College Press, 1998.

[9] Tersoff J. Phys Rev Lett, 1988, 61: 2879.

[10] Brenner D W. Phys Rev B, 1990, 42: 9458.

[11] Robertson D H, Brenner D W, Mintmire J W. Phys Rev B, 1992, 45: 12592.

[12] Cornwell C F, Wille L T. Solid State Comm, 1997, 101: 555.

[13] Cornwell C F, Wille L T. J Chem Phys, 1998, 109: 763.

[14] Yakobson B I, Brabec C J, Bernholc J. Phys Rev Lett, 1996, 76: 2511.

[15] Hernande E, Goze C, Bernier P, Rubio A. Phys Rev Lett, 1998, 80:4502.

[16] Thess A, Lee R, Nikolaev P, Dai H J, et al. Science, 1996, 273: 483.

[17] Sinnott S B, Shenderova O A, White C T, et al. Carbon, 1998, 36: 1.

[18] Lu J P. Phys Rev Lett, 1997, 79: 1297.

[19] Demczyk B G, Wang Y M, Cumings J, et al. Mater Sci Eng A, 2002, 334: 173.

[20] Lau KT. Chem Phys Lett, 2003, 370: 399.

[21] Haskins R W, Maier R S, Ebeling R M, et al. J Chem Phys, 2007, 127: 4708.

[22] Zhou X, Zhou J J, Ou Y Z C. Phys Rev B, 2000, 62: 13692.

[23] Povov V N, van Doren V E. Phys Rev B, 2000, 61: 3078.

[24] Povov V N, van Doren V E, Balkanski M. Solid State Commun, 2000, 114: 395.

[25] Krishnan A, Dujardin E, Ebbesen TW, et al. Phys Rev B, 1998, 58: 14013.

[26] Portal D S, Artacho E, Soler J M, et al. Phys Rev

B, 1999, 59: 12678.

[27] Stone A J, Wales D J. Chem Phys Lett, 1986, 128: 501.

[28] Nardelli M B, Fattebert J L, Orlikowski D, et al. Carbon, 2000, 38: 1703.

[29] hang P H, Lammert P E, Crespi V H. Phys Rev Lett, 1998, 81: 5346.

[30] Iijima S, Brabec C, Maiti A, Bernholc J. J Chem Phys, 1996, 104: 2089.

[31] Yakobson B I, Samsonidze G, Samsonidze G G. Carbon, 2000, 38: 1675.

[32] Nardelli M B, Yakobson B I, Bernholc J. Phys Rev Lett, 1998, 81: 4656.

[33] Yakobson B I. Appl Phys Lett, 1998, 72: 918.

[34] Yakobson B I, Avouris P. in Carbon Nanotubes. Dresselhaus MS, Dresselhaus G, Avouris Ph. Topics Appl Phys, 2001, 80: 287.

[35] Srivastava D, Menon M, Cho K. Phys Rev Lett, 1999, 83: 2973.

[36] Lourie O, Wagner H D. J Mater Res, 1998, 13:2418.

[37] Treacy M M J, Ebbesen T W, Gibson J M. Nature, 1996, 381: 678.

[38] Krishnan A, Dujardin E, Ebbesen T W, et al. Phys Rev B, 1998, 58: 14013.

[39] Wong E W, Sheehan P E, Lieber C M. Science, 1997, 277: 1971.

[40] Salvetat J P, Briggs G A D, Bonard J M, et al. Phys Rev Lett, 1999, 82: 944.

[41] Volodin A, Ahlskog M, Seynaeve E,et al. Phys Rev Lett, 2000, 84: 3342.

[42] Volodin A, Van Haesendonck C, Tarkiainen R, et al. Appl Phys A, 2001, 72: S75.

[43] Poncharal P, Wang Z L, Ugarte D, et al. Science, 1999, 283: 1513.

[44] Wang Z L, Poncharal P, de Heer W A. J Phys Chem Solids, 2000, 61: 1025.

[45] Gao R, Wang Z L, Bai Z G, et al. Phys Rev Lett, 2000, 85: 622.

[46] Tersoff J, Ruoff R S. Phys Rev Lett, 1994, 73: 676.

[47] Tang J, Qin L C, Sasaki T, et al. Phys Rev Lett, 2000, 85: 1887.

[48] Shen W D, Jiang B, Han B S, et al. Phys Rev Lett, 2000, 84: 3634-3637.

[49] Pan Z W, Xie S S, Lu L, et al. Appl Phys Lett, 1999, 74: 3152.

[50] Demczyk B G, Wang Y M，et al. Mater Sci Eng, 2002, 334: 173.

[51] Li Y, Wang K, Wei J, et al. Carbon, 2005, 43: 31.

[52] Li F, Cheng H M, Bai S, et al. Appl Phys Lett, 2000, 77: 3161.

[53] Cheng H M, Li F, Su G, et al. Appl Phys Lett, 1998, 72: 3282.

[54] Cheng H M, Li F, Sun X, et al. Chem Phys Lett, 1998, 289: 602.

[55] 李峰.有机物催化热解法制备单壁碳纳米管及其物理性能[D]. 沈阳：中国科学院金属研究所，2001.

[56] Yu M F, Lourie O, Dyer M J, et al. Science, 2000, 287: 637.

[57] Yu M F, Files B S, Arepalli S, et al. Phys Rev Lett, 2000, 84: 5552.

[58] Yu M F, Dyer M J, Skidmore G D, et al. Nanotecchology, 1999, 10: 244.

[59] Anglaret E, Rols S, Sauvajo J L. Phys Rev Lett, 1998, 81: 4780.

[60] Ding W, Calabri L, Kohlhass K M, et al. Exp Mech, 2007, 47: 25.

[61] Collins P G, Avouris P. Am Sci, 2000, 88: 62.

[62] Dai H J, Hafner J H, Rinzler AG, et al. Nature, 1996, 384: 147.

[63] Hafner J H, Cheung C L, Lieber C M. Nature, 1999, 398: 761.

[64] Hafner J H, Cheung C L, Lieber C M. J Am Chem Soc, 1999, 121: 9750.

[65] Cheung C L, Hafner J H, Lieber C M. PNAS, 2000, 97: 3809.

[66] Andrews R, Weisenberger M C. Curr Opin Solid St M, 2004, 8: 31.

[67] Ajayan P M, Stephen O. Science, 1994, 265: 1212.

[68] Gong X Y, Liu J, Baskaran S, et al. Chem Mater, 2000, 12: 1049.

[69] Bower C, Rosen R, Jin L, et al. Appl Phys Lett, 1999, 74: 3317.

[70] Lamy M, de la Chapelle, Stephan C, et al. Synth Metal, 1999, 103:2510.
[71] Stephan C, Nguyen T P, Chapelle M, et al. Synth Metal, 2000, 108:139.
[72] Skakalova V, Dettlaff-Weglikowska U, Roth S. Synth Metal, 2005, 152: 349.
[73] Blanchet G B, Fincher C R, Gao F. Appl Phys Lett, 2003, 82: 1290.
[74] Kabulov B, Ruzimuradov O, Negmatov S. Polymer, 2005, 46:4405.
[75] Curran S A, Ajayan P M, Blau W J, et al. Adv Mater, 1998, 10: 1091.
[76] Sandler J, Shaffer M S P, Prasse T, et al. Polymer, 1999, 40:5967.
[77] Fan J H, Wan M X, Zhu D B, et al. Synth Metal, 1999, 102:1266.
[78] Ago H, Petritsch K, Shaffer M S P, et al. Adv Mater, 1999, 11: 1281.
[79] Tang B Z, Xu H Y. Macromol, 1999, 32: 2569.
[80] Gao M, Huang S M, Dai L M, et al. Angew Chem Int Ed, 2000, 39:3664.
[81] Curran S A, Ellis A V, Vijayaraghavan A, et al. J Chem Phys, 2004, 120: 4886.
[82] Star A, Stoddart J F, Steuerman D W, et al. Angew Chem Int Edit, 2001, 40: 1721.
[83] Biercuk M J, Llaguno M C, Radosavljevic M, et al. Appl Phys Lett, 2002, 80: 2767.
[84] Choi E S, Brooks J S, Eaton D L, et al. J Appl Phys, 2003, 94: 6034.
[85] Huang H, Liu C H, Wu Y, et al. Adv Mater, 2005, 17: 1652.
[86] Pathak S, Cambaz Z G, Kalidindi S R, et al. Carbon, 2009, 47:1969.
[87] Eom K, Nam K, Jung H, et al. Carbon, 2013, 65: 305.
[88] Chang W J, Lee H L. Micro Nano Lett, 2012, 7: 1308.
[89] Buldum A L J. Phys Rev Lett, 1999, 83: 5050.
[90] Xu M, Futaba D N, Yamada T, et al. Science, 2010, 330: 1364.
[91] Shan C, Zhao W, Lu X L, et al. Nano Lett, 2013, 13: 5514.
[92] Pathak S, Lim E J, Abadi P, et al. ACS Nano, 2012, 3: 2189.
[93] Zhang M. Science, 2004, 306: 1358.
[94] Hehr A, Schulz M, Shanov V, et al. J Intell Mater Syst Struct, 2013, 25: 713.
[95] Chun K, Kim S, Shi M, et al. Nature Commun, 2014, 5: 3322.
[96] Choi H J, Shin J H, Bae D H. Composites A, 2012, 43: 1061.
[97] Izadi H, Gerlich A P. Carbon, 2012, 50: 4744.
[98] Quang P, Jeong Y G, Yong S C et al. J Mater Process Technol, 2007, 187: 318.
[99] Cha S I, Kim K T, Arshad S N, et al. Adv Mater, 2005, 17: 1377.
[100] Jiang L, Fan G L, Li Z Q, et al. Carbon, 2011, 49: 1965.
[101] He C N, Zhao N Q, Shi C S, et al. Adv Mater, 2007, 19: 1128.
[102] Sun Y, Sun J R, Liu M, et al. Nanotechnology, 2007, 18:505704.
[103] Choi H J, Shin J H, Min B. J Mater Res, 2010, 24: 2610.
[104] Jiang L, Li Z Q, Fan G L, et al. Carbon, 2012, 50: 1993.
[105] 马仁志，朱艳秋，魏秉庆，等，复合材料学报，1997, 14: 92.
[106] Kim K T, Eckert J, Menzel S B, et al. Appl Phy Lett, 2008, 92: 121901.
[107] Jeong Y J, Cha Si, Kim K T, et al. Small, 2007, 3: 840.
[108] Liu Z Y, Xiao B L, Wang W G, et al. Carbon, 2012, 50: 1843.
[109] Nam D H, Kim Y K, Cha I S, et al. Carbon, 2012, 50: 4803.
[110] Liu Z Y, Xiao B L, Wang W G, et al. Carbon, 2013, 62: 35.
[111] 王淼，李振华，鲁阳，等. 材料科学与工程，2000, 18:103.
[112] 王浪云，涂江平，杨志友，等. 中国有色金属学报，2001, 11: 367.
[113] 董树荣，张孝彬. 摩擦学学报，1999, 19: 1.
[114] Tang Y B, Cong H T, Zhong R, et al. Carbon, 2004, 42: 3251.
[115] Deng C F, Ma Y X, Zhang P, et al. Mater Lett,

2008, 62: 2301.

[116] Kim K T, Eckert J, Liu G, et al. Scripta Mater, 2011, 64: 181.

[117] Liu Z Y, Xiao B L, Wang W G, et al. Compos Sci Technol, 2012, 72: 1826.

[118] Cho S, Kikuchi K, Miyazaki T, et al. Scritpa Mater, 2010, 63: 375.

[119] Chai G Y, Chen Q F. J Compos Mater, 2010, 44: 2863.

[120] Feng Y, Yuan H L, Zhan M. Mater Charact, 2005, 55: 22.

[121] Xu C L, Wei B Q, Ma R Z, et al. Carbon, 1999, 37: 855.

[122] Liu Z Y, Xiao B L, Wang W G, et al. J Mater Sci Technol, 2014, 30: 649.

[123] Subramaniam C, Yamada T, Kobashi K, et al. Nature Commun, 2013, 4: 2202.

[124] Shi Y L, Yang Z, Li M K, et al. Mater Chem Phys, 2004, 87: 154.

[125] Praveen B M, Venkatesha T V, Arthoba Naik Y, et al. Surf Coat Technol, 2007, 201: 5836.

[126] Ma R Z, Wu J, Wei B Q, et al. J Mater Sci, 1998, 33: 5243.

[127] Peigney A, Laurent C H, Rousset A. Key Engineering Materials, 1997, 132-136:743.

[128] Li Y B, Wei B Q, Wu C L, et al. J Mater Sci, 1999, 34:5281.

[129] Fossheim K, Tuset E D, Ebbesen T W, et al. Physica C, 1995, 248: 195.

[130] 沈军, 张法明, 孙剑飞. 材料科学与工艺, 2006, 114: 165.

[131] Kamalakaran R, Lupo F, Grobert N. Carbon, 2003, 41: 2737.

[132] Rul S, Laurent C H, Peigney A, et al. J Eur Ceram Soc, 2003, 23:1233.

[133] Rul S, Lefevre-schli F, Capria E, et al. Acta Mater, 2004, 52:1061.

[134] Siegel R W, Chang S K, Ash B J. Scripta Mater, 2001, 44: 1472.

[135] Wei T, Fan Z, Luo G H, et al. Mater Lett, 2008, 62: 641.

[136] 黄利伟，傅正义，孟范成. 材料研究学报, 2009, 23: 59.

[137] Ahmad I, Cao H Z, Chen H H, et al. J Eur Ceram Soc, 2010, 30: 865.

[138] Ning J, Zhang J, Pan Y, et al. Ceram Int, 2004, 30: 63.

[139] Feng Ye, Limeng Liu, et al. Scripta Mater, 2006, 55: 911.

[140] 张晓红，王政平，乔英杰，等. 中国科技论文在线, 2011, 6(2): 121-130.

[141] 李君，邓承继. 中国陶瓷工业，2013, 20: 11.

[142] Wang H Z, Li X, Ma J, et al. Composites Part A, 2012, 43: 317.

[143] Song N, Liu H, Fang J. Ceram Int, 2016, 42: 351.

[144] 刘学建，黄智勇，向长淑，等. 硅酸盐学报，2006, 34: 133.

[145] 马涛，杨学锋，姚孔，等. 人工晶体学报，2015, 44: 2583.

[146] Melk L, Rovira J J R, Antti M, et al. Ceram Int, 2015, 41: 459.

[147] Jiang L, Gao L. Ceram Int, 2008, 34: 231.

NANOMATERIALS

碳纳米管

Chapter 6

第6章

碳纳米管的电磁性能及其应用

尹利长
中国科学院金属研究所

早在1992年，N. Hamada[1]、R. Saito[2]和J.W. Mintmire[3]等就分别根据紧束缚模型或基于局域密度近似的第一性原理计算推测出碳纳米管的导电属性与其结构密切相关，指出不同结构（如直径和螺旋角）的碳纳米管可能是导体也可能是半导体。随后，广泛开展了有关其电学、磁学等性质的研究，从理论上讨论了用碳纳米管构成纳米电子器件的可能性，进而开展实验验证，取得了令人振奋的结果。然而尽管实验研究取得了很大进展，但是结果并不完全一致，而且对实验结果的解释尚存异议。事实上，如何控制得到所需结构的碳纳米管以及如何组装成真正具有实用价值的纳米电子器件目前仍然处于探索阶段。但不容置疑，碳纳米管电学性质的一个潜在广阔应用领域是纳米电子器件，碳纳米管可能是新型纳米电子器件的基本结构单元。如全球最大的计算机制造商IBM公司于2006年成功研制出性能优于当时性能最好的硅半导体芯片的碳纳米管基晶体管，该晶体管是制造体积更小巧、速度更快的计算机的关键[4]。最近，IBM研究中心的Chao等[5]发展了一种新技术来制造碳纳米管晶体管的触点，在减小尺寸的同时保持了较低的接触电阻，最终制得尺寸仅有40nm的碳纳米管基晶体管。而斯坦福大学的研究人员于2013年已成功实现了由178个碳纳米管基晶体管组装而成的原型计算机，该碳纳米管计算机可以执行如计数和整数排序等简单任务，表明使用碳纳米管计算是可行的[6]。因此，相关领域长期以来一直就是碳纳米管的研究热点之一。

本章主要讨论碳纳米管的电学和磁学性质、实验验证以及相关应用前景。碳纳米管的电子结构是其电学和磁学性能的基础，许多电学和磁学现象都与其紧密相关，本章首先介绍二维石墨烯的电子能带结构，然后给出以此为基础、相对简单的布里渊区折叠模型，解释如何由石墨烯二维能带结构得到单壁碳纳米管的一维能带结构，以及金属性单壁碳纳米管的窄带隙起因，再阐述单壁碳纳米管束、多壁碳纳米管以及碳纳米管结的电子能带结构。在此基础上总结碳纳米管电子结构的实验研究和电磁性能研究结果，并简单介绍碳纳米管的超导特性，最后讨论碳纳米管电磁性质的应用前景，特别是在纳米电子器件方面应用的可能性。

6.1 碳纳米管的能带结构

6.1.1 二维石墨烯

石墨烯是由碳原子以六角网格形式构成的单原子层结构。多层石墨烯以某一堆垛形式（如AA、AB或ABC等）沿着石墨烯平面的垂直方向平行排列就构成了三维石墨。由于石墨层间的范德华相互作用（几十毫电子伏特）较单层石墨平面内C—C共价键相互作用（电子伏特）弱两个数量级，故石墨烯的电子结构与石墨的类似。与石墨烯电学性质相关的主要是费米能级附近价带中的π电子和导带中的π*电子，因此研究石墨烯的能带结构时，一般只考虑石墨烯中的π和π*轨道。石墨烯单胞包含两个不等价的碳原子，在石墨烯费米能级附近的电子结构可通过紧束缚近似方法得到[7]，即

$$E_{\mathrm{g2D}}^{\pm}(\boldsymbol{k})=\frac{\varepsilon_{2\mathrm{p}}\pm\gamma_0\omega(\boldsymbol{k})}{1\mp s\omega(\boldsymbol{k})} \tag{6.1}$$

式中，$\varepsilon_{2\mathrm{p}}$是受石墨烯二维晶体势场影响的碳原子的2p轨道能级；γ_0是最邻近碳-碳原子间的相互作用能；s是与石墨烯中导带和价带之间非对称性相联系的紧束缚重叠积分（tight binding overlap integral）。当$\gamma_0>0$时，E^{+}和E^{-}分别对应价带π电子和导带π*电子。式（6.1）中函数$\omega(\boldsymbol{k})$为

$$\omega(\boldsymbol{k})=\sqrt{|f(\boldsymbol{k})|^2}=\sqrt{1+4\cos\frac{\sqrt{3}k_x a}{2}\cos\frac{\sqrt{3}k_y a}{2}+4\cos^2\frac{k_y a}{2}} \tag{6.2}$$

式中，$f(\boldsymbol{k})=\mathrm{e}^{ik_x a/\sqrt{3}}+2\mathrm{e}^{-ik_x a/2\sqrt{3}}\cos\frac{k_y a}{2}$；$a$=0.246nm，为石墨烯单胞的单位矢量长度。

图6.1给出了由式（6.1）所表示的石墨烯电子能量色散关系，其中参数为（$\varepsilon_{2\mathrm{p}}$=0，$\gamma_0$ =–3.033eV，s=0.129）。图6.1（a）中插图以及图6.1（b）上部曲线是π*轨道，下半部分是π轨道。上部π*轨道和下半部分π轨道相交K点并通过费米

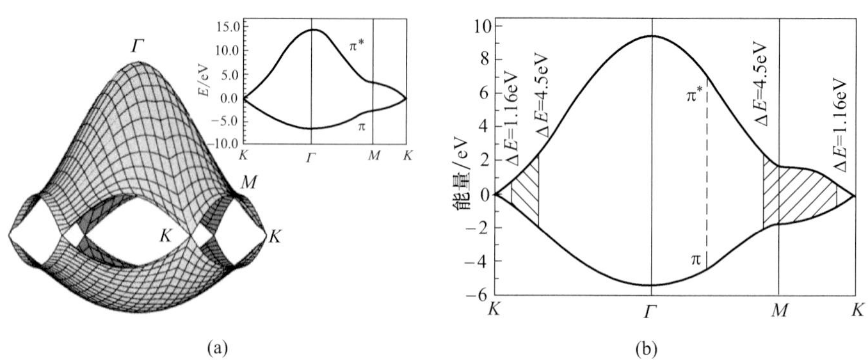

图6.1　在第一布里渊区内的石墨烯 π 和 π* 能带的电子能量色散关系[7]

插图为沿布里渊区高对称性方向*K*-*Γ*-*M*-*K*的电子能量色散关系

能级。石墨烯的每个单胞中有两个电子占据了较低能级的π轨道，形成π键。计算表明石墨烯价带和导带相交于费米能级处（参见图6.1），故石墨烯也被称为零能隙的半导体。图6.1中只画出了π-电子系统，费米能级以下最低的电子能级σ-能带电子能隙大于5.0eV，能量在可见光区域之外。

由式（6.1）可知，当s=0时，π*和π电子关于$E=\varepsilon_{2p}$是对称的，因此在s=0时的电子能量色散关系可近似地看成是石墨烯的电子结构

$$E_{g2D}(k_x,k_y)=\pm\gamma_0\sqrt{1+4\cos\frac{\sqrt{3}k_x a}{2}\cos\frac{k_y a}{2}+4\cos^2\frac{k_y a}{2}} \tag{6.3}$$

6.1.2
单壁碳纳米管

在单壁碳纳米管中，电子波函数在径向方向会受到单原子层的限制[7~9]；在圆周上，由于单壁碳纳米管具有螺旋对称性，周期性边界条件可应用到实空间，组成碳纳米管的单胞。单壁碳纳米管在轴向的可能电子态有无限多，而在径向则有限。因此可通过石墨烯电子结构的弯曲来计算单壁碳纳米管的电子结构，如R. Saito等[2,7]通过布里渊区折叠方法得到了单壁碳纳米管的电子结构。

考虑到单壁碳纳米管的圆周方向和轴向的周期性边界条件，因此与平移矢量***T***相对应的电子波矢是连续的，而与螺旋矢量***C***相对应的电子波矢出现量子化，

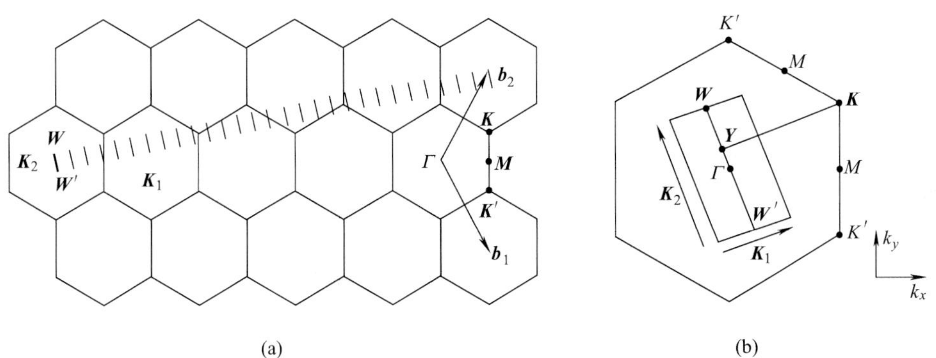

图6.2 （4,2）型单壁碳纳米管的布里渊区示意图

（a）平行于$\boldsymbol{K}_2$的线段$\boldsymbol{WW'}$为（4,2）型单壁碳纳米管的一维布里渊区，矢量$\boldsymbol{K}_1$和$\boldsymbol{K}_2$分别为对应于碳管螺旋矢量$\boldsymbol{C}$和平移矢量$\boldsymbol{T}$的倒易格矢；（b）金属性单壁碳纳米管电子波矢k需满足的条件：矢量$\boldsymbol{YK}$是$\boldsymbol{K}_1$的整数倍

故单壁碳纳米管的电子波矢在$\boldsymbol{K}_1$方向只能取一系列分离的数值（参见图6.2），其布里渊区的大小就是二维石墨烯布里渊区中沿$\boldsymbol{K}_2$的线段$\boldsymbol{WW'}$，其扩展布里渊区是长度为$|\boldsymbol{K}_2|$的N条线段的集合，每一线段被$\boldsymbol{K}_1$波矢分开。

这样，通过将石墨烯二维电子能量色散关系（图6.1）沿着二维布里渊区中的N个波矢段（$k\boldsymbol{K}_2/|\boldsymbol{K}_2|+\mu\boldsymbol{K}_1$）切割，即可得到单壁碳纳米管的一维电子能量色散关系。

$$E_\mu(k)=E_{\mathrm{g2D}}\left(k\frac{\boldsymbol{K}_2}{|\boldsymbol{K}_2|}+\mu\boldsymbol{K}_1\right)\qquad\left(\mu=0,\cdots,N-1,\text{且}-\frac{\pi}{T}<k<\frac{\pi}{T}\right)\tag{6.4}$$

对任意一根单壁碳纳米管（n, m）来说，如果切割线正好通过二维布里渊区的K点，那么得到的一维电子能带为零带隙，该碳纳米管即为金属性碳纳米管。相反，如果切割线并不通过K点，那么得到的一维电子能带具有一定的带隙，该碳纳米管即为半导体性碳纳米管。从图6.2（b）中可以看出，金属性单壁碳纳米管满足的条件为矢量$\boldsymbol{YK}$的长度是矢量$\boldsymbol{K}_1$长度的整数倍，而矢量$\boldsymbol{YK}$与$\boldsymbol{K}_1$之间的关系为：

$$\boldsymbol{YK}=\frac{2n+m}{3}\boldsymbol{K}_1\tag{6.5}$$

因此，金属性单壁碳纳米管的手性指数（n, m）需满足（$2n+m$）或（$n-m$）为3的整数倍。考虑所有不同手性的单壁碳纳米管，只有1/3满足金属性的条件，另外2/3为半导体属性，且所有扶手椅型单壁碳纳米管（n, n）都是金属性的，而锯齿型单壁碳纳米管（n, 0）只有当n为3的整数倍时才是金属性的（图6.3）。

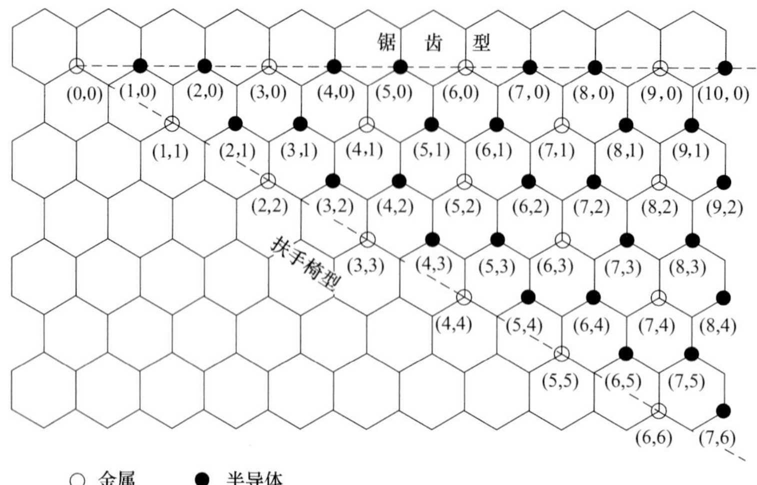

图6.3 单壁碳纳米管导电属性分布图

6.1.3 扶手椅型和锯齿型单壁碳纳米管

为了得到明确的单壁碳纳米管电子能量色散关系，最简单的例子是考虑具有最高对称性的单壁碳纳米管，即扶手椅型和锯齿型单壁碳纳米管。对于扶手椅型（n, n）单壁碳纳米管来说，其周期性边界条件可定义圆周方向一系列允许的分离波矢 $k_{x,q}$ 满足关系 $n\sqrt{3}ak_{x,q} = 2\pi q(q=1,\cdots,2n)$，将 $k_{x,q}$ 满足的关系式代入公式（6.3）中，得到扶手椅型（n, n）单壁碳纳米管的电子能量色散关系 $E_q^{\mathrm{a}}(k)$ 为

$$E_q^{\mathrm{a}}(k) = \pm\gamma_0\sqrt{1\pm 4\cos\frac{q\pi}{n}\cos\frac{ka}{2}+4\cos^2\frac{ka}{2}} \qquad (-\pi < ka < \pi,\ \text{且}q=1,\cdots,2n) \tag{6.6}$$

式中，上标a表示扶手椅型（armchair）；k为沿矢量$\boldsymbol{K}_2$方向的一维波矢。

由式（6.6）可得到$2N_x$个导带和$2N_x$个价带，在这些$2N_x$个能带中，有两个是非简并（non degeneracy）的，有N_x−1个是双简并的。所有扶手椅型（n, n）单壁碳纳米管的最低能量导带和最高能量价带都在$k=\pm 2\pi/(3a)$处发生简并并通过费米能级，因此所有扶手椅型单壁碳纳米管都具有金属导电性质。

对于锯齿型（N_y, 0）单壁碳纳米管，其波矢k_y的周期性边界条件为$N_y ak_{y,q}=q2\pi$（q=1，⋯，N_y），因此，锯齿型（N_y, 0）单壁碳纳米管$2N_y$个电子态的一维色散关系为

$$E_q^z(k) = \pm\gamma_0\sqrt{1 \pm 4\cos\frac{\sqrt{3}ka}{2}\cos\frac{q\pi}{N_y} + 4\cos^2\frac{q\pi}{N_y}} \qquad -\frac{\pi}{\sqrt{3}} < ka < \frac{\pi}{\sqrt{3}} \tag{6.7}$$

式中，上标z表示锯齿（zigzag）型；k表示沿管轴方向一维波矢；q=1，…，N_y。图6.4给出了（9，0）和（10，0）锯齿型单壁碳纳米管的一维电子态密度。对于直径和C_{60}相同的（9，0）单壁碳纳米管，其形成的导带和价带数目为10，其中2个是非简并的，8个是双简并的，同时导带和价带在k=0处发生简并，使k=0变为四重简并点。从图6.4可以看出k = 0没有能隙，所以（9，0）单壁碳纳米管具有金属电性质。对于（10，0）单壁碳纳米管，其形成的导带和价带数目为20，其中有2个是非简并的，9个是双简并的。但是与（9，0）单壁碳纳米管不同的是，（10，0）单壁碳纳米管的导带和价带在k=0处存在一个能隙，因此，（10，0）单壁碳纳米管具有半导体性质。对于任意（n，0）锯齿型单壁碳纳米管，当n为3的倍数时，在k=0没有能隙，为金属性，其他情况在k=0有能隙，为半导体性。

一般螺旋性（亦称为手性）单壁碳纳米管的电子一维能量色散关系与二维石墨的电子能量色散关系之间的关系为：

$$E_\mu(k) = E_{g2D}\left(k\frac{\boldsymbol{K}_2}{|\boldsymbol{K}_2|} + \mu\boldsymbol{K}_1\right) \qquad \left(\mu = 1, \cdots, N, \ \text{且} -\frac{\pi}{T} < k < \frac{\pi}{T}\right) \tag{6.8}$$

式中，N为单壁碳纳米管单胞中石墨六边形数；k为沿管轴的波矢。所有螺旋性单壁碳纳米管电子能带结构的计算表明，尽管单壁碳纳米管中碳原子间局域的化学键基本没有差别，也没有其他掺杂，但其电学性能因其结构（主要是直径和螺旋性）不同而表现出不同的电学属性[1~3]。当（n，m）单壁碳纳米管的结构指数满足$2n$+m=$3q$（q为整数）时，（n，m）单壁碳纳米管表现为金属性，其他类型的（n，m）单壁碳纳米管则呈为半导体性。因此，大约1/3的单壁碳纳米管是金属性的，另外2/3的单壁碳纳米管是半导体性的。这些令人惊奇的结果源于二维石墨烯的电子结构[3,7,9]。二维石墨烯是能隙为零的半导体，其成键和反键π电子能带在石墨烯二维六方布里渊区的K点发生简并。一维单壁碳纳米管周期性边界条件允许少数几个圆周方向的波矢存在，若这些波矢通过布里渊区K点，相应的单壁碳纳米管就具有金属导电特性，否则，单壁碳纳米管仅呈现出具有一个固定能隙的半导体属性。金属性和半导体性单壁碳纳米管波矢k的取值在石墨二维布里渊区中的位置如图6.2所示。对于金属性单壁碳纳米管，粗实线和K点相交，对于半导体性单壁碳纳米管，K点总是位于两条粗实线之间的1/3处。对于每一个$\boldsymbol{K}$波矢，其导带和价带都具有一个能量极小值，这就是电子态密度的范霍夫奇点。导带和

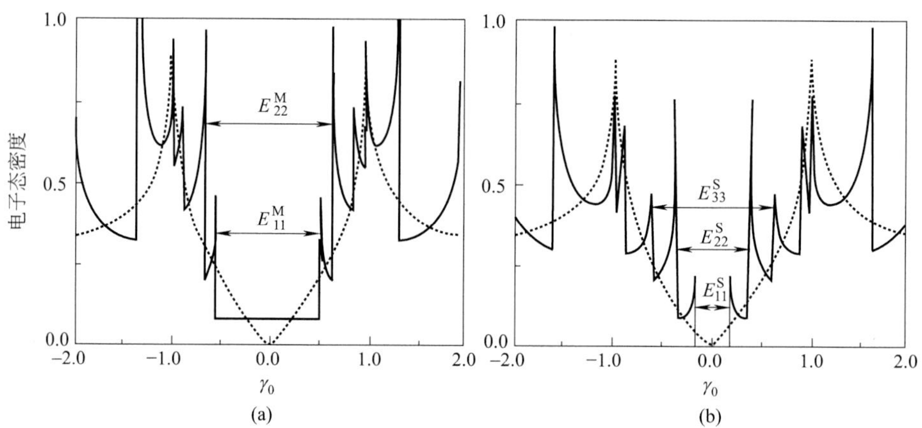

图6.4　锯齿型单壁碳纳米管的一维电子态密度[7, 9]

(a)(9, 0)单壁碳纳米管；(b)(10, 0)单壁碳纳米管，虚线为二维石墨烯的电子态密度

γ_0为石墨烯六角晶格中最近邻碳原子 π 轨道的转移积分，约为2.9eV

价带的每对范霍夫奇点间都对应一个带隙$E_{ii}(d_t)$，如图6.4所示。

在不考虑单壁碳纳米管卷曲效应的情况下，可近似估算任意手性单壁碳纳米管的范霍夫奇点对所对应的能隙[9]。利用二维石墨烯电子能量色散关系的线性近似表达式$E(k)=\pm 3\gamma_0 k a_{C-C}/2$，单壁碳纳米管范霍夫奇点对应的能隙$E_{ii}(d_t)$可用金属性单壁碳纳米管波矢$\boldsymbol{K}_1$及半导体性单壁碳纳米管的波矢$\boldsymbol{K}_1/3$和$2\boldsymbol{K}_1/3$来表示。

经过对单壁碳纳米管倒格矢$\boldsymbol{K}_1$的简单计算，可得到一个重要关系式：

$$|\boldsymbol{K}_1|=\frac{2}{d_t} \tag{6.9}$$

将式（6.9）代入二维石墨烯电子能量色散关系的线性近似关系式中，可得到金属性单壁碳纳米管和半导体性单壁碳纳米管能隙$E_{11}(d_t)$表达式：

$$E_{11}^{M}(d_t)=\frac{6a_{C-C}\gamma_0}{d_t},\quad E_{11}^{S}(d_t)=\frac{2a_{C-C}\gamma_0}{d_t} \tag{6.10}$$

从式（6.10）中可看出，相同直径的单壁碳纳米管，金属性的能隙$E_{11}^{M}(d_t)$是导体性能隙$E_{11}^{S}(d_t)$的3倍，继续利用二维石墨电子能量色散的线性近似关系，可得到半导体性和金属性单壁碳纳米管一系列范霍夫奇点对的能隙表达式

$$E_{ii}^{M}(d_t)=\frac{6a_{C-C}\gamma_0}{d_t},\ \frac{12a_{C-C}\gamma_0}{d_t},\ \cdots,\qquad i=1, 2, 3,\ \cdots \tag{6.11}$$

$$E_{ii}^{S}(d_t)=\frac{2a_{C-C}\gamma_0}{d_t},\ \frac{4a_{C-C}\gamma_0}{d_t},\ \frac{8a_{C-C}\gamma_0}{d_t},\cdots,\qquad i=1, 2,3,\ \cdots \tag{6.12}$$

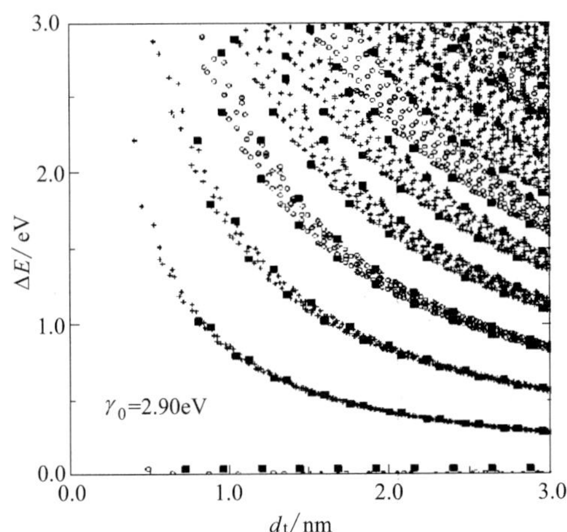

图6.5　理论计算的所有（n, m）单壁碳纳米管能隙$E_{ii}(d_t)$与其直径（0.7nm<d_t<3.0nm）的函数关系[9]

○和+分别代表金属性和半导体性单壁碳纳米管；■代表锯齿型单壁碳纳米管的$E_{ii}(d_t)$数值

当$|\boldsymbol{K}_1| = 2/d_t$很大时，对应于小直径$d_t$，因二维石墨能量色散关系的线性近似不能成立，所以式（6.11）和式（6.12）不再适用。经分析，式（6.11）的适用条件为$2a_{C-C} / d_t << 1$；式（6.12）的适用条件分别为$2^i a_{C-C} / 3d_t << 1$, $i = 1, 2, 3$[9]。由于存在能量色散关系的三角形卷曲效应（trigonal warping effect）[9]，对于较小直径的单壁碳纳米管或要考虑单壁碳纳米管能隙$E_{ii}(d_t)$的所有数值时，式（6.11）和式（6.12）已经不正确或不完整。S.D.M. Brown[10]和R. Saito等[11]计算了尺寸在0.7nm到3.0nm范围内所有（n, m）单壁碳纳米管能隙$E_{ii}(d_t)$与其直径（0.7nm<d_t<3.0nm）的关系，如图6.5所示。利用此图可迅速查找某一直径的单壁碳纳米管的能隙$E_{ii}(d_t)$数值。

除了布里渊区折叠法外，第一原理计算和局域密度近似计算等方法也被用来计算单壁碳纳米管的电子能带结构，得到相似的结果[1,2,12~14]。

6.1.4
金属性单壁碳纳米管的窄能隙

最近，M. Ouyang等[15]采用原子分辨率低温扫描隧道显微镜，发现金属性锯齿型单壁碳纳米管表现出一个窄的能隙，能隙大小与碳纳米管直径的平方成反比［式（6.13）］，而扶手椅型单壁碳纳米管则没有观察到此现象。

$$E_G = 39\text{meV}/[D(\text{nm})]^2 \quad (6.13)$$

事实上，由于布里渊区折叠法是假设碳纳米管中可允许存在的电子态与二维石墨烯完全等价，因此当考虑碳纳米管的曲率效应时，会引起可能改变碳纳米管能带结构的两个因素。其一是引起碳纳米管中电子费米速度的改变，一般来说，这一改变幅度仅为百分之几[16]，因此实验上难以观测到；其二是破坏碳纳米管管壁上每个碳原子周围三个C—C键的空间等价性，使得倒易空间中的狄拉克点从K或K'点偏移，偏移量为ΔK^{CV}（如图6.6所示）。对于半导体性单壁碳纳米管来说，ΔK^{CV}远小于K点至距离K点最近的切割线之间的垂直距离，因此这一因曲率效应引起的偏移对能隙的影响很小。而对于名义上的金属性碳纳米管来说，这一偏移量会引起一个窄带隙的出现，其大小与碳纳米管直径和螺旋角的定量关系可以用式（6.14）来表示。对于扶手椅型碳纳米管而言，螺旋角θ为30°，曲率效应所引

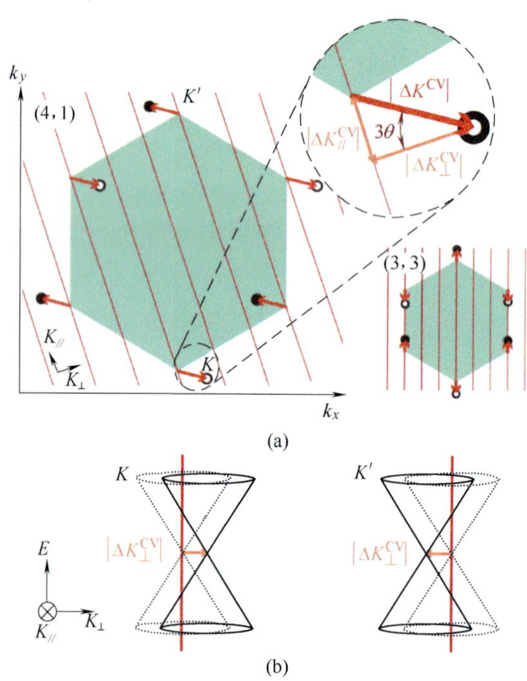

图6.6　单壁碳纳米管曲率效应引起金属性碳纳米管出现窄能隙的原理示意图[17]

起的带隙（E_{G}^{CV}）为零，因此，如果不存在其他电子结构微扰因素的话，扶手椅型单壁碳纳米管是真正意义上的金属性碳纳米管［如图6.6（a）右下角插图所示］。事实上，碳纳米管结构应变也可以引起金属性单壁碳纳米管出现类似的窄能隙现象。

$$E_{G}^{CV}=\frac{50\text{meV}}{[D(\text{nm})]^{2}}\cos(3\theta) \tag{6.14}$$

6.1.5
碳纳米管束和多壁碳纳米管的电子结构

单壁碳纳米管形成管束以后，由于管间存在相互作用而显著改变其电子结构，如由（10, 10）金属性单壁碳纳米管形成的管束，在其电子态密度中可产生0.1eV赝能隙（pseudogap）[18]，从而使许多与电子结构相关的性质发生改变。单根的（*n*, *n*）型单壁碳纳米管有两个线性且在费米能级处发生相交的能带，如图6.7（a）所示。因此，在费米能级附近存在一定的电子态密度分布，（*n*, *n*）金属性单壁碳纳米管具有单电子导电特征。然而当（*n*, *n*）单壁碳纳米管形成二维晶体结构的管束时，其电子结构将发生变化。理论研究以（10, 10）扶手椅型单壁碳纳米管为模型[18]：把（10, 10）单壁碳纳米管形成的管束看成是由（10, 10）单壁碳纳米管堆叠构成三角形后，在轴向无限延伸得到的一维结构。管束的电子态密度从单根单壁碳纳米管一维布里渊区扩展为三维楔形不可约布里渊区。管束中单壁碳纳米管存在管间相互作用，使其镜像的对称性被破坏。由于对称性发生改变，产生

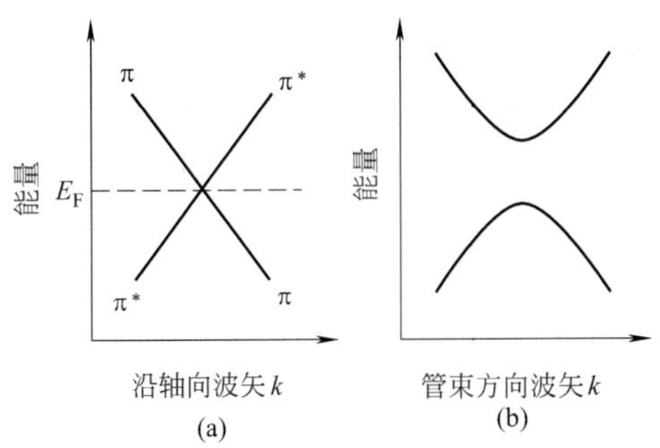

图6.7　单壁碳纳米管的电子能带出现交叉和排斥[18]

（a）单根（*n*, *n*）单壁碳纳米管的两个线性能带在费米能级处发生交叉，其中一个为π键，另一个是π*，E_F是费米能级，*k*是波矢；（b）由于形成管束破坏了镜像对称性而出现能带排斥

量子排斥效应，在布里渊区中出现一个如图6.7（b）所示的能带。与单根单壁碳纳米管的电子态结构相比，由于对称性改变而引起能带互相排斥改变了费米能级附近的电子态密度。计算的电子态密度如图6.8（a）所示[18]。研究结果表明，具有电子和空穴载流子的半金属单壁碳纳米管，即使在管束中存在着局部的无序结构，管束中赝能隙可使其导电及输运特性与单根单壁碳纳米管有明显差异。由于在费米能级附近电子态密度迅速增加，使管束载流子密度与温度和掺杂关系密切，因此可通过掺杂来改变其载流子密度，从而增加其电导。M. Ouyang等[15]用原子分辨率低温扫描隧道显微镜测量了（8, 8）型单壁碳纳米管所形成的管束的扫描隧道谱，得到的管束电子结构与单根管在0.1eV以上时很相似，说明管间相互作用对较高能量电子能带结构影响不大，但在0.1eV以下时，则出现和直径成反比的赝能隙［如图6.8（b）所示］，说明管束间相互作用可改变其电子结构，主要是对单壁碳纳米管中π电子产生较大影响。

多壁碳纳米管结构较复杂，需考虑的参数较多（参见第2章），对其进行能带结构理论研究也更困难。R. Saito等[19]采用紧束缚方法计算了双层碳纳米管的电子能带结构，结果表明尽管在层间存在相互作用，但对各层碳纳米管的电子能带结构几乎没有什么影响，各层电子能带结构与相应的单壁碳纳米管相同，如两个同轴锯齿型金属性单壁碳纳米管所形成的双壁碳纳米管仍是金属性；两个同轴半导体单壁碳纳米管所形成的双壁碳纳米管还是半导体性，且即使考虑到层间的相互作用，由同轴导体和半导体性单壁碳纳米管构成的双壁碳纳米管中的单壁碳纳

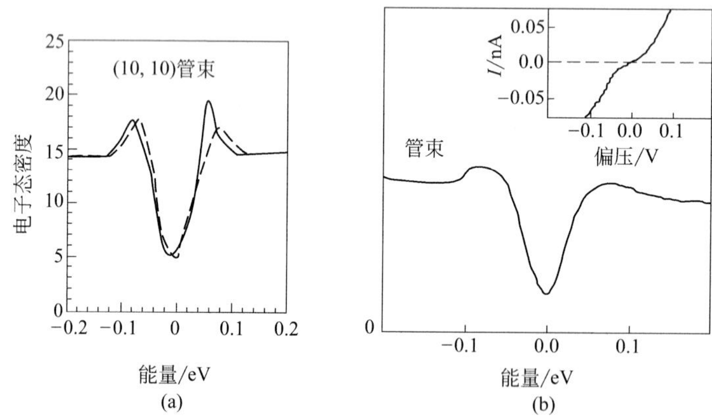

图6.8　计算和实验测量的单壁碳纳米管束的电子态密度

（a）计算得到的管束电子态密度［实线为有校正（10,10）单壁碳纳米管，虚线为无校正（10,10）单壁碳纳米管］，单位states/meV原子，费米能级为零[18]；（b）实验测量的（8, 8）单壁碳纳米管束的电子态密度[15]

米管依然保持各自导电属性，因此双壁碳纳米管可用作理想的绝缘纳米线。然而实际情况可能更为复杂，J.C. Charlier等[20]采用密度泛函理论计算了各种结构的无限长双壁碳纳米管，发现直径较小的碳纳米管，其层间相互作用会对其电子结构发生影响，如（5, 5）和（10, 10）单壁碳纳米管各自均为金属性，但（5, 5）和（10, 10）单壁碳纳米管同轴得到的双壁碳纳米管，在其两壁之间能发生一定滑移和旋转，故当两管相对位置发生改变时，由于层间相互作用，可能使其均变为半导体性碳纳米管。然而较大直径单壁碳纳米管形成的双壁碳纳米管，结果则和R. Saito等[19]完全相同，如（10, 10）和（15, 15）碳纳米管形成的双壁碳纳米管，无论何时均保持各自的金属性。这些研究表明层数较少、但直径较大的多壁碳纳米管的电子性质基本保持相应单壁碳纳米管的性质，直径较小的多壁碳纳米管由于曲率较大使其层间相互作用较大，可能会改变其电子结构，然而对更复杂多壁碳纳米管的电子状态研究比较少，其性能很可能更接近于石墨的电性质。

6.1.6
碳纳米管结

碳纳米管是金属性还是半导体性与其结构密切相关，两个不同直径和螺旋角的碳纳米管相互连接可形成一个金属/半导体（M-S）、半导体/半导体（S-S）或者金属/金属（M-M）的纳米异质结。形成异质结的关键是两个不同结构碳纳米管能互相连接，在形成过程中不需克服较大的能垒，同时能保持各自的原有结构。因五边形/七边形拓扑缺陷具有保持碳纳米管封闭结构（结构完整）和局部曲率较小（能量最低）的特点（详见第2章），因此通过碳纳米管六边形网格中出现了五边形和七边形结构可得到异质结。由于在六边形网格中出现拓扑缺陷，可改变碳纳米管的螺旋结构，在出现缺陷附近的电子能带结构会发生改变[21~28]。以碳纳米管为基础的异质结不仅具有纳米尺寸，而且仅仅由单一元素构成，且可根据其电子结构得到各种特性的晶体管结构，可在微电子等领域有广阔的应用前景，因此自异质结概念提出后[23]，从理论到实验都进行了大量研究。

L. Chico等[23]最早提出异质结的概念并通过理论计算异质结的电子结构，表明它可构成二极管。他们用紧束缚理论计算出半导体（8, 0）和导体（7, 1）单壁碳纳米管可形成金属/半导体碳纳米管异质结的原子结构和电子结构（如图6.9和图6.10所示）。从图6.9可看出，五边形/七边形拓扑缺陷对可使两根碳纳米管

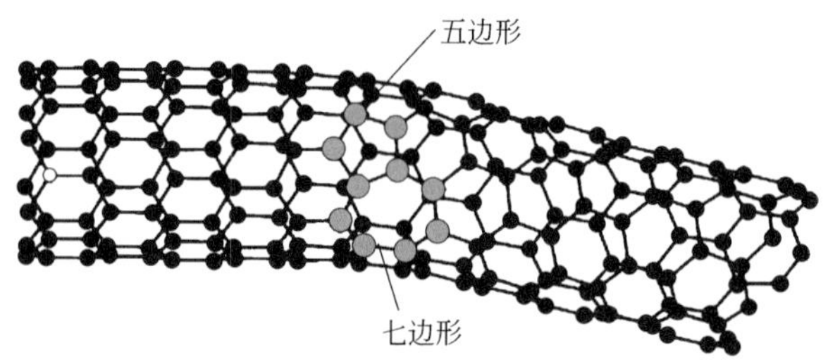

图6.9 （8，0）和（7，1）单壁碳纳米管形成异质结原子结构（其中灰色小球是五边形/七边形拓扑缺陷）[23]

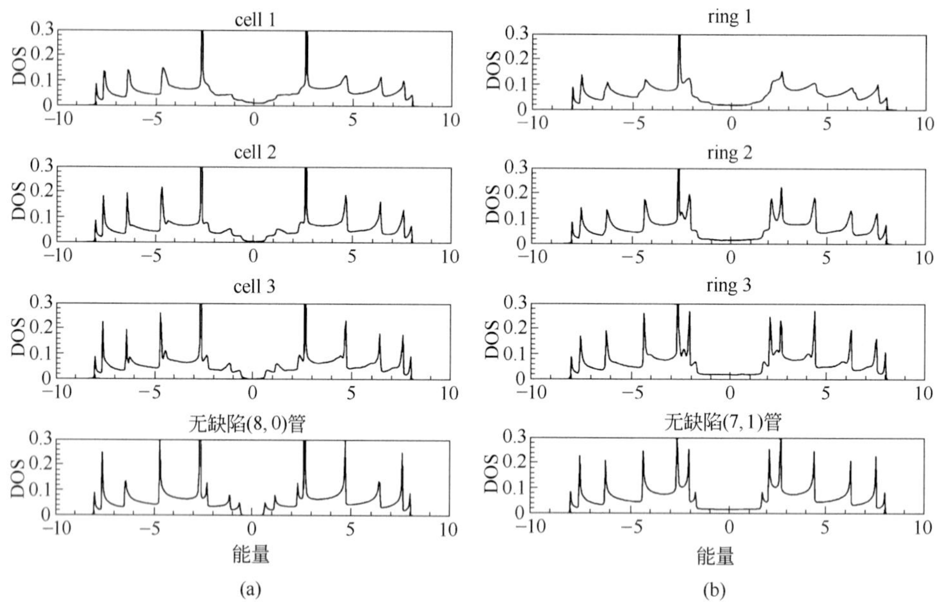

图6.10 （8，0）和（7，1）单壁碳纳米管异质结的电子结构

（a）从完整结构的（8,0）碳纳米管的一端到出现异质结位置的不同部位得到电子结构，其中cell 1是出现异质结的位置；（b）从完整结构的（7，1）碳纳米管的一端到出现异质结位置的不同部位得到电子结构，其中ring 1是出现异质结的位置[23]

互联而形成异质结。计算异质结不同部位局域π电子态密度的结果（如图6.10所示），其中最下部图是无缺陷碳纳米管的电子态密度，其余显示距离异质结不同位置的局域电子态密度，可看出由于单壁碳纳米管的准一维结构而出现范霍夫奇点，其中cell 1是半导体端（8，0）最接近缺陷处的局域电子态密度，而ring 1是金属端（7，1）最接近缺陷的局域电子态密度（其中cell和ring分别代表一单胞和一圆周上碳原子环）。图6.10显示局域电子态密度发生了一系列变化，在异质结中发生由导体到半导体转变。从局域电子态密度变化可看出在靠近异质结一端的金属碳纳米管范霍夫奇点变小，而靠近半导体一边则奇点变化不大，因此在异质结附近可出现从导体很快变成半导体的现象。单壁碳纳米管中出现五边形/七边形拓扑缺陷改变其电子结构，而产生一系列碳基准一维量子阱和具有0.1eV偏移带结构的超晶格。由一金属性单壁碳纳米管和一半导体单壁碳纳米管构成的异质结，相当于在金属性一端中引入一个半导体能垒，使其在费米能级附近出现具有相似半导体能隙的电子能带结构，从而可产生单向导电通道，因此在金属/半导体连接处形成了n-型或者p-型结，与肖特基势垒（Schottky barrier）相似。显然以碳纳米管为基础的异质结可作为众多的电子装置基本单元，若能控制制备这类纳米结构就可得到纳米半导体器件，进而可构成大规模集成电路。

同样选取合适直径和五边形/七边形拓扑缺陷对可构造金属/金属、半导体/半导体异质结，如（10, 0）和（9, 1）两个具有不同带宽的半导体型单壁碳纳米管可构成具有半导体电子能带结构的异质结。此外，三个单壁碳纳米管互相连接可得到Y形结构异质结，如果用金属/半导体/金属单壁碳纳米管构成微小异质结[26]，则可形成纳米电子装置的纳米连接通道。

在碳纳米管两端可由五边形结构形成一种封闭针尖结构［参见图6.11（b）］，这也可看成是一种异质结结构。在尖端部位的局域电子态密度结构和整个碳纳米管的电子结构不同[24,25]，尖端处局域电子态密度发生改变可能会对碳纳米管的场发射及电学性能有较大影响。D.L. Carroll等[24]采用扫描隧道显微镜观察和紧束缚理论计算了碳纳米管及其尖端电子结构的变化情况，发现在其局域电子态密度价键边缘可出现共振状态（参见图6.11），其能量和强度与五边形之间的位置及数目相关。

这类纳米结是构成分子电子器件的理想结构，但实验研究较困难，因为目前尚不能通过控制合成技术来得到这类纳米结构。但在电子显微镜观察到的这类结构可能就是十分理想的研究模型，M. Ouyang等[29]在扫描隧道显微镜观察到单壁碳纳米管异质结，发现其原子结构和电子性质与理论研究结果相吻合，观察到单壁碳纳米管异质结的典型结构如图6.11（a）所示，在异质结上部和下部原子结构中出现不规则排布，但由于不能定位五边形/七边形拓扑缺陷在单壁碳纳米管表面的位置以及扫描隧道显微镜测量的局域电子态密度不能直接反映原子位置，所以在该原子分辨率的照片中五边形/七边形拓扑缺陷不能被清楚观察到。根据单壁碳纳米管直径、螺旋角以及电子态密度［图6.12（a）和（b）］，可得到上部和

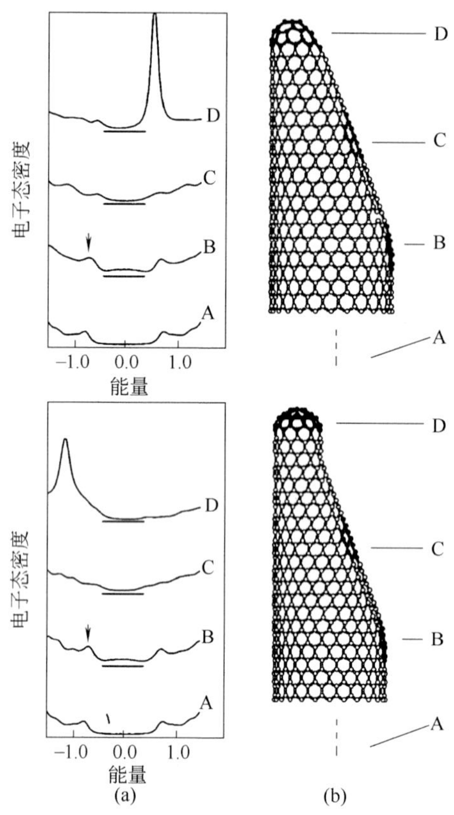

图6.11 （a）由于一端出现五边形而形成的两个针尖结构碳纳米管；（b）为（a）相对应的不同部位的局域电子态密度[24]

下部单壁碳纳米管的结构指数。从更高分辨率的电子结构谱图［图6.12（a）］也可得到在半导体一端范霍夫奇点之间距离变化的情况，还可得到由半导体性转变为金属性单壁碳纳米管时区段的长度，即异质结长度小于1nm，因此金属/半导体单壁碳纳米管异质结很短，同时在界面区域未观察到其电子局域态的密度分布。因此，金属/半导体异质结是一个理想的肖特基二极管。把实验观察的单壁碳纳米管原子结构用紧束缚理论模型计算电子态密度，与扫描隧道谱得到的结果能很好吻合，说明单壁碳纳米管异质结是由拓扑缺陷形成的。实验中也观察到其他异质结特征，如金属/金属异质结[29]。

上述这些以单壁碳纳米管为基础的异质结已被理论证明可稳定存在[23,26]，实验观察也证实可能存在这样的结构[28,29]，然而如何控制合成这类结构仍然是十分具有挑战性的课题。

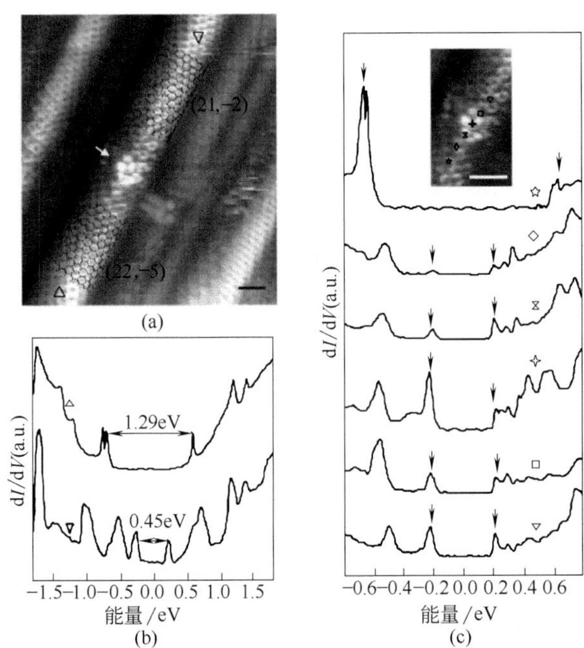

图6.12 金属/半导体异质结的结构和谱图

(a)原子结构的异质结扫描隧道显微镜照片，箭头所示位置为异质结位置，网格相应于(21，−2)和(22，−5)结构的碳纳米管；(b)图(a)中△▽部位的隧道电导d*I*/d*V*；(c)金属/半导体异质结更高分辨率d*I*/d*V*[29]

6.1.7 单壁碳纳米管电子态密度的实验测定

理论计算得到的单壁碳纳米管一维电子态密度已被低温原子分辨扫描隧道显微镜和扫描隧道谱实验所验证[30,31]。对分离的、单根单壁碳纳米管来说，扫描隧道显微镜和扫描隧道谱技术可分别细致研究其原子和电子结构。由于微分电导（d*I*/d*V*）正比于电子态密度，通过测量单根单壁碳纳米管的伏安（*I*/*V*）特性曲线，原则上就能测得其电子态密度，因此从原子分辨扫描隧道谱即可得到单壁碳纳米管的电子态密度。图6.13是在77K条件下，管束中单壁碳纳米管的原子分辨扫描隧道显微镜照片[30]，从图中可以清晰地分辨出单壁碳纳米管上的碳原子及其所组成的六角形结构，表明单壁碳纳米管的确可以看成是由石墨烯卷曲而成。

利用原子分辨扫描隧道显微镜，可测量单壁碳纳米管的螺旋角和直径，根据螺旋角、直径与结构指数之间的关系可得到其结构指数（*n*, *m*）。对于图6.13中所

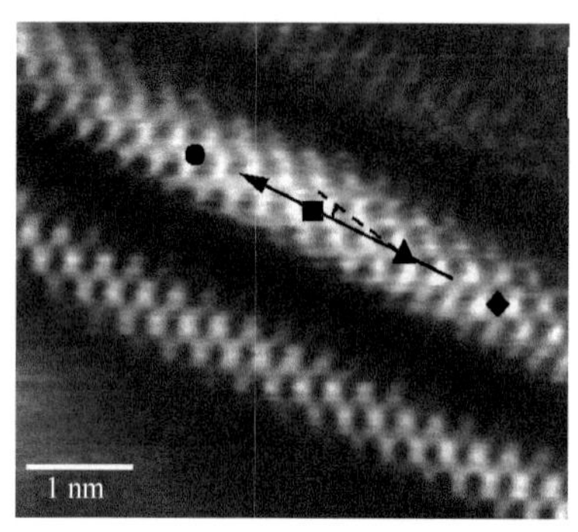

图6.13 具有原子分辨率的单壁碳纳米管的扫描隧道显微镜照片[28]

表征的单壁碳纳米管来说，其螺旋角即为图中虚线和实线之间的夹角。测量在原子分辨率单壁碳纳米管照片的中心部位进行，以避免由于边缘弯曲太大对测量结果产生较大的误差。为了消除弯曲变形对结果的影响，测量区域应在20nm以上，根据图6.13所示碳纳米管直径和螺旋角可确认其结构指数为（11, 2）。

图6.14和图6.15分别是半导体和金属单壁碳纳米管在Au（111）基体上的原子分辨率扫描隧道显微镜照片和扫描隧道谱[31]。根据图6.14（a）中单壁碳纳米管的直径和螺旋角，可推断其结构指数为（14, –3），图6.14（b）中嵌入图是图6.14（a）中单壁碳纳米管的*I-V*数据，由此可得到（*V*/*I*）d*I*/d*V*关系曲线，在费米能级附近的低能区域是禁带（没有电子态分布），但在–0.325V和+0.425V出现尖峰结构电子态（范霍夫奇点），这是半导体的导带和价带的特征，因此可确定（14, –3）单壁碳纳米管为半导体结构，扫描隧道谱测量表明它是一能隙为0.75eV的半导体，与计算结果一致。图6.15（a）中单壁碳纳米管螺旋方向与图6.14（a）相反，根据测量的直径和螺旋角，其结构指数可能是（12, 3）或（13, 3），同时考虑图6.15（b）所显示的隧道电流与电压数据之间关系，其在–0.6eV和+0.6eV之间有一定的局域电子态密度分布，为典型金属特征。而计算表明当单壁碳纳米管结构指数（*n*, *m*）满足*n*+*m*为3的倍数时则为金属性，（12, 3）单壁碳纳米管在图6.15（b）中费米能级附近的电子态密度和理论预测完全相符。

此外，计算表明半导体单壁碳纳米管的能带E_g与其直径成反比而和螺旋角无关。TW Odom等[30]根据扫描隧道显微镜和扫描隧道谱的测量结果，对直径在0.7～1.1nm半导体单壁碳纳米管的能带与其半径关系进行了拟合（见图6.16），验证了半导体单壁碳纳米管的能带与管径d_t倒数成反比的预测［参见式（6.14）］。

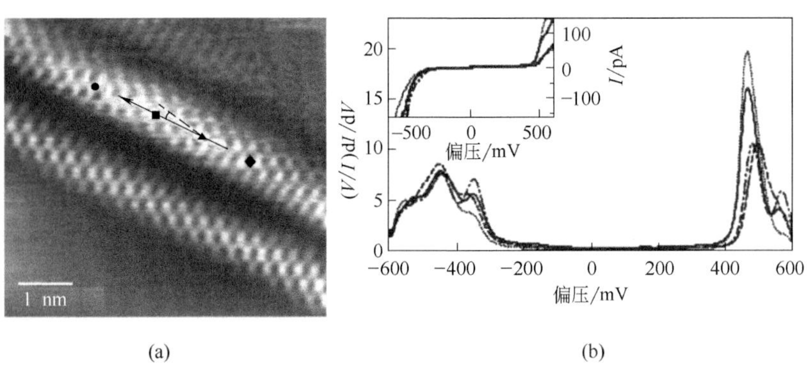

(a) (b)

图6.14 半导体单壁碳纳米管原子分辨率扫描隧道显微镜照片（a）及其相对应的扫描隧道谱（b）[31]

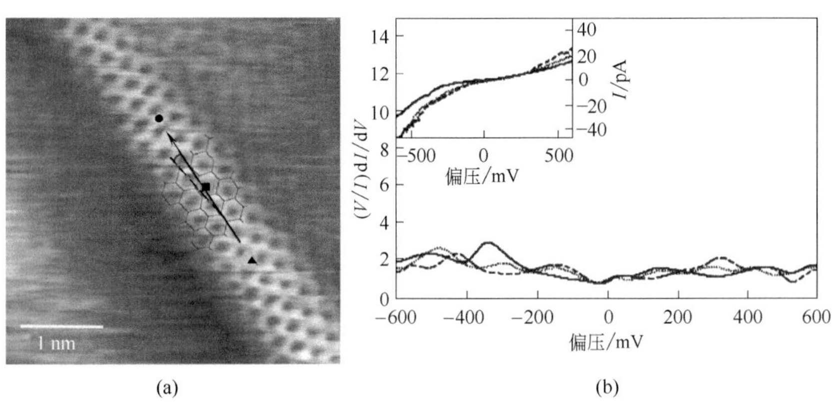

(a) (b)

图6.15 金属单壁碳纳米管原子分辨率扫描隧道显微镜照片（a）和其相对应的扫描隧道谱（b）[31]

根据结果可计算邻近重叠积分γ_0（$E_g=2\gamma_0 a_{C-C}/d$, a_{C-C}=0.142nm），从实验拟合数值得到γ_0为2.5eV。

根据单壁碳纳米管的原子分辨率扫描隧道显微镜照片和扩展其扫描隧道谱的能量范围后，进一步分析可得到全部电子能带结构，并从中得到单壁碳纳米管的一维能带特征——电子态密度中出现一系列尖峰［参见图6.17（b）］，这些尖峰与理论计算的范霍夫奇点相对应。在电子能带结构中，范霍夫奇点具有典型的一维系统特征。扫描隧道谱获得的电子态密度可与紧束缚计算结果相比较，P. Kim等[32]对（13，7）金属性单壁碳纳米管的电子态密度进行实验和理论的比较，实验测量的（13，7）单壁碳纳米管扩展扫描隧道谱数据与计算的电子态密度能很好符合［参见图6.17（b）］。在低于费米能级部分，计算而得到的电子能带结构中范霍夫奇点位置几乎完全和实验测量的dI/dV重合。理论计算表明，由于在单壁碳纳米管布里渊区中K点附近的各向异性而使电子态密度出现分裂峰，实验观测的dI/dV也出现分裂峰。实验测量该金属性单壁碳纳米管的第一个范霍夫奇点之间的能量为$E_g^m \approx 1.6eV$，与用式（6.11）计算（取γ_0=2.5eV）所得结果完全相同。从图6.17（b）也可看出在费米能级以上，实验结果和理论计算之间存在一定偏差，这可能是由于单壁碳纳米管曲率产生的杂化引起电子排斥所造成。由于单壁碳纳米管结构指数（n, m）的变化会引起范霍夫奇点较大变化，表明单壁碳纳米管直径和螺旋角的微小变化可在实验测量中引起其电子态密度的明显改变，据此可十分准确地确定所观察单壁碳纳米管的结构指数，以图6.17（a）中的单壁碳纳米管为例，与其实验直径和螺旋角接近的金属性单壁碳纳米管是（12, 6），但用紧束缚理论计算其范霍夫奇点则与实验数据有较大偏离，所以只能是（13, 7）型单壁碳纳米管。同样半导体单壁碳纳米管，如（10, 0）单壁碳纳米管的电子态密度中范霍夫奇点和紧束缚计算的结果比较，可发现在低于费米能级部分经过归一化后得到的

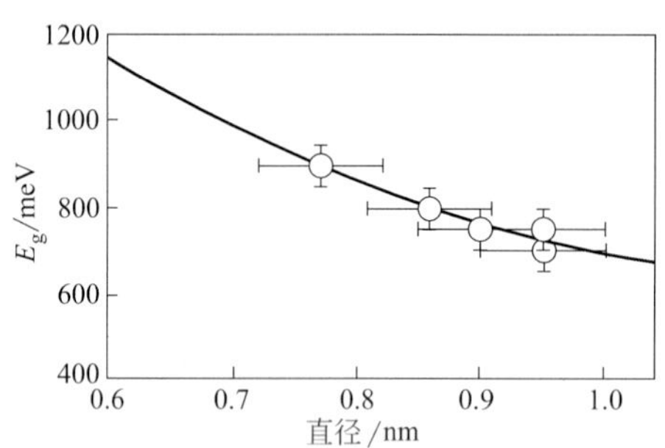

图6.16　半导体单壁碳纳米管的能带和其直径之间的关系（曲线为计算得到数值；○为实验测量值）

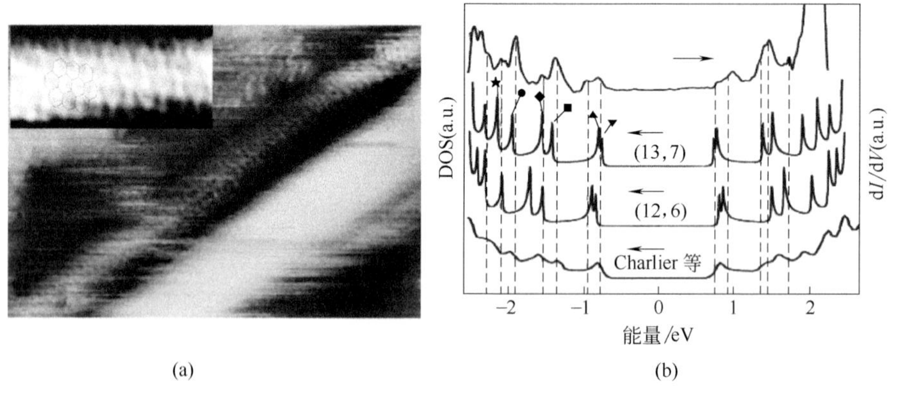

图6.17　金属性单壁碳纳米管的原子分辨率扫描隧道显微镜照片（a）和其相对应的扫描隧道谱（b）[32]

价带与计算的电子态密度结果近似，但在高于费米能级部分理论和实验的结果差别较大，可能是如果仅考虑π电子进行计算不能得到弯曲π/σ和π*/σ*，以致造成理论和实验结果有较大差别[32]。

碳纳米管电子态结构的测定方法除扫描隧道显微镜/扫描隧道谱以外，还有^{13}C核磁共振（NMR）[33]、电子能量损失谱等测试方法，但都不如扫描隧道显微镜/扫描隧道谱方法直接、明了。

6.1.8 碳纳米管的电子能量损失谱

电子能量损失谱是通过电子束照射样品产生的非弹性散射，使电子从原子内核转移到空轨道的过程。测量在透射电子显微镜（扫描透射电子显微镜）中检测电子通过样品前后的能量变化来得到原子的成键状态以及原子中电子态密度的分布[34]。由于电子能量损失谱检测的电子能量较宽，从几电子伏特到几千电子伏特，因此可研究碳材料中碳原子的各种电子激发[35, 36]。

发现碳纳米管后，研究者就开始用电子能量损失谱来研究其电子结构[37~43]。与其他碳质材料类似，碳纳米管的电子能量损失谱也有两个特征区，即低能激发和在280～320eV附近出现的激发（也称为Carbon K-Edge效应）。在低能激发时，R. Kuzuo等[37, 38]观察到单壁碳纳米管和多壁碳纳米管在5.5eV附近出现峰，π电子转移到π*电子时所需的能量在此区间，因此可认为是由π电子激发而出现的。R. Kuzuo等还在22.0～24.5eV能量区间观察到激发峰，这是成键电子出现的激发，称为π+σ激发，实验测量多壁碳纳米管π+σ激发为22.0～24.5eV[37, 38]，且发现随多壁碳纳米管的直径变小，曲率增加，其激发能量降低，而单壁碳纳米管的π+σ激发能量仅为20eV。与石墨和无定形碳相比，碳纳米管的π+σ激发能量更低。

在碳纳米管中碳原子的K层电子与高能电子发生相互作用，1s电子可激发到空π*能级，所需能量为286eV，而把1s激发到σ*时需要292eV能量，由于碳纳米管中存在弯曲效应，1s→σ*的转变峰与石墨相比更宽。碳纳米管由于弯曲会引起边缘与中心部位的I_{π^*}/I_{σ^*}出现差异[39~41]，如图6.18所示，电子探针在两个位置（中心和边缘）的电子能量损失谱，在碳纳米管边缘的局部石墨平面是平行入射电子束，而在中心是垂直入射电子束，散射几何形状由插图所示。得到的能量损失谱形状与石墨很相似，其中一个尖峰π*（a）出现在285.5eV，σ*出现四个峰（b, c,

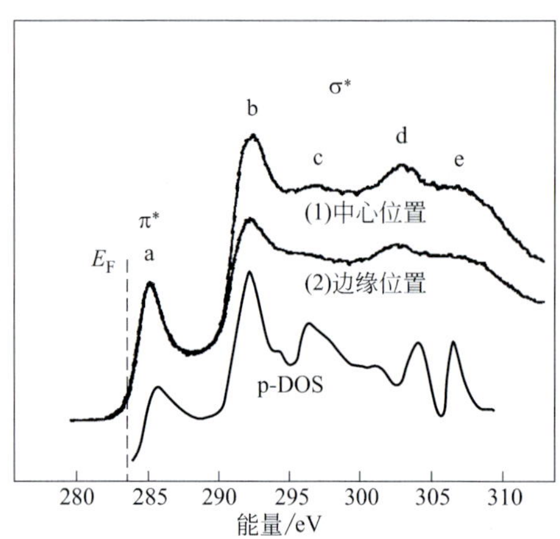

图6.18 多壁碳纳米管K-Edge效应的电子能量损失谱精细结构[41]

d, e)，从图中也可以看出中心和边缘处$I_{\pi*}/I_{\sigma*}$的差异，由于这部分电子激发的能量和碳原子的电子状态相关，在中心与边缘的不同部位弯曲和层间相互作用的不同会引起$I_{\pi*}/I_{\sigma*}$差异。不同文献所得的碳纳米管的K-Edge激发能量值也有差异，但差别不大，一般在1～2eV。K. Suenaga等[44]利用原位电子能量损失谱探测碳纳米管局部形变后，发现由于弯曲部位电子结构发生的改变可引起电子能量损失的变化。

6.2
碳纳米管中的电子输运及磁学性质

6.2.1
碳纳米管的电子输运特点

石墨具有各向异性，因此其电子性质也是各向异性。由于相邻原子的电子π轨道相互重叠形成大π键，因此电子主要在石墨片层中移动，在室温下高定向石墨层片的电阻为0.44μΩ · m，而在层间电子几乎不能运动，电阻较大。各种碳材料的石墨化度不同，其电阻有极大的差异，通过石墨化处理可使其电阻大大降低。同时碳材料电阻与温度的关系也与其石墨化有关，较高石墨化度的碳材料，其电阻一般随温度的升高而增加，而无定形结构的碳材料电阻则随温度增加而下降。

此外通过掺杂形成插层化合物也有可能使石墨材料的电阻降低。

从碳纳米管的能带结构研究发现，在金属性单壁碳纳米管的费米能级附近有两个互相交叉的能带［如图6.7（a）所示］，因此有两个通道（channel）、4个电子在输运过程中起作用，因此在无电子散射和理想接触条件下，单壁碳纳米管具有两个单位量子电导（$G=2G_0=4e^2/h$, G_0为单位量子电导），其电阻为$R=h/(4e^2)=6.45\text{k}\Omega$，即每个通道产生一个量子单位电导[45]。基于玻尔兹曼输运方程计算，金属性单壁碳纳米管的电阻为4.2kΩ，半导体性单壁碳纳米管的电阻为190kΩ[46]，但实际测量的电阻大于这一数值，可能是碳纳米管中存在各种缺陷所致。

从单壁碳纳米管的电子态密度分布来看，碳纳米管是典型的量子导线，其电导是不连续的。碳纳米管由于其纳米尺寸、难于分散及其电学性质与结构关系密切，因此研究其电学性质较困难。通过光刻技术制备具有一定条纹的二氧化硅薄膜，然后采用各种方法把碳纳米管分散在薄膜表面并对其进行定位，使用原子力显微镜进行电学性质的测量，证明了碳纳米管是一个量子导线，即观察到单电子输运过程和由量子限域引起离散能级的共振隧道效应。在研究单壁碳纳米管的低温电学性能时，发现单壁碳纳米管和电极具有较大接触电阻，在不同温度具有库仑阻塞和Luttinger Liquid效应（因库仑交互作用不能屏蔽而形成强相互作用的电子气，其具有低能激发长程密度波函数，称为Luttinger Liquid）[47]。

对电子传输而言，碳纳米管中能够参与输运的电子态有限，且其输运行为具有弹道传输（ballistic transport）的特点[48, 49]。电子在碳纳米管中进行弹道式输运是指电子通过一导体时，不与杂质或声子发生任何散射，即电子在运动过程中无能量散耗。

6.2.2 多壁碳纳米管的电学特性

T.W. Ebbesen等[50]首先对电弧法制备的含多壁碳纳米管及杂质的原始电极样品进行了电阻测量，所得电阻变为100μΩ·m，比高定向石墨以及热解炭高得多，甚至比碳纤维的电阻还大[35]，其原因可能是由于碳纳米管之间接触电阻较大，同时样品中存在的纳米颗粒以及其他无序结构的杂质也会使电阻增加。随后对单根以及束状多壁碳纳米管的测量结果表明，其电阻远小于这一数值。L. Langer等[51]最早测量了单根多壁碳纳米管的电阻。把电弧法制备的碳纳米管分散到用光刻技术形成、排列有整齐金线条的二氧化硅薄片上，并在薄片表面覆盖一层金的薄膜，金线条就成为连接多壁碳纳米管的电极（如图6.19所示）[52]。把该样品放在扫描隧道显微镜中，确认金线条电极的状态。由于碳纳米管分散的随机性，在金线条阵列上一定能找到横跨在两根金线条上的多壁碳纳米管。在没有磁场的条件下，对一根直径为20nm、接触点之间距离为800nm的多壁碳纳米管进行测量，发现其电阻与温度有关，当温度$T \leqslant 30\text{mK}$时，电阻基本保持不变，而温度大于1K时，随温度的上升电阻下降，两者之间具有$R=-\ln T$（$T > 1\text{K}$）的关系。在施加磁场后，电阻也与磁场有关。施加磁场垂直于碳纳米管轴向时，在各个温度电阻均减少，显示碳纳米管具有负磁阻。电阻与温度（$\ln T$）关系是弱局域效应，即电子限定在单个原子区域。这种现象和无序结构的碳有所差别。在低温下电阻是磁场的函数，这是A-B效应的结果[53]。H.J. Dai等用更精确的方法测量了单根多壁碳纳米管的电导率[54]。与L. Langer等[51]的测量过程相似，将碳纳米管悬浊液滴在光刻得到的金条纹且在表面溅射一层均匀金薄膜的二氧化硅薄膜上，使碳纳米管分散在多个金条纹上。为了测量碳纳米管的电阻，用原子力显微镜来确定其位置，同时通过导电探针测量其电导率。该方法的优点是对穿过几个金条纹的碳纳米管可分别测量任意两个条纹之间的电阻，这样不仅可消除碳纳米管与条纹之间的接触电阻，而且还可估计碳纳米管与条纹之间的接触电阻。H.J. Dai等[54]测量的碳纳米管为催化热解法制备的，其直径为7～20nm，其中含有平直和弯曲状的多壁碳纳米管。测量了6根（2根平直，4根弯曲）碳纳米管，其中平直碳纳米管直径分别为8.5nm和13.9nm，电阻分别为0.41MΩ/μm和0.06MΩ/μm，电阻率分别为$\rho_{d=8.5\text{nm}}=19.5\mu\Omega \cdot \text{m}$，$\rho_{d=13.9\text{nm}}=7.8\mu\Omega \cdot \text{m}$。这一结果与L. Langer等[51]的结果基本一致。L. Langer等[51]没有测量室温下的电阻，但可推算20nm碳纳米管的室温电阻为34kΩ/μm，$\rho_{d=20\text{nm}}=8\mu\Omega \cdot \text{m}$。结构观察表明用电弧法制备的碳纳米管结构一般比较完整，因此其电阻率可能会小些，但该结果也表明电弧法和催化热解法制备的碳纳米管电阻率差别不大。由于弯曲状碳纳米管中缺陷较多，故其电阻要大于平直碳纳米管。实验测量的单根碳纳米管电阻比T.W. Ebbesen等[50]测量的原始电极样品小得多，然而和室温高定向石墨层间电阻0.4μΩ · m相比仍很大。

T.W. Ebbesen等[55]在2850℃高温下对电弧法制得的碳纳米管进行处理，电子自旋共振分析表明通过高温处理可消除碳纳米管中的结构缺陷。经过处理的样品分散在经光刻处理形成有金条纹的二氧化硅薄膜上，通过对薄膜表面进行成像分析确定碳纳米管的位置并且进行定标，然后将4根直径80nm的钨丝沉积在薄膜表面以形成电极。由于钨丝和金条纹接触良好，因此能用四点法测量电阻，同时碳

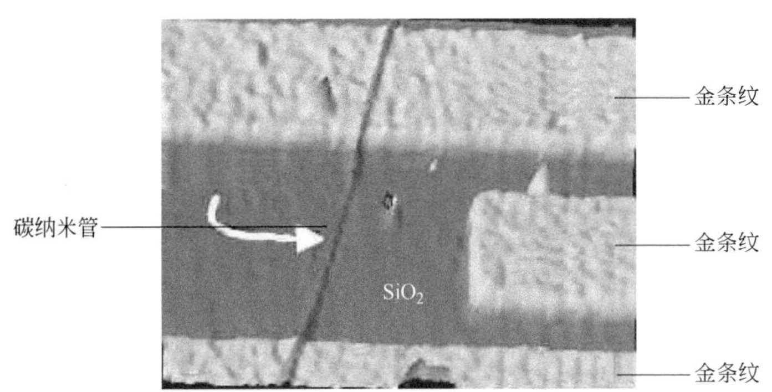

图6.19 测量单根多壁碳纳米管电学性能的原子力显微镜照片[52]

纳米管与接触点之间的距离可设定为0.3 ～ 1.0μm。结果发现不同碳纳米管的电阻具有数量级的差别，取电极间距为1.0μm，在测量的8根碳纳米管中，电阻最大的碳纳米管直径为10nm，电阻大于10MΩ，而电阻最小的碳纳米管直径为18.2nm，电阻为200Ω。因此根据碳纳米管长度以及直径可以求得其电阻率为8mΩ · m和0.051μΩ · m。虽然这些结果可能有实验误差，但表明碳纳米管的室温电阻可能接近石墨基面方向的电阻，甚至比后者更小。实验测量的碳纳米管电阻值相差较大可能与其结构相关，因为理论预测表明其电学性质和其结构密切相关。研究还发现不同碳纳米管以及碳纳米管的不同部位的电阻率和温度均有关。在温度小于200K的温度区间电阻率随温度升高而下降，此时碳纳米管呈半导体特征，而温度大于200K，电阻率随着温度升高而升高，呈导体特征。在碳纳米管的轴向施加垂直磁场时，仅会出现较小的磁阻效应，在磁场为10T时，电阻值增加1%。

碳纳米管的电阻研究发现在碳纳米管电子输运过程中存在量子效应，即碳纳米管的电导是量子化的，量子化电导来自于细纳米线电子波的量子性质，当导体的长度小于电子平均自由程时，电子的输运过程是弹道式的。弹道电子输运的特点是在导体中没有能量损耗，而在普通的导体中电子通过时会产生焦耳热。S. Frank等[48]将电弧法制备的直径在5 ～ 25nm（内径1 ～ 4nm）、长度为1 ～ 10μm的多壁碳纳米管混合，得到直径50μm、长约1mm的纤维结构［如图6.20（a）所示］，然后将其粘在金线上，在其尖端有很多单根碳纳米管，将其安装于扫描探针显微镜上，浸入装有水银并可加热的容器内，用扫描探针显微镜控制其进入水银中的深度。尖端的碳纳米管浸入水银以后形成闭合电路［如图6.20（b）所示］，电路中的电流是碳纳米管在水银中不同位置的函数。实验结果表明碳纳米管的电导不随碳纳米管在水银中位置的变化而改变（这是经典导体的现象），而是出现一系列不连续的跳跃，这些跳跃的间隔和理论计算的量子导体结果相吻合（如图6.21所示）。图6.21为碳纳米管以恒定速度进入和离开水银时的电导，其周期为2s，碳纳米管进入水银后，电导从零跳跃到1，随着继续进入水银中2mm深处，其电导一直保持不变，然后反向运动2mm，其电导恢复原始状态，该过程可重复进行。电导为常数是弹道导体特征而不是经典导体特征（如果是经典导体，则电阻随着碳纳米管进入水银应发生改变）。这就从实验上证明电子在碳纳米管中的输运过程是量子化的。同时实验也观察到碳纳米管在较高的电压（6V）下，经过很长时间仍可稳定存在，相应的电流密度大于$10^7A/cm^2$。如果碳纳米管是经典导体，在这一电流下，由于功率损耗发出热量可产生相当于20000K的高温，正是

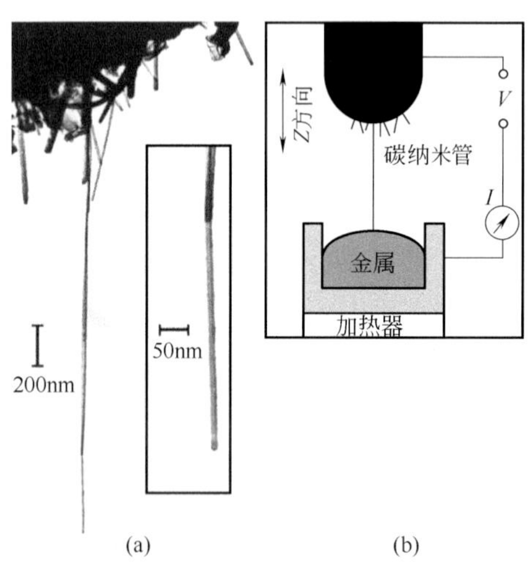

图6.20 （a）用于电导测量碳纳米管透射电子显微镜照片；（b）在透射电子显微镜下测量碳纳米管电导过程的示意图[48]

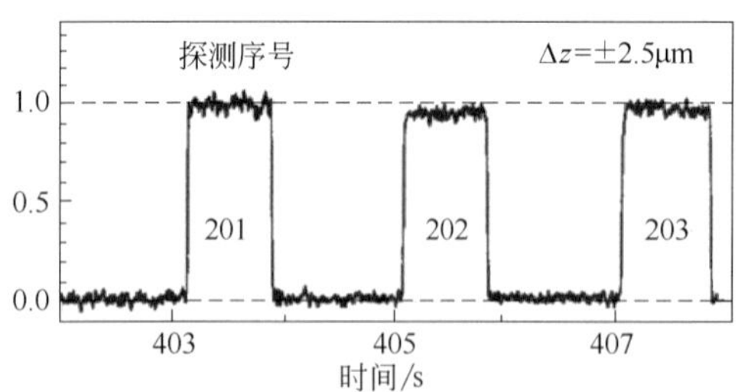

图6.21 碳纳米管电导测量的结果[45]

由于碳纳米管具有量子输运现象才能保证碳纳米管在较高的电压下仍可稳定存在。

6.2.3 单壁碳纳米管的电学特性

A. Thess等[56]在报道合成单壁碳纳米管束的论文中，就对单壁碳纳米管束的电阻进行了研究。采用四点法直接测量单根管束的电阻，测量结果发现其电阻率在0.34 ～ 1.0μΩ · m之间。由于管束是由单壁碳纳米管组成，测量的电阻包含管与管之间的接触电阻，故管束的导电性应比离散单壁碳纳米管要差。同时，采用四点法测量压成薄片的单壁碳纳米管[57]，其电阻率为60.0μΩ · m，进一步改进电极与薄片的接触，发现其电阻率减少到原来的1/3。而在测量电阻率与温度的关系时发现，单壁碳纳米管压成的薄片在温度大于200K时，随温度升高电阻率增加，但在温度小于200K时，随温度降低电阻率也增加，单壁碳纳米管束电阻率和温度的关系与薄片相似，但转变温度为200K。对于低温时电阻率随温度的降低而增加这一现象较难解释，这可能是碳纳米管中电子的弱局域效应的结果。

在对单根单壁碳纳米管的低温电学性质进行研究时，发现其具有单电子输运特征。发生单电子输运过程的条件是电极和单壁碳纳米管构成系统都足够小，单壁碳纳米管与电极之间的接触电阻大于量子电阻（$1/G_0$），同时满足电极间碳纳米管足够小，其构成的电容c很小，从而使增加一个电子到系统的能量e^2/c大于热运动的能量k_BT。一般几微米长的金属性单壁碳纳米管则需要在液氦温度下才能观察到这一现象[58]，而半导体性单壁碳纳米管在室温就能观察到[59]。M. Bockrath等[58]测量用激光蒸发法得到的平均直径为1.4nm的单壁碳纳米管束电学性能时，观测到单电子输运现象。他们把单壁碳纳米管经超声分散后滴到经光刻技术而得到的具有金属铅条纹的氧化硅薄片上。在原子力显微镜下观察，将在氧化硅薄膜上连接铅条纹的单壁碳纳米管束作为研究对象。把样品放置在液氦条件下，采用四点法测量不同区段单壁碳纳米管的电学性质（如图6.22嵌入图所示），测量薄片上单壁碳纳米管构成的电路载流段的栅电压（gate voltage），并观察改变直流偏压时的影响，发现栅电压随管束电荷密度而改变。实验结果可用电子在碳纳米管中的输运过程是单电子通过量子化能级和管束间存在共振隧道效应来解释。在室温到1.3K的范围内，得到的I-V关系如图6.22所示。如同理论[57]所预测，在较高温度时，I-V关系近似呈直线关系，但是当温度低于10K、在直流偏压V=0附近，曲线由于库仑阻塞效应而出现一平台，当直流偏压逐渐降低到比使一个电子增加到碳纳米管中所需的电压还低时，管束将发生单电子输运现象。根据1.3K温度下的*I*-*V*关系，在*V*=0条件下，由于能垒与单电子电荷能量相等而出现隧道抑制，单个电子通过隧道效应而在碳纳米管中流动，产生电导随栅电压改变，出现一系列振荡峰（见图6.23）。S. J. Tans等[59]采用与M. Bockrath等[58]类似的方法测量了半导体属性的单根单壁碳纳米管中的电子输运过程。在5mK温度下，通过改变偏压来测量其栅电压。在偏压为零的附近，也观察到一平台。与前述研究相同[58]，在某些偏压下，这一平台可抑制和恢复，从而证明单根单壁碳纳米管中出现了单电子输运现象。同样，碳纳米管在磁场中的电导测量结果也证明单壁碳纳米管中可

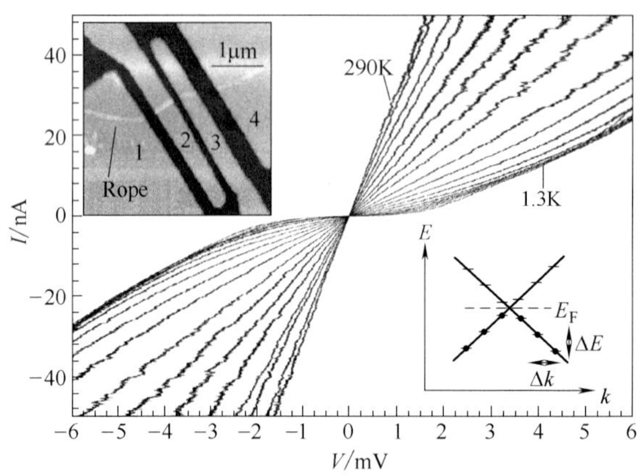

图6.22　在左上嵌入图接触点2和3之间测量不同温度下单壁碳纳米管束的*I*-*V*特征关系，左上嵌入图测量的是单壁碳纳米管束、电极的原子力显微镜照片[58]

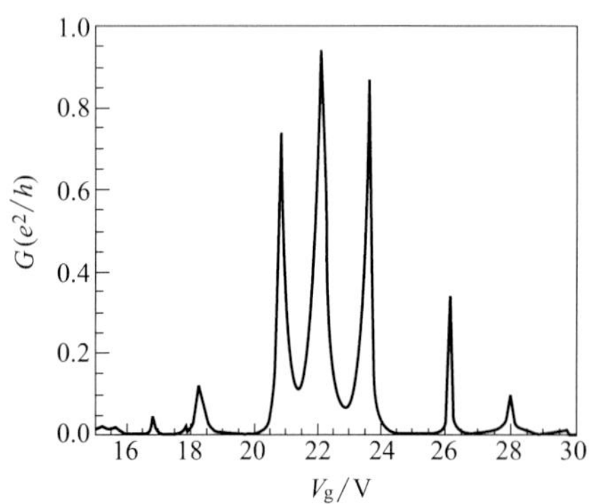

图6.23　在1.3K温度下，图6.22左嵌入图中接触点2和3之间单壁碳纳米管束的电导*G*和栅电压V_g之间的关系[58]

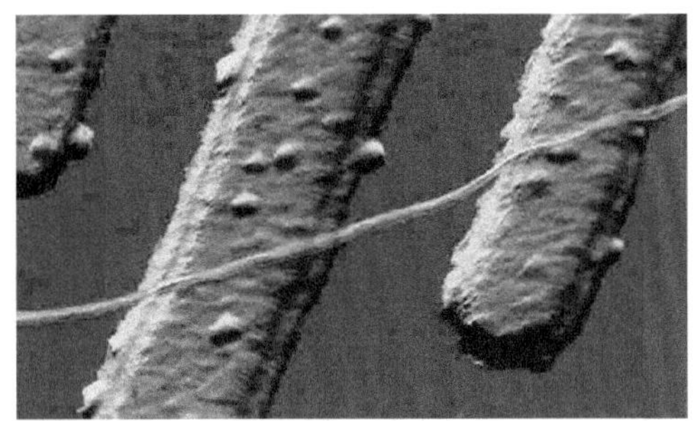

图6.24　Si/SiO_2基体上在两个Pt电极之间的单壁碳纳米管原子力显微镜照片[21]

出现单电子输运过程。S. J. Tans等[21]设计了半导体单壁碳纳米管为基础的场效应三极管模型（三个截止开关装置），其基本单位包含一个半导体性单壁碳纳米管和两个连接电极（如图6.24所示），通过栅极施加电压，碳纳米管可以从导通状态变成绝缘状态。这一微小三极管可在室温使用，是典型的分子电子器件。单壁碳纳米管的三极管具有可在室温使用、较高的开关速度等优点。如果采用分子自组装技术使这种三极管形成集成电路，就有可能在实际中应用。实验研究还发现金属性单壁碳纳米管只在低温时才会出现相似的性质[21]。

J. Appenzeller等[60]为了排除电极以及接触电阻对其输运性质的影响，在管束上下设计均与电极接触的四点法测试系统，低温实验结果与上述稍有差异，而且发现在8～300K之间，管束中电子输运过程是电子-声子以及不纯物的散射过程。

P.G. Collins等[61]采用扫描隧道显微镜研究单壁碳纳米管的电学性质，设计出另一种以单壁碳纳米管为基础的纳米装置。在扫描隧道电子显微镜观察中，沿单壁碳纳米管移动扫描隧道显微镜的针尖，发现在碳纳米管的不同位置，电流出现高度非线性、非对称变化，这可能是由于碳纳米管中出现五边形/七边形拓扑缺陷而造成，使电流仅能在一个方向通过碳纳米管，这一实验也对理论预测碳纳米管异质结的结果进行了验证[24]。

6.2.4
缺陷与掺杂碳纳米管的电学特性

对碳材料进行掺杂，如在石墨中加入钾等碱金属或溴等卤素形成插层化合物，可大大降低石墨的电阻[62]。研究发现富勒烯经过掺杂后，其电学性质可发生很大改变，比如C_{60}加入碱金属后发现在30K原本不是超导体的C_{60}出现了超导现象[8]。由于碳纳米管具有和石墨以及C_{60}相似的全碳结构，也可通过掺杂进行处理，出现很多有趣的电学性质，如电阻降低甚至可能出现超导现象[63, 64]，并有可能在储氢方面加以应用[65]。

R.S. Lee等[63]对采用激光蒸发法得到的单壁碳纳米管束用溴及钾蒸气对其进行了掺杂。单壁碳纳米管束经掺杂后，其室温电阻明显降低，大约变为初始的1/30，同时在电阻与温度曲线中，电阻具有正温度系数，表明单壁碳纳米管束具有金属特性。在采用化学方法掺杂后（加入K或者Br后），可能是由于自由载流子密度增加，电导和热导也增加。C. Jo等[66]采用第一原理计算掺杂K的单壁碳纳米管束的电子结构，在掺杂浓度达到$K_{0.1}C$以前，单壁碳纳米管和碱金属之间的相互吸引作用占主导地位，在达到$K_{0.1}C$时，管束点阵结构扩展8%，但碳纳米管结构不变也没有发生变形；在掺杂浓度超过$K_{0.1}C$而小于$K_{0.25}C$时，单壁碳纳米管和碱金属之间的排斥作用占主导，同时碱金属和碳纳米管之间的电荷转移随掺杂浓度提高而变大，费米能级和电荷转移数目随掺杂浓度提高而变大，在最大掺杂时达到饱和，因此电荷转移可能是使管束电导增加的原因。B. Ruzicka等[64]的实验结果表明，掺杂后可能是管间交互作用影响电导。J. Kong等[67]采用钾掺杂半导体型单壁碳纳米管得到n型半导体，通过对其电阻测量发现其电子输运过程是单电子输运，根据施加的门电压的大小，掺杂单壁碳纳米管出现单个量子点（quantum dot）或者多量子点效应。

此外，还对碳纳米管掺硅[68]、掺硼[69]等的输运特性进行了研究，由于掺杂过程改变了碳纳米管的费米能级，使其输运过程中的电子和声子散射发生改变，进而引起其电阻发生改变。单壁碳纳米管中空管中可填充C_{60}，填充C_{60}也会对其电学性质产生较大影响，由于C_{60}可在中空管中形成长链，使电荷流动的通道增加从而电导增加[70]。

6.2.5
碳纳米管的磁学性质

石墨的磁性质由碳六边形网格中电子轨道所产生的环形电流决定，表现出显著的各向异性，在石墨片层的垂直方向，具有较大的负磁化系数，其磁化系数χ_c为22×10^{-6}emu/g，而在石墨片层的平行方向，其磁化系数χ_{ab}仅为0.5×10^{-6}emu/g[71]。

碳材料在磁场中的电阻变化情况较特殊，不同结构的碳材料可能具有正磁阻或负磁阻。碳材料的结构不同其磁阻也不相同，高定向石墨具有正磁阻，而无序结构碳一般表现为负磁阻，不同石墨化的碳纤维可能是正磁阻也可能是负磁阻，由苯热解得到的气相生长碳纤维经过2200℃以上热处理后，具有正磁阻，没有或者处理温度低于2200℃的则为负磁阻[35]，因此碳材料中片层结构的有序程度是决定磁阻效应的重要因素。

假定碳纳米管的磁性质与卷曲石墨烯相同，磁场垂直于石墨片层方向磁化系数$\chi_{\perp}$近似于$(\chi_c+\chi_{ab})/2$，而平行于石墨片层方向的磁化系数$\chi_{/\!/}$近似为χ_{ab}，由于$\chi_c >> \chi_{ab}$，碳纳米管中$\chi_{\perp} >> \chi_{/\!/}$，理论分析也支持该假设[72]。A. P. Ramirez等[73]研究了从热力学零度到300K未提纯碳纳米管、高定向石墨、金刚石、炭黑和C_{60}的磁化系数，结果如图6.25所示。从图6.25可看出碳纳米管具有负磁阻，因为当磁场垂直于碳纳米管轴向时，可形成穿过导带和价带的Landu带，增加了费米能级附近的电子态密度，因此其具有负磁阻，而平行磁场，在费米能级附近的电子带结构以磁通为函数出现周期性变化，出现A-B效应。同时，由该结果可看出碳纳米管的磁化系数与温度的关系与其他碳材料不同，随温度降低磁化系数增大。尽管实验尚不能确定得到的磁化系数是垂直还是平行于碳纳米管的轴向，但也表明碳纳米管具有比其他结构碳更大的磁化系数，这一大的磁化系数可能来源于碳纳米管圆周上的环行电流。

电子自旋共振可用于研究固体的电子性质，通过分析电子自旋共振的吸收强度、线形和g因子（自由电子g=2.0023）可得到材料中电子的性质。该方法在石墨和碳材料研究中被广泛使用，也在碳纳米管研究中得到了应用。由于单根单壁碳纳米管没有层间相互作用，其电子自旋共振应是一狭窄且饱和的电子自旋共振

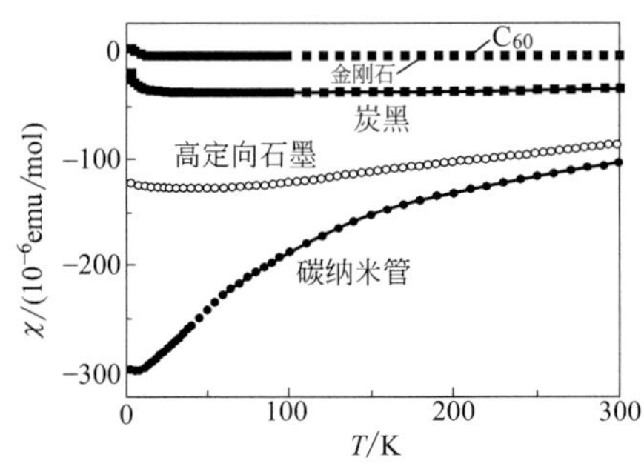

图6.25　碳纳米管、高定向石墨、金刚石、炭黑和C_{60}的磁化系数[73]

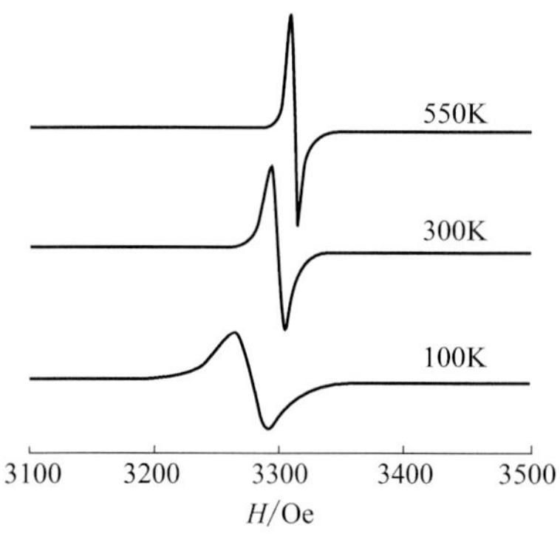

图6.26　不同温度测量的碳纳米管电子自旋共振谱[74]

线形，因其中存在强的电子相关作用，其基态具有抗铁磁性，在共振场中电子自旋共振无信号。碳纳米管的g因子比石墨小，而且随直径减小g因子也减小。实验测量的碳纳米管电子自旋共振谱图（如图6.26所示[74]），室温的g因子为0.160，比石墨的2.018小，同时g因子的各向异性差也比石墨小。

6.2.6
碳纳米管的A-B效应

碳纳米管在磁场中会出现A-B效应（Aharonov-Bohm effect），即在一薄壁长金属圆筒的轴向与外磁场方向平行并沿圆筒的轴向通入电流，然后观察圆筒的电阻随外磁场的变化，发现测得的电阻作为筒内磁通的函数将表现出周期振荡的行为。上述现象反映了电子波位相对磁场的依赖性以及随之而产生的电子分波量子相干。这一干涉效应被称为Aharonov-Bohm（简称A-B）效应。

H Ajiki等[75]采用KP微扰理论（K.P. perturbation theory）计算了当磁场平行于碳纳米管轴向时的电子结构，结果表明随着磁场增加，单壁碳纳米管的带隙发生振荡，因此可能出现金属性碳纳米管变成半导体性，随着磁场进一步增加又变成金属性，这一周期取决于磁场强度，这种现象的出现正是碳纳米管中存在A-B效应的结果。在碳纳米管中A-B效应的物理意义是磁场的变化可改变石墨烯能带在何处截断的边界条件，引起碳纳米管电子结构的改变，从而使得金属性碳纳米管出现金属-半导体-金属的转变。计算表明较小直径碳纳米管需较大磁场才能观察到A-B效应，如直径为0.7nm的碳纳米管要产生A-B效应的磁场高达10700T，随碳纳米管直径的增加所需磁场强度减小，如30nm的碳纳米管仅需5.85T的磁场强度。由于大于30T的磁场很难得到，因此A-B效应实际只能在大直径碳纳米管中观察到。

在研究直径8nm多壁碳纳米管中磁场变化与电阻之间关系时，观察到A-B效应[76]。多壁碳纳米管用电弧法制备，经纯化后分散在三氯甲烷中的碳纳米管被吸附在氧化处理的硅片上，采用四点法测量其中一根碳管的电阻。被测碳管上的金电极用电子束刻蚀的方法制备。一对电压电极相距350nm，而一对电流电极相距1μm，由原子力显微镜测定碳纳米管的直径。在0.3 ～ 70K的温度范围内测量了一根半径r_1为8nm的样品，结果表明在所有的温度下，在B=0时电阻均为最大值，随外加磁场强度的增加（或反向增加），电阻先减小然后增大，并于B=±88T时达到电阻的又一极大值。根据理论模型得到产生A-B效应的样品半径应为r_e=8.6nm，与样品的实际半径r_1相一致。说明由于电极只与碳纳米管最外层接触，测量电流仅仅流过它的最外层，碳纳米管只有最外面的一层对电阻有贡献，内部各层是互相绝缘的。

6.3 碳纳米管的超导特性

我们知道，超导研究（尤其是高温超导研究）的重点是追求更高的超导转变温度以接近实用化要求。对碳纳米管来说，不同的是，其是否具有内秉超导特性，是最令人感兴趣的问题之一。因此，理论和实验上都开展了相应的研究工作来预测或证实碳纳米管的超导属性。

6.3.1 碳纳米管超导特性的理论研究

采用基于密度泛函微扰理论的第一性原理计算，K. P. Bohnen等[77]研究了（3,

3）碳纳米管的晶格动力学和电子-声子耦合，发现波矢q等于$2K_F$的声子软化导致Peierls相变，对应的相变温度约为240K，远高于预测得到的（3, 3）碳纳米管的最大超导转变温度（约30K），表明在（3, 3）碳纳米管中，Peierls相变将与超导转变强烈竞争。他们进一步考虑掺杂后发现[78]，电子掺杂（n掺杂）可以在一定程度上提高（3, 3）碳纳米管的超导转变趋势，但是Peierls相变趋势仍然强于超导转变。对于（5, 0）碳纳米管来说，理论上也得到相似的结果，即通过减小碳纳米管直径来提高电子-声子耦合强度将导致室温Peierls相变发生[79]。相反地，在考虑了电子-电子库仑相互作用后，R. Barnett等[80]基于紧束缚近似计算表明（5, 0）碳纳米管的Peierls转变可被抑制在极低温度下，从而预测（5, 0）碳纳米管具有超导属性，其超导转变温度约为1K。基于重整化群理论，Kamide等[81]计算了（5, 0）碳纳米管中的与温度相关的超导属性和Peierls相变之间的关联函数，从而获得了（5, 0）碳纳米管的超导和Peierls转变的相图，并发现如果电声耦合作用足够强，低温条件下，（5, 0）碳纳米管中的超导转变将占优。上述工作的研究工作都是基于孤立的单根小直径碳纳米管，事实上，Gonzalez和Perfetto在考虑了介电屏蔽效应对电子-电子库仑相互作用的影响以及声子交换所引起的有效作用校正后发现，碳纳米管周围环境媒质的介电常数与碳纳米管的Peierls不稳定性密切相关，因此，相对于单根（5, 0）碳纳米管而言，一束（5, 0）碳纳米管更有可能表现出超导特性[82]。最近，Wong等[83]基于第一性原理计算，采用所谓的唯象标度因子方法（phenomenological scale factor approach）研究了一系列低维碳纳米材料（包括碳纳米管、碳纳米环和碳原子链），计算结果表明，（4, 2）和（5, 0）管的超导临界温度高达13.9K和9.5K。进一步，Wong等[84]基于相同研究方法，在充分考虑了超细碳纳米管的径向压力、对称性、手性和键长等因素后，预测结构优化后的（2, 2）单壁碳纳米管阵列有可能表现出临界温度高达60K的超导属性。然后，由于理论上无法将所有可能引起碳纳米管超导电性的相关因素同时考虑进来，因此，关于碳纳米管是否具有内秉超导特性，理论上仍然存在一定的争论。

6.3.2 碳纳米管超导特性的实验观测

实验上，A.F. Morpurgo等[85]测量与Nb电极相连的单壁碳纳米管电导时，发现存在超导邻近效应（superconducting proximity effect），即在出现超导效应附近其电学性质发生改变。M. Kociak等[86]测量了低电阻、与非超导金属相连的单壁碳纳米管束，在低电压、70mK温度下，观察到当温度低于0.55K时其电阻下降两个数量级，但在大于1T的磁场或者大于2.5μA的电流条件下，不会出现这种现象，这说明管束可能具有超导特性。Z.K. Tang等[87]在20K下，测量在沸石晶体$AlPO_4$-5中生长的直径为0.4nm单壁碳纳米管的磁和输运性质时，发现其具有超导特性（如图6.27所示）。由于单壁碳纳米管在沸石有序通道中，具有很好的取向和相似的尺寸，可看成是理想的一维结构，实验结果表明其具有超导特性的Meissener效应。Tang等的这一发现极大地促进了有关碳纳米管超导的研究。例如，Takesue等[88]报道了包覆在氧化铝模板纳米孔洞中的多壁碳纳米管具有超导特性，其超导临界温度高达12K，并认为Au电极与多壁碳纳米管连接时形成的异质结结构是在这一体系中观察到超导现象的关键原因。Shi等[89]以平均内径和外径分别为0.83nm和1.54nm的双壁碳纳米管束为研究对象，系统测量了其电学和比热。发现这一双壁碳纳米管束表现出随温度降低出现电阻降、磁阻和超导电流微分电阻信号等诸多现象，表明该双壁碳纳米管束具有内秉超导特性，其超导转变温度低于6.8K。同时还发现，双壁碳纳米管的直径和手性变化可以引起超导

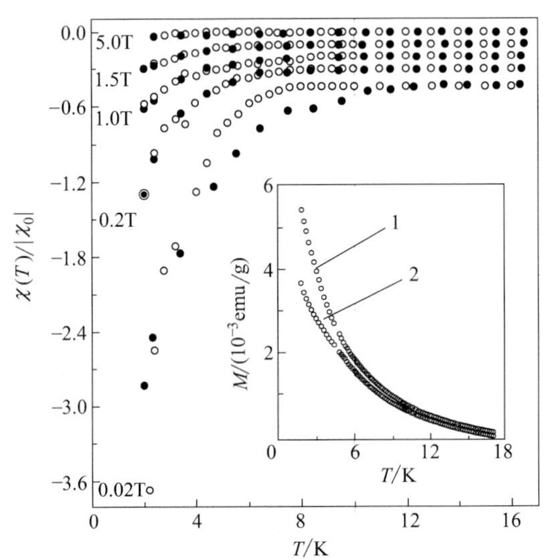

图6.27　不同磁场强度下沸石晶体$AlPO_4$-5中直径为0.4nm单壁碳纳米管磁化率随温度的变化关系[87]

实心和空心符号分别为实验数据和理论结果；插图为低温下纯沸石晶体（曲线1）和碳纳米管@沸石晶体复合体系（曲线2）在2000Oe的磁场强度作用下的磁化密度

转变温度的改变。相比于单壁碳纳米管来说，作为迄今发现的尺寸最小的同轴电缆双壁碳纳米管，由于其存在包括范德华力在内的内外管之间相互作用，从而可以起到弱化其一维特性的作用，因此双壁碳纳米管的外管可以稳定金属性内管，进而抑制Peierls相变的发生，因此Shi等[89]的这一探索性研究工作对于促进超导双壁碳纳米管用于纳电子器件中的超导互连接单元的实用化研究具有重要的意义。

6.4 碳纳米管电磁性能的应用

6.4.1 碳纳米管电子器件

目前，以硅为基础的微电子器件，在进一步提高集成度和微型化时逐渐逼近其物理极限。为进一步缩小微电子电路，需要发展分子电子器件。由于碳纳米管特殊的电学性质以及其微小尺寸，可作为量子导线[60, 61]和构成晶体管[21]，因此特别适合用于制备纳米电子器件。

最早开始设计碳纳米管为基础的电子器件是Y.K. Kwon等[90]提出的，设想来源于高分辨电子显微镜观察到碳纳米管中存在富勒烯，而分子动力学计算表明可通过改变电压控制富勒烯在碳纳米管中的位置，不同的位置表示不同状态（0, 1），因此这类结构可构成动态内存。对碳纳米管基电子器件来说，从初步的概念设想到最终获得实现，很大程度上依赖于对碳纳米管输运性质的深入研究。H.W. Postma等用单个金属性单壁碳纳米管构建了室温单电子晶体管[91]，如图6.28所示，用原子力显微镜针尖使金属性单壁碳纳米管出现两处弯曲，这两处弯曲在25nm区域之内，这段区域就成为室温单电子晶体管。其输运性质是温度的函数，而其偏压、门电压、功率特性可用电子与电子之间强相互作用模型解释。

A. Bachtold等[92]制作了以单壁碳纳米管为基础的场效应晶体管演示逻辑电路，单壁碳纳米管构成的晶体管具有高增益（>10）、快速开关（$>10^5$）、室温可

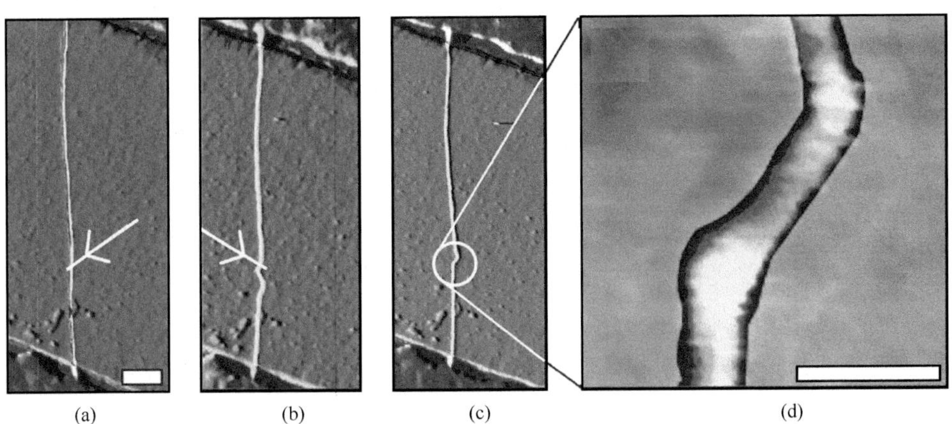

图6.28　通过原子力显微镜改变单壁碳纳米管形状而得到的单电子晶体管的过程以及得到的单电子晶体管（图中比例尺为20nm）

（a）~（c）是用原子力显微镜探针改变碳纳米管形状的过程；（d）是（c）弯折部分的放大图像[91]

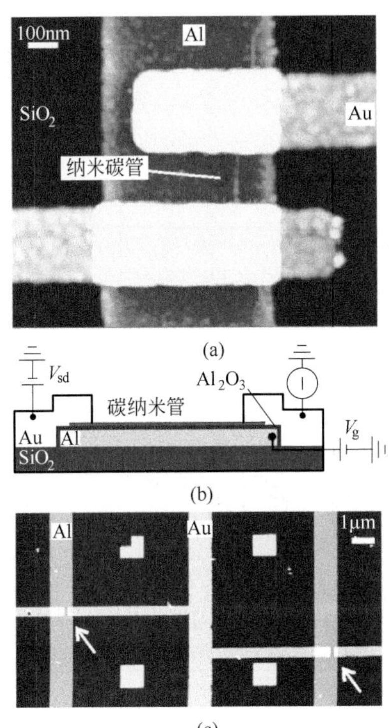

图6.29　单壁碳纳米管制备的逻辑电路[92]

（a）单个晶体管；（b）晶体管结构示意图；（c）多个晶体管实现逻辑电路

用等特性，而且局部门电路设计可集成多个装置到单个芯片上。A. Bachtold等[92]设计的逻辑门电路由具有绝缘层Al_2O_3的铝纳米线和两个与金电极相接的单壁碳纳米管组成，如图6.29所示。单壁碳纳米管逻辑电路可分三个步骤完成，首先用电子束光刻技术在氧化硅薄片上得到铝门，把样品放在空气中自然氧化得到几个纳米厚的绝缘层；然后把二氯乙烷悬浊液中的单壁碳纳米管分散在薄片上，在原子力显微镜下，选择1nm的单壁碳纳米管，并且把其定位在铝门线上面；最后用电子束光刻技术将金直接蒸发到单壁碳纳米管上实现内部连线接触。他们还设计了具有一定逻辑功能的单壁碳纳米管晶体管电路，可以进行逻辑非、逻辑或非、静态随机存储器单元和直流环行振荡等逻辑电路操作（所得到逻辑电路的示意图以及制得逻辑电路电压与时间等关系如图6.30所示）。

P.G. Collins等[93]讨论了碳纳米管及碳纳米管集成电路的工程化问题，使碳纳米管在纳米电子器件应用方面又前进一步。采用简单、可靠的方法从多壁碳纳米

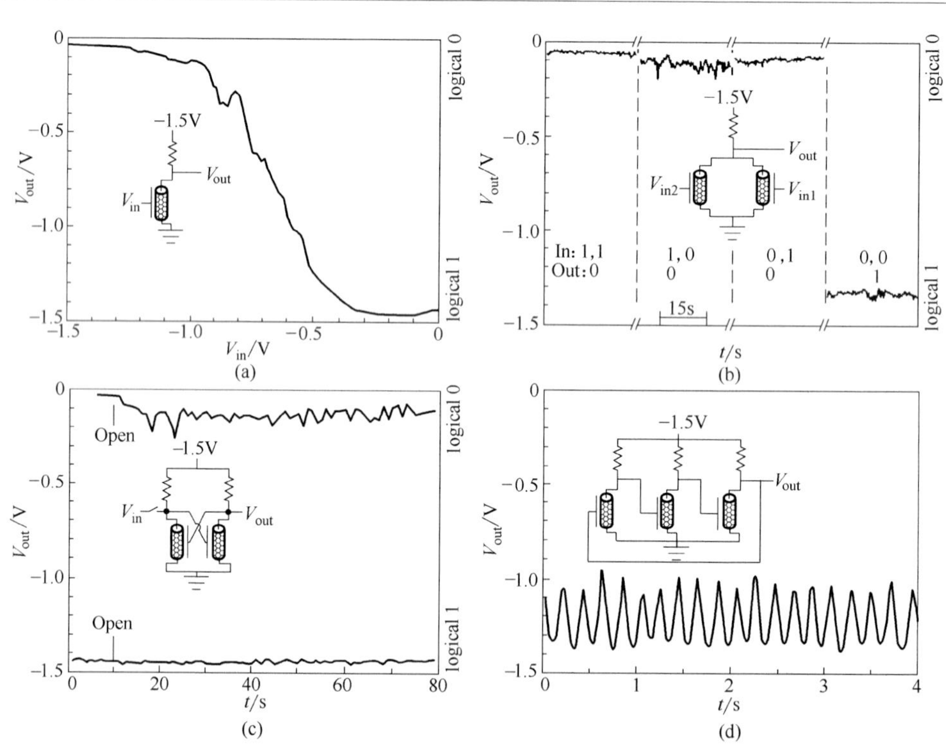

图6.30　单壁碳纳米管逻辑电路[92]

（a）逻辑非；（b）逻辑或非；（c）静态随机存储器单元；（d）直流环行振荡器

管和单壁碳纳米管束中选择单根碳纳米管，通过在碳纳米管两端施加电流使其从外向内逐渐氧化，将多壁碳纳米管各层一步一步剥离并测定各层性质，进而选择具有所需要属性的单层，这一过程可从多壁碳纳米管的各层选择呈金属性或半导体性的单层，采用相似方法可从单壁碳纳米管束中选择出半导体单壁碳纳米管组成纳米场效应晶体管阵列，构成集成电路。尽管碳纳米管被击穿所需的电流密度很大（$>10^9A/cm^2$），由于多壁碳纳米管中的电流主要是从与电极接触的最外层通过，故其内部电流很小，因此开始氧化的只是最外层。而管束中单壁碳纳米管与电极接触相同，半导体单壁碳纳米管因其载流子小而被保留，而金属单壁碳纳米管则被氧化。图6.31（a）是八层多壁碳纳米管依次被剥离时电流变化的情况，图6.31（b）和（c）分别是多壁碳纳米管和单壁碳纳米管束剥离过程的电子显微镜照片和示意图。

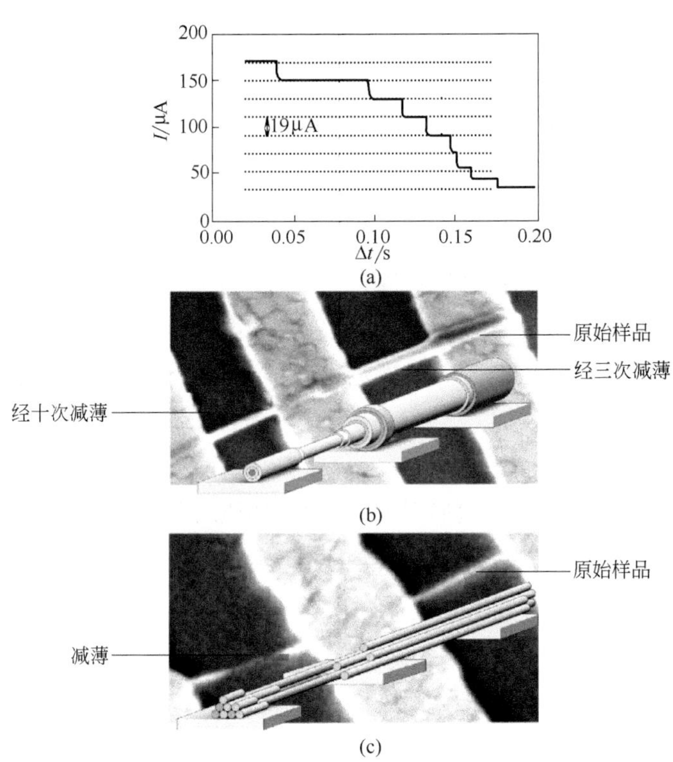

图6.31　对碳纳米管进行分离处理的实验过程[93]

（a）发生断裂时电压与时间的关系；（b）处理多壁碳纳米管的过程和电镜照片；（c）处理单壁碳纳米管的过程和电镜照片

6.4.2 微型传感器

碳纳米管具有一定吸附特性，由于吸附的气体分子与碳纳米管发生相互作用、改变其费米能级而引起其宏观电阻可发生较大改变，通过检测其电阻变化可检测气体成分，因此单壁碳纳米管可用作气体分子传感器。

J. Kong等[94]发现在室温条件下，将半导体单壁碳纳米管暴露在NO_2、NH_3等气氛中时，其电阻在几秒内可改变三个数量级。用化学气相沉积法在分散有催化剂的SiO_2/Si基片上可制得单个的单壁碳纳米管［图6.32（a）］，然后把其封装在500mL玻璃瓶中进行气体敏感实验，通入含微量NO_2、NH_3等的空气10min后，得到的I/V关系如图6.32（b）和（c）所示，在NH_3气氛中其电阻可减小两个数量级，而在NO_2中其电阻可增加三个数量级。从对单壁碳纳米管输运研究中可知，半导体单壁碳纳米管是空穴半导体[60]，在置于NH_3气氛中时，可使其价带偏离费米能级导致其电阻变小，而有NO_2存在时，使其价带向费米能级靠近，结果是空穴载流子减少使其电阻增加。J. Zhao等[95]采用第一原理计算了各种气体，如NO_2、O_2、NH_3、H_2、CO_2等吸附在单壁碳纳米管及其管束后电子结构的变化，从理论上说明气体吸附过程改变了碳纳米管中的电荷分布，发生了电荷波动和转移，从而引起单壁碳纳米管宏观电阻的改变。随后实验发现通过Pt改性的半导体单壁碳纳米管，如在其表面形成不连续的Pt金属薄膜，可对H_2更加敏感，且H_2减少后电阻又迅速恢复，这种半导体性单壁碳纳米管传感器具有更高的灵敏度和更高选择性[96]。由于金属性单壁碳纳米管的气体吸附对其电学性能影响不十分明显，故很难将其作为气体传感器[97]。

与固体传感器相比，单壁碳纳米管化学传感器具有尺寸小、反应更快和灵敏度较高等特性，并可将单壁碳纳米管置于新环境或者通过加热后重新使用。这类气体分子传感器可在环境监控、化学反应控制、农业、医药等领域广泛应用。

6.4.3 碳纳米管电动机械装置

由于碳纳米管具有优异的力学性能、电学性能以及纳米尺度，所以是一种制作纳米电动机械装置的理想材料。理论研究发现碳纳米管发生弯曲后其电导将发

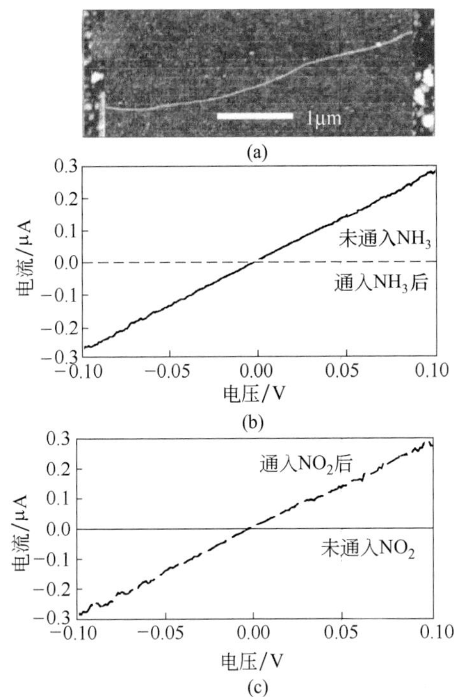

图6.32　在化学环境中半导体单壁碳纳米管电阻特性的变化[94]

（a）用于测气氛与电阻之间关系的半导体性单壁碳纳米管束原子力显微镜照片；（b）在NH_3气氛中，管束电流与电压关系；（c）在NO_2气氛中，管束电流与电压关系

生改变，这是由于发生弯曲后使sp^3杂化增加，sp^3杂化使电子成为定域，使碳纳米管的电导降低。通过研究碳纳米管的电学性质如何影响碳纳米管的力学变形，可为碳纳米管制备纳米电动机械装置打下基础。T.W. Tombler等[97]考察了单壁碳纳米管的电动机械性质，在用原子力显微镜的探针改变悬起单壁碳纳米管束角度的同时测量其电学性能，发现单壁碳纳米管束在变形过程中电阻增加两个数量级，在撤出应力时其弯曲可恢复。

P. Kim等[98]利用碳纳米管制得纳米镊子，可进行纳米尺度的物体操作并测量夹起物的电学性质。纳米镊子制作的具体过程是在一端自由并逐渐变细（最细一端直径可以控制在100nm）的玻璃微型吸管上沉积金属制成两个电极［如图6.33（a）所示］；然后采用和制备扫描探针显微镜探针相似的过程，在光学显微镜下把两根碳纳米管分别粘在金电极上，图6.33（c）是由一个长4μm、直径50nm碳纳米管构成的一个纳米镊子。对镊子的电极施加0～8.5V电压后，镊子由开合

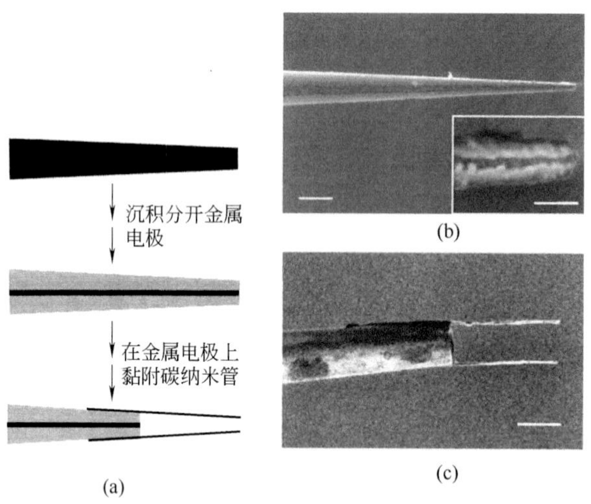

图6.33　纳米镊子的制作过程[83]

（a）制作纳米镊子过程的示意图；（b）在玻璃微型吸管上沉积金得到电极及其扫描电子显微镜照片；（c）得到的纳米镊子。（b）、（c）中的比例尺长度为2μm

（0V）到夹紧（8.5V）（如图6.34所示），在此过程中碳纳米管以及电极都未出现塑性变形。该纳米镊子能夹起很多纳米尺度的物体，如聚苯乙烯球和纳米线等。同时由于碳纳米管可作电极，故在纳米镊子夹起物体后，能进一步研究所夹起的物体（如碳化硅纳米团簇和砷化镓纳米线）的电学性质。同样利用碳纳米管电动力学性质还可制作碳纳米管为基础的机械存储器[99]以及利用碳纳米管在复合材料中的形变做成传感器[100]。

实验发现碳纳米管浸泡在电解质中，随外加电压的变化其长度会发生规律性伸展或收缩，可承受比天然肌肉更高的压缩力和比高模铁电材料更大的拉力，利用这一物性，可将其制成电动机械装置。例如，R.H. Baughman等[101]将碳纳米管制成薄膜条浸泡在盐水中，用普通电极给薄膜条两端施加电压，在1s之内将电压连续从0.2V增加到0.5V时，薄膜条的长度相应地从0.1mm伸展到1mm。如果给两束碳纳米管薄膜组成的结构加以不同极性的电压，由于在正电压下的薄膜条伸展度比负电压下的更大，整个结构就会发生扭曲，就像人的胳膊由于不同侧面肌肉的收缩和舒张弯曲一样。碳纳米管薄膜的伸展动作肉眼都可以清楚地观察到，迄今还没有任何材料具有如此优良的伸缩特性，而且较低电压就可产生较大的机械拉伸。利用碳纳米管这种特性可制成人造肌肉纤维，不仅可适用于人类的移植和修复手术，还有可能作为未来机器人的运动构件，或者作为高灵敏度传感器用材料。

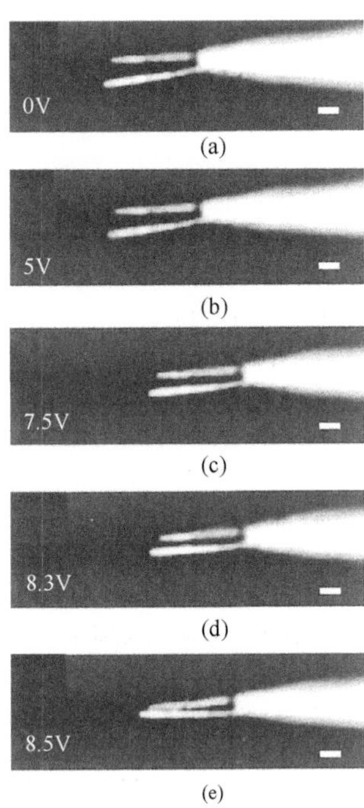

(a)
(b)
(c)
(d)
(e)

图6.34　碳纳米管纳米镊子在不同电压下的开合情况[98]，比例尺长度为2μm

参考文献

[1] Hamada N, Sawada SI, Oshiyama A. Phys Rev Lett, 1992, 68:1579.

[2] Saito R, Fujita M, Dresselhaus G, Dresselhaus MS. Appl Phys Lett, 1992, 60: 2204.

[3] Mintmire JW, Dunlap BI, White CT. Phys Rev Lett, 1992, 68: 631.

[4] Chen ZH, Appenzeller J, Lin YM, et al, Science, 2006, 311:1735.

[5] Chao Q, Tersoff J, Farmer DB, Zhu Y, Han SJ. Science, 2017, 356:1369.

[6] Shulaker MM, Hills G, Patil N, Wei H, Chen HY, Philip Wong HS, Mitra S. Nature, 2013, 501:526.

[7] Saito R, Dresselhaus MS, Dresselhaus G. Physical Properties of Carbon Nanotubes. London: Imperial College Press, 1998.

[8] Dresselhaus MS, Dresselhaus G, Eklund PC. Science of Fullerenes & Carbon Nanotubes. San Diego: Academic Press Published March, 1996.

[9] Dresselhaus MS, Eklund PC. Adv Phys, 2000, 49: 705.

[10] Brown SDM, Corio P, Marucci A, et al. Phys Rev B, 2000, 61: R5137.

[11] Saito R, Dresselhaus G, Dresselhaus MS. Phys Rev B, 2000, 61: 2981.

[12] Charlier JC, Lambin P. Phys Rev B, 1998, 57: R15037.

[13] Reich S, Thomsen C. Phys Rev B, 2000, 62: 4273.

[14] Yang L, Han J. Phys Rev Lett, 2000, 85: 154.

[15] Ouyang M, Huang JL, Cheung CL, et al. Science, 2001, 292:702.

[16] Izumida W, Sato K, Saito R. J Phys Soc Jpn, 2009, 78:074707.

[17] Laird EA, Kuemmeth F, Steele GA, et al. Rev Mod Phys, 2015, 87:703.

[18] Delaney P, Choi HJ, Ihm J, et al. Nature, 1998, 391: 466.

[19] Saito R, Dresselhaus G, Dresselhaus MS. J Appl Phys, 1993, 73:494.

[20] Charlier JC, Michenaud JP. Phys Rev Lett, 1993, 70: 1858.

[21] Tans SJ, Devoret MH, Dai HJ, et al. Nature, 1997, 386: 474.

[22] Frank S, Poncharal P, Wang ZL, et al. Science, 1998, 280: 1744.

[23] Chico L, Crespi VH, Benedict LX, et al. Phys Rev Lett, 1996, 76:971.

[24] Carroll DL, Redlich P, Ajayan PM, et al. Phys Rev Lett, 1997, 78: 2811.

[25] Tamura R, Tsukada M. Phys Rev B, 1995, 52: 6015.

[26] Menon M, Srivastava D. Phys Rev Lett, 1997, 79: 4453.

[27] Chico L, Benedict LX, Louie SG, et al. Phys Rev B, 1996, 54: 2600.

[28] Charlier JC, Ebbesen TW, Lambin P. Phys Rev B, 1996, 53: 11108.

[29] Ouyang M, Huang JL, Cheung CL, et al. Science, 2001, 291: 97.

[30] Odom TW, Huang JL, Kim P, et al. Nature, 1998, 391: 62.

[31] Wildoer JWG, Venem LC, Rinzler AG, et al. Nature, 1998, 391: 59.

[32] Kim P, Odom TW, Huang JL, et al. Phys Rev Lett, 1999, 82: 1225.

[33] Tang XP, Kleinhammes A, Shimoda H, et al. Science, 2000, 288: 492.

[34] 周清. 电子能谱学. 天津：南开大学出版社，1995.

[35] Dresselhaus MS, Dresselhaus G, Sugihara K, et al. Graphite Fibers and Filaments. New York: Springer-Verlag, 1988.

[36] Egerton RF, Electron Energy-Loss Spectroscopy in the Electron Microscope. 2nd ed. New York: Plenum, 1996.

[37] Kuzuo R, Terauchi M, Tanaka M. Jpn J Appl Phys Ⅱ, 1992, 31: L1484.

[38] Kuzuo R, Terauchi M, Tanaka M, et al. Jpn J Appl Phys Ⅱ, 1994, 33: L1316.

[39] Knupfer M, Pichler T, Golden MS, et al. Carbon, 1999, 37: 733.

[40] RR He, HZ Jin, J Zhu, et al. Chem Phys Lett, 1998, 298: 170.

[41] Stephan O, Kociak M, Henrard L, et al. J Electron Spectroscopy and Related Phenomena, 2001, 114-116: 209.

[42] Li F, He LL, Cheng HM. Extended Abstract in Proceedings of 24rd Biennial Conference on Carbon (USA), 1999: 292-293.

[43] Reed BW, Sarikaya M. Phys Rev B, 2001, 64: 195404.

[44] Suenaga K, Colliex C, Iijima S. Appl Phys Lett, 2001, 78: 70.

[45] White CT, Todorov TN. Nature, 1998, 393: 240.

[46] ZH Zhang, JC Peng, H Zhang. Appl Phys Lett, 2001, 79: 3515.

[47] Bockrath M, Cobden DH, Lu J, et al. Nature, 1999, 397: 598.

[48] Frank S, Poncharal P, Wang ZL, et al. Science, 1998, 280: 1744.

[49] WJ Liang, M Bockrath, D Bozovic, et al. Nature, 2001, 411: 665.

[50] Ebbesen TW, Ajayan PM. Nature, 1992, 358: 220.

[51] Langer L, Bayot V, Grivei E, et al. Phys Rev Lett, 1996, 76: 479.

[52] Rice大学碳纳米管图库http://cnst.rice.edu.

[53] Ajiki H, Ando T. J Phys Soc Jpn, 1993, 62: 1255.

[54] Dai HJ, Wong EW, Lieber CM. Science, 1996, 272: 523.

[55] Ebbesen TW, Lezec HJ, Hiura H, et al. Nature, 1996, 382: 54.

[56] Thess A, Lee R, Nikolaev P, et al. Science, 1996, 273: 483.

[57] Fischer JE, HJ Dai, Thess A, et al. Phys Rev B, 1997, 55: R4921.
[58] Bockrath M, Cobden DH, McEuen PL, et al. Science, 1997, 275: 1922.
[59] Tans SJ, Verschueren ARM, Dekker C. Nature, 1998, 393: 49.
[60] Appenzeller J, Martel R, Avouris P,et al. Appl Phys Lett, 2001, 78: 3313.
[61] Collins PG, Zettl A, Bando H, et al. Science, 1997, 278: 100.
[62] Dresselhaus MS. Intercalation in layered materials. Plenum, 1987.
[63] Lee RS, Kim HJ, Fischer JE, et al. Nature, 1997, 388:255.
[64] Ruzicka B, Degiorgi L, Gaal R, et al. Phys Rev B, 2000, 61:R2468.
[65] Chen P, Wu X, Lin J, et al. Science, 1999, 285:91.
[66] Jo C, Kim C, Lee YH. Phys Rev B, 2002, 65: 035420.
[67] Kong J, Zhou C, Yenilmez E, et al. Appl Phys Lett, 2000, 77: 3977.
[68] Baierle RJ, Fagan SB, Mota R, et al. Phys Rev B, 2001, 64:085413.
[69] Liu K, Avouris Ph, Martel R, et al. Phys Rev B, 2001, 63:161404.
[70] Vavro J, Llaguno MC, Satishkumar BC, et al. Appl Phys Lett, 2002, 80:1450.
[71] Haddon RC. Nature, 1995, 378:249.
[72] Lin MF, Shung KWK. Phys Rev B, 1995, 52:8423.
[73] Ramirez AP, Haddon RC, Zhou O, et al. Science, 1994, 265:84.
[74] Kotosonov AS, Shilo DV. Carbon, 1998, 36:1649.
[75] Ajiki H, Ando T. Jpn J Phys Soc, 1993, 62:1255.
[76] Bachtold A, Strunk C, Salvetat JP, et al. Nature, 1999, 397:673.
[77] Bohnen KP, Heid R, Liu HJ, Chan CT. Phys Rev Lett, 2004, 93:245501.
[78] Bohnen KP, Heid R, Liu HJ, Chan CT. J Phys Condens Matter, 2009, 21:084206.
[79] Connetable D, Rignanese GM, Charlier JC, Blase X. Phys Rev Lett, 2005, 94: 015503.
[80] Barnett R, Demler E, Kaxiras E. Phys Rev B: Condens Matter Mater Phys, 2005, 71: 035429.
[81] Kamide K, Kimura T, et al. Phys Rev B: Condens Matter Mater Phys, 2003, 68: 024506.
[82] Gonzalez J, Perfetto E. Phys Rev B: Condens Matter Mater Phys, 2005, 72: 205406.
[83] Wong CH, Lortz R, Buntov EA, Kasimova RE, Zatsepin AF. Sci Reports, 2017, 7:15815.
[84] Wong CH, Buntov EA, Guseva MB, et al. Carbon, 2017, 125:509.
[85] Morpurgo AF, Kong J, Marcus CM, et al. Science, 1999, 286:263.
[86] Kociak M, Yu Kasumov A, Guéron S, et al. Phys Rev Lett, 2001, 86: 2416.
[87] Tang ZK, Zhang LY, Wang N, et al. Science, 2001, 292:2462.
[88] Takesue I, Haruyama J, Kobayashi N, et al. Phys Rev Lett, 2006, 96: 057001.
[89] Shi W, Wang Z, Zhang Q, et al. Sci Reports, 2012, 2:625.
[90] Kwon YK, Tomanek D, Iijima S. Phys Rev Lett, 1999, 82:1470.
[91] Postma HW, Teepen T, Yao Z, et al. Science, 2001, 293:76.
[92] Bachtold A, Hadley P, Nakanishi T, et al. Science, 2001, 294: 1317.
[93] Collins PG, Arnold MS, Avouris P. Science, 2001, 292: 706.
[94] Kong J, Franklin NR, Zhou C, et al. Science, 2000, 287: 622.
[95] Zhao J, Buldum A, Han J, Lu JP. Nanotecchology, 2002, 13:195.
[96] Kong J, Chapline MG, Dai HJ. Adv Mater, 2001, 13:1384.
[97] Tombler TW, Zhou CW, Alexseyev L, et al. Nature, 2000, 405:769.
[98] Kim P, Lieber CM. Science, 1999, 286:2148.
[99] Rueckes T, Kim K, Joselevich E, et al. Science, 2000, 289:94.
[100] Zhao Q, Wood JR, Wagner HD. Appl Phys Lett, 2001, 78:1748.
[101] Baughman RH, Cui C, Zakhidov AA, et al. Science, 1999, 284:1340.

NANOMATERIALS

碳纳米管

Chapter 7

第7章

碳纳米管的场致发射性能及其应用

佟钰
沈阳建筑大学材料科学与工程学院

7.1 概　　述

在外加强电场作用下，材料内部的电子自表面逸出并进入真空的现象，称为电子的场致发射，简称场发射。与热发射电子相比，场致发射电子的功率密度更大，能量分布更集中，也更易于实现高效聚焦，因此具有更为广阔的应用前景。

通常认为，高性能场致发射材料应表现出工作电压低、电流密度高、发射稳定性好等特点，同时还应具有良好的机械强度和环境（化学、热）稳定性，以保证真空电子器件在制备和使用过程中的简便性、持久性及安全性。传统场致发射材料主要采用高熔点金属（如Ti、Mo、W等）或其化合物，但其化学稳定性特别是耐氧化能力较差，对工作环境要求高，同时也影响了场发射体的使用寿命。

自20世纪90年代中后期以来，场致发射材料的研究热点开始集中于以碳纳米管为代表的碳质纳米材料，特别是碳纳米管所具有的独特结构与性能，如纳米级发射尖端、大长径比、高强度、高韧性、良好的热稳定性和导电性等，使其成为理想的场致发射材料，最有潜力、最可能替代传统的金属场致发射材料，在冷发射电子枪、平板显示器、X射线电子源等众多领域中获得广泛应用。

本章在概述场致发射基本原理的基础上，总结碳纳米管的场致发射性能，分析碳纳米管场致发射体的失效方式，探讨碳纳米管场致发射性能的主要影响因素与优化措施，最后分析讨论碳纳米管场致发射材料的应用前景。

7.2 场致发射基本原理

7.2.1 固体内部的电子状态与表面势垒

根据能带理论，原子经周期性规则排列形成固体后，原本填充于原子壳层中的电子发生能级分裂，形成分立的能带。各能带中完全被电子占据的称为满带，完全未被占据的能带则称为空带，这两种能带均无法产生电子的定向输运即电流；部分被电子占据的能带称为导带，因此类能带中的电子能够导电而得名。相邻两能带之间的能量范围称为能隙或者禁带，当能量最高的满带（即价带）与空带之间的禁带宽度达到5～7eV时，则电子难以通过热运动等跃过禁带进入空带，因此表现为绝缘体特征，也称为“宽带材料”（wide-band materials）；如禁带宽度在1eV左右，则可以在热激发或电、磁场作用下表现出一定的导电能力，即所谓的半导体特性。

以导电性良好的金属为例，由于最上层的能带是被电子部分填充的导带，电子可在金属内部自由移动，称为自由电子，对金属材料的导电和电子发射特性起重要作用。按照索末菲（Sommerfeld，1928）提出的自由电子模型，金属内部自由电子的状态可简化为：

① 金属的最外层原子势场相互叠加，相邻原子间的空间电势变化很小，可认为是等势的，势阱只存在于各正离子位置；

② 电子在这一均匀势场中做自由运动，只在金属表面存在一个足够高的势垒，阻止自由电子的逸出。如果想使电子逸出金属表面，就必须克服该势垒做相当的功。因此，金属内自由电子的状态可用一有限大小的“平底势垒箱”来描述，如图7.1所示。平底势垒箱的底部能级E_c表示金属内部静止电子能量，即导带底；势垒箱顶部能级E_0表示金属外部静止电子能量，称为金属的真空能级。两者之差就是材料的表面势垒W_a。E_F为费米能级。

金属导体产生表面势垒的原因可归结为以下两个主要因素：

①“电子云”构成的双电层　在金属的真空边界附近，一部分电子由于热运动试图脱离金属表面，结果造成界面附近的“电子云”分布不对称，其中心向外

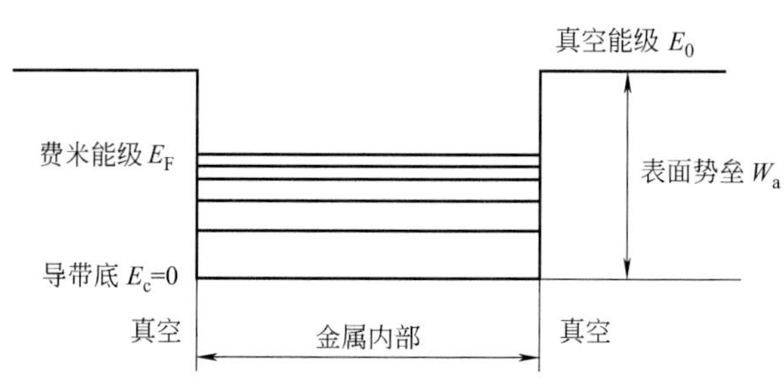

图7.1　金属“平底势垒箱”模型

部真空移动，而一部分金属原子也由于不平衡的电场作用而极化成阳离子，结果就在金属表面形成了一偶极矩。无数个偶极子在金属表面x_0距离内构成了一个负电在外的双电层，阻止内部自由电子的逸出。

② 电镜像力　在金属表面附近，电子所受的力较复杂。从静电学观点，可认为电子受到在表面镜像对称位置上一假想正电荷的吸引力，称为电镜像力。电镜像力指向金属内部，是阻止电子逸出的第二种力。

在距表面几个原子间距x_0之内，电子受到双电层力的作用；而在$x>x_0$时，电子需克服电镜像力才可逸出体外。在没有外加电场的情况下，从电镜像力意义上讲，自由电子只有逃出无穷远才能真正地完全脱离金属，即表面势垒无限厚。

7.2.2 电子逸出与逸出功

固体所含有的大量电子都被一定的表面势垒束缚于固体内部，只有在一定的外界能量作用下或者通过消除电子束缚的方法，才能使电子从固体内部通过表面向真空逸出，这种现象称为电子逸出或电子发射。根据外界作用的性质，可把电子发射大体分为四种类型：

① 热电子发射　将物体加热到足够高的温度，使内部电子获得足够的能量从而可以跨越势垒并从物体表面逸出到真空中，是最简单、最实用也是应用最广的一种发射形式。

② 场致发射　利用强电场压制固体表面上的势垒作用范围，通过隧道效应将固体内部的电子拉到真空中，可实现大功率密度的电子流。

③ 次级电子发射　用高能一次电子流轰击物体表面，促使其发射电子，也称二次电子发射。

④ 光电子发射　即光电效应，利用光辐射作用使物体内电子逸出。

无论哪种电子发射形式，金属内部的自由电子要从表面逸出均需要克服表面势垒的作用，对金属的表面势垒做一定量的功。通常定义在热力学零度时，金属内部自由电子逸出表面进入真空所必须吸收的最小能量为逸出功。根据索末菲模型，在热力学零度情况下，金属中处于费米能级的电子具有最大能量，因此逸出功的计算公式可表示为：

$$\phi = W_a - E_{F_0} \tag{7.1}$$

式中，ϕ为逸出功，eV；W_a为表面势垒；E_{F_0}为0K时的金属费米能级。作为研究电子发射的重要参量，逸出功的大小除了取决于固体内部结构外，还会受到固体的表面状态的显著影响，但几乎不受温度的影响。

7.2.3 福勒-诺德海姆场致发射模型

在电子发射的四种主要类型中，场致电子发射是独特的一类。在其他类型的电子发射中，自由电子依靠对外界能量的吸收来获得穿过表面势垒的能量，表面势垒高度在发射过程中未曾改变；而场致电子发射的基本原理是电子隧道效应，即依靠外部电场的作用压制表面势垒，使势垒降低、变窄，当势垒的宽度降低到可与电子波长相比拟时，在隧道效应作用下，部分自由电子可顺利穿透表面势垒进入到真空。场致电子发射是一种很高效的电子发射方式，发射电流密度可达10^7A/cm^{2}以上，发射时间也没有迟滞。

（1）金属场致发射理论模型——福勒-诺德海姆方程

金属材料的场致发射方程最早由英国学者R.H. Fowler和德国理论物理学家L. Nordheim推导而来，因此命名为福勒-诺德海姆（Fowler-Nordheim）方程，简称F-N方程。该模型的前提假设包括：

① 电子只有一个能带，其分布符合费米-狄拉克统计；

② 金属表面为无限大光滑平面，忽略其原子尺度的不规则性；

③ 考虑经典电镜像力的影响；

④ 逸出功分布均匀。

电子的场致发射可以看作是在材料表面发生的电子透射行为，是电子能量和势垒形状的函数。从图7.2可以看到，随着外加电场按照a、b、c、d的次序逐步增大，金属表面势垒的宽度明显减小，势垒高度也有所降低，有利于电子的逸出。一般认为，当金属表面的电场强度达到10^7V/cm量级时，在隧道效应作用下，内部电子就存在一定的概率穿透势垒、进入真空。此时，电子从表面透射出去的概率（电子透射系数）可认为是电子能量与外加电场场强的函数，考虑到金属表面势垒的形成因素及电镜像力的影响，根据薛定谔方程可求出电子穿透势垒的概率D。不同动量、速度的电子在势垒区域按照一定概率D透射，形成场致发射电流。

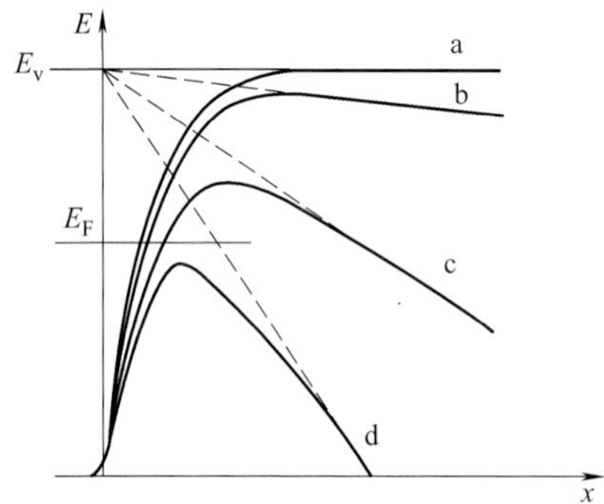

图7.2　不同外加电场作用下的表面势垒

在温度T=0K时，场致发射电流密度J是金属表面电场强度F和金属逸出功ϕ的函数，表达式适当简化后可写为：

$$J(0)=\frac{1.54\times10^{-6}F^2}{\phi}\exp\left(-\frac{6.83\times10^7\phi^{3/2}}{F}\right) \tag{7.2}$$

式中，J为电流密度，A/cm^2；F为电场场强，V/cm；ϕ为逸出功，eV。

根据公式（7.2），对ln(J/F^2)-(1/F)作图，应得到一条直线，称为Fowler-Nordheim曲线，简称F-N曲线。ln(J/F^2)-(1/F)呈直线关系，这是F-N场致发射模型的一个典型特征，直线斜率K为：

$$K=\frac{\mathrm{d}\ln(J/F^2)}{\mathrm{d}(1/F)}=-6.83\times10^7\phi^{3/2} \tag{7.3}$$

直线截距为：

$$b=\ln\frac{1.54\times10^{-6}}{\phi} \tag{7.4}$$

实际工作中经常遇到场致发射I-V性能分析问题，因此需对Fowler-Nordheim方程进行转换，结果如公式（7.5）所示：

$$I=\frac{1.54\times10^{-6}(\beta V/d)^2A}{\phi}\exp\left(-\frac{6.83\times10^7\phi^{3/2}}{\beta V/d}\right) \tag{7.5}$$

式中，I为场致发射电流；A为发射面积；V为外加电压；d为电极间距；β为场增强因子，代表发射体对外加电场的放大作用，其大小可从F-N曲线的斜率K

计算得出：

$$\beta = -6.83\times10^{7}\phi^{3/2}d/K \tag{7.6}$$

由于篇幅原因，这里只给出了F-N模型的前提假设、主要结论并加以讨论，具体的推导过程请参阅文献[1]。

（2）F-N方程用于实际场致发射体的修正

F-N方程适用于在热力学零度和无限大光滑平面条件下工作的场发射体，在实际工作中则需根据具体工作环境特别是发射体形状对F-N方程进行适当修正。

图7.3给出了不同温度和场强条件下的典型场致发射电子能量分布曲线。图7.3中横坐标为法向能量W与E_F之差，纵坐标是法向能量分布函数$P(W)$；左、右两条虚线分别表示费米能级E_F和势垒。从电子法向能量分布曲线可看出：①电场增强时，两条虚线的间距减小，表明势垒高度不断下降；②电场增强时，分布曲线左移，说明势垒降低导致更多的低能电子发射出来；③温度升高时，分布曲线右移，说明发射电子中能量较高的电子所占比例增加；④在电场强度较低的情况下，温度对发射电子的分布影响很大，发射行为逐渐接近热电子发射；⑤在电场强度较高的情况下，温度对发射电子的影响减弱，即使在3000K的高温下，大部分电子的能量仍低于势垒峰值，即发射行为仍属于场致发射性质。

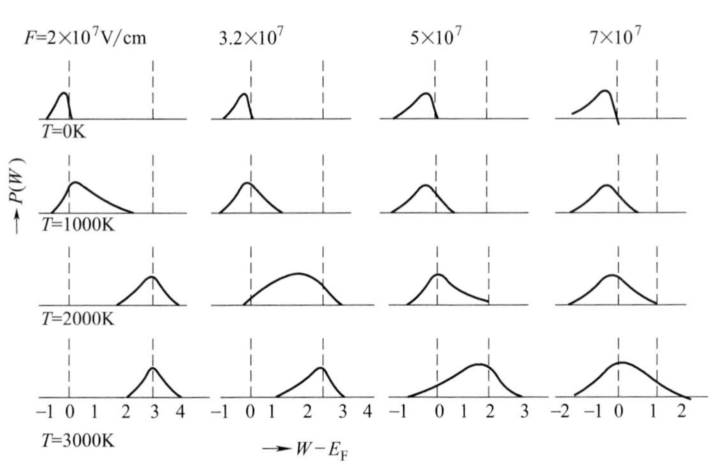

图7.3　温度和场强对场致发射电子能量分布的影响

7.2.4
场致发射的电场增强效应

实际材料的表面不可能绝对光滑，必然具有一定程度上的起伏，因此表面附近的电场分布不均，相应的场致发射也不是均匀的。研究认为，电荷在导体表面的分布密度因表面曲率的不同而有所改变：根据尖端集电效应，曲率半径越小的区域其电荷分布密度越高，相应表面附近的局部电场也就越强，越容易发生电子的场致发射。

发射体形状对场致发射性能产生的放大效应可以用场增强因子β加以估算，其大小决定于发射体形状以及表面吸附状态等，对于洁净的无限大光滑表面可认为$\beta=1$。罗恩泽等用场解析法算出，在无限大平面上放置的一个半球形（$r_0>50$nm）金属凸起表面附近的场强近似为平面场强的三倍，即半球顶部的场增强因子约为3[2]。对于具有宏观形状的场致发射体，除了场致发射表面的曲率之外，还应考虑发射体高度的影响。针对常见的场致发射体尖端（长径比3 ～ 3000），最简单的场增强因子估算公式为：

$$\beta \approx \frac{h}{r} \tag{7.7}$$

式中，h和r分别为场致发射体的高度与直径。这一粗略估算方法从趋势上反映出场致发射体性能与几何结构之间的密切联系。

为了更准确地计算出单体尖端的场增强效应，Edgcombe等将场致发射体模型简化为一个顶端呈半球形的金属圆柱，圆柱体和球体半径均为r，发射体全高为h，由此计算出的场增强因子为[3]：

$$\beta = 1.2 \times \left(\frac{h}{r} + 2.15\right)^{0.9} \tag{7.8}$$

对于实际使用的有限大小的场致发射测试系统，J. M. Bonard等认为还应考虑电极间距d的影响，则公式（7.8）进一步发展成[4]：

$$\beta = 1.2 \times \left(\frac{h}{r} + 2.5\right)^{0.9} \left[1 + 0.013 \times \left(\frac{d-h}{d}\right)^{-1} - 0.033 \times \frac{d-h}{d}\right] \tag{7.9}$$

对于材质、形状固定的场致发射体来说，所实现的电流随外加电场的增大而显著提高，但也伴随有更大的能耗以及严重的场致发射体尖端损伤。作为一种常用手段，将材质相同、尺寸一致的单尖组合成大面积场致发射电极可获取更高的场致发射电流，但应考虑电磁屏蔽效应的影响。

7.3 场致发射性能的测试方法

为更好地揭示碳纳米管的场致发射性能、开发碳纳米管基高性能场致发射阴极，在实验室中组建适当的场致发射性能测试系统、选择适当的性能评价指标是十分必要的。

7.3.1 测试样品的准备

（1）单根（或数根）碳纳米管

在管间范德华力作用下，碳纳米管特别是单壁碳纳米管倾向于彼此聚集成管束结构，在适当溶剂如酒精中进行超声处理，可将聚集成束的碳纳米管分散开来。将一根金属针尖浸入碳纳米管溶液中，再缓缓提起，待液体蒸发后，就可能在尖端留下单根［图 7.4（a）］或数根［图 7.4（b）］碳纳米管[5~10]，适合用作场致发射

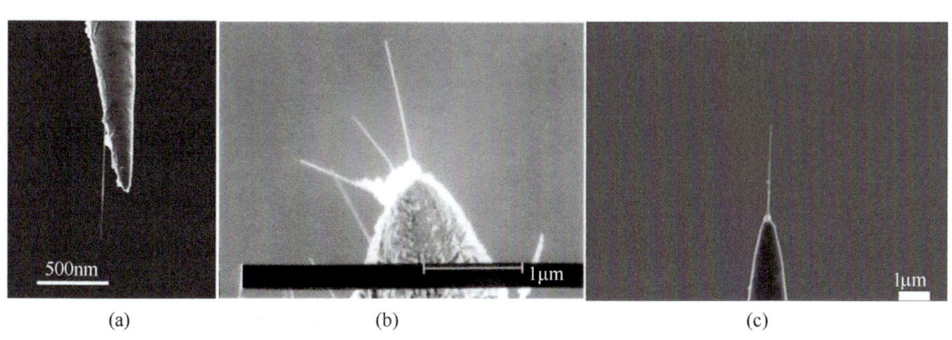

图 7.4　置于金属针尖上的碳纳米管

（a）单根MWCNT[5]；（b）多根MWCNTs[6]；（c）单个MWCNT管束[11]

点电子源；如使用电泳或静电牵引技术则组装效果更为明显，S.C. Lim等在碳纳米管悬浮液与钨尖之间施加脉冲电场，有效控制了钨尖上的碳纳米管数量［图7.4（c）］[11]。

H.J. Dai等发展出一种更简单的获得单根碳纳米管发射尖端的方法[12]：他们先在一个硅微尖上涂一层1～10nm厚的聚丙烯黏结剂，然后在光学显微镜下将硅微尖与一束多壁碳纳米管侧边相接触；在硅微尖与碳纳米管束相分离后，会在硅微尖前端留下一根由5～10根多壁碳纳米管组成的小束，其最前端、最细的部分为单根、独立的碳纳米管。

A.G. Rinzler等将多壁碳纳米管束在650℃的热空气中氧化30min，在束状纤维的端部获得了单根独立的多壁碳纳米管[13]。M.S. Wang等在隧穿电子显微镜下，使多壁碳纳米管与钨尖接触并通以电流，利用焦耳热效应使碳纳米管根部与钨尖形成碳化钨，不仅表现出极高的界面结合强度，而且实现了良好的欧姆接触，有利于提高点电子源工作的可靠性[14]。

（2）束状、纤维状或针片状碳纳米管

在机械力作用下，从碳纳米管尤其是单壁碳纳米管以及小管径多壁碳纳米管产物中可以分离出束状、纤维状、片状乃至块状的碳纳米管样品。这些样品可直接黏附或夹在样品台上进行测试。此类样品是由多根碳纳米管组成，其发射端口往往参差不齐，因此需要进一步处理以获得规整的端口形貌，如图7.5所示。

（3）碳纳米管薄膜

作为最常见也是实用性最强的碳纳米管场致发射材料，即碳纳米管薄膜，其获取方法包括化学气相沉积法（CVD）、涂覆法、电泳法、丝网印刷法等。所获得的碳纳米管薄膜可直接组装在基片或样品台上，再转移到真空系统中进行测试，

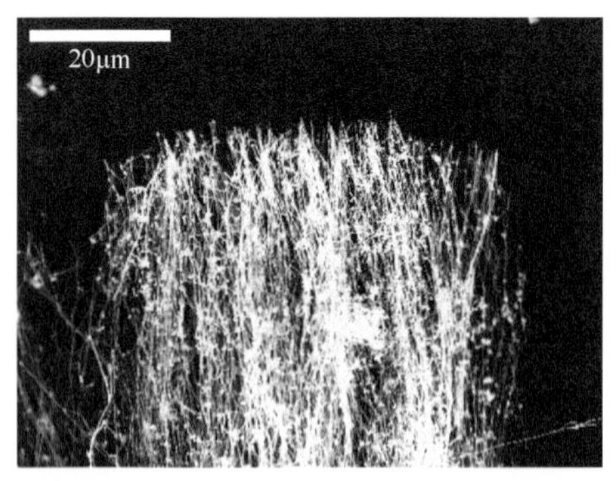

图7.5 刀片切割处理后多壁碳纳米管样品的端面SEM照片[15]

此时要求基底必须导电或者组装有导线网络，并且提纯过程不能破坏薄膜与基底的结合。

① CVD法　O.M. Küttel等采用微波等离子体增强化学气相沉积法在Si(100)表面获得了碳纳米管薄膜场致发射材料[16]；J. Zhu等将Ni作为催化剂电镀到钼丝表面，通过700℃分解C_2H_2在钼丝表面沉积生长多壁碳纳米管薄膜并测定了其场致发射性能[17]。

② 过滤成膜法　J.M. Bonard等将碳纳米管与表面活性剂水溶液充分混合后通过0.2mm滤孔的陶瓷滤片吸滤，水洗除去表面活性剂后将薄膜状滤出物转移到铜质样品台上；SEM观察表明，单壁碳纳米管呈蜷曲状，排列不规则，分布大致均匀，如图7.6所示[18]。

W.A. de Heer将碳纳米管与表面活性剂混合，采用渗滤方法得到薄膜状碳纳米管场致发射材料；当使用陶瓷滤片作为基底时，碳纳米管具有一定的取向性[19]。

H. Lee等以十二烷基硫酸钠为分散剂，通过球磨、超声、离心和真空抽滤等工序得到碳纳米管薄膜，再转移至镍质基底上，利用高温退火和表面处理工艺改善碳纳米管与基底之间的结合[20]。

③ 涂覆法　根据具体涂覆手段的不同，涂覆法可进一步细分为喷涂、浸涂、旋涂等。韩国成均馆大学Y.H. Lee教授领导的课题组在此方面开展了富有成效的工作：该组H.J. Jeong等将均匀分散的碳纳米管溶液喷涂在聚对苯二甲酸乙二醇酯（PET）膜片上，制成可弯曲的场发射平板显示器阴极[21]。S.C. Lim等将少层数的碳纳米管均匀分散于二氯乙烷（DCE）中，高速离心后取上层清液采用喷涂工艺（spraying）涂覆于氧化铟锡（indium tin oxide，ITO）基底上，预先敷设的金属衬底以及适当的低温热处理（＜400℃）有助于改善碳纳米管与基底之间的结合[22]。

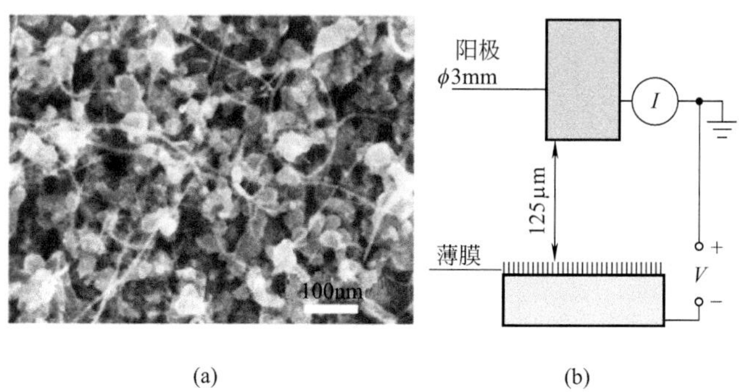

图7.6 （a）单壁碳纳米管薄膜的扫描电镜照片；（b）场致发射装置示意图[18]

Y.I. Song等比较了多壁碳纳米管在二甲基甲酰胺、异丙醇、甲基吡咯烷酮和二氯乙烷等有机溶剂中的分散性，发现碳纳米管在二甲基甲酰胺中的分散性最佳，进而采用浸涂工艺（dip coating）在ITO玻璃表面形成碳纳米管薄膜；随着浸渍次数的增长，薄膜表面的碳纳米管尖端数量明显增多[23]。

④ 丝网印刷法（screening print） 采用球磨、超声振荡等方法将碳纳米管（最好经过提纯处理）与适当的黏结剂（银胶或某些有机溶剂）充分混合，形成的料浆（或称墨水）可通过丝网印刷工艺在玻璃基板上形成薄膜[24~26]。薄膜上微小的碳纳米管料浆呈点阵式排列，可实现矩阵寻址和控制。热处理可除去料浆中的有机组分，有助于碳纳米管与基片的黏合。表面刮削工艺（surface rubbing process）可除去最表面处的金属粒子，使得部分碳纳米管端头从表面向外伸出，降低阴极工作电场，提高场致发射阴极的均匀性和长期发射稳定性，见图7.7[27]。

图7.7　经表面刮削处理后碳纳米管场致发射材料的SEM微观形貌[27]

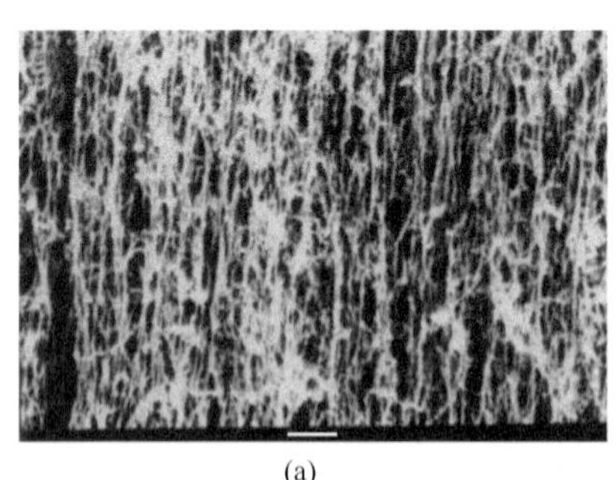

(a)

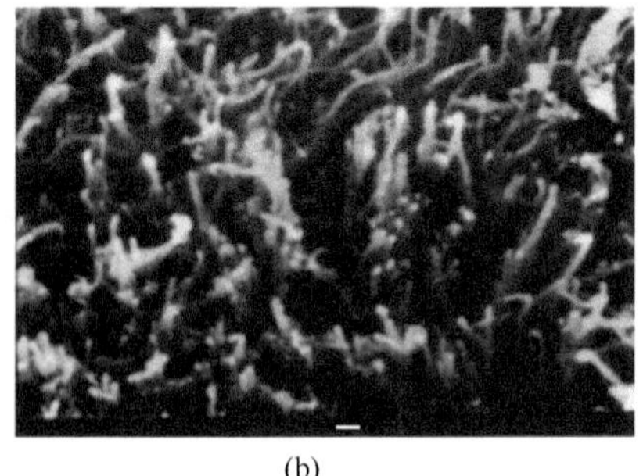

(b)

图7.8　绳束状定向单壁碳纳米管的SEM照片

（a）侧面（比例尺1μm）；（b）发射表面（比例尺100nm）[30]

（4）定向碳纳米管（aligned CNTs）或碳纳米管阵列（CNT array）

单壁碳纳米管在微小面积（约37nm × 750nm）已可进行定向组装[28]。刘畅、成会明等用氢电弧法制得了具有宏观长度的定向单壁碳纳米管绳[29]，该样品经切割处理后可以得到碳纳米管分布均匀、形状规整的发射端面[30]，如图7.8所示。

目前已有数种方法可实现多壁碳纳米管的定向生长，在此基础上对其场致发射性能进行研究[31~34]。H. Murakami等采用偏压微波等离子体化学气相沉积方法在不锈钢、Ni以及印制有金属线的玻璃等不同材质的基片表面上获得了定向良好的碳纳米管，见图7.9[35]；X. Xu等采用类似方法也获得了较好的结果[36]。K. Matsumoto等则是采用化学气相沉积法在硅尖阵列表面形成单壁碳纳米管发射端头，通过调整化学气相反应的时间改变硅尖端碳纳米管的形态和数量，如图7.10所示[37]。范守善等在制备过程中一次性实现碳纳米管的阵列式生长和定向排列[38,39]。W.I. Milne等采用直流PECVD方法在预先定位的催化剂颗粒表面垂直生长出多壁碳纳米管阵列，碳纳米管排列整齐、规一，在高效、紧凑的

图7.9 玻璃基片表面Ni基金属线上定位生长的碳纳米管照片[35]

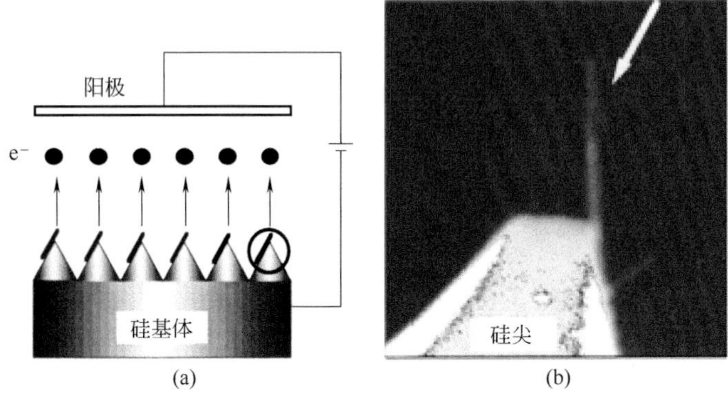

图7.10 （a）单壁碳纳米管发射极示意图；（b）硅尖端和单壁碳纳米管的放大图[37]

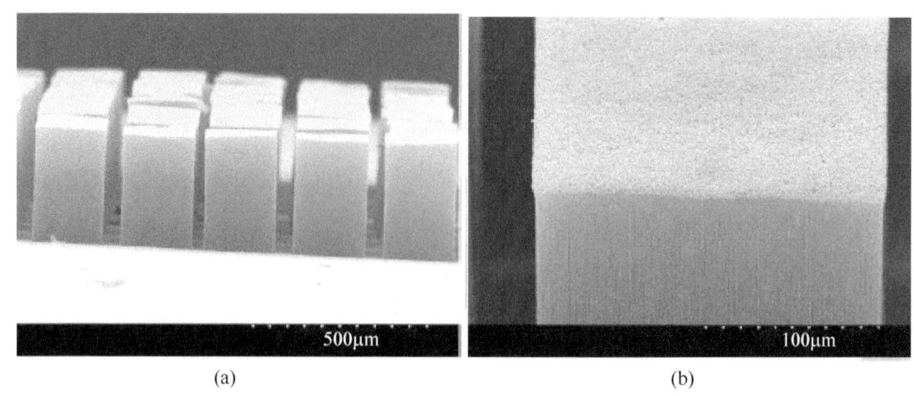

图7.11　CO_2辅助CVD法制备碳纳米管阵列的SEM照片[41]

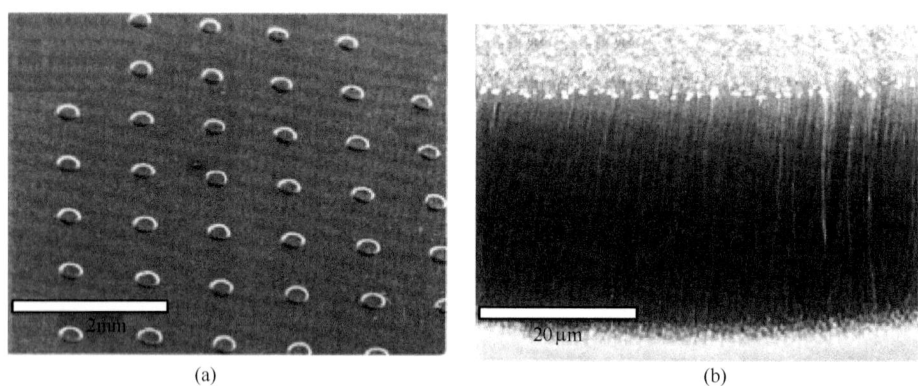

图7.12　点阵式多壁碳纳米管阴极的SEM照片

（a）低倍；（b）高倍[42]

10～100GHz高频放大器与光学驱动太赫兹放大器的组装中发挥了重要作用[40]。J. Wu等发现适当流量（440μL/L）的CO_2气体具有轻微氧化作用，在CVD法制备多壁碳纳米管阵列的过程中不仅有助于去除发射表面的杂质，还可以在碳纳米管管壁中引入一定的结构缺陷［图7.11（a）、（b）］[41]。Y.C. Choi等采用掩模溅射法得到规则排列的催化剂点阵，进而通过微波增强CVD法得到点阵式定向多壁碳纳米管阴极，如图7.12所示[42]。

（5）碳纳米管复合材料

将提纯后的碳纳米管与环氧树脂等有机基体按一定比例混合制成薄膜状和块状复合材料，也表现出一定的场致发射能力[43~45]。

7.3.2
场致发射结构的组装

（1）双电极结构

双电极结构是最简单也是最常用的场发射性能测试装置的结构形式。阴极形态可根据测试样品的形状、性质和测试目的来确定：单根、束状、针片状样品可黏附于针状电极上，或者夹在发针/曲别针形阴极中，或者固定在块状样品台的侧面；膜状、块状样品以及大面积定向碳纳米管或碳纳米管阵列一般粘在样品台面向阳极一侧的表面上，样品发射端面与阳极平行。为保证结合的牢固性和导电效果，可采用碳胶、银胶等导电材料把样品黏结在样品台上。

双电极结构中的阳极主要用于收集场致发射电子并形成电流，通常使用适当大小的ITO玻璃制成；还有一种应用较为广泛的阳极材料是导电性优良的金属，其形状和尺寸可根据测试样品确定，一般制成小直径圆柱或大面积的板状：圆柱形阳极主要用于测试单根、膜状或块状样品（如图7.13所示），而平板状金属阳极多用于大面积样品的测试，其特点是耐热性好、机械强度高、适用范围广，可用于大电流的测试。

上述双电极形式的场致发射测试装置，可以预先布置于真空系统中（测试样品通过特制的传递系统引入至真空室并连接至阴极），或者完全组装后整体移入真空室，此时只需采用导线将电极引出即可。双电极形式场致发射结构组装方便、适用性强，可用于各种碳纳米管阴极的场致发射性能表征，但所有发射出的电子均由阳极所接收，而不能他用；如需组装具有应用价值的电子源（电子枪），则必

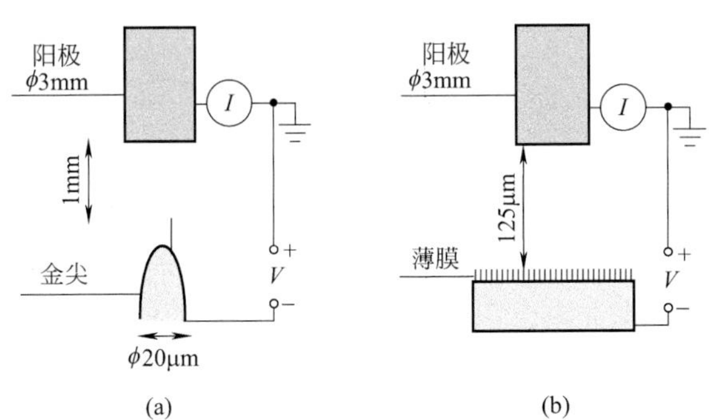

图7.13 针尖式金属阳极在场致发射性能测试系统中的应用[5,6]

（a）单根碳纳米管；（b）碳纳米管薄膜

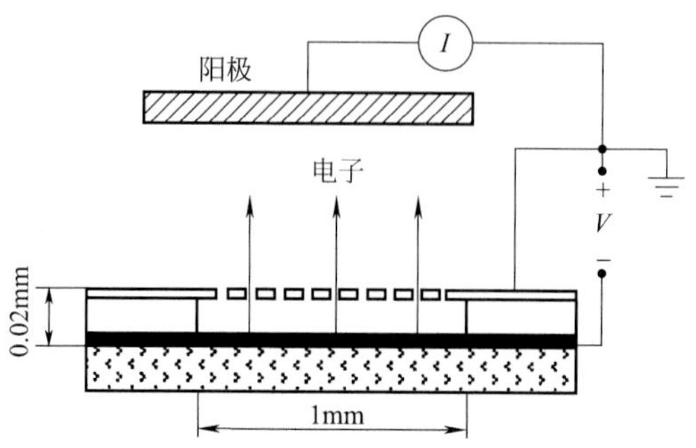

图7.14 栅极式阳极结构及测试示意图[33]

须采用三电极结构的场致发射结构。

（2）三电极结构

所谓三电极结构，是指结构单元中除了一个阴极外，还有两个阳极，分别称为引出极和接收极，如图7.14所示。引出极通常是由导电材料制成的栅极或带孔平板，与阴极的间距相对较小，可采用带孔的云母片、玻璃板等相隔；引出极上所施加的一定偏压用于将电子自阴极材料引出，使其在偏压作用下向引出极加速运动，部分电子可穿过引出极表面的开口，继续飞向接收极。接收极的作用是收集自引出极飞来的场致发射电子，汇聚成的电流由导线引向电流表和自动记录装置。为尽量获取更大的场致发射电流，除了尽量增大栅极开口率之外，还应在接收极上施加不低于引出极的偏压。这种三电极结构工作原理也实际用于制作冷发射电子枪、阴极射线管发光元件等真空电子器件。

7.3.3 场致发射性能测试设备

场致发射性能测试除了少量是在电子显微镜中进行以外，大部分均采用专门的测试装置完成。该装置的核心是一套精密的*I-V*测试系统，其中包括连续可调的直流高压电源、可测定微弱电流的电流表，以及附属的数据采集、记录系统。直流高压电源用于在测试材料与阳极之间形成高压电场，从测试样品中发射出的电子通过阳极收集起来，形成的电流在电流表上显示。测试过程中可能因电流击穿或真空放电（vacuum arcing）等原因而产生过载电流，导致精密的电流表严重受损，为此，需在测试回路中加入电容/电阻式或熔断式的保护措施。

在高速运动过程中，阴极发射出的电子与环境中的气体分子或阳极表面原子相撞，可能导致分子或原子发生电离。对于在高压电场中工作的场致发射结构来说，电离出的阳离子在电场中加速运动并最终撞击到阴极发射表面，引起场致发射材料的损伤，这种现象称为离子轰击（ion bombardment）。工作环境真空度的提高，不仅可以降低场致发射电子与气体分子的相撞概率、减少电离，而且也有助于加速电极表面吸附气体或挥发性物质的脱除，从而削弱离子轰击所造成的不利影响，显著改善场致发射材料的长期稳定性。此外，环境真空度的提高也有利于“净化”场致发射数据，减小场致发射电流的瞬间波动（fluctuation of emission current），便于场发射性能的理论解析。

为提供场致发射性能测试所需的真空条件，通常采用分子泵（涡轮泵等）或离子溅射泵将测试样品所处密闭空间内的气体排空，使环境真空度达到高真空（压强$10^{-5}\sim10^{-3}$Pa）或超高真空（压强$10^{-8}\sim10^{-6}$Pa）。真空度越高，场致发射I-V曲线越平滑，发射电流随时间的衰减越不明显，但获取真空所需的代价是耗时较长、对设备要求较高。为保持测试环境的超高真空、提高测试效率，可参考电子显微镜的构造形式，在密闭真空室与外界大气环境之间设置样品室，其真空度略低但获取方便，即使暴露于大气环境，也可以在短时间内进行真空度提升。在样品室和真空室之间设有可开合的密闭阀门，样品传递由专门的滑杆系统来完成。图7.15（a）、（b）所示为典型的真空室以及真空室内部的工艺布置。图7.15（a）

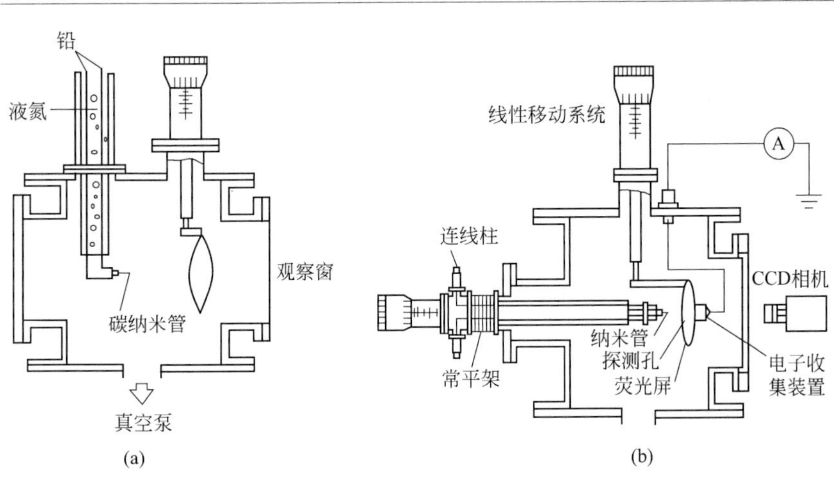

图7.15　场致发射性能测试设备

（a）真空室；（b）工艺布置示意图[46,47]

中样品的台架与一铅质空心管相连，在空心管中通入液氮可用于研究低温条件下碳纳米管的场致发射性能；在有些研究中，还在样品台上接入电热系统，用以研究高温下材料的场致发射性能。图7.15（b）中采用ITO导电玻璃制成的透明导电阳极，表面涂覆有荧光粉，因此可以观测到场致发射电子的光斑分布、亮度变化等信息，这些信息由真空系统外的电荷耦合（CCD）相机进行记录。在测试系统中引入电子能量收集-分析装置（也称Faraday cup，法拉第杯）以分析测量场致发射电子的能量分布以及时效变化等，有助于对材料的场致发射机理研究。

7.3.4
场致发射性能评价指标

评价材料场致发射特性的性能指标主要包括开启电场、阈值、场致发射电流密度、场致发射电流稳定性、场致发射电子的能量分布、场致发射电子光斑分布等。

（1）开启电场（turn-on field，E_{to}）和阈值（threshold field，E_{thr}）

开启电场和阈值是最常用的两个场致发射性能评价指标，其大小反映了材料在外加电场作用下发射电子的难易程度：开启电场和阈值越小，表明材料中的电子越容易发生场致发射。这两项指标的计算方法目前尚不完全统一，通常参考显示器用场致发射阴极的技术需求，开启电场反映场致发射阴极开始工作，而阈值则代表场致发射电流达到一定程度、显示器获得所需亮度。对于薄膜状或大面积碳纳米管场致发射材料，开启电场是指场致发射电流密度达到10μA/cm^{2}时所需的电场强度，而阈值是指场致发射电流密度达到10mA/cm^{2}时所需的电场强度；两项指标的单位均为V/μm。对于单尖式碳纳米管场致发射体，则根据表征手段特别是电流表测试精度和背景噪声的特征确定开启电场和阈值。一般来说，开启电场采用发射电流1nA或10nA所对应的外加电压表示，阈值则采用发射电流达100nA时的外加电压表示，单位均为V。

（2）场致发射电流密度（J）

场致发射电流密度是指材料的场致发射电流与发射面积之间的比值。场致发射电流密度大小显示了材料的场致发射能力：场致发射电流密度越大，表明材料的单位面积场致发射能力越强，如将其制成场致发射平板显示器或发光器件，显示器和发光器件的亮度就越大。

（3）场致发射电流稳定性

材料场致发射性能的稳定性和可靠性直接表现在其场致发射电流随时间的变化上：随着时间的延长，场致发射电流变化越小，表明材料场致发射性能的稳定性和可靠性越好，这种稳定性和可靠性主要决定于材料的化学稳定性、热稳定性等物理化学性质以及场致发射电流的大小。碳纳米管的场致发射电流稳定性实际包括瞬时稳定性（fluctuation of emission current）和长期稳定性（long-term durability or stability），其中长期稳定性更为重要，它决定了场致发射阴极的工作寿命。

（4）场致发射电子的能量分布

场致发射电子的能量分布比热发射电子的能量分布窄得多，通过研究材料场致发射电子能量的分布情况，可推断场致发射电子是从材料的哪条能带中或哪部分逸出，这有助于对材料场致发射机理的理解。另外一种能谱研究就是测量分析材料的场致发射荧光光谱，这种场致荧光是碳纳米管材料所具有的一种特殊现象。

（5）场致发射电子光斑分布

在外加电场作用下，电子从材料中发射出来，射到阳极上被汇总成场致发射电流。如果在阳极上涂覆一层荧光粉，则与高速电子相撞击的荧光粉就会发光，形成一个亮点。从场致发射材料不同部分、不同方向射出的电子在荧光屏上可形成一系列的光斑分布图。这种光斑分布对用于场致发射平板显示器的发射材料十分重要，同时也与碳纳米管发射端口的结构信息有关。

7.4
碳纳米管的场致发射性能

7.4.1
单壁碳纳米管的场致发射性能

单壁碳纳米管的直径通常仅为0.4 ～ 2nm，长度可达几十至上百微米，长径比很大；而且其结构完整性好、导电性好、化学性能稳定，具备了高性能场致发射材料的基本特征。但单壁碳纳米管的制备比较困难，而且受管间范德华力影响，单壁碳纳米管极易聚集成束，单壁碳纳米管阵列的制备则更为困难。因此，单壁碳纳米管场致发射性能研究主要是基于无序排列的单壁碳纳米管薄膜或单壁碳纳米管束进行的。

J.M. Bonard等对电弧法制备的单壁碳纳米管薄膜的场致发射特性进行了研究[18]，所采用样品的扫描电镜照片见图7.6（a），其中单壁碳纳米管束呈无规则排列，堆积密度约为10^8个/cm^2；该薄膜的起始发射阈值和临界发射阈值分别为1.5～4.5V/μm和3.7～7.8V/μm，优于金刚石薄膜和无定形碳膜，但比多壁碳纳米管略差。发射稳定性测试结果表明，经过10h的发射后，发射电流密度由初始的0.15mA/cm^2减弱到0.03mA/cm^2左右（真空度10^{-5}Pa）。

D.S. Chuang等将电弧法制备的单壁碳纳米管提纯并表面处理后制成4.5in（1in=0.0254m）的平板显示器阴极，其发射阈值为2V/μm，发射均匀性良好，但发射电流强度随发射时间延长而明显减小[48]。

Y. Saito等在距单壁碳纳米管束发射尖端60μm处放置一个直径为42μm的微孔道板，其后为一个荧光屏，场致发射图像由CCD相机记录，发现每一个单壁碳纳米管束成像均为一个亮点，无法观察到管束内部的细微结构，见图7.16[49,50]。

K. Matsumoto等在直径为20～30nm的硅尖端阵列上催化生长出单壁碳纳米管并将其用于场致发射研究[37]。实验结果表明，单壁碳纳米管发射极的发射阈值

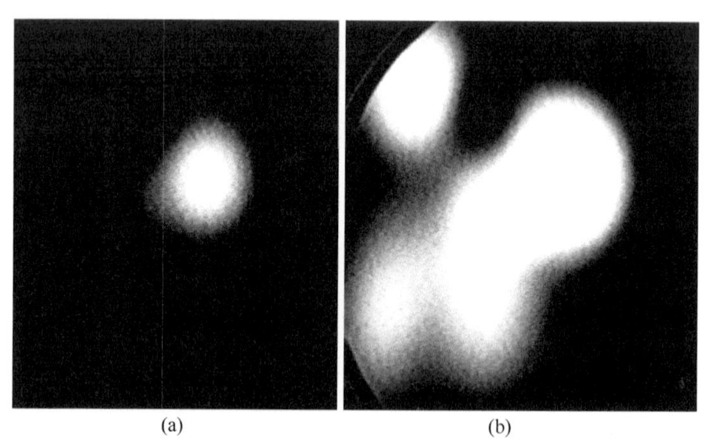

图7.16　单壁碳纳米管束的场致发射光斑

（a）激发电压300V；（b）激发电压330V[50]

是传统硅发射极的1/50 ～ 1/10，因为单壁碳纳米管的直径（1 ～ 2nm）比硅尖端的（20 ～ 30nm）要小得多。据报道，日本产业技术综合研究所已将这种发射极制成阵列，其起始发射电压仅为4V。

已有研究表明单壁碳纳米管具有较好的场致发射性能，但由于碳纳米管无序排列或纯度不高，且易于聚集成束，导致所得到的场致发射性能甚至低于多壁碳纳米管。成功制备出单壁碳纳米管阵列将对获得单壁碳纳米管的本征场致发射性能及其应用具有重要意义。中国科学院金属研究所成会明研究组利用氢-氩电弧法制备出高纯度的单壁碳纳米管，采用简便方法即可获得具有宏观长度（长达数厘米）的碳纳米管绳，绳体内部单壁碳纳米管束沿长度方向大致平行排列[29]，利用刀片切割可获得具有高密度碳纳米管尖端的平整端面[30]；研究发现该碳纳米管绳的宏观长度对其场致发射性能特别是工作电场具有显著的积极贡献［图7.17（a）］，样品长度越小，其开启电场和阈值越高，当样品长度逐步由1.9mm缩短至0.4mm时，场致发射阈值从0.12V/μm提高至0.32V/μm[30]。除了极低的工作电压（电场）之外，这种绳束状单壁碳纳米管样品还表现出优异的场致发射稳定性，即使在超高电流密度（1.4A/cm^2）下，样品在175h持续测试中的场致发射电流损失也仅为12.5%，且主要在起始20h内发生，见图7.17（b）[30]；进一步测试表明，单壁碳纳米管绳的场致发射稳定性对于环境气氛真空度有明显的依赖性，同一测试样品的发射电流随真空度的降低出现了更大幅度的衰减，暗示了单壁碳纳米管对大电流、低真空条件的敏感性，如图7.18所示[51]。

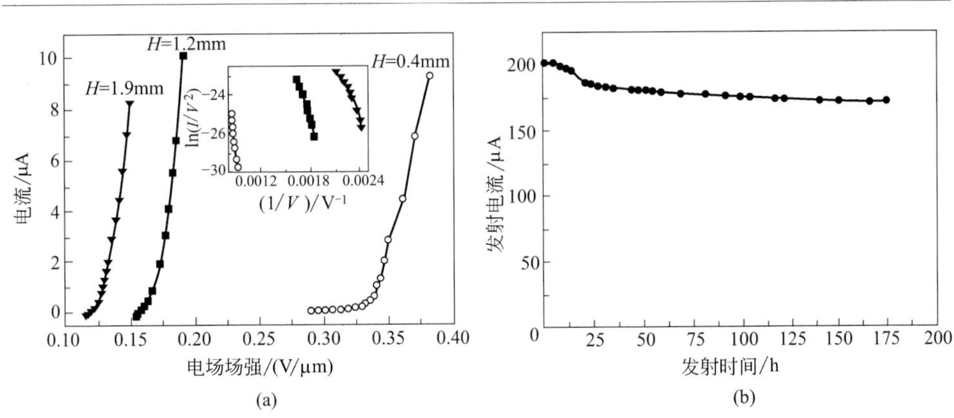

图7.17　具有宏观长度的绳束状单壁碳纳米管场致发射性能[30]

（a）I-V曲线；（b）长期稳定性

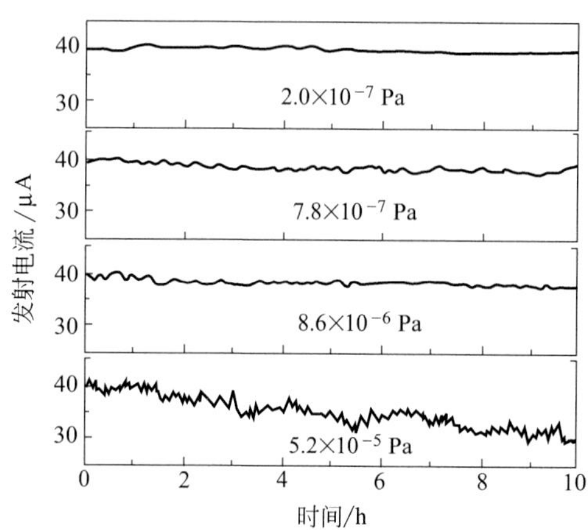

图7.18　绳束状单壁碳纳米管在不同真空度下的场致发射电流稳定性[51]

7.4.2 多壁碳纳米管的场致发射性能

由于多壁碳纳米管管径较大，管间黏附力小，因此易于分散，可获得单根或数根的场发射样品。另外，可在大面积内定向生长出多壁碳纳米管薄膜、阵列或图案花样，极大丰富了多壁碳纳米管的场发射性能研究。

7.4.2.1 多壁碳纳米管场致发射的*I*-*V*与F-N性能

J.M. Bonard等分别研究了单根及薄膜状多壁碳纳米管材料的场致发射性能[6]，其*I*-*V*曲线分别见图7.19（a）、（b）。可以看到，当发射电流较小时（约< 10 ～ 20nA），单根多壁碳纳米管的*I*-*V*特性大体呈直线关系，曲线的重复性好，不同测试对象间差异很小，但有一定的滞后现象；当电流升高时，特性曲线的斜率呈减小趋势，其幅度根据具体测试对象而变化；当电流增加到一定程度，碳纳米管的场发射*I*-*V*曲线进入饱和区，即场发射电流随外加电压增大的幅度明显减小，*I*-*V*曲线的斜率明显减小。对于多壁碳纳米管薄膜来说，其*I*-*V*性能曲线表现出类似行为，但发生饱和时（10 ～ 100A/cm^2）不会出现类似于单根多壁碳纳米管的电流大幅度波动或陡升现象。

为定量比较单根碳纳米管与碳纳米管薄膜的场发射性能，J.M. Bonard等首先

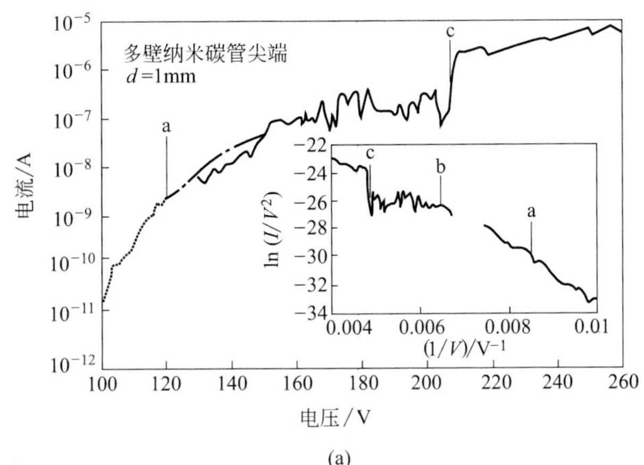

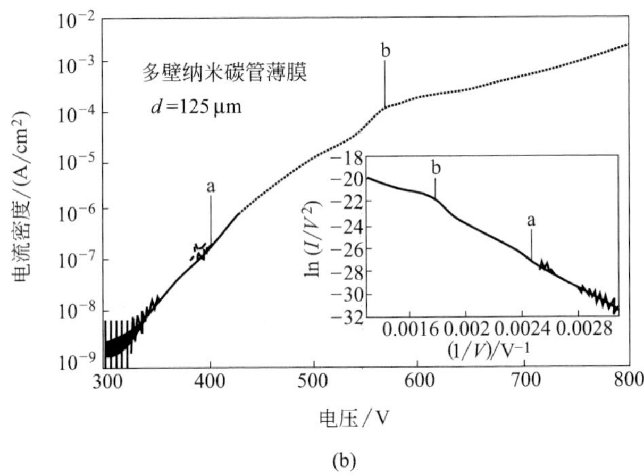

图7.19 多壁碳纳米管的场致发射性能曲线[6]

(a)单根;(b)薄膜状。图中a、b、c点分别代表小电流区终点、饱和区起点及电流脉动区

宏观测试了碳纳米管薄膜的场发射性能(E_{to}=2V/μm,β=1800),再将碳纳米管薄膜移入SEM电镜真空室中,采用微米级小阳极测试了薄膜中单根碳纳米管的场发射性能[4],结果如图7.20所示。与宏观测试条件相比,尽管碳纳米管与阳极的间距减小为1/190,但单根多壁碳纳米管的开启电场(定义为1nA场发射电流对应的外加电压)却仅仅降低为1/16,对应的场增强因子也仅为30～260;进一步估算得到,单根和薄膜多壁碳纳米管端头附近的局部电场强度较为接近(约4V/nm)。对此,J.M. Bonard认为,多壁碳纳米管薄膜的场发射性能只是很少一部分碳纳米

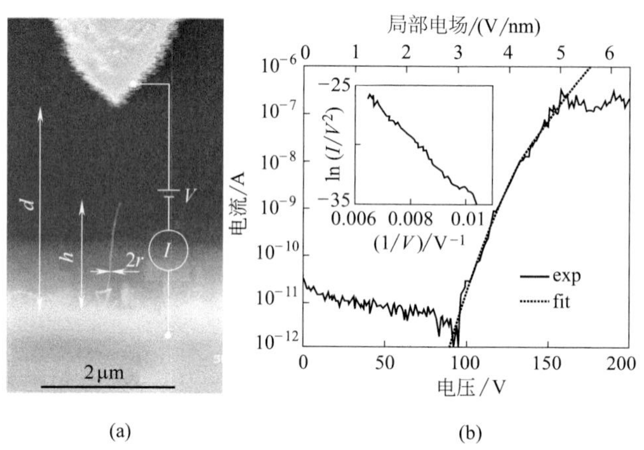

图7.20　SEM下利用微针尖测试单根碳纳米管的场致发射性能[4]

（a）碳纳米管的方位布置；（b）场致发射特性曲线

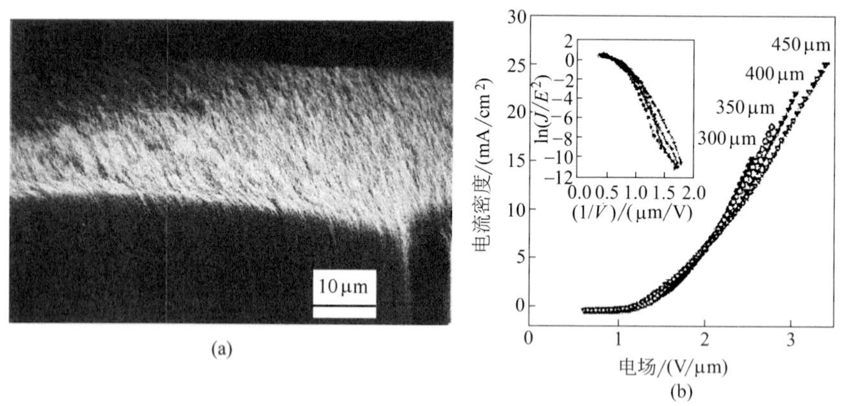

图7.21　定向多壁碳纳米管的场致发射性能[33]

管的贡献，这些碳纳米管或者长度很大，或者管径很小，或者在其周围区域内没有其他碳纳米管存在。

在较大面积内制备出定向多壁碳纳米管样品对碳纳米管场致发射性能的研究和应用是十分重要的。中科院物理所解思深小组利用定向开口多壁碳纳米管样品得到开启电场0.6～1V/μm、阈值2～2.7V/μm的场致发射性能，见图7.21[33]。

中科院金属所J. Wu等采用CO_2辅助CVD法制备出多壁碳纳米管阵列并测试其场致发射性能[41]，发现去除发射表面的杂质并在碳纳米管管壁结构中引入一定的缺陷有助于明显降低碳纳米管阴极的工作电压，包括开启电场E_{to}和阈值E_{thr}，见图7.22。

Y.C. Choi利用掩模磁控溅射技术定位沉积Ni催化剂进而生长出点阵式碳纳米管薄膜，其中碳纳米管大致彼此平行排列，长度方向与基底平面垂直[42]，在较低电场下即实现了显著的场致发射性能，但其场致发射*I-V*曲线和F-N规律均表现出明显的分段特征，见图7.23。

P.G. Collins等还测试了碳-碳纳米管复合材料的场致发射性能，发现由于碳纳米管在复合材料中均匀分布，因此即使用砂纸打磨甚至用电弧短时间灼烧发射端面也不会显著影响材料的场致发射性能[45]。但所得到的场致发射*I-V*曲线在发

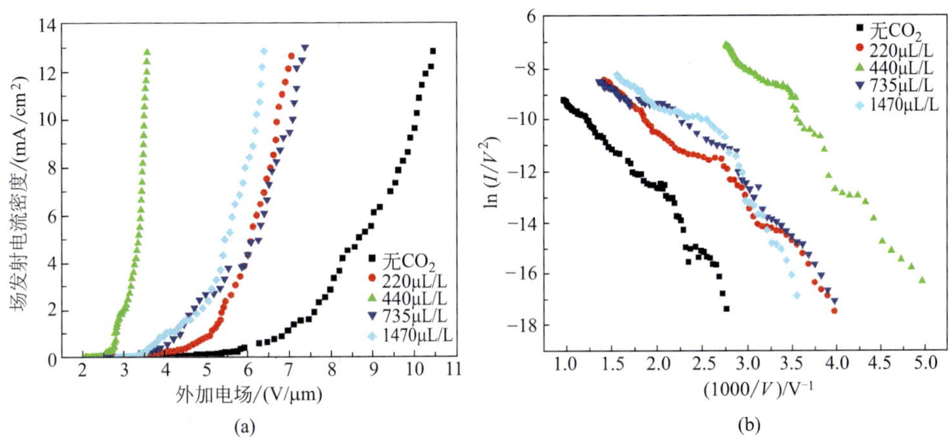

图7.22　CO_2辅助CVD法制备多壁碳纳米管阵列的场致发射性能[41]

(a) *I-V*曲线；(b) F-N特征

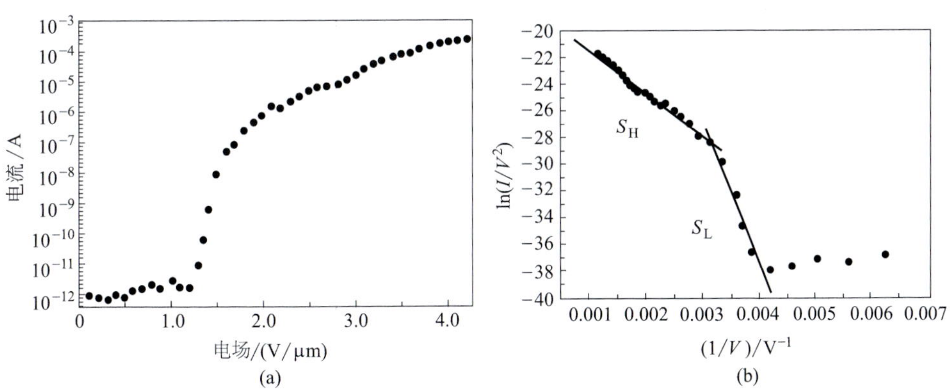

图7.23　点阵式碳纳米管阴极的场致发射性能[42]

(a) *I-V*曲线；(b) F-N特征

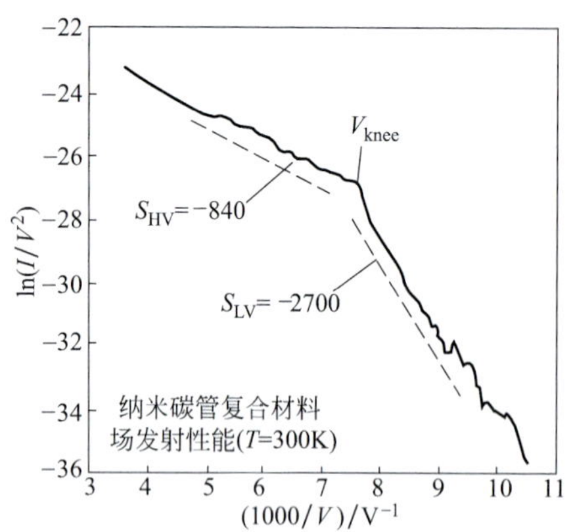

图7.24 碳纳米管复合材料的F-N特征[45]

射电流20nA附近有一个明显拐点（图7.24），这可能与分散基体及分散排列结构有关。

7.4.2.2
多壁碳纳米管场致发射性能的稳定性

不同类型的碳纳米管不仅都具有较为优异的场致发射性能，而且在不同的环境气氛下也表现出很好的稳定性。在相同的测试条件下，多壁碳纳米管的场致发射稳定性通常要优于单壁碳纳米管[5]，如图7.25（a）所示；同时，大直径多壁碳纳米管的场致发射稳定性也略优于小直径的多壁碳纳米管[21]［图7.25（b）]。这主要是由于多壁碳纳米管具有更好的结构和化学稳定性，尤其是在低真空离子轰

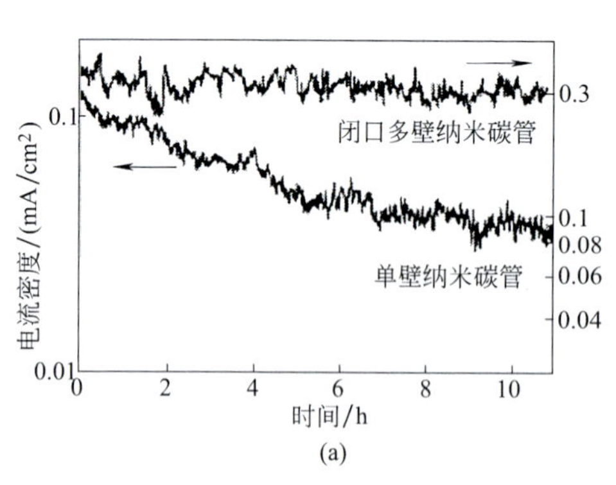

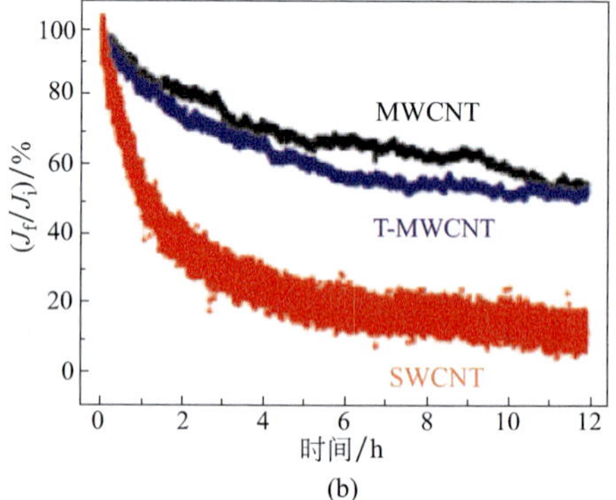

图7.25 碳纳米管场致发射性能的稳定性[5,21]

击严重的情况下，即使外层石墨烯片受损，内层的石墨烯片仍可以作为场发射源持续发挥作用。

离子轰击是导致材料场致发射电流衰减的根本原因之一。在场致发射过程中，从材料表面逸出的电子在外加电场作用下向阳极加速运动。如果环境气氛中存在某些残余气体，这些气体分子与场致发射电子相互撞击可能导致电离现象的发生；电离出的正离子会在电场力驱动下加速向阴极运动，最后以一定能量轰击在发射体表面上，即所谓的离子轰击。离子轰击效应可导致发射体尖端形状逐渐发生改变甚至结构无定形化，场致发射电流随之下降，最终完全消失。类似行为也会因场致发射电子与阳极表面材料的碰撞而产生，也正是出于这一原因，在阳极涂覆有荧光粉的情况下场致发射材料的使用寿命往往受到很大影响。

离子轰击的强弱与环境气氛尤其是系统的真空度有很大关系，系统真空度越高，则残余气体分子越少，同时也有助于脱除工作空间，特别是阳极材料中的挥发性物质，所形成的离子轰击越弱。因此，随着系统真空度的降低，多壁碳纳米管场致发射电流的稳定性变差，如图7.26所示[6]。

碳纳米管材料的场致发射能随时间变化的长期效应表现为场致发射电流逐渐降低，而短期效应则表现为场致发射电流的瞬间起伏，而这种起伏在单独的发射尖端和小电流时表现得更为明显（图7.27）[6]。在小电流，尤其是单个发射尖端的情况下，场致发射电流主要是少数几根甚至一根碳纳米管的贡献，碳纳米管结构或性能上的微弱变化都会显著影响电子的发射效果，结果导致场致发射电流的瞬间起伏；当发射电流较大时，场致发射电流是许多碳纳米管发射尖端的贡献，因此表现出更稳定的短期效应。

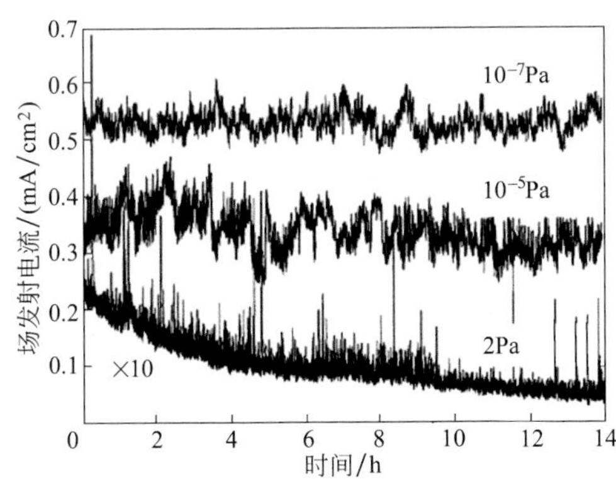

图7.26　不同真空条件下，多壁碳纳米管薄膜的场致发射性能稳定性[6]

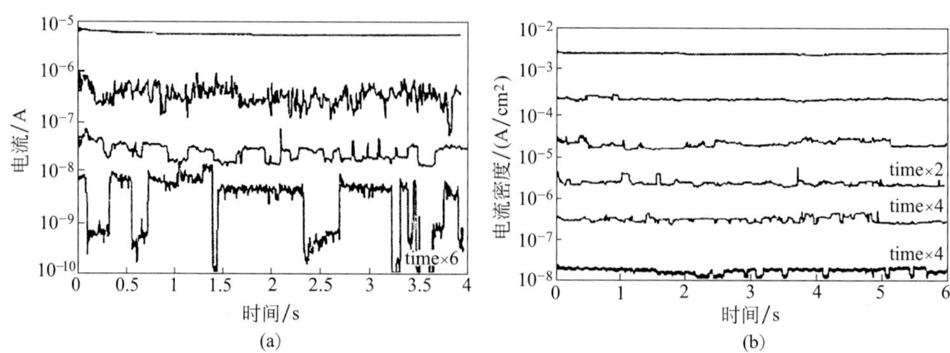

图7.27 外加电场保持不变的情况下，多壁碳纳米管场致发射电流的短期稳定性[6]

（a）离散的多壁碳纳米管发射尖端；（b）多壁碳纳米管薄膜材料

7.4.2.3 碳纳米管场致发射电子的能量分布与荧光现象

场致电子发射的优点之一就是场致发射电子的能量分布宽度比热电子发射的要小。以金属材料为例，其场致发射电子的能量分布宽度（电子能量分布半峰宽）仅为0.3 ～ 0.45eV；碳纳米管的电子能量分布则更为集中，在开启电场作用下，其电子能量分布的半峰宽度大致在0.18eV（图7.28）。J. M. Bonard等发现，碳纳米管场致发射电子的能量分布在峰值附近与F-N理论推测吻合，但在距离峰值较远的区域，理论预测值与实验值差别很大[6]。考虑到碳纳米管端部存在有高斯能带作用并认为碳纳米管管体是导电的，由此得到的碳纳米管场致发射电子能量分布曲线如图7.28（a）中短划线所示，预测值与实验测试值能很好相符。采用修正

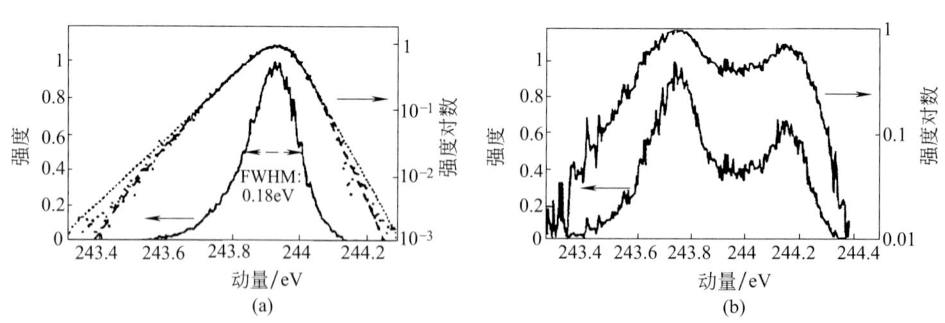

图7.28 碳纳米管薄膜的场致发射电子分布曲线[6]

（a）单峰情况；（b）双峰情况

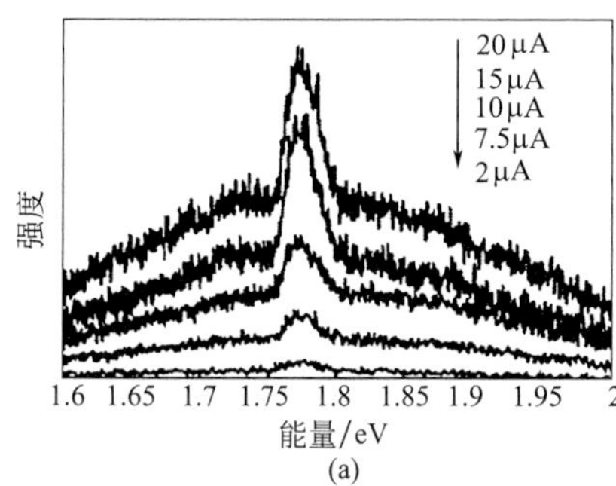

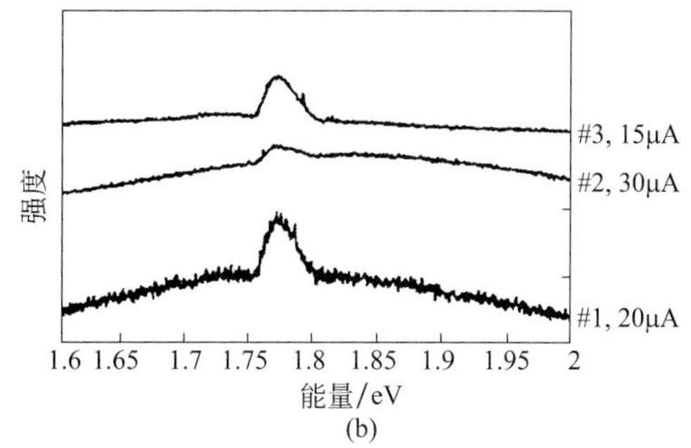

图7.29 单根多壁碳纳米管场致发射尖端的荧光分析谱[52]

(a)不同电流条件下;(b)不同碳纳米管

后的公式预测得到高斯能带宽度为0.2 ～ 0.4eV，电子的费米温度为300 ～ 400K。某些情况下也可得到如7.28（b）所示的双峰甚至多峰分布，而每个场致发射电子能量分布峰的半峰宽都大约在0.2eV，表明所测的场致发射可能是两根（或两根以上）碳纳米管发射的结果或者是从同一根碳纳米管的不同能带发射出的。

在碳纳米管场致发射测试中，当场致发射电流达到一定程度时，还可观察到由场致发射引起的荧光发射，其中一部分荧光发射光谱甚至处于肉眼可见范围。J. M. Bonard等研究了单独的多壁碳纳米管场致发射尖端的荧光分析图谱，从图7.29可以看出，多壁碳纳米管的荧光光谱明显是由两条高斯曲线加合而成的。其中，窄的高斯曲线峰值（强度）较高，并随场致发射电流增大而增大，但其半高宽（22meV）及峰值位置（约1.774eV）基本不变；对于较宽的高斯曲线分布，其峰值强度较小，仅为窄高斯曲线峰值强度的1/20左右，而且其半高宽（0.3 ～ 1eV）和峰值位置（1.73 ～ 1.83eV）会随测试条件和样品的变化而在一定范围内变化。这种特殊的荧光现象被认为与场致发射过程中电子在碳纳米管中的传递有关[52]。

7.4.2.4 多壁碳纳米管的场致发射电子光斑

在外加电场作用下，从阴极材料中发射出的电子加速撞击阳极，当阳极涂覆有荧光材料时，荧光材料吸收电子能量而发光，形成光斑。随着外加电场的增大，从阴极中发射出的电子增多，而且电子的运动速度加快、动能增大，形成光斑的数目和亮度都明显增加（图7.30）。单位面积内场致发射电子光斑的数目被称为场致发射点密度。对于平板显示材料，这一指标代表了单位面积内可获得的像素多

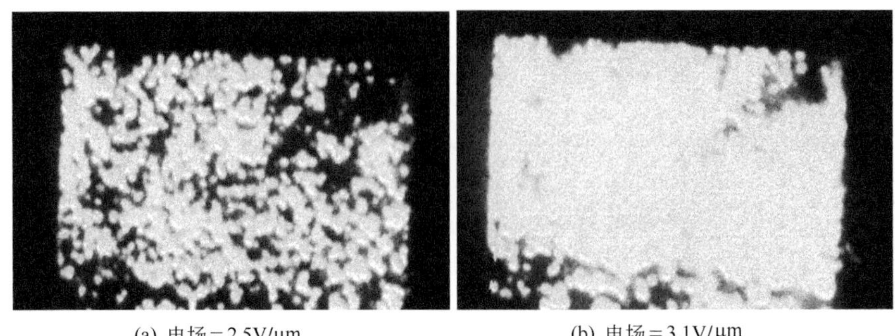

(a) 电场＝2.5V/μm　　(b) 电场＝3.1V/μm

图7.30　碳纳米管薄膜在不同外加电场下的发射电子光斑[16]

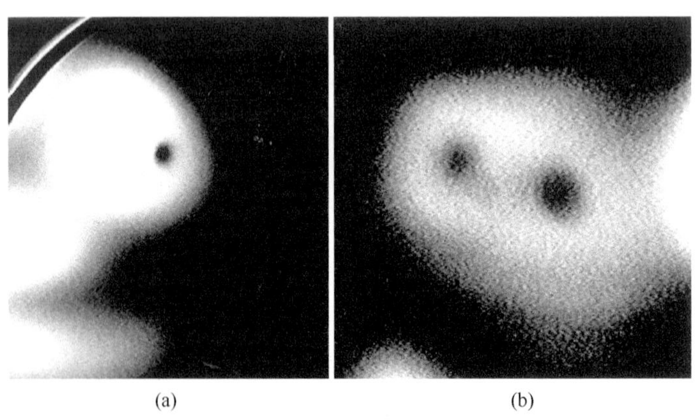

(a)　　(b)

图7.31　多壁碳纳米管尖端的电子发射光斑图样[50]

（a）闭口多壁碳纳米管；（b）开口多壁碳纳米管

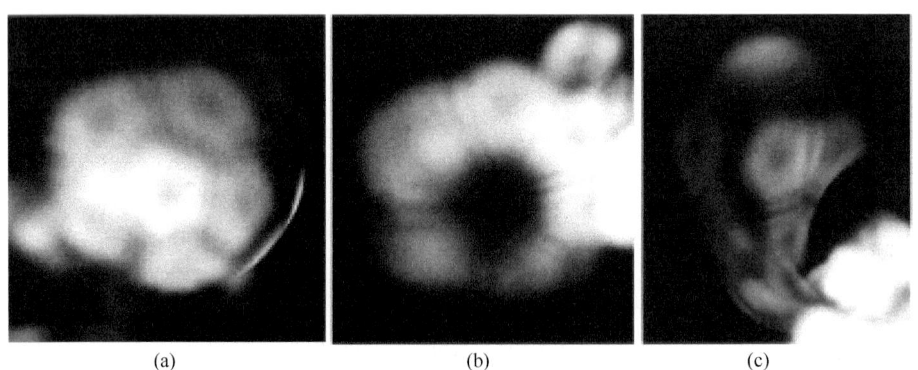

(a)　　(b)　　(c)

图7.32　碳纳米管场致发射电子光斑显示的结构信息[53]

（a）五次对称；（b）六次对称；（c）二次对称

少，场致发射点密度越高，显示器的清晰度越好。

Y. Saito等发现，开口多壁碳纳米管发射尖端的一部分电子光斑可形成独特的环状结构，而在闭口多壁碳纳米管的电子光斑中却没有这种特殊现象（图7.31），认为这种环状光斑是由碳纳米管的端部开口结构形成的[50]。进一步研究电子光斑的精细图样（图7.32），可推测出碳纳米管端部的一些结构信息，如对称结构等，而且这些精细电子光斑的局部清晰程度与样品表面除气处理等因素有很大关系，由此推断碳纳米管的场致发射效应与表面吸附状态有关[53]。

7.4.3
碳纳米管场致发射性能的主要影响因素

在各种条件下测试的结果均表明碳纳米管具有优异的场致发射性能，无论是以纤维（束）状、针片状、块状、薄膜状还是以复合材料形式存在的碳纳米管，都表现出优异的开启电场、阈值、场致发射电流密度、场致发射电流稳定性、场致发射点密度等性能指标，显示出良好的应用潜力。下面将对影响碳纳米管场致发射性能的主要因素加以分析。

7.4.3.1
碳纳米管的几何结构特征

根据场增强效应原理，长度更大、直径更小的碳纳米管可实现更高的场增强因子［式（7.7）］，相应的场致发射开启电场和阈值也就更小，工作电压更低。理论上来说，由于长径比与尖端曲率半径上的差异，单壁碳纳米管所产生的场增强因子应明显大于同等长度的多壁碳纳米管。但在测试过程中发现，单壁碳纳米管的场增强因子、工作电压等性能指标与多壁碳纳米管相比并未显示出本质差别。在管间范德华力作用下，单壁碳纳米管会堆聚形成类似于三角晶格的管束结构，受屏蔽效应影响，外加电场无法深入至管束结构内部，也就不能充分发挥单壁碳纳米管的大长径比特征。类似情况也出现在双壁碳纳米管、少层数多壁碳纳米管的场致发射测试中。

为探讨碳纳米管场致发射体几何尺寸对其场增强因子的影响，刘畅[30]、赵志刚[54]等分别采用绳束状碳纳米管作为研究对象，逐步削减碳纳米管绳的长度，使发射表面与ITO导电阳极的间距保持为1mm，分别测试了不同长度碳纳米管绳的

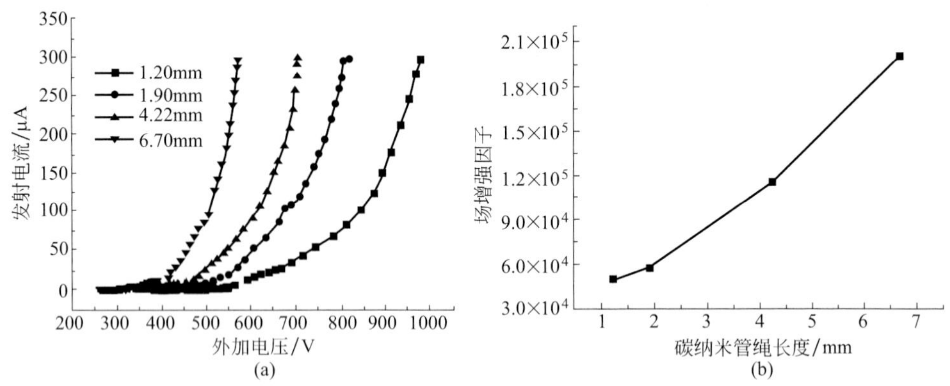

图7.33　宏观长度对绳束状碳纳米管场致发射性能的影响[54]

（a）*I-V*曲线；（b）场增强因子

场致发射*I-V*曲线。由图7.33可见，随着碳纳米管绳长度的减小，*I-V*曲线向右侧（高电压）推移，即实现一定场致发射电流所需的电压（如阈值E_{thr}）明显增大；另外，从F-N曲线斜率拟合计算得到的场增强因子也随碳纳米管绳长度的缩短而降低[54]。进一步解析发现，如将具有宏观长度的碳纳米管绳视为圆柱形导电体端面上组装的单壁碳纳米管薄膜，则其场增强因子计算公式分解成两部分，一部分是碳纳米管绳宏观几何尺寸所产生的场增强因子β_{rope}，另一部分则是发射端面上碳纳米管所决定的场增强因子β_{tip}；场增强因子β_{rope}随样品长度的缩短而逐步降低，发射端面的场增强因子β_{tip}则保持相对稳定，始终保持在380 ～ 420范围[30]。这一研究结果可为高性能碳纳米管场致发射阴极的设计与组装提供借鉴。

7.4.3.2
碳纳米管端部的几何结构与表面吸附

完整状态下，碳纳米管的端部是由半个富勒烯球形成的帽子，具体是在六元环网格中引入至少6个五元环所组成的封闭结构；6个五元环的位置布置有多种方式，每种方式所对应的端部形状也有所不同，如图7.34所示[55]。

五元环的引入使六元环网格平面出现了弯曲，弯曲部分凸出于六元环网格平面之外，使尖端成为一个多面体。比较而言，弯曲部分的曲率半径更小，更有利于电场的增强，在外加电场作用下，五元环弯曲区域的电场强度要高于尖端的其他区域。因此，电子的隧道效应将更倾向于发生在五元环区域，而环境气氛中残存的气体分子也将优先吸附于这一区域。K. Hata等从碳纳米管尖端的场致发射电

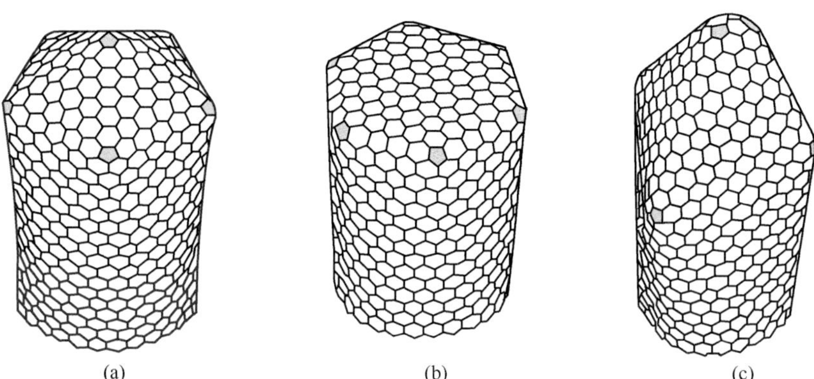

图7.34 碳纳米管尖端的结构模型（阴影部分为引入的五边形网格）[55]

（a）五面体；（b）六面体；（c）对称四面体

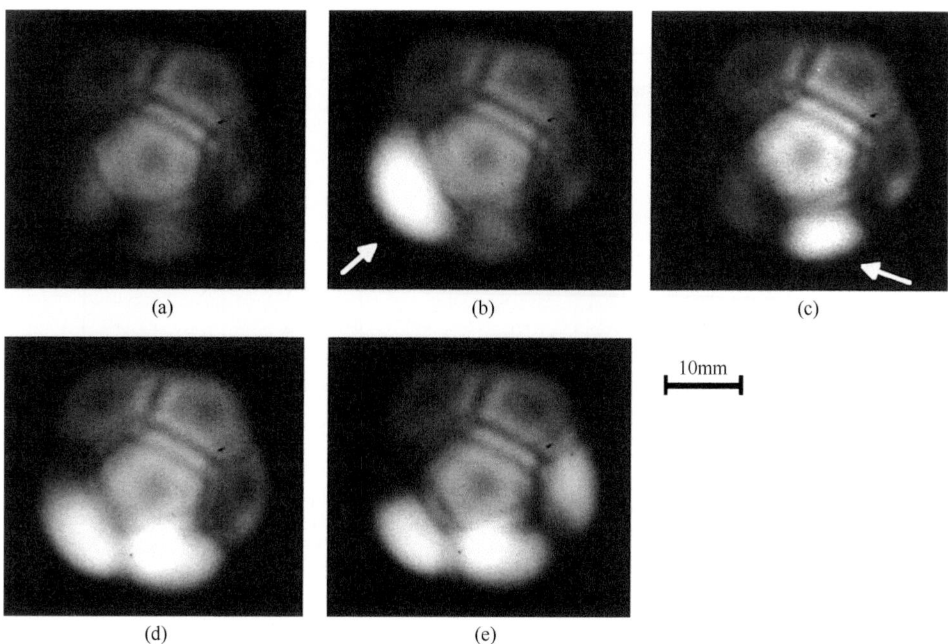

图7.35 1300K脱气对碳纳米管端部的场致发射图斑的影响[55]

脱气处理时间：（a）0s；（b）90s；（c）120s；（d）130s；（e）停止除气

子光斑中发现，在1300K表面脱气状态下，随着脱气时间的延长，五元环周围的亮斑逐渐消失，环状纹理逐渐清晰可见，同时伴随着碳纳米管场致发射电流的逐渐降低（图7.35），表明气体分子在五元环附近的选择性吸附可能有助于碳纳米管的场致发射。

中科院金属所佟钰等在绳束状单壁碳纳米管样品的场致发射过程中，在外加电压恒定情况下，逐步提高测试空间内的空气压强至10^{-3}Pa量级，再抽真空至1×10^{-6}Pa，结果发现，随环境气压的升高，同一样品的场致发射电流有升高趋势，但受低真空的影响，场致发射电流在气压3×10^{-5}Pa以上即开始降低，且真空度重新改善后，电流也无法恢复原有状态[15]。比较而言，多壁碳纳米管样品的场致发射电流随环境气压的增长幅度更为显著，原因应与多壁碳纳米管的高稳定性有关，具体表现为多壁碳纳米管样品在低至1×10^{-3}Pa恶劣真空条件下仍保持电流上升趋势，在真空度恢复后，场致发射电流也相应恢复到原有水平。

W. Lei等通过理论分析发现[56]，碳纳米管经提纯或短切处理后，在端部可形

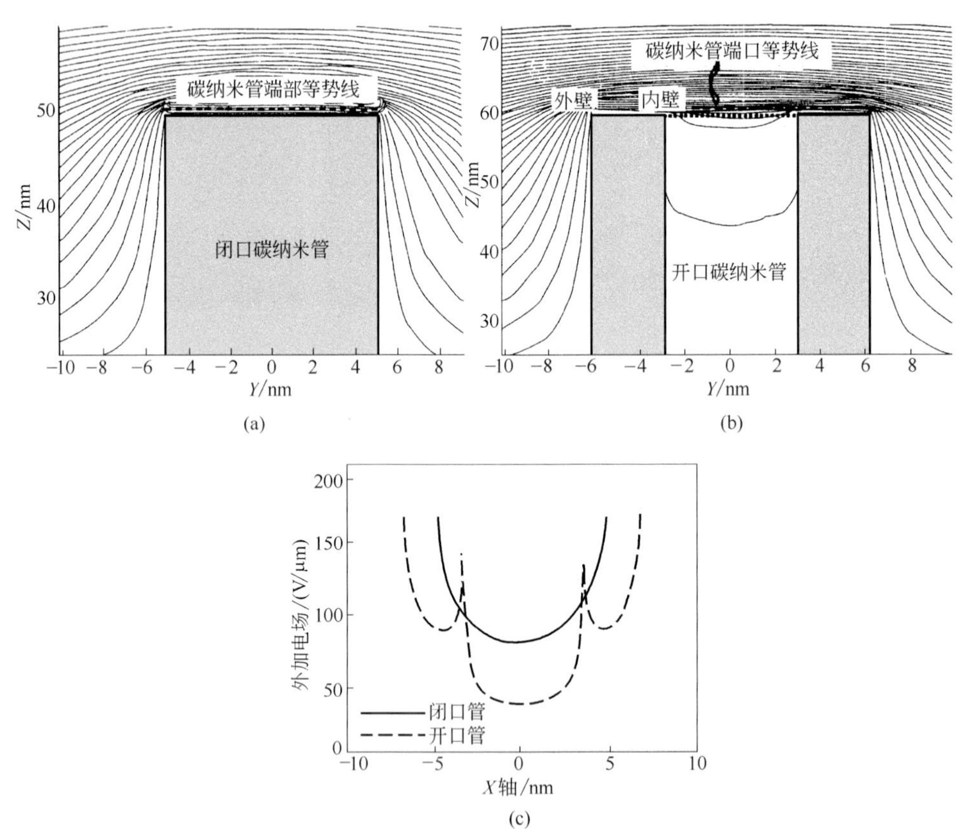

图7.36　碳纳米管端部电场分布模拟[56]

（a）闭口型；（b）开口型；（c）不同形式碳纳米管端部电场分布

成开口结构，而电力线在此会出现复杂的分布形式，如图7.36（a）～（c）所示，与平头结构的碳纳米管相比，在开口碳纳米管的内壁处又出现一个电场峰值[图7.36（c）]，原因是电子在导体边缘处的累积；这个峰值电场可形成另一个电子发射中心，使开口碳纳米管的场致发射性能在同等测试条件下要优于闭口碳纳米管。A.G. Rinzler等采用激光加热将单根多壁碳纳米管的端部打开，加热停止后碳纳米管端部重新闭合，发现多壁碳纳米管在开口状态下的场致发射电流要高于同等电场作用下的闭口碳纳米管[57]。

事实上，碳纳米管的几何形状并不是上述模型中那种光滑的圆柱形或圆筒形，并且碳纳米管的端部也不是完美的半球形，而是很复杂的拓扑结构。对于开口碳纳米管来说，其边缘有很多不规整的凸起，这种结构对场致增强效应的影响更为显著。

7.4.3.3 局部电场的影响

前文述及，单壁碳纳米管在管间作用力影响下倾向于聚集成束，因电磁屏蔽效应的影响，其场致发射的开启电场、阈值和场增强因子与多壁碳纳米管相比并未显示出明显优势。实际上，电磁屏蔽作用也可以解读为局部电场分布的作用，原理如图7.37所示：两平板电极之间可大致认为是一个平行电场，在单尖端发射体存在的情况下，其发射尖端所对应的等势线实质上与电极板相同，即等势线相当于被发射体向前推进了管体高度所对应的距离，发射尖端的电场强度也因此得到明显提高，提高幅度即场增强因子β与发射体的高径比成正比例关系。多尖端发射情况下，如果发射尖端之间的距离很远，则相应的场效应增强因子β与单尖端的大致相当；如果发射尖端之间的距离很近，会导致电场作用无法深入到发射

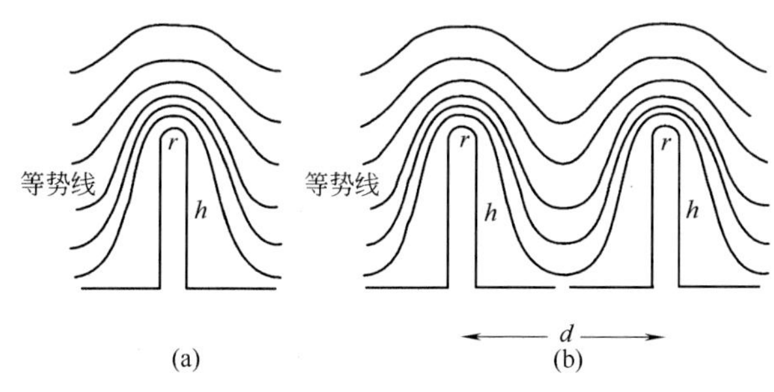

图7.37　场致发射尖端周围电场分布示意图

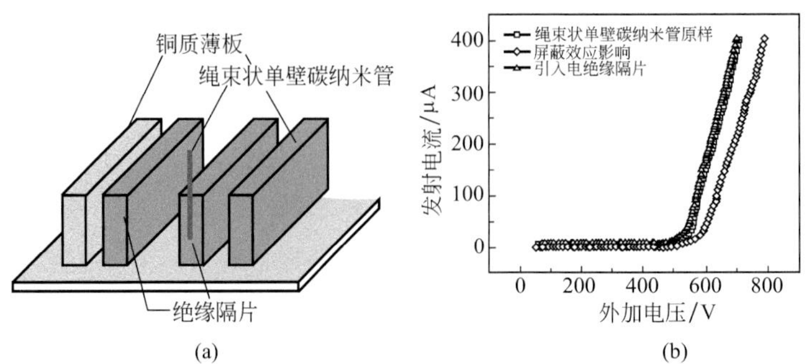

图7.38 屏蔽效应对绳束状碳纳米管场致发射性能的影响及其改进措施[51]

（a）结构示意图；（b）场致发射I-V曲线

尖端的根部，不能充分发挥发射体的场增强作用，即出现了电场屏蔽作用。一般认为，发射尖端之间的距离至少应该与其高度大体相等，才能完全保证其场增强效应的发挥；换言之，就是多尖端碳纳米管的场增强因子主要决定于碳纳米管间距，而与碳纳米管的长度无直接关系。

为阐析屏蔽效应对碳纳米管场致发射性能的影响及其解决措施，中科院金属所佟钰等以绳束状单壁碳纳米管为研究对象，以对称布置的一对金属铜片作为屏蔽效应发生器，研究了碳纳米管的场致发射性能。金属铜片的高度略低于发射体，见图7.38（a）[51]。随金属铜片的出现及其向场发射体的平移，碳纳米管的场致发射*I-V*曲线向右平移，即工作电压明显增大；如果在铜片与场发射体之间引入一电绝缘隔片，则相应的场发射*I-V*曲线基本恢复原有状态，如图7.38（b）所示。

局部电场分布不仅可以用于合理解释屏蔽效应的影响，也可用于边缘效应（edge effect）的分析讨论。H.J. Jeong等以CVD技术制备的定向多壁碳纳米管为阴极，在扫描电镜下控制微针尖沿阴极表面精确移动［图7.39（a）］，在不同位置对针尖施加偏压，测试了相应条件下的场致发射*I-V*性能，发现在定向碳纳米管阵列边缘附近的开启电场与阵列中心位置相比明显更低，相应的场增强因子相差近4倍，如图7.39（b）所示[58]。这种边缘效应对碳纳米管阵列场致发射性能的积极贡献应与电场屏蔽在相应区域的削弱有关。

通过合理的结构设计与组装，可以利用局部电场对碳纳米管场发射体的影响还可以实现某些特殊的场致发射性能。中科院金属所佟钰等在绳束状碳纳米管根部附近对称布置矩形玻璃片，发现场发射体的电子光斑从近似圆形膨胀为矩形，同时伴随有场致发射*I-V*曲线形状的明显改变：与此同时，本应连续、稳定增长

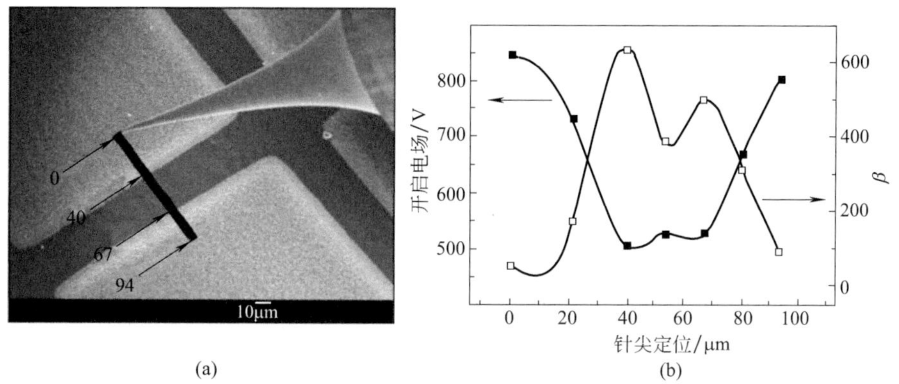

图7.39　多壁碳纳米管阵列的场致发射性能[58]

（a）针尖阳极的工艺布置；（b）开启电场与场增强因子

的场致发射电流发生了突然的跃迁，跃迁后的场致发射电流明显高于无玻璃片的状态［图7.40（a）］。这一现象可用玻璃片使电场重新分布来解释，如图7.40（b）所示。当采用不同大小、位置的绝缘体布置于场发射体周围，可以得到不同形状的场致发射电子光斑［见图7.40（c）］[59]。

7.4.3.4
空间电荷效应

在碳纳米管场致发射性能的结果分析中，通常基于F-N特性讨论其场致发射性能，特别是在低压范围内F-N关系较好地符合直线特征；然而在高压、大电流区域，相应的F-N关系则往往明显地与直线相偏离，如图7.41所示。

这种偏离关系曾被解释为空间电荷效应的作用：在大电流密度下，空间电荷（发射表面附近真空中的电子）密度显著提高，将大大降低尖端的实际电场强度，发射尖端周围的有效电场将不再与外加电场呈直线关系，因而F-N公式就不再成立。然而在碳纳米管之类的非金属阴极材料中，由于载流子密度有限，电流的过饱和将大大增强这一效应。由于空间电荷效应在7V/nm以上的局部电场中才会明显影响材料的F-N关系，而碳纳米管场致发射性能与F-N模型的偏离一般发生在2.5V/μm，甚至更小的电场范围内，因此仅用空间电荷效应难以完全解释。

另一可能原因是F-N模型的假设条件过于简单，不能完全解释碳纳米管复杂的场致发射过程。F-N理论模型的前提是假设发射体是金属性的，发射体尖端与

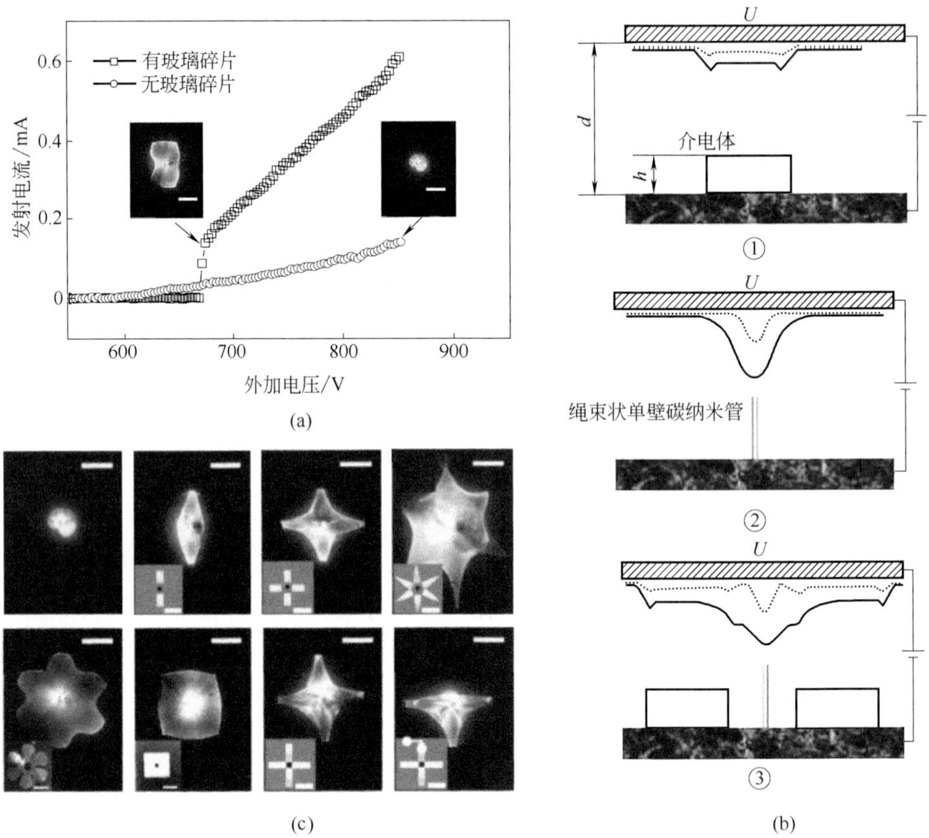

图7.40　绝缘体存在情况下绳束状碳纳米管的场致发射性能[59]

（a）场发射I-V曲线；（b）电场分布；（c）不同控制条件下的场致发射电子光斑（比例尺12mm）

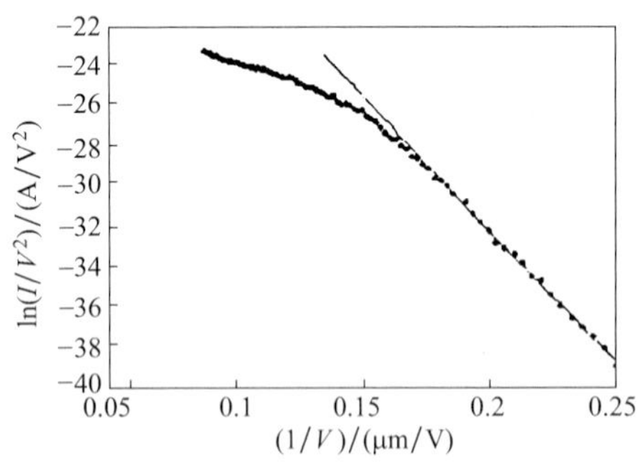

图7.41　典型的碳纳米管场致发射性能的F-N特性曲线

本体之间没有势垒作用，可认为金属尖端的电子与一无限大盛满电子的电子海相连，尖端发射电子后能及时地从电子海中补充电子。但碳纳米管尖端的电子状态具有一定局域态，与管体的电子交换很弱，必须在一定的电场作用下电子才能穿透势垒补充到发射区域。再者，F-N模型考虑的是单尖端发射，忽略了其他发射尖端、非发射尖端和基体对场致发射的影响，而这些影响因素可能对碳纳米管的场致发射起着重要作用，例如使发射电流更稳定，空间分布更均匀或导致发射电流的不规则起伏等。这些都是传统的F-N理论所不能解释的。

7.5 碳纳米管场发射体的失效方式与改进方法

对碳纳米管场发射体的失效方式进行深入了解，进而找出合适的解决方案，对于高性能碳纳米管场发射材料的研发以及相应真空电子器件的设计组装均具有十分重要的理论意义和应用价值。

7.5.1 碳纳米管场发射体的失效方式

导致碳纳米管场发射体失效的原因可分为物理作用和化学作用两种类型，进一步解析失效机理，可从离子轰击、电热作用、静电牵引、真空放电等方面进行探讨。

（1）离子轰击（ion bombardment）

离子轰击源自场致发射电子与环境气氛中的残余气体或阳极表面相撞击时发生的电离现象，所产生的阳离子数量与环境真空度、阳极材料与吸附物等直接相关。阳离子在电场作用下向阴极加速运动并最终撞击在阴极表面上，导致场致发射材料的损伤；这种损伤是渐进式的，对于金属类材料来说，还会在光滑平面上形成一定的凸起，因此在一定时间里甚至表现为场致发射电流的上升。

对于碳纳米管材料来说，场致发射过程中的离子轰击作用主要发生在电场最为集中的区域，即碳纳米管的尖端。N. de Jonge[60]、Z. Xu[61]、Y. Saito[9]等均曾指出，碳纳米管端头结构在场致发射过程中会发生演变行为，这种结构演变最终导致规整的碳纳米管转变为无定形碳，相应的场致发射电流则表现为逐渐的、不可逆的衰减趋势。

（2）电热作用（resistance heating）

一般认为，电热作用只在场致发射电流较高的情况下具有明显效果。在电热作用影响下，高温区域的碳原子会蒸发到真空中，导致大直径碳纳米管和多壁碳纳米管的端头结构被打开，而对于小直径单壁碳纳米管来说，则可能出现管壁碳原子结构的“拆解”行为，起始点可能是边缘附近的悬键位置。Y. Saito等发现，这种碳原子蒸发过程会从碳纳米管端头部分逐渐向下延伸，碳纳米管的高度逐步降低直至该碳纳米管尖端与阳极的间距大致等于相邻碳纳米管的间距为止，如图7.42所示[9]。K.A. Dean等根据实验现象估计单壁碳纳米管发生蒸发现象的温度约为1600K，相应的场致发射电流约为300nA/根～2μA/根[62]。J. H. Lee等发现电

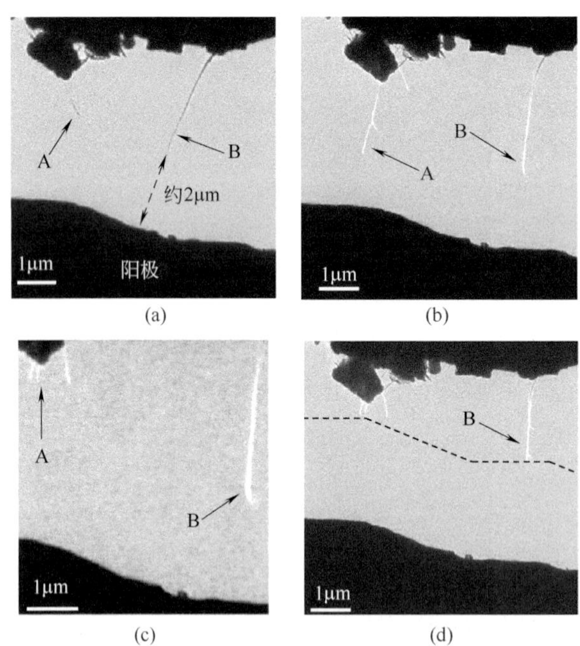

图7.42　场致发射薄膜表面双壁碳纳米管场发射体的TEM照片[9]

（a）0V；（b）85V，约2μA；（c）92V，约5μA；（d）100V，约13μA

热作用导致单壁碳纳米管场发射尖端的结晶度降低，同时伴随有无定形碳附着所造成的管径增大[63]。

（3）静电牵引（electrostatic stress）

场致发射过程中，经常观测到碳纳米管自中部折断或者从根部拔出的现象。有研究认为，在相同电流作用下，碳纳米管所产生的热量与电导率直接相关，由于碳纳米管局部区域因晶格缺陷等原因电导率降低，或者碳纳米管与阴极基底之间接触不良，导致相应位置附近产生高温高热作用而引起碳纳米管的劈裂、折断等的发生。但电阻加热的影响只是在大电流情况下才会发生显著作用，而碳纳米管的折断、拔出等破损行为在低电流情况也时有发生。一种解释认为，在碳纳米管中高速运动的大量电子与阳极之间存在一定的静电牵引作用，这一牵引力随场致发射电流的提高而增长，其大小超过碳纳米管自身强度或者碳纳米管/基底间黏结力时，就会导致碳纳米管被折断或者拔出。

低温CVD法生长出的碳纳米管结构缺陷浓度高，位置随机分布，因此更易于发生静电牵引下的折断现象。J. M. Bonard等在扫描电镜下利用微针尖原位测量薄膜阴极上单根碳纳米管的场致发射性能时发现，单根碳纳米管会因拔出或居中折断而停止场致发射过程，前者因静电力引起，发生在电场不高于4V/nm、电流不大于1μA的情况下，而后者则由电阻加热作用引起，发生在更高电流和电压的情况下[64]。导电基片表面涂覆的碳纳米管场致发射薄膜经适当热处理后的长期稳定性得到明显提高，也可认为与碳纳米管/基底之间黏结强度的改善有关。

（4）真空放电（vacuum arcing）

大电流工作情况下，碳纳米管的场致发射过程可能因真空放电的影响而终止，具体表现为场致发射电流的脉冲式放大。佟钰等采用绳束状碳纳米管为场致发射材料，逐步提高外加电压直至实验终止后，重复测试过程数次，发现同一碳纳米管样品的场致发射过程可重复进行，场致发射过程的中断现象并不一定意味着场发射体的完全失效，甚至极限场致发射电流还会随测试次数的增多而明显增大，*I-V*曲线也基本重合，如图7.43所示。这一结果暗示该碳纳米管场致发射样品的失效行为与真空放电现象有关，当真空放电所形成的电流超过限值而引起保护电路的熔断机制，测试中断；但这一真空放电现象并未完全破坏场发射体的结构特征，因此*I-V*曲线变化不大[65]。

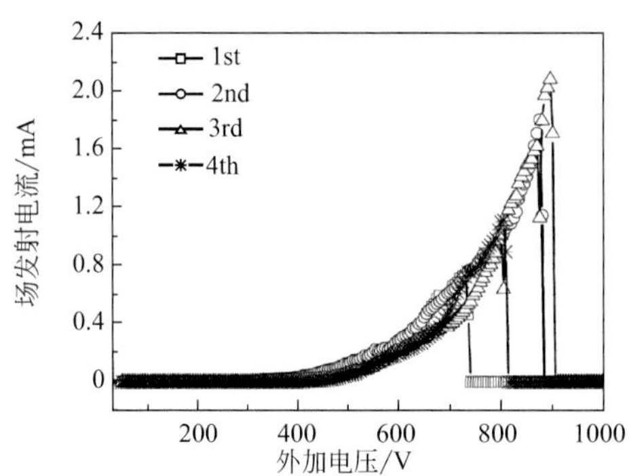

图7.43 反复施加电压情况下同一绳束状碳纳米管的场致发射 *I-V* 曲线[65]

7.5.2 改进方法

（1）环境气氛

场致发射过程不可能在绝对真空的条件下进行，因此离子轰击所造成的场致发射性能衰减无法完全避免。一般来说，在大电流的情况下，碳纳米管场致发射性能随时间延长而下降的幅度会明显增大，因为更多场致发射电子的存在无疑增大了阳离子的生成概率。另外，真空度的恶化是导致离子轰击损伤加剧的重要原因；使用消气剂可吸附大多数的气体分子和离子，并且不会对场致发射产生不良影响，因此广泛使用于平板显示器等商业化产品中，但该方法对某些气体分子或离子，如氩分子等，其作用效果却非常有限。

除了真空气氛与工作电流外，碳纳米管的场致发射稳定性还与环境气氛中残存气体分子的种类有很大关系。K.A. Dean 等系统研究了单壁碳纳米管场致发射的环境稳定性结果发现，O_2、H_2O 等气体分子的存在对碳纳米管场致发射性能的稳定性最为不利，单壁碳纳米管的场致发射性能会显著下降，但在 Ar 或 H_2 环境中发射电流却未出现明显衰减[66]，如图 7.44 所示。这一结果表明，在超高真空获取困难的情况下，可向场致发射真空电子器件的工作空间中注入适当种类和数量的惰性气体以延长器件的使用寿命、提高稳定性。比较而言，单壁碳纳米管对环境条件的敏感程度仍远低于金属场致发射材料，原因是单壁碳纳米管具有稳定的碳碳共价键、结构完整、物理/化学稳定性好等因素有关。

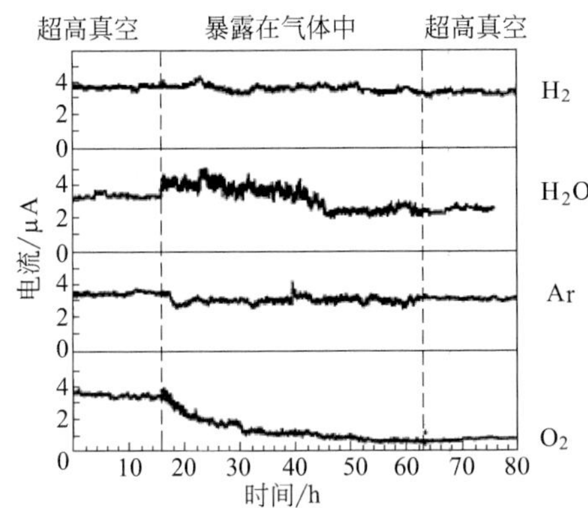

图7.44　单壁碳纳米管在高真空及H_2、H_2O、Ar、O_2气氛下的发射电流与发射时间关系曲线，其中H_2压力为0.15Torr，H_2O、Ar和O_2的压力均为0.015Torr[66]

（2）后处理（post treatment）

为改善碳纳米管阴极的场致发射性能特别是工作电场和长期稳定性，可对所组装的碳纳米管阴极进行后处理，包括高压钝化（high-voltage annealing）、等离子体刻蚀（plasma etching）、热处理（thermal treatment）、离子轰击（ion bombardment）、控制氧化（controllable oxidation）、表面擦削（surface scraping/taping）等。

高压钝化是指在场致发射条件下，采用高电压、大电流的方式使部分过高或过细的碳纳米管尖端失去作用，令场致发射过程更为均匀地发生在整个阴极表面。如前所述，对于某些大面积碳纳米管场致发射阴极，特别是喷涂法、丝网印刷法等制得的碳纳米管阴极，其初始场致发射电流往往是显著凸起于薄膜阴极表面的少部分碳纳米管尖端的贡献，其电流密度极高，易于因电热作用或离子轰击的影响而失效。高压钝化即针对这一部分碳纳米管尖端发挥作用，处理后碳纳米管阴极的开启电场和阈值会有所上升，但发射稳定性显著提高，电子光斑分布的均匀性也有一定改善[20~23]。中山大学张耿等采用该方法对丝网印刷法制备的碳纳米管阴极进行处理也取得了明显的改善效果[67]。

等离子体刻蚀可通过等离子体类型、功率和曝光时间的准确调整碳纳米管材料的形貌，最终实现场发射阴极工作电场、极限电流或发射均匀性的优化。这一工艺的基本原理在于，等离子体处理打开了碳纳米管的端头结构，或者用于移除薄膜表面过于凸出的碳纳米管尖端[68~71]。W. S. Kim等考察了Xe/Ne等离子体对丝网印刷场致发射阴极的影响，发现场致发射阴极获取一定电流所需的电场随等离子体处理时间延长或功率的提高而有所增大，但同一起始电流（100μA/cm^2）情况下电流衰减至50%所需的时间从原始样品的30h延长至5000h（300V、1h处理）[68]。K. Lee等发现等离子体处理在开放碳纳米管端头的同时，也移除了部分过于凸出的碳纳米管尖端，虽然在一定程度上导致场增强因子降低，但实现较大电流所需的外加电场显著减小，电子光斑的均匀性也明显改善[69]。过度的等离子体刻蚀（时间过长或温度过高）会导致碳纳米管的无定形化，因此应予以避免，特别是在使用氧等离子体处理的情况下。

控制氧化是指在精细控制的微氧化气氛中使碳纳米管阴极中的反应性或挥发性物质转化为气体脱除的方法。一般认为，控制氧化主要针对碳纳米管阴极中存在的无定形碳组分发挥作用，氧化形成的CO_2或CO通过抽真空去除或由载气带走。除了准确控制氧气分压之外，使用CO_2等高温氧化型气体也已被证明是合理有效的[41]。

控制条件下离子轰击也可对碳纳米管场致发射尖端的形貌进行有效调整。D. H. Kim等发现Ar离子轰击可使得弯曲状态的碳纳米管直立起来，有效高径比增大，场致发射开启电场则随之降低，但碳纳米管的晶格完整性受到一定影响[72]；S. J. Kwon等证明了Ar离子轰击作用有助于将碳纳米管发射体暴露出丝网印刷阴极的表面，处理后场致发射阴极的开启电场降低了一半，而发射电流则提高了约30倍[73]。激光辐照技术也可以取得类似效果[74]。

除了上述后处理技术之外，也可以采用更为简便的挂削、摩擦、粘连（taping）等物理方法对场致发射阴极表面进行处理，使更多的碳纳米管尖端暴露、凸出于阴极表面，尖端轴向最好垂直于阴极表面，可以发挥更好的场增强效应。

（3）表面覆膜

早在2001年，A. Wadhawan等就研究了铯沉积对单壁碳纳米管场致发射性能的影响，发现经过铯沉积后单壁碳纳米管的起始发射阈值降低至1/2，而场致发射电流则提高了6个数量级[75]；但在环境中存在少量氧气的情况下，铯沉积单壁碳纳米管的场致发射性能将急剧下降。

碳纳米管场致发射尖端表面包覆薄膜的主要目的之一是改善场致发射阴极的长期稳定性，通常采用厚度为纳米级的氧化物薄膜特别是带隙较宽的材料（wide bandgap materials）。此类材料的电子亲和势低甚至为负值，有利于降低场发射体的逸出功，如采用化合物以氧化物形式存在，其保护碳纳米管、改善场致发射稳定性的能力更强。

常用的宽带半导体材料包括SiO_2、MgO、ZnO等。W. K. Yi等在多壁碳纳米管阵列表面沉积SiO_2和MgO保护性薄膜，相应材料的电子亲和势分别为

0.6 ～ 0.8eV和0.85eV，且化学稳定性好、力学强度高；场致发射测试结果表明，SiO_2薄膜厚度为10nm、MgO薄膜厚度为12nm的情况下，碳纳米管阵列的开启电场最低，而且在5×10^{-5}Torr（1Torr=133.322Pa）O_2的恶劣工作环境中仍保持了较好的稳定性[76]。这些结论在S. Chakrabarti等[77]的研究工作中得到了进一步验证[78]。

除了宽带隙化合物之外，在碳纳米管尖端表面形成的保护层也可以采用其他具有熔点高、韧性好、导热导电等特征的惰性材料，典型如碳化物TiC[79]、Mo_2C[80]、HfC[81,82]等，也可以在一定程度上改善碳纳米管场致发射阴极的稳定性。

7.6 碳纳米管场致发射性能的应用

实际应用中首先要求场致发射材料应具有良好的场致发射性能，包括很低的工作电压、较高的场致发射电流密度、良好的性能稳定性等，见表7.1。此外，为保证在生产、应用过程中的简便性、持久性以及安全性等，理想的场致发射材料应具有良好的机械强度和环境（化学、热）稳定性，并可实现大批量、低成本生产。碳纳米管是一种优异的场致发射材料，可应用于许多领域，尤其是真空电子领域，如场致发射平板显示器、冷发射阴极射线管等。近年来，多种真空电子器件原型机的成功研发，显著推动了碳纳米管场致发射阴极商业化应用的步伐。

表7.1　各种电子器件对场致电子发射材料的性能要求[4]

电子器件＼性能指标	发射电流密度	低工作电压	发射点密度	发射稳定性	能带宽度
微波放大器	**			**	
平板显示器		*	**	**	*
X射线源	***	*	**	***	*
背光电源	**	****	***	***	*
场致发射电子枪	***			**	**
场致发射发光管	**	**	***	***	
光刻		*	**	*	*

注：“*”越多代表对该性能指标的要求越高。

7.6.1
场致发射平板显示器

传统的热发射阴极射线管显示器尽管具有亮度大、分辨率大、对比度好、视角宽、电路简单等优点，但也存在体积庞大、笨重、功耗高等缺陷，在便携式信息产品、多媒体终端显示、大屏幕电视、高清晰度电视、数字化电视等产品中的应用受到明显限制。利用碳纳米管等高性能场致发射材料制作的矩阵寻址、高分辨率、高效率、长寿命的场致发射平板显示器（field emission display，FED）有可能成为新一代的主流产品。场致发射平板显示器实质上是由许多微型阴极射线管所组成的超薄自发光平板显示器，兼具阴极射线管显示质量高和液晶显示器（liquid crystal display，LCD）低功耗的优点。场致发射平板显示器与传统的阴极射线管、液晶显示器以及等离子体平板显示器（plasma display panel，PDP）等平板显示器相比具有更大的性能优势，其主要性能对比见表7.2。

表7.2　场致发射平板显示器与其他类型显示器的性能比较

相参照的显示器	平板显示器的相对优势
热阴极射线管	厚度小，质量轻；分辨率高； 无偏转系统；功耗低
液晶显示器	对比度高，亮度大；视角大； 在低温下仍有很高的响应速度
等离子体平板显示器	清晰度高；工作电压低，功耗小； 响应时间短；易于集成化、小型化

采用碳纳米管作为发射材料的场致发射平板显示器元件的基本工作原理见图7.45（a）：薄膜状碳纳米管组装在导电玻璃基板上，发射材料与导电玻璃阳极之间用绝缘垫片隔开，荧光粉则镀在阳极导电玻璃上；在外加电场作用下，电子从碳纳米管中发射出来，打在荧光粉上形成光斑[25]。将碳纳米管阴极发射材料的组装技术与矩阵寻址技术结合起来，并使用适当的荧光材料，就可得到所需的黑白或彩色图样。

在实际生产和应用中，显示器的每个像素点均对应有一个小的场致发射单元，多色彩、高像素的显示器阴极结构则更为精致、复杂。为提高显示精度、降低组装难度和生产成本，多种碳纳米管场致发射阴极的组装技术已经被发展起来，其中以栅极工艺包括常栅极、背栅极和平面栅极三种结构最为典型，其结构形式见

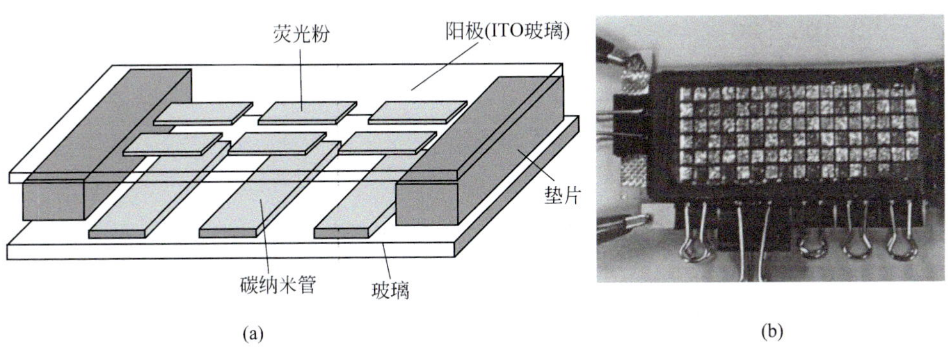

图7.45　以碳纳米管作为发射材料的场致发射平板显示器原理图（a）与样机图样（b）[25]

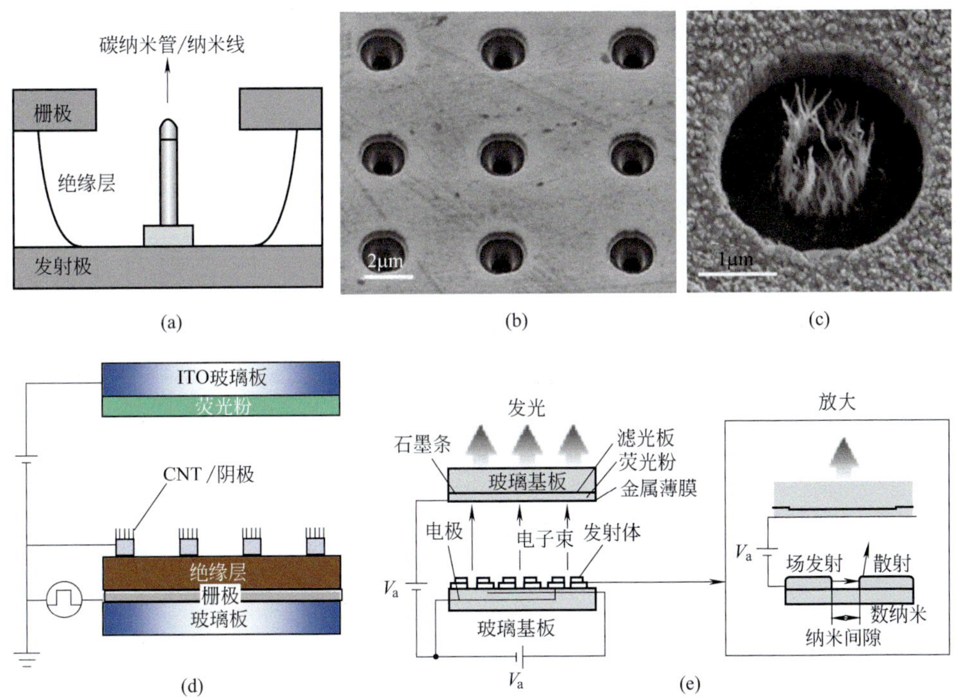

图7.46　碳纳米管场致发射阴极的栅极结构形式

（a）~（c）常栅极[83,84]；（d）背栅极[85]；（e）平面栅极[86]

图7.46。

常栅极结构的栅极和阳极位于阴极的同一侧，电子必须穿过栅极才能到达荧光屏［见图7.46（a）～（c）]，因此聚焦效果好、分辨率高，但电流损失大、功耗高，同时前删极结构制作较为困难，栅孔对准、电极间距控制等容易出现明显误差，影响图像质量；所采用的碳纳米管场致发射材料可以是单根[83]或集合体[84]形式。

背栅极结构是将栅极安置于发射体下方，如图7.46（d）所示，栅极与阴极之间通过绝缘介质相分隔，因此被栅极拉出的电子全部都会在电场作用下轰击在荧光粉上，电流利用率高[85]，但由于缺少电子光学聚焦系统，背栅极场致发射结构容易出现色纯不足或分辨率下降等问题。

平面栅极结构是利用与阴极处于同一平面的栅极从场发射体拉出电子，并使电子向阳极（收集极）运动[86]，如图7.46（e）所示，其结构简单、亮度高、调制电压低、响应速度快，但电子发射效率低、功耗大，再加上工艺精度要求较高，增加了显示器的制造成本。有研究提出采用晶体管控制的场致发射结构，利用已经发展成熟的场效应管技术实现场致发射器件的性能一致性、稳定性和可调控性。

随着人们对场致发射技术的深入研究，特别是国际化大公司如日本的伊势、佳能、东芝、日立、旭硝子、NHK，韩国三星、Orion，英国PPE等的巨资投入，以碳纳米管为场致发射材料的平板显示器已进入产品化阶段。2002年SAIT公司即已展示了3.5in碳纳米管三极结构全彩色显示样机并表现出很高的亮度，在栅极驱动电压65V、样机电压4000V情况下，白场亮度达到270cd/m^2[87]。2005年前后，韩国三星电子和日本佳能/东芝都展示了自己研发的大尺寸平板显示样机，以其亮度高、对比度强、响应速度快等优点引起了广泛关注，如图7.47所示。

我国的FED研发单位主要集中于各大高校和科研院所，比较有代表性的有中山大学、福州大学、东南大学、西安交通大学、华东师范大学、郑州大学等。中山

(a)

(b)

图7.47　碳纳米管阴极场致发射平板显示器样机

（a）三星35in；（b）佳能-东芝36in

(a) (b)

图7.48 国产碳纳米管阴极场致发射平板显示器样机的图像演示

大学许宁生研究组在场致电子发射机理和器件领域进行了深入系统的研究。福州大学、东南大学等则在新型场致发射显示器研发方面取得了显著成果（图7.48）。

7.6.2 冷发射阴极射线管

冷发射阴极射线管的基本结构如图7.49所示：在碳纳米管阴极发射材料与阳

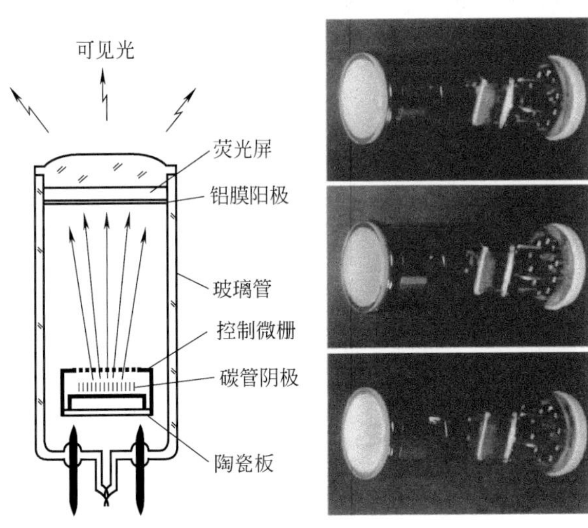

图7.49 冷发射阴极射线管的结构原理图与产品示例[47]

极铝膜之间施加一定电压，发射出的电子可使阳极上涂覆的荧光粉发光。采用不同的荧光粉材料，可得到不同颜色的阴极射线管。这种冷发射阴极射线管可用于像素管、光源管等多种真空电子元件。

7.6.3 X射线电子源

X射线检测是医学研究和安全监测常用的技术手段之一，其核心部件——X射线管是利用高速电子流轰击阳极金属靶材产生X射线。三电极结构场致发射阴极X射线管的结构原理如图7.50所示，栅极电压所引出的电子在高压电场作用下轰击到阳极金属靶材表面产生X射线。与传统热阴极X射线管相比，场致发射X射线管具有响应速度快、焦点集中、使用寿命长、功耗低等优点。如采用双极式结构，即移除栅极、电子由阳极电压引出，则结构更为简单，但电子束斑较为分散，不易聚焦。

2001年日本名古屋大学H. Sugie等率先报道了以碳纳米管为阴极的三电极结构X射线管，利用钨丝表面沉积的钴催化生长出垂直分布的碳纳米管阵列，作为场致发射电子源获得了更为清晰、分别率更高的X射线图像，还可在10^{-6}Pa真空条件下连续工作超过100h[89]。G. Z. Yue等采用电泳法将单壁碳纳米管沉积在金属基底上所组装成的三电极结构X射线管，可产生连续和脉冲两种X射线，取得了很好的成像效果，如图7.51所示[90]。

近年来，碳纳米管点电子源在微聚焦高分辨X射线器件方面显示出卓越的应用潜力。微聚焦高分辨X射线器件不仅要求具有与普通X光器件相近的

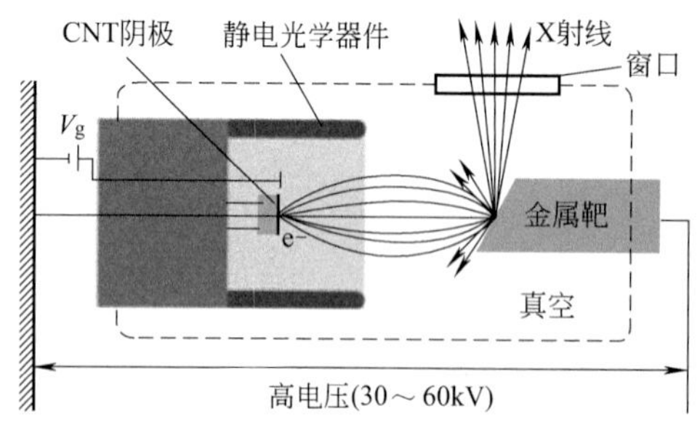

图7.50　三电极结构场致发射阴极X射线管的结构示意图[88]

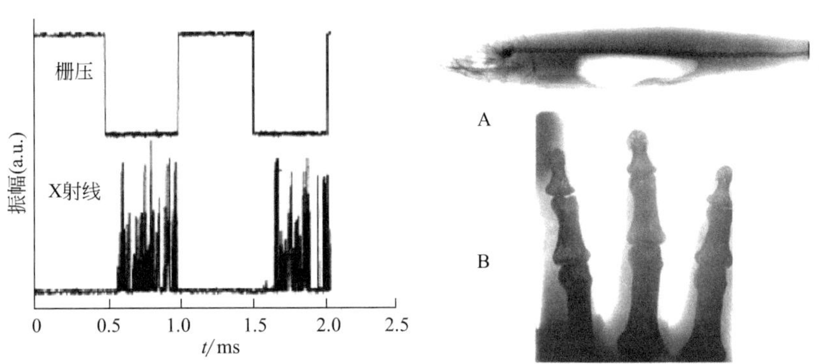

图7.51　单壁碳纳米管场致发射阴极X射线管[90]

A—工作状态；B—成像效果

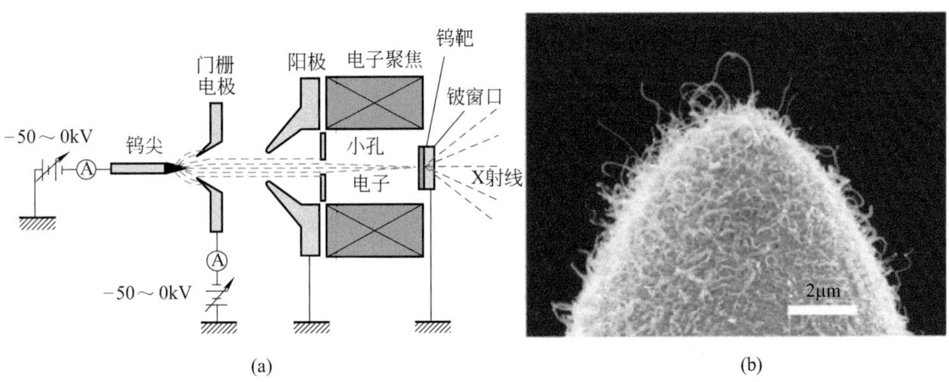

图7.52　（a）三电极结构X射线管示意图；（b）所使用的管多壁碳纳米管场致发射电子源[91]

（10^2～10^3）A/cm^{2}量级的电流密度，同时要求在阳极（靶材）上所形成的电子束斑小到微米甚至纳米尺度。H. H. Sung等通过等离子增强CVD技术在镀有氮化钛和镍的钨尖上直接生长出直径约50nm、长度约1μm的多壁碳纳米管，以其组装成的三电极结构场发射阴极可使X射线系统的分辨率达到5μm以下，如图7.52所示[91]。W. Sugimoto等采用近似方法得到10μm尺度的碳纳米纤维，辅以电磁聚焦，将X射线的分辨率提高到0.5μm[92]。S. H. Heo等优化了三电极X射线管的结构，以5μm半径的钨球为基底生长碳纳米管，同时将栅极和阳极均改为弯向发射尖端的形式，使焦斑缩小至5μm[93]。

为进一步减小X射线管的几何尺寸，S. H. Heo等提出一种双电极结构微型X

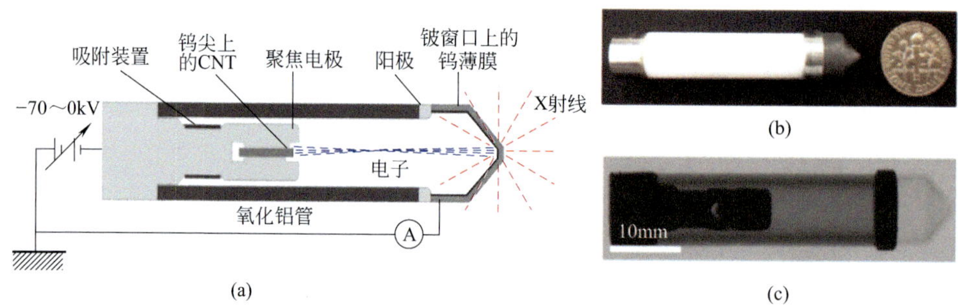

图7.53 双电极结构微晶X射线管结构示意图及实物照片 [94]

(a) 双电极结构微型X射线管示意图；(b) 微型X射线管的光学图片；(c) 微型X射线管的X射线底片

射线管结构，如图7.53所示，该器件外罩直径10mm、长度50mm的氧化铝陶瓷套管，内部组装有碳纳米管阴极、聚焦电极和可旋转的圆锥状金属靶材阳极，最大操作电压70kV，可产生10^8Gy·cm^2/min的X射线[94]。

美国North Carolina大学O. Zhou等在碳纳米管基微聚焦X射线管方面进行了深入研究，在几何结构设计、阴极发射稳定性调整、器件分辨率优化等取得重大进展，通过多电子源并列布置[95,96]、旋转靶材[97]等结构优化方式改善X射线管的成像效果，其中与Duke大学J. Liu教授合作采用细径多壁碳纳米管[98]作为场发射体取得了较好的场致发射性能，所组装的原型管可实现50ms的高速时间响应和6.2mm的精细空间分辨[99]，进而将其应用于多种器材、动物、器官、病灶、肿瘤

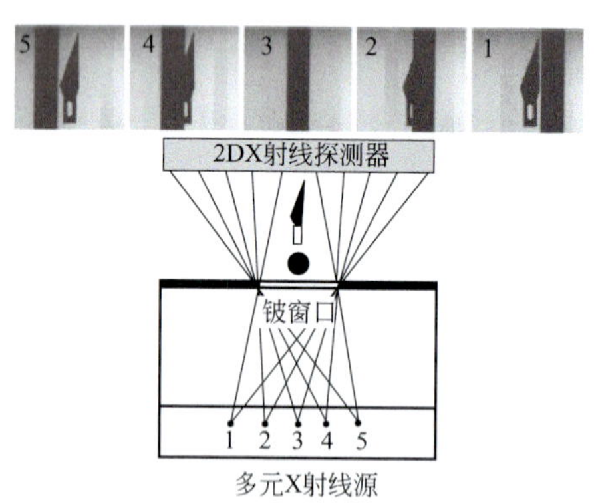

图7.54 多源并列布置碳纳米管场致发射阴极X射线管及其成像效果 [95,96]

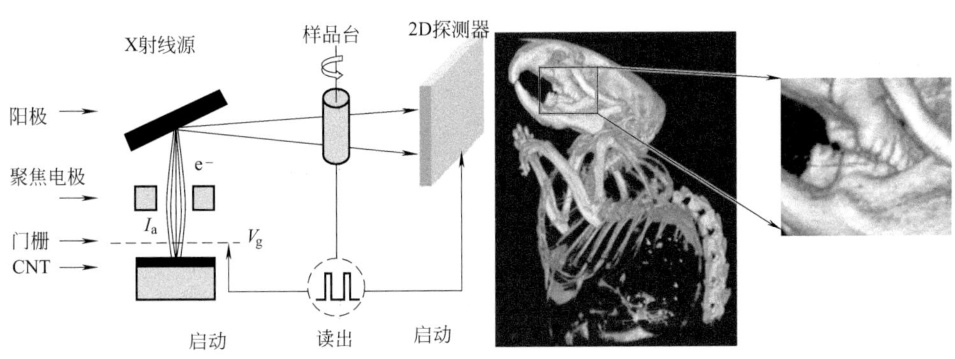

图7.55　碳纳米管场致发射阴极旋转靶材X射线管及其成像效果[97]

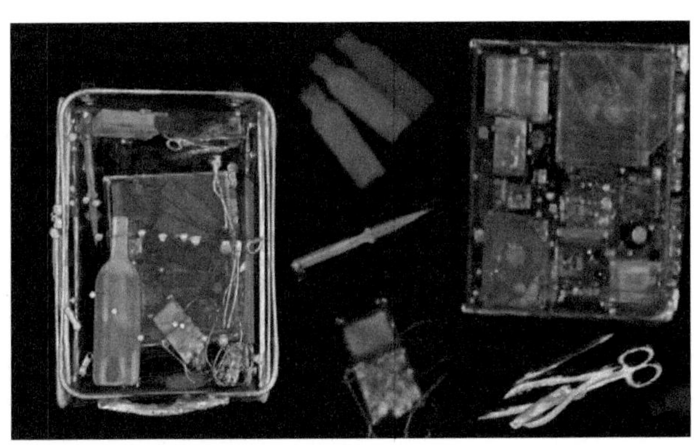

图7.56　碳纳米管场致发射阴极X射线管在安保领域的应用[99]

等的实践验证，有望从根本上改善X射线设备的3D成像性能，提高图像清晰度以及扫描速度，并降低设备的维护成本。部分研究结果如图7.54～图7.56所示。O. Zhou教授先后创建了致力于纳米管X射线设备开发和生产的Xintek、XinRay以及北京新鸿电子等公司。

基于碳纳米管场致发射材料的X射线管具有超越传统X射线管的显著优势，但目前仍存在X射线剂量小、稳定性偏低以及组装工艺复杂、重复性差等缺点，仍有待进一步改进。但已有成果表明，随着技术和工艺不断进步、成熟，性能更稳定、使用寿命更长的碳纳米管基X射线管有望在临床医疗、工业检测、安检反恐等领域获得广泛应用。

7.6.4 其他可能应用

（1）微波放大器

微波放大器主要在高频区（可达THz）运作，要求有较高而且稳定的场致发射电流，在基片种类及场致发射点密度方面则不作特殊要求。传统的半导体材料由于尺寸及电子流速度的限制无法完全满足要求，碳纳米管可能是最佳的替代品。

（2）真空电源开关

固态电源开关通常很难在开关电压和正向压降两项参数上同时符合要求，而以碳质材料为基础的真空场致发射电源开关则在这两项参数上有很好的综合能力。

（3）场致发射电子枪

碳纳米管可制成具有极高亮度且电子能量分布集中的电子源，在场致发射扫描电子显微镜、扫描透射电子显微镜等设备中已进入市场应用阶段。

（4）制版技术

目前，超高真空制版技术所使用的硅尖尺寸已接近极限，越来越高的精度使电子束刻写成为理想的备选对象。而电子束刻写的一个瓶颈就是能在合理时间内进行二维图像信息的刻写，一种可行的解决方案就是采用平行电子束，比如将碳纳米管制成一定形式的场致发射阴极以获得高度集中的电子束，从而提高制版的精度。

参考文献

[1] 刘元震，王仲春，董亚强. 电子发射与光电阴极. 北京：北京理工大学出版社，1995.

[2] 罗恩泽，刘云鹏，刘卫东，等. 电子学报，1996, 3:5.

[3] Edgcombe C J, Valdre U. Philos Mag B, 2002, 82: 987.

[4] Bonard J M, Dean K A, Bonard F C, et al. Phys Rev Lett, 2002, 89: 197602.

[5] Bonard J M, Salvetat J P, Stöckli T, et al. Appl Phys A, 1999, 69: 245.

[6] Bonard J M, Maier F, Stöckli T, et al. Ultramicroscopy, 1998, 73: 7.

[7] Zhang J, Tang J, Yang Q, et al. Adv Mater, 2004, 16: 1219.

[8] Jung SL, Choi H Y, Shim H Y, et al. Appl Phys Lett, 2006, 89: 233108.

[9] Saito Y, Seko K, Kinoshita J. Diamond Relat Mater, 2005, 14: 1843.
[10] Chai G, Chow L, Zhou D, et al. Carbon, 2005, 43: 2083.
[11] Lim S C, Lee D S, Choi H K, et al. Diamond Relat Mater, 2009, 18: 1435.
[12] Dai H J, Hafner J H, Rinzler A G, et al. Nature, 1996, 384: 147.
[13] Rinzler A G, Harner J H, Nikolaev P, et al. Science, 1995, 269: 1550.
[14] Wang M S, Golberg D, Bando Y. Adv Mater, 2010, 22: 93.
[15] 佟钰，任文才，赵志刚，等. 新型炭材料，2003, 18: 101.
[16] Küttel O M, Groening O, Emmenegger C, et al. Appl Phy Lett, 1998, 73: 2113.
[17] Zhu J, Mao D J, Cao A Y, et al. Mater Lett, 1998, 37:116.
[18] Bonard J M, Salvetat J P, Stöckli T, et al. Appl Phys Lett, 1998, 73: 918.
[19] de Heer W A, Châtelain A, Ugarte D. Science, 1995, 270: 1179.
[20] Lee H, Goak J, Choi J, et al. Carbon, 2012, 50: 2016.
[21] Jeong H J, Choi H K, Kim J Y, et al. Carbon, 2006, 44: 2689.
[22] Lim S C, Choi H K, Jeong H J, et al. Carbon, 2006, 44: 2809.
[23] Song Y I, Kim G Y, Choi H K, et al. Chem Vap Deposition, 2006, 12: 375.
[24] Lee N S, Chung D S, Kang J H, et al. Jpn J Appl Phys, 2000, 39: 7154.
[25] Kwo J L, Yokoyama M, Wang W C, et al. Diamond Relat Mater, 2000, 9: 1270.
[26] Lim S C, Lee D S, Kim K K, et al. Jpn J Appl Phys, 2009, 48: 111601.
[27] Kim J M, Choi W B, Lee N S, et al. Diamond Relat Mater, 2000, 9: 1184.
[28] Schlttler R R, Seo J W, Gimzewski J K, et al. Science, 2001, 292: 1136.
[29] Liu C, Cheng H M, Cong H T, Li F, et al. Adv Mater, 2000, 12: 1190.
[30] Liu C, Tong Y, Cheng H M, et al. Appl Phys Lett, 2005, 86: 223114.
[31] Lee C J, Park J, Kang S Y, Lee J H. Chem Phys Lett, 2000, 326: 175.
[32] Chen Y, Shaw D T, Guo L. Appl Phys Lett, 2000, 76: 2469.
[33] Pan Z W, Au F C K, Lai H L, et al. J Phys Chem B, 2001, 105: 1519.
[34] Yoon Y J , Baik H K. J Vac Sci Tech B, 2001, 19: 27.
[35] Murakami H, Hirakawa M, Tanaka C, et al. Appl Phys Lett, 2000, 76: 1776.
[36] Xu X, Brandes G R. Appl Phys Lett, 1999, 74: 2549.
[37] Matsumoto K, Kinosita S, Gotoh Y, et al. Appl Phys Lett, 2001, 78: 539.
[38] Fan S S, Chapling M G, Franking N R, et al. Science, 1999, 283: 512.
[39] Fan S S, Liang W, Dang H, et al. Physica E, 2000,8: 179
[40] Milne W I, Teo K B K, Minoux E, et al. J Vacuum Sci Technol B, 2006, 24: 345.
[41] Wu J, Ma Y F, Tang D M, et al. J Nanosci Nanotechnol, 2009, 9: 3046.
[42] Choi Y C, Shin Y M, Bae D J, et al. Diamond Relat Mater, 2001, 10: 1457.
[43] Lee Y H, Kim D H, Ju B K. J Appl Phys, 2000, 88: 4181.
[44] Wang Q H, Setlur A A, Lauerhaas J M, et al. Appl Phys Lett, 1998, 72: 2912.
[45] Collins P G, Zettl A. Phys Rev B, 1997, 55: 9391.
[46] Saito Y, Hamaguchi K, Uemura S, et al. Appl Phys A, 1998, 67: 95.
[47] Saito Y, Uemura S. Carbon, 2000, 38:169.
[48] Chung D S, Choi W B, Kang J H, et al. J Vac Sci Tech B, 2000, 18: 1054.
[49] Saito Y, Hamaguchi K, Nishino T, et al. Jpn J Appl Phys, 1997, 36: L1340.
[50] Saito Y, Hamaguchi K, Hata K, et al. Ultramicroscopy, 1998, 78: 1
[51] Tong Y, Liu C, Zhao Z G, et al. Jpn J Appl Phys,

2005, 44: 7713.

[52] Bonard J M, Stöckli T, Maier F, et al. Phys Rev Lett, 1998, 81:1441.

[53] Lei W, Wang B, Tong L, et al. J Vac Sci Tech B, 2000, 18: 2704.

[54] Zhao Z G, Tong Y, Liu C, et al. J Mater Res, 2003, 18: 2188.

[55] Hata K, Takakura A, Saito Y. Mat Res Soc Symp, 2000, 633: A18, 4, 1.

[56] Lei W, Wang B, Tong L, et al. J Vac Sci Tech B, 2000, 18: 2704.

[57] Rinzler A G, Harner J H, Nikolaev P, et al. Science, 1995, 269: 1550.

[58] Jeong H J, Lim S C, Kim K S, et al. Carbon, 2004, 42: 3003.

[59] Tong Y, Lim S C, Park K A, et al. Appl Phys Lett, 2005, 87: 043114.

[60] de Jonge N, Doytcheva M, Allioux M, et al. Adv Mater, 2005, 17: 451.

[61] Xu Z, Bai X D, Wang E G. Appl Phys Lett, 2006, 88: 133107.

[62] Dean K A, Burgin T P, Chalamala R C, et al. Appl Phys Lett, 2001, 79: 1873.

[63] Lee J H, Lee S H, Kim W S, et al. Appl Phys Lett, 2007, 89: 253115.

[64] Bonard J M, Klinke C, Dean K A, et al. Phys Rev B, 2003, 67: 115406.

[65] 佟钰，张婷，王琳，等. 电子元件与材料，2014, 33: 56.

[66] Dean K A, Chalamala B R. Appl Phys Lett, 1999, 75: 3017.

[67] 张耿，陈文礼，段春艳，等. 电子器件, 2008, 31: 170.

[68] Kim W S, et al. Appl Phys Lett, 2005, 87: 163112.

[69] Lee K, Lim S C, Choi Y C, et al. Appl Phys Lett, 2008, 93: 063101.

[70] Zhang J, Feng T, Yu W, et al. Diamond Relat Mater, 2004, 13: 54.

[71] Ahn K S, Kim J S, Kim C O, et al. Carbon, 2003, 41: 2481.

[72] Kim D H, Jang H S, Kim C D, et al. Chem Phys Lett, 2003, 378: 232.

[73] Kwon S J. Jpn J Appl Phys, 2007, 46: 5988.

[74] Zhao W J, Kawakami N, Sawada A, et al. J Vac Sci Technol B, 2003, 21: 1734.

[75] Wadhawan A, Stallcup II R E, Perez J M. Appl Phys Lett, 2001, 78: 108.

[76] Yi W K, Jeong T W, Yu S G, et al. Adv Mater, 2002, 14: 1464.

[77] Chakrabarti S, Pan L J, Tanaka H, et al. Jpn J Appl Phys, 2007, 46: 4364.

[78] Moon J S, Alegaonkar P S, Han J H, et al. J Appl Phys, 2006, 100: 104303.

[79] Qin Y X, Hu M. Appl Surf Sci, 2008, 254: 3313.

[80] Bagge-Hansen M, Outlaw R A, Miraldo P, et al. J Appl Phys, 2008, 103: 014311.

[81] Jiang J, Zhang J H, Jiang B Y, et al. Solid State Commun, 2005, 135: 390.

[82] Zhang J H, Yang C R, Wang Y J, et al. Nanotechnol, 2006, 17: 257.

[83] Gangloff L, Minoux E, Teo K B K. Nano Lett, 2004: 1575.

[84] Lee J H, Hee JN, Yi W K, et al. Electronics Lett, 2002, 38: 602.

[85] Choi Y S, Kang J H. SID 01 Digest, 2001, 718.

[86] Yamamoto K, Nomura I, Yamazaki K, et al. Sid Symposium Digest of Technical Papers, 2005, 36: 1933.

[87] Chung D S, Park S H, Lee H W, et al. Appl Phys Lett, 2002, 80: 4045.

[88] Tolt Z L, Mckenzie C, Espinosa R, et al. J Vacuum Sci Technol B, 2008, 2: 706.

[89] Sugie H, Tanemura M, Filip V, et al. Appl Phys Lett, 2001, 78: 2578.

[90] Yue G Z, Qiu Q, Gao B, et al. Appl Phys Lett, 2002, 81: 355.

[91] Sung H H, Aamir I, Sung O C. Appl Phys Lett, 2007, 90: 183.

[92] Sugimoto W, Sugita S, Sakai Y. Appl Phys Lett, 2010, 108: 044507.

[93] Heo S H, Ihsan A, Cho S O, et al. Appl Phys

Lett, 2007, 90: 183109.
[94] Heo S H, Kim SJ, Ha J M, et al. Nanoscale Res Lett, 2012, 7: 1.
[95] Zhang J, Yang G, Cheng Y, Zhou O, et al. Appl Phys Lett, 2005, 86: 184104.
[96] Gao G, Lee Y Z, Peng R, et al. Phys Medicine Biology, 2009, 54: 2323.
[97] Zhang J, ChengY , Lee Y J, et al. Rev Scientific Instruments, 2005, 76: 094301.
[98] Qian C, Qi H, Gao B, et al. J Nanosci Nanotechnol, 2006, 6: 1346.
[99] Gonzales B, Spronk D, Cheng Y, et al. IEEE Access, 2014, 2: 971.

NANOMATERIALS

碳纳米管

Chapter 8

第8章

碳纳米管柔性薄膜晶体管器件

孙东明
中国科学院金属研究所

8.1

柔性薄膜晶体管器件

柔性电子技术是在柔性、可延性塑料或薄金属基板上的电子器件制备技术，以其独特的柔性和延展性以及高效、低成本的制造工艺，在信息、能源、医疗、国防等领域具有广阔的应用前景，如电子报纸、柔性电池、电子标签、柔性透明显示、电子皮肤等。柔性电子技术作为一类新兴的电子技术，涵盖范围较广。从基板选用角度被称为塑料电子；从制备工艺角度被称为印刷电子；从晶体管沟道材料角度被称为有机电子或聚合物电子等。柔性电子技术的发展目标并不是与传统硅基电子技术在高速、高性能器件领域内开展竞争，而是实现具有大面积、柔性化和低成本特征的新型电子器件与产品。

随着平板显示技术的迅速发展，薄膜晶体管器件目前已成为大面积电子器件的基本构筑单元。从其出现到成熟，薄膜晶体管器件经历了较长的发展历史。如图8.1所示，20世纪30年代J. Lilienfeld和O. Heil提出了薄膜晶体管的设计思想[1~2]，通过在薄膜沟道材料上施加垂直电场达到调控沟道电流的目的；60年代，基于多晶硫化镉的薄膜晶体管器件首次被制造出来[3]；70年代末，基于非晶硅的薄膜晶体管实现了液晶显示器件的驱动[4]；80年代出现的多晶硅薄膜晶体管器件满足了高性能显示器件的驱动需求[5]；此后有机半导体、金属氧化物半导体和碳纳米管

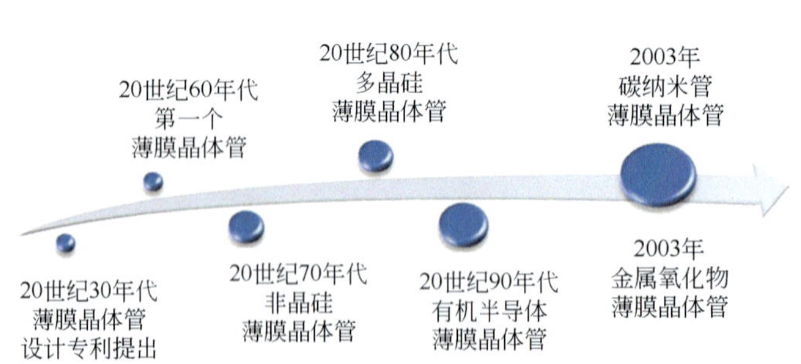

图8.1 薄膜晶体管的主要发展历程

等沟道材料的相继出现，极大地推动了薄膜晶体管器件向柔性化和低成本方向的快速发展。

非晶硅和多晶硅是目前最成熟的薄膜晶体管沟道材料，实现了从手机、电脑显示屏到大屏幕高清电视等领域广泛的商业化应用。非晶硅具有较低的制造成本，但其载流子迁移率也相对较低［约 $1cm^2/(V \cdot s)$］，因此通常应用在数码相机等小屏幕显示器件领域[5]。多晶硅具有高的载流子迁移率［约 $100cm^2/(V \cdot s)$］，更适用于高分辨率、大面积的显示驱动应用，基于多晶硅的大尺寸液晶面板从21世纪初成功实现了商业化应用。然而，硅基晶体管的成本仍然较高，一些必要的器件制作流程（如高温退火、真空沉积等）不可避免地提高了工艺线的投资成本，同时高温制程（大于300℃）将限制柔性基底的使用和柔性器件的发展。

不同于传统的硅基材料，通过转移、印刷等新的工艺方法，人们可以利用有机半导体、金属氧化物和碳纳米管等新型半导体材料实现在柔性基底上的器件构筑，如图8.2所示。一系列具有新功能的便捷、轻巧和廉价的柔性宏观电子产品将成为现实。制备出芯片特征尺寸更小的、性能更高的薄膜晶体管器件是这些宏观电子产品研发的关键；同时，实现大面积柔性基板上的低成本制备技术也是柔性电子产品走向实际应用的基本要求。因此，简单、低温和非真空的制备技术是降低器件生产成本的重要环节。近年来，有机半导体研究获得了迅速发展，通过

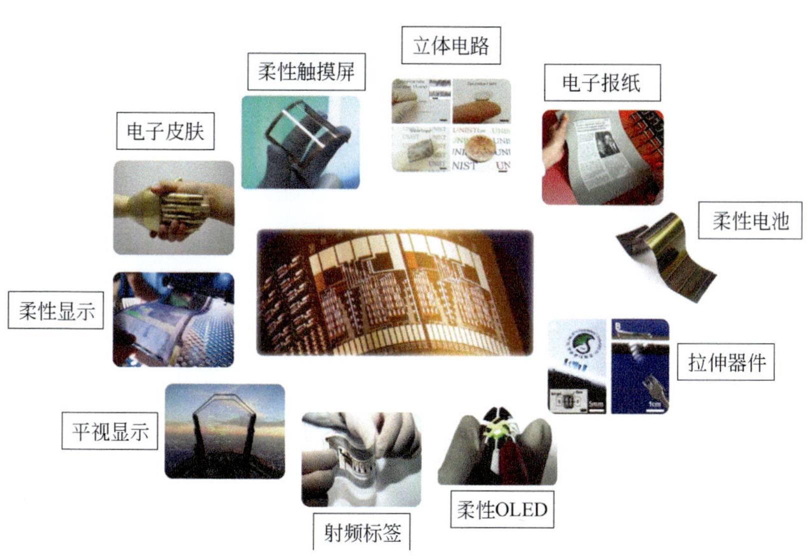

图8.2　柔性薄膜晶体管器件的应用领域示例

印刷等低成本工艺实现了大面积柔性电子器件的规模化制备，成为柔性薄膜晶体管器件发展的重要领域，目前有机半导体器件在提高载流子迁移率和稳定性方面仍须进一步完善和提高[6]。金属氧化物半导体（如a-IGZO）通过物理气相沉积等真空工艺实现了柔性基底器件的制备，由于与传统的面板工艺制程相兼容，将有利于实现中试验证和商业化应用[7]。

碳纳米管作为新型碳纳米材料，自被发现以来已展现出优异的电学、光学、力学和热学性质。研究表明，碳纳米管在室温下的空穴迁移率达79000cm^2/(V·s)[8~10]。室温下单壁碳纳米管的热导率达3500W/(m·K)[11,12]。单壁碳纳米管管壁的可见光吸收率仅为2.3%[13]。碳纳米管晶格中相邻碳原子间通过σ键相连，因此碳纳米管具有极高的强度和韧性，杨氏模量为1.0TPa，拉伸强度为130GPa[14]。基于碳纳米管具有的上述优异性质，碳纳米管薄膜也表现出了优异的电学、力学、光学和热学性能，是理想的柔性薄膜晶体管沟道构筑材料。因此，碳纳米管薄膜晶体管在载流子迁移率、低温制备、柔性、大面积、成本及稳定性方面具有优势，是未来柔性电子发展的重要方向之一。

8.2 碳纳米管薄膜晶体管

薄膜晶体管作为一类场效应晶体管，由沟道、栅绝缘层、电极和基底材料构成，器件的组成材料以薄膜形式制备在基底上。源极、漏极和栅极一般由金属材料构成；介电材料包括不同介电常数的绝缘材料，如SiO_2、Al_2O_3、HfO_2和聚合物材料等；基底材料包括硬质（如玻璃和硅片等）和柔性（如聚合物塑料）基底。碳纳米管薄膜晶体管的沟道由碳纳米管网络构成，网络中随机分布的碳纳米管具有不同的手性分布，导电性能在微观上具有很大的随机性，但从宏观角度看，碳纳米管薄膜表现出相对均匀的导电特性，从而为制备高性能、均匀的薄膜晶体管器件奠定了基础。图8.3给出了三种常见的碳纳米管薄膜晶体管的器件结构：共底栅、顶栅和埋栅结构。顶栅结构和埋栅结构的器件属于分立栅结构，每个薄膜晶体管通过单独的栅极控制其开关状态；共底栅结构通常利用重掺杂硅基底表面的热氧化层作为绝缘层，器件工艺主要包括源/漏电极图形化和沟道材料制备等

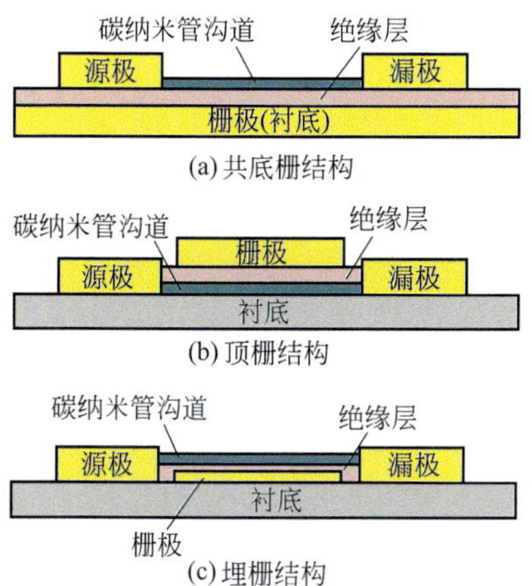

图8.3　碳纳米管薄膜晶体管的器件结构示例图

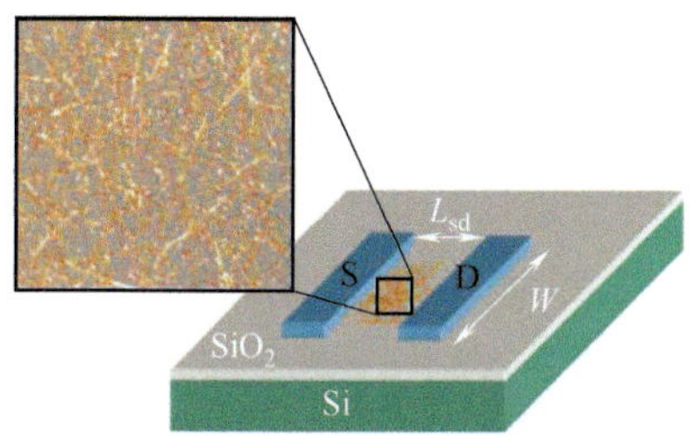

图8.4　碳纳米管薄膜晶体管器件的示例图

步骤，不需要绝缘层开窗等套刻光刻工艺，具有工艺简单、效率高等特点，被广泛应用于包括碳纳米管等半导体材料及器件性能的初步研究。

2003年E. S. Snow等首次报道了碳纳米管薄膜晶体管[15]，如图8.4所示。器件为共底栅结构，重掺杂的硅基底作为共底栅，250nm厚的SiO_2作为绝缘层，通过标准的光刻、金属化和剥离等工艺技术，制备了150nm厚的金属Ti源/漏极。通过沟道图形化工艺，将碳纳米管薄膜定位在源/漏极之间，并利用原子力显微镜（AFM）表征了碳纳米管的网络形貌。

由于空气中水/氧气等掺杂效应，在大气环境下碳纳米管薄膜晶体管通常表现为p型为主导的半导体输运特性[16]。当栅极施加负偏压时，沟道中空穴电荷在源/漏电压作用下流过源/漏极。薄膜晶体管的电流开关比是器件的开态电流和关态电流的比值，表明栅电极对沟道电流的调控能力，也反映了晶体管在关态条件下漏电流的大小。当施加较小的源/漏电压V_D时，即

$$V_D < (V_G - V_{th}) \tag{8.1}$$

式中，V_G和V_{th}分别为栅电压和晶体管的阈值电压。晶体管工作在线性工作区域，薄膜晶体管的源漏电流I_{DS}随V_D呈线性增加关系，其关系式为：

$$I_{DS}=\frac{W_{ch}C_g}{L_{ch}}\mu(V_G-V_{th})V_D \tag{8.2}$$

式中，L_{ch}和W_{ch}分别为沟道的长度和宽度；μ为载流子迁移率；C_g为单位面积的栅电容。因此，线性工作区的载流子迁移率可以表示为：

$$\mu=\frac{dI_{DS}}{dV_G}\times\frac{L_{ch}}{W_{ch}}\times\frac{1}{C_gV_D} \tag{8.3}$$

式中，dI_{DS}/dV_G为晶体管器件的跨导，反映了栅电压对源漏电流的调控能力。栅电容C_g是晶体管性能的重要影响因素，高的栅电容可以降低工作电压，对于器件的实际应用具有重要意义[17]。一般来说，针对薄膜半导体材料，C_g通常采用经典的平板模型进行评估：

$$C_g=\frac{\varepsilon\varepsilon_0}{t_{ox}} \tag{8.4}$$

式中，ε_0为真空介电常数；ε为绝缘层的相对介电常数；t_{ox}为绝缘层的厚度。

E. S. Snow等制备的薄膜晶体管的转移特性曲线如图8.5所示，器件的源漏电流I_{DS}在栅电压V_G调控下表现出p型半导体电学特性，对于密度较低（1根/μm^2）的碳纳米管薄膜，器件的电流开关比达10^5（曲线A）。对于高电流开关比的器件，平均的载流子迁移率达7cm^2/(V·s)。由于薄膜中含有一定的金属性碳纳米管，对于密度较高（>3根/μm^2）的碳纳米管薄膜，电流开关比通常小于10（曲线B、C、

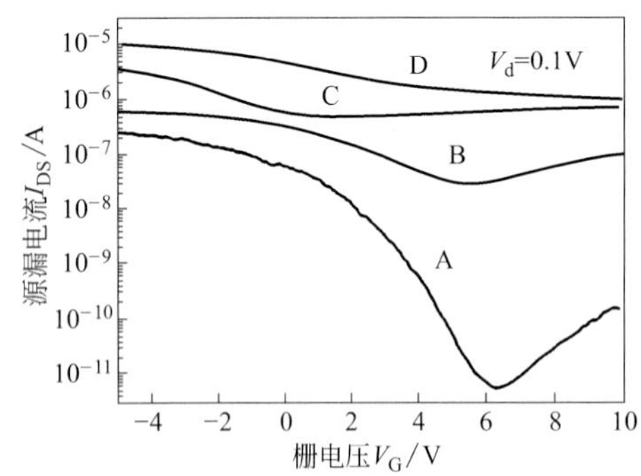

图8.5 薄膜晶体管的转移特性曲线

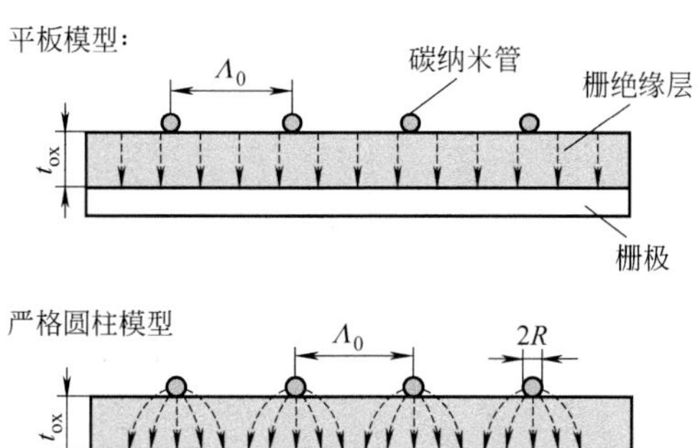

图8.6 平板模型和严格圆柱模型中的电场分布示意图

D）。不同于通常的均匀半导体沟道，对于碳纳米管薄膜这类网络结构的沟道材料，其电学特性需要通过渗流理论来研究。

需要指出的是，虽然利用平板模型估计栅电容的方法简便易行，有利于材料及器件性能的快速评估，但是由于平板模型将过高估算栅电容，从而使载流子迁移率被低估。由于低密度的碳纳米管薄膜并不是严格意义上的连续的薄膜半导体材料，薄膜中碳纳米管之间具有较大的间隙，相邻碳纳米管的间距往往会大于栅绝缘层的厚度。针对稀疏的碳纳米管薄膜沟道，Q. Cao等在考虑碳纳米管直径、碳纳米管密度、绝缘层厚度及碳纳米管量子电容等因素基础上，提出了严格圆柱模型来评估栅电容[18]。图8.6给出了平板模型和严格圆柱模型中的电场分布示意图。平板模型将碳纳米管薄膜看成连续薄膜材料，电力线平行分布在沟道和栅极之间；而严格圆柱模型考虑了稀疏的碳纳米管与栅极的静电耦合效应，电力线汇聚于碳纳米管，从而提高了栅极对碳纳米管的电荷调控能力。严格圆柱模型的栅电容$C_{g,r}$表达式如下：

$$C_{g,r}=\left\{C_Q^{-1}+\frac{1}{2\pi\varepsilon\varepsilon_0}\ln\left[\frac{\Lambda_0}{R}\times\frac{\sinh(2\pi t_{ox}/\Lambda_0)}{\pi}\right]\right\}^{-1}\Lambda_0^{-1} \tag{8.5}$$

式中，C_Q为碳纳米管的量子电容；Λ_0^{-1}为碳纳米管网络的线密度；R为碳纳米管直径。利用严格圆柱模型计算栅电容可以更加准确地评估碳纳米管薄膜的载流子迁移率。此外，通过直接的C-V测量也可以确定碳纳米管薄膜晶体管的栅电容，进而更加准确地评估器件性能[19]。

8.2.1
碳纳米管薄膜沟道材料

在碳纳米管作为晶体管沟道的器件研究中，碳纳米管薄膜可分为定向排列和随机网络两种状态。由于碳纳米管直径及手性的差异，单根碳纳米管可能表现为金属性或者半导体性。即使对于半导体性碳纳米管，由于不同的碳纳米管的能带间隙不同，导致基于单根碳纳米管的薄膜晶体管的器件性能可能存在一定的差异。利用薄膜材料作为沟道，将可能使不同碳纳米管的性质差异得到一定程度的平均化，从而获得性能更加均一且具有可重复性的器件性能。

对于定向排列的碳纳米管薄膜，由于多个平行排列的碳纳米管直接连通于源/漏极，形成了直接的导电通路，器件可以获得大的电流输出特性。然而，线性排列的碳纳米管薄膜中即使存在极少数的金属性碳纳米管，也将显著降低薄膜晶体管的电流开关比，导致器件不能完全关断。如图8.7所示，S. J. Kang等在2007年利用化学气相沉积法在石英基底上合成了密集排列的定向碳纳米管薄膜，制备出顶栅薄膜晶体管器件[20]。每个晶体管中含有成百上千个线性排列的碳纳米管，器件展现出优异且相对均一的电学性能，载流子迁移率达到1000cm^2/(V・s)，跨导为3000S/m，具有约1A的电流输出能力。由于金属性碳纳米管短接于源/漏极，器件的电流开关比小于10。如图8.8所示，通过在源/漏极之间施加一个较大的偏压，选择性烧蚀掉金属性碳纳米管，电流开关比提高至约10^5。基于该原理，M. Shulaker等在2013年利用定向排列的碳纳米管薄膜制备出第一台碳纳米管计算机[21]，实现了基本的计数和排序等计算功能，虽然该计算机运算速度仅为1kHz，但展现了碳纳米管薄膜材料在未来更复杂的电子系统中的应用潜力。需要指出的是，电烧蚀方法在规模化和重复性制备方面仍存在一定的局限性，不能满足大面积柔性电子器件领域的应用需求。这种定向排列的碳纳米管材料将在纳电子器件应用中

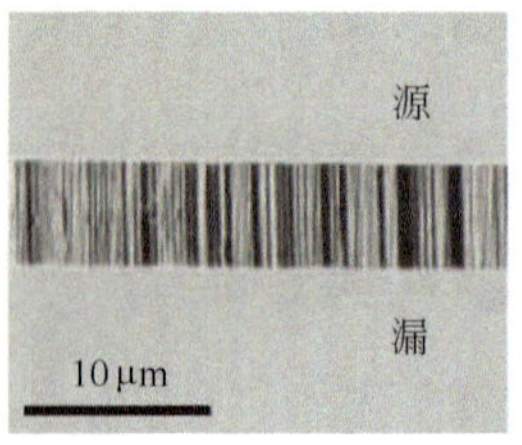

图8.7　基于定向排列碳纳米管的薄膜晶体管

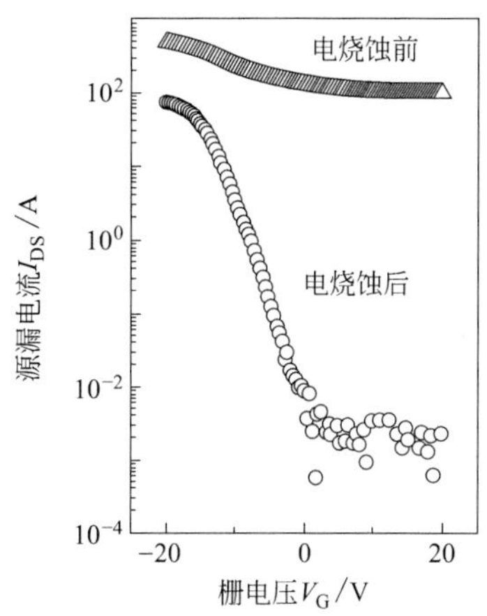

图8.8　电烧蚀前后的器件性能对比

展现出碳纳米管作为一维材料的优势，已成为后硅基时代的高性能芯片材料的重要代表之一。

相对于定向排列的碳纳米管薄膜，随机网络薄膜不仅具有优异的电学性质，而且在成膜均匀性以及规模化制备方面也具有显著的优势。这类碳纳米管薄膜不完全依赖于石英或蓝宝石等合成基底，可通过转移或者印刷的方法实现大面积、均匀的薄膜沉积，实现柔性薄膜晶体管等电子器件的规模化和低成本的制备。通过调控碳纳米管薄膜的密度，可以实现碳纳米管透明导电薄膜的光电特性调控，对于设计和开发具有柔性和透明功能的新型电子器件具有重要意义。在本章的讨论中，如不做特别强调，碳纳米管薄膜是指这种由无序排列碳纳米管网络构成的薄膜。

薄膜中的碳纳米管相互交叉连接，构成了一个较为复杂的导电网络，碳纳米管以及碳纳米管网络的性质都是影响碳纳米管薄膜电学输运性能的重要因素，不同直径以及不同手性的碳纳米管之间存在不同的势垒高度，也会对碳纳米管薄膜的电学性质产生一定的影响。虽然碳纳米管具有优异的电学性能，但是碳纳米管之间存在的结型结构电阻将比碳纳米管自身电阻高出一个甚至几个数量级。研究表明，金属性碳纳米管之间以及半导体性碳纳米管之间具有相对较好的电接触，金属性和半导体性碳纳米管由于彼此之间存在肖特基势垒，形成的结电阻比同类型碳纳米管间的电阻高出两个数量级[22]。因此，结电阻是影响碳纳米管薄膜导电性能的主要因素之一。碳纳米管之间结电阻的大小与两根碳纳米管的位置和形貌直接

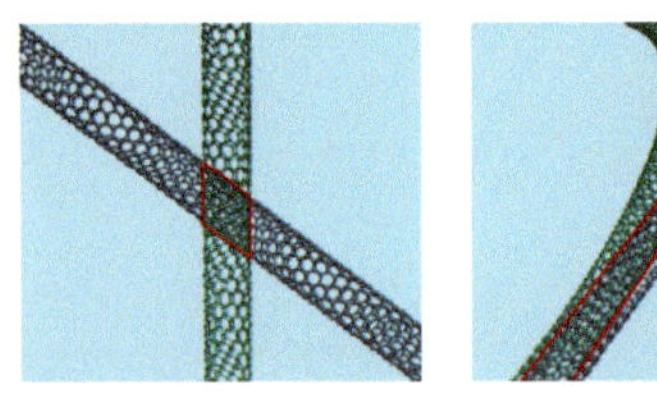
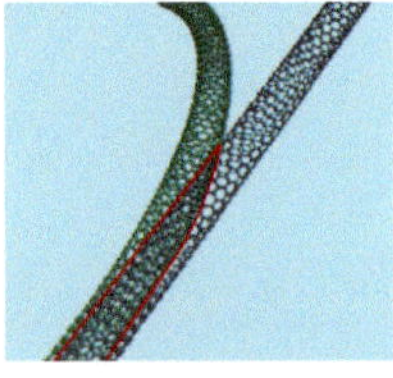

图8.9 碳纳米管网络中的结型结构

(a)X形结;(b)Y形结

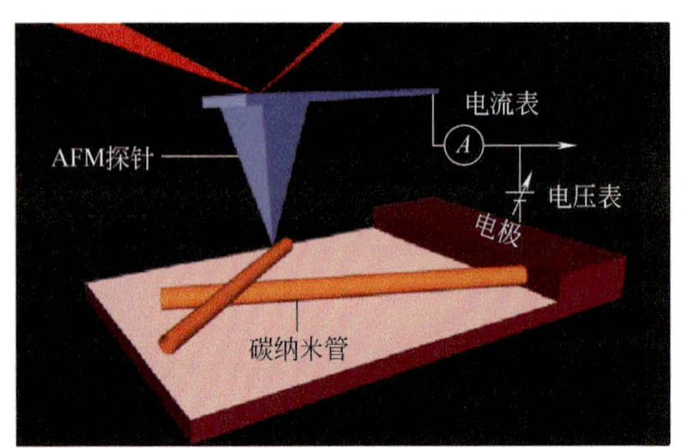

图8.10 导电模式的AFM原位测试装置示意图

相关，图8.9给出了典型碳纳米管网络中的结型结构，包括X形结和Y形结[23]。

从几何结构比较来看，Y形结比X形结具有更大的交叉重叠区域，因此碳纳米管间电子波函数交叠面积增加，提高了电子在碳纳米管间的隧穿概率，有利于结间碳纳米管的电学传输，因此结电阻更小。P. N. Nirmalraj等在2009年利用导电模式工作的AFM方法，原位测量了碳纳米管网络的电导分布，图8.10给出了测量技术的示意图[24]。通过在AFM探针与测试样品电极之间施加偏压，AFM探针的工作状态类似于一个可移动的接触电极，实现了在碳纳米管薄膜的不同区域施加电压，并完成导电通路中电流的实时检测。图8.11给出了碳纳米管网络电流分布的测量结果，从电流变化情况可以推算出结电阻的大小。图中的结A、结B和结C分别是Y形结、X形结和X形结。沿通路1和通路2的电阻变化表明，在X形结处存在约100kΩ的电阻增量，而在Y形结处没有观察到明显的电阻变化，因此有效降低碳纳米管薄膜中的结电阻对于提高薄膜电导具有重要意义。

图8.12给出了X形结（a）和Y形结（b）富集的碳纳米管薄膜的扫描电子显微镜（SEM）的照片。图中的碳纳米管都是由浮动催化剂化学气相沉积方法制备，在反应器的下游通过不同的收集方法而获得的。X形结富集的样品是通过静

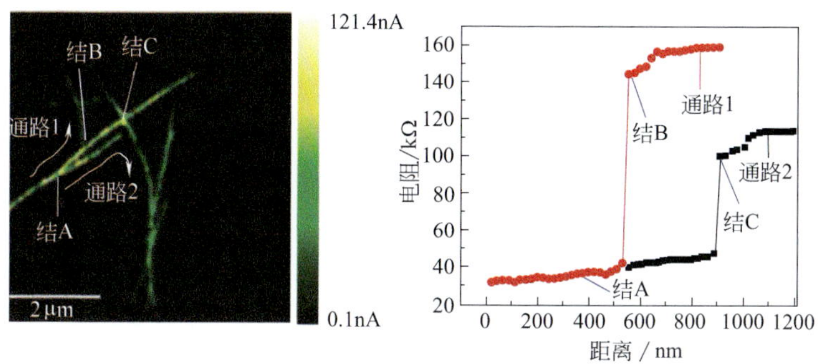

图8.11　碳纳米管网络的电流分布及不同通路的电阻变化曲线

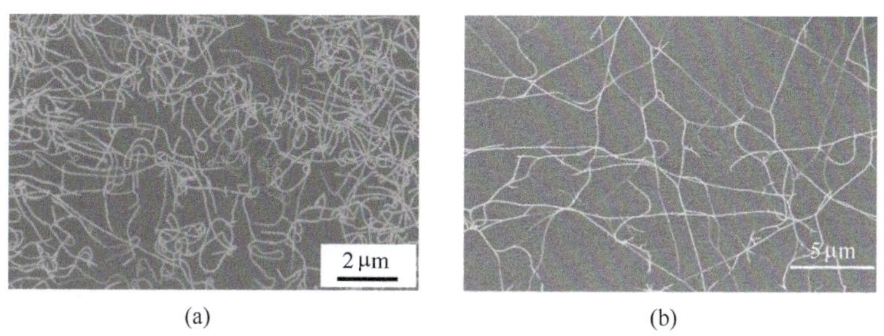

图8.12　X形结和Y形结富集的碳纳米管薄膜

电场辅助方法直接沉积到硅片表面，而Y形结富集的样品是通过滤膜气相过滤沉积再转移到硅片上。虽然碳纳米管的合成条件相同，但由于碳纳米管成膜方式的不同而获得了形貌迥异的样品，薄膜的电学性质也有明显的差异。利用两种样品分别制备薄膜晶体管并进行电学性能测试，结果表明在相同电流开关比条件下，Y形结富集的样品比X形结富集的样品载流子迁移率高出一个数量级[23,25]。通过对滤膜表面收集的碳纳米管进行表征，发现大量的Y形结是在气相沉积过程中自发形成在滤膜表面上的。

8.2.2
碳纳米管薄膜的电学性质

根据半导体性碳纳米管含量以及薄膜的网络密度不同，碳纳米管薄膜可能表现为金属性或者半导体性。当网络密度逐渐增加时，碳纳米管薄膜从稀疏的网络

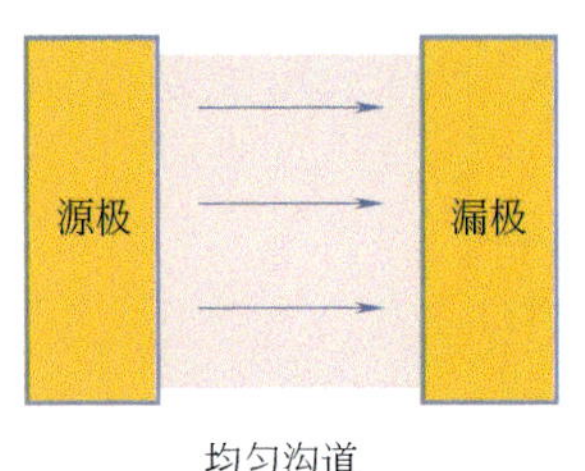

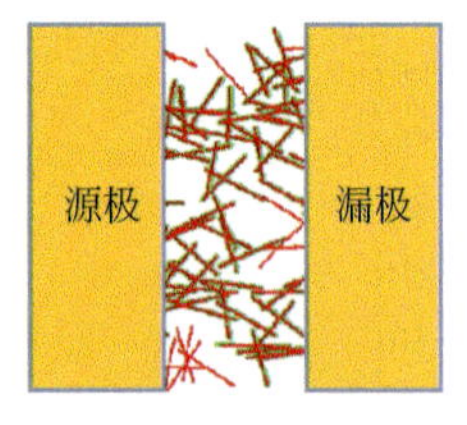

图8.13 碳纳米管薄膜与均匀沟道材料的对比

变成稠密的连续薄膜，其电学传输特性也由半导体性向金属性转变。基于碳纳米管优异的电学性质，在保证较高透光率（90%）的条件下，薄膜的方块电阻可以达到100Ω/sq，甚至更低，因此较高密度的碳纳米管薄膜在透明导电薄膜领域也具有重要的应用前景[26]。在下文的介绍中，我们将着重阐述较低密度的碳纳米管薄膜作为沟道材料的应用和涉及的主要问题。

图8.13对照给出了碳纳米管薄膜与通常的均匀半导体材料作为晶体管沟道的示意图。均匀沟道的晶体管的电导与沟道长度成反比例关系，器件性能随沟道几何尺寸成比例变化。而碳纳米管薄膜沟道的电学性质需要通过渗流理论进行讨论，碳纳米管薄膜可以看作由短棒构成的二维导电网络[27~29]。当碳纳米管的密度超过渗流阈值时，碳纳米管薄膜中才能形成宏观的导电通路。通过渗流理论数值计算，均匀的碳纳米管薄膜密度的渗流阈值ρ_{th}需要满足如下关系式：

$$\rho_{th} = 4.24^2 / (\pi L_{CNT}^2) \tag{8.6}$$

式中，ρ_{th}和L_{CNT}分别为碳纳米管密度的渗流阈值和碳纳米管的长度。

C. Kocabas等在2007年报道了适用于碳纳米管薄膜的短棒渗流模型，结合薄膜晶体管器件的性能测试，提出了关于碳纳米管薄膜导电的渗流理论[30]。对于薄膜晶体管等宏观电子器件来说，通常器件的沟道长度大于碳纳米管的长度，即$L_{ch}>L_{CNT}$，沟道中碳纳米管不能直接连接源/漏极，沟道中可能存在多个并联的导电通路，而每一个导电通路由多根碳纳米管交联而成。从器件性能角度考虑，薄膜晶体管的沟道电流与碳纳米管以及薄膜密度存在如下关系：

$$I_{DS} \propto \frac{1}{L_{CNT}}\left(\frac{L_{CNT}}{L_{ch}}\right)^m \tag{8.7}$$

式中，m为非线性依赖于碳纳米管网络覆盖率（$\rho_{CNT}L_{CNT}^2$）的常数，其中ρ_{CNT}

为碳纳米管薄膜的密度。当ρ_{CNT}逐渐增大时，碳纳米管薄膜的电学性质逐渐趋向于经典的二维均匀沟道，薄膜中所有碳纳米管都参与电荷传输过程。图8.14示意性地给出了沟道电流与沟道长度的变化关系。一方面，对于二维均匀沟道，从公式（8.7）可以得到m=1，薄膜晶体管的沟道电流与沟道长度呈反比关系。另一方面，当ρ_{CNT}减小并逐渐接近 ρ_{th} 时，并不是沟道中所有的碳纳米管都参与了电荷传输过程。当沟道长度L_{ch}减小时，沟道形成了更多新的导电通路，沟道电流的增加幅度将高于经典的二维均匀沟道的情况，即m>1。

C. Kocabas等仿真模拟了高/低密度的碳纳米管薄膜沟道的电流分布[30]，如图8.15所示，高密度薄膜中的碳纳米管基本都参与了电流传输，随沟道长度变化电流分布没有明显变化；低密度薄膜中的部分碳纳米管形成了电学意义上的孤岛，随着沟道长度变短，一些新的导电通路逐渐形成，一定意义上等效于增加了沟道

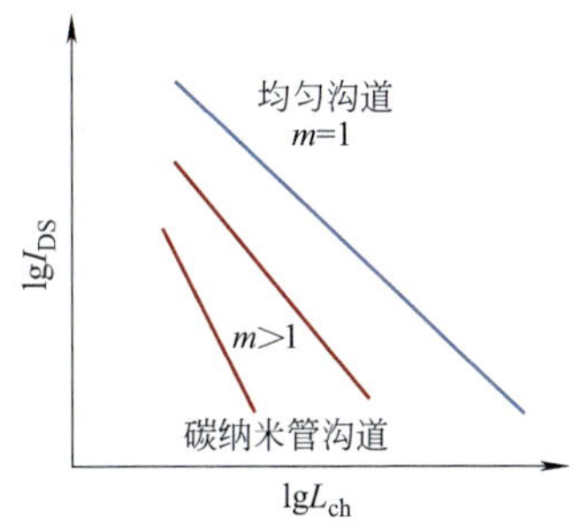

图8.14　沟道电流与沟道长度的变化关系

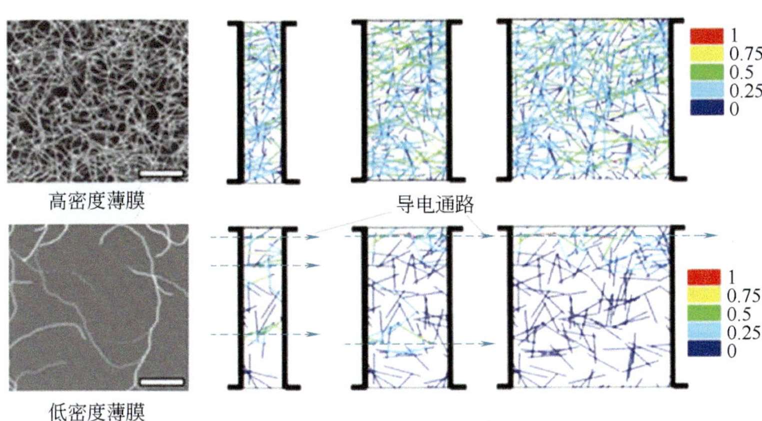

图8.15　不同密度碳纳米管薄膜沟道的电流分布

宽度，开态电流得到显著增加。

渗流理论假定了碳纳米管为理想的导电短棒，对于实际的碳纳米管薄膜晶体管器件来说，实验中获得的m值大小将与一系列碳纳米管薄膜性质有关，影响薄膜性质的主要因素包括碳纳米管导电属性的变化、碳纳米管长度的变化、碳纳米管网络形貌的不同、碳纳米管间结电阻的差异等。通常的碳纳米管薄膜样品中含有金属性碳纳米管，即使对于导电属性选择性制备以及通过后处理工艺导电属性分离的样品，也存在一定比例的金属性碳纳米管。碳纳米管导电属性的不确定性，也增加了碳纳米管薄膜的渗流理论的复杂性[31]。图8.16给出了不同密度碳纳米管薄膜的渗流原理的示意图[32]。当薄膜晶体管在栅电压作用下处于关闭状态时，仅有金属性碳纳米管处于电学导通状态，沟道中如果存在全部由金属性碳纳米管连接而构成的导电通路，将导致薄膜晶体管的关态电流显著增加，使器件无法关断[图8.16（b）]。为了获得高的电流开关比，需要降低薄膜的密度，从而保证金属性碳纳米管的密度ρ_{m_CNT}小于渗流阈值ρ_{th}［图8.16（a）］。另外，为了提高沟道的载流子迁移率和增加器件的开态电流，需要增大薄膜的密度。因此，对于含有金属性碳纳米管的薄膜沟道来说，器件展现出的载流子迁移率和电流开关比性能

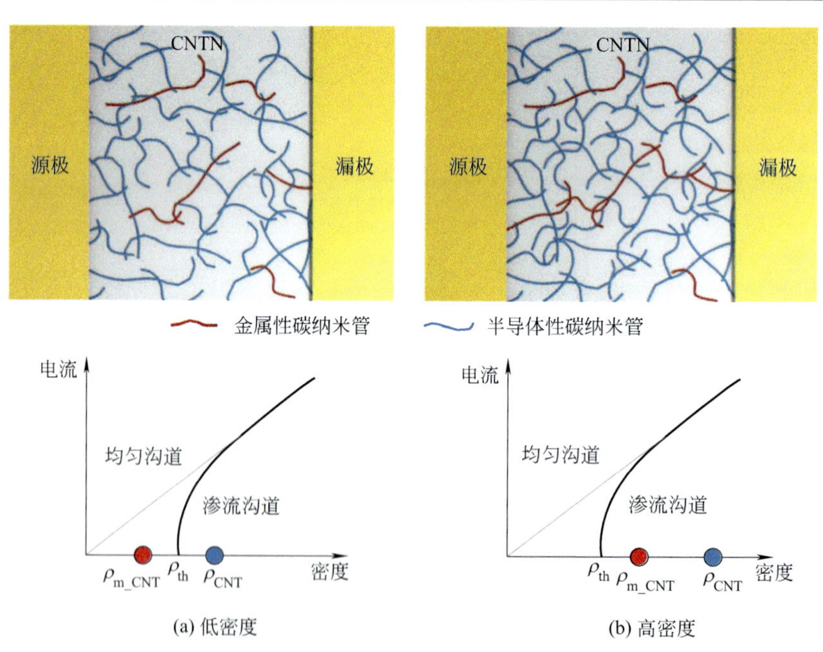

图8.16　碳纳米管薄膜的渗流原理的示意图

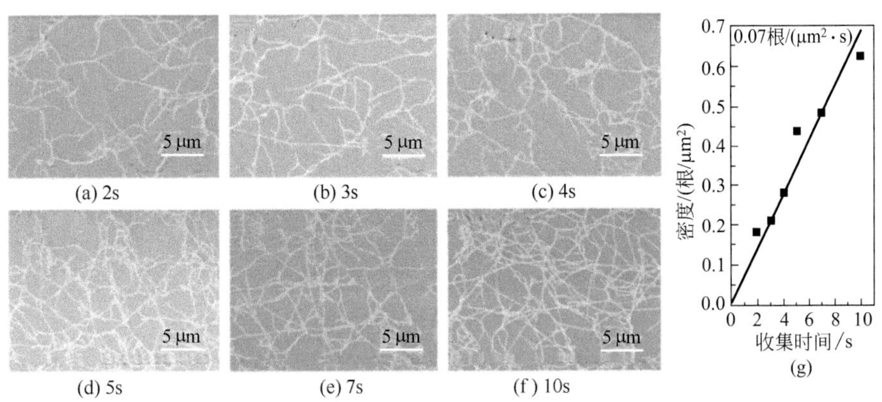

图8.17 碳纳米管薄膜的密度与收集时间的线性关系

存在矛盾关系，在器件设计和构建中需要合理选择特定密度的碳纳米管薄膜，使 ρ_{m_CNT} 稍小于 ρ_{th}，从而最大限度地优化薄膜晶体管的器件性能。

D. M. Sun等于2011年采用不同密度的碳纳米管薄膜作为沟道，开展了薄膜晶体管的器件研究[23]。利用浮动催化剂化学气相沉积方法合成碳纳米管，通过调控气相过滤的收集时间获得不同密度的碳纳米管薄膜。如图8.17所示，碳纳米管薄膜的密度与收集时间近似成线性关系，随着收集时间从2s增加到10s，碳纳米管薄膜的密度逐渐增大。

图8.18（a）～（c）给出了开态电流及关态电流随沟道长度的变化关系[23]。为了减小实验误差，图中每一点均为20个器件性能的统计结果。对于薄膜晶体管的开态和关态，碳纳米管网络覆盖率分别为 $\rho_{CNT}L_{CNT}^2$ 和 $\rho_{m\_CNT}L_{CNT}^2$，相应的 m 值表示为 m_{on} 和 m_{off}。对于开态电流，金属性和半导体性碳纳米管共同参与导电；对于关态电流，仅有金属性碳纳米管参与导电。电流开关比与 m 值存在如下关系：

$$I_{on} / I_{off} \propto (L_{ch})^{m_{off}-m_{on}} \quad (8.8)$$

即电流开关比随着沟道长度的增加呈幂指数（$m_{off}-m_{on}$）增加。对于高密度的碳纳米管薄膜（10s），薄膜逐渐趋向于经典的二维均匀沟道，m 值逐渐接近于1；对于低密度的碳纳米管薄膜（2s），$m_{off}-m_{on}$ 值迅速增大，电流开关比显著增加。在器件性能优化中，有效的方法是尽量减少金属性碳纳米管的含量，增大开态和关态碳纳米管网络覆盖率的差异，从而保证在高电流开关比条件下获得更大的开态电流。

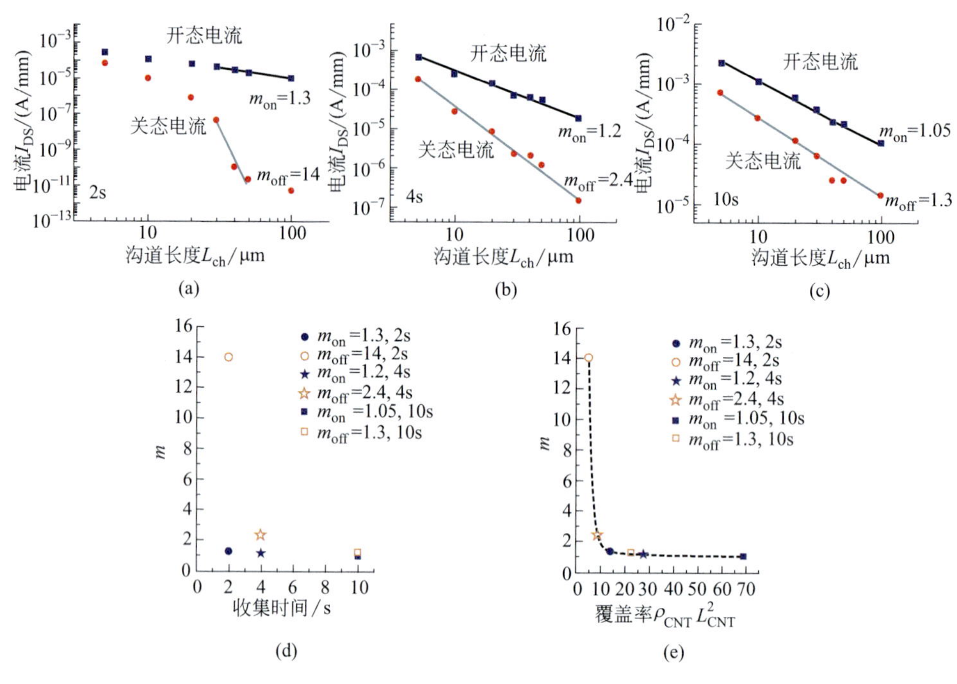

图8.18　开/关态电流与沟道长度的关系

薄膜沟道的电学性质与碳纳米管的长度存在一定的关联，由于碳纳米管间的结电阻通常远大于碳纳米管自身电阻，增加碳纳米管长度有利于提高薄膜电导。基于渗流理论，薄膜电导σ与碳纳米管的平均长度存在如下关系[33]：

$$\sigma \propto L_{CNT}^{\alpha} \tag{8.9}$$

式中，α是一个依赖于碳纳米管结电阻的参数。当碳纳米管之间为理想接触情况，即结电阻可以忽略不计时，α值接近于0；当结电阻成为碳纳米管薄膜电阻的主导因素时，α值接近于2.48。D. Hecht等在2006年研究了碳纳米管薄膜电导与碳纳米管束平均长度的关系[34]，如图8.19所示，$\sigma \propto L_{CNT}^{1.46}$。当碳纳米管薄膜通过溶液旋涂在基底上时，碳纳米管一般以管束的形式存在。这个结果表明，随着碳纳米管（或管束）的长度增加，薄膜电导性能会相应增加。因此，选用较长的碳纳米管有利于提高碳纳米管薄膜沟道的载流子迁移率等电学性能。实验上测得碳纳米管的自身电阻约为6kΩ/μm，因此数十微米的碳纳米管的自身电阻将与结电阻具有相当的量级。然而，过长的金属性碳纳米管可能会直接短接源/漏极，不利于薄膜晶体管器件的小型化以及宏观电子器件集成度的提高。

不同直径的碳纳米管对于碳纳米管薄膜晶体管的器件性能也有显著的影响。半导体性碳纳米管的能带间隙与碳纳米管的直径成反比，大直径碳纳米管由于带隙过小而无法完全关断，小直径碳纳米管产生的过大势垒将使碳纳米管间的结电阻增加[35]。Y. Asada等在2011年利用1.0nm、1.3nm、1.8nm和2.1nm直径的碳纳米管构建薄膜晶体管，考察了不同直径的碳纳米管对器件性能的影响[36]。如图8.20所示，AFM图像表明了4种样品中碳纳米管的平均长度均为400nm，排除了碳纳米管长度因素对于器件性能的可能影响。研究结果表明，器件的开态电流与碳纳米管的直径无关联，而关态电流的大小与碳纳米管的直径有明显依赖关系。

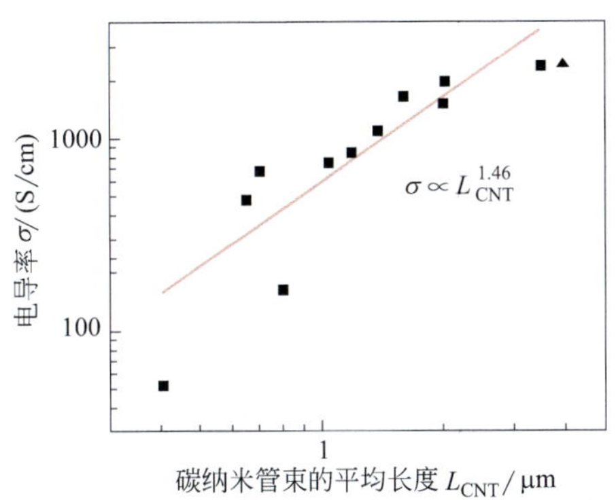

图8.19 薄膜电导与碳纳米管束的平均长度的关系

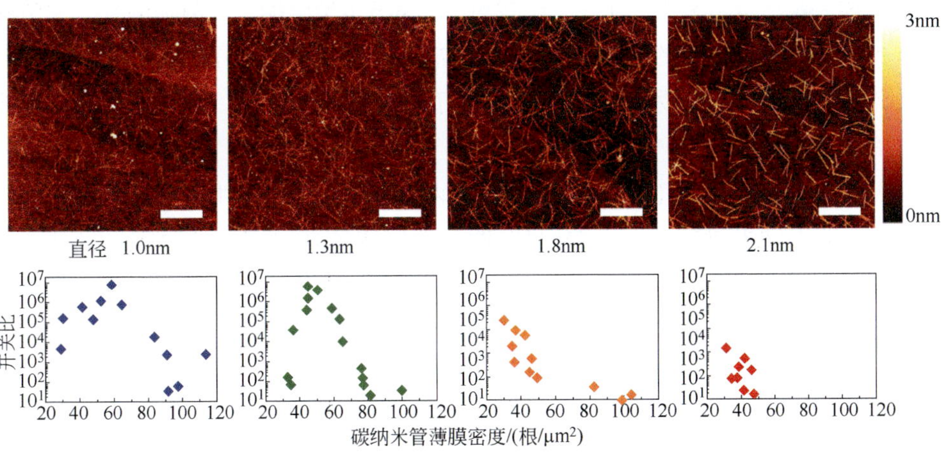

图8.20 碳纳米管直径对薄膜晶体管器件性能的影响（比例尺：1μm）

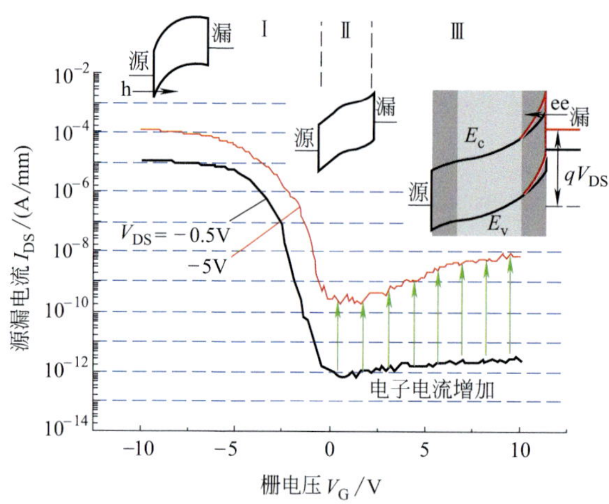

图8.21　不同偏压下碳纳米管薄膜晶体管的转移特性曲线

大直径（如2.1nm）的碳纳米管的关态电导较大，该电导主要来源于大直径碳纳米管中的热激发载流子。图8.20针对4种直径的碳纳米管薄膜，给出了器件的电流开关比随薄膜密度优化的分布关系，小直径的碳纳米管在较大的密度分布区域内具有高的电流开关比，同时也具有更大的载流子迁移率。

薄膜晶体管器件的电流开关比退化现象与碳纳米管的直径存在依赖关系。图8.21给出了不同偏压下碳纳米管薄膜晶体管的转移特性曲线，说明了通常的器件在高源/漏电压下的电流开关比退化现象。对比 V_{DS} 分别为－0.5V和–5V两种情况，电流开关比大约降低了1～2个数量级。对于p型碳纳米管薄膜沟道，在负栅压下空穴参与导电，而在正栅压下电子电流明显增大。能带分布示意图说明了在高源漏偏压下，薄膜晶体管关态下仍有电子通过导带底隧穿，导致电子电流不能得到有效抑制。

图8.22对比了基于不同平均直径的碳纳米管薄膜的器件性能，可以看出直径为1.1nm的碳纳米管在 V_{DS} = –5V时器件仍然保持了10^7的电流开关比，而1.6nm的碳纳米管表现出了较为严重的性能退化现象，开关比大约降低了2～3个数量级。1.1nm和1.6nm的碳纳米管分别具有约0.71eV和约0.49eV的能带间隙，较小的带隙使得碳纳米管在电极附件产生更大的能带弯曲，提高了关态下电子向导带底隧穿的概率。因此，小直径的碳纳米管有利于抑制薄膜晶体管在工作状态下开关比退化现象。

由于范德华力的作用，分立的碳纳米管趋向于集结成为碳纳米管束。研究表

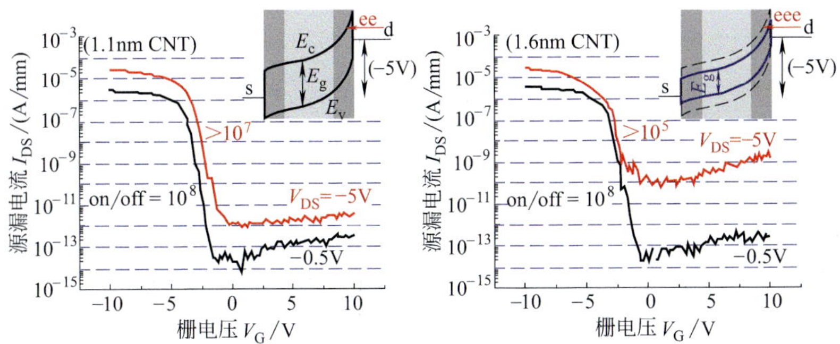

图8.22 不同直径碳纳米管的器件性能对比

明，大的碳纳米管束由于产生更大的结电阻而不利于薄膜电导的提高。同时，当碳纳米管束中存在金属性碳纳米管时，由于金属性碳纳米管的静电屏蔽效应，极大程度地减弱栅电极对半导体性碳纳米管的调控能力，从而无法关断半导体性碳纳米管。因此，选用分立的碳纳米管构成的碳纳米管薄膜有利于提高器件的电流开关比[37]。此外，洁净的碳纳米管也有利于薄膜晶体管器件性能的提高，由于碳纳米管具有较高的表面活性，在通常的化学改性和分散等液相处理过程中，大量的电荷陷阱吸附于碳纳米管表面而难以有效去除，电荷陷阱将使栅极的电学调控作用受到抑制，从而导致器件电流开关比降低、亚阈值斜率增大以及阈值电压偏移等不利影响。

8.2.3 碳纳米管薄膜的成膜技术

目前合成单壁碳纳米管的方法有很多，主要包括电弧放电法、激光烧蚀法和化学气相沉积法等[38~41]。不同方法各具特点，电弧放电法和激光烧蚀法的合成温度高，碳纳米管样品的结晶度也较高；化学气相沉积法的合成温度通常在800 ～ 1200℃范围，碳纳米管样品纯度较高、可控性好。从薄膜晶体管器件构建的要求来说，首先需要制备出高质量的碳纳米管薄膜材料，这些薄膜材料可以通过化学气相沉积法直接获得，也可通过分散、纯化和分离等后处理工艺，将碳纳米管粉体材料制备成溶液，进而通过旋涂或者印刷等方法获得。

化学气相沉积法可实现水平、垂直碳纳米管阵列和无序排列的碳纳米管网络的制备，由于制备成本较低、易于放大并且碳纳米管的产率较高，该方法已经成为制备碳纳米管薄膜材料的一种有效技术[42]。化学气相沉积方法制备碳纳米管薄膜可以分成两类：一类是将已沉积催化剂颗粒的硅片或石英等基底放入化学气相沉积反应腔体，通过气氛、温度和反应时间等参数调节制备碳纳米管薄膜，称为固相成膜法；另一类是浮动催化剂化学气相沉积法，将催化剂和碳源前驱体连续注入反应器，前驱体在高温区分解产生碳原子并在悬浮的催化剂粒子的作用下形成碳纳米管，碳纳米管的生长和成膜全部是在气相环境中进行的，因此该方法称为气相成膜法。

图8.23说明了利用化学气相沉积法在基底上制备碳纳米管薄膜的方法。金属催化剂通过蒸镀或溶液旋涂等方法预先沉积到基底上，碳源前驱体包括甲烷、乙烯、乙醇、甲醇等烃类。通过反应时间可以一定程度上调控碳纳米管薄膜的密度，但金属性碳纳米管的存在会降低器件的电流开关比。Q. Cao等利用条带图形化技术调控薄膜中的导电网络，使导电通路中金属性碳纳米管的密度低于渗流阈值，从而获得了高的电流开关比。针对柔性电子器件，在硬质基底上生长的碳纳米管需要进一步转移到柔性基底，因此柔性器件的尺寸将受限于硬质基底的尺寸，并不适用于大面积柔性器件的制备[43]。

H. M. Cheng等于1998年发明了浮动催化剂化学气相沉积法，实现了单壁碳纳米管的准连续制备。图8.24给出了目前已发展出的横式和竖式两种反应器的示意图[44,45]。催化剂和碳源前驱体同时导入常压层流反应器，连续合成碳纳米管，并在室温条件下通过气相滤膜方法收集碳纳米管。图8.25给出了滤膜上的碳纳米管薄膜可以通过干法转移技术转移到包括塑料、玻璃、石英、硅片和金属等基底

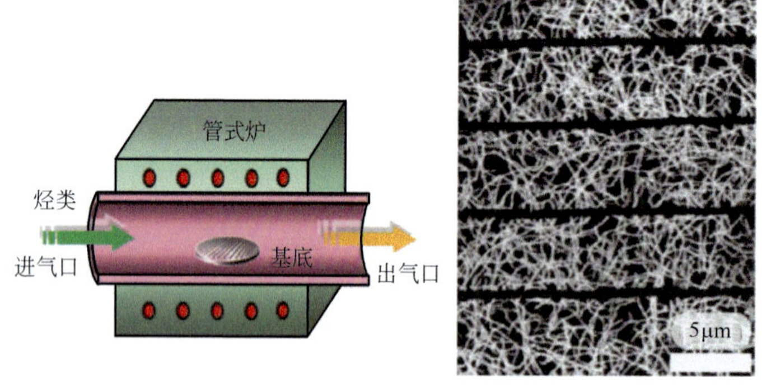

图8.23　化学气相沉积法制备碳纳米管薄膜及其形貌

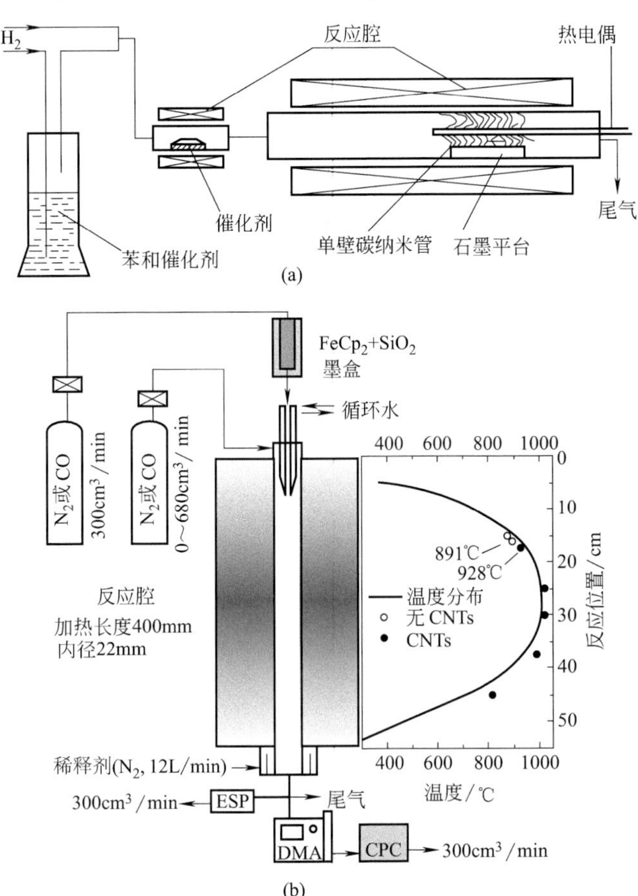

图8.24 浮动催化剂化学气相沉积反应器的示意图

上[26]。通过调节收集时间，碳纳米管薄膜的厚度可从纳米到微米数量级，不同厚度的碳纳米管薄膜在气体流量计、气体加热器、透明扬声器、薄膜晶体管和透明导电薄膜等领域具有广阔的应用前景[46]。浮动催化剂化学气相沉积法是一种简单、快速和低成本的碳纳米管薄膜制备技术，并且所制备的薄膜尺寸不受反应器腔体的限制，因此在大面积柔性电子器件应用方面具有独特的优势。通过调控催化剂注入量等合成参数，残留在碳纳米管薄膜上的催化剂对碳纳米管薄膜晶体管器件的应用并没有显著影响。

区别于上述直接成膜技术，溶液分离法是基于“先生长后处理”的策略，使用表面活性剂、生物分子或有机共轭分子等在溶液中对碳纳米管进行组装、修饰或物理包覆，然后根据不同手性碳纳米管之间的性质差异进行选择性分离。主要

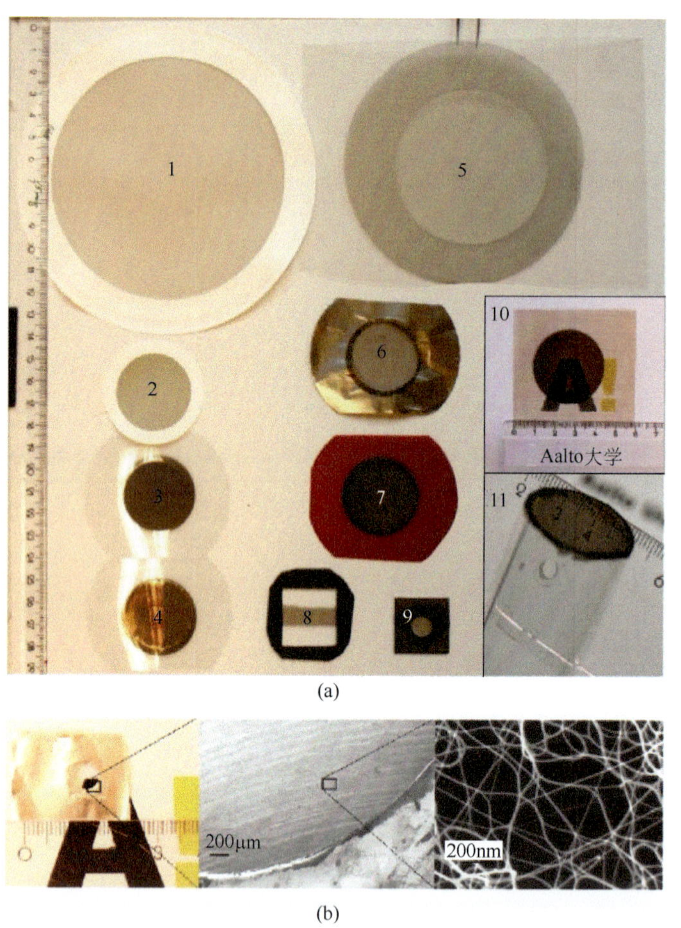

(a)

(b)

图8.25　自支撑的碳纳米管薄膜

（a）滤膜上收集的碳纳米管薄膜（1，2），直接转移到聚对苯二甲酸乙二酯（PET）基底上的碳纳米管薄膜（3），酒精稠化后的碳纳米管薄膜（4），分别在PET（5）、铝箔（6）、聚四氟乙烯（7）、塑料薄片（8）和金属片（9）上的自支撑的碳纳米管薄膜，插入图为存在于网孔上的准自支撑碳纳米管薄膜（10），内部直径为20mm的末端开口的薄膜管上的自支撑碳纳米管薄膜（11）；（b）5mm铝箔孔上自支撑的碳纳米管薄膜的照片

的选择性分离技术包括密度梯度离心法、色谱法、双水相萃取分离法等[47~49]。可以通过这些液相纯化分离技术去除碳纳米管样品中的无定形碳和金属催化剂等杂质，获得高纯度碳纳米管溶液，进而通过旋涂或印刷等技术制备成碳纳米管薄膜[50]。M. C. Hersam等提出了密度梯度超速离心法，通过超高速离心分离技术处理均匀分散到液相介质中的碳纳米管，根据不同管径碳纳米管的沉降系数的差异实现梯度分离[51]。采用胆酸盐作为活性剂对特定手性的碳纳米管进行选择性缠绕，通过

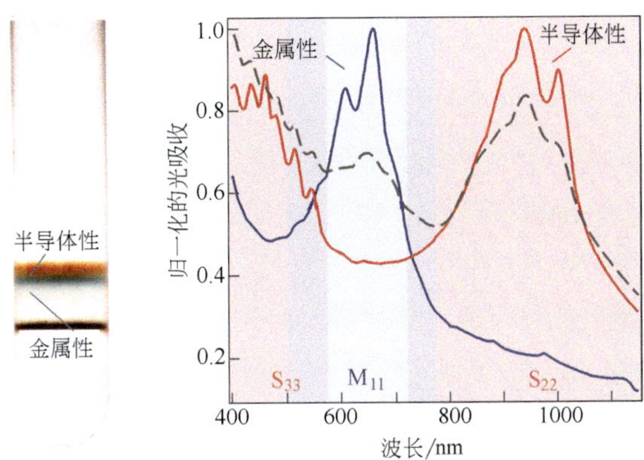

图8.26　密度梯度超速离心法分离碳纳米管

密度梯度超速离心分离后，得到了不同颜色的色带，获得了直径单一的碳纳米管，提高了碳纳米管的直径和长度的选择性。图8.26给出了密度梯度超速离心法分离碳纳米管的结果[51]，通过计算金属性和半导体性碳纳米管的光吸收谱峰面积的比值，发现可将电弧放电法制备的碳纳米管样品中半导体性碳纳米管的比例提高到99%。采用这种碳纳米管溶液制备的薄膜晶体管同时表现出高载流子迁移率和大电流开关比[52]。密度梯度超速离心法在碳纳米管薄膜制备领域具有发展潜力，但目前仍然存在产率低和成本高等问题。

利用DNA分子对碳纳米管进行缠绕包覆，并通过离子交换色谱分离法，可以实现碳纳米管的手性选择性分离。M. Zheng等2009年利用特定的DNA序列成功分离出12种单一手性的碳纳米管。图8.27给出了分离出的碳纳米管的紫外-可见-近红外吸收光谱。由于DNA包覆碳纳米管的能力很强，对碳纳米管直径、手性的选择性非常高，与色谱联用便可实现金属性和半导体性碳纳米管的高效分离，但该方法分离成本太高，不利于批量制备。此外，吸附在碳纳米管表面上的DNA分子很难除去，也会影响碳纳米管在薄膜晶体管器件中的应用。

凝胶层析法利用碳纳米管与凝胶之间不同的相互作用强度，有效实现了单一手性碳纳米管的分离，可以制备出单一直径、手性、长度和导电属性的碳纳米管溶液，是一种相对简单的碳纳米管分离技术[53,54]。如图8.28所示，H. Kataura等设计了垂直排列的多个凝胶色谱柱装置，在不同色谱柱中收集到单一手性的碳纳米管，该方法操作简单且成本低，具备大规模分离碳纳米管的条件。区别于多柱串联分离，Q. W. Li等采用二元表面活性剂梯度淋洗方法，利用不同结构半导体

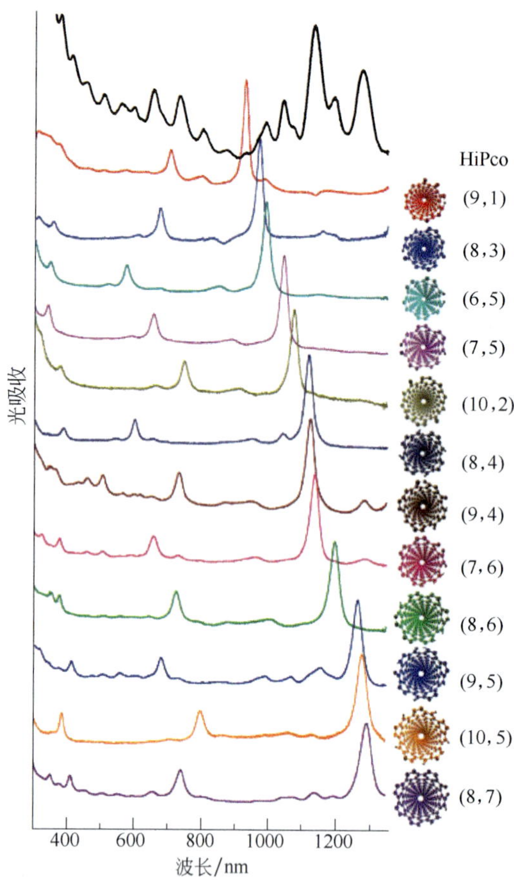

图8.27　利用特定的DNA序列选择性分离碳纳米管

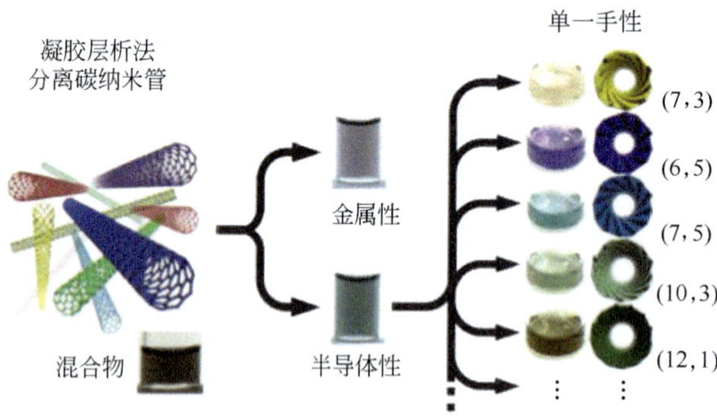

图8.28　凝胶层析法分离碳纳米管

性碳纳米管与凝胶之间亲和力的差异，逐渐增大淋洗液的洗脱强度，也可实现不同手性半导体性碳纳米管的分离[55,56]。随着碳纳米管直径的增大，相同直径碳纳米管可能存在的手性数增多，同时碳纳米管中的碳碳键曲率差别减弱，因此采用凝胶层析法分离大直径（>1.4nm）碳纳米管的难度较大。

通过溶液分离法制备半导体性碳纳米管的研究已经取得了很大进展。虽然后处理分离工艺会使碳纳米管产生结构缺陷，包括表面破坏、长度变短、界面污染等，从而降低薄膜晶体管的器件性能，但相比于化学气相沉积法成膜，溶液分离法获得的碳纳米管在手性种类以及分离纯度等方面具有优势。获得的单一导电属性的碳纳米管溶液进一步通过旋涂、印刷等成膜工艺，制备出可应用于晶体管沟道的碳纳米管薄膜。图 8.29 给出了几种利用碳纳米管溶液制备碳纳米管薄膜的方法。通过旋涂方法，碳纳米管溶液在旋转的基底表面均匀成膜［图 8.29（a）］，形成随机分布的碳纳米管薄膜网络。美国 IBM 托马斯 · 沃森研究中心 M. Engel 等 2008 年利用溶液界面存在的黏滑机制，自组装碳纳米管的顺排阵列[57]，碳纳米管的密度达到 10 ～ 20 根/μm［图 8.29（b）］，通过该方法制备了亚微米尺寸的高性能薄膜晶体管器件，但是这种自组装方法在规模化放大制备方面存在一定的困难。

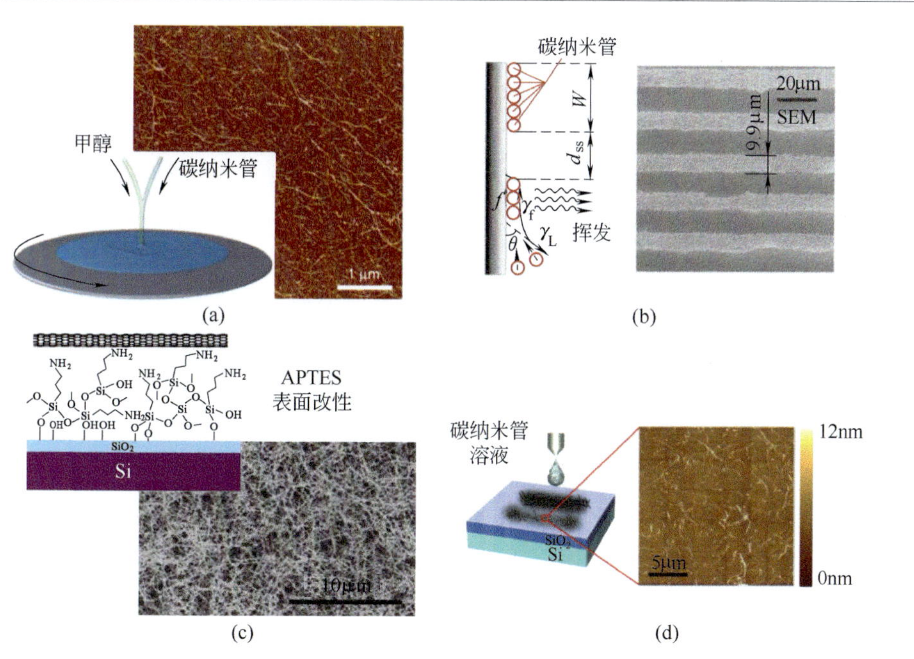

图8.29　碳纳米管溶液成膜方法

C. Wang等提出采用浸渍方法沉积碳纳米管薄膜[58]，首先利用含有胺基基团的分子（APTES）对目标基底表面进行改性，再将基底浸渍在半导体性碳纳米管溶液中，由于表面基团与碳纳米管有强的吸附作用，基底表面沉积了均匀性很好的碳纳米管薄膜［图8.29（c）］。印刷或打印的方法代表了利用碳纳米管溶液制备碳纳米管薄膜的一类相对成本较低的制备技术，根据成膜方式的不同，可以分为喷墨打印、凸/凹版印刷等[59~63]。不同于传统的光刻技术，印刷方法更适用于大面积、低成本的宏观电子器件的构建［图8.29（d）］，由于相对较低的工艺精度（通常10～100μm），印刷电子的器件性能还不高，一般能够完成简单的控制、存储等功能，其器件集成度和性能远不能与硅基电路进行比较和竞争。

在利用碳纳米管溶液制备薄膜的研究中，研究人员也开发出多种碳纳米管定位技术，将碳纳米管选择性定位于基底的特定区域中。图8.30给出了几种碳纳米管溶液的液相定位技术的示例。德国卡尔斯斯鲁厄大学的A. Vijayaraghavan等人利用介电泳自组装技术定位单根碳纳米管[64]，碳纳米管密度达10^6根/cm^2［图8.30（a）］。美国IBM托马斯·沃森研究中心H. Park等人采用一种离子交换表面化学

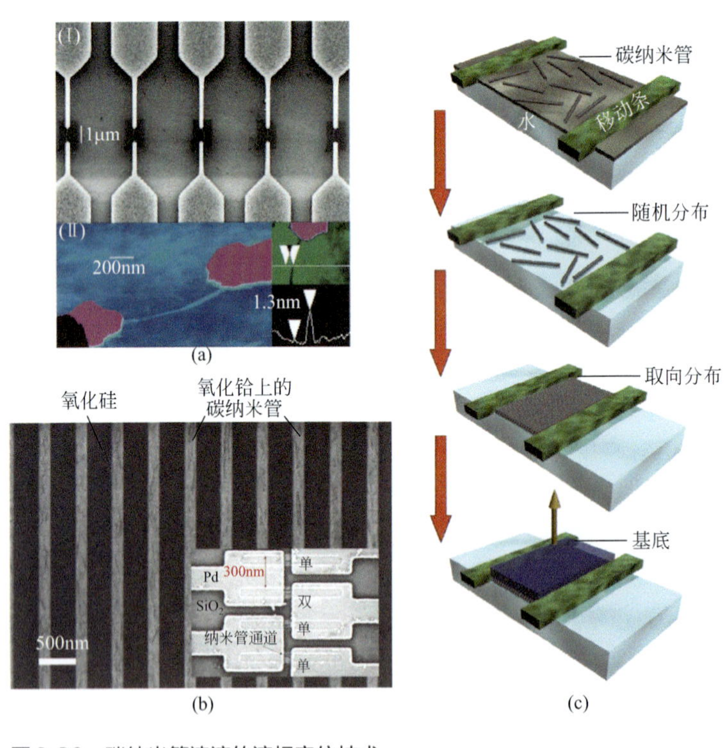

图8.30　碳纳米管溶液的液相定位技术

处理方法，实现了高密度碳纳米管的定位，碳纳米管被选择性地沉积在经过表面处理的氧化铪区域内［图8.30（b）］。在超过3000个晶体管器件评估中，90%的器件表现出良好的电学接触，其中80%的晶体管具有半导体性的开关特性[65]。Q. Cao等人2013年报道了采用朗缪尔-谢弗成膜技术组装高密度顺排碳纳米管薄膜［图8.30（c）］，该薄膜一般由两层碳纳米管构成，碳纳米管的密度达500根/μm[66]。考虑到碳纳米管的直径因素，该密度已经接近于理论极限，该方法为薄膜晶体管和后硅基集成电路的研发提供了新思路。结合碳纳米管定位技术的研究，液相分离工艺制备的碳纳米管薄膜在柔性薄膜晶体管器件中具有广阔的应用前景。

8.3 柔性碳纳米管薄膜晶体管及集成电路

基于碳纳米管薄膜晶体管沟道材料制备的特点，柔性薄膜晶体管器件的构建方法大体上可分为三类，它们分别是基于转移技术的固相法、基于碳纳米管溶液的液相法以及基于气相收集碳纳米管薄膜的气相法[67~70]。固相法是采用固定催化剂在硬质基底上生长碳纳米管，再转移到塑料基底上制作薄膜晶体管的方法。液相法是将合成好的碳纳米管经分散、提纯和分离制成溶液，采用旋涂、喷墨印刷、纳米压印和电泳等方法来制作薄膜晶体管。液相法可与印刷技术相结合，成为柔性电子器件领域具有前景的发展方向。气相法是采用浮动催化剂化学气相沉积法合成碳纳米管，直接通过滤膜气相收集并转移到衬底上制作晶体管的方法。气相法可避免液相法中的物理化学处理工艺对碳纳米管的污染和损伤，具有简单、快速、非真空室温操作、连续性好等特点。

8.3.1 基于转移技术的柔性器件

Q. Cao等2008年利用固相法在塑料基底上制备了柔性碳纳米管薄膜晶体管，首次制备出碳纳米管中规模集成电路[43]。如图8.31所示，采用化学气相沉积法在

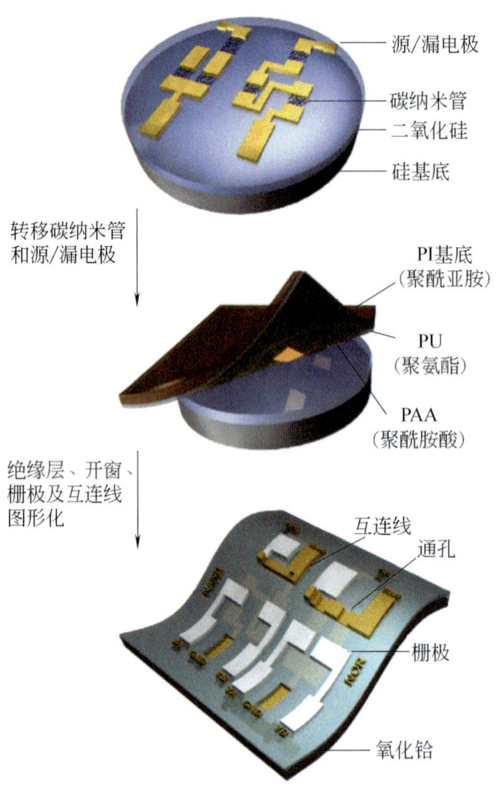

图8.31　基于转移技术制备柔性碳纳米管薄膜晶体管

Si/SiO_2基底上合成碳纳米管薄膜后，将图形化的碳纳米管薄膜与源/漏电极一同转移到柔性聚合物基底上，再利用传统的半导体器件工艺制作绝缘层、栅电极和互连线。由于约1/3碳纳米管的导电属性是金属性的，为了消除由金属性碳纳米管构成的导电通路，他们提出了条带图形化技术（图8.32），使金属性碳纳米管导电通路低于渗流阈值，从而实现了高电流开关比。通过光刻技术定义条带图形，借助光刻胶的掩模作用，通过反应离子刻蚀方法去除暴露的碳纳米管。图8.32（a）给出了器件电流开关比随条带宽度的变化关系。随着条带宽度从100μm减小到2μm时，电流开关比从10增加到10^4，同时器件的跨导大约减小了60%。当条带宽度为5μm时，碳纳米管薄膜晶体管器件同时具有较高的电流开关比和开态电流。图8.32（b）给出了晶体管的转移特性曲线，基于严格圆柱电容模型评估的载流子迁移率为80cm^2/(V · s)，跨导为0.15μS/μm，电流开关比约为10^4，并随源漏电压的增加而减少到10^2。通过选择不同金属电极可以调控器件的阈值电压，当用

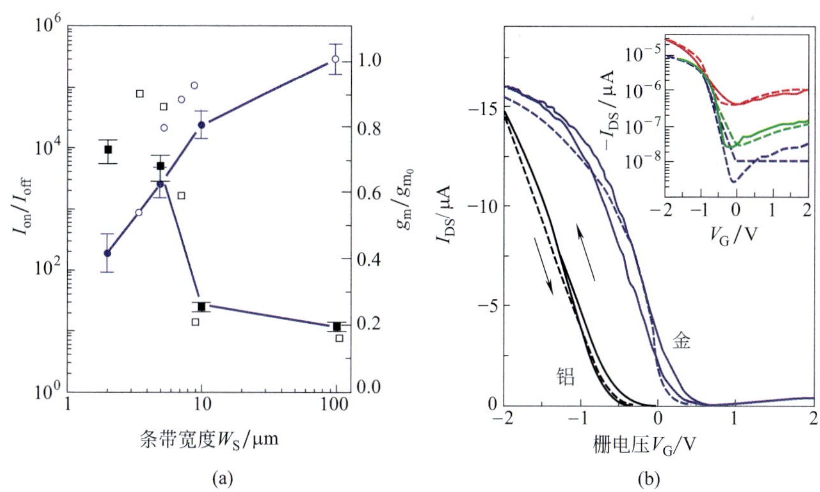

图8.32　薄膜晶体管的器件性能

铝代替金电极时，器件由耗尽型模式转变为增强型模式。

器件的基底为50μm厚的柔性聚酰亚胺衬底，表现出了良好的柔性，在曲率半径为5mm弯曲条件下，薄膜晶体管的性能没有明显变化。Q. Cao等进一步构建反相器、或非门、与非门等基本逻辑电路单元。基于p沟道金属氧化物半导体（PMOS）的反相器实现了逻辑“非”功能，最大电压增益为4，具有一定的噪声容限，电压摆幅大于3V。图8.33给出了基于碳纳米管薄膜的中规模集成电路，它是由88个晶体管构成的4位解码器，实现了将4位二进制输入转换成16个输出的逻辑功能，该解码器具有4个输入端和16个输出端，输出端由1个或非门和0至4个非门构成，工作时钟频率为1kHz。

超顺排碳纳米管薄膜也可以利用这种方法转移到柔性基底上[20]。美国南加州大学F. N. Ishikawa等报道了具有约80%透光率的碳纳米管薄膜晶体管，韩国亚洲大学Q. N. Thanh等将碳纳米管薄膜从硬质基底转移到包括非平面玻璃、塑料和纸基底上[71,72]。S. Li等通过氧化镍与碳纳米管的碳热还原反应，选择性地刻蚀沟道中的金属性单壁碳纳米管，构建出全单壁碳纳米管场效应晶体管，晶体管的电流开关比提高了3～4个数量级[73]。该技术通过一步碳热反应即可实现晶体管沟道和电极图形化，且氧化镍模板可重复使用，工艺流程具有简单、快速和低成本的特点，结合卷对卷和压印技术，将有望实现柔性碳纳米管薄膜晶体管电路的连续、低成本印刷制造。

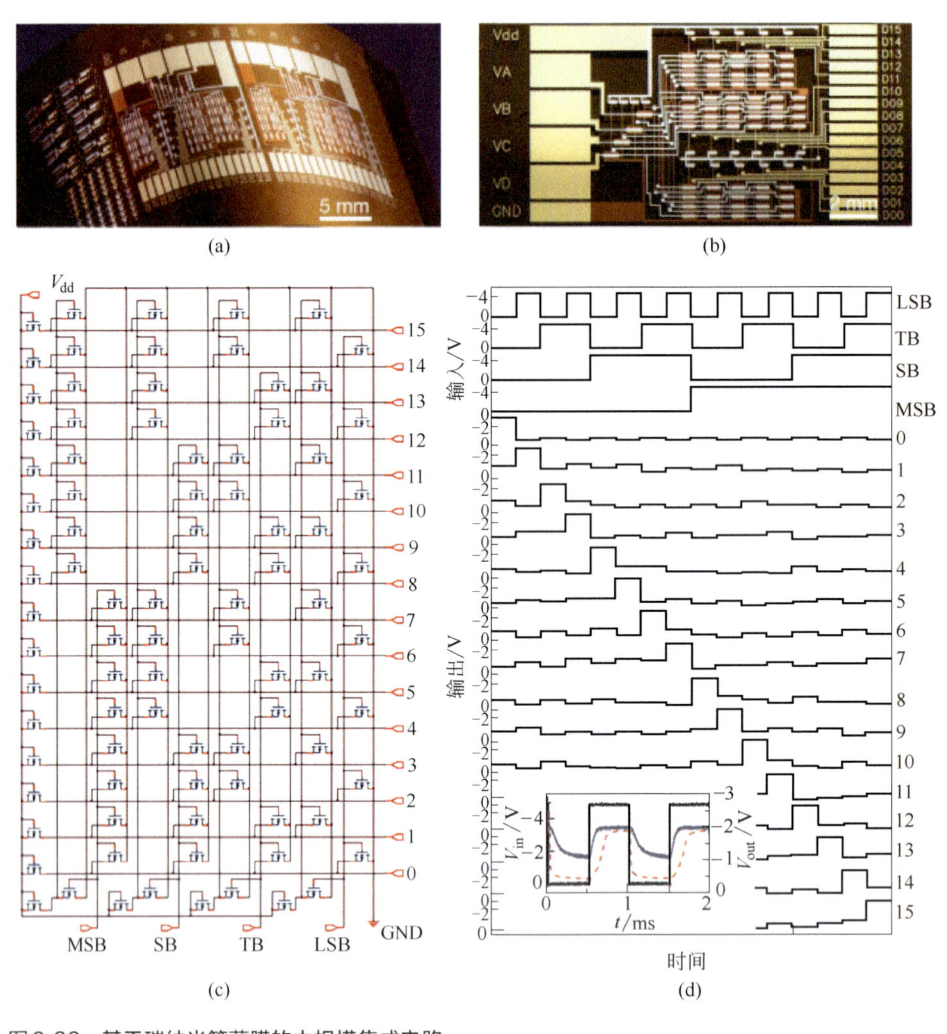

图8.33 基于碳纳米管薄膜的中规模集成电路

8.3.2 基于碳纳米管溶液的柔性器件

由于碳纳米管液相分离制备技术取得了突破性的进展，液相法构建碳纳米柔性电子器件越来越受到人们的重视[74]。下面给出几个具有代表性的采用碳纳米管溶液制备柔性薄膜晶体管及其电路的示例，这些工作表明液相法在碳纳米管柔性电子器件构建方面具有良好的应用前景。

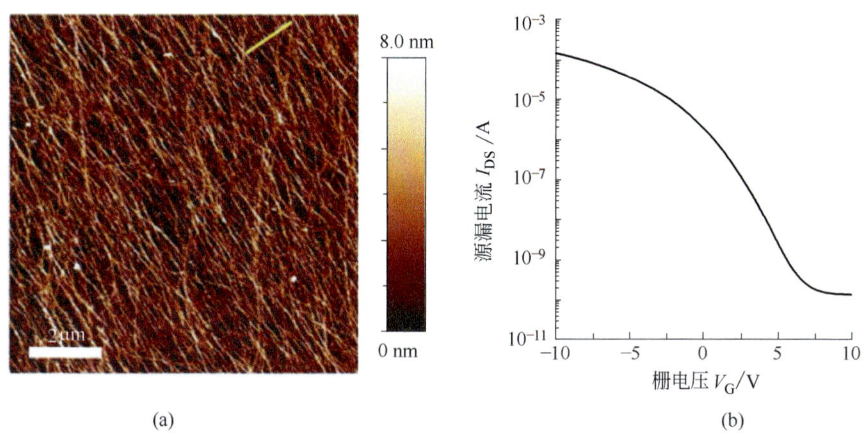

图8.34　高纯度的半导体性碳纳米管薄膜（a）及其器件性能（b）

日本名古屋大学Y. Miyata等利用液滴涂覆和单向吹扫技术，对特定长度的碳纳米管定位并构建了薄膜晶体管（图8.34）[75]，他们采用多次循环的过滤纯化工艺，显著提高了碳纳米管纯度，半导体性碳纳米管含量大约为99%，碳纳米管平均长度约为1.5μm，载流子迁移率达164cm²/(V·s)，电流开关比达10^6。液相工艺中使用的表面活性剂和分散剂吸附于碳纳米管表面，难以全部去除的电荷陷阱导致p型掺杂效应，即使在零栅压条件下部分空穴电流仍通过沟道，获得的耗尽型晶体管在零栅压下不能完全截止，相对于增强型晶体管，耗尽型晶体管将增加电路的功耗。

美国南加州大学C. Zhou研究组采用半导体性碳纳米管溶液，开展了一系列薄膜晶体管和集成电路方面的研究工作，展现了碳纳米管薄膜晶体管器件在有机发光和显示驱动等领域的潜在应用[58,60,76,77]。C. Wang等2012年报道了高性能的碳纳米管数字和模拟电路[78]，图8.35给出了柔性聚酰亚胺基底上制备的埋栅结构的薄膜晶体管电路，通过APTES对基底表面改性，利用浸渍法沉积高密度的半导体性碳纳米管薄膜，晶体管表现出良好的均匀性，开态电流和跨导分别为15μA/μm和4μS/μm。一系列包括反相器、与非门、或非门等数字电路，在2000次弯折条件下性能几乎没有改变，沟道长度为4μm的射频器件获得了170MHz的截止频率，展示了碳纳米管电路在柔性无线通信领域的应用前景。

喷墨打印是一种低成本柔性电子器件的制备方法，可以避免半导体工艺中原材料的浪费，有效降低原料成本。结合印刷技术的工业基础，包括金属、介电层、有源层和封装材料都可以采用印刷方法制备[79~82]。美国明尼苏达大学M. Ha等报

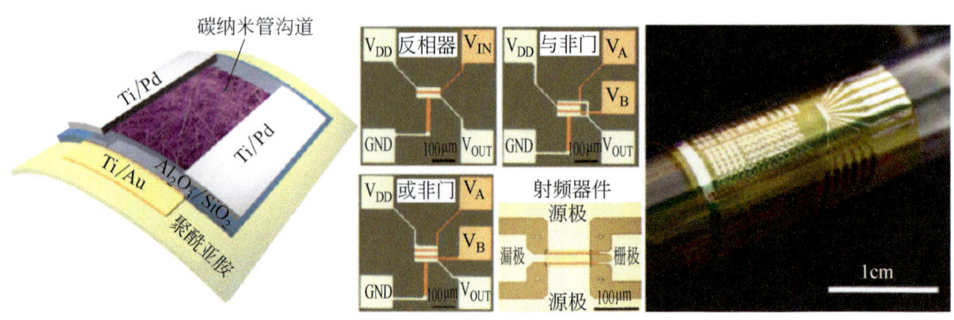

图8.35　高纯度的半导体性碳纳米管薄膜及其器件性能

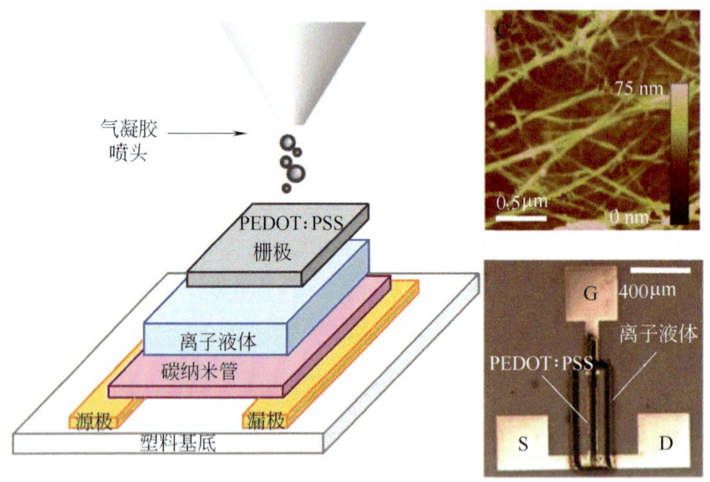

图8.36　气凝胶喷涂方法打印半导体性碳纳米管薄膜晶体管

道了利用喷墨打印的方法，制作柔性碳纳米管薄膜晶体管和电路[83,84]。如图8.36所示，利用气凝胶喷涂方法打印半导体性碳纳米管薄膜、离子液凝胶绝缘层和导电聚合物PEDOT:PSS电极。高纯度碳纳米管溶液通过密度梯度离心法制备，其中半导体性碳纳米管的含量为98%。一般来说，喷墨打印方法获得薄膜的均匀性不好，通常需要基底表面改性等方法来提高印刷材料与基底的结合力，提高碳纳米管及凝胶的成膜性。由于离子液凝胶绝缘层具有较高的栅电容（约1μF/cm²），制备的5级环形振荡器可以在< 3V的低电压下工作，振荡频率大于20kHz，每级延迟< 5μs。这种方法制备的碳纳米管电路预期可以实现1MHz的工作频率，展现了碳纳米管印刷电子器件在便携式电子产品中的应用潜力，然而这种采用离子液凝胶作为栅介质的器件通常表现为双极性特性和较高的关态电流。

中国科学院苏州纳米所Z. Cui等利用一种共轭聚合物（F_8T_2）分离大直径碳纳米管，采用喷墨打印技术制备薄膜晶体管[85,86]。如图8.37所示，同浸渍法相比，喷墨打印法制备的薄膜具有较少的碳纳米管束，均匀性较好，载流子迁移率为42cm²/(V・s)，电流开关比约为10^7。该研究小组2014年通过在柔性聚合物基底表面预沉积5nm的氧化铪薄膜，提高碳纳米管与基底的浸润性和环境稳定性[87]，进而改善了碳纳米管薄膜的均匀性。如图8.38所示，打印的反相器电压增益为33，

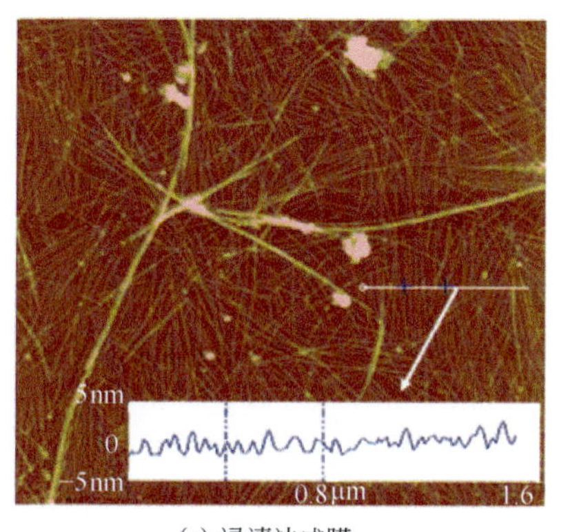

(a) 浸渍法成膜

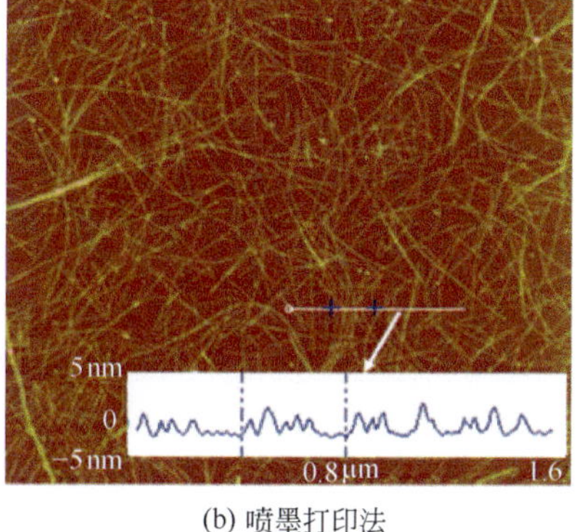

(b) 喷墨打印法

图8.37 浸渍法和喷墨打印法制备的碳纳米管薄膜的形貌

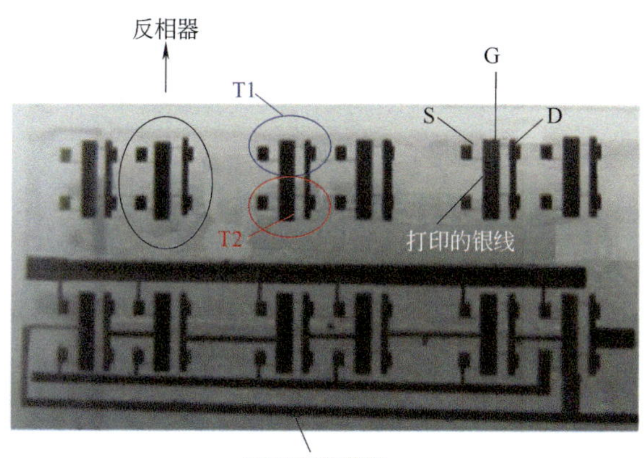

图8.38 喷墨打印法制备的碳纳米管集成电路

S—源极；G—栅极；D—漏极；T1—晶体管1；T2—晶体管2

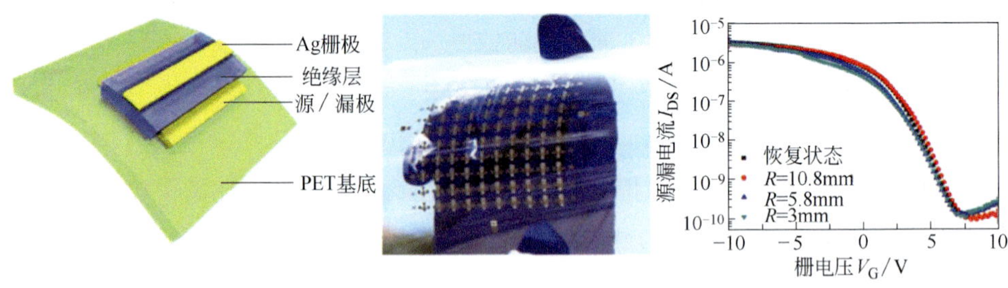

图8.39 丝网印刷法制备碳纳米管薄膜晶体管（曲率半径*R*）

工作频率达到10kHz，5级环形振荡器在2V工作电压下谐振频率为1.7kHz。日本筑波单壁碳纳米管工艺研究机构H. Numata等2012年在印刷晶体管器件的均匀性方面做了有意义的尝试，提出了表面吸附机制并进一步通过后处理工艺调整薄膜网络形貌，有效提高了喷墨打印方法制备薄膜的均匀性[88]。

丝网印刷是一种应用范围很广的印刷技术，通过刮板的挤压，使油墨通过图形部分的网孔转移到承印物上，形成与原稿一样的图形。C. Zhou等2014年报道了采用丝网印刷技术制备柔性碳纳米管薄膜晶体管的方法[89]。如图8.39所示，半导体性碳纳米管薄膜通过溶液浸渍的方法沉积在柔性聚合物基底上，通过氧离子刻蚀去掉沟道区域外的碳纳米管，银电极、钛酸钡绝缘层通过丝网印刷的方法打印，打印后热处理固化温度为140℃。柔性器件在不同曲率弯曲条件下，性能几乎保持不变，其载流子迁移率为7.67cm^2/(V·s)，电流开关比超过10^4。丝网印刷具有设备简单、操作方便、成本低廉、通用性强等特点，通常的丝网印刷的加工精度在10～100μm范围，因此需要进一步提高印刷精度才能满足电子器件的工艺要求。最近报道的6μm加工精度的丝网印刷技术，将可能推动该方法在碳纳米管柔性宏观电子器件领域的应用[90]。

凹版印刷相比于喷墨打印技术具有更高的生产效率，可以实现沟道、电极和介电材料的快速、大面积和连续制备。日本名古屋大学H. Higuchi等2013年采用柔版印刷方法制备了碳纳米管薄膜晶体管[91]。如图8.40所示，通过光学显微镜对准实现银电极、绝缘层和碳纳米管薄膜的套印，制备出高性能的碳纳米管薄膜晶体管器件，载流子迁移率达157cm^2/(V·s)，电流开关比为10^4。该小组于2015年利用该柔版印刷的方法，利用半导体性碳纳米管溶液作为沟道，实现了亚10μm沟道长度的加工精度，器件的开态电流达到0.94mA/mm[92]。

美国加州大学伯克利分校A. Javey等利用凹版印刷技术制备柔性碳纳米管薄

膜晶体管[93]。如图8.41所示，在柔性基底上印刷99%的半导体性碳纳米管溶液、纳米银电极溶液和钛酸钡绝缘层溶液，利用打印的绝缘层作为掩模对碳纳米管薄膜进行图形化，碳纳米管薄膜晶体管显示了良好的柔韧性和环境稳定性，载流子迁移率和电流开关比分别为9cm²/(V·s)和10^5，器件在60天未封装条件下性能基本保持不变。以上典型性的印刷工艺在套印精度、碳纳米管沟道直接印刷、器件均匀性等方面还有进一步改进空间，作为一类卷对卷制备工艺，高效印刷技术不需要光刻和真空镀膜等常用的半导体器件工艺，将是未来柔性、低成本宏观电子研发的重要途径。

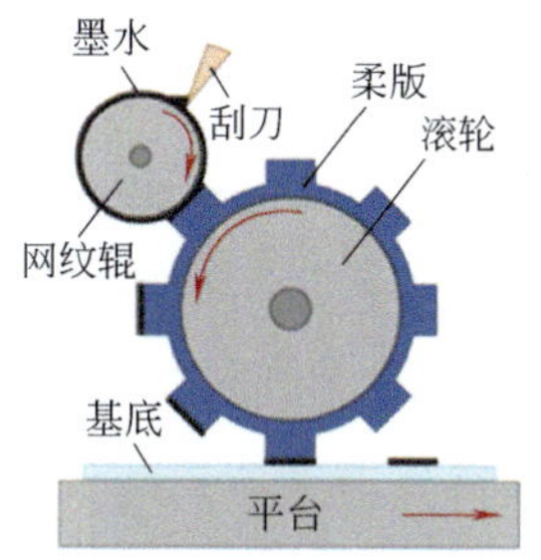

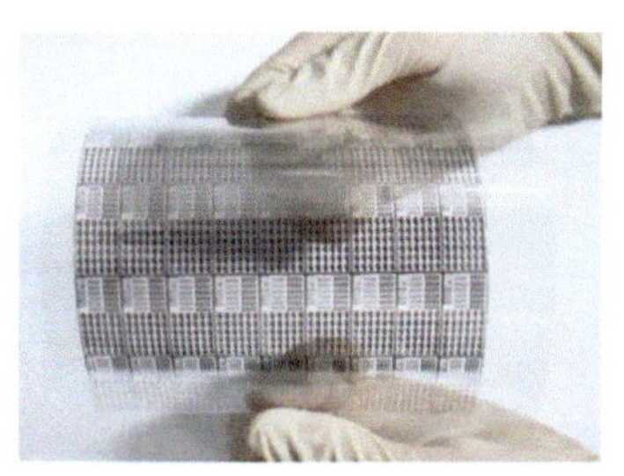

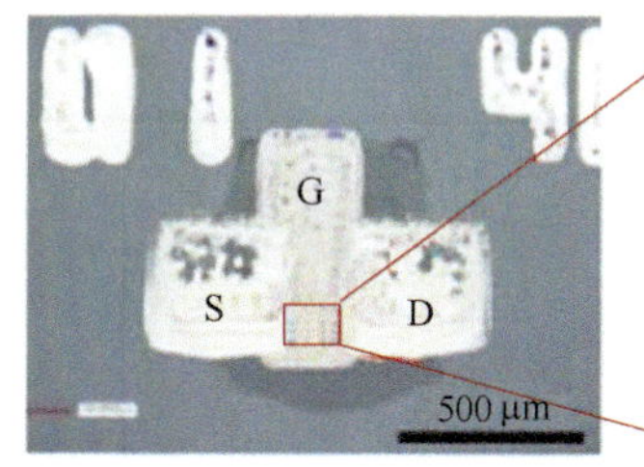

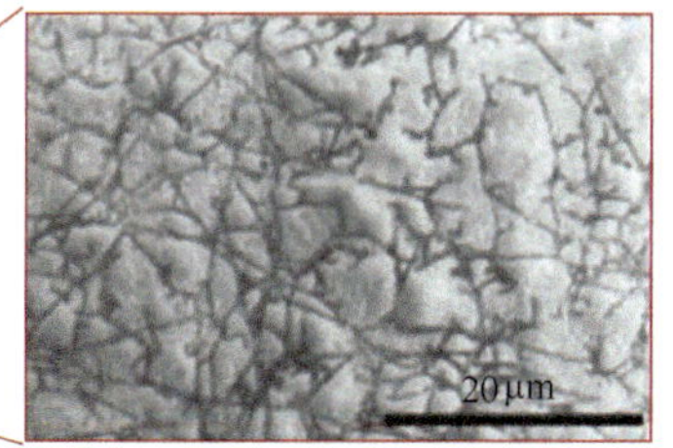

图8.40　柔版印刷法制备碳纳米管薄膜晶体管

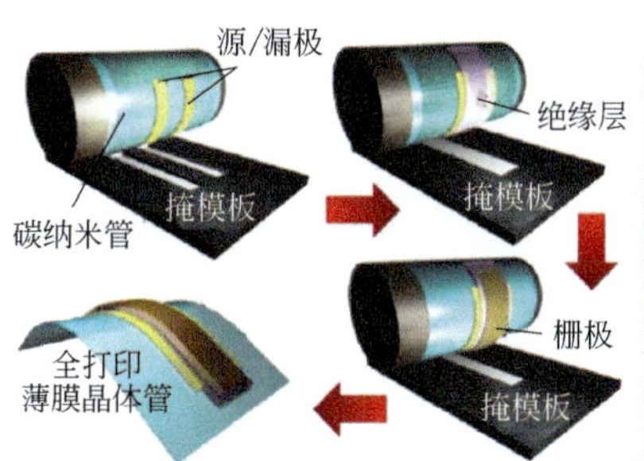

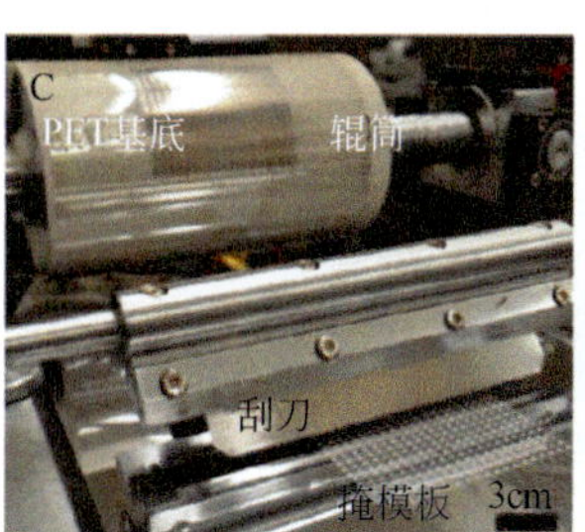

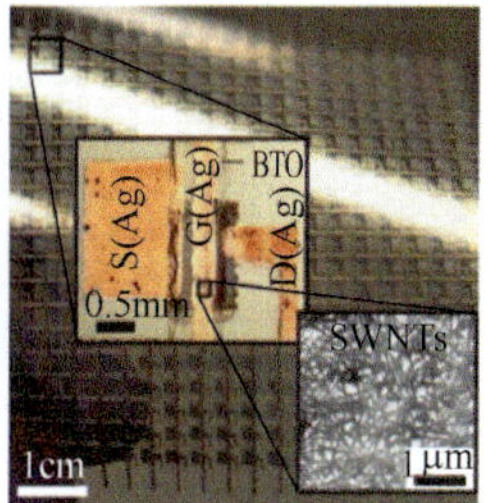

图8.41　凹版印刷法制备碳纳米管薄膜晶体管

8.3.3 基于气相收集碳纳米管薄膜的柔性器件

利用浮动催化剂化学气相沉积法合成碳纳米管，在气相条件下将合成的碳纳米管直接用于薄膜晶体管器件的构建，最大限度地减少了对碳纳米管薄膜的污染和结构破坏，从而获得高性能的碳纳米管薄膜晶体管器件。芬兰Aalto大学E. I. Kauppinen等利用浮动催化剂化学气相沉积法合成碳纳米管，通过电场辅助方法，在室温条件下在不同基底上沉积碳纳米管薄膜[25]，晶体管的载流子迁移率和电流开关比分别为4cm²/(V·s)和10^5。D. M. Sun等2011年提出一种气相过滤转移工艺制备高性能碳纳米管薄膜晶体管的方法[23]。如图8.42所示，该方法采用常压浮动催化剂化学气相沉积法连续生长碳纳米管，在室温下通过滤膜表面收集碳纳米管，然后将其转移到聚合物塑料基底上制作晶体管和集成电路。该方法只需数秒便可获得清洁的碳纳米管薄膜。由于避免了传统的液相工艺对碳纳米管的破坏，碳纳米管的平均长度为10μm。碳纳米管薄膜晶体管的载流子迁移率达35cm²/(V·s)，考虑到实际静电栅极耦合效应[18]，通过严格圆柱电容模型评估的载流子迁移率达1236cm²/(V·s)。采用这种方法构建的薄膜晶体管的性能显著高于有机材料薄膜晶体管，接近于采用高温真空技术制造的金属氧化物和多晶硅薄膜晶体管。

采用直接合成的碳纳米管构建器件，薄膜中会含有约30%的金属性碳纳米管。D. M. Sun等通过选择碳纳米管薄膜的收集时间调控碳纳米管网络的密度，使薄膜中金属性碳纳米管的密度小于渗透阈值，在未进行金属性和半导体性碳纳米

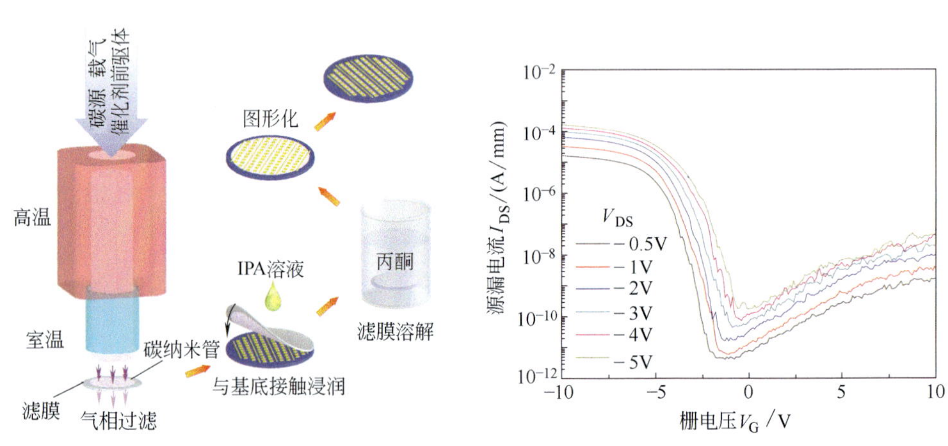

图8.42 气相过滤转移法制备碳纳米管薄膜晶体管

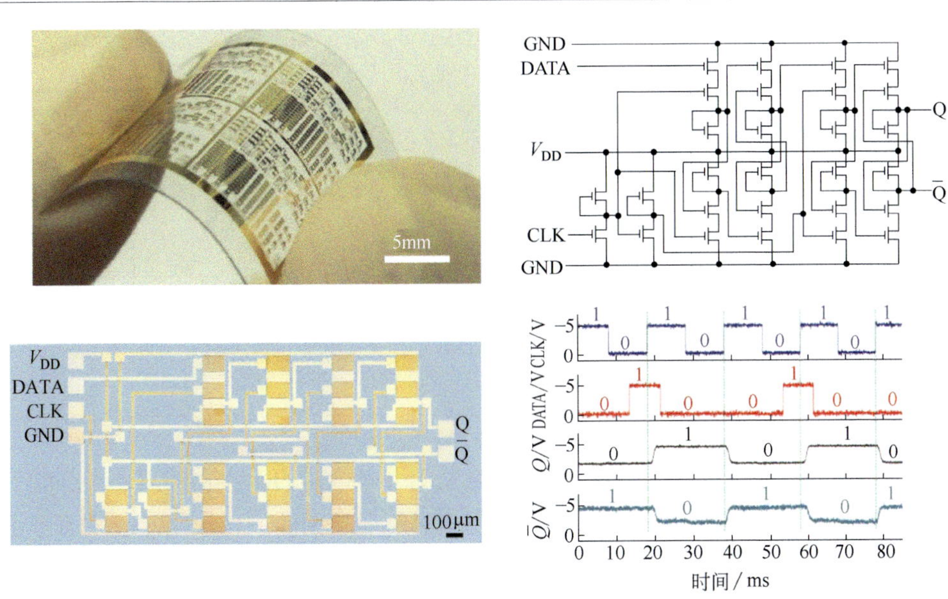

图8.43 碳纳米管时序逻辑集成电路

管分离的情况下，碳纳米管薄膜晶体管的电流开关比超过10^6[18]。为了进一步提高薄膜中碳纳米管网络密度，需要减少金属性碳纳米管含量，这是提高薄膜晶体管器件性能的重要途径。中国科学院金属研究所H. M. Cheng等提出氧辅助和氢辅助浮动催化剂化学气相沉积技术，在碳纳米管合成过程中原位选择性刻蚀金属性碳纳米管，获得了半导体性富集的碳纳米管薄膜[94,95]。图8.43给出了在塑料基底上构建的一系列集成电路，包括反相器、与非门、或非门、3级环形振荡器、11级环形振荡器、21级环形振荡器、RS触发器和主从D触发器。单个逻辑门获得了约100kHz延迟频率的操作速度，将碳纳米管集成电路的研究水平由组合电路提高到了时序电路水平[18]。

8.4 透明碳纳米管薄膜器件

基于碳纳米管薄膜良好的力学和光学特性，碳纳米管不仅可用于制备柔性薄

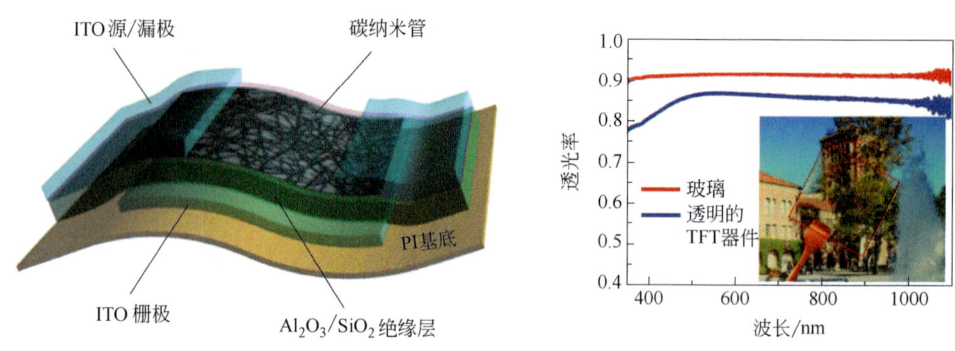

图8.44 透明的碳纳米管薄膜晶体管

膜晶体管和集成电路，还可以用于构筑全透明、可拉伸的器件。同时，高载流子迁移率和低温器件制备工艺等优势，对于全透明显示器件、光伏器件以及可穿戴电子器件的设计和构建具有重要的意义[96~98]。以下我们给出几个典型的基于碳纳米管薄膜的透明器件的示例。

C. W. Zhou等2012年报道了透明的碳纳米管薄膜晶体管器件[99]，如图8.44所示。通过溅射工艺沉积100nm厚的氧化铟锡（ITO）透明电极作为背栅极，通过原子层沉积和电子束蒸发沉积Al_2O_3/SiO_2（40nm/5nm）复合介电层作为栅绝缘层，再通过浸渍法沉积98%的半导体性碳纳米管薄膜，经过沟道图形化和栅绝缘层开窗工艺后，在溅射ITO源/漏极之前预先通过电子束蒸发沉积1nm厚的Au层或Pd层，用以增强碳纳米管薄膜与ITO电极的电接触。晶体管器件除了具有良好的电学性能之外，还具有良好的透光性，透光率约为80%；在弯曲曲率半径为6.5mm条件下，开态电流、电流开关比和跨导等电学性能仅有微小的变化。

Q. Cao等2006年报道了全碳纳米管薄膜晶体管器件[100]，如图8.45所示，高密度的碳纳米管薄膜和低密度的碳纳米管薄膜分别作为电极和沟道，Al_2O_3和环氧树脂（SU8-2）双层薄膜作为绝缘层，薄膜晶体管为共底栅器件结构。采用化学气相沉积法在SiO_2/Si基底上合成不同密度的碳纳米管，再进一步转移到柔性聚对苯二甲酸乙二醇酯（PET）基底上。作为电极的高密度碳纳米管的密度大于200根/μm^2，厚度为20 ～ 30nm，用于沟道的低密度碳纳米管的密度仅有约5根/μm^2。厚度约为1μm的绝缘层增大了晶体管的工作电压，电流开关比小于100，说明了固相法不容易控制碳纳米管薄膜的密度。制作完成的器件具有良好的透光性，在可见光波长范围的透光率约为80%。弯曲性能测试表明，在应变为2.2%条件下，转移

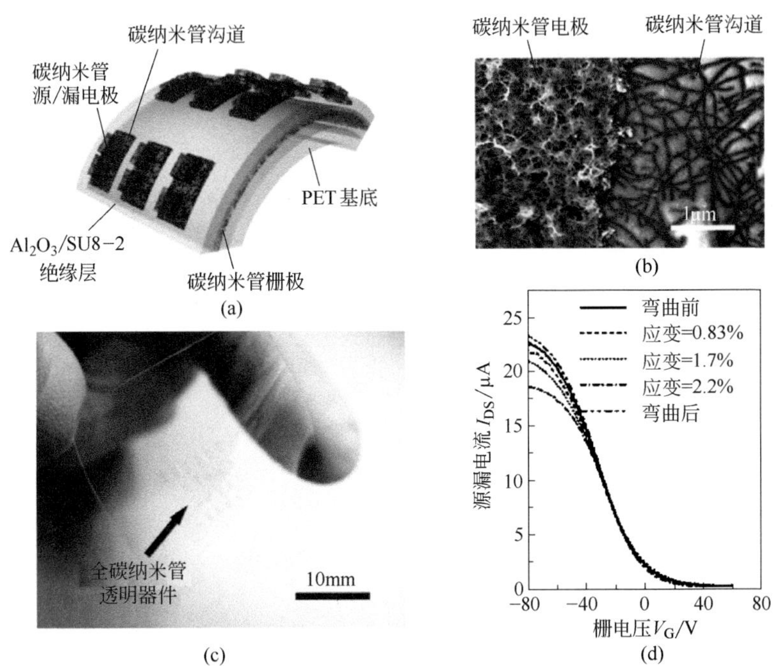

图8.45　全碳纳米管薄膜晶体管

（a）结构示意图；（b）扫描图片；（c）器件照片；（d）应变下转移特性

特性和跨导仅有轻微的变化，而且随着弯曲的释放，器件性能得到恢复。该结果已经超过其他半导体材料的应变范围，如单晶硅1.4%、砷化镓1.2%、多晶硅1%～2%、并五苯1.4%。

V. K. Sangwan等于2011年报道了分立栅型全碳纳米管薄膜晶体管器件，Al_2O_3和聚甲基丙烯酸甲酯（PMMA）双层薄膜作为绝缘层[101]，载流子迁移率为1～33cm²/(V·s)，但均匀性较差。清华大学S. S. Fan等利用化学气相沉积法制备不同密度的碳纳米管薄膜，分别作为碳纳米管沟道和电极，通过薄膜层层转移构建分立栅型全碳纳米管薄膜晶体管[102]。如图8.46所示，高密度碳纳米管薄膜电阻小于10kΩ/sq，通过调控生长时间，低密度碳纳米管薄膜的方块电阻大约为数百千欧。全碳纳米管薄膜晶体管的载流子迁移率为27.5cm²/(V·s)，电流开关比为10^5。通过调控PMOS反相器的负载晶体管的电阻，全碳纳米管反相器电压增益约为4.5。

在大应变条件下由于栅漏电流增大，导致了碳纳米管薄膜晶体管器件性能失效，而碳纳米管网络的电学通路并没有截断。这说明了通过进一步优化基底和绝

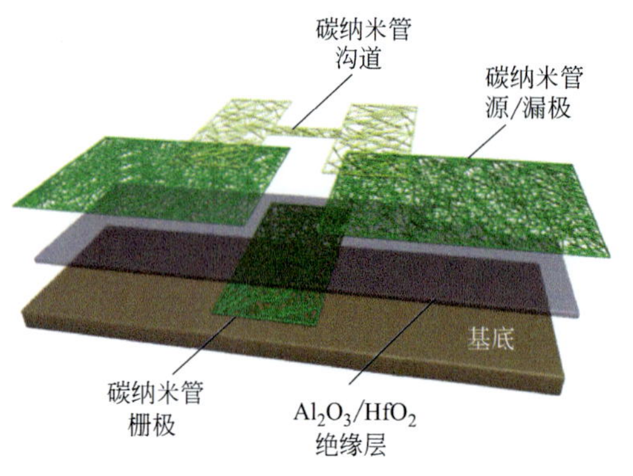

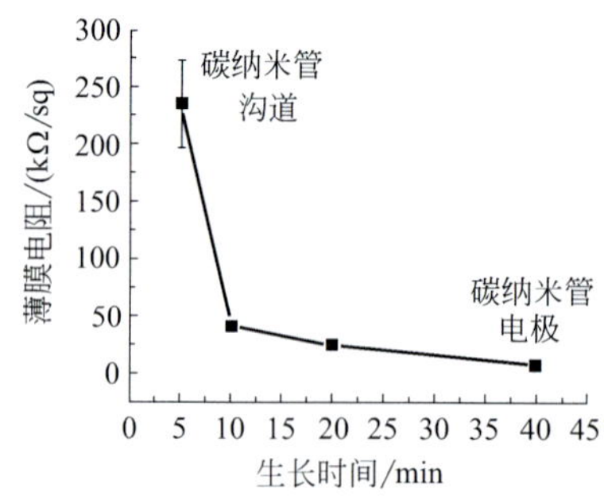

图8.46 分立栅型全碳纳米管薄膜晶体管

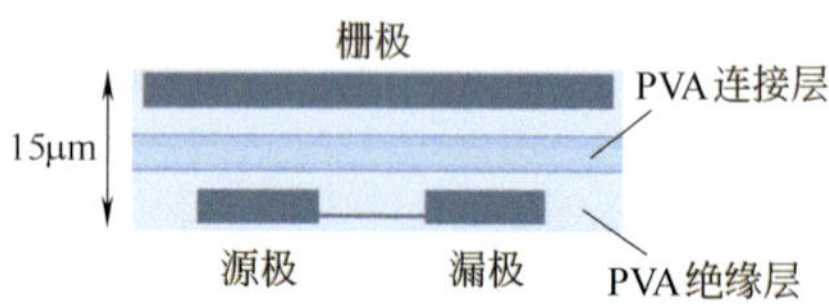

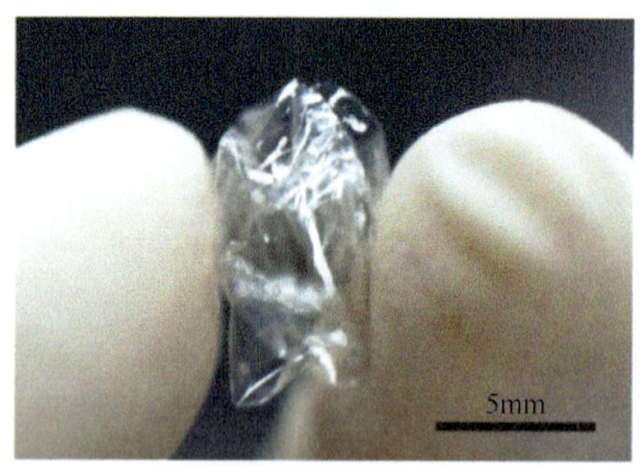

图8.47 聚合物为绝缘层的超柔性薄膜晶体管

缘层材料以及提高不同材料间的结合力，有可能获得进一步提高碳纳米管器件的柔韧性。S. Aikawa等2012年采用聚乙烯醇（PVA）作为绝缘层和基底，构建全碳纳米管器件。如图8.47所示，器件的整体厚度约为15μm，相比于通常使用的PET基底，厚度减小了约一个数量级，薄膜晶体管在弯曲曲率半径为1mm情况下可以正常工作[103]。

石墨烯具有优异的电学、光学和力学性质，因此利用石墨烯薄膜作为柔性、透明的电极材料[104]，可以制备出透明的碳纳米管薄膜晶体管器件。韩国成均馆大学J. H. Ahn等2010年利用多层石墨烯薄膜作为电极、SiO_2和环氧树脂作为绝缘层，制备出了透光率约为80%的柔性碳纳米管薄膜晶体管。韩国成均馆大学Y. H.

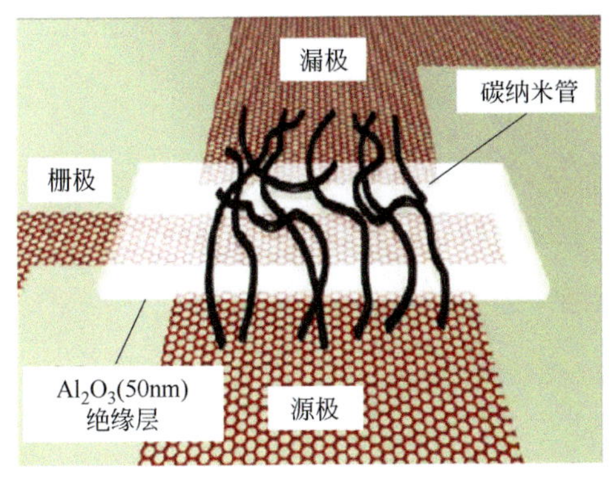

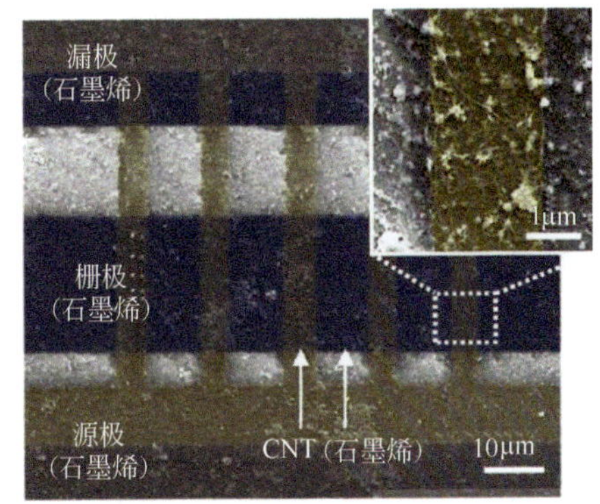

图8.48　石墨烯为电极的碳纳米管薄膜晶体管

Lee等2011年报道了利用单层石墨烯薄膜和碳纳米管的复合膜为电极，构建高性能、透明的碳纳米管薄膜晶体管和集成电路[105,106]。图8.48给出了器件结构示意图和沟道区域形貌图，50nm厚的Al_2O_3作为绝缘层。由于石墨烯表面缺乏形核位，难以通过原子层沉积方法沉积均匀的薄膜，需要先通过电子束蒸发技术沉积20nm的Al_2O_3层，再采用原子层沉积方法沉积30nm的Al_2O_3层。器件工作电压小于5V，载流子迁移率为80cm^2/(V・s)，电流开关比约为10^4，器件透光率达到84%。在制备的144个反相器、与非门和或非门等逻辑电路中，大约有80%的器件可以正常工作，器件失效的主要原因是部分器件的栅漏电流过大。

金属电极、ITO电极以及氧化物绝缘层具有较差的耐热性和应变强度，限制了柔性电子器件的可拉伸性能。S. H. Chae等2013年采用褶皱的Al_2O_3为绝缘层、碳纳米管薄膜为沟道、石墨烯和碳纳米管复合薄膜为电极，构建了透明、可拉伸的薄膜晶体管器件[107]。如图8.49所示，褶皱的Al_2O_3绝缘层包含许多空气间隙，栅电容等效于Al_2O_3电容与空气电容串联，其栅漏电流为10^{-13}A，与平整的Al_2O_3绝缘层相比降低了一个数量级。器件的载流子迁移率为40cm^2/(V・s)，电流开关比约为10^5，工作电压小于1V。最大拉伸应变量为20%条件下没有产生明显的栅漏电流，薄膜晶体管的电学性能基本保持不变。在10%应变下横/纵双向1000次拉伸和恢复测试结果中，并没有观测到开态电流、迁移率、电流开关比的明显变化。这些性能结果对于设计柔性、可弯曲、可扭转及可拉伸的电子器件具有重要的应用价值。

塑料材料具备可塑性的特点，即在一定力/热条件下可发生塑性形变。从日常生活用品、电子产品到医学器件，人们已经可以成熟地利用塑型技术制造出种类

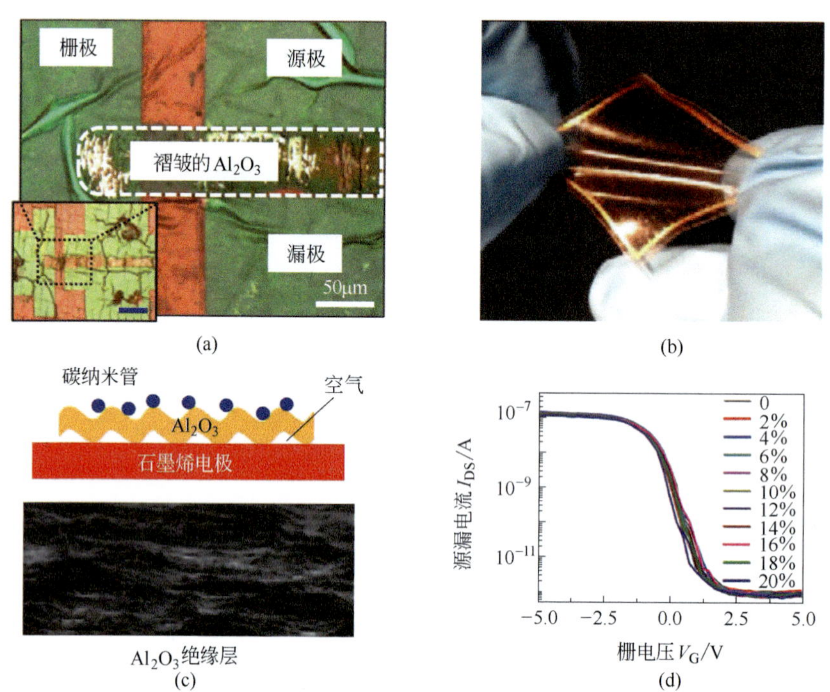

图8.49 可拉伸的碳纳米管薄膜晶体管

（a）器件的光学图片；（b）器件拉伸照片；（c）褶皱型绝缘层；（d）应变下转移特性

繁多的塑料制品。D. M. Sun等2013年提出了全碳薄膜晶体管的制备技术，实现了可塑的晶体管集成电路[108]。如图8.50所示，分立顶栅型薄膜晶体管器件全部由碳基材料构成：晶体管沟道和电极/互连线由密度不同的碳纳米管薄膜构成，栅绝缘层为PMMA，衬底为聚萘二甲酸乙二醇酯（PEN）材料。制备的全碳薄膜晶体管不仅具有良好的透光性，含衬底条件下透光率大于>80%，而且表现出优异的电学性能，载流子迁移率达1027cm^2/(V·s)，电流开关比超过10^5。PMMA绝缘层采用旋涂工艺制作，厚度为770nm，成膜特点与印刷技术相兼容。基于碳纳米管和聚合物优异的机械拉伸性能，全碳集成电路器件可通过塑型技术制成三维球顶形，双轴应变达18%。

塑型后全碳集成电路实现了包括反相器、与非门、或非门、异或门、21级环形振荡器等基本逻辑门的正常操作，并首次完成了基于碳纳米管的静态随机存储器（SRAM）的数据读写。如图8.51（a）所示，21级环形振荡器由21个反相器和1个输出缓冲器构成，共有44个薄膜晶体管，当输入电压V_{DD}=−3V时，输出

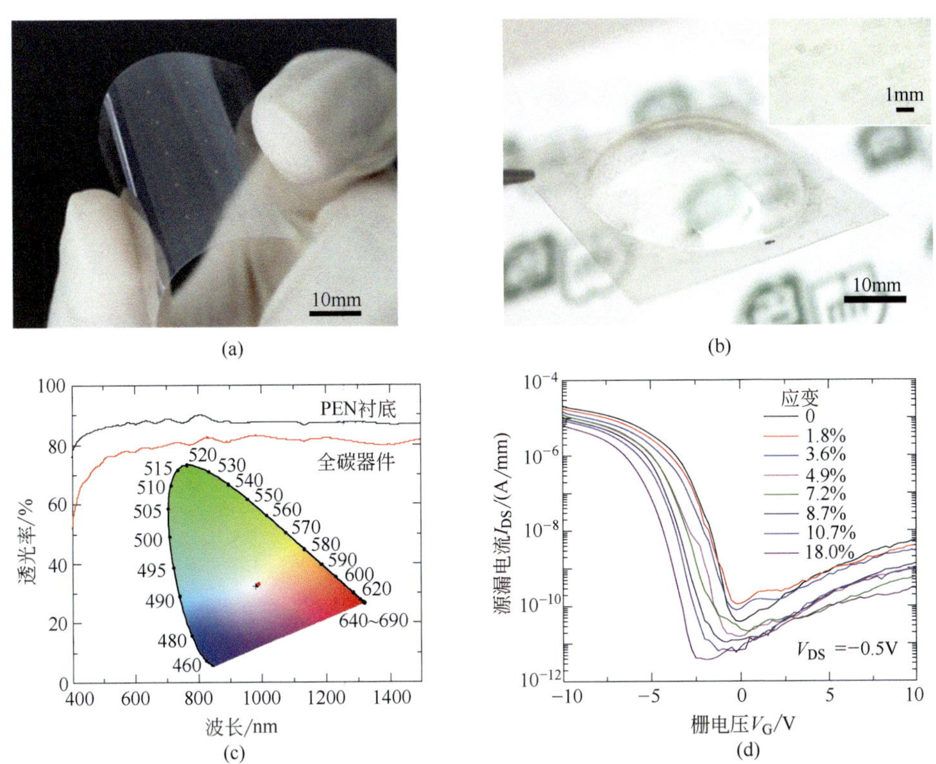

图8.50　可塑的全碳薄膜晶体管

（a）器件照片；（b）可塑的球顶形器件；（c）器件透光性；（d）应变下转移特性

端自发出现振荡信号；当V_{DD}=−5V时，谐振频率为3kHz，等效于反相器之间有7.9μs的延迟时间。由于栅绝缘层的厚度较大且介电常数低，薄膜晶体管的工作电压很高，如有机晶体管约几十伏，而沟道中稀疏的碳纳米管薄膜使栅极电力线汇聚于碳纳米管，增强了栅极对载流子的调控作用，从而有效降低了驱动电压，使全碳集成电路的工作电压仅为3 ～ 5V。图8.51（b）给出了SRAM的性能测试结果。1位SRAM由于2个反相器和2个开关晶体管构成，2个反相器的输入、输出交叉连接，当存储器保持通电状态时，存储的数据可以保持。如图8.51（c）所示，2个反相器的转移特性具有大的噪声容限，可以实现SRAM读写功能，当字线（WL）加高电平时，开关晶体管（T5和T6）打开，数据D和$\bar{D}$可以被反复地读写。全碳集成电路的透光性将使其在柔性电池、透明器件、平视显示等新型器件中具有应用潜力；其可塑性将使三维电子器件的构建成为可能，对于开发出低成本、具有电子功能的新型塑料电子产品具有重要的意义。

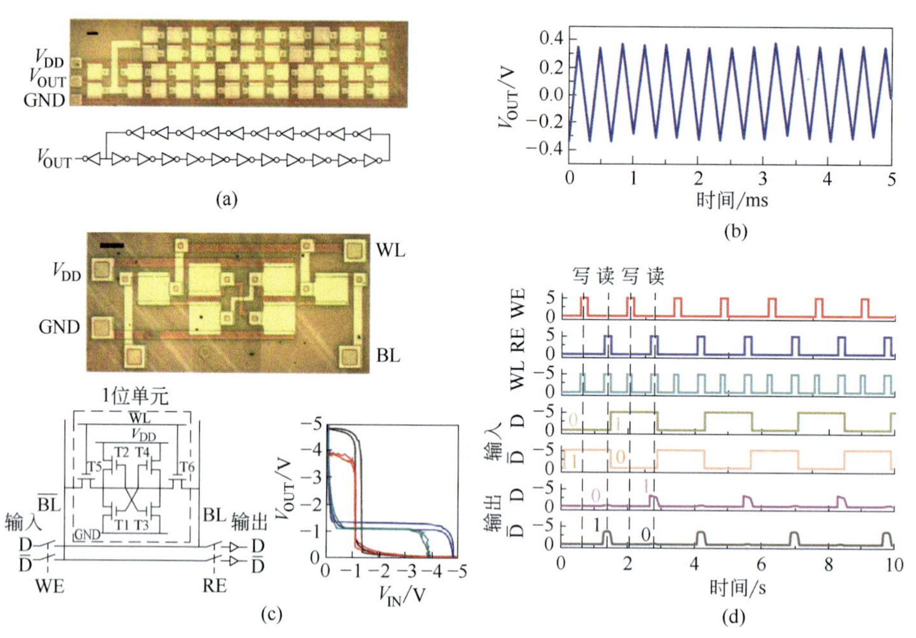

图8.51 可塑的全碳薄膜晶体管电路

（a）21级环形振荡器；（b）振荡器的输出特性；（c）1位静态随机存储器；（d）存储器的输出特性

通过层层转移碳纳米管薄膜的方法可以制备叠层式三维电路器件。清华大学S. S. Fan等2016年报道了双层堆垛的碳纳米管薄膜晶体管，实现了互补金属氧化物半导体（CMOS）碳纳米管薄膜晶体管电路[109]。CMOS晶体管电路由p型和n型晶体管构成，CMOS逻辑电路具有逻辑摆幅大、静态功耗低等优点，是碳纳米管薄膜晶体管电路研究中的重要环节。由于大气环境中水和氧气的作用，碳纳米管薄膜晶体管通常呈现p型半导体特性，因此大多数碳纳米管集成电路都采用PMOS结构设计电路。通过掺杂和电荷注入等技术，可以构建n型碳纳米管薄膜晶体管器件，如碱金属离子掺杂[110]、有机分子掺杂[111,112]、氧化铪沉积电荷注入[113,114]、碳化硅钝化层保护[109,115,116]等。如图8.52（a）所示，以Si_3N_4为绝缘层的薄膜晶体管为n型晶体管，以Al_2O_3为绝缘层的器件为p型晶体管，p/n型晶体管共用一个栅极。50nm厚的Si_3N_4通过等离子体增强化学气相沉积法制备，30nm厚的Al_2O_3通过原子层沉积法制备。图8.52（b）给出了叠层式的CMOS反相器的电压增益达25，噪声容限面积超过95%，并在不同弯曲条件下可以正常工作。图8.52（c）显示了15级环形振荡器的n沟道和p沟道分别位于底层和顶层，振荡频率随输入电压增加呈线性增大关系。这些结果表明了碳纳米管三维电路将可以用

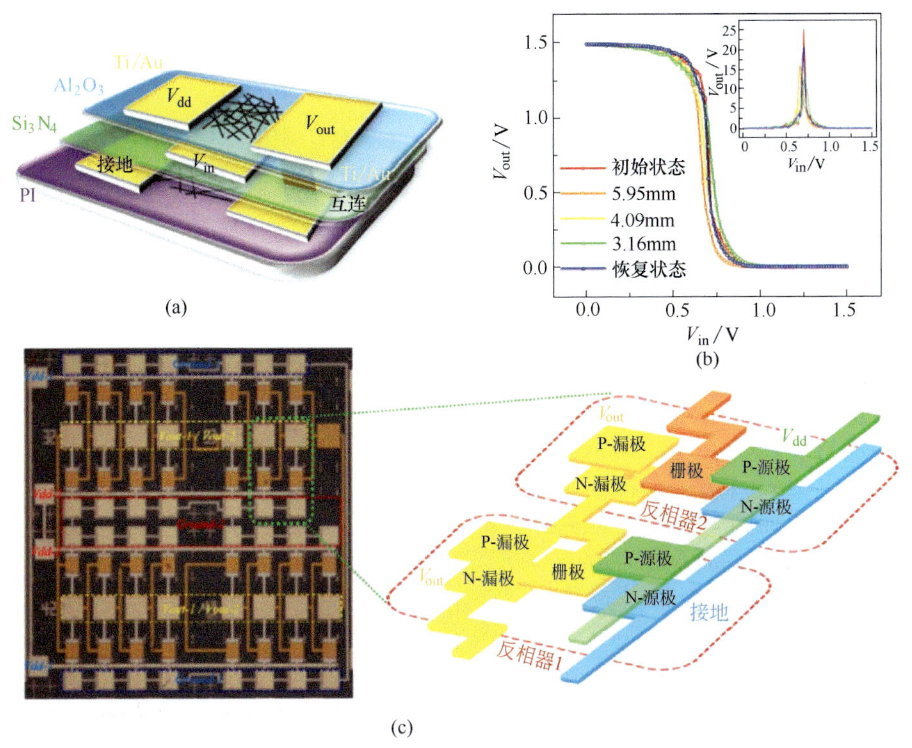

图8.52　三维叠层型的碳纳米管薄膜晶体管电路

（a）反相器结构示意图；（b）反相器输出特性；（c）环形振荡器

于设计和实现复杂的柔性可穿戴电子器件。

柔性电子技术将引发新的电子技术革命，给人们的生产和生活方式带来全方位的变革。不同于传统的硬质硅基电子技术，柔性薄膜晶体管作为柔性电子技术的最重要环节，其材料选择、器件构建和性能调控都需要通过低成本、快速和高效的工艺方法来实现。碳纳米管薄膜材料具有高载流子迁移率和良好的化学稳定性，在柔性电子器件领域具有广阔的应用前景。

碳纳米管薄膜不仅可以作为晶体管的沟道材料，也可以作为电极和互连线材料，成为具有良好电学、光学和力学性能的导电薄膜，开展全碳薄膜晶体管器件研究以及构建可拉伸的器件，将是柔性电子器件发展的重要方向之一[117]。同时，室温和常压条件下的印刷电子技术是低成本柔性电子器件发展的重要基础。针对碳纳米管薄膜印刷工艺的优化设计将会成为研究重点，真空离子刻蚀等碳纳米管图形化技术需要被室温、常压的刻蚀技术所取代，真空溅射和原子层沉积等成膜技术将被旋涂和印刷工艺所代替。印刷薄膜晶体管器件精度和均匀性等方面的研究也亟待进一步深入和提高。

综上所述，碳纳米管薄膜材料具有优异的电学、光学和力学特性，在柔性电子器件领域已经展现出了不可替代的应用潜力。结合印刷电子技术的发展，基于碳纳米管薄膜的柔性印刷电子器件必将推动信息化和智能化社会的进步和发展。

参考文献

[1] Lilienfield J E. Method and apparatus for controlling electric currents. US: Patent No. 1745175, 1930.

[2] Heil O. Improvements in or relating to electrical amplifiers and other control arrangements and devices. British Patent No. 439457, 1935.

[3] Weimer P K. Proc I R E, 1962, 50: 1462.

[4] Le Comber P, Spear W E, Ghaith A. Electron Lett, 1979, 15: 179.

[5] Street R A. Adv Mater, 2009, 21: 2007.

[6] 吴世康，汪鹏. 有机电子学概论. 北京：化学工业出版社，2010.

[7] Nomura K, Ohta H, Ueda K, et al. Science, 1979, 300:1269.

[8] Bolotin K I, Sikes K J, Jiang Z, et al. Solid State Commun, 2008, 146:351.

[9] Mayorov A S, Gorbachev R V, Morozov S V, et al. Nano Lett, 2011, 11:2396.

[10] Durkop T, Getty S A, Cobas E, et al. Nano Lett, 2004, 4:35.

[11] Balandin A A, Ghosh S, Bao W, et al. Nano Lett, 2008, 8:902.

[12] Pop E, Mann D, Wang Q, et al. Nano Lett, 2006, 6:96.

[13] Nair R , Blake P, Grigorenko AN, et al. Science, 2008, 320:1308.

[14] Lee C, Wei X, Kysar J W, et al. Science, 2008, 321:385.

[15] Snow E S, Novak J P, Campbell P M, et al. Appl Phys Lett, 2003, 82:2145.

[16] 孟庆巨，胡云峰，敬守勇. 半导体性物理学. 北京：电子工业出版社，2014.

[17] Cao Q, Rogers J A. Adv Mater, 2008, 21:29.

[18] Cao Q, Xia M, Kocabas C, et al. Appl Phys Lett, 2007, 90:023516.

[19] Wang C, Zhang J, Zhou C W. ACS Nano, 2010. 4:7123.

[20] Kang S J, Kocabas C, Ozel T, et al. Nature Nanotechnol, 2007. 2:230.

[21] Shulaker M, Hills G, Patil N, et al. Nature, 2013, 501:526.

[22] Fuhrer M S, Nygard J, Shih L, et al. Science, 2000, 288:494.

[23] Sun D M, Timmermans M Y, Tian Y, et al. Nature Nanotechnol, 2011, 6: 156.

[24] Nirmalraj, P N, Lyons P E, De S, et al. Nano Lett, 2009, 9: 3890.

[25] Zavodchikova M Y, Kulmala T, Nasibulin AG, et al. Nanotechnology, 2009, 20: 085201.

[26] Nasibulin A G, Kaskela A, Mustonen, K, et al. ACS Nano, 2011, 5: 3214.

[27] Pimparkar N, Guo J, Alam M A, et al. IEEE Trans Elec Dev, 2007, 54: 637.

[28] Alam M, Pimparkar N, Kumar S, et al. MRS Bulletin, 2006, 31: 466.

[29] Sangwan V, Behnam A, Ballarotto V. Appl Phys Lett, 2010, 97: 043111.
[30] Kocabas C, Pimparkar, N, Yesilyurt O, et al. Nano Lett, 2007, 7: 1195.
[31] Timmermans M Y. Carbon nanotube thin film transistors for flexible electronics. Doctoral Dissertations, Aalto University publication series, 123, 2013.
[32] Rutherglen C, Jain D, Burke P. Nature Nanotechnol, 2009, 4: 811.
[33] Sangwan V, Behnam A, Ballarotto V. Appl Phys Lett, 2010, 97: 043111.
[34] Hecht D, Hu L, Grüner G. Appl Phys Lett, 2006, 89: 133112.
[35] Wong W S, Salleo A. Flexible electronics: materials and applications.New York: Springer, 2009.
[36] Asada Y, Nihey F, Ohmori S, et al. Adv Mater, 2011, 23: 4631.
[37] Kim T, Kim G, Choi W I, et al. Appl Phys Lett, 2010, 96: 173107.
[38] Dresselhaus S, Dresselhaus G, Eklund P C. Science of fullerenes and carbon nanotubes. San Diego: Academic Press, 1996.
[39] Thess A, Lee R, Nikolaev P, et al. Science, 1996, 273: 483.
[40] Bronikowski M J, Willis P A, Colbert D T, et al. J Vac Sci Technol A, 2001, 19: 1800.
[41] Kitiyanan B, Alvarez W E, Harwell J H, et al. Chem Phys Lett, 2000, 317: 497.
[42] Kumar M, Ando Y. J Nanosci Nanotechnol, 2010, 10: 3739.
[43] Cao Q, Kim H S, Pimparkar N, et al. Nature, 2008, 454: 495.
[44] Cheng H M, Li F, Su G, et al. Appl Phys Lett, 1998, 72: 3282.
[45] Moisala A, Nasibulin A G, Brown D P, et al. Chem Eng Sci, 2006, 61: 4393.
[46] Kaskela A, Nasibulin A G, Timmermans MY, et al. Nano Lett, 2010, 10: 4349.
[47] Tortorich R P, Choi J W. Nanomater, 2013, 3: 453.
[48] Zhang J, Terrones M, Park C R, et al. Carbon, 2016, 98: 708.
[49] 顾健婷，邱松，刘丹，等. 中国科学，2015, 45: 361.
[50] 邱汉迅，郑艺欣，杨俊和. 新型炭材料，2012, 27: 1.
[51] Arnold M S, Green A A, Hulvat J F, et al. Nature Nanotechnol, 2006, 1: 60.
[52] Sangwan V K, Ortiz R P, Alaboson J M P, et al. ACS Nano, 2012, 6: 7480.
[53] Liu H P, Nishide D, Tanaka T, et al. Nature Commun, 2011, 2: 309.
[54] Tanaka T, Liu H P, Fujii S, et al. Phys Status Solidi (RRL), 2011, 5: 301.
[55] Gui H, Li H B, Tan F R, et al. Carbon, 2012, 50: 332.
[56] Zhang J, Tan F R, Li H B. Phys Status Solidi (RRL), 2012, 6: 250.
[57] Engel M, Small J P, Steiner M, et al. ACS Nano, 2008, 2: 2445.
[58] Wang C, Zhang J, Ryu K, et al. Nano Lett, 2009, 9: 4285.
[59] Zhao J, Gao Y, Gu W, et al. J Mater Chem, 2012, 22: 20747.
[60] Chen P, Fu Y, Aminirad R, et al. Nano Lett, 2011, 11: 5301.
[61] Jung M, Kim J, Noh J, et al. IEEE Trans Elec Dev, 2010, 57: 571.
[62] Noh J, Jung M, Jung K. IEEE Elec Dev Lett, 2011, 32: 638
[63] Okimoto H, Takenobu T, Yanagi K, et al. Adv Mater, 2010 22: 3981
[64] Vijayaraghavan A, Hennrich F, Sturzl N, et al. ACS Nano, 2010, 4: 2748.
[65] Park H, Afzali A, Han S J, et al. Nature Nanotechnol, 2012, 7: 787.
[66] Cao Q, Han S J, Tulevski G S, et al. Nature Nanotechnol, 2013, 8: 180.

[67] Park S, Vosguerichian M, Bao Z. Nanoscale, 2013, 5: 1727.

[68] Saha A, Jiang C, Marti A A. Carbon, 2014, 79: 1.

[69] Liu Z, Xu J, Chen D, et al. Chem Soc Rev, 2015, 44: 161.

[70] Cai L, Wang C. Nanoscale Res Lett, 2015, 10: 320.

[71] Ishikawa F N, Chang H K, Ryu K, et al, ACS Nano, 2009, 3: 73.

[72] Thanh Q N, Jeong H, Kim J, et al. Adv Mater, 2012, 24: 4499.

[73] Li S, Liu C, Hou P X, et al. ACS Nano, 2012, 6: 9657.

[74] Rouhi N, Jain D, Burke P J. ACS Nano, 2011, 11: 8471.

[75] Miyata Y, Shiozawa K, Asada Y, et al. Nano Res, 2011, 4: 963.

[76] Zhang J, Fu Y, Wang C, et al. Nano Lett, 2011, 11: 4852.

[77] Wang C, Badmaev A, Jooyaie A, et al. ACS Nano, 2011, 5: 4169.

[78] Wang C, Chien J C, Takei K, et al. Nano Lett, 2012, 12: 1527.

[79] Wang C, Takei K, Takahashi T, et al. Chem Soc Rev, 2013, 42: 2592.

[80] Cao Q, Rogers J A. Adv Mater, 2009, 21: 29.

[81] Islam A E, Rogers J A, Alam M A. Adv Mater, 2009, 27: 7908.

[82] Che Y, Chen H, Gui H, et al. Semicond Sci Technol, 2014, 29: 073001.

[83] Ha M, Xia Y, Green A A, et al. ACS Nano, 2011, 4: 4388.

[84] Ha M, Seo J W T, Prabhumirashi P L, et al. Nano Lett, 2013, 13: 954.

[85] Qian L, Xu W, Fan X, et al. J Phys Chem C, 2013, 117: 18243.

[86] Zhao J, Gao Y, Gu W, et al. J Mater Chem, 2012, 22: 20747.

[87] Numata H, Ihara K, Saito T, et al. Appl Phys Express, 2012, 5: 055102.

[88] Xu W, Liu Z, Zhao J, et al. Nanoscale, 2014, 6: 14891.

[89] Cao X, Chen H, Gu X, et al. ACS Nano, 2014, 12: 12769.

[90] Http: //www.kuroda-electric.eu/Ultra-Fine-Pattern-Screen-Printing.

[91] Higuchi K, Kishimoto S, Nakajima Y, et al. Appl Phys Express, 2013, 6: 085101.

[92] Maeda M, Hirotani J, Matsui R, et al. Appl Phys Express, 2015, 8: 045102.

[93] Lau P H, Takei K, Wang C, et al. Nano Lett, 2013, 13: 3864.

[94] Yu B, Liu C, Hou P X, et al. J Am Chem Soc, 2011, 133: 5232.

[95] Li W S, Hou P X, Liu C, et al. ACS Nano, 2013, 7: 6831.

[96] Cheng T, Zhang Y, Lai W Y, et al. Adv Mater, 2015, 27: 3349.

[97] Franklin A D. Science, 2015, 349: 704.

[98] Noh J, Jung M, Jung Y, et al. Proc IEEE, 2015, 103: 554.

[99] Zhang J L, Wang C, Zhou C W. ACS Nano, 2012, 6: 7412.

[100] Cao Q, Hur S H, Zhu ZT, et al, Adv Mater, 2006, 18: 304.

[101] Sangwan V K, Southard A, Moore T L, et al. Microelectron Eng, 2011, 88: 3150.

[102] Zou Y, Li Q, Liu J, et al. Adv Mater, 2013, 25: 6050.

[103] Aikawa S, Einarsson E, Thurakitseree T, et al. Appl Phys Lett, 2012, 100: 063502.

[104] Jang H, Park Y J, Chen X, et al. Adv Mater, 2016, 28:4184.

[105] Yu W J, Lee S Y, Chae S H, et al. Nano Lett, 2011, 11: 1344.

[106] Yu W J, Chae S H, Lee SY, et al. Adv Mater, 2011, 23: 1899.

[107] Chae S H, Yu W J, Bae J J, et al. Nature Mater, 2013, 12: 403.

[108] Sun D M, Timmermans M Y, Kaskela A, et al. Nature Commun, 2013, 4: 2302.

[109] Zhao Y, Li Q, Xiao X, et al. ACS Nano, 2016, 10: 2193.

[110] Ryu K, Badmaev A, Wang C, et al. Nano Lett, 2009, 9: 189.

[111] Wang H, Wei P, Li Y, et al. Proc Natl Acad Sci USA, 2014, 111: 4776.

[112] Wang H, Li Y, Jimenez-Oses G, et al. Adv Funct Mater, 2015, 25: 1837.

[113] Javey A, Kim H, Brink M, et al. Nature Mater, 2002, 1: 241.

[114] Moriyama N, Ohno Y, Suzuki K, et al. Appl Phys Express, 2010, 3: 105102.

[115] Gao P Q, Zou J P, Li H, et al. Small, 2013, 9: 813.

[116] Ha T J, Chen K, Chuang S, et al. Nano Lett, 2015, 15: 392.

[117] Sun D M, Liu C, Ren W C, et al. Small, 2013, 9: 1188.

NANOMATERIALS

碳纳米管

Chapter 9

第9章

碳纳米管的电化学性能及其应用

喻万景
中南大学冶金与环境学院

碳材料作为性能优异的导电材料、集电材料和电极活性材料一直被广泛应用于电化学储能器件中。在锰干电池、碱锰电池等一次电池和燃料电池中，碳材料发挥本身具有的优良物理化学特性，用作导电材料和集电材料，对电池性能起到了至关重要的作用。特别是，近年来随着新能源电动汽车的兴起与发展，新型锂二次电池和电化学电容器（又称超级电容器）已成为其中的关键动力元件。作为电极活性物质的碳材料，兼具碳与锂形成层间化合物的体相储电功能和多孔、高表面积所赋予的表面电荷积聚功能，在构成电极的碳材料内部或表面进行电化学传质和反应过程，从而完成电池或电容器的充放电。由于传统碳材料在电化学能源储存方面所表现出的良好性能，其在电极中发挥着越来越举足轻重的作用，并在电池和电容器中得到了广泛的应用。

有效利用能源并保护全球生态环境一直是当今科技发展的重要课题，在开发用于电动汽车以及具有负载矫正功能的储电系统所需的大容量新型电池和电容器时，发掘具有更高电化学活性的碳质材料已成为必然。1991年碳纳米管的出现为碳质材料在新型高性能储能系统中的应用提供了新的可能。研究结果表明：相较于传统碳材料，碳纳米管表现出了更加优异的电子传输特性。当碳纳米管膜用作锂离子电池负极材料时，展现出比石墨负极更高的嵌锂比容量[1]。纯净的多壁碳纳米管与担载了金属催化剂（Pt、Ru、Pd和Ag）的多壁碳纳米管，可以用于氧的电催化还原，这是燃料电池中的重要速控反应步骤。研究表明碳纳米管是燃料电池用传统碳材料电极的优良替代物[1,2]。将碳纳米管作为对电极用于染料敏化太阳能电池时，能量转化效率与采用金属铂作为对电极的效率不相上下，表明碳纳米管可以替代价格昂贵的铂电极，有效降低太阳能电池的成本[3]。另外，碳纳米管作为高功率电化学电容器的电极材料也具有极大的潜力[4]。

限于篇幅，本章主要将重点介绍碳纳米管在锂离子电池和电化学电容器中的应用原理和研究进展。

9.1 碳纳米管在锂离子电池中的应用

9.1.1 锂离子电池概述

能源已成为21世纪最重要的主题之一。化石燃料的快速消耗以及由此造成的

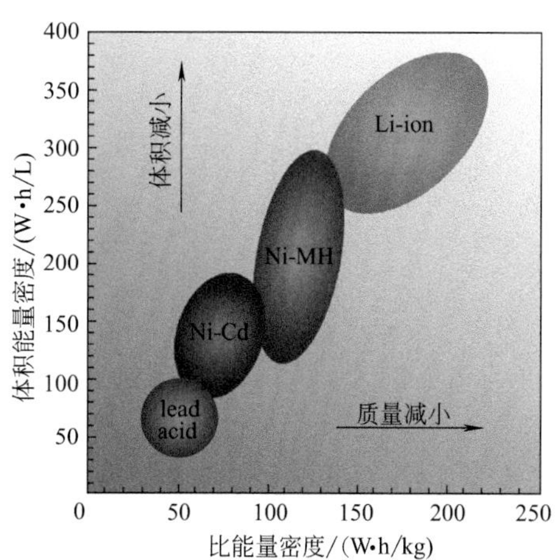

图9.1 各种电池的体积能量密度和比能量密度比较[10]

不断恶化的环境问题迫使人们努力寻求清洁、可再生能源以替代化石能源，维持社会与经济的可持续发展[5]。绿色清洁的可再生能源，如太阳能、风能、氢能、潮汐能、生物质能、地热能等在时间和空间上分布不均匀，最终需要转化为电能，以方便输运和使用。电化学电源在能源产生之后的能源存储、输运以及高效使用过程中扮演着重要角色。锂离子电池是当前电化学电源的一个重要代表。

随着电子器件和移动设备的小型化，便携式电子产品对电池提出了更高的要求。与传统的铅酸（lead acid）、镍镉（Ni-Cd）和镍氢（Ni-MH）电池等相比，锂离子（Li-ion）电池具有工作电压高、能量密度大（如图9.1所示）、循环寿命长、质量轻、自放电小、无污染、无记忆效应等突出优点，因而受到人们的青睐。锂离子电池是在锂电池基础上发展起来的一种新型高能二次电池，由日本的索尼公司在1991年率先实现商品化[6]，是目前比能量最高的一种实用化二次电池，标志着小型高能能源存储时代的开始。锂离子电池已广泛应用于移动电话、照相机、小型摄像机、笔记本电脑等小型便携式电子设备中，作为动力电源已在电动汽车中逐步推广，作为电源的更新换代产品，还将在储能电站、智能电网、军事、航空航天等领域得到广泛应用。

锂离子电池本质上可以看作由两种能够可逆地嵌入和脱出锂离子（Li^+）的化合物组成为正、负极的Li^+浓差电池。其基本工作原理如图9.2所示：充电时，Li^+在外加电场的作用下从正极脱出，经由电解液透过隔膜并嵌入到负极，同时，与之对应的电子经外电路到达负极并与Li^+复合，此时锂离子电池的负极处于富锂

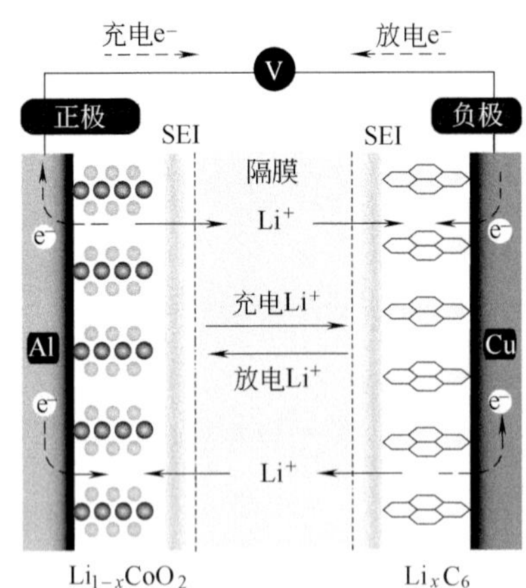

图9.2 锂离子电池的一般结构及工作原理示意图[10]

态，正极处于贫锂态；放电时，过程刚好相反，Li^+在电池的电化学势作用下从负极脱出，经电解液到达正极，并嵌入到正极化合物中，电子同样通过外电路到达正极与Li^+复合，此时正极为富锂态[7]。在充放电的过程中，Li^+在正、负极之间嵌入/脱出往复运动就像一把摇椅，因而锂离子二次电池通常又被形象地称作为"摇椅式电池（rocking chair batteries）"[8]。以碳质材料为负极、$LiCoO_2$为正极的锂离子电池，其总的电化学反应过程如式（9.1）所示[9]：

$$LiCoO_2 + 6C \rightleftharpoons Li_{1-x}CoO_2 + Li_xC_6 \tag{9.1}$$

锂离子电池的电压为正、负极反应的标准还原电势之差。锂离子电池所能输出的最大有用功，由电池总反应的吉布斯自由能决定。而反应的自由能大小取决于参与反应的电极材料。电池单元的性能如工作电位、比容量、循环寿命、能量密度等与电极材料紧密相关。因此，新型电极材料的研发是发展高性能锂离子电池的基础，开发新一代高性能电极材料是当前国内外锂离子电池研究的重点和热点。

9.1.2
锂离子电池中的负极材料

锂离子电池实质上是锂离子浓差电池，与常规电池的主要区别是电极材料中的活性物质不局限于材料的种类，而是与材料的微观结构相关。因而，凡是能够可逆存储和释放锂离子的材料，并有足够正或负的电极电位，都有可能成为锂离子电池的电极活性材料。因此，锂离子电池电极的活性物质可以是一类材料，目前，正极材料一般作为锂源，且多为可在空气中稳定存在的含锂复合物[11]。负极材料的种类也较多，理想的负极材料一般具备如下特点：①合适的锂离子嵌入和脱出电位；②具备较大的可逆储锂容量；③循环充放电效率高；④脱嵌锂过程中结构稳定，能经受长期的循环充放电；⑤充放电过程电极的稳定性高；⑥具有良好的电子和离子导电性，可以快速充放电。此外，为了进行规模化生产，负极材料还应具有电极成型性好、批量生产稳定性高和价格低廉等特性。为了满足上述条件，锂离子电池负极材料的发展思路主要为：一方面对现有材料进行改性，提高电极活性材料的电化学性能；另一方面发掘具有可以替代当前碳材料的新型高性能负极材料。目前已具有实用价值或潜在应用前景的主要集中于以下几类：①碳基材料；②合金类材料；③过渡金属氧化物；④其他类型负极材料。有关锂离子电池负极材料的研究很多，本节主要讨论碳基负极材料。

碳质材料是人们最早研究并应用于锂离子电池的负极材料，也是目前实际生产中应用最广的负极材料。碳质材料的大规模应用，主要归因于其具有较高的比容量（约为200～400mA·h/g）、低的脱嵌锂电位、长的循环寿命和在电解液中的高导电性和耐腐蚀性以及较高的安全性能。研究较多的碳质负极材料有石墨、石油焦、中间相炭微球（MCMB）、碳纤维、乙炔黑、热解炭等。随着纳米技术的不断发展，碳质纳米材料成为新的研究热点。

（1）石墨类材料

石墨具有规则的层状结构，单层的碳原子呈六角形排列并向二维方向延伸，片层之间通过范德华力结合并维持层间距为0.335nm的稳定晶体结构（如图9.3所示）。电池进行充电时，锂嵌入到石墨的层间形成Li_xC_6层间化合物（如图9.4所示），当石墨所有的层被Li占据时，具有理论最大容量为372mA·h/g，锂嵌入、脱嵌反应发生在0～0.25V（vs. Li^+/Li），具有良好的电压平台，且不存在充放电（锂脱嵌）电压滞后现象。但石墨同时存在着充放电容量低、循环稳定性差等方面的不足，因此，人们需要进一步采用物理或化学手段对石墨改性，来解决这些问题。改性后，天然石墨的可逆比容量和循环性能可以得到显著提高[12]。

（2）石油焦

作为软质碳类材料，石油焦是晶粒尺寸很小的无序晶体（如图9.3所示）。石油焦资源丰富、价格低廉，但纯度较低，作为锂离子电池负极材料嵌入锂后会发生大的体积膨胀，因此，需要对石油焦进行适当的改性处理，以提高石油

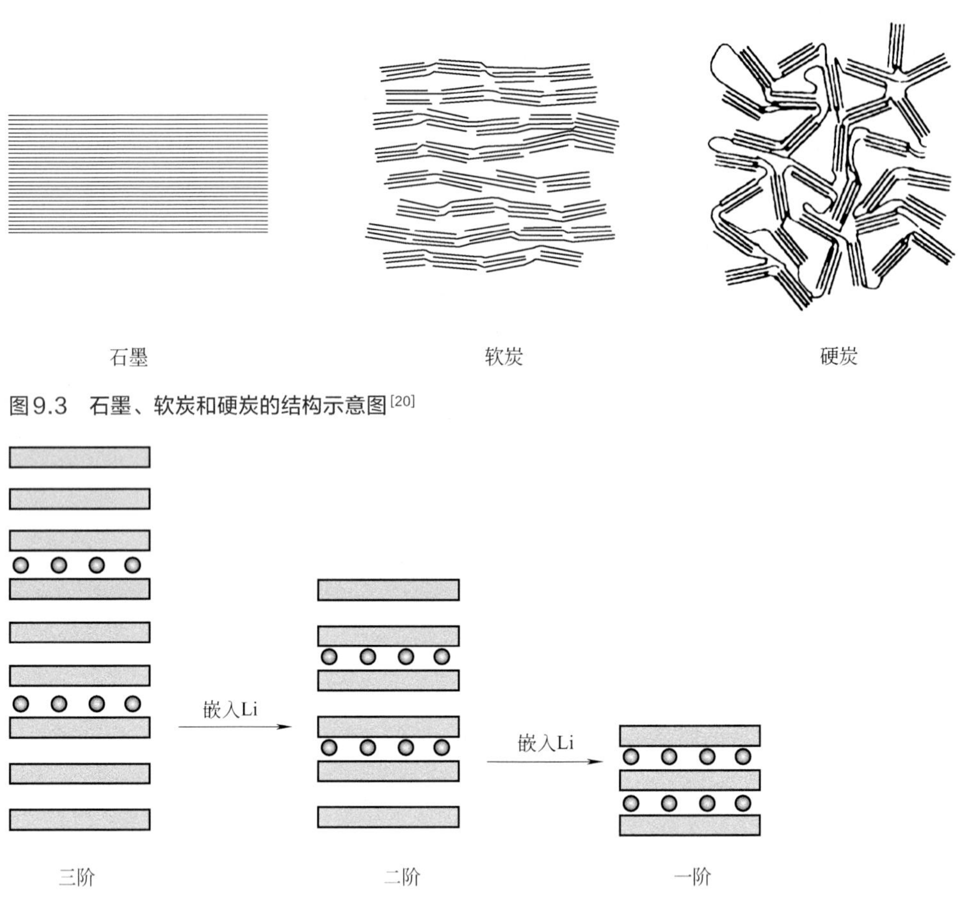

图9.3 石墨、软炭和硬炭的结构示意图[20]

图9.4 Li嵌入石墨负极的结构示意图[21]

焦的充放电容量和结构稳定性。

（3）MCMB

同样为软质碳材料，由石油或煤焦油沥青在350 ～ 500℃下热处理制备得到，呈球状外形，平均粒径约为6μm。研究表明[13]，MCMB经高温石墨化处理后，充放电容量明显提高。商品化的高度石墨化MCMB（即人造石墨）具有优良的循环性能，是当前长寿命小型锂离子电池及动力电池所采用的主要负极材料，但MCMB的比容量不高（低于300mA・h/g），且价格较昂贵。

（4）碳纤维

属于乱层石墨结构堆积型的碳材料[14]，其放电容量一般为185 ～ 363mA・h/g。

M. Endo等[14~16]提出碳纤维的负极特性主要是由其结构决定的，研究发现经球磨后的中间相沥青基碳纤维表现出良好的充电容量和循环效率。另外，该研究组[17]采用浮动催化剂法制备了亚微米级气相生长碳纤维或纳米碳纤维（直径0.1 ～ 0.2μm），并对比研究了普通气相生长碳纤维（直径10 ～ 20μm）的锂离子电池性能，实验结果表明，石墨化后的亚微米级气相生长碳纤维在首次循环中具有283mA・h/g的放电容量，循环效率约为77%；在石墨负极材料中掺入10%的亚微米级气相生长碳纤维，循环效率在前50个周期内几乎维持在100%，主要归因于亚微米级气相生长碳纤维的加入，改善了电极的导电性和与电解液的润湿性，从而提高了循环性能。掺硼的亚微米级气相生长碳纤维的容量能得到增强，达到351mA・h/g，库仑效率得到明显改善（81.1%）[18]。此外，通过对碳纤维表面接枝碳纳米材料可以有效增强其锂离子嵌入活性位，提高锂电池负极性能[19]。

（5）热解炭

热解炭不易被石墨化，因此属于硬炭（如图9.3所示），该类碳材料的嵌锂容量高，甚至高于石墨的理论容量。曾经有报道，索尼公司的研究人员通过热解聚糠醇获得了比容量为450mA・h/g的负极材料。但硬炭类材料存在电压滞后现象，且不可逆容量很高，首次放电效率低，严重制约其商业化应用。有关采用不同热解工艺、热处理制度改善热解炭储锂能力的研究很多，在此不一一介绍。

总之，硬炭类材料和改性石墨的储锂能力要优于天然石墨，除了碳层本身嵌锂，材料内部存在的无序结构以及表面形成的纳米级孔隙和通道，也能容纳锂离子，提高整体的储锂能力。纳米碳材料因具有不同于传统碳的独特结构和性能，而成为新型电极材料的研究热点。

9.1.3
碳纳米管复合负极材料

9.1.3.1
碳纳米管负极材料

由于具有大的长径比、优异的物理化学稳定性、高的导电性和导热性、优良的力学性质、大的比表面积和多孔结构等特点，碳纳米管被认为是一种很有潜力的锂离子电池电极材料。碳纳米管作为锂离子电池负极时，丰富的纳米孔结构可以作为大量锂离子嵌入的活性位，从而具有高的容量；优异的力学性能和高的弹性模量能保证碳纳米管电极具有长的循环寿命，极短的扩散距离使得碳纳米管电极具有高的充放电速率[22]。

G. Che等[1]最先采用阳极氧化铝（AAO）模板法制备的碳纳米管作为锂离子电池负极材料，得到了490mA·h/g的高嵌锂容量，表明了碳纳米材料用于锂离子电池负极时具有比石墨更高的嵌锂能力。进一步研究表明[23,24]，多壁碳纳米管的结构和结晶性极大影响着碳纳米管负极的比容量和循环寿命。高石墨化结构碳纳米管比低石墨化结构具有更优的循环性能，主要归因于前者的优良稳定性，同时高石墨化结构碳纳米管表现出了较低的比容量，这主要是由于锂离子更易于嵌入到低有序度石墨结构、微孔、石墨层的边缘或者单层石墨的表面。

由理论计算可知[25,26]，碳纳米管嵌锂时，锂离子在能量上无法直接穿过碳纳米管的管壁或封闭的顶端帽子，但可以透过碳纳米管侧壁上的缺陷或者碳纳米管的开口端进入到碳纳米管内，且可以很好地在碳纳米管内迁移。因此，通过化学或机械方法开孔，引入缺陷并减短碳纳米管的长度可以有效地改善碳纳米管的电化学储锂性能。J.Y. Eom等[27]研究了经化学处理的多壁碳纳米管的嵌锂性能，提纯后的碳纳米管经强酸刻蚀后开孔并被切短，首次放电和充电比容量分别为1229mA·h/g和681mA·h/g，高于仅提纯的碳纳米管（1012mA·h/g和351mA·h/g）。B. Gao等[28]报道单壁碳纳米管经球磨处理后，由于锂能进入到裂开的碳纳米管内部，可逆的锂碳组成比可以由$Li_{1.7}C_6$增大到$Li_{2.7}C_6$，表现出高达1000mA·h/g的容量。X. X. Wang等[29]采用固态短切方法将常规的微米级长度多壁碳纳米管短切至约200nm，用于锂离子电池负极时，表现出增大的可逆容量和减小的不可逆容量，这主要归因于短切后的碳纳米管具有更多的嵌锂活性位、增强的锂离子脱嵌能力以及减小的接触电阻。

另外，合成出特殊形貌与结构的碳纳米管也有助于改善锂离子电池的性能。R. Lv等[30]报道外表面具有较高比率碳层端部的竹节状碳纳米管（如图9.5所示），比结构平直规整的碳纳米管具有更快的电子转移速率、更好的润湿性、更多的边缘活性位和表面官能团，展示出了更好的电化学性能。J. Zhou等[31]合成了一种四边形碳纳米管（如图9.6所示），跟传统的碳纳米管相比，具有四边形横截面、一端开口、鲱鱼骨碳结构等特点，能有效改善锂离子的扩散系数并减小锂离子扩散距离，因而具有较好的倍率性能。

同时，对碳纳米管进行异质原子掺杂（硼或氮掺杂），改善碳纳米管的导电性的同时可以增加锂离子嵌入活性位，是改善碳纳米管负极电化学性能的另一

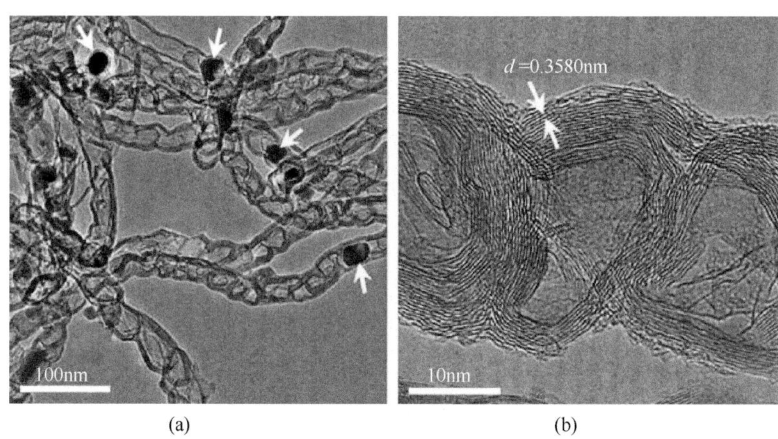

图9.5　竹节状碳纳米管微观结构的透射电镜图[30]

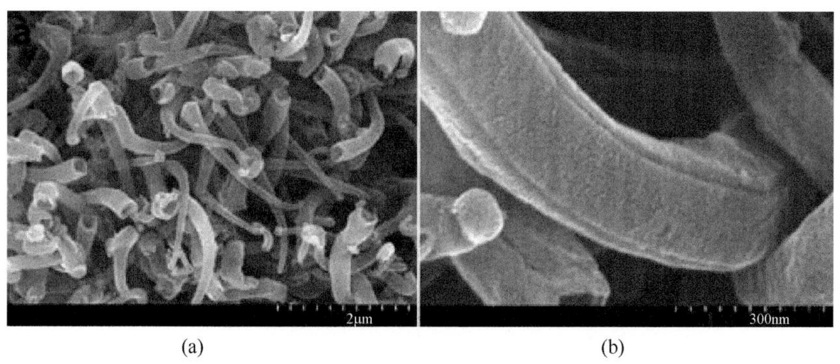

图9.6　四边形碳纳米管外部形貌的扫描电镜图[31]

种有效方法。I. Mukhopadhyay等[32]研究发现硼掺杂的多壁碳纳米管具有比未进行掺杂的碳纳米管更高的放电容量。B. J. Landi等[33]采用嘧啶作为氮源前驱体制备出氮掺杂的碳纳米管，同样展现出了较高的可逆比容量。

通过构建结构可控的碳纳米管三维宏观体电极，可以有效改善碳纳米管的锂离子电池负极性能。碳纳米管具有大的长径比、优异的机械强度和柔韧性，可以制作成无支撑的膜电极用于锂离子电池，无须集流体、导电剂和黏结剂，从而提高锂离子电池的能量密度[10]。提纯后的无支撑单壁碳纳米管膜电极的可逆比容量可达400～460mA·h/g，通过剪短和引入缺陷后容量可提升至1000mA·h/g。将碳纳米管阵列宏观体直接作为电极，无须导电剂和黏结剂，从而提高电极的整体导电性，有利于锂离子的快速嵌入与脱出。H. Zhang等[34]通过化学气相沉积

（CVD）方法直接在集流体上（钽片）制备出碳纳米管阵列，用于锂离子电池时表现出优异的倍率性能和循环稳定性；其在36*C*（100s内完成充放电）和600*C*（6s内完成充放电）的充放电速率时，容量分别为75mA·h/g和24mA·h/g，并且经过2000次循环后，电极容量仍保持其初始值的一半以上，远优于无序碳纳米管电极的性能。另外，中国科学院金属研究所成会明研究组[35]通过在柔性的石墨烯纸上生长碳纳米管垂直阵列，获得了碳纳米管垂直阵列/石墨烯纸薄膜（如图9.7所示），用于锂离子电池负极时，石墨烯纸可兼作为集流体和活性物质，经过40次循环其可逆容量能稳定维持在290mA·h/g，相比于传统的电极，整个炭电极的质量减少近80%，能有效提高电池的能量密度。

利用碳纳米管优良的导电性、大的长径比和高的柔韧性，可以组装成能满足特殊使用条件要求的储能器件，如柔性储能器件。美国莱斯大学的P. M. Ajayan研究组[36]通过将纤维素在室温下溶于离子液体（RTIL）并注入碳纳米管垂直阵列内，经过后续处理得到了集成碳纳米管的纤维素复合材料，这种材料具有优异的柔韧性，可以方便地构建柔性储能器件，如超级电容器和锂离子电池。此外，美国斯坦福大学的崔屹研究组[37]开发出了水溶性的碳纳米管墨水，在普通的打印纸上涂覆碳纳米管墨水并干燥后成为高导电纸，面电阻仅为10Ω/sq，采用处理后的

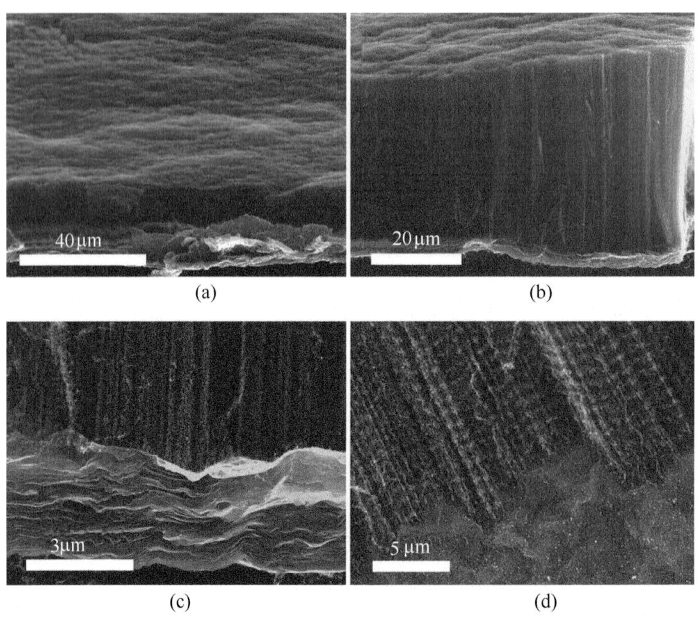

图9.7　碳纳米管垂直阵列/石墨烯纸薄膜的扫描电镜图[35]

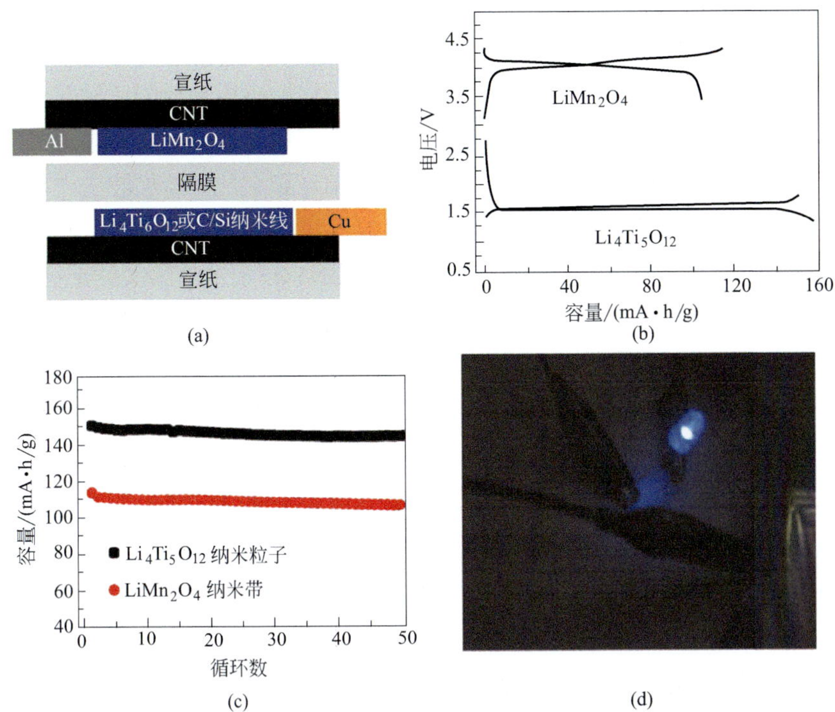

图9.8　碳纳米管制备的柔性锂离子“纸电池”的基本结构与电化学性能[37]

（a）导电纸电池的结构示意图；（b）导电纸电池 $LiMn_2O_4$ 和 $Li_4Ti_5O_{12}$ 电极的恒流充放电曲线图；（c）导电纸电池的 $LiMn_2O_4$ 和 $Li_4Ti_5O_{12}$ 电极的循环性能图；（d）纸电池用来驱动蓝色二极管发光

复合导电纸可制备出柔性的锂离子“纸电池”（如图9.8所示）。

单纯碳纳米管用于锂离子电池负极材料时，虽然具备较好的导电性和较高的倍率性能，但较大的首次不可逆容量损失，严重限制了其商业化应用。

9.1.3.2
碳纳米管复合负极材料

碳纳米管作为一维碳纳米材料，其优异的电学和力学性质，赋予其作为锂离子电池纳米复合电极材料巨大的潜力。作为复合电极材料的支撑部分，高长径比的碳纳米管相互搭接构成导电网络，能够有效改善电极的导电性。同时，碳纳米管作为骨架负载高容量活性材料构建复合电极可应用于高性能锂离子电池。

碳纳米管复合材料作为锂离子电池负极时具有如下优势：①具有高比表面积、

短的电荷扩散距离和良好的应力释放能力；②活性负极材料与碳纳米管具有良好的电接触，同时，碳纳米管作为一维纳米导体提供电子快速传输通道，能有效改善电极的导电性；③碳纳米管的中空管状结构有助于缓解电极材料脱嵌锂时的体积变化；④活性负极材料分散于碳纳米管表面，可以有效缓解或避免活性负极在充放电过程中的团聚与粉化，从而提高电极材料的循环稳定性。新加坡南洋理工大学楼雄文课题组[38]利用碳纳米管作为支架材料，将包覆碳的氧化铁（Fe_2O_3）中空纳米角嫁接到碳纳米管上制备得到了碳包覆的CNT@Fe_2O_3的层次纳米结构。用于锂离子电池负极材料时，该结构展示出优异的电化学循环性能，明显优于纯Fe_2O_3纳米颗粒负极材料，这主要归因于碳纳米管可增强电极的导电性及有效抑制Fe_2O_3的团聚与粉化。D. Xia等[39]把无定形氧化锡（SnO_2）包覆在碳纳米管外表面，同时加入少量的Au（0.9%，质量分数）分散于SnO_2表层，制备出了一维CNT@SnO_2-Au的纳米电缆结构。这种混合纳米结构用于锂电负极时，在电流密度为0.18A/g的条件下，40次循环后仍具有高达626mA・h/g的放电容量，明显优于纯SnO_2材料和未加入Au的复合结构。当充放电速率增大到3.6A/g和7.2A/g时，含Au的纳米电缆的比容量高达467mA・h/g和392mA・h/g，因而可以作为潜在的高性能负极材料用于高功率锂离子电池。

碳纳米管相互交联形成网状结构，与其他活性物质一起构成纳米复合材料时，无须黏结剂就能保持稳定的结构且具有优良的导电性能。用于锂离子电池负极时，在确保其优异的电化学储锂性能的同时，又可以避免使用黏结剂与集流体，有利于提高电池的能量密度。A.C. Dillon等[40]采用水热方法合成了羟基氧化铁（FeOOH）纳米棒，再将合成的FeOOH纳米棒和纯化后的单壁碳纳米管（SWCNT）混合分散于SDS溶液中，真空过滤成膜后转移到铜箔上，再经高温热处理就得到了不含黏结剂的Fe_3O_4/碳纳米管复合电极。这种纳米结构的电极不仅具有高的比容量（1000mA・h/g, 0.1*C*充放电速率）、好的循环性能（1100mA・h/g，1*C*速率下循环50次），还具有优异的高倍率性能（550mA・h/g，10*C*=8720mA/g）。中国科学院金属研究所成会明研究组[41]采用浮动催化剂化学气相沉积法制备得到了单壁碳纳米管柔性薄膜（如图9.9所示），其中的铁质催化剂在空气中经原位热处理氧化后获得无集流体和黏结剂的CNT-Fe_2O_3柔性电极材料。用于锂离子电池负极时，表现出高达1243mA・h/g的比容量和较好的倍率性能，主要归因于碳纳米管网络的优良导电性和电极稳定的结构。另外，斯坦福大学的崔屹课题组[42]采用碳纳米管墨水制备出无支撑的碳纳米管膜，再经硅烷（SiH_4）化学气相沉积作用得到了轻质柔性的无支撑碳纳米管/硅（CNT-Si）膜。作为锂离子电池负极时，比容量是传统电极的10倍，并表现出较好的循环性能，循环50次后容量保持率为82%（1711mA·h/g），同时电池的能量密度增加了20%。通过仿生学方法来构筑电极材料，是目前有效提升电极电化学性能的有效方法。H. S. Park等[43]将多壁碳纳米管（MWCNTs）在臭氧（O_3）中表面官能化处理，结合冰作为模板，制备得到了层次多孔的蜘蛛网状结构MWCNTs/γ-Fe_2O_3复合材料（如图9.10所示）。用于锂离子电池负极时，在电流密度为0.05mA/g时，展现出高达

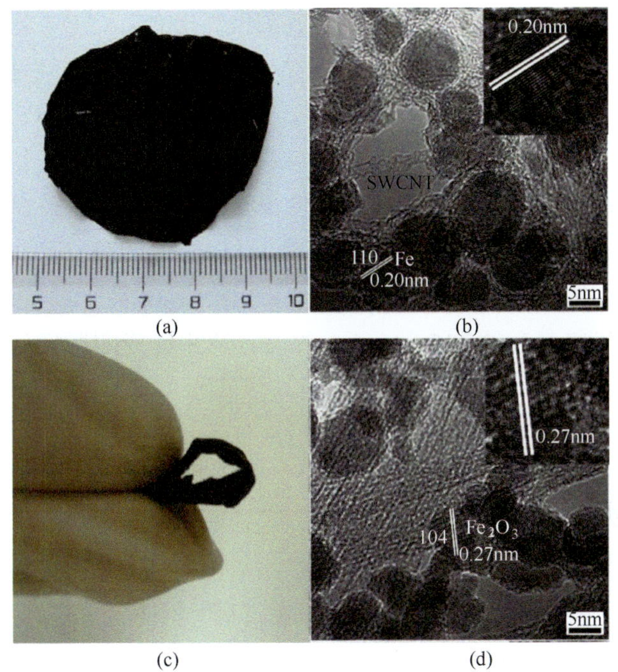

图9.9 浮动催化剂化学气相沉积法制备的单壁碳纳米管柔性薄膜及内部结构[41]

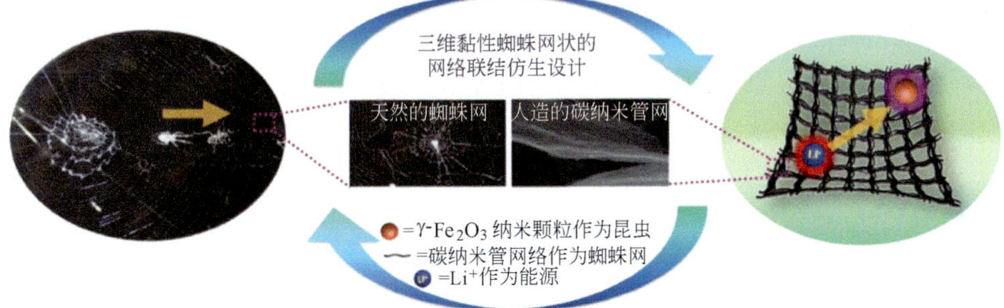

图9.10 蜘蛛网状结构复合材料的仿生学设计示意图[43]

822mA·h/g的比容量，当电流密度达到1A/g，容量保持率为72.3%，并具有优异的循环稳定性，充放电310圈后，容量保持在88%以上。

为了保证锂离子电池既具有高的比容量又有大的电流充放电能力，将碳纳米管垂直阵列与高容量负极材料复合是有效的改善方法。B. Laïk等[44]在碳纳米管垂直阵列的外壁上均匀负载Si纳米粒子。锂电性能测试表明，在1.3*C*的充放电速率下，该电极容量高达3000mA·h/g，当电流充放电速率分别增大到5*C*和15*C*时，仍具有高达1900mA·h/g和760mA·h/g的容量，展示出优异的电化学倍率性能。美国莱斯大学的P. M. Ajayan研究组[45]以多孔阳极氧化铝（AAO）为模板，先后采用真空过滤法和CVD方法在其孔道内生成MnO_2与碳纳米管的同轴管状复合结构，并在AAO的一端沉积Au膜作为集流体，去除模板后形成MnO_2/CNT复合同轴纳米管有序阵列，且碳纳米管与Au集流体具有良好的电接触。相对于纯的MnO_2，该复合电极的可逆比容量和循环稳定性都有大幅度提升，15次循环后，其可逆容量仍高达500mA·h/g。中国科学院金属研究所成会明研究组[46]采用水热以及后续热处理工艺在超长多壁碳纳米管阵列上镶嵌Co_3O_4纳米颗粒，组装成锂离子电池负极，表现出了高达725mA·h/g的比容量和优异的循环稳定性。

9.1.3.3
碳纳米管限域的纳米复合负极材料

将高活性电极材料复合在碳纳米管外，尽管在一定程度上能有效改善电极的导电性，防止团聚并缓解充放电时的体积膨胀，但活性物质与电解液直接接触，参与电化学脱嵌锂时会形成不稳定的SEI膜，也无法避免部分活性材料的脱落，严重影响电极的电化学性能。碳纳米管作为一维碳质材料，具有独特的中空纳米管状结构，可以作为独特的纳米反应容器。将活性物质限制在碳纳米管内，不仅可以增强电接触，改善电极的导电性，缓解体积膨胀，而且能有效防止活性物质的粉化、脱落，并抑制其表面不稳定SEI膜的形成。同时，碳纳米管独特的纳米限域效应能增强电极的电化学储锂性能，因而将活性负极材料填充到碳纳米管内部空腔能有效改善电极的电化学性能[47]。

J. Y. Lee等[48]将$SnCl_4$填充到AAO模板的纳米孔道内，通过化学气相沉积过程沉积碳，去掉模板后得到了碳纳米管包覆Sn纳米颗粒的复合材料，用于锂离子电池负极材料时，碳纳米管能很好地缓冲Sn嵌锂时的体积膨胀并防止其脱落，因而具有优异的循环稳定性。国家纳米科学中心智林杰课题组[49]采用氧化石墨烯薄片作为基底担载上二氧化锡（SnO_2）纳米颗粒，通过有机碳源的化学气相沉积过程制备出锡纳米线填充碳纳米管（RGO-Sn@CNTs）的同轴纳米电缆。相比于石墨烯-锡（RGO-Sn）的纳米复合材料，该纳米电缆复合电极不仅具有更好的循环性能，同时表现出优异的倍率性能，在充放电速率高达1600mA/g时，比容量是RGO-Sn的三倍。H. Zhang等[50]将锡纳米粒子分别内填充（Sn-in-CNT）和外包覆（Sn-out-CNT）于少壁碳纳米管进行对比研究发现，由于碳纳米管内部独特的纳米限域效应，Sn在碳纳米管内在电荷转移和电子交互作用下处于更加还原的状态，并与碳纳米管内壁通过Sn—C键牢固地结合，具有优良的电接触，从而保证电极具有高的可逆比容量（732mA·h/g）和容量保持率（639.7mA·h/g，循环170次）。同时，在脱嵌锂时，碳纳米管对Sn的限域作用可以防止Sn—C键的破坏，确保电极结构的稳定性。

中国科学院金属研究所先进炭材料研究部[51,52]采用碳纳米管一维中空纳米管腔作为独特的纳米反应器，分别通过化学气相沉积与湿化学填充方法制备得到了硅（Si）（如图9.11所示）和氧化铁（Fe_2O_3）填充的碳纳米管复合负极材料，研

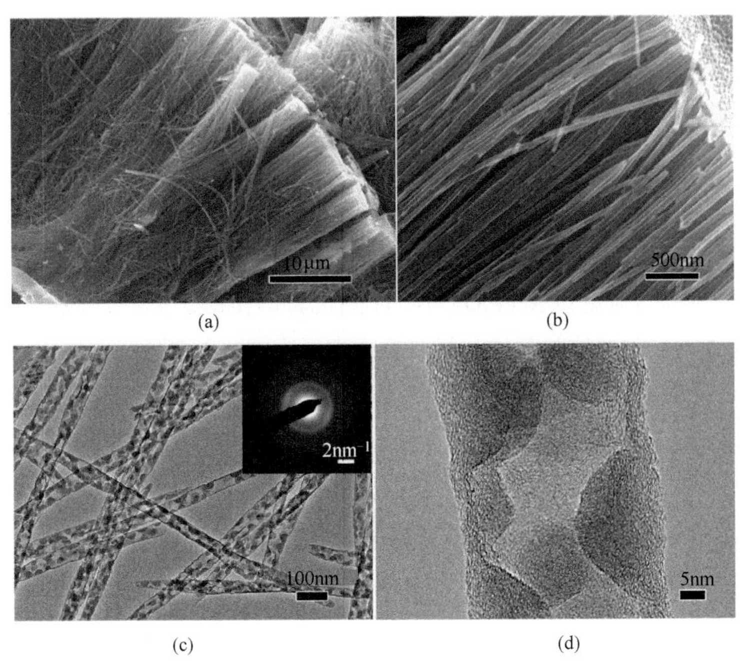

(a) (b) (c) (d)

图9.11 Si纳米颗粒填充的碳纳米管复合负极材料[51]

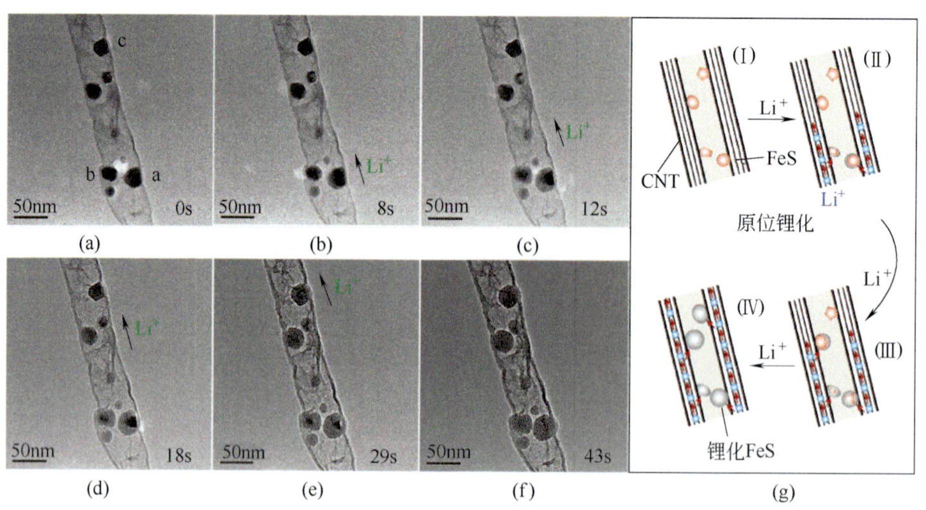

图9.12　限制于CNT内部FeS颗粒的电化学嵌锂过程及示意图[53]

究表明，硅与氧化铁纳米颗粒可以可控填充在碳纳米管孔道内，碳纳米管外表面洁净无任何杂质，用于锂离子电池负极时均表现出优异的电化学储锂性能。特别地，当氧化铁填充到碳纳米管管腔内，限制在CNT内的Fe_2O_3粒子表现出高达2071mA·h/g的比容量。利用CNT作为纳米测试管，在透射电镜中构建纳米锂离子电池，对Fe_2O_3充放电过程中的微观结构演化过程进行了研究，发现在充电过程中，限制在CNT内腔的带铁核的氧化锂纳米团簇颗粒尺寸要远小于其包覆于CNT外表面的尺寸，明显呈现出CNT的纳米限域效应。经深入分析，Fe_2O_3额外的储锂容量主要源于CNT纳米限域增强的界面储锂，LiOH的可逆反应生成LiH和固态电解质中间相的转变以及Fe_2O_3与CNT的优异电接触。另外，该研究部[53]通过在CNT内装填硫和铁的前驱体，经高温固相反应后，制备得到了FeS填充CNT复合电极材料（如图9.12所示），用于锂离子电池负极时同样表现出优异的电化学储锂性能。通过原位透射电镜研究发现，限制在CNT内的平均粒径约为15nm的FeS颗粒，经电化学嵌锂后，FeS纳米粒子没有明显的碎裂，表现出较稳定的结构。CNT一方面限制或承载FeS由电化学锂化诱导所产生的体积膨胀；另一方面为锂离子嵌入到FeS中提供快速传输通道，是改善FeS作为锂离子电池负极材料电化学性能的主要原因。

碳纳米管限制高活性物质的纳米复合材料用于锂离子电池负极时的主要特征和优势（如图9.13所示）如下：①活性纳米粒子均匀分散在碳纳米管的中空管腔

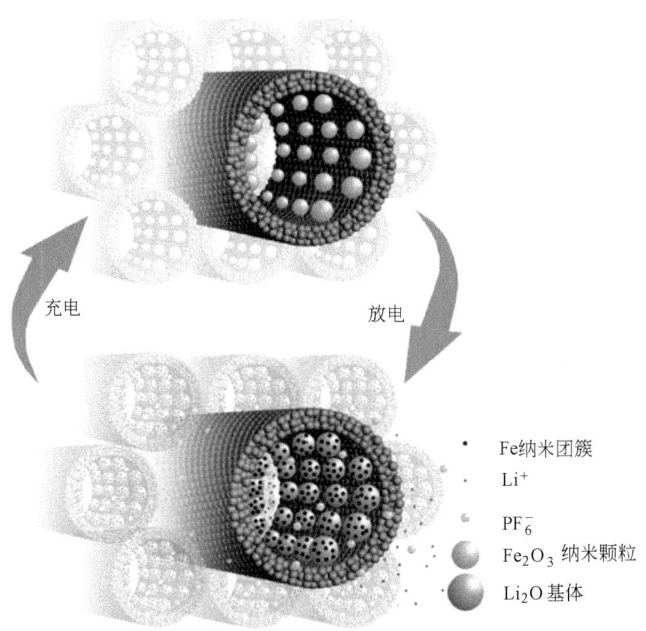

图9.13 纳米颗粒（如Fe_2O_3）填充碳纳米管复合材料的充放电示意图[54]

内，并与碳纳米管内壁具有良好的接触和结合，同时高长径比的碳纳米管在组建电极时可以交联成导电网络，整体上提高电极的导电性。②限制在碳纳米管里的纳米粒子尺寸小、分布均匀，不会发生团聚，因而能极大地缩短锂离子和电子的传输通道，增强电极材料的倍率性能。③碳纳米管呈开孔状态，有利于在充放电时锂离子的进入与脱出，可以提高电极材料储放锂的倍率能力。④碳纳米管将纳米粒子完全限域在中空管道内，一方面可以抑制活性材料在充放电时体积的剧烈变化；另一方面可以有效地阻止活性物质由于体积膨胀碎裂而与电极脱离，改善电极材料的循环稳定性。同时，碳纳米管良好的物理、化学和力学性质可以保证电极材料具有优异的结构稳定性，增强电极材料的循环性能。⑤碳纳米管中空管腔不但为纳米活性物质提供体积膨胀/收缩的弹性空间，同时可存储电解液，增大活性物质与电解液的接触面积，提高倍率性能。

目前，虽然通过碳纳米管中空管腔限制锂离子电池高活性材料已初步取得较好的研究结果，但碳纳米管管腔限域效应的优化及其增强电化学储锂性能的机理仍有待进一步研究。

9.1.4
碳纳米管在锂离子电池中的实际应用

碳纳米管被许多研究者用作锂离子电池电极材料，并获得了有意义的研究结果。在实际应用方面，随着碳纳米管大规模制备技术的不断完善，生产效率不断提高，制造成本逐步降低，结构和性能实现可控，碳纳米管在锂离子电池中的实际应用也逐步发展起来。

尽管碳纳米管具有大的长径比、优良的导电性、高的柔韧性和稳定的物理化学性质，但作为锂离子电池负极材料，碳纳米管较大的比表面积导致在SEI膜生成过程中消耗大量不可逆的锂，从而表现出较高的首次不可逆容量损失。因此，一方面，将碳纳米管作为活性材料直接用于锂离子电池电极不具有实用性；另一方面，利用碳纳米管独特的一维结构与优异电性能，将其作为导电添加剂用于锂离子电池的负极和正极，则表现出极大的应用潜力和市场优势。通过物理混合方法将碳纳米管导电剂直接添加到电极材料中，具有加工工艺简单、成本低以及与现有的工业生产过程相匹配等优势[55]。在中国，目前已有若干公司实现了碳纳米管的批量化生产，同时碳纳米管导电剂已在锂离子电池中得到了大规模应用。北京天奈科技有限公司、深圳三顺中科新材料有限公司、深圳纳米港有限公司等均已实现批量生产碳纳米管导电剂。2015年碳纳米管的市场使用量已达数百吨，并且需求量还在快速增长。

9.2
碳纳米管的电化学电容特性及应用

随着全球人口的急剧增长和社会经济的快速发展，资源和能源不断消耗，生态环境日益恶化，人们更加关注洁净、可再生的新能源。作为一种新型的换能装置和储能器件，电化学电容器（electrochemical capacitor，EC）具有高放电比功率、优异的瞬时充放电能力、长循环寿命等优点，可作为无污染的小型备用电源用于多种电器设备[56]，同时它可单独或者与二次电池组合形成复合电源为电动车提供动力，近年来得到快速发展并已成功实现商品化。碳纳米管具有纳米尺度的孔隙，而且有比表面积大、导电性好、物理化学性质稳定等优点，因而有望成为电化学电容器理想的电极材料。

9.2.1 电化学电容器原理及关键材料

传统的电容器是在平行相向的金属平板电极间夹持介电常数高的物质（如云母、陶瓷、空气等），当两极间施加直流电压时由于静电场力的作用带动电荷在电极片上积聚，从而存储符号相反的电荷，而且能很快地放出，所储电荷的容量很小，是一种物理电容器。电化学电容器与传统电容器相比，其组成材料和物理过程明显不同，基本原理如图9.14所示：一对固体电极浸入到电解质溶液中，当施加一定的电压（低于溶液的分解电压）时，在固体电极与电解质溶液的界面，电荷会在极短距离内分布、排列；为了平衡电势，带正电荷的正极会吸引溶液中的阴离子，反之，负极就会吸引阳离子，从而形成紧密的双电层，在电极和电解液界面处存储电荷，但电荷不会通过双电层界面发生转移，过程中产生的电流基本上是由电荷重排而产生的位移电流[57]。能量便以电荷或浓缩的电子存储在电极材料的表面。相比于电池，电化学电容器表现出更加优越的功率特性，但其能量密度相对较低（如图9.15所示）。

电化学电容器主要由电极、电解质溶液、隔膜和集电材料组成。电容器对各

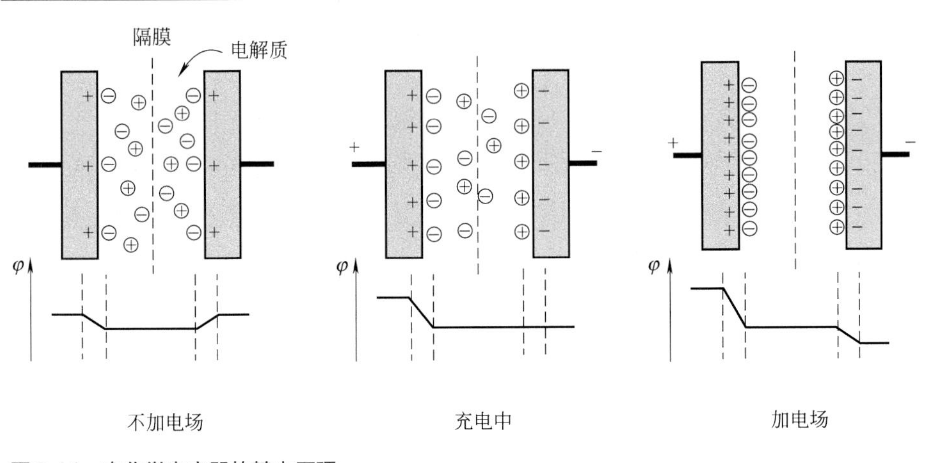

图9.14　电化学电容器的基本原理

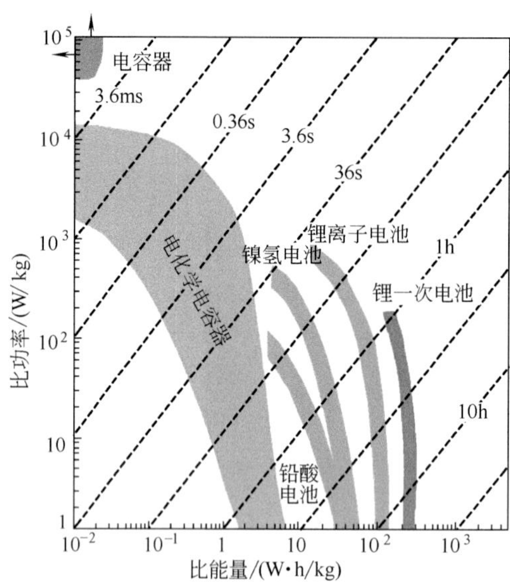

图9.15　多种电能存储器件的比功率与比能量的关系图[56]

部分组成物质和材料都有一定的要求。首先，对电极而言，要求其电导率高且不与电解质发生分解或其他电化学反应，比表面积应尽可能大，价格便宜，具有较好的成型性。因此，在电化学电容器的开发初期考虑用活性炭、活性炭毡和活性炭布等碳质材料。为了提高其体积能量密度，可以用碳纤维热压成型使之高密度化或将活性炭粉末与酚醛树脂复合制成固体活性炭。平板光滑电极在高浓度电解液中，其双电层比电容量大致为10 ～ 20μF/cm^2，若采用比表面积为1000m^2/g的活性炭，则单个电极的双电层比电容量可达100F/g[58]。为方便电解质的进出，电极材料中应有更多大于2nm的孔，由此科学家开发出了炭气凝胶[59]以及包括碳纳米管在内的各种碳质纳米材料[60]。另外，为了储存更多的带电粒子，进一步提高电极的比能量密度，选择含有与粒子粒径相当微孔（＜2nm）的多孔碳材料，如三维层次多孔碳[61]和微孔碳[62]，也是当前行之有效的途径。除了提高电极比表面积、体积密度以及改善其微孔分布来增大其电容量，开发出具备高功率特性的电化学电容器外，目前在电极上添加氧化物（如Fe_3O_4、MnO_2、RuO_2等）和导电高分子以附加更大赝电容的超级电容器也受到高度重视[56,63]。另外，通过将电双层电容或赝电容电极与电池电极组建复合电容器，兼具有电容器的高功率和电池的高能量特性，也成为近年来的研究热点[64]。

电化学电容器的电解质主要提供带电离子，赋予离子运动到电极的传输通道。电解质不仅要求导电性好（可减小电容器的内阻），具有稳定的电位区间（即宽的电位窗），而且使用的温度范围也要宽，这样安全性才会好。电解质的分解电压决定了电容器的工作电压，根据电解液中溶剂的不同，大致可分为三类：水系、有机系和离子液体电解液。水系电解液包括碱性（KOH）、酸性（H_2SO_4）和中性（KCl、NaCl）三种。水系电解液的电导率比较大［6mol/L KOH水溶液的电导率超过0.6S/cm，30%（质量分数）H_2SO_4水溶液的电导率为0.7S/cm］，蒸气压低，不会燃烧，故安全性好，价格也比有机电解质低得多，易得到低电阻电容器。然而由于水的理论分解电压为1.23V，实际操作电压只能在1V左右，而电容器所存储的能量又与电压的平方成正比，故其单元电容器的能量密度低，仅为1～10W·h/kg。有机系电解液可采用在碳酸丙烯酯（PC）和乙腈（AN）溶剂中溶解四乙基四氟化硼酸铵盐［$(C_2H_5)_4NBF_4$］或四乙基四氟化硼酸磷盐［$(C_2H_5)_4PBF_4$］等有机电解质溶液。有机电解质允许的工作电压可以高达3V，为了防止电解质过充而引起氧化分解通常采用2.5V，能大大提高其单元电容器的能量密度。目前，有机电解液电容器较为普遍，已经实现工业化生产。相比于水系电解液，有机系电解液的导电性较低、黏性较大，因而会影响电容器的功率特性。室温离子液体（RTIL）本质上为熔点低于室温的熔融盐，由高度不对称的阴离子和阳离子组成。一些典型的阳离子和阴离子结构示意图如图9.16和图9.17所示[63]。离子液体电解液相比于水系和有机系，可以耐受更高的工作电压（达到4.2V），具有更高的能量密度，同时不易挥发，不会燃烧，表现出较好的安全性。但离子液体也有不足之处，较高的黏性、较低的离子电导率和较高的工作温度（大于273K）以及高的生产成本严重制约着其大规模应用。

此外，为了解决液态电解质的安全问题，尤其为了使其能更好地用于交通运输方面，科研工作者正在固态电解质（固态聚合物）电容器方面开展研究[65]。

为了防止电化学电容器中两个相邻电极直接接触发生短路，需用隔膜将其分开。隔膜的大小、厚度及孔隙度会影响单元电容器的内阻、漏电流以及由其引起

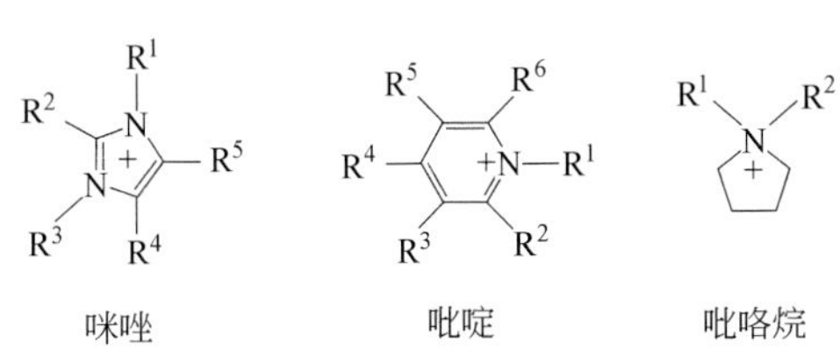

图9.16 离子液体中阳离子的结构[63]

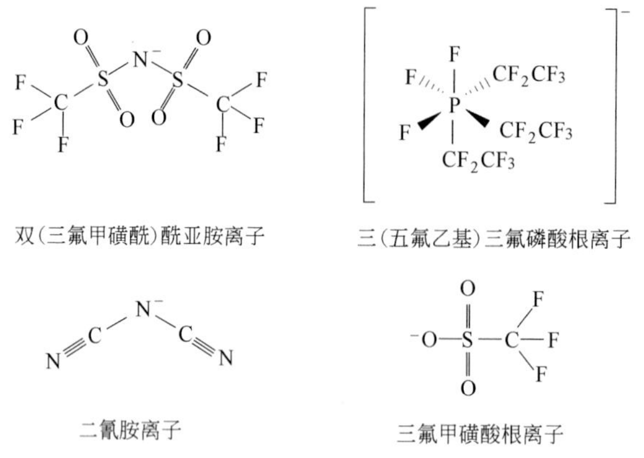

双(三氟甲磺酰)酰亚胺离子

三(五氟乙基)三氟磷酸根离子

二氰胺离子

三氟甲磺酸根离子

图9.17 离子液体中阴离子的结构[63]

的电压稳定性，因此需要开发具有一定强度、浸润性好、保湿性优良的薄隔板。隔板越薄，孔隙率越大，则电容器的内部阻抗也越小。在有机系电解液中，集电极及电容器的电化学稳定性对单元电容器的耐压性有影响[58]，使用强度高、质量轻的集电极和电容器材料有利于提高单元电容器的功率密度、能量密度。目前电化学稳定、强度好、质量较轻以及价格便宜的铝和不锈钢材料是比较好的选择。

9.2.2
影响极化电极比电容量的主要因素

为了获得高性能的电化学电容器，开发具有高比电容量的极化炭电极是其最为核心的研究内容。影响极化电极性能的主要因素有以下几种。

（1）比表面积

在极化电极和电解液界面形成的双电层中所积累的电容量C可由式（9.2）表示：

$$C = \int \varepsilon_0 \varepsilon (4\pi\delta) \mathrm{d}s \qquad (9.2)$$

式中，ε为电解液的介电常数；ε_0为真空介电常数；δ为电极表面至离子中心的距离；s为电极界面的表面积。显然，电极界面s愈大，所积累的电容量也就愈大。因此，具有较高比表面积和电化学惰性的各种碳材料格外受到重视。

多数多孔碳的面积比电容量要比通常使用的金属电极的比电容量（即20 ～ 30μF/cm²）低，有的甚至不到10μF/cm²，而低表面积的石墨粉、热解石墨及玻璃碳等的比电容量却可达20 ～ 30μF/cm^2 [66]，这说明微孔表面积实际上在形成双电层时并未起决定性作用。

（2）孔分布

大多数活性炭材料中大孔（macropore，孔径大于50nm）所形成的表面积通常小于2m^2/g，与中孔（mesopore，孔径为2 ～ 50nm）和微孔（micropore，孔径小于2nm）表面积相比可以忽略不计，而总表面积通常也被分为微孔表面积和不包括微孔表面积在内的所谓外表面积（external surface）。如果微孔表面积和外表面积都有同样的电吸附性能，即单位微孔表面的双层电容与外表面积的完全一样，则随着总表面积的增大，电极的比电容量将线性增大。然而，对于活性炭微球和活性炭纤维而言，总表面积与比电容量之间没有这样的关系。考虑到微孔表面积（S_{mi}）和外表面积（S_{ext}）上双层电容的不同，H. Shi等提出了一个简单的数学模型[67]：

$$C = C_{dl}^{ext} S_{ext} + C_{dl}^{mi} S_{mi} \tag{9.3}$$

基于这一模型，单位微孔表面积的双层电容量 C_{dl}^{mi} 与炭基面（约15 ～ 20μF/cm^2）很接近，但单位外表面积的双层电容 C_{dl}^{ext} 则与孔结构、表面形态关系密切，而且不同的炭之间可能有数量级的差别，例如炭微孔中是否存在含氧官能团等（在形成双电层中起重要作用）。电解质中的离子在不同大小的孔隙中扩散速率不同，它们更易进入大孔和中孔，也更易在这类孔隙中于高电流密度下充放电。事实上，孔的大小及分布对电容量放出的影响已由实验证明[68]。如果电极材料的表面积大部分由<2nm的微孔产生，就难以在较短的时间内（时间常数$t \to 0$时）达到电容器的总电容量。电化学电容器中可利用的电容量和在$t \to 0$时可达到的电容量与电极材料孔径的关系如图9.18[57]所示。可以看出，当时间常数$t \to 0$时，并非高比表

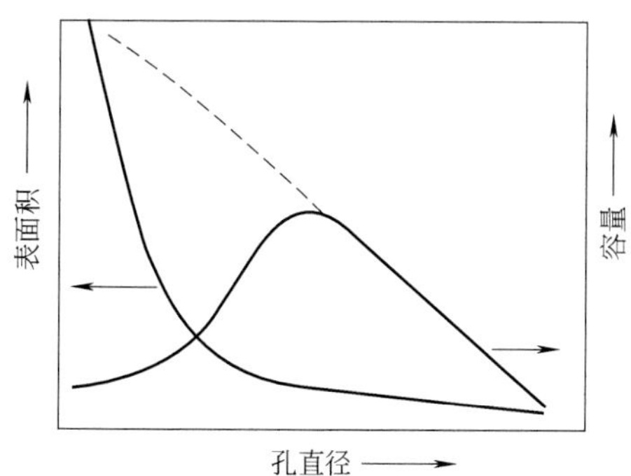

图9.18　电化学电容器系统在$t \to 0$时，理论（虚线）和实际达到（实线）电容量与电极材料孔径的关系[57]

面积的材料可达到高容量，只有在孔径分布合适时才有可能获得高的比电容量。

另外，有研究发现在有机电解液体系中，当多孔碳（如CDC，碳化物衍生碳）电极材料中微孔达到一定尺寸（<1nm）时，由于溶剂化的离子在极小空间内发生脱溶剂化作用，微孔内脱溶剂化离子与电极表面更紧密接触提高了电荷堆积密度并改变了传统双电层结构，单位孔容能容纳更多的离子。因此，微孔炭基材料的比电容量表现出随着孔径减小而快速增大的反常现象，而且在孔径和电解液离子直径相当时达到最大值[62]。

孔径分布对电化学电容器的低温容量也有影响，具有更多>2nm孔径的炭电极的低温容量减小得更慢，这是由于在–25℃的低温时电解质的黏度增大，离子的传导率降低，故在0.5 ～ 2.0nm的微孔中难以形成电容量，而在2 ～ 4nm的中孔中，即使在–25℃时也可形成与常温一样的电容量。为了使电容器具有更宽的使用范围，保持与常温一样的电容量则要求电极材料的微孔尽可能少，>2nm以上的中孔应尽可能多。

虽然活性炭丰富的微孔结构使其可作为高容量电极材料，然而微孔内的离子输运过程非常缓慢，限制了活性炭在快速充放电条件下的性能表现。研究结果[69]表明，多孔碳基电极材料中的微孔主要起到容纳离子、储存电荷的作用，中孔可以有效降低离子输运阻力，大孔骨架中充满具有准体相物理化学性质的电解液，作为向骨架内中孔-微孔提供电解液离子的“仓库”。通过优化不同的孔尺寸分布，构建层次孔炭电极材料，一方面通过中孔有效提升离子的传输速率，增强电容器的功率特性；另一方面，微孔内的强电势可束缚离子，提高电极材料电荷存储密度，提高其比能量，总体性能优于有序中孔炭材料和活性炭材料[61]。

（3）表面官能团

在–78℃或更低的温度时，碳质材料上会发生氧的物理吸附，从约–40℃开始形成表面氧化物，产生不可逆吸附。但即使在室温下，固定在其上的氧含量仍比较低，随温度上升其值增加，在400 ～ 500℃时达到最大，在更高温度时则形成气相氧化物（CO和CO_2），反而使表面氧化物的量降低。在碳质材料上形成的表面官能团主要有强酸性的羧基和弱酸性的酚基等。这些官能团，特别是醌基的氧化和氢醌基的还原：$Q+2H^{+}+2e^{-} \rightleftharpoons H_2Q$，使不与电解质起电化学反应的炭电极产生氧化还原反应，形成了有法拉第反应的准电容，从而使电极的双层电容量增加。实验表明，如果碳质电极材料先在1000℃氢中热处理除去表面官能团后，其双层电容量会降低[70]。因此，通过电化学氧化处理或低温等离子体氧化处理，可使碳质材料表面部分氧化，增加含氧官能团，增强对阴离子吸附的静电相互作用，从而使电极的放电容量明显增加。

长时间施加电压时，单元电容器在容量降低和内阻增大的同时发现其内部有分解气体，其主要成分为二氧化碳。实验发现，炭电极表面各种含氧官能团的氧含量与施加电压时电化学电容器的性能降低有关。因此，为了提高活性炭电极的稳定性，应将表面的官能团除去。基于同样的原因，电容器的表观漏电流与电极的表面酸度或表面含氧官能团的浓度有关，其值越低漏电流越小。这些结果表明，电极材料表面含氧官能基团一方面可改善其放电容量，另一方面又降低其长期稳定性，因此需要考虑其综合效应。

（4）碳质材料中石墨微晶的取向

早期研究表明[66]，消去应力的热解石墨作电化学电容器的电极材料时，以边缘面（edge plane）取向的双电层电容量比基面（basal plane）取向的大得多。基面的电容量被认为是由于石墨的半导体性导致有较大的空间电荷层电容。边缘取向的高电容量则是由于其表面粗糙度更高，有可能形成更多的官能团，能产生附加的准电容。也有人认为，石墨边缘处双电层电容之所以比基面高是由于孔隙率和表面官能团有不同的影响[71]，孔隙率更大时能使外电荷在开口处更多地积累。在该处由于表面势能的叠加，化学物种在这些区域将受到比单一表面更多的影响。因此，在此区间由官能团产生的库仑力（和势能）将比外表面更高。然而，连接在固体表面上的极性官能团有一固定的构型，故难以快速调整以适应电场的变化，这也揭示了功能化炭的介电常数比较低的原因。

（5）电极密度

如前所述，双电层电容器中多使用较大比表面积的活性炭和活性炭纤维作为电极材料。然而，粒状活性炭的充填密度约为0.5g/cm^3，活性炭纤维则更低，仅0.2～0.3g/cm^3。虽然以质量比电容而言属于高性能，但其体积比电容的优越性并不明显。另外，将它们加压装入金属之类的容器内用于极化电极时，应使粉末或纤维之间尽可能紧密接触以提高其电导率。

在室温附近，电极密度越高、则单位体积的静电容量越大。然而在−25℃或−40℃的低温，电极密度越高时单位体积密度则会降低，且温度越低，这一倾向越明显。要在不同温度下均实现高静电容量，电容器使用的固体活性炭电极密度在0.75～0.80g/cm^{3}范围内较合适。

理论上，为取得最大能量密度，在水和非水电解质中电极的最佳质量密度分别为1.5g/cm^{3}和0.5g/cm^3。然而在1.5g/cm^{3}这样高的质量密度时，电极的孔隙率很低，使电容器具有高的离子阻抗和低的功率密度，同时其表面积也很小，难以取得高容量值。一般认为用于高功率的电容器其碳质电极的质量密度应小于0.8g/cm³。对于有机电解质来说，由于其盐浓度低，故最大电极质量密度仅为0.5g/cm³，若离子浓度高则电极密度可进一步提高，以增大其能量密度[72]。

（6）电极厚度

炭电极的厚度根据电容器所要求的特性来决定。厚的电极有更高的体积容量，但电阻会增大，仅适合于低电流、长时间放电。薄的电极电阻较小，可使瞬间充放电电流提高。一般认为固体电极的厚度最好不超过0.3mm。使用更薄的电极时，电容器的时间常数RC会更低，其功率密度大但能量密度低，这是因为电容器中的非活性组分（集电极、隔膜和外壳等）将占总质量的更大部分，在用高电阻的有机电解质时更是如此。减少电极厚度时，电解质中离子的移动速度与电极厚度的平方成反比而提高。

（7）附加准法拉第反应的准电容

经典的双电层电容是在导电体与离子导体相接触时形成，电荷在界面两边分离产生双电层，没有电荷通过界面转移，过程中产生的电流基本上是电荷重排产生的位移电流，而准电容现象是被吸附介质在法拉第类型$O_{ad} + ne^- \longrightarrow R_{ad}$的氧化还原反应时所产生的电荷$ne^-$在反应中交换，以吸附分子的形式储存，而在逆过程中能放出。当碳质电极上有附加含氧官能团或沉积有钌之类的金属氧化物时，电容器的电容量则为[57]：

$$C = \frac{(C_d + C_\psi)^2 + W^2 C_d^2 C_\psi R_t^2}{C_d + C_\psi + W^2 C_d C_\psi^2 R_t} \tag{9.4}$$

式中，C为总电容量；C_d和C_ψ分别为双电层电容和法拉第反应准电容；W为交流频率；R_t为电荷转移电阻。这类电容器的电容量与频率有关，当$W\to\infty$时，$C=C_d$；而当$W\to 0$时，$C=C_d+C_\psi$。当$R_t\to 0$时，由于没有旁路漏电流，来自双电层和准电容的总电容将保持一定。

然而，在长期施加电压时，电极和电解质中杂质和电极上的表面官能团引起的氧化还原反应可能是电容器自放电反应，而在界面积累的电荷会在这类反应中消耗，使其总电容量降低[73]。

（8）极化电极电位

研究发现[74]，在电化学电容器工作时造成其低能量密度的根源之一是组装成器件后，正、负电极无法在最优的电位窗口下工作，因此其能量密度很低。为了解决这一问题，可以采用电化学电荷注入（ECI）来改变电极材料的表面电化学

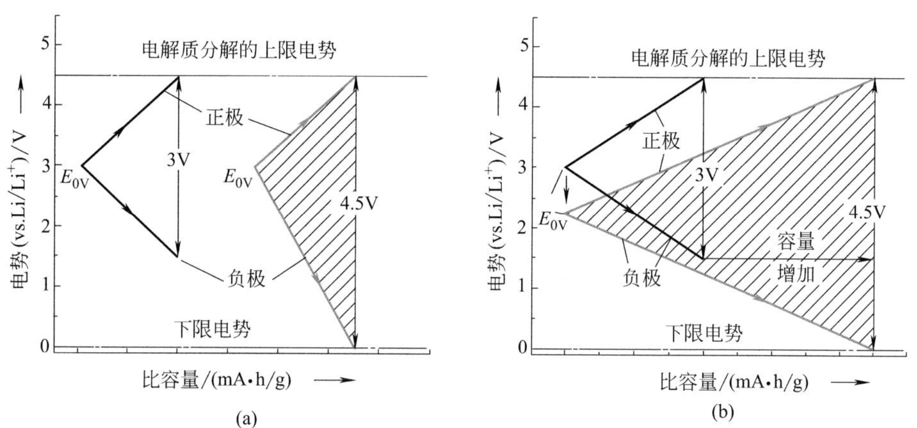

图9.19　超级电容器充电过程中正、负极电极电势的变化情况示意图（示例为两种提高能量密度的方法）[74]

结构，从而调控正、负电极材料的电化学电位到一最佳初始电位的方法。将调控后的正、负电极组装成超级电容器后，正、负极在充电过程中同时到达电解液可用电位的上、下限，极大地提高了超级电容器的工作电压和比电容量（如图9.19所示）。由于超级电容器所储存的能量与工作电压和活性材料的容量成正比，因此其能量密度大大增加。该方法表现出广泛的普适性，目前已经在多种碳基超级电容器上验证有效。

9.2.3
碳纳米管的电化学电容特性

电化学电容器研究中最常用的电极材料是含有多孔结构的活性炭或活性炭纤维，活性炭比表面积很大，一般可达到1000～2000m²/g，因此理论上可得到大的电容量。但活性炭的比表面积利用率较低，仅有少量表面能够形成双电层对电容量做贡献。造成表面利用率低的主要原因是活性炭的比表面积主要由微孔提供，占到总比表面积的60%～70%，而可形成双电层的基本是大于2nm的中孔，在活性炭中这样的中孔仅占20%～30%。

碳纳米管可以看作由石墨烯片层卷绕而成的管状结构，管壁有很高的结晶度。碳纳米管具备独特的中空结构、优良的导电性、大的比表面积、适合电解液离子移动的孔隙以及交互缠绕可形成纳米尺度的网状结构，作为电极材料使用时，碳纳米管基本为中孔，孔的利用率较高。石墨基面的双电层的比电容量为50 ～ 100μF/cm^2，采用碳纳米管电极可获得比活性炭电极更高的电容量。碳纳米管的中孔比表面积随温度升高几乎不变，在用黏结剂制备复合电极时受温度和时间影响较小，工艺适应性强。碳纳米管的特殊结构使得它可通过一定处理实现开口、活化来提高比表面积而得到更高的电容量[75]。同时初步研究表明碳纳米管电容器的等效串联电阻、漏电流、频率响应、功率特性等电容器主要指标均优于活性炭电容器，因此被认为可能是电化学电容器的理想电极材料，表9.1综述了相关实验结果。

表9.1　碳纳米管作为电化学电容器电极材料的性能比较

碳纳米管直径	电解液	比表面积	电极加工方法	处理方法	比电容量	文献
8nm	38% H_2SO_4	250 ～ 430 m^2/g	薄膜电极	HNO_3	49 ～ 113F/g	C. Niu等[76]
10 ～ 20nm	6mol/L KOH	410m^2/g	使用聚偏二氟乙烯	69%HNO_3，80℃，1h	4 ～ 135F/g	E.Frackwiak等[77,78]
10 ～ 25nm	1mol/L H_2SO_4	430m^2/g	使用聚偏二氟乙烯	包覆吡咯	163F/g	K.Juriwicz等[79]
20 ～ 30nm	38% H_2SO_4	120m^2/cm^3	使用酚醛树脂	20%HNO_3，24h	107F/cm^3	马仁志等[80]
100nm	1mol/L $LiClO_4$/(EC-PC)	100m^2/g	使用聚四氟乙烯	HNO_3	16.6F/cm^3	江奇等[82]
束状 10 ～ 20nm	7.5mol/L KOH	357m^2/g	使用聚偏二氯乙烯	热处理	180F/g	K. H. An等[4]

C. Niu等[76]用烃类热解催化法制得的相互缠绕的碳纳米管制成薄膜电极，测定了其在电化学电容器中作为活性材料的性能。在制备电极时，将聚集的碳纳米管分散，再用硝酸处理，用38%（质量分数）的H_2SO_4作电解质，组装成一单电容器。碳纳米管电极片的电阻率为$1.6 \times 10^{-2}\Omega \cdot cm$，其等效串联电阻（ESR）为0.094Ω，在0.001Hz、1Hz和100Hz时，该电容器的比电容量分别为113F/g、102F/g和49F/g，其功率密度大于8kW/kg。

E. Frackwiak等考察了烃类催化分解方法得到的三种不同多壁碳纳米管用作电化学电容器电极时的性能[77,78]。他们分别用85%多壁碳纳米管与5%乙炔炭黑和10%聚偏二氟乙烯（PVDF）黏结剂的混合物压制成小片。所制电极的电容量与比表面积有关，约为4 ～ 80F/g。700℃以钴为催化剂分解乙炔所合成的多壁碳纳米管，在69%硝酸中于80℃处理1h后，仍保持原来的形态和微结构，比表面积增加不多，从410m^2/g增加到475m^2/g。但元素分析证实其表面官能团增多，因其参与氧化还原反应故会形成准电容，比电容量从80F/g增至137F/g，但在长期循环时，这一电容量逐渐减小，因此实际应用受限。

K. Jurewicz等[79]在碳纳米管上包覆导电聚合物吡咯，利用吡咯良好的导电性和碳纳米管的开口、中孔网络以及优异的离子导电性，设计了一种用于超级电容器的复合物电极材料。他们用直径为10 ～ 25nm的多壁碳纳米管，以过硫酸铵为氧化剂，用电化学聚合法在其上包覆5nm厚的均匀吡咯层，制成超级电容器的电极，电极中存在开口缠绕的纳米复合物网络，可在电解液中形成三维双电层结构，从而使吡咯的准法拉第特性更快、更有效地发挥作用。虽然纯碳纳米管电极的电容量仅为50F/g，但这种复合电极的电容量可达163F/g。

马仁志等[80]用乙炔/氢混合气在高温下用Ni作催化剂催化裂解制得碳纳米管，考察其作为超级电容器电极材料的性能。先将碳纳米管经20%硝酸浸泡24h除去金属催化剂，然后采用三种不同工艺将其制成固体电极：第一种是在氩气保护下于25MPa、2000℃热压碳纳米管使之成型；第二种是将碳纳米管与20%酚醛树脂混合，在100℃和一定压力下成型，然后在氮气气氛中于800℃炭化，最后在浓硝酸溶液中进行化学后处理；第三种是用浓硝酸处理使碳纳米管吸附上化学官能团，再将其与0.1mol/L的$RuCl_3$水溶液混合，在不断搅拌下加入适当浓度的NaOH溶液，过滤、烘干后得到碳纳米管和$RuO_2 \cdot xH_2O$的混合粉末，在该粉末中添加10%酚醛树脂于100℃下压制成型。在以38%H_2SO_4为电解质组装的单元电容器中，测定了三种电极的电化学性能。直接热压碳纳米管电极的几项性能均比活性炭优良，但高温热压工艺成本过高。加黏结剂成型的电极中，未碳化时因酚醛树脂降低了导电性故电容量较低，等效串联电阻较大。经800℃炭化后黏结剂转变成导电颗粒，故其性能与热压碳纳米管电极相似。如果炭化后再经热浓硝酸氧化处理，则由于在碳纳米管表面形成的含氧官能团作用而产生法拉第准电容而使电极的总电容量达107.4F/cm^3。由碳纳米管和$RuO_2 \cdot xH_2O$组成的复合电极，由于后者的准电容而使总电容量有明显的提高。随$RuO_2 \cdot xH_2O$含量提高，复合电极的比电容量进一步增大，最高可达720F/g，然而相应地使功率特性变差，$RuO_2 \cdot xH_2O$含量为55% ～ 75%时较为合适[81]。

江奇等[82]用化学气相沉积法制备得到不同管径、管长、石墨化程度的多壁碳纳米管，用作电化学电容器电极材料。装配成电容器后，研究认为管径小、管长短、石墨化程度低的多壁碳纳米管更适合作为电化学电容器的电极材料。

K. H. An[4]等考察了用电弧法合成的单壁碳纳米管用作超级电容器电极时的行

为，分析了其受黏结剂、炭化温度、充电时间、放电电流密度等因素的影响。他们将纯度为20% ～ 30%的束状单壁碳纳米管同30%（质量分数）聚偏二氯乙烯（PVDC）混合，在6.9MPa下模压，制成直径15mm、厚150μm的片状电极，于500 ～ 1000℃在氩气保护下处理30min。用镍箔作集电极，7.5mol/L KOH为电解液，装配成电容器，其比电容量达180F/g，功率密度高达20kW/kg，能量密度为6.5 ～ 7W・h/kg。

Y. Soneda等[83]考察了电弧法制得的单壁碳纳米管和一氧化碳热解炭丝作电极时的电容特性。两种氧化前后的碳质材料用作电极在6mol/L KOH电解液中进行电化学测试。结果表明，单壁碳纳米管束沉积物经1600℃处理，其比电容量基本上不变（16F/g左右），阻抗图表明其行为与纯电容器相似。经硝酸氧化后其比电容量增大至2倍左右。这被认为是硝酸在单壁碳纳米管中插脱所致。含大量单壁碳纳米管束沉积物的比电容量比含少量单壁碳纳米管束沉积物的比电容量大得多，表明其电容特性主要是单壁碳纳米管的贡献。未处理的炭丝（50 ～ 500nm）不论形态如何，其比电容量均不很高，但圆锥形丝用浓硝酸处理后，尽管织构无变化，但因形成了含氧官能团，有准法拉第快速反应，故比电容量增加。发烟硝酸处理则因在碳层插层和结构的无序使比电容量增至约80F/g。由于炭丝的表面上暴露有边缘活性点，故炭丝比基面平行于管轴的单壁碳纳米管更易氧化官能化。

上述研究表明，电化学电容器是一种比较复杂的系统，需要综合考虑才能得到最佳的性能。用不同类型碳纳米管材料作电化学电容器的电极材料时，其比电容量不但和其自身的比表面积、表面官能团等微结构因素以及其中催化剂杂质含量相关，而且与碳纳米管的处理工艺以及电解质种类、电极大小等因素也有影响，所以报道结果有一定的差异。但无论是用恒电流充放电、伏安技术还是阻抗谱法来测定时，其电容量值之间都能较好地关联[78]。

中国科学院金属研究所先进炭材料研究部对有机物催化裂解法[84]和电弧法[85]制备的碳纳米管用作电化学电容器的极化电极进行了研究。首先将制备的碳纳米管经30min超声处理，在去离子水中沸煮一段时间，然后以氧化性酸去除催化剂颗粒，于900℃惰性气体保护下进行热处理。通过控制上述过程的不同条件，可获得不同结构特点的碳纳米管。然后，取10mg已知结构的碳纳米管电极材料，平铺于两片发泡镍间，施加2 ～ 6MPa压力，保压一段时间，制成同样的两个电极片，将两电极片相向放置，用聚丙烯隔膜将它们分隔开，以6mol/L KOH为电解液，装配为一个电容器单元，以恒流充放电方法进行电容量的测量，充放电电压范围在0.02 ～ 1.00V。以充电峰值电压50% ～ 60%区间取值计算电容量，测得不同样品单电极的质量比电容量为5 ～ 180F/g。研究结果表明碳纳米管电极比电容量同其比表面积存在一定对应关系，比表面积较高的样品，可获得较大的容量，而且碳纳米管的比表面积利用率很高。通过对样品孔结构分析，孔分布在2 ～ 5nm存在峰值的样品，可获得更高的电容量，因为这样大小的孔更适合电解质溶液离子进入以充分形成双电层。表9.2为不同样品的测试结果。

表9.2　不同碳纳米管样品的单电极质量比电容量

多壁碳纳米管（提纯后）	直径/nm	3 ～ 20	40 ～ 60	80 ～ 100
	比表面积/(m^2/g)	176	100	16
	比电容量/(F/g)	65	40	5
单壁碳纳米管（未处理）	比电容量/(F/g)	50		
多壁碳纳米管（包覆吡咯）	比电容量/(F/g)	180		

当电极材料的表面能够充分地被电荷覆盖时，更高的比表面积将导致较大的比电容量。而事实上，电容量也与孔尺寸大小、孔尺寸的分布和电极的导电性相关。通过调整电极结构，优化所有相关参数，可以有效增强比电容量。H. Zhang等[86]制备了直径约为25nm，比表面积为69.5m^2/g的碳纳米管垂直阵列，作为无黏结剂电极用于电化学电容器时展示出14.1F/g的比电容量，同时表现出了更加优越的倍率性能，明显要优于呈无序状态的碳纳米管电极，这主要归根于碳纳米管阵列较大的孔尺寸、更规则的孔结构和更多的导电通道。

S. H. Yang等[87]将多壁碳纳米管外表面官能化处理分别得到带负电的羧基（—COOH）和带正电的氨基（—NH_2），采用层层组装方法，将ITO电极在不同电负性的碳纳米管分散液中交叉往复浸渍，组装成了具备层数和厚度可控、无添加剂（黏结剂、导电剂）、堆叠密集并经表面官能化处理的碳纳米管电极。分别采用该电极和嵌锂后的钛酸锂（LTO）电极作为正极和负极，构建了非对称电化学电容器，在质量能量上表现出比传统的电化学电容器高5倍和在功率特性上比传统的锂离子电池高10倍的卓越电化学性能。高能量、高功率特性的取得主要归因于碳纳米管表面的含氧官能团与有机电解液中的锂离子可以进行可逆的氧化还原反应，且反应能够在短时间进行，从而有效弥补了电化学电容器与锂离子电池各自的缺点。

另外，L. F. Nazar等[88]采用非永久性官能化氯磺酸分散和过滤技术，先将单壁碳纳米管分散到浓度为99%的氯磺酸中，再采用真空过滤成膜。将得到的单壁碳纳米管薄膜，通过压片机直接压到机械抛光、表面粗糙或沉积金薄膜的不锈钢集流体上，来研究特定的集流体表面对电容和界面阻抗的影响。结果表明，在优

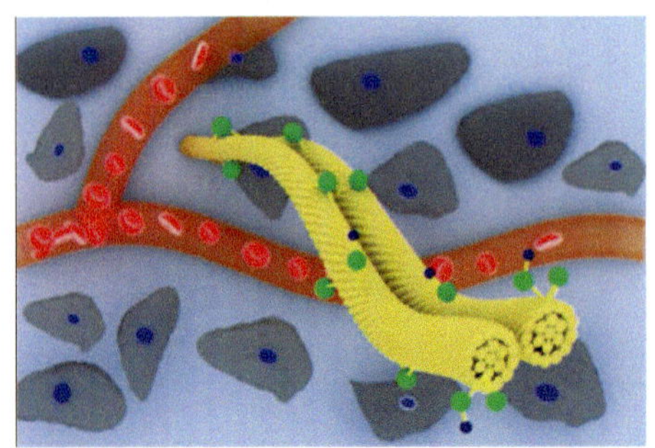

图9.20　碳纳米管纤维可植入超级电容器在生理流体中工作的示意图[90]

化条件下，单壁碳纳米管膜的倍率能力得到两个数量级的提升，电流密度最高超过了6400A/g，并且在经过100万次循环周期后，仍保持具有超过98%的容量，交流线性滤波性能方面达到了碳纳米管电化学电容器的最好水平。而这些主要与电极中离子传输能力、电子在碳纳米管/金属界面的电子转移能力、优异的界面导电性和膜电极中通过碳纳米管导电网络减小的串联电阻等相关。

利用碳纳米管优异的柔韧性以及生物相容性，可以有效构建特殊条件下应用的碳纳米管基超级电容器。Q. Zhang等[89]采用碳纳米管纤维（CNTF）作为基体材料，制备得到了层次结构的MnO_2@PEDOT:PSS@OCNTF作为正极，花状MoS_2@CNTF为负极的可弯折超级电容器，该电容器可在1.8V的电压范围内工作，比容高达278.6mF/cm^2，比能量密度高达125.37μW·h/cm^2，并展示出优异的可弯折性。S. He等[90]制备了生物相容性的碳纳米管纤维用于可植入的超级电容器，该电容器可以在生理流体中直接工作（如图9.20所示），并表现出高的能量储存能力，比电容量为10.4F/cm^3（20.8F/g），循环10000次后，比电容量保持在98.3%。

9.2.4
电化学电容器应用展望

由于其长的使用寿命、数以万计的循环次数、超快的充放电速率以及极强的环境适应能力，电化学电容器已在诸多领域获得广泛应用。目前电化学电容器最大的应用领域是电子产品，主要充当记忆器、电脑、计时器等的后备电源。当主电源中断、由于振动产生接触不良或由于其他的重载引起系统电压降低时，电化学电容器可起到后备补充的作用。在这类应用中，电化学电容器的价格同可充电电池相比具有一定优势。另外，电化学电容器适合作为替代电源使用，例如能源在白昼-黑夜间的转换（白天太阳能提供电源并对电化学电容器充电，晚上则由电化学电容器提供电源），这类应用包括太阳能手表、太阳能灯、路标灯、交通信号灯等，其可长时间使用，不需要任何维护。电化学电容器也可用作主电源，通过一个或几个电化学电容器释放持续几毫秒到几秒的大电流，放电之后，电化学电容器再由低功率的电源充电，这主要应用在照相机、摄像机的闪光灯等方面。

低价格、高容量和高工作电压的电化学电容器激发出巨大的市场，在电动车（EV）、混合动力车（HEV）以及燃料电池车中，电化学电容器作为一种高功率、短时间存储能量的装置，在车辆启动、加速、爬坡等过程中快速释放大功率能量，可以大大改善电动车的行驶性能，同时可回收刹车能量使之再次用在车辆的加速和支持加速中。它的使用可使主动力源（电池、内燃发动机、燃料电池等）的功率缩减并在优化的状态下运行。

在不断扩大的市场需求面前，电化学电容器行业正处于蓬勃发展阶段，现有的电化学电容器产品还存在不完善之处，寻找能够克服现有产品功能不足的新技术方案，提升产品性能，降低产品价格，拓宽产品在新领域的应用，加强其与动力电池的匹配是电化学电容器未来的发展趋势和方向，尤其是其在新能源汽车领域的应用更决定了其战略价值，吸引了全球各主要国家投入大量的人力物力进行研发。

随着电化学电容器应用领域的不断拓展，用各种碳材料作为极化电极的研究也不断深入。鉴于碳纳米管的特殊结构，人们已探索将其用作电化学电容器的极化电极，在理解样品孔结构和表面特征等参数的同时，探索了与新型碳纳米材料（如石墨烯等）进行复合，系统考察了其各项电化学性能。但鉴于碳纳米管的生产成本与其在电化学电容器上的性能表现，规模化制备具有实用价值的碳纳米管电化学电容器，仍存在着巨大的挑战，研制低成本、高电化学性能的碳纳米管基电化学电容器将是下一步的发展方向。

参考文献

[1] Che G, Lakshmi B B, Fisher E R, et al. Nature, 1998, 393: 346.

[2] Britto P J, Santhanam K S V, Rubio A, et al. Adv Mater, 1999, 11: 154.

[3] Lee W J, Ramasamy E, Lee D Y, et al. ACS Appl Mater Inter, 2009, 1: 1145.

[4] An K H, Kim W S, Park Y S, et al. Adv Funct Mater, 2001, 11: 387.
[5] Liu C, Li F, Ma L P, et al. Adv Funct Mater, 2010, 22: E28.
[6] Yoshino A. Angew Chem Int Ed, 2012, 51: 5798.
[7] Nishi Y. Chem Rec, 2001, 1: 406.
[8] Guyomard D, Tarascon J M. Adv Mater, 1994, 6: 408.
[9] Cheng F, Liang J, Tao Z, et al. Adv Mater, 2011, 23:1695.
[10] Landi B J, Ganter M J, Cress C D, et al. Energy Environ Sci, 2009, 2: 638.
[11] Whittingham M S. Chem Rev, 2004, 104: 4271.
[12] 张宏立. 锂离子电池负极材料的制备、性能及电化学界面过程研究[D]. 沈阳：中国科学院金属研究所, 2008.
[13] Mabuchi A, Tokumitsu K, Fujimoto H, et al. J Electrochem Soc, 1995, 142: 1041.
[14] Endo M, Kim C, Karaki T, et al. Carbon, 1998, 36:1633.
[15] Endo M, Kim C, Nishimura K, et al. Carbon, 2000, 38:183.
[16] Endo M, Kim C, Karaki T, et al. Carbon, 1999, 37: 561.
[17] Endo M, Kim Y A, Hayashi T, et al. Carbon, 2001, 39:1287.
[18] Nishimura K, Kim Y A, Matushita T, et al. J Mater Res, 2000, 15: 1303.
[19] Chen J, Wang J Z, Minett A I, et al. Energy Environ Sci, 2009, 2: 393.
[20] Wakihara M. Mater Sci Eng R-Rep, 2001, 33: 109.
[21] Kaskhedikar N A, Maier J. Adv Mater, 2009, 21: 2664.
[22] Liu C, Cheng H. J Phys D Appl Phys, 2005, 38: 231.
[23] Frackowiak E, Gautier S, Gaucher H, et al. Carbon, 1999, 37: 61.
[24] Wu G T, Chen M H, Zhu G M, et al. J Solid State Electrochem, 2003, 7: 129.
[25] Kar T, Pattanayak J, Scheiner S. J Phys Chem A, 2001, 105: 10397.
[26] Meunier V, Kephart J, Roland C, et al. Phys Rev Lett, 2002, 88: 075506.
[27] Eom J Y, Kwon H S, Liu J, et al. Carbon, 2004, 42: 2589.
[28] Gao B, Bower C, Lorentzen J D, et al. Chem Phys Lett, 2000, 327: 69.
[29] Wang X X, Wang J N, Chang H, et al. Adv Funct Mater, 2007, 17: 3613.
[30] Lv R, Zou L, Gui X, et al. Chem Commun, 2008, 2046.
[31] Zhou J, Song H, Fu B, et al. J Mater Chem, 2010, 20: 2794.
[32] Mukhopadhyay I, Hoshino N, Kawasaki S, et al. J Electrochem Soc, 2002, 149: A39.
[33] Landi B J, Dileo R A, Schauerman C M, et al. J Nanosci Nanotechnol, 2009, 9: 3406.
[34] Zhang H, Cao G P, Wang Z Y, et al. Electrochimica Acta, 2010, 55: 2873.
[35] Li S S, Luo Y, Lv W, et al. Adv Energy Mater, 2011, 1: 486.
[36] Pushparaj V L, Shaijumon M M, Kumar A, et al. Proc Natl Acad Sci USA, 2007, 104: 13574.
[37] Hu L, Choi J, Yang Y, et al. Proc Natl Acad Sci USA, 2009, 106: 21490.
[38] Wang Z, Luan D, Madhavi S, et al. Energy Environ Sci, 2012, 5: 5252.
[39] Chen G, Wang Z, Xia D. Chem Mater, 2008, 20: 6951.
[40] Ban C, Wu Z, Gillaspie D T, et al. Adv Mater, 2010, 22: E145.
[41] Zhou G, Wang D W, Hou P X, et al. J Mater Chem, 2012, 22: 17942.
[42] Cui L F, Hu L, Choi J W, et al. ACS Nano, 2010, 4: 3671.
[43] Bhattacharya P, Kota M, Suh D H, et al. Adv Energy Mater, 2017, 1700331.
[44] Gohier A, Laïk B, Kim K H, et al. Adv Mater, 2012, 24: 2592.
[45] Reddy A L M, Shaijumon M M, Gowda S R, et al. Nano Lett, 2009, 9: 1002.
[46] Zhou G, Li L, Zhang Q, et al. Phys Chem Chem Phys, 2013, 15: 5582.
[47] 喻万景. 碳纳米管限域纳米粒子的储放锂性能与机理研究[D]. 沈阳：中国科学院金属研究所, 2013.
[48] Wang Y, Wu M, Jiao Z, et al. Chem Mater, 2009, 21: 3210.

[49] Luo B, Wang B, Liang M, et al. Adv Mater, 2012, 24: 1405.

[50] Zhang H, Song H, Chen X, et al. J Phys Chem C, 2012, 116: 22774.

[51] Yu W J, Liu C, Hou P X, et al. ACS Nano, 2015, 9: 5063.

[52] Yu W J, Zhang L, Hou P X, et al. Adv Energy Mater, 2016, 6: 1501755.

[53] Yu W J, Liu C, Zhang L, et al. Adv Science, 2016, 3: 1600113.

[54] Yu W J, Hou P X, Li F, et al. J Mater Chem, 2012, 22: 13756.

[55] Liu C, Cheng H M. Mater Today, 2013, 16:19.

[56] Simon P, Gogotsi Y. Nat Mater, 2008, 7: 845.

[57]Sarangapani S, Tilak B V, Chen C P. J Electrochem Soc, 1996, 143: 3791.

[58] Kötz R, Carlen M. Electrochimica Acta, 2000, 45: 2483.

[59] Mayer S T, Pekala R W, Kaschmitter J L. J Electrochem Soc, 1993, 140: 446.

[60] Simon P, Gogotsi Y. Acc Chem Res, 2013, 46: 1094.

[61]Wang D W, Li F, Liu M, et al. Angew Chem Int Ed, 2008, 47: 373.

[62] Chmiola J, Yushin G, Gogotsi Y, et al. Science, 2006, 313: 1760.

[63] Hall P J, Mirzaeian M, Fletcher S I, et al. Energy Environ Sci, 2010, 3: 1238.

[64] Naoi K, Naoi W, Aoyagi S, et al. Acc Chem Res, 2013, 46: 1075.

[65] Choudhury N A, Sampath S, Shukla A K. Energy Environ Sci, 2009, 2: 55.

[66] Kinoshita K. Carbon: Electrochemical and Physicochemical Properties. New York: John Wiley & Sons, 1988.

[67] Shi H. Electrochimica Acta, 1996, 41: 1633.

[68] Qu D, Shi H. J Power Sources, 1998, 74: 99.

[69] 王大伟. 超级电容器电极材料结构设计、合成及电化学储能机制研究[D]. 沈阳：中国科学院金属研究所, 2009.

[70] Urbaniczky C, Lundström K. J Electroanal Chem, 1984, 176: 169.

[71] Leon CAL, Radovic L. Chemistry and Physics of Carbon. New York: 1994, 24: 213.

[72] Zheng J P, Huang J, Jow T R. J Electrochem Soc, 1997, 144: 2026.

[73] Conway B E, Pell W G, Liu T C. J Power Sources, 1997, 65: 53.

[74] Weng Z, Li F, Wang D W, et al.Angew Chem Int Ed, 2013, 52: 3722.

[75] 马仁志. 碳纳米管压制体的性能及工程应用的研究[D]. 北京：清华大学, 2000.

[76] Niu C, Sichel E K, Hoch R, et al. Appl Phy Lett, 1997, 70: 1480.

[77] Frackowiak E, Metenier K, Bertagna V, et al. Appl Phy Lett, 2000, 77: 2421.

[78] Frackowiak E, Jurewicz K, Delpeux S, et al. Extended Abstracts. Eurocarbon 2000 (Berlin, German, 2000): 471.

[79] Jurewicz K, Delpeux S, Bertagna V, et al. Chem Phys Lett, 2001, 347: 36.

[80] Ma R Z, Liang J, Wei B Q, et al. J Power Sources, 1999, 84: 126.

[81] Zhang B, Liang J, Xu C L, et al. Materials Letters, 2001, 51: 539.

[82] 江奇，卢晓英，陈召勇，等. 第五届全国新型炭材料学术研讨会论文集. 四川: 2001，371.

[83] Soneda Y, Duclaux L, Bernier P, et al. Extended Abstracts. Eurocarbon 2000 (Berlin, German, 2000): 1065.

[84] Cheng H M, Li F, Su G, et al. Appl Phys Lett, 1998, 72: 3282.

[85] Liu C, Cong H T, Li F, et al. Carbon, 1999, 37: 1865.

[86] Zhang H, Cao G, Yang Y, et al. J Electrochem Soc, 2008, 155: K19.

[87] Lee S W, Yabuuchi N, Gallant B M, et al. Nat Nanotechnol, 2010, 5: 531.

[88] Rangom Y, Tang X, Nazar L F. ACS Nano, 2015, 9: 7248.

[89] Zhang Q, Sun J, Pan Z, et al. Nano Energy, 2017, 39: 219.

[90] He S, Hu Y, Wan J, et al. Carbon, 2017, 122: 162.

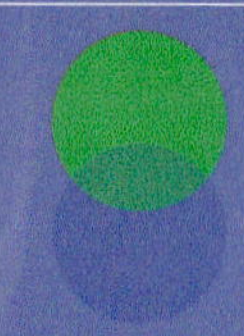

NANOMATERIALS

碳纳米管

Chapter 10

第10章

碳纳米管化学

栾健
中国科学院金属研究所

在碳纳米管研究的初期，物理学家和材料学家更为活跃；但由于碳纳米管独特的结构和化学性质，碳纳米管化学受到了越来越多的关注。碳纳米管的准一维中空管腔为物理化学研究提供了极好的模板，科学家们认为在这一局域空间可发生很多极限物理化学过程[1]，并预测将引发“纳米管中的化学”（chemistry in nanotubes）研究；同时，碳纳米管主要由sp^2杂化碳原子构成管壁，可形成高度离域化的π电子共轭体系，但实际制备的碳纳米管有一定程度的结构缺陷，以及端口碳原子具有的较强活性等都使碳纳米管具有特殊的化学反应活性，通过一定的化学反应可对其进行化学改性（或称化学修饰）[2]。因此，相关研究已形成一个新的学科分支——“碳纳米管化学”。2001年，美国化学会第221届年会专门设立了“富勒烯和纳米管的新化学”（New Chemistry of Fullerene and Nanotubes）分会，诺贝尔奖获得者R. E. Smalley教授和牛津大学的M. L. H. Green教授分别就纳米管的管外非共价键修饰和管内填充做了精彩报告。碳纳米管化学的研究大致可分为两个方向，即“管中化学”和“管外化学”，而两者又有明显的交叉。前者与碳纳米管的吸附、填充，一维纳米导线的制备，纳米反应器，储能材料，气敏材料等密切相关[3]；后者主要包括可溶性碳纳米管的制备，管壁和管端修饰、衍生化，不同性质和结构碳纳米管的筛分、化学识别，以及生物活性复合物等[4]。碳纳米管优异的性能使其在电子、光子、传感器及复合材料等领域具有广阔的应用前景，然而要充分发挥其潜能，首先必须解决两个问题：一是按照碳纳米管的直径或手性进行分离，二是碳纳米管能够在溶剂或基质中均匀分散。因此，解决碳纳米管的分散问题成为碳纳米管走向实际应用的一个关键[5]。本章分别对“管中化学”和“管外化学”以及碳纳米管的分散和分离的研究进展和潜在应用进行介绍，在理解碳纳米管化学过程的基础上，概述碳纳米管新性能的发现及相关纳米器件的研究进展。

10.1 碳纳米管的结构和化学性质

10.1.1 碳纳米管的价键结构及化学特性

一般来讲，碳纳米管的管壁碳原子以sp^2杂化为主。但严格来说，根据碳同素异形体的平面三角形相图[6]，碳纳米管的管壁碳原子是以sp^2杂化为主的混合杂化态。它的结构与sp^2杂化的石墨和sp^3杂化的金刚石均不同，可看成石墨的六角形网格结构发生一定的弯曲而形成的空间拓扑结构。通过原子力显微镜和扫描隧道显微镜发现在sp^2杂化网格中存在sp^3线性缺陷；从头计算方法证明这类结构可在碳纳米管中稳定地存在[7]。总之，碳纳米管中碳原子所形成的σ键会发生弯曲，因此σ键具有部分p轨道特征，π键具有部分s轨道特征，形成的化学键同时具有sp^2和sp^3混合杂化状态特征，但以sp^2杂化为主。

正是由于与石墨不同的价键状态，导致碳纳米管的管壁碳原子具有比石墨更高的化学反应活性。以与金属原子的作用为例，理论计算和实验研究均表明，碳纳米管与金属原子的作用力要大于石墨平面与金属原子的作用力。石墨与金属原子的作用是范德华力，而理论预测金属原子与碳纳米管管壁碳原子的作用具有某些共价键的特征——碳sp^2杂化轨道的扭曲使之可与金属原子未充满的d轨道发生进一步杂化。实验研究还表明，不同电子结构的金属原子与碳纳米管的作用力不同，其作用规律与块状碳材料基本一致，即金属原子的d轨道越不饱和，其与碳纳米管管壁碳原子的作用越强。以上研究进一步说明碳纳米管管壁碳原子具有部分sp^3杂化的特征。

碳纳米管不同的螺旋性和直径决定了其电子结构，即金属性和半导体性，进而决定了其不同的化学反应活性。比如：金属性碳纳米管的电子性质对化学环境不敏感；而半导体性碳纳米管的电子性质强烈地依存于化学环境以及与其他物质的作用。如半导体性碳纳米管可与一些气体分子发生一定的电子传递，发生p型半导体和n型半导体的转变。总之，由于碳纳米管特殊的空间拓扑结构，其碳原子的sp^2杂化轨道发生扭曲，碳纳米管基面的碳原子具有比石墨平面碳原子强但比C_{60}弱的化学活性。同时直径和手性所决定的电子结构，也会导致金属性和半导体性碳纳米管具有不同的化学反应活性。

碳纳米管管壁由大量碳原子组成，可看作是一种无机高分子材料。1997年，R. E. Smalley等曾指出，对于化学家来说，可将碳纳米管看作一种单元素的聚合物（monoelemental polymer）[8]。确实，对于理想的高纯、无缺陷的碳纳米管，其可被视为一种无机单元素的高分子。但对实际制备的碳纳米管而言，其往往键合有相当数量的表面基团，如羧基、羟基、羰基等；端口碳原子和形成缺陷的碳原子与一般管壁碳原子的杂化方式不同，其化学反应活性也不一样，所键合的基团可视为碳纳米管这种无机高分子上的表面基团。因而，实际制备的碳纳米管可看作是带有一些“侧链”基团的高分子材料。管壁碳原子主要为sp^2杂化，管壁上形成大π键共轭体系，基面碳原子具有一定的化学反应性，使之可能发生加成反应；同时大π键共轭体系又可与其他的π电子体系发生π-π作用，形成非共价键结合的复合物[9,10]。“侧链”基团（端口丰富缺陷处的碳原子）赋予碳纳米管新的化学反应性；而且缺陷的浓度不仅决定其所连接的基团量，也决定了大π键共轭体系的尺度，从而直接影响到碳纳米管的化学反应性。还应指出的是，不同结构的碳纳米管具有不同的化学活性。如从X射线光电子能谱上可观测到，多壁碳纳米管的管壁碳原子比单壁碳纳米管具有更为弥散的化学结合能分布，说明两者具有不同的化学反应活性[11]。

10.1.2
碳纳米管的缺陷类型及其产生

碳纳米管是由一个或多个同轴石墨层组成的管状结构，完美无缺陷的碳纳米管由sp^2杂化碳原子构成，管的两端各为半个富勒烯球。由于合成碳纳米管条件的不同，在碳纳米管骨架上可能会生成不同缺陷和移位的碳原子。导致碳纳米管中产生缺陷的因素有很多，如化学缺陷、拓扑缺陷等。化学缺陷主要是原子/官能团由共价键连接到碳纳米管的晶格，如氧化的碳原子。拓扑缺陷主要是非规则六边形的存在，如Stone-Wales缺陷（五元环-七元环）。缺陷通常出现在碳纳米管的端部，因为这个部位带有金属催化剂颗粒，也是碳纳米管生长的起始点，同时，碳纳米管管壁上也会出现缺陷。理论预测在较细的碳纳米管上点缺陷较多，缺陷的存在能够降低碳纳米管的张力能。此外，碳纳米管在实际制备过程中高温接触时间过长，或者在透射电子显微观察过程中受高能电子的冲击，以及经历纯化过程会产生各种类型和不同数量的缺陷，这些缺陷包括原子空位、Stone-Wales缺陷、线缺陷以及开口端所带的羧基、羟基、羰基、硝基和质子官能团等。理论计算表明，这些拓扑缺陷是碳纳米管进一步功能化反应的主要位置。比如，碳纳米管骨架中毗邻空缺的碳原子很容易引入羧基官能团。Stone-Wales缺陷反应活性比完美六边形更活泼。通常碳纳米管所带的缺陷更容易被化学试剂攻击发生反应，比如与氧化试剂发生氧化反应，缺陷位点处的键结构被打开而连接含氧基团等[12]。

在合成的碳纳米管中不可避免地会含有一定量的杂质，比如无定形碳、富勒烯、金属催化剂颗粒等，因此在研究其性质及应用之前有必要对其进行纯化，如液相或气相氧化处理等。使用强氧化剂（如浓硝酸和浓硫酸混合酸、过氧化氢和硫酸混合酸、氧气、臭氧、高锰酸钾等）对碳纳米管进行氧化处理，在去除无定形碳和金属催化剂颗粒杂质的同时，也会在碳纳米管的缺陷和端部引入羧基、羟基等含氧官能团。由于氟与金属催化剂的相互作用可以阻碍碳纳米管的氧化降解，因此氟氧化纯化碳纳米管引起的碳纳米管结构的损害程度较小。在更剧烈的反应条件下，比如超声辅助处理，碳纳米管会被切短，并且在断口处引出大量羧基官能团。短的羧基化碳纳米管在极性有机溶剂中具有较好的溶解性能。

10.1.3 理想的一维纳米空间

碳纳米管具有纳米尺度的一维中空管状结构，在这样的局域空间中，客体分子的排列方式可能完全不同于宏观表面，可发生很多极限物理化学过程，因此碳纳米管也被认为是最小的“化学试管”[1,3]。

研究表明，在碳质吸附剂的纳米级空间中，会发生不同于宏观平面上的一些物理或化学过程[13]。在类石墨微晶无规则排列形成的分子尺度的碳纳米空间（尤其是2nm以下的微孔）中，由于相对孔壁碳原子的势能叠加效应，可形成强大的分子场[14]。吸附在其中的分子相互作用大幅增加，具有与体相分子完全不同的物化性质，具有不同的反应活性，可发生很多在常规条件不能发生或很难发生的化学过程。碳纳米管具有尺度与常规微孔炭相近、而结构几近一维的孔隙结构，碳纳米管的局域空间中具有不同于宏观表面的特殊性质。同时，在碳纳米管的中空管腔内分子间的相互作用要大于相近尺寸的狭缝形纳米孔（微孔炭）。

碳纳米管除其表面碳原子具有一定的化学反应活性外，“侧链基团”与π电子体系还具有不同的化学反应活性和作用类型。利用这些不同的反应活性，可对其进行管内外修饰，从而实现碳纳米管的“结构剪裁”。对于碳纳米管化学而言，仅开展某些“侧链结构”（端口、基面缺陷）化学活性的研究还远远不够，而应真正将其当作一种高分子材料，运用某些超分子途径（supramolecular route）[11]对碳纳米管和常规高分子的非共价组装、碳纳米管的化学识别以及纳米反应器中主（碳纳米管）、客体分子（吸附态分子）相互作用等深入探索。这需要深入理解碳纳米管整体所表现出来的大π键高度离域体系、不同直径、螺旋性所决定的化学性质及管壁分子势能叠加所形成的强大分子场等，进而对碳纳米管的物理化学活性有更为全面的认识。

10.2
管中化学——碳纳米管反应器中的物理化学

从被发现起，碳纳米管极大的长径比以及接近理想的一维纳米中空管腔就引起了化学家们的浓厚兴趣，碳纳米管中空管腔被预言可用作纳米试管、虹吸管、超级吸附剂、催化剂载体、储能材料、电极材料等。

10.2.1
碳纳米管开口中空管的吸附行为

实验发现，在650℃下，氩气在170MPa下可被压进两端封口的碳纳米管中（BET比表面积只有9.91m^2/g）。在室温下，封存在碳纳米管中空管中的氩气的压力据推算甚至可达60MPa，在常温下可以储存几个月而不泄漏。而只要电子束集中辐照1400s，就可将这种“气瓶”中大多数的氩气释放出来[15]。因此，碳纳米管可谓是最小尺度的高压气瓶。科学家们也对其他气体（氩气[15]、氧气[16]及其他惰性气体[17]等）的吸附进行了研究。同时碳纳米管的很多奇特性能也被证明与其气体吸附性质有直接关系。也有些研究结果表明，不同气体在碳纳米管管壁缺陷处的吸附可能是导致单壁碳纳米管电性能变化的重要因素[18,19]。总之，越来越多的实验结果显示，碳纳米管具有很强的吸附能力，对其吸附行为的实验研究和理论诠释成为碳纳米管化学研究中的重要课题之一。

理论计算表明，液态氦在（5, 5）单壁碳纳米管中的亲和能比其在石墨碳原子中的亲和能高3倍[17]。A. Fujiwara等基于实验和理论计算结果，认为单壁碳纳米管的中空管对O_2、N_2具有很大的吸附势，而且其中空管内腔吸附势要大于碳纳米管束中的管间孔[16]。G. Stan等[20]的计算结果也表明一维中空管是一个强大的势能场，吸附态分子在其中所承受的吸附势远大于外表面和石墨平面，而且对于具有相同内径的碳纳米管，在多壁碳纳米管中空腔中所承受的吸附势略大于单壁碳纳米管中的吸附势。总之，理论计算和推测表明，碳纳米管中空管腔具有高的吸附势，加之其理想的一维环境，在碳纳米管的中空管腔内可能形成准一维吸附体系（即吸附质在中空管径向的自由度接近于0）。例如在接近绝对零度时，氦在小直径的单壁碳纳米管中可形成准一维的体系[21,22]。在该体系中，30K时，He在纳米中空管腔径向的自由度就为0，其结合能超过液体氦的基态结合能50倍。根据实验推测，A. Kuznetsova等认为在95K下，氙在碳纳米管中空管中也可形成准一维的体系[23]。另外，M. C. Gordillo等用蒙特卡罗法模拟了0K左右H_2在（5,5）单壁碳纳米管中的存在状态，认为在这一条件下，H_2可形成甚至比氦更稳定的一维流体[24]。模拟计算结果也显示在单壁碳纳米管束中管间孔（interstices）里会生成一维体系，如氦、氙、氖等在单壁碳纳米管束的管间孔中都可形成准一维体系[22,25]。

碳纳米管如何与分子反应以及反应对其物性的影响是令人感兴趣的基本问题，而且与其应用密切相关。最近科学家发现，半导体性碳纳米管的电学性能与其吸附行为有密切的关系，使之有可能成为纳米级的气敏元件。通过改变环境气氛（1μL/L级的变化），就可改变碳纳米管的电阻，这也说明碳纳米管对某些气体具有强的吸附势能，即使在极低的气体分压下（μL/L级），也具有一定的吸附量。P. G. Collins等[26]发现碳纳米管电阻的变化取决于单壁碳纳米管管壁碳原子吸附氧浓度的变化，氧吸脱附速度的快慢直接影响电阻变化的快慢，而氧和碳纳米管壁的电子转移可能是导致电性能变化的主要原因。J. Kong等发现当半导体性单壁碳纳米管与痕量（200μL/L）的NO_2（μL/L级）接触时，其电阻减小，在某些情况下电导率能增加3个数量级［图10.1（a）］；而与微量的NH_3（1%，体积分数）接触时，电阻增加，电导率降低达2个数量级［图10.1（b）］。因此，通过监测单壁碳纳米管的导电性能就可监测NO_2和NH_3等气体的浓度[18]。研究还发现，在室温下，钯纳米颗粒修饰的半导体性单壁碳纳米管的电阻依赖于环境气氛中氢的浓度变化[19]。只有与目标气体分子有较强作用的材料才能显示气敏特性，而碳纳米管与很多气体有较强的亲和能力；对于某些作用不太强的气体分子，也有可能通过化学修饰来增加其亲和能。

总之，由于碳纳米管中空管壁碳原子对很多气体分子具有高的亲和能，使之具有较强的吸附能力，可能成为纳米级的储能、储气单元和气敏元件；由于具有分子尺度和量子筛分效应，碳纳米管有可能作为新型分子筛材料（如可分离其他材料难于分离的同位素）[27]。同时，碳纳米管可定向生长，故可在纳米量级、微米量级、宏观量级形成层次孔隙结构，从而成为一类新型的介孔材料。

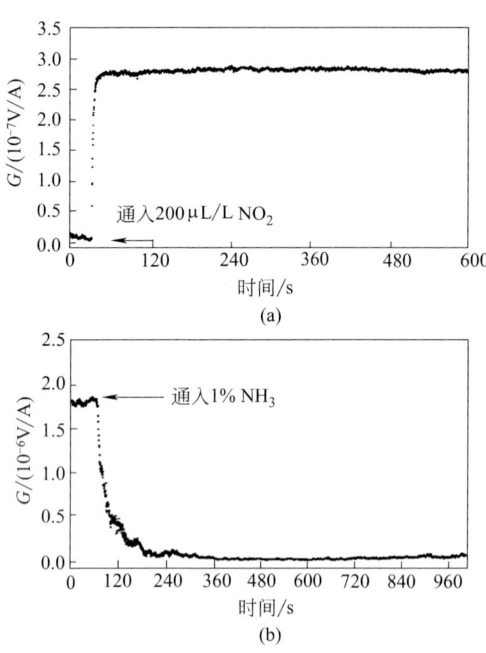

图10.1 （a）氩气保护下含200μL/L NO_2时单根半导体性单壁碳纳米管的感应电导；（b）氩气保护下含1% NH_3时单根单壁碳纳米管的感应电导[18]

10.2.2 碳纳米管的填充

碳纳米管的填充是利用中空管这一纳米空间进行纳米级反应，形成纳米级复合物、构筑纳米元件和制备一维纳米导线的重要前提。纳米级复合物的生成可以通过几种途径来实现：①在一定条件下，某些金属化合物在碳纳米管的制备过程中自然地被包裹在碳纳米管的中空腔内[28]；②物理填充（分步进行开口和毛细作用填充）；③化学填充（开口和填充同步进行）。

碳表面被浸润以及发生毛细作用是液体充填（物理填充）进入碳纳米管中空管的基础。发生毛细作用的前提是液体（包括熔融金属化合物）与碳纳米管的内表面作用力要足够大，使之发生浸润作用，液固接触角与表面张力之间的关系如式（10.1）所示，而气液界面上的压力差有如式（10.2）的关系。要使浸润现象发生，液固接触角θ应小于90°[29,30]。

$$\cos\theta = \frac{\gamma_{SV} - \gamma_{SL}}{\gamma} \tag{10.1}$$

$$\Delta p = \frac{2\gamma\cos\theta}{r} \tag{10.2}$$

式中，θ为固液接触角；γ为液体表面张力；γ_{SV}为固气表面的表面张力；γ_{SL}为固液表面的表面张力；Δp为气液界面上的压力差；r为中空管半径。

根据式（10.1），填充物质的固液表面张力（γ_{SL}）越小，θ也就越小，越容易产生毛细作用而被填充进纳米级中空管内。基于以上讨论，填充进入碳纳米管中空管物质的表面张力应该低于100～200mN/m[29,30]。对于一般的碳纳米管，可填充物质主要为低表面张力物质，如水、乙醇、酸、低表面张力的氧化物（PbO、V_2O_5等）和一些低熔点物质（S、Cs、Rb、Se等）；而且研究发现，填充物质表面张力越小，越容易填充进入碳纳米管中空管，如具有较小表面张力的Se比Cs更容易填充进碳纳米管内。同时，毛细作用与碳纳米管中空管的内径也有一定关系：表面张力小的钒盐、钴盐和铅盐甚至可以在1～2nm的中空管中发生毛细作用，而表面张力稍大的$AgNO_3$只有在内径大于4nm的中空管中才能发生毛细作用[29,30]。

对于高表面张力物质，在一般情况下不能物理填充进入碳纳米管的中空管腔，而化学填充是较为理想的方法。化学法填充可分为两类：其一是将碳纳米管与溶解有硝酸盐的硝酸溶液反应，在开口的同时硝酸盐填充进入碳纳米管中空管，这种方法称为湿法填充（wet chemistry technique）[27,31]；其二是金属化合物与碳纳米管在氧化性气氛（空气）中共热形成填充化合物，亦可称为干法熔融填充。典型的例子是：含铅化合物在空气中与碳纳米管共热（400℃），在开口的同时，铅化合物也可进入中空管；而在熔融的铅化合物与开口碳纳米管作用时，却不发生铅进入中空管的毛细作用，其原因有待于深入探讨[29,30]；在空气中与纯金属铋共热（850℃）时，在碳纳米管的中空管内可发现填充在其中的铋化合物[32]。换言之，某些高表面张力的熔融金属，只有在氧化性气氛下才能够进入碳纳米管中空管，E. Dujardin等认为这些高表面张力的物质与氧或碳反应生成低表面张力物质是其可填充进中空管的前提[29]。干法熔融填充和湿法填充的区别主要在于：湿法填充一般制备得到的填充客体是离散的颗粒，而干法可得到长的连续单晶[31]。

各种填充方法的共同之处是填充物可通过后处理（高温后处理或电子辐照等）进行改性。目前，各种填充方法都面临共同的问题：填充效率比较低。W. A. de Heer等认为这可能与毛细作用的直径选择性有关——特定的物质只选择性地进入特定尺寸的碳纳米管中，而实际制备的碳纳米管往往有一定的直径分布，所以某种特定的填充物质（客体），只能选择性地填充进入特定直径的碳纳米管内[30]。此外，碳纳米管填充的研究可以衍生出以下几个研究方向：①制备特殊性质的碳纳米管复合物——组装体；②制备一维纳米导线；③纳米反应器的研究（填充或吸附于其中的客体分子可发生物理化学变化）。

（1）富勒烯填充

相比于其他分子，富勒烯与碳纳米管的相互作用研究较多［如富勒烯C_{60}[33]、高碳富勒烯C_n（$n > 60$）[34]、内嵌富勒烯[35]、富勒烯衍生物[36]等］。由于富勒烯的结构和组成与碳纳米管具有相似性，根据碳纳米管管径的大小，碳纳米管内壁与富勒烯可形成较强的范德华相互作用力，每个C_{60}可高达3eV。此外，富勒烯独特的球形形状以及在电子束下的高度稳定性使其成为TEM观察的理想分子，已被广泛地用于直接表征碳纳米管内富勒烯的一维自组装。

1998年，Smith等[33]在电子显微镜下表征单壁碳纳米管样品时，偶然发现了C_{60}填充的碳纳米管（C_{60}@SWCNT）。C_{60}的直径为0.7 nm，SWCNT的直径约为1.4 nm，二者尺寸非常匹配，C_{60}可以稳定地嵌在碳纳米管内，C_{60}分子在管内呈直线形排列（图10.2）；对于直径更大的单壁碳纳米管，C_{60}分子则有多种排列方式，如折线型、螺旋型等结构。由于C_{60}@SWCNT的结构与豆荚很类似，该材料被称为纳米豆荚。近年来，已有大量纳米豆荚的实验与理论研究工作报道，填充方法包括高温升华法、室温溶液超声法等。随着对富勒烯填充理解的深入，甚至可以用来检测SWCNTs的纯度。

（2）其他类型分子填充

和富勒烯相比，其他分子没有明显的形状特征，只能承受有限的电子束辐照。近年来，对于非富勒烯分子的填充研究逐渐增多。双原子分子碘单质可以通过升华法填充SWCNTs[37]；相对分子量较小的聚合物（如聚环氧乙烷、聚己内酯

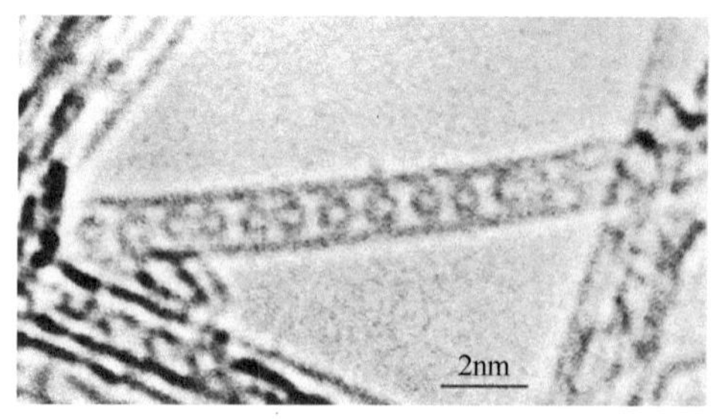

图10.2　C_{60}填充的单壁碳纳米管的透射电子显微镜像[33]

等）也能填充进入MWCNTs[38]；实现了茂金属，如二茂钴及其衍生物、二茂铁等在SWCNT内的填充[39]；五羰基合铁是一种极易挥发的金属有机化合物，可通过溶液法对MWCNTs进行填充，进而通过真空热解和氧化的方法可以合成磁性γ-Fe_2O_3@MWCNT[40]；钴酞菁是一种平面大环分子，钴原子在环的中间，也能对DWCNTs和MWCNTs进行填充[41]；多金属氧酸盐$[W_6O_{19}][nBu_4N]_2$也被成功填充到碳纳米管内[42]。

在众多生物体系中，水分子在纳米尺度管道中的运输过程对生命组织的存活起着至关重要的作用，在纳米器件、质子传递方面也同样扮演了非常重要的角色。因此研究水分子在碳纳米管内部的稳定结构有着极其重要的意义[43~45]。孙连峰等[44]设计并开发出一种四电极测量方法，首次对“内腔含水的”单根单壁碳纳米管进行了研究。实验证明，去离子水分子进入到碳纳米管内腔后，通过施加和改变碳纳米管上的电流、电压能够驱动管内的水分子流动，而碳纳米管内部的水流能够使碳纳米管两端产生电压，水流动速度与电流的大小呈线性关系（图10.3）。

（3）离子化合物填充

无机离子化合物的填充方法与分子客体填充方法截然不同。可使得高温熔融离子化合物或者其溶液通过毛细作用进入碳纳米管。两种方法都可以将离子化合

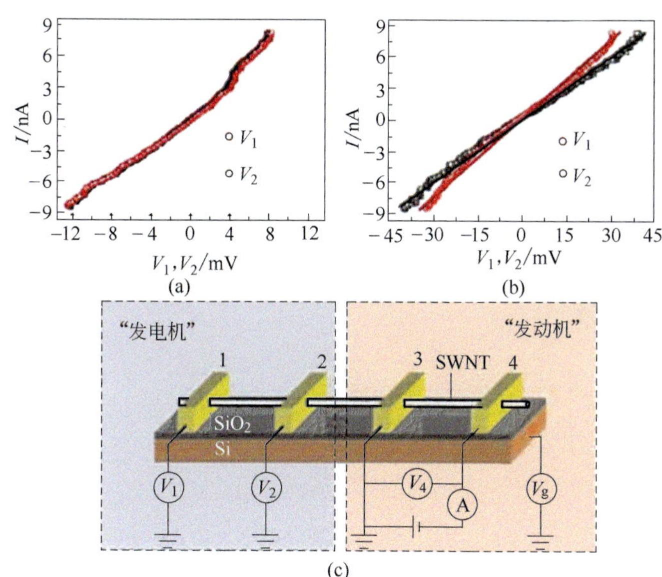

图10.3 （a）在真空条件下，电压和电流的线性关系图；（b）在水蒸气条件下，电压和电流的线性关系图；（c）四电极测量系统结构示意图[44]

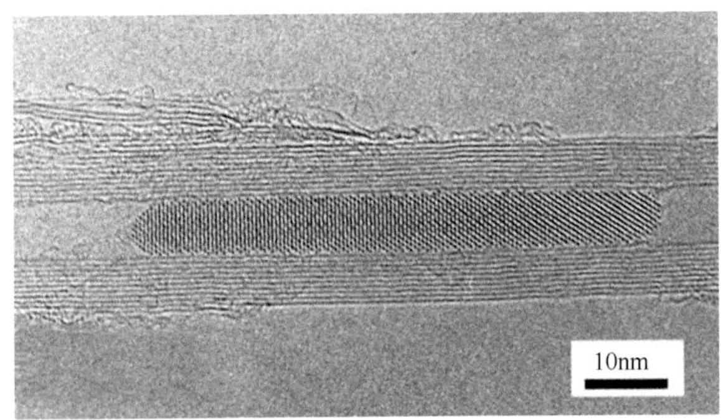

图10.4　填充在多壁碳纳米管中氧化钐的高分辨电子显微镜照片[31]

物引入碳纳米管内部，后处理时要小心清洗填充的碳纳米管，在除去管壁上吸附的离子化合物的同时，还要保持填充材料结构的完整。与分子化合物相比，离子化合物与碳纳米管内壁之间的亲和力明显降低，在后处理清洗时，离子客体有可能从碳纳米管内释放出来[46,47]。

从图10.4中可清晰地看到填充物的周期性晶体结构[31,48]，证明了碳纳米管的局域空间有利于形成不同于宏观状态的周期性结构，例如碘化钾在直径1.4nm的单壁碳纳米管中可形成完全不同于宏观结晶结构的有序结构——这种离子型晶体的径向只有两层对称排列的碘化钾，是一种结构完整的一维晶体[49]。因此，碳纳米管尤其是单壁碳纳米管是制备纳米级导线和复合材料的理想一维模板（反应后模板可以被氧化除去），可制备出结构和性质独特的晶体和非晶体材料[50,51]。

10.2.3
最小的反应器——纳米试管

碳纳米管作为一种典型的一维中空管，其直径介于0.4～100nm，是真正意义上的纳米反应器，填充于其中的反应物可实现在纳米空间内的反应，因此碳纳米管可视为纳米试管。在碳纳米管内，反应物的运动被局限在分子大小的一维空间，反应过程不同于宏观体系中的反应，甚至与一般微孔吸附剂的纳米空间发生的物理化学过程也有所不同[3]。

W. A. de Heer等发现填充在碳纳米管中的硝酸银在电子束照射下可分解生成单质银（如图10.5所示），银的颗粒被离散地填充在碳纳米管中，将碳纳米管隔

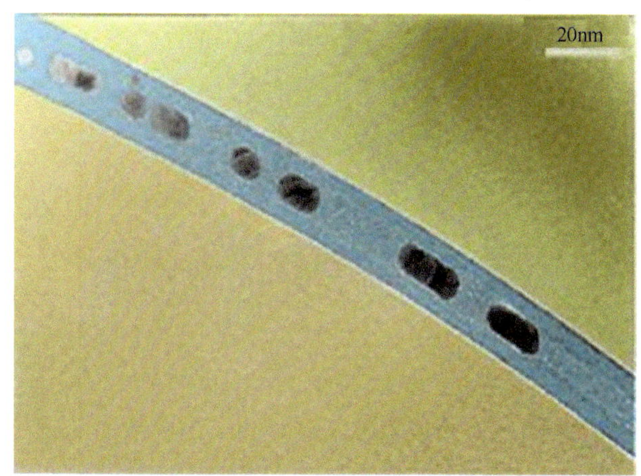

图10.5　填充有银颗粒的碳纳米管的高分辨像[1]

成若干互不相通的区域。与银颗粒接触的管壁是完整的；而被银颗粒隔开的互不相通区域的管壁被硝酸银分解形成的腐蚀性气体部分刻蚀，而且在此区域中，气体压力相当高，经计算可高达1300atm（1atm=101325Pa）。M. L. H. Green等还发现，填充在单壁碳纳米管的氯化银在电子束照射下，可生成连续的银导线，但与普通金属银相比，其微结构有一定的扭曲[52]。

碳纳米管的纳米孔空间具有与宏观空间不同的反应活性。开口多壁碳纳米管和PbO_2在450℃空气中共热，铅化合物填充进入碳纳米管中，最后生成很长的PbO导线。而在宏观空间，这一反应不可能在此温度下发生，因为PbO只有在550℃以上才可能稳定存在[53,54]。

碳纳米管纳米孔空间具有一定的催化活性，可将其作为催化反应的微型反应器。P. M. Ajayan等发现多壁碳纳米管的中空管和管壁上的缺陷可以提高燃料电池微电极上氧的催化还原活性[55]。填充在碳纳米管中空管中的纳米颗粒可与碳纳米管形成纳米级复合物，这些物质的填充将赋予碳纳米管新的物理特性——特殊的电磁性能和特定的催化性能。一维中空管中的填充物在不同外部条件作用下会以不同形态存在，从而形成不同的纳米复合物。如填充在碳纳米管中的$AgNO_3$经过电子辐照会形成不连续的纳米颗粒，而在400℃热处理时，又会形成很长的纳米级导线。这些不同存在状态的单质银可与碳纳米管形成不同微观结构的纳米级复合物[1]。

总之，中空管构成的微小反应器具有以下特点：①接近理想的一维微型反应器，反应物的运动被限定在一定范围；②反应器的径向为纳米尺度，生成物的维度被局限为准一维；③高的吸附性能、反应性和催化活性；④一维反应模板，可制得纳米尺度的导线和纳米级复合物；⑤高压空间（高密度储存气体）。总之，在这一试管中，反应物的运动被局限在分子大小的一维空间，反应过程不同于宏观体系中的反应，与一般微孔吸附剂的纳米空间发生的物理化学过程也有所不同。

目前对“纳米试管”中分子级狭长管道所决定的物理化学过程的理解尚不够深入。仍需对其结构特点（直径和螺旋性）及所决定的化学过程进行系统研究，并着眼于这种“纳米反应器”的极限维度对分子运动的限制、对物理化学过程、对反应动力学的局域效应，以及孔壁叠加时所形成的强大分子场对物理化学过程的影响（正、负催化效应）等。经过系统研究，有望发展出新型的纳米器件。碳纳米管狭长的纳米中空管腔已展现出许多不同于宏观表面的特点：超常的吸附行为和充填过程、分子尺度的化学反应试管；可实现诸多极限过程，如一维流体、一维纳米导线的模板制备，在一维反应空间中发生化学反应；可提供很多潜在的纳米器件，如纳米级储能载体、纳米反应试管、纳米传感器、一维导线模板、纳米级高压气瓶等。这些为我们提供了无限遐想的空间，如纳米级的化学反应，充填在纳米试管中的生物制品，充填靶向药物的纳米胶囊，纳米开关，超微型计算机上的纳米导线等。

10.3
管外化学——碳纳米管的化学改性

碳纳米管的管外改性（或修饰）最初是与可溶性碳纳米管的发展联系在一起的，很多化学改性方法提出的初衷是为了使之在某些溶液环境或者纳米复合材料中能均匀分散。例如：单壁碳纳米管的共价化学改性是为了不改变碳纳米管本身性质而将其溶解于水溶液中，以制备生物分子兼容的单壁碳纳米管。随着化学改性的发展，碳纳米管的管外化学已经发展成为通过化学改性来制备具有某些特定功能的碳纳米管及其复合材料的手段。

10.3.1
碳纳米管化学改性的机理

研究表明，富勒烯化学以加成为特征。富勒烯发生这类反应相对较容易，因为从球体几何角度看，三角形碳原子的键合转化为四面体成键时要释放巨大的能量[56]。这就容易理解在考虑锥形角（θ_p）时σ键是怎样借助于碳原子几何关系而形成，锥形角与共轭碳原子的曲率有直接关系。图10.6所示的分子立体结构表明，三角形中碳原子转换成四面体上碳原子时要释放一定的能量，因此在富勒烯改性时将经历这种能量相对降低的反应。从该图也可看出，C_{60}的锥形角θ_p=11.64°，实际上已向理想的正四面体的角度（θ_p=19.47°）趋近。因此，碳纳米管的择优反应部位应是锥度和曲率最大的“端帽”处。许多研究就是利用这一择优反应打开碳纳米管的两端并让其他物质进入管内部。这也说明碳纳米管两端是最容易进行化学反应的区域。碳纳米管侧壁是由碳的六元环构成。每个六元环中的碳原子都以sp^2杂化为主，每一碳原子又都以sp^2杂化轨道与相邻六元环上碳原子的sp^2杂化轨道相互重叠形成碳碳σ键。每个碳原子的三个sp^2杂化轨道的对称轴都分布在同一平面上，而且两个对称轴之间的夹角为120°，这样就形成了正六边形的碳骨架。此外，每个碳原子还有一个垂直于此平面的p轨道，它们形成高度离域化的大π键。这些π电子可用来与含有π电子的其他化合物通过π-π非共价键作用相结合，也可得到改性的碳纳米管。

通过碳纳米管成键半经验计算可得到有关碳纳米管端帽（即碳碳双弯曲键）和管壁（即碳碳单弯曲键）的半定量信息[7]。管壁发生反应的生成热比管端反应的生成热少125.5～209kJ/mol。这表明，管壁修饰比端帽修饰需要相对活性更高的反应物。

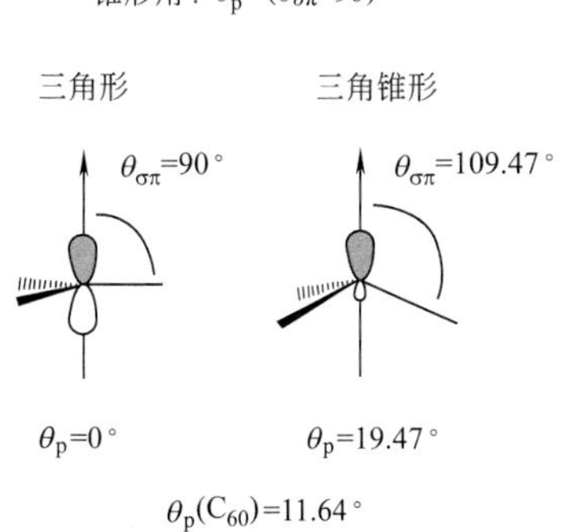

图10.6　碳纳米管与富勒烯的键角分布图[56]

10.3.2
碳纳米管的化学改性及其应用

前已述及，由于碳纳米管的两端是半个富勒烯“帽子”，而管壁的化学活性相对较小，因此，早期的化学改性就是从碳纳米管端口开始的。碳纳米管的改性一般在纯化后或纯化过程中进行，因为有些纯化方法可使碳纳米管的端部打开，诸如强酸之类的强氧化剂会导致在端口形成含氧官能团[57~59]。

（1）碳纳米管的化学短切

将纯化后的多壁碳纳米管分散于浓硝酸中，在油浴中回流加热一定时间后，用蒸馏水洗涤并干燥。将此黑色不溶物在氯仿中超声处理，再真空干燥，就可得到短切的“富勒烯管”（fullerene pipes）[27,60,61]。图10.7是端部开口多壁碳纳米管的高分辨透射电镜照片。

单壁碳纳米管的短切也有较多研究[62~65]。较简单的方法是球磨法[66]，它不需

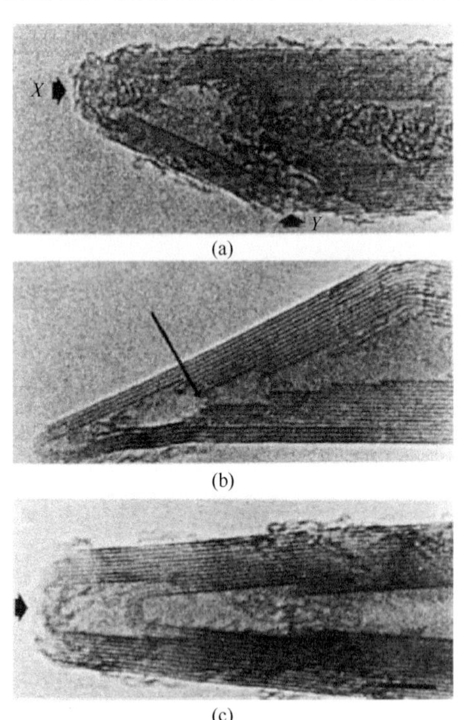

图10.7 端部开口的多壁碳纳米管的高分辨透射电镜照片（比例尺长度为5nm）[27]

任何化学处理或热处理。在室温下将单壁碳纳米管超声分散于乙醇溶剂中得到均匀分散的溶液，然后研磨、洗涤、烘干。这种短切后的端口不会带上诸如羟基或羧基官能团。但所得碳纳米管中含有一定量的杂质。更理想的方法是同时进行短切与改性[62,67]。例如，在纯化过程的最后一步，向碳纳米管的悬浮液中加入盐酸，使开口的碳纳米管端部与羧酸基团进行耦合反应。切割后的碳纳米管与短切前具有类似的红外光谱特征，拉曼光谱接近未处理过的初始样品。

（2）碳纳米管的可溶解性

R. C. Haddon等用亚硫酰氯处理短切后的碳纳米管，再与正十八胺反应。产物可溶于CS_2、$CHCl_3$、CH_2Cl_2等有机溶剂，高浓度时呈黑色，低浓度时呈棕色。其可能的化学反应方程式为[68]：

$$\text{SWNT}-\overset{\displaystyle O\,/\!\!/}{C}-\text{OH} \xrightarrow{SOCl_2} \text{SWNT}-\overset{\displaystyle O\,/\!\!/}{C}-\text{Cl} \xrightarrow{CH_3(CH_2)_{17}NH_2} \text{SWNT}-\overset{\displaystyle O\,/\!\!/}{C}-NH(CH_2)_{17}CH_3$$

研究这种可溶单壁碳纳米管的电子顺磁共振谱发现[69]，它们有较强的电子顺磁共振信号，其g值为g=2.003±0.001，线宽ΔH=2.1G。在该溶液中掺杂碘或溴后，g值没有明显变化，但线宽由ΔH=2.1G扩大到ΔH=4.7G。可通过这种电子顺磁共振信号的敏感度变化来监测单壁碳纳米管在悬浮液或溶液中的存在。

顾镇南等[70]将纯化后的单壁碳纳米管加入缩合剂二环己基碳二亚胺（DCC）后，再与十六胺反应，可得到经十六胺改性的黑色单壁碳纳米管溶液。它们也能溶于CH_2Cl_2等有机溶剂。同R. C. Haddon等所使用的酰氯法相比，用DCC使氨基与羧基发生缩合，生成酰胺键的反应比较简单，经一步反应即可得到单壁碳纳米管的十六胺衍生物，其反应式为：

$$\text{SWNT}-\overset{\displaystyle O\,/\!\!/}{C}-\text{OH} + NH_2-(CH_2)_{15}-CH_3 \xrightarrow[\triangle]{\text{双环己基碳二亚胺}} \text{SWNT}-\overset{\displaystyle O\,/\!\!/}{C}-NH-(CH_2)_{15}-CH_3$$

由于在纯化和短切过程中开口的端部会带上羧基官能团[71]（见图10.8），再用亚硫酰胺将羧酸官能团转化成酰氯。这种酸性含氯的碳纳米管可再与胺反应生成胺基化合物。例如，用烷基芳基胺4-十四烷基苯胺［$4\text{-}CH_3(CH_2)_{13}C_6H_4NH_2$］进行氨基化反应（见图10.9）。它们可应用于微观显微学（如化学探针和化学感应成像）等方面[72]（见图10.10和图10.11）。

用聚合物修饰碳纳米管为碳纳米管化学扩展了新的领域。将纯化并短切后的

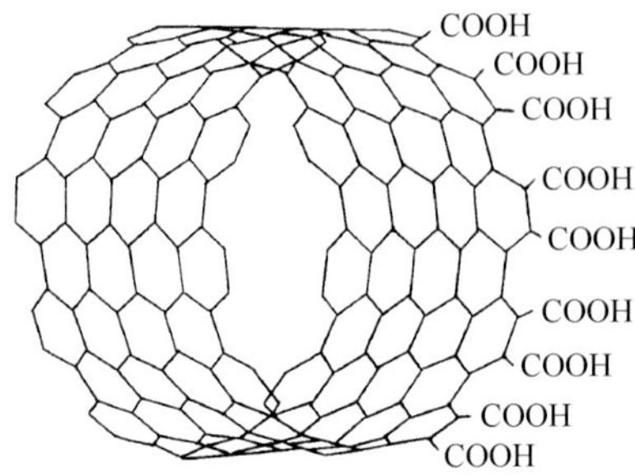

图10.8 单壁碳纳米管—COOH的结构示意图[71]

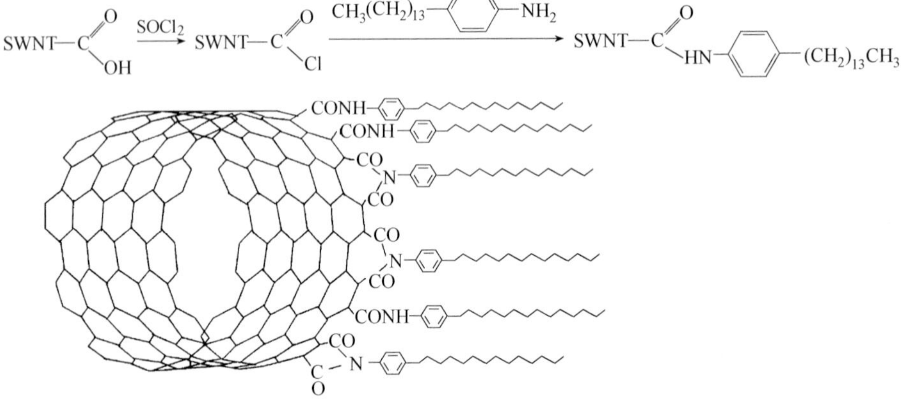

$$\text{SWNT—COOH} \xrightarrow{SOCl_2} \text{SWNT—COCl} \xrightarrow{CH_3(CH_2)_{13}\text{—}C_6H_4\text{—}NH_2} \text{SWNT—CO—HN—}C_6H_4\text{—}(CH_2)_{13}CH_3$$

图10.9 单壁碳纳米管与4-十四烷基苯胺进行的氨基化反应示意图[71]

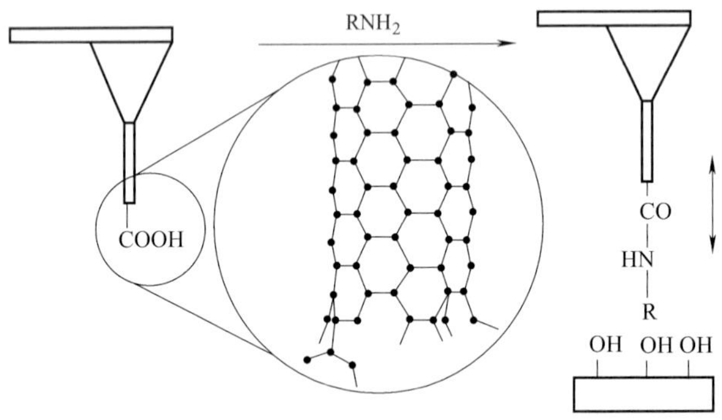

图10.10 碳纳米管氨基化反应用于显微探针的示意图[72]

碳纳米管用盐酸处理，可使管的表面完全覆盖羧酸基团。在亚硫酰氯（$SOCl_2$）回流使羧酸基团转化为酰基氯化物。再与聚丙酰乙烯亚胺-乙烯亚胺［poly

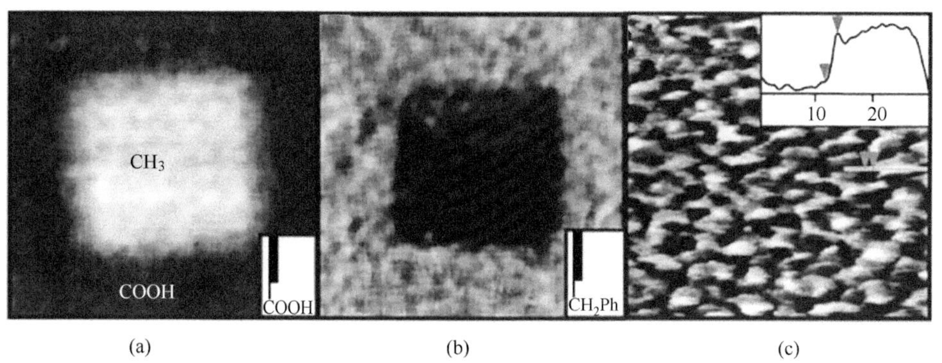

图10.11　碳纳米管修饰后用于化学感应成像[72]

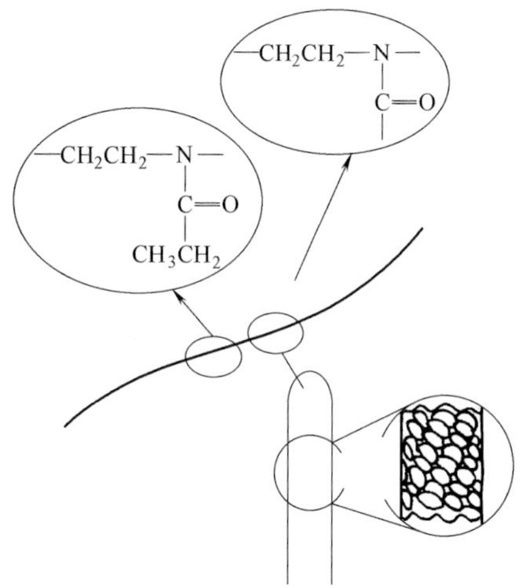

图10.12　PPEI-EI修饰的可溶碳纳米管的结构示意图[73]

（propionylethylenimine-*co*-ethylenimine），PPEI-EI］反应[73]，可使碳纳米管溶于有机和无机溶剂中（见图10.12）。PPEI-EI是线型共聚物，可使碳纳米管“挂”在其上形成自组装的碳纳米管。扫描隧道显微镜研究表明，溶解的碳纳米管分散性较好，管壁仍能保持碳的六角网状结构。同时，不同的激发光波可使之产生光致发光，在可见光谱范围内，发光量子效率可达0.1，因此有望在发光与显示材料中得到应用。

（3）碳纳米管与金属的反应

碳纳米管与各种金属的相互作用对于碳纳米管形成低电阻欧姆接触和在碳纳

米管外部形成金属或半导体纳米线等都十分重要[74]。对三维块状材料来说，不同的金属与碳有不同的反应。过渡金属与碳原子键合的能力随其未充满d轨道数增加而提高。铝、金和钯这些金属没有d轨道空缺，因而与碳的亲和力可忽略。诸如镍、铁和钴等有少量d空轨道的金属在某些温度范围内对碳有一定的溶解能力。钛和铌等有较多3d和4d空轨道的金属可与碳原子形成较强的化学键，因而能形成稳定性很高的碳化物。一般认为沉积金属与石墨基面间的连接较弱[75~84]。这类反应被认为是金属和石墨基面中的碳原子通过范德华力连接，不涉及化学键的形成。碳纳米管与石墨片的区别在于前者管壁是圆筒形的曲面，sp^2键为非平面的构型。碳纳米管与C_{60}的区别在于尺度、半径和C_{60}中含有五元环，而碳纳米管壁全部为六元环，故C_{60}与金属的反应性比碳纳米管更大。M. Menon等对金属-碳纳米管的连接理论进行了阐述[85]。他们用紧束缚分子动力学法计算镍在单壁碳纳米管壁的成键形式，并同镍在石墨烯片上的成键进行比较。镍在某些部位与碳纳米管壁上的碳原子形成共价键的特征可通过计算得到确认，并发现这种连接比与石墨烯片相连的类离子键（电荷转移）更强。这种较强的镍-单壁碳纳米管连接可归因于弯曲导致碳的sp^2杂化轨道与镍d轨道重新杂化[85]。

Y. Zhang等通过电子束蒸发法（electron beam evaporation）使各种金属沉积在悬浮的单壁碳纳米管上，进而研究金属-碳纳米管的相互作用[86]。5nm的钛、镍、钯、金、铝和铅被蒸发并沉积到悬浮的单壁碳纳米管上，发现沉积的结果差别很大（见图10.13）。钛在悬浮的单壁碳纳米管外形成连续的纳米线［图10.13（a）］。镍和钯准连续（quasi-continuous）并均匀地沉积在单壁碳纳米管外［图10.13（b）、（c）］，即线的结构在沿管轴方向偶尔不连续。碳纳米管外的金、铝和铅形成不连续晶粒，部分管壁未被金属沉积［图10.13（d）、（e）、（f）］。金粒子修饰的单壁碳纳米管直径可达约60nm，比其他沉积膜厚度更大。

钛连续并均一地沉积到碳纳米管外，表明其具有很高的成核密度和较强的钛-单壁碳纳米管结合性。相反，由于金、铝-单壁碳纳米管结合性较差，金和铝沉积不连续，成核密度较低。在这些金属中，钛原子沉积到管壁上，具有最高的凝聚/滞留系数。钛-单壁碳纳米管的结合比镍-单壁碳纳米管更强，由于钛形成碳化物的高亲和力以及弯曲造成的再杂化效应，故能形成共价键键合。钛-单壁碳纳米管中的钛-碳键结构类似于单根单壁碳纳米管之间的连接，具有较低的欧姆接触电阻，因而可通过在碳纳米管外沉积钛而得到具有较高导电性的钛-单壁碳纳米管复合结构[87]。早先发现钛与掺杂的金刚石也产生欧姆接触。在这种情况下，掺杂的钛在金刚石表面形成碳化物，欧姆接触可通过热退火在钛-金刚石界

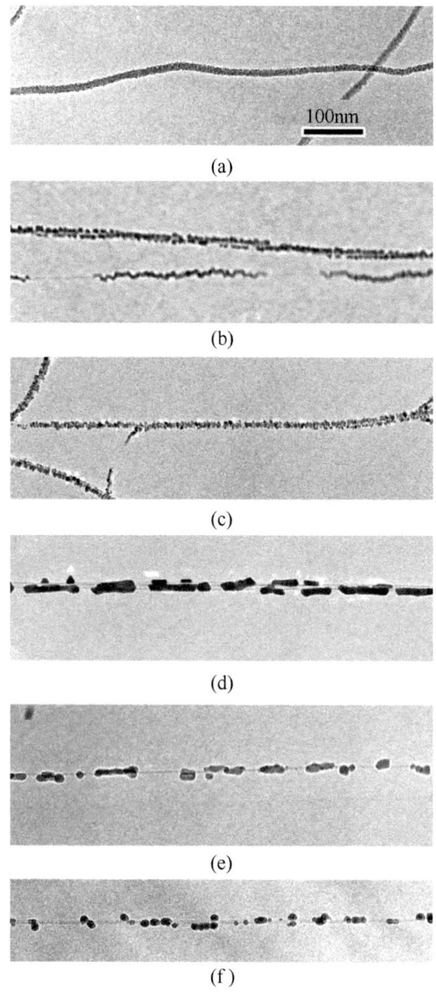

图10.13　金属-单壁碳纳米管结合的透射电镜照片[74]

(a) 5nm钛沉积在悬浮的单壁碳纳米管上；(b)～(f)分别为5nm镍、钯、铁、金、铝和铅沉积在悬浮单壁碳纳米管上的结构

面形成碳化物层而得到[88]。

（4）碳纳米管非共价键化学修饰

在前述各种碳纳米管的修饰过程中，碳纳米管的表面性质会发生改变，为了得到表面结构和性质均不被破坏的功能性碳纳米管，可利用碳纳米管的非共价键修饰，即超分子方法修饰或非共价键相互作用使无机或有机分子通过π-π堆

叠、疏水作用、范德华作用或静电作用力等物理吸附包覆在碳纳米管上。非共价键修饰方法对管壁结构及碳原子的构型没有任何破坏和改变，完整保持了碳纳米管的本征结构及电子、力学性能。近年来，碳纳米管的非共价键修饰方法已得到较大发展，成功实现了聚合物包裹、表面活性剂、小芳香分子、大环共轭体系、DNA、多肽等生物分子的非共价键修饰碳纳米管。这对碳纳米管的应用，特别是生物医学等领域的应用具有十分重要的意义[89]。

早期碳纳米管的反应性能研究大部分集中在通过酸氧化作用进行分离和分散，经过酸氧化处理，在除去样品中残留的金属催化剂等杂质的同时，也能够将碳纳米管的端帽打开，在切断面引入羧基、羟基等基团。这些氧化的碳纳米管在超声辅助下很容易分散于各类胺类有机溶剂中[90]。苯分子及与其结构相关的环己基、环己二烯、环己烯分子都可以与碳纳米管进行π-π作用进而吸附在管壁上。其中苯分子的π电子体系最大，因此苯的吸附能最高，而环己基没有π电子，所以环己基吸附能最低。该结果清楚地表明这个系列分子与碳纳米管之间的相互作用可以通过分子的π电子与碳纳米管的π电子体系的耦合作用进行调控。与芳香化合物相互作用的本质相同，多种杂环芳香分子也能与碳纳米管产生范德华作用力。然而，有些情况下，体系中若含有金属离子会减弱分子与碳纳米管管壁的相互作用[91]。

水溶性碳纳米管对于实现碳纳米管在生物医药和生物物理等方面的应用非常重要，表面活性剂的使用显著增强了碳纳米管的水溶性。尤其是阴离子表面活性剂十二烷基磺酸钠（SDS）已被广泛使用。通过TEM图像可证实SDS卷成半圆柱状吸附在碳纳米管表面，每个SDS烷基链指向碳纳米管。不同直径和对称性的碳纳米管，活性剂分子呈不同的环状、单螺旋或双螺旋吸附[92]。向聚合物中添加碳纳米管可以改善聚合物的力学和电子性能，同时为聚合物/碳纳米管复合物形成碳纳米管集成聚合物基器件提供了一个有效的方法。聚合物非共价修饰碳纳米管有多种方式，主要是溶液中物理混合、单体与碳纳米管一起原位聚合、表面活性剂辅助和碳纳米管的化学修饰等[93]。间亚乙烯基苯-2,5-二辛氧基-对亚乙烯基苯共聚物［poly(*m*-phenylenevinylene-*co*-2,5-dioctoxy-*p*-phenylenevinylene), PmPV］，是共轭发光聚合物。碳纳米管与PmPV复合物[94,95]的导电性比原始的PmPV大8～10个数量级，并能提高发光二极管在空气中的稳定性。单壁碳纳米管在与PmPV聚合后，可制成光电器件[96]，具有光放大功能，而且单壁碳纳米管的电学性质基本上不受包裹聚合物的影响。

此外，利用原位聚合法也可进行非共价键化学修饰[97]。将多壁碳纳米管与苯

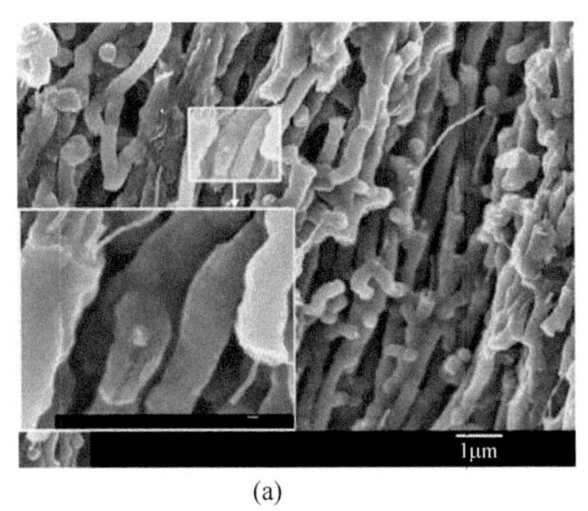

(a)

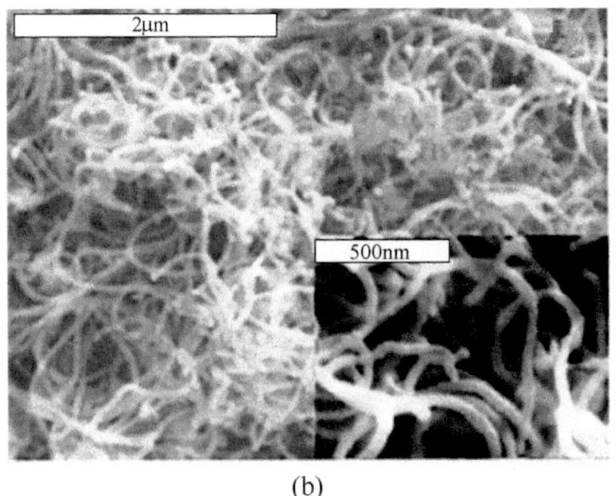

(b)

图10.14　PPy包覆多壁碳纳米管的扫描电子显微镜照片[102]

乙炔进行催化聚合反应，可得到聚苯乙炔包裹的多壁碳纳米管。这种多壁碳纳米管可溶于四氢呋喃、甲苯、氯仿等有机溶剂，其光稳定化效应（photostabilization effect）较好。通过原位聚合或电化学沉积还可在碳纳米管上包裹聚吡咯（PPy）[98~100]（见图10.14）、聚苯胺（PANI）[101]等导电聚合物。预计这些纳米线将在光电纳米器件及传感器等方面有广阔的应用前景。用碳纳米管制备超级电容器一直备受关注。将包裹聚吡咯的碳纳米管用于超级电容器，可使电容量大大提高[102~104]。这为碳纳米管在清洁能源方面的应用开辟了一条新途径。

碳纳米管和单分散的纳米粒子（NPs）是构筑纳米器件的重要模块。近年来，将功能半导体与碳纳米管结合发展的高性能功能材料备受关注。非共价键构筑半导体NP/CNTs聚合物的方式包括：①表面活性分子的吸附和静电作用结合纳米粒子；②纳米粒子以碳纳米管束中形成的凹槽为一维模板进行自组装；③通过热压铸方法制备复合物。研究发现，在碳纳米管存在的条件下，CdSe纳米棒逐渐形成锥形NPs，并以纤锌矿（001）面与碳纳米管连接（图10.15）。在NP/CNTs杂化物的形成过程中，水的存在可以改善碳纳米管的覆盖范围，而HCl、1,2-二氯乙烷或氯气则影响NPs的形状转变及与管壁的附着。生成机理涉及纳米颗粒的惰性表面、晶面界面及与sp^2碳的相互作用[105]。

半导体NPs与碳纳米管之间非共价相互作用有利于将碳纳米管优异的电学性能与量子点独特的带隙可调性相结合制备性能优异的新型功能材料，这些材料有望促进高性能光电、光伏器件的研发。

（5）碳纳米管共价键化学修饰

通过化学修饰可以解决目前碳纳米管应用的难题。一种方法即如前面提到的

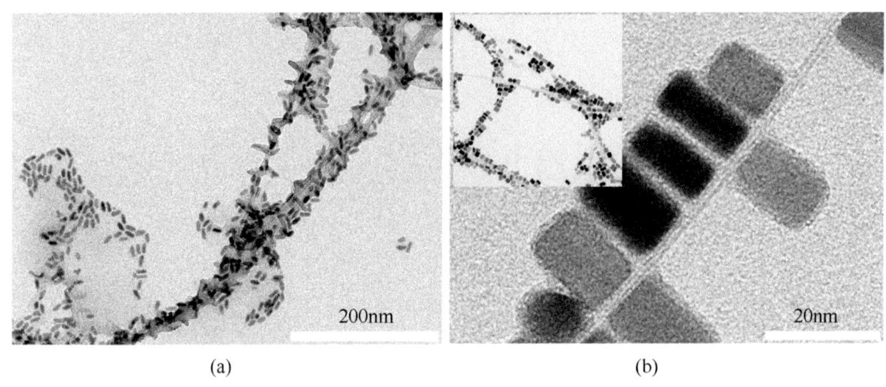

图10.15　CdSe纳米棒与碳纳米管结合形成NPs的透射电镜图[105]

（a）低倍；（b）高倍

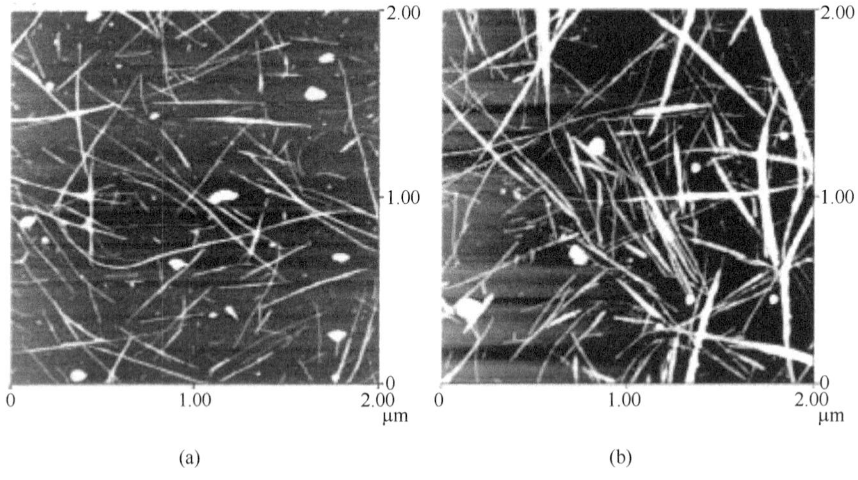

图10.16　氟化前和脱氟后碳纳米管的原子力显微镜照片[107]

（a）反应前的碳纳米管；（b）脱氟后的碳纳米管

利用超分子方法或非共价相互作用的非共价键化学修饰。另一种修饰方法为共价键化学修饰。通过对管壁缺陷或者管壁的化学修饰实现碳纳米管的功能化。共价键的形成能够显著增大碳纳米管在溶剂中的溶解度，同时基本保持碳骨架的完整性。

① 碳纳米管的氟化及氟化碳管的亲核取代反应　碳纳米管的氟化是管壁修饰的另一条途径[106~108]。将纯化后的碳纳米管通入氟和氦的混合气体，能得到侧壁氟化的碳纳米管，其形貌见图10.16和图10.17。近期对烷基氟化物氢键性能的研究表明，烷基氟化物中氟不是氢键的良好受体[109,110]。但氟离子（F^-）却是氢键

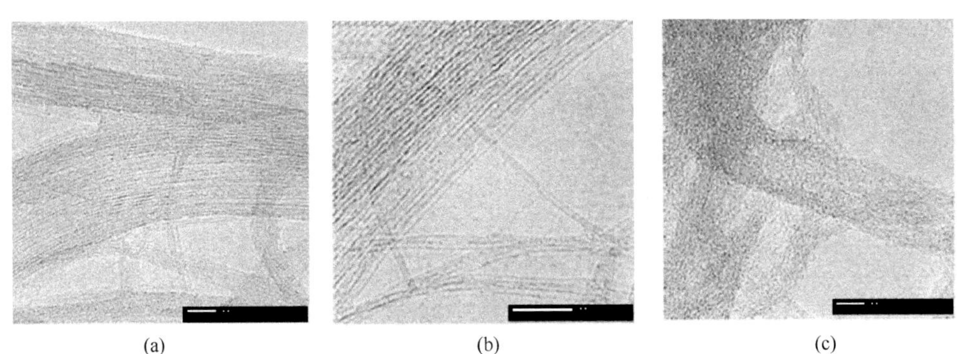

(a) (b) (c)

图10.17 氟化前后碳纳米管的透射电子显微镜照片(比例尺:10nm)[107]

(a)氟化前碳纳米管;(b)氟化温度为325℃的碳纳米管;(c)氟化温度为500℃的碳纳米管

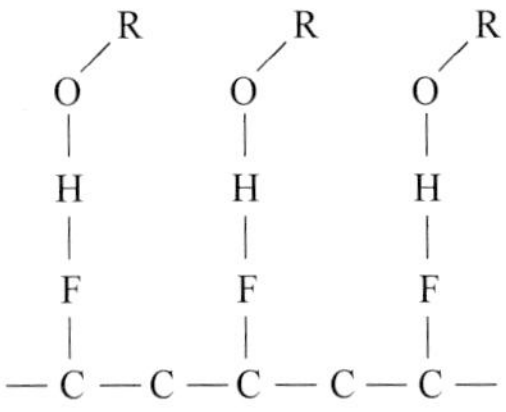

R R R

O O O

H H H

F F F

—C—C—C—C—C—

图10.18 醇中羟基氢与管上被束缚氟之间形成的氢键[107]

的最好接收者。氟管上的C—F键离子性增加,可使氟管上的氟成为氢键较好的受体。将氟化碳管在醇溶剂(如甲醇、乙醇、2,2,2-三氟乙醇、2-丙醇、正戊醇等)中超声处理可得到亚稳态溶液,该溶液能稳定存在两三天甚至超过一周,但氟化碳管在水、二乙胺、乙酸或氯仿等强氢键溶剂中的稳定性却很差,或不溶,或稳定存在不到一个小时。溶液中醇所带的羟基氢与在碳纳米管壁上的氟形成如图10.18所示的氢键[107]。

在氟化碳管的2-丙醇溶液中加入无水肼可使氟化碳管转化为碳纳米管,并立刻从溶液中沉淀出来。将氟化碳管在甲醇钠中进行超声处理,管壁上的氟可被甲氧基取代发生取代反应,这符合单分子亲核取代(SN1)反应机理,但从反应的活化能大小来看较难进行。其反应历程如下[107]:

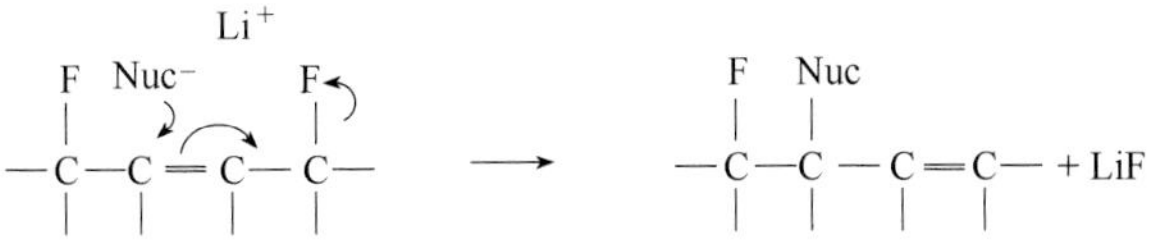

$$\mathrm{-\overset{F}{C}-C{=}C-\overset{F}{C}-}\ \xrightarrow{\mathrm{Nuc^-},\ \mathrm{Li^+}}\ \mathrm{-\overset{F}{C}-\overset{Nuc}{C}-C{=}C-}+\mathrm{LiF}$$

氟化碳管用无水肼使其脱氟或进一步功能化的特性可为其自身多功能化提供途径。此外通过氟化碳管的取代反应可在侧壁引入双官能团，比如烷氧基硅烷和聚乙烯亚胺。也可通过氨基酸碳氢链的长度调控侧壁功能化碳纳米管的水溶性，并且溶液pH值对其影响不大。脲、硫脲和胍可与氟化碳管侧壁部分氟原子发生亲核取代反应，得到双官能团修饰碳纳米管衍生物，改善在DMF和水溶液中的分散性能。同样方法可以制备巯基和噻吩侧壁修饰的碳纳米管。通过自由巯基连接金纳米粒子，得到金纳米粒子修饰碳纳米管复合物[111]。

氟原子与单壁碳纳米管侧壁的加成反应显著改变了碳纳米管的电导、光学及溶解度等性质，并且增强了碳纳米管的化学反应活性。利用氟化碳纳米管作为前驱体可制备性质新颖的功能化碳纳米管。

② 碳纳米管的氢化　碳纳米管与碱金属在液氨和醇的溶液中可发生Birch加氢还原反应。锂还原SWCNTs中间体从甲醇中夺取质子生成氢化SWCNTs。光谱分析研究表明，SWCNTs的加氢过程并没有表现出明显的电子类型和直径的选择性，与烷基化反应形成鲜明对比。此外，加氢功能化程度相对烷基化反应要低很多。Miller等将高沸点聚胺作为氢化试剂，能实现SWCNTs的可逆氢化[112]。SWCNTs的氢化显著改变了碳纳米管的结构和稳定性，管与管之间的距离增加，因此，氢化SWCNTs能很好地分散于甲醇、乙醇、氯仿和苯等有机溶剂中（图10.19）。氢化过程可能是从聚胺转移一个电子到碳纳米管，然后从N—H基团转移一个质子。

③ 碳纳米管的环氧化　理论计算表明，SWCNTs表面的双键可以与高活性的双环氧乙烷发生加成反应，生成三元环。Billups等利用三氟二甲基双环氧乙烷（trifluoro dimethyl dioxirane）或者3-氯过氧化苯甲酸（3-chloroperoxybenzoic

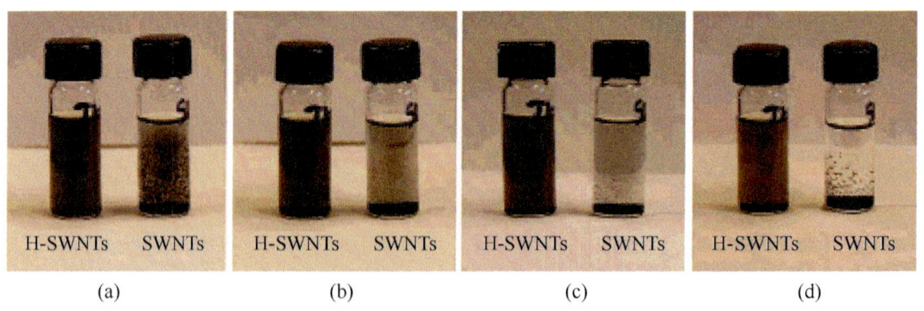

图10.19　SWCNTs和H-SWCNTs在甲醇溶液中超声分散的悬浮液对比图[112]

（a）30s；（b）5min；（c）1h；（d）48h

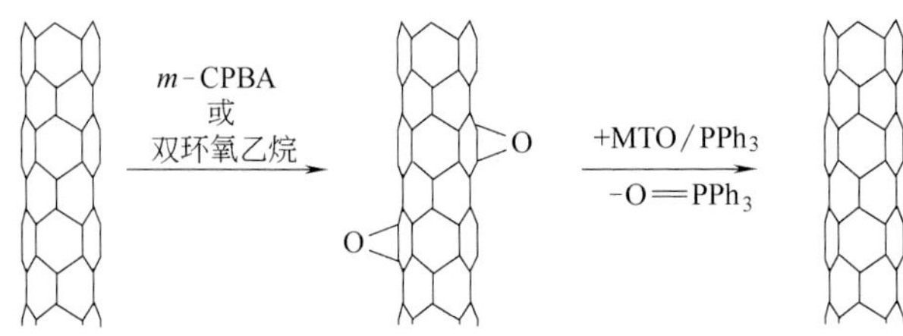

图10.20 SWCNTs侧壁的可逆环氧化反应[113]

acid, *m*-CPBA）在SWCNTs侧壁上发生环氧化反应（图10.20）[113]。光谱分析表明无论是酸过氧化还是双环氧乙烷氧化都形成了环氧化合物。

④ 碳纳米管的环加成反应　利用两性离子中间体、甲亚胺、臭氧、四氧化锇、邻醌二甲烷等可对碳纳米管侧壁进行高效环加成反应。其中，胺叶立德的1,3偶极环加成反应是碳纳米管侧壁功能化最常使用的反应之一。该方法来自C_{60}加成衍生化反应。在碳纳米管侧壁上发生1,3偶极环加成反应，形成吡咯取代基修饰的碳纳米管衍生物，在常见的有机溶剂中溶解度较好。利用微波反应可大大缩短反应时间（图10.21）[114]。

⑤ 碱金属还原碳纳米管的侧壁功能化　碳纳米管是良好的电子受体，在碱金属还原试剂的作用下，碳纳米管束可被还原分散在有机溶液中。碱金属的嵌入及带负电荷碳纳米管的库仑斥力作用能有效分散碳纳米管束，形成单分散碳纳米管溶液[115]。

⑥ 自由基侧壁功能化碳纳米管　一些化合物通过热或光物理处理可产生活性自由基，这些自由基对碳纳米管侧壁可以进行共价功能化。利用该方法可制备聚合物功能化碳纳米管复合材料。通过自由基偶联反应将聚苯乙烯共聚物接枝到SWCNTs，得到的复合材料在有机溶剂中的溶解度非常好。通过原子转移自由基聚合反应制备聚丙烯酸叔丁基酯，加成到MWCNTs侧壁，得到聚合物共价修饰的MWCNTs复合材料[116]。

⑦ 亲电加成及亲核加成反应　2002年，SWCNTs与氯仿的亲电加成反应首次被报道[117]，不稳定中间体水解生成羟基化SWCNTs，通过原子转移自由基聚合反应可在功能化SWCNTs表面接枝聚苯乙烯[118]。稳定的碳负离子可以与SWCNTs直接发生亲核加成反应，比如有机锂试剂等[119]。

⑧ 机械化学功能化　在反应性气体中多壁碳纳米管可以通过球磨转化成连有不同基团的短管：如氨基、巯基或氨基化合物、硫醇等。通过含有不同官能团的

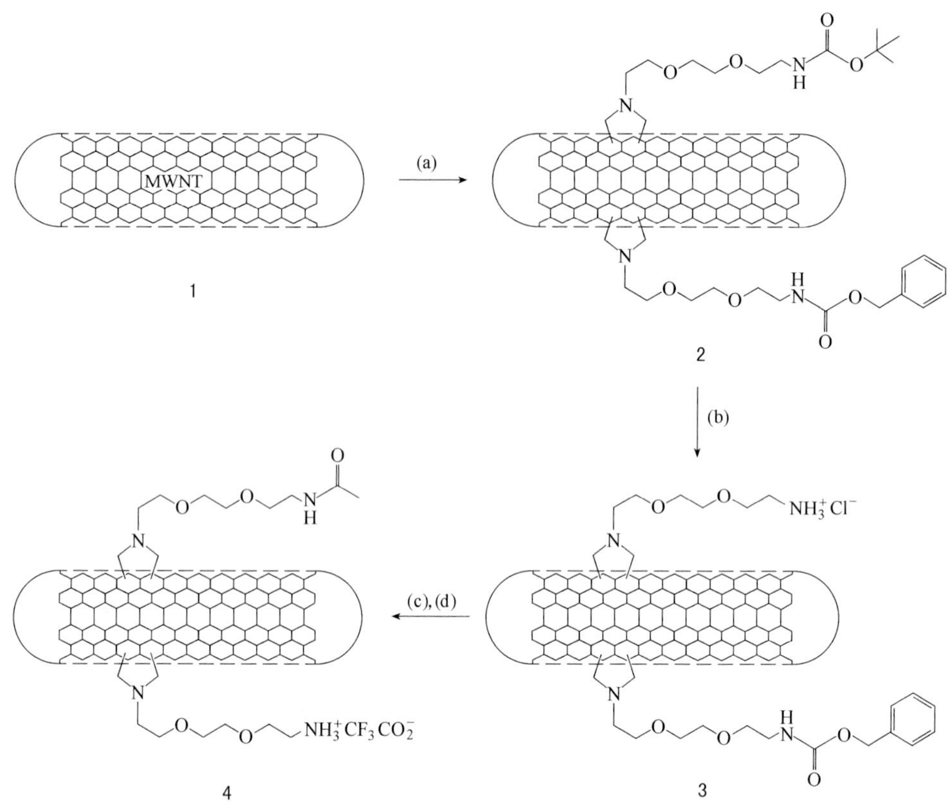

图10.21　胺叶立德1,3偶极环加成反应过程[114]

(a) R-$NHCH_2COOH/(CH_2O)_n$的DMF溶液，130℃；(b) 4mol/L HCl的1,4-二氧六环溶液；(c) Ac_2O；(d) TFA/TMSOTf/对甲酚，R=Boc—$NH(CH_2CH_2O)_2$—CH_2CH_2—和Z—$NH(CH_2CH_2O)_2$—CH_2CH_2—

气体处理碳纳米管可以得到这种固体材料。同样的方法，将单壁碳纳米管与KOH进行固体球磨反应，碳纳米管的表面可修饰羟基，衍生物具有很好的水溶性（图10.22）[120]。

（6）未短切碳纳米管的修饰

尽管短切后的碳纳米管有许多独特的应用[56,121,122]，但也存在一些弊端：一方面，经常需要冗长的化学基团功能化过程；另一方面，短切后的碳纳米管所带的官能团可能具有与原来的碳纳米管显著不同的特性。完整的碳纳米管可能因具有很高的长径比而更受青睐[121~123]。在碳纳米管的预处理过程中只需将碳纳米管纯化而不需短切，即可得到这类材料。图10.23是未短切碳纳米管化学修饰后的原子力显微镜照片。

图10.22 SWCNTs与KOH的固体球磨反应及自组装成阵列示意图[120]

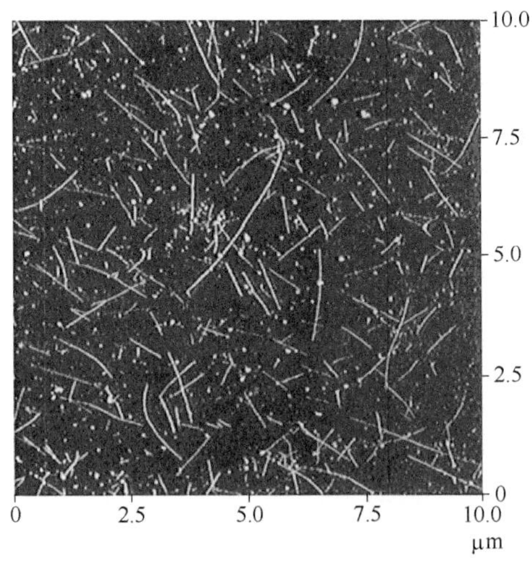

图10.23 可溶的未短切碳纳米管的原子力显微镜照片[121]

2001年，M. Sano等[124]通过化学修饰的方法制备了单壁碳纳米管环。在单壁碳纳米管的处理过程中，只要碳纳米管未完全塌陷或聚集，端口带有含氧基团的碳纳米管经过一系列有机反应，最终可使之环化。这种方法对碳纳米管的要求比较低，即纯化与否均可。该反应有助于分析溶液中所得碳纳米管的硬度和韧性，同时也给出了特征长度范围，从而有助于了解碳纳米管的团聚行为，也有助于碳纳米管的化学改性。图10.24和图10.25分别为环状单壁碳纳米管合成的示意图和碳纳米管环的原子力图像。

（7）其他化学修饰方法

将碳纳米管进行电化学还原也可使之产生功能化反应，得到多种芳基重氮盐修饰的碳纳米管[125]，估计碳纳米管上可每隔20个碳原子发生反应。其中碳纳米管被4-叔丁基苯改性后，易溶于有机溶剂。这种碳纳米管可显示出分子开关和记忆行为。在生物化学方面，用蛋白质、DNA以及生物小分子修饰的碳纳米管在纳

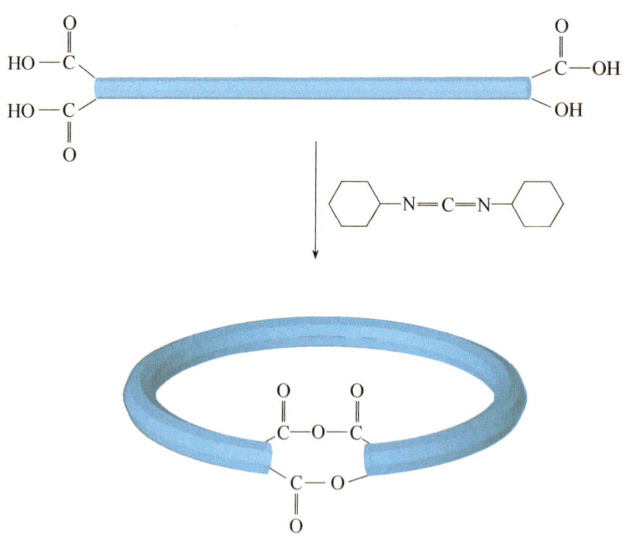

图10.24 环状单壁碳纳米管合成示意图[124]

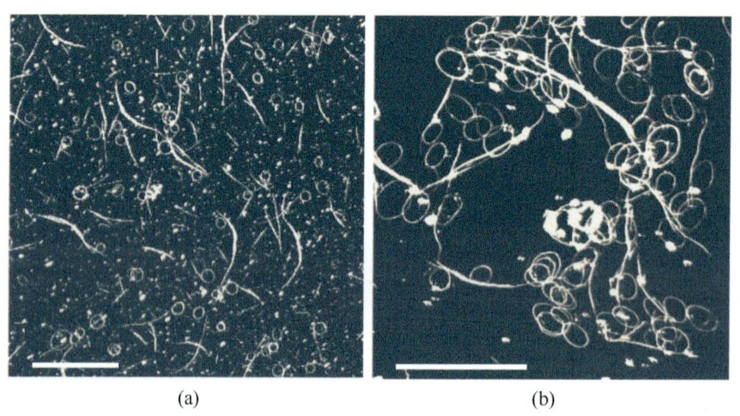

图10.25 碳纳米管环的原子力图像[124]

（a）比例尺长度5μm；（b）比例尺长度2μm

米生物技术方面有潜在应用前景（如微型生物传感器）[126,127]。

碳纳米管改性已成为制备可溶性碳纳米管、功能性碳纳米管的有效方法；而且最近的研究表明，根据不同结构碳纳米管所表现出的不同化学反应活性，化学改性可成为对碳纳米管结构（直径、螺旋性、手性）进行筛分的有效手段。

10.4
碳纳米管的分散和分离

碳纳米管优异的性能使其在电子、光子、传感器及复合材料等领域具有广阔的应用前景，然而要充分发挥其潜能，首先必须解决两个问题：一是要按照碳纳米管的直径或手性进行分离，其次是碳纳米管能够在溶剂或基质中均匀分散。随着人们关注度的提高，碳纳米管的可控制备研究取得了较大的进展。然而，目前制备的碳纳米管具有不均一的长度、直径和手性，通常是半导体性和金属性碳纳米管的混合物。二是管壁之间具有很强的范德华作用力，使得碳纳米管往往相互纠缠形成管束，在常见的有机溶剂或水溶液中很难分散[128]。碳纳米管长度、性质的不均一性及团聚问题严重阻碍了对单根碳纳米管进行分子水平研究及其实际应用，也很难将其纳入生物体系，限制了碳纳米管多方面的应用。人们做了大量的努力来增强碳纳米管的可操作加工性能，目前分离碳纳米管的方法主要有电泳分离法、色谱分离法等[129]。

10.4.1
碳纳米管的水分散体系

水溶液中分散碳纳米管最普遍采用的方法是利用表面活性剂[130]。表面活性剂分子结构具有两亲性：一端为亲水基团，另一端为憎水基团。亲水基团常为极性的基团，如羧基、磺酸基、氨基或胺及其盐，也可以是羟基、酰氨基、醚键等；而憎水基团常为非极性烷基链，如八个碳原子以上的烃链。表面活性剂溶解于水中以后，能降低水的表面张力，在溶液的表面定向排列。利用表面活性剂分散碳纳米管的研究已有大量报道，其中包括阴离子表面活性剂如十二烷基苯磺酸钠（SDBS）、十二烷基磺酸钠（SDS）、十二烷基硫酸锂（LDS）、脱氧胆酸钠（SDC）、牛磺脱氧胆酸钠（STDC）、胆酸钠（SC），阳离子表面活性剂如十二烷基三甲基溴化铵（DTAB）、十四烷基三甲基溴化铵（TTAB）、十六烷基三甲基溴化铵（HTAB），非离子表面活性剂如Triton X-100、Tween-20、Tween-40、Tween-60[131]。

表面活性剂吸附分散碳纳米管与表面活性剂外延吸附石墨片类似，表面活性剂分子在碳纳米管表面上形成了多个圆柱形胶束或半胶束包裹的界面层。2006年，Hasegawa等提出的无结构的随机吸附机制受到关注，即表面活性剂分子无定向随机吸附在管壁上，形成稳定的碳纳米管分散液或溶液[132]。然而，关于吸附机理的解释，部分研究结果是相互矛盾的。其原因在于实验条件对碳纳米管的溶解及分散效果影响很大，比如超声频率、时间、温度等因素。此外，碳纳米管的浓度及分散试剂的选择都将对分散效果及分散行为产生很大影响。另外，碳纳米管原料的来源不尽相同，其组成也有差别（如杂质含量、直径分布、长度分布等），这也使得很多研究不具备可比性。

除了表面活性剂，双官能团的多环芳香化合物（如芘衍生物等）也能很好地分散/溶解碳纳米管。与非专一的疏水相互作用相比，活性剂分子和管壁之间的π-π堆叠往往具有更强、更专一的相互作用。具有大π共轭体系的多环芳香分子通过π-π作用固定在管壁上，与多环芳烃共价连接的亲水基团则增强了碳纳米管的水溶性[133]。

多环芳烃除了芘类和苝类化合物外，卟啉化合物代表了第三类能够将碳纳米管分散于水或有机溶剂中的多环芳烃表面活性剂。卟啉化合物特殊的结构使其可以和碳纳米管共同构筑各种杂化物。孙亚平等[134]利用5,10,15,20-四(4-十六烷氧基苯基)卟啉（THPP）从电弧法制备的单壁碳纳米管样品中选择性提取了半导体管（图10.26）。在THF溶剂中将THPP和碳纳米管混合超声，即可将部分碳纳米管溶解。拉曼光谱显示，不溶物比溶解的碳纳米管有更宽更不对称的G峰，表明前者具有更高的金属性碳纳米管含量。后者的吸收光谱上也可以看到明显的 E_{11}^{S}

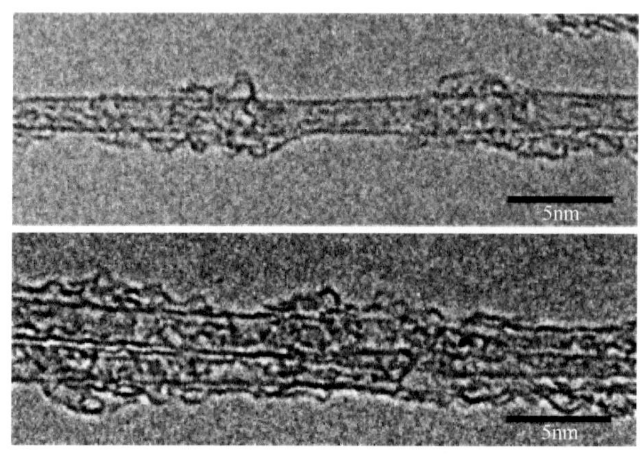

图10.26 可溶的THPP-SWCNT的高分辨电子显微镜照片[134]

和 E_{22}^{S} 半导体性碳纳米管跃迁吸收峰，而前者则没有明显信号，说明THPP对半导体性碳纳米管具有较高的选择性。

10.4.2 碳纳米管的有机溶剂分散体系

与碳纳米管水分散体系相比，有机溶剂分散体系的研究非常有限。碳纳米管表面是疏水的，理论上更容易被有机溶剂浸润。然而，原始碳纳米管仅在数量有限的几种溶剂中能够形成胶体分散液，比如邻二氯苯（ODCB）、氮-甲基-2-吡咯烷酮（NMP）、*N*,*N*-二甲基甲酰胺（DMF）、*N*,*N*-二甲基乙酰胺（DMA）等。尽管碳纳米管较容易分散于这些有机溶剂中，但是形成溶液的稳定性很差，放置一段时间后碳纳米管容易重新聚集在一起，形成絮状沉淀[135]。

Coleman等[135]运用热力学方法来阐明碳纳米管的溶解机制。如果溶剂与碳纳米管混合后体系的熵值较小的话，溶剂很难分散碳纳米管，一方面由于碳纳米管具有较大的分子量和刚性；另一方面管壁之间的强烈作用，使得混合后体系的熵值减小。因此，找到一种溶剂与碳纳米管混合后，使得体系的自由能降低，熵值接近于零，可达到分散碳纳米管的目的，即无须超声辅助，碳纳米管的剥离过程自发进行。

向碳纳米管的有机溶液中加入特殊的分子有助于提高碳纳米管的分散性能，比如卟啉分子在DMF溶剂中能够很好地分散碳纳米管。将碳纳米管加入含有卟啉的DMF溶液中，超声辅助，离心后取上清液过滤，滤饼重新分散于DMF中，通过吸收光谱和AFM分析，表明了卟啉分子和管壁之间有较强的非共价键作用。因此，碳纳米管要想成功分散于有机溶剂中的首要问题就是克服管壁之间的作用力，设计特殊结构的分子作为增溶试剂，使分子与管壁之间具有较强的作用力（比如π-π作用），减弱管壁之间的相互作用力，进而达到分散的目的。

10.4.3 碳纳米管的高分子分散体系

设计合成及一些天然的高分子能够很好地分散碳纳米管，比如DNA、多肽、蛋白质、碳氢化合物和脂等高分子可通过范德华作用或者π-π堆叠作用包裹在管壁上，以实现分散的目的[136]。研究表明，碳纳米管独特的性质结合构象灵活的DNA及其序列特异性配对的相互作用，有望使得碳纳米管-DNA复合物具有广阔的应用前景，比如纳米器件、生物传感器、电子测序、靶向治疗及碳纳米管的分离等。

10.4.4 碳纳米管的导电属性和手性分离

自碳纳米管发现以来，碳纳米管优异的电学性能使其迅速成为纳米材料家族中的超级明星。然而在功能电路中集成数以百万计的碳纳米管目前仅仅是一个美好的设想，而要实现这个愿望首先需要解决单一手性、单一导电属性碳纳米管的分离等问题。人们在碳纳米管的可控制备方面做了大量的努力，试图通过金属催化剂颗粒尺寸大小控制碳纳米管的合成，然而仅仅考虑这一点并没有实现碳纳米管的单一手性生长。由于金属性（10,10）的SWCNTs和半导体性（9,11）的SWCNTs两者直径差异仅有0.003nm，因此在合成SWCNTs过程中，通过一定尺寸的金属催化剂控制碳纳米管的手性意义不是很大。此外，即便在催化剂颗粒尺寸同样大小的条件下，在制备碳纳米管的过程中所需的高温有可能会诱导碳纳米管的热振动，使得SWCNTs直径发生变化。因此，必须发展碳纳米管的分离技术，目前已报道了色谱分离法、电泳法和密度梯度离心法等碳纳米管的分离方法[137~143]。

10.4.4.1 选择性相互作用分离

分子与碳纳米管的选择性相互作用是碳纳米管的分离研究的重点之一。通过不同分子与不同电子结构、直径或者手性的碳纳米管之间作用力大小的不同，（n, m）碳纳米管之间的差异被放大，有助于碳纳米管的分离。

2003年，Papadimitrakopoulos等[144]研究发现线性烷基胺的吸附能够诱导氧化的半导体性SWCNTs的导电性能发生显著变化，而对金属性SWCNTs的导电性能则没有影响，基于此，提出了利用十八胺辅助分离碳纳米管的方法。该方法利用胺对氧化半导体性SWCNTs的额外稳定性，可在THF溶液中将半导体性碳纳米管分离出来，金属性的碳纳米管则沉淀下来。SWCNTs的THF/十八胺溶液表现出单根半导体性碳纳米管的特征发光信号峰。富集过程中的拉曼分析表明离心悬浮液中除了能检测到半导体性碳纳米管外，还能检测到较大直径的金属性SWCNTs（>1nm）。由于激光法制备的碳纳米管平均直径大于HiPCO法制备的SWCNTs直径，因此对HiPCO法制备的SWCNTs分离效果更好一些。同样，丙胺或异丙胺有优先与非氧化的金属性SWCNTs作用的倾向，可以通过离心-分散方法实现THF悬浮液中富集金属性SWCNTs。在反复分散-离心SWCNTs的THF/丙胺溶液五次之后，上层悬浮液中金属性SWCNTs的含量从41%上升到72%。

此外，不同结构的聚合物可分辨出具有不同直径或手性角的碳纳米管。芴类聚合物可选择性作用于各种不同方法制备的SWCNTs[145]。另外，碳纳米管的分散效果与其选择性正好相反，柔性的聚合物分散碳纳米管效果更好，但是碳纳米管的选择性下降。利用PFO萃取甲苯溶液中的半导体性SWCNTs，已被用在碳纳米管场效应晶体管器件中。多种生物分子作为添加剂可增强与特定SWCNTs的选择性作用。比如，具有一定直径的环糊精可选择性地与一定直径的SWCNTs作用，并增强其水溶性。同样，可利用多肽可逆的环化作用分离不同直径的碳纳米管[146]。

利用具有特殊结构的分子也能够对一定直径的碳纳米管进行富集分离。比如，可固定吸附在碳纳米管管壁上的结构形成钳状，就像折叠丝带选择性吸附一定管径的碳纳米管，再将另一亲溶剂部分与吸附固定部分相连，增强其溶解性能[147]。研究发现溴与金属性SWCNTs具有更强的相互作用，利用这个特点可以对金属性和半导体性碳纳米管进行分离。首先将短切碳纳米管分散于Triton X-100中，再经过溴处理，溴倾向于优先和金属性碳纳米管生成电荷转移复合物。溴与金属性碳纳米管复合物的密度显著增大，然后利用密度差异通过离心的方法进一步将金属性和半导体性碳纳米管进行分离[148]。带有烷基长链的卟啉衍生物，5,10,15,20-四(六癸氧基苯基)-21*H*,23*H*-卟啉［5,10,15,20-tetrakis(hexadecyloxyphenyl)-21*H*,23*H*-porphine］可选择性与半导体性碳纳米管非共价作用并使其溶解，光谱分析表明，富集在溶液种的样品中绝大部分是半导体性碳纳米管，而在未溶解的沉淀中大部分是金属性碳纳米管[149]。

通过超分子作用分离不同管径和手性的碳纳米管已经取得了较好的效果，但是分离过程复杂，所形成的碳纳米管复合物分离较困难。并且在没有一定的分离手段辅助下，选择性相互作用并不一定能够富集某一种类的碳纳米管。

10.4.4.2
色谱分离

色谱分离技术是一种分离复杂混合物中各个组分的有效方法，在生物和化学领域中有着广泛的应用。因此，自发现碳纳米管以来，应用色谱技术分离和纯化碳纳米管的研究就已经开始了。主要包括尺寸排阻色谱法（SEC）[150]、凝胶渗透色谱法（GPC）[151]、场流分级法（FFF）[152]和离子交换色谱法（IEC）[153]。

尺寸排阻色谱法是按照分子大小顺序进行分离的一种色谱方法，因此分离和纯化不同长度的MWCNTs和SWCNTs具有一定的效果[150]。SEC分离碳纳米管要取得较好的效果，其前提条件是碳纳米管必须分散，可通过共价键或非共价键修饰进行分散，比如表面活性剂分散，或者DNA包裹。将碳纳米管进行短切处理后再进入分离柱，可以非常有效地分离不同长度的SWCNTs。无须分散剂辅助，氧化短切成较短的SWCNTs也能够通过SEC进行纯化和按照尺寸排序。SEC也可用来除去未与碳纳米管发生作用的分散剂，比如溶液中自由的表面活性剂或者生物分子DNA，以此可对非共价键修饰的纳米复合物的稳定性进行评价。

除了SEC技术，GPC技术也可以按照长度分离两性离子修饰的SWCNTs[151]。研究发现GPC能够改善氧化短切SWCNTs在THF中的纯化效率。场流分级技术是一种较新的分离技术，混合物在流动过程中外加电场作用，由于受到电场作用造成混合物中各个组分流动性有所差异，进而达到组分的分离，该技术已成功应用于较短SWCNTs的纯化和长度排序[152]。

色谱技术中，离子交换色谱能够按照碳纳米管的直径或者电子类型进行分离，因此是一种最有前途的分离技术[153]。DNA可以非常高效地将SWCNTs剥离成单根管，通过离子交换柱后，不同直径和电子类型的碳纳米管被分开，吸收光谱、荧光光谱和拉曼光谱分析都证实了分离的有效性。各组分颜色的区别表明其光学性质的差异。进一步研究发现，分离的效果很大程度上取决于DNA序列，因为DNA-SWCNT复合物的有效电荷密度控制着分离过程。IEC分离DNA包裹SWCNT复合物方法有一个较大的问题，由于碳纳米管是在外场刺激下所产生的运动差异造成的分离，因而所分离出的SWCNTs长度分布范围比较宽。通过结合SEC技术，这个问题可以得以解决。首先通过SEC获得长度分离的SWCNTs，然后通过IEC进一步按照管径和手性分离碳纳米管。由此，可以获得一定长度和直径的碳纳米管，比如具有相同直径、不同手性的（9,1）和（6,5）SWCNTs可以被成功地分离出来[154]。

10.4.4.3
电泳

由于碳纳米管在尺度上与生物分子比较相似，人们试图借鉴生命科学领域的分离技术来分离碳纳米管，比如电泳技术。电泳分离方法分为两种，一种是在外加直流电源作用下，不同尺寸的碳纳米管在分散介质中如凝胶或溶液中做定向移动，经过一段时间后，由于移动距离不同而相互分离[155,156]。另一种是交流介电泳，利用金属性和半导体性SWCNTs偶极差异进行分离。除了分离碳纳米管，直流电泳和交流介电泳技术已被应用于以一种可控的方式来制备碳纳米管阵列，这对于构建碳纳米管电子器件至关重要[157~161]。

在直流电泳分离中，带电微粒的迁移率是分离的主要动力，不同带电粒子因所带电荷不同，或者所带电荷相同但荷质比不同，在一定电泳时间后因移动的距离不同而分离[155]。表面活性剂分散的碳纳米管具有不同的几何外形，表面吸附的离子不同，所以带有不同的电荷。在外电场作用下，碳纳米管微粒应具有不同的迁移率。碳纳米管所带的全部电荷与其表面积成正比，因此电荷密度值取决于碳纳米管管径的大小，可见直流电泳分离法理论上应该可以分离出不同直径的SWCNTs。此外，毛细电泳技术实现了按长度分离和纯化分散于水溶液的碳纳米管，也可以分离管束和单根的SWCNTs[156]。类似地，凝胶电泳也能够按照分散液中碳纳米管的长度进行排序和纯化，分散介质可以是胆酸钠、DNA或者RNA。事实上，在按照长度分类的同时，也伴随着一定的直径选择性，因为碳纳米管的超声分离过程与其直径有很大关系，比如管径越小被短切的程度越大[155]。

电泳技术中交流介电泳具有更加诱人的应用前景，可以实现不同导电类型碳纳米管的分离。多年来，纳米材料的制备或生产面临的一大难题，就是各种结构和性能的纳米材料混杂在一起无法分开，这大大地限制了其高效利用。2003年，Krupke等[157]巧妙地利用交流介电泳技术，将金属性与半导体性单壁碳纳米管成功分离。在交流电场作用下可选择性地将金属性碳纳米管沉积在两个电极间。将碳纳米管置于外电场中，产生的瞬时诱导偶极沿着长梯度方向平移，瞬时偶极取决于碳纳米管和溶剂的介电常数。半导体性HiPCO碳纳米管的静态介电常数值小于5，金属性SWCNTs的介电常数值约1000。溶剂不同介电常数值不同，比如十二烷基硫酸钠的介电常数值约80，因此半导体性碳纳米管的电泳力是负值，它们向着低电场方向移动，而金属性碳纳米管电泳力为正值，所以向高场区域移动。拉曼光谱分析表明，沉积在电极的碳纳米管中约80%是金属性碳纳米管，而半导体性碳纳米管大部分留在了溶液中。进一步研究发现，管壁经功能化的SWCNTs介电常数发生了强烈改变，电泳迁移率大大降低。由于在分离过程中半导体性碳纳米管表面电荷会被中和掉，研究发现增大电场频率能够提高碳纳米管的分离效率。金属性和半导体性SWCNTs可以同时被分离，在纳米电极上自组装成连续的金属-半导体-金属多阵列结构。此外，人们尝试使用更大的电极或者介电泳场流分离法[161]。通过无线电介电泳装置，可以获得厚度约100nm的碳纳米管膜。在高电场下碳网络结构由阵列的金属性SWCNTs和随机取向的半导体性SWCNTs组成。半导体性SWCNTs的沉积可以用更细化的模型来解释，比如考虑到碳纳米管横向和纵向不同的极化性等。

10.4.4.4 密度梯度离心

密度梯度离心法（DGU）又称区带离心法，可以同时使样品中几个或全部组分分离，具有良好的分离效率。离心时将样品溶液置于一个由梯度材料形成的密度梯度液体柱中，比如可采用氯化铯、氯化铷、蔗糖等溶液，长时间加一个离心力达到沉降平衡，被分离组分以区带层分布于梯度柱中[162]。如果浮力密度的差别仅仅与碳纳米管的直径有关，则大管径SWCNTs比小管径SWCNTs的密度更小。然而，正如流体动力模型所描述的，覆盖表面活性剂的厚度和水合作用，以及水分子填充进入碳纳米管中都会强烈改变浮力密度[163]。因此应用DGU法分离时，表面活性剂的选择对碳纳米管的分离非常关键，如果表面活性剂能够同样均匀地覆盖所有的碳纳米管，浮力密度随着管径增大而增大，就可以按照管径大小进行分离。如果选择的表面活性剂青睐于结合某一种类型的碳纳米管，这种情况下，很大程度上按照碳纳米管的性质进行分离，比如不同电子结构类型[164]。

通过在密度梯度溶液中超离心DNA包裹的SWCNTs，可以实现大批量富集和分离不同管径的SWCNTs。管径越小，浮力越大。DGU方法适用于SWCNTs的各种表面活性剂分散液以及各种方法制备的SWCNTs，既可以按照管径大小分离也可以按照碳纳米管电子性质进行分离。比如胆酸钠包裹的CoMoCAT碳纳米管可以按照管径大小进行分离[163]。利用SDS-SC混合表面活性剂可以分离不同导电类型的碳纳米管。最引人注目的是，金属性和半导体性组分的位置可以通过两种表面活性剂的比例进行调节，当混合表面活性剂中胆酸钠为主要成分时，此时半导体性碳纳米管具有较低的密度，当SDS为主要表面活性剂时金属性碳纳米管的密度较低。分离出的金属组分也被应用于制备有色半透明导电涂料，根据原始材料组分的不同可以显示不同的颜色[165]。对应的半导体组分可用来构建碳纳米管晶体管薄膜。通过透射电子显微技术可进一步分辨碳纳米管的（n, m）值[166]。

由上述可知，密度梯度离心法可分离不同导电类型的碳纳米管，主要是由于不同导电性的碳纳米管具有不同的偶极矩，并导致不等价吸附两种表面活性剂。通过实验进一步证实了该原理，在没有密度梯度辅助下，通过反复离心分布狭窄的（*n*, *m*）型SWCNTs的SDS-SC分散溶液，同样可以分离出不同导电类型的碳纳米管[167]。

密度梯度离心法通常选用碘克沙醇作为密度梯度介质，其缺点在于碘原子是一类潜在的电子受体。此外，碘克沙醇价格昂贵，本身是一种较大的分子，从碳纳米管上除去比较困难。2006年，Hersam等利用蔗糖作为梯度介质，在控制好温度和表面活性剂浓度条件下，成功分离出不同导电类型的碳纳米管[168]。

密度梯度离心分离碳纳米管已经取得了较大的进展，然而同样方法不适用于HiPCO SWCNTs的分离，由于HiPCO SWCNTs的平均直径小，直径分布范围较宽，分离效果很不理想。基于此，有研究者对该方法进行了改进[164]，一种方法是离心过程利用苝类衍生物取代SDS，苝类大共轭体系吸附在管壁上，可增强其选择性分离过程。另一种方法是加入一定量的电解质NaCl，改变碳纳米管和SDS之间的界面行为，SDS在金属性和半导体性碳纳米管表面的聚集特征具有差异，SDS聚集数的不同会导致SDS/SWCNT复合结构体积发生明显变化，利用这个变化可以分离不同导电类型的碳纳米管。

DGU方法也成功应用于分离功能化碳纳米管，SWCNTs经过共价键修饰之后，密度发生变化，利用功能化前后的密度差异可分离出经过修饰的SWCNTs，这一步对于精确控制反应非常关键。

碳纳米管的管外化学、管中化学以及分散和分离一起构成化学学科一个新的分支——碳纳米管化学，它是合成化学、物理化学、生物化学、模板技术等在准一维碳纳米管体系中的综合应用，同时也是化学与材料学的前沿交叉学科。该学科的发展，对研究极限反应条件下的反应动力学有极高的理论意义；对研发碳纳米管的潜在性能与应用（储能、储气和催化性能）、开发相关纳米器件（纳米反应器、气敏元件、电子元件等）、新型材料（生物材料、电极材料）都具有重要意义。碳纳米管化学在纳米科学研究领域具有不可替代的作用，有利于开拓出碳纳米管更为广阔的研究和应用空间。

参考文献

[1] Ugarte D, Chatelain A, de Heer W A. Science, 1996, 274: 1897.

[2] 郭璐琪，郭志新，戴黎明，等. 科学通报, 2001, 46: 1590.

[3] 杨全红，刘敏，成会明，等. 材料研究学报，2001, 15: 1.

[4] http://www.rice.edu.
[5] Wenseleers W, Vlasov I I, Goovaerts E, et al. Adv Funct Mater, 2004, 14: 1105.
[6] Heimann R B, Evsyukov S E, Koga Y. Carbon, 1997, 35: 1654.
[7] Cahill P A, Rohlfing C M. Tetrahedron, 1996, 52: 5247.
[8] Yakobson B I, Smalley R E. Am Sci, 1997, 85: 324.
[9] Smalley R E. Invited report. Seminar of "Chemistry of Fullerene and Carbon nanotubes". the 21th ACS national meeting, San Diego: 2001, 1.
[10] http://cnstriceedu/samlleygroup/research_areashtm.
[11] 杨全红. 碳纳米管的表面、孔隙及其与储氢性能关系[D]. 沈阳：中科院金属研究所，2001.
[12] Lu X, Chen ZF. Chem Rev, 2005, 105: 3643.
[13] 杨全红，郑经堂，成会明，等. 材料研究学报，2000, 13: 112.
[14] 金子克美. 固体物理（日文）.1992, 27: 403.
[15] Gadd G, Blackford M, Morica S, et al. Science, 1997, 277: 933.
[16] Fujiwara A, Ishii K, Suematwu H, et al. Chem Phys Lett, 2001, 336: 205.
[17] Gordillo M C，Boronat J, Casulleras J. Phys Rev B, 2000, 61: 878.
[18] Kong J, Franklin N R, Zhou C W, et al. Science, 2000, 287: 622.
[19] Kong J, Chapline M, Dai H J. Adv Mater, 2001, 13: 1384.
[20] Stan G, Cole M. Surf Sci, 1998, 395: 280.
[21] Teizer W, Hallock R B, Dujardin E, et al. Phys Rev Lett, 1999, 82: 5305.
[22] Teizer W, Hallock R B, Dujardin E, et al. Phys Rev Lett, 2000, 84: 1844.
[23] Kuznetsova A, Yates J T, Liu J, et al. J Chem Phys, 2000, 112: 9590.
[24] Gordillo M C, Boronat J, Casulleras J. Phys Rev Lett, 2000, 85: 2348.
[25] Gatica S M, Bojan M J, Stan G, et al. J Chem Phys, 2001, 114: 3765.
[26] Collins P G, Bradley K, Ishigami M, et al. Science, 2000, 287: 1801.
[27] Tsang S C, Chen Y K, Harris P J F, et al. Nature, 1994, 372: 159.
[28] Pascard H, Guerret-Plécourt C, Le Bour Y, et al. Nature, 1994, 372: 761.
[29] Dujardin E, Ebbesen T W, Hiura H, et al. Science, 1994, 265: 1850.
[30] Ugarte D, Stockli T, Bonard J, et al. The Science and Technology of Carbon Nanotubes (Eds Tanaka K, Yamabe T, Fukui K). Elsevier Science Ltd, 1999: 136.
[31] http://www.chem.ox.ac.uk.
[32] Ajayan P, Ebbesen T, Ichihashi T, et al. Nature, 1993, 262: 522.
[33] Smith B W, Monthioux M, Luzzi D E. Nature, 1998, 396: 323.
[34] Ning G Q, Kishi N, Okimoto H, et al. Chem Phys Lett, 2007, 441: 94.
[35] Sato Y, Suenaga K, Okubo S, et al. Nano Lett, 2007, 7: 3704.
[36] Chamberlain T W, Camenisch A, Champness N R, et al. J Am Chem Soc, 2007, 129: 8609.
[37] Guan L H, Suenaga K, Shi ZJ, et al. Nano Lett, 2007, 7: 1532.
[38] Fujita Y, Bandow S, Iijima S. Chem Phys Lett, 2005, 413: 410.
[39] Guan L H, Shi Z J, Li M X, et al. Carbon, 2005, 43: 2780.
[40] Tan F Y, Fan X B, Zhang G L, et al. Mater Lett, 2007, 61: 1805.
[41] Schulte K, Swarbrick J C, Smith N A, et al. Adv Mater, 2007, 19: 3312.
[42] Sloan J, Matthewman G, Dyer-Smith C, et al. ACS Nano, 2008, 2: 966.
[43] Meng L Y, Li Q K, Shuai Z G. J Chem Phys, 2008, 128: 134703.
[44] Zhao Y C, Song L, Deng K, et al. Adv Mater, 2008, 20: 1772.
[45] Guo D Z, Zhang G M, Zhang Z X, et al. J Phys Chem B, 2006, 110: 1571.
[46] Friedrichs S, Falke U, Green M L H. Chem Phys Chem, 2005, 6: 300.
[47] Flahaut E, Sloan J, Friedrichs S, et al. Chem Mater, 2006, 18: 2059.
[48] Green M L H. Seminar of Chemistry of Fullerene and Carbon Nanotubes (invited report). 21th ACS

meeting. San Diego: 2001.
[49] Sloan J, Dunin-Borkowski R E, Hutchison J L, et al. Chem Phys Lett, 2000, 316: 191.
[50] Ajayan P, Stephan O, Redlich P H, et al. Nature, 1995, 374: 601.
[51] Han W Q, Fan S S, Li Q Q, et al. Science, 1997, 277: 1287.
[52] Sloan J, Wright D M, Woo H G, et al. Chem Comm, 1999, 35: 699.
[53] Ajayan P, Iijima S. Nature, 1993, 361: 333.
[54] Ugarte D, Stockli T, Bonard J, et al. Appl Phys A, 1998, 67:101.
[55] Britto P J, Santhanam K S V, Rubio A, et al. Adv Mater, 1999, 11: 154.
[56] Chen Y, Haddon R C, Fang S, et al. J Mater Res, 1998, 13: 2423.
[57] Hiura H, Ebbesen T W, Tanigaki K. Adv Mater, 1995, 7: 275.
[58] Lago R M, Tsang S C, Green M L H, et al. J Chem Soc Chem Comm, 1995, 31: 1355.
[59] Hwang K C. J Chem Soc Chem Comm, 1995, 31: 173.
[60] Tsang SC, Harris P J F, Green M L H. Nature, 1993, 362: 520.
[61] Ajayan P M, Ebbesen T W, Lchihashi TE, et al. Nature, 1993, 362: 522.
[62] Liu J, Rinzler A G, Smalley R E, et al. Science, 1998, 280: 1253.
[63] Iijima S, Brabcc C, Maiti A, et al. J Chem Phys, 1996, 104: 2089.
[64] Srivastava D, Menon M, Cho K. Phys Rev Lett, 1999, 83: 2973.
[65] Nardelli M B, Yakobson B I, Bernhole J. Phys Rev Lett, 1998, 81: 4656.
[66] Stepanek I, Maurin G, Bernier P, et al. Chem Phys Lett, 2000, 331: 125.
[67] Wong S S, Woolley A T, Lieber C M, et al. Nature, 1998, 394: 52.
[68] Chen J, Hamon M A, Hu H, et al. Science, 1998, 282: 95.
[69] Chen Y, Chen J, Hu H, et al. Chem Phys Lett, 1999, 299: 532.
[70] 李博，廉永福，施祖进，等. 高等学校化学学报，2000, 21: 1633.
[71] Hamon M A, Chen J, Hu H, et al. Adv Mater, 1999, 11: 834.
[72] Wong S S, Woolley A T, Jowelevich E, et al. J Am Chem Soc, 1998, 120: 8557.
[73] Riggs J E, Guo Z X, Carroll D L, et al. J Am Chem Soc, 2000, 122: 5879.
[74] Dai H J. Surf Sci, 2002, 500: 218.
[75] Ma Q, Rosenberg A. Phys Rev B, 1999, 60: 2827.
[76] Baumer M, Libuda J, Freund H. Surf Sci, 1995, 327: 321.
[77] Kruger P, Rakotomahevitra A, Parlebas J, et al. Phys Rev B, 1998, 57: 5276.
[78] Peng S S, Cooper B R, Hao Y G. Phil Mag B, 1996, 73: 611.
[79] Tomanek D, Zhong W. Phys Rev B, 1991, 43: 12623.
[80] Ma Q, Rosenberg R. Surf Sci, 1997, 391: L1224.
[81] Moulett I. Surf Sci, 1995, 333: 697.
[82] Ganz E, Sattler K, Clarke J. Surf Sci, 1989, 219: 33.
[83] Barfotti L, Jensen P, Hoareau A, et al. Surf Sci, 1996, 367: 276.
[84] Arthur J, Cho A. Surf Sci, 1973, 36: 641.
[85] Menon M, Andriotis A, Froudakis G. Chem Phys Lett, 2000, 320: 425.
[86] Zhang Y, Franklin N, Chen R, Dai H. J Chem Phys Lett, 2000, 331: 35.
[87] Soh H T, Quate C F, Morpurgo A F, et al. Appl Phys Lett, 1999, 75: 627.
[88] Tachibana T, Williams B, Glass J. Phys Rev B, 1992, 45: 11975.
[89] Britz D A, Khlobystov A N. Chem Soc Rev, 2006, 35: 637.
[90] Haddon R C, Sippel J, Rinzler A G, et al. MRS Bull, 2004, 29: 252.
[91] Zhao J J, Lu J P, Han J, et al. Appl Phys Lett, 2003, 82: 3746.
[92] Ikeda A, Hayashi K, Konishi T, et al. Chem Commun, 2004, 40: 1334.
[93] Herranz M Á, Ehli C, Campidelli S, et al. J Am Chem Soc, 2008, 130: 66.
[94] Curran S A, Ajayan P M, Blau WJ, et al. Adv Mater, 1998, 10: 1091.

[95] Coleman J N, Dalton A B, Curran S, et al. Adv Mater, 2000, 12: 213.
[96] Star A, Stoddart J F, Steuerman D, et al. Angew Chem Int Ed, 2001, 40: 1721.
[97] Tang B Z, Xu H Y. Macromolecules, 1999, 32: 2569.
[98] Fan J H, Wan M X, Zhu D B, et al. J Appl Poly Sci, 1999, 74: 2605.
[99] Fan J H, Wan M X, Zhu D B, et al. Synth Met, 1999, 102: 1266.
[100] Hughes M, Shaffer M S, Renouf A C, et al. Adv Mater, 2002, 14: 382.
[101] Huang S M, Mau A W H, Dai LM, et al. J Phys Chem B, 2000, 104: 2193.
[102] Jurewicz K, Delpeux S, Bertagna V, et al. Chem Phys Lett, 2001, 347: 36.
[103] Frackowiak E, Jurewicz K, Delpeux S, et al. J Power Sources, 2001, 97-8: 822.
[104] Patrick S, Philippe L, Hoang A H, et al.J Mater Chem, 2001, 11: 773.
[105] Juárez B H, Meyns M, Chanaewa A, et al. J Am Chem Soc, 2008, 130: 15282.
[106] Mickelson E T, Huffman C B, Margrave J L, et al. Chem Phys Lett, 1998, 296: 188.
[107] Mickelson E T, Chiang I W, Margrave J L, et al. J Phys Chem B, 1999, 103: 4318.
[108] Boul P J, Liu J, Smally R E, et al. Chem Phys Lett, 1999, 310: 367.
[109] Dunitz J D, Taylor R. Eur J Chem, 1997, 79: 2738.
[110] Howard J A K, Hoy V J, Hagan O D, et al. Tetrahedron, 1996, 52: 12613.
[111] Khabashesku V N, Billups W E, Margrave J L. Acc Chem Res, 2002, 35: 1087.
[112] Miller G P, Kintigh J, Kim E, et al. J Am Chem Soc, 2008, 130: 2296.
[113] Ogrin D, Chattopadhyay J, Sadana A K, et al. J Am Chem Soc, 2006, 128: 11322.
[114] Pastorin G, Wu W, Wieckowski S, et al. Chem Commun, 2006, 42: 1182.
[115] Stephenson J J, Sadana A K, Higginbotham A L, et al. Chem Mater, 2006, 18: 4658.
[116] Yokoi T, Iwamatsu S, Komai S, et al. Carbon, 2005, 43: 2869.
[117] Tagmatarchis N, Georgakilas V, Prato M. Chem Commun, 2002, 38: 2010.
[118] Balaban T S, Balaban M C, Malik S, et al. Adv Mater, 2006, 18: 2763.
[119] Wunderlich D, Hauke F, Hirsch A, et al. Chem Eur J, 2008, 14: 1607.
[120] Pan H L, Liu L Q, Guo Z X, et al. Nano Lett, 2003, 3: 29.
[121] Chen J, Rao A M, Lyuksyutov S, et al. J Phys Chem B, 2001, 105: 2525.
[122] Niyogi S, Hu H, Hamon M A, et al. J Am Chem. Soc, 2001, 123: 733.
[123] Sun Y, Wilson S R, Schuster D I. J Am Chem Soc, 2001, 123: 5348.
[124] Sano M, Kamino A, Okamura J, et al. Science, 2001, 293: 1299.
[125] Bahr J L, Yang J, Kosynkin D V, et al. J Am Chem Soc, 2001, 123: 6536.
[126] Balavoine F, Schultz P, Mioskowski C, et al. Angew Chem Int Ed, 1999, 38: 1912.
[127] Chen R J, Zhang Y G, Dai HJ, et al. J Am Chem Soc, 2001, 123: 3838.
[128] Krupke R, Hennrich F. Adv Eng Mater, 2005, 7: 111.
[129] Guo Y Y, Blocker F, Xiao F, et al. J Nanosci Nanotechnol, 2005, 5: 841.
[130] Ferreira F V, Francisco W, Menezes B R C, et al. Appl Surf Sci, 2015, 357: 2154.
[131] Ham H T, Choi Y S, Chung I J, et al. J Colloid Interf Sci, 2005, 286: 216.
[132] Maeda Y, Kanda M, Hashimoto M, et al. J Am Chem Soc, 2006, 128: 12239.
[133] Peng X B, Komatsu N, Kimura T, et al. ACS Nano, 2008, 2: 2045.
[134] Li HP, Zhou B, Lin Y, et al. J Am Chem Soc, 2004, 126: 1014.
[135] Giordani S, Bergin S D, Nicolosi V, et al. J Phys Chem B, 2006, 110: 15708.
[136] Gigliotti B, Sakizzie B, Bethune D S, et al. Nano Lett, 2006, 6: 159.
[137] Bergin S D, Nicolosi V, Cathcart H, et al. J Phys Chem C, 2008, 112: 972.
[138] Maeda Y, Takano Y, Sagara A, et al. Carbon, 2008, 46: 1563.

[139] Cho H G, Kim SW, Lim H J, et al. Carbon, 2009, 47: 3544.

[140] Guo W, Dou Z P, Li H, et al. Carbon, 2010, 48: 3769.

[141] Huang L P, Wu B, Chen J Y, et al. Carbon, 2011, 49: 4792.

[142] Seo J T, Yoder N L, Shastry TA, et al. J Phys Chem Lett, 2013, 4: 2805.

[143] Jeong M S, Han J H, Choi YC, et al. Carbon, 2013, 57: 338.

[144] Chattopadhyay D, Galeska I, Papadimitrakopoulos F. J Am Chem Soc, 2003, 125: 3370.

[145] Nish A, Hwang JY, Doig J, et al. Nature Nanotech, 2007, 2: 640.

[146] Ju S Y, Doll J, Sharma I, et al. Nature Nanotech, 2008, 3: 356.

[147] Wang F, Matsuda K, Rahman A M, et al. J Am Chem Soc, 2010, 132: 10876.

[148] Chen Z H, Du X, Du M H, et al. Nano Lett, 2003, 3: 1245.

[149] Li H P, Zhou B, Lin Y, et al. J Am Chem Soc, 2004, 126: 1014.

[150] Duesberg G S, Burghard M, Muster J, et al. Chem Commun, 1998, 34: 435.

[151] Chattopadhyay D, Lastella S, Kim S, et al. J Am Chem Soc, 2002, 124: 728.

[152] Chen B L, Selegue J P. Anal Chem, 2002, 74: 4774.

[153] Zheng M, Jagota A, Strano M S, et al. Science, 2003, 302: 1545.

[154] Zheng M, Semke E D. J Am Chem Soc, 2007, 129: 6084.

[155] Doorn S K, Strano MS, O'Connell M J, et al. J Phys Chem B, 2003, 107: 6063.

[156] López-Pastor M, Domínguez-Vidal A, Ayora-Cañada M J, et al. Anal Chem, 2008, 80: 2672.

[157] Krupke R, Hennrich F, Löhneysen H V, et al. Science, 2003, 301: 344.

[158] Lee D S, Kim D W, Kim H S, et al. Appl Phys A, 2005, 80: 5.

[159] Chen Z, Wu Z Y, Tong L M, et al. Anal Chem, 2006, 78: 8069.

[160] Mureau N, Mendoza E, Silva S R P, et al. Appl Phys Lett, 2006, 88: 243109.

[161] Peng H Q, Alvarez N T, Kittrell C, et al. J Am Chem Soc, 2006, 128: 8396.

[162] Yanagi K, Iitsuka T, Fujii S, et al. J Phys Chem C, 2008, 112: 18889.

[163] Arnold M S, Stupp S I, Hersam M C, et al. Nano Lett, 2005, 5: 713.

[164] Backes C, Hauke F, Schmidt C D, et al. Chem Commun, 2009, 45: 2643.

[165] Crochet J, Clemens M, Hertel T. J Am Chem Soc, 2007, 129: 8058.

[166] Sato Y, Yanagi K, Miyata Y, et al. Nano Lett, 2008, 8: 3151.

[167] Wei L, Wang B, Goh T, et al. J Phys Chem B, 2008, 112: 2771.

[168] Arnold M S, Green A A, Hulvat JF, et al. Nature Nanotech, 2006, 1: 60.

索 引

A

B

C

D

E

F

G

H

J

K

S

T

W

X

Y

Z

其他